ISBN 978-0-428-94671-5
PIBN 11297513

SOCIÉTÉ

D'HISTOIRE NATURELLE

DE TOULOUSE.

—

13

TREIZIÈME ANNÉE. — 1879

—

BULLETIN

—

TOULOUSE

IMPRIMERIE DURAND, FILLOUS ET LAGARDE

RUE SAINT-ROME, 44

—

1879

BULLETIN

DE LA

SOCIÉTÉ D'HISTOIRE NATURELLE

DE TOULOUSE.

SOCIÉTÉ
D'HISTOIRE NATURELLE
DE TOULOUSE

———.

BULLETIN

TREIZIÈME ANNÉE. — 1879.

TOULOUSE
TYPOGRAPHIE DE BONNAL ET GIBRAC.
RUE SAINT-ROME, 44.
—
1879

ÉTAT

DES MEMBRES DE LA SOCIÉTÉ D'HISTOIRE NATURELLE

DE TOULOUSE.

1er Février 1879.

Membres nés.

M., le Préfet du département de la Haute-Garonne.

M. le Maire de Toulouse.

M. le Recteur de l'Académie de Toulouse.

Membres honoraires.

MM.

1866 Dr CLOS, *Président honoraire*, Directeur du Jardin des Plantes, 3, Jardin-Royal, Toulouse.

— E. DULAURIER ✳ , Membre de l'Institut, Professeur à l'Ecole des Langues orientales vivantes, 2, rue Nicolo, Paris.

— Dr N. JOLY ✳, Professeur à la Faculté des sciences, membre correspondant de l'Institut, 14, rue de la Chaîne, Toulouse.

— Dr J.-B. NOULET ✳, Directeur du Musée d'histoire naturelle, 15, grand'rue Nazareth, Toulouse.

— LAVOCAT ✳, ancien Directeur de l'Ecole vétérinaire, Toulouse.

1868 DAGUIN ✳, Professeur à la Faculté des sciences, 44, rue Saint-Joseph, Toulouse.

— Dr Léon SOUBEYRAN, Professeur à l'École supérieure de pharmacie de Montpellier.

1872 L'abbé D. DUPUY ✳, Professeur au Petit-Séminaire, Auch (Gers).

— Paul de ROUVILLE ✳, Professeur à la Faculté des sciences, Montpellier.

1873 Emile BLANCHARD O ✳, membre de l'Institut, Professeur au Muséum, Paris.

1875 DELESSE ✳, Ingénieur en chef des mines, Professeur de géologie à l'Ecole Normale, rue Madame, 59, Paris.

1878 Baron de WATTEVILLE ✳, Directeur des Sciences et des Lettres, au Ministère de l'Instruction publique.

— Dr F.-V. HAYDEN, directeur du Comité géologique des Etats-Unis, Washington.

Membres titulaires.

Fondateurs.

MM. D'Aubuisson (Auguste), 1, rue du Calvaire, Toulouse.

Bonnal (Edmond), 44, rue Saint-Rome, Toulouse.

Cartailhac (Emile), ✿ ✳, directeur de la Revue *Matériaux pour l'Histoire de l'Homme*, 5, rue de la Chaîne, Toulouse.

Chalande (J.-François), 3, rue Maletache, Toulouse.

Fouque (Charles), ✳, 25, rue Boulbonne, Toulouse.

Dr Félix Garrigou, ✳, 38, rue Valade, Toulouse.

Lacroix (Adrien), 20, rue Peyrolières, Toulouse.

Marquet (Charles), 14, rue Saint-Joseph, Toulouse.

De Montlezun (Armand), Menville par Lévignac-sur-Save (H.-G.).

Trutat (Eugène), O ✿, Conservateur du Musée d'histoire naturelle, rue des Prêtres, 3, Toulouse.

MM.

1866 Colonel Belleville (Eugène), ✳ ✳ ✿, 28, rue St-Rome, Toulouse.

—. Bordenave (Auguste), Chirurgien-dentiste, allée Saint-Michel, 27, Toulouse.

—. Calmels (Henri), propriétaire à Carbonne (H.-G.).

—. Lassère (Raymond) ✳, capitaine d'artillerie en ret., 9, rue Matabiau, Toulouse.

—. De Malafosse (Louis), château des Varennes, par Villenouvelle (Haute-Garonne).

—. De Planet (Edmond), ✳, Ingénieur civil, 46, rue des Amidonniers, Toulouse.

—. Regnault (Félix), rue de la Trinité, Toulouse.

—. Rozy (Henri), Professeur à la Faculté de Droit, 10, rue Saint-Antoine-du-T. Toulouse.

1867 De Constant-Bonneval (Hippolyte), 18, rue des Arts, Toulouse.

— Dr Thomas (Philadelphe), Gaillac (Tarn).

1868 Gantier (Antoine), Château de Picayne, près Cazères (H.-G.), et 12, rue Tolosane, Toulouse.

— Comte de Sambucy-Luzençon (Félix), rue du Vieux-Raisin, 31, Toulouse.

1869 Izarn, Commis principal des douanes, 45, allées Lafayette, Toulouse.

— Fagot (Paul), notaire à Villefranche-de-Lauragais (H.-G.).

— Flotte (Léon), rue Nazareth, Toulouse.

1871 Delevez, Directeur de l'École normale, à Toulouse.

— Desjardins (Edouard), Jardinier en chef à l'École vét. Toulouse.

Guy, Directeur de l'Aquarium Toulousain, 15, rue de Cugnaux, Toulouse.

MM.

1871 De MALAFOSSE (Gaston), avocat, 13, Grande rue Nazareth, Toulouse

— Dr RESSEGUÈT (Jules), 3, rue Joutx-Aigues, Toulouse.

1872 L'abbé AVIGNON, 13, rue Romiguières, Toulouse.

— Dr BÉGUÉ, Inspecteur des enfants assistés, Albi (Tarn).

— BIDAUD (Louis), professeur à l'Ecole vétérinaire, Toulouse.

— BIOCHE (Alphonse), avocat, 57, rue de Rennes, Paris.

— Du BOURG (Gaston), 6, place Saintes-Scarbes, Toulouse.

— DELISLE (Fernand), 12, rue Racine, Paris.

— DETROYAT (Arnaud), banquier, Bayonne (Basses-Pyrénées).

— FONTAN (Alfred), Receveur de l'enregistrement, Le Vigan (Gard).

— GÈZE (Louis), 17, place d'Assézat, Toulouse.

— GOURDON (Maurice), à Luchon (Haute-Garonne).

— De CARDENAL (Joseph), substitut du procureur de la République, Cahors (Lot).

— HUTTIER, agent-voyer en chef du département d'Alger, passage Malakoff, 15.

— Général de NANSOUTY (Charles), C ✳, directeur de l'Observatoire du pic du Midi, Bagnères-de-Bigorre (Hautes-Pyrénées).

— POUGÉS (Gabriel), 5, rue St-Aubin, Toulouse.

— REY-LESCURE, Faubourg du Moustier, Montauban (Tarn-et-Gar).

— De RIVALS-MAZÈRES (Alphonse), 50, rue Boulbonne, Toulouse.

— ROUQUET (Baptiste), pharmacien, Villefranche-de-Lauragais (H.-G.)

— De SAINT-SIMON (Alfred), 6, rue Tolosane, Toulouse.

— SEIGNETTE (Paul), ✿, Principal du Collége, Castres (Tarn).

— TEULADE (Marc), ✳, rue Peyras, 10, Toulouse.

1873 ABEILLE DE PERRIN (Elzéar), 56, r. Marengo, Marseille (B.-du-R.)

— BALANSA, botaniste, rue des Potiers, 36, Toulouse (en mission dans le Paraguay).

— COURSO, manufacturier, rue des Récollets, 41, à Toulouse.

— DOUMET-ADANSON, à Cette (Hérault).

— DUC (Jules), pharmacien, à Caylux (Tarn-et-Garonne).

— FABRE (Georges), sous-inspecteur des Eaux et Forêts, Alais (Gard).

— FOURNIÉ, ingénieur en chef des ponts-et-chaussées, r. Madame, 46, Paris.

1873 GENREAU, ingénieur des mines, place du Palais, 17, à Pau (Basses-Pyrénées), en mission dans la Tunisie.

— GOBERT, docteur-médecin, à Mont-de-Marsan (Landes).

— LECACHEUX, directeur des hauts fourneaux de la Société métallurgique de l'Ariége, à Tarascon.

— De NERVILLE ✳, inspecteur général des mines, boulevard Males herbes, 85, Paris.

MM.

— Baysselance, ✲, ingénieur de la marine, Bordeaux (Gironde).

— De Raymond-Cahuzac (Georges), rue du Vieux-Raisin, 18, Toulouse.

— Tissandier (Gaston), ✲, directeur du journal *La Nature*, 3, rue Neuve-des-Mathurins, à Paris.

— De la Vieuville (Prosper), ✷, boulevard de Strasbourg, 36, Toulouse.

1874 Chalande (Jules), 51, rue des Couteliers, Toulouse.

— De Gréaux (Laurent), naturaliste, 126, rue Consolat, Marseille (Bouches-du-Rhône).

— Monclar, propriétaire, à Albi (Tarn).

— Pianet (Sébastien), à Toulouse.

— Rousseau (Théodore), sous-inspecteur des Eaux et Forêts, Square Sainte-Cécile, 22, Carcassonne (Aude).

1875 Ancely (Georges), 63, rue de la Pomme, Toulouse.

— Du Boucher (Henri), président de la Société scientifique de Borda, Dax (Landes).

— Fabre (Charles), secrétaire de la Société photographique de Toulouse, 13, allée St-Etienne, Toulouse.

- Foch (Charles), à Lédar, près Saint-Girons (Ariége).

— Lajoye (Abel), Reims (Marne).

— Martel (Frédéric), rue Perchepinte, 15, Toulouse.

— Paquet (René), avocat, 34, rue de Vaugirard, Paris.

— Peyronnet (Charles), pharmacien, à Rabastens (Tarn).

— Pugens (Georges), ingénieur des ponts et chaussées, r. Çantegril, 2. Toulouse.

— Tassy, sous-inspecteur des Eaux et Forêts, Pau (Basses-Pyrénées.

— Peux (Charles), conseiller à la Cour (Sénégal).

1876 Blaquières de Lavalmalle, à Bessan (Hérault).

Crouzil (Victor), instituteur primaire, rue de la Dalbade, Toulouse.

L'abbé Fourment, vicaire à l'église St-François, Castelnaudary (Aude).

1876 De Lavalette (Roger), Cessales près Villefranche-de-Lauragais, (Haute-Garonne).

— Dr Mellier (Alfred), Vallègue, près Villefranche-de-Lauragais, (Haute-Garonne).

1877 G. Mestre, 4, rue de la Chaîne, Toulouse.

1878 G. Cossaune, rue du Sénéchal, 10, Toulouse.

— Victor Romestin, rue Périgord, 10 *bis*, Toulouse.

— Dr Lafont-Gouzy, rue du Rempart Saint-Etienne, Toulouse.

MM.

— Devèze, propriétaire, Armissan (Aude).
— Arthez (Emile), officier d'administration, Toulouse.
— Joleaud (Alexandre), officier d'administration, Toulouse.
— Lluch de Diaz (Jose), vice-consul d'Espagne, rue Alsace-Lorraine, Toulouse.
— Barrat, rue des Lois, 2, Toulouse.
— Chalande (Henri), rue des Couteliers.

Membres correspondants.

MM.

1866 Dr Bleicher, professeur à la Faculté de Médecine de Nancy.
1867 Dr Caisso, Clermont (Hérault).
— Fourcade (Charles), naturaliste, Bagnères-de-Luchon (H.-G.)
— Dr Bras, à Villefranche (Aveyron).
— Cazalis de Fondouce, ✳ ❧ O, 18, rue des Etuves, Montpellier.
— Chantre (Ernest), Sous-Directeur du Muséum de Lyon (Rhône).
— Lalande (Philibert), Receveur des hospices, Brives (Corrèze).
— Massenat (Elie), Manufacturier, Brives (Corrèze).
— Paparel, Percepteur, Mende (Lozère).
— Comte de Saporta (Gaston), ✳, correspondant de l'Institut, Aix, (Bouches-du-Rhône).
— Valdemar Schmidt, ✳ ✳, attaché au Musée des antiquités du Nord, Copenhague (Danemarck).
1869 Malinowski, Professeur au Collége, Cahors (Lot).
— De Messemeker, Bergues près Dunkerque (Nord).
1871 Biche, Professeur au Collége, Pézénas (Hérault).
— Peyridieu, ancien Professeur de physique dans l'Université, quai de Tounis, Toulouse.
— Piette (Edouard), Juge de paix, Craonne (Aisne).
— De Chapel-d'Espinassoux (Gabriel), avocat, 25, Boulevard de l'Esplanade, Montpellier (Hérault).
— Marquis de Folin (Léopold), Commandant du port, Bayonne (B.-P.)
— Pasteur Frossard, Président de la Société Ramond, Bagnères-de-Bigorre (H.-P.).
— Gassies, Conservateur du Musée préhistorique, Bordeaux (Gironde)
— Issel (Arthur), Professeur à l'Université, Gênes (Italie).
— Lacroix (Francisque), Pharmacien, Mâcon (Saône-et-Loire).
— Dr De Montesquiou (Louis), Lussac, près Casteljaloux (L.-et-G).
1873 l'Abbé Boissonade, professeur de sciences au Petit-Séminaire à Mende (Lozère).
— Cavalié, prof. d'hist. naturelle au collége de St-Gaudens (H.-G.).

MM.

— Germain (Rodolphe) ✻ , vétérinaire au 29e d'artillerie, à Nouméa (Nouvelle-Calédonie).
— Comte de Limur, Vannes (Morbihan).
— Pottier (Raymond), Correspondant de la Commission de Topographie des Gaules, place des Carmes, Toulouse (Haute-Garonne).
— Poubelle (J.), préfet du Doubs (Besançon).
— Dr Retzius (Gustave), professeur à l'Institut Karolinien de Stockholm.
— Reverdit (A.), vérificateur de la culture des tabacs, à Montignac-sur-Vézère (Dordogne).
— Dr Sauvage (Emile), aide-naturaliste au muséum, rue Monge, 2, Paris.
— Vaussenat, ingénieur civil, à Bagnères-de-Bigorre (H.-P.)
1874 Combes, pharmacien, ✻, à Fumel (Lot-et-Garonne).
— Jougla (Joseph), conducteur des Ponts et Chaussées, à Foix (Ar.).
— Lucante, naturaliste, à Lectoure (Gers).
— Larembergue (Henri de), botaniste, Angles-du-Tarn (Tarn).
— Sers (Eugène), ingénieur civil, à Saint-Germain, près Puylaurens (Tarn).
— Caillaux (Alfred), Ingénieur civil des mines, rue Saint-Jacques, 240, Paris.
1875 W. de Maïnof, secrétaire dé la Société de géographie, St-Pétersbourg.
1876 Dr Cros (Antoine), 11, rue Jacob, Paris.
1877 Ladevèze, au Mas-d'Azil (Ariége).
— Soleillet (Paul), de Nîmes, voyageur français en Afrique

———————

La liste des Académies et Sociétés savantes avec lesquelles la *Société d'histoire naturelle* est en correspondance sera publiée à la fin du volume avec l'indication des ouvrages reçus.

de la somme prévue par le devis approximatif des dépenses de l'excursion.

Art. 20. Chaque soir, le Secrétaire organisateur rend compte de l'emploi des sommes versées entre ses mains, et, s'il y a lieu, procède à un nouvel appel de fonds.

Art. 21. Toutes les dépenses non prévues dans le devis approximatif ou celles qui n'auraient point été décidées par le Bureau spécial, restent à la charge de chaque membre.

Art. 22. Les membres de la Société qui prendraient part aux excursions sans avoir été préalablement inscrits sur le registre de souscription, ne le feraient qu'à leurs risques et périls, et ne pourraient prétendre avoir le droit de jouir des bénéfices de l'association réservés aux seuls souscripteurs.

TITRE II

Excursions ordinaires

Art. 23. Les courses ordinaires ont lieu deux fois par mois, le dimanche et jours de fêtes, depuis le 1er avril jusqu'au 30 septembre.

Art. 24. Une Commission spéciale composée de trois membres, nommés en séance, pour un an, fixe la date de chaque course et la localité, et indique l'heure du départ et le lieu du rendez-vous.

Art. 25. Cette Commission dirige les courses ou délègue un de ses membres pour les diriger.

Art. 26. Chaque course est annoncée dans la séance ordinaire qui la précède.

Art. 27. Un membre choisi par et parmi les membres présents fait, à la séance suivante, un rapport sur l'excursion.

Art. 28. Les courses se font à frais communs et les dépen-

ses sont partagées proportionnellement au nombre des membres présents.

Art. 29. Si la course doit entraîner des frais préliminaires,
les membres qui voudront y prendre part devront se faire
inscrire au secrétariat. La liste sera close le samedi, veille
de l'excursion, à midi.

Art. 30. Ce règlement ne pourra être modifié que sur la
demande motivée introduite par trois membres et appuyée
par un vote de la Société.

BULLETIN

DE LA

SOCIÉTÉ D'HISTOIRE NATURELLE

DE TOULOUSE.

TREIZIÈME ANNÉE 1879

Première séance de janvier 1879.

Présidence de M. BIDAUD, président.

M. BIDAUD, professeur à l'Ecole vétérinaire et président sortant, s'exprime en ces termes :

Messieurs et chers Confrères,

La dignité dont vous aviez bien voulu m'investir a fini avec l'année 1878 ; je ne suis plus à cette heure que le représentant du passé, et c'est en cette qualité que je vous prie de me permettre de vous entretenir un instant.

Je veux tout d'abord vous remercier, une fois de plus, du témoignage d'estime que vous m'avez donné en me faisant l'honneur de m'élever à la présidence de notre association ; je veux ensuite vous offrir des excuses et vous exprimer des regrets. Les excuses, c'est pour avoir été empêché d'apporter dans mes fonctions toute l'exactitude que j'aurais désiré y mettre ; les regrets, c'est parce que l'année

2

écoulée n'a pas tenu tout ce qu'elle semblait nous pro-
mettre à son aurore.

Vous savez tous qu'à cette époque là nous espérions
encore pouvoir fusionner avec l'autre Société Toulousaine,
dont les travaux visent à peu près le même but que les
vôtres. Cela me semblait peu difficile, car de part et d'autre les divers membres s'estiment mutuellement, je crois ;
cependant les pourparlers engagés à cette intention n'ont
pu aboutir. Je tiens à constater ici qu'il n'a pas dépendu de
nous de faire cesser l'état actuel des choses, ce qu'un évène-
ment tel que celui de la création d'une Faculté de Médecine dans notre ville, rendrait encore plus désirable que par
le passé. Il ne paraît pas douteux, en effet, que les jeunes
hommes qu'elle va attirer ne viennent grossir et vivifier les
rangs des pionniers scientifiques de Toulouse ; et c'est,
Messieurs, à cette jeunesse laborieuse qu'il eut été bon de
montrer que la science n'étouffe pas les sentiments, et que
les hommes qui s'en occupent n'ont pas l'esprit plus mal
tourné que les autres, quoi qu'on en dise. Oui ! je le répète,
il eut été bon qu'il n'y eût qu'un groupe uni et compacte,
un seul faisceau de chercheurs où les jeunes gens auraient
trouvé à prendre parmi de cordiaux amis, les maîtres, les
conseillers ou les guides de leur choix, pour explorer n'importe quelle parcelle du vaste champ que vous sillonnez.
Je sais très-bien qu'on peut invoquer l'émulation pour le
maintient du statu quo ; mais je doute fort que ce noble
sentiment produise des résultats qui approchent de ceux
qu'on retirerait d'un seul foyer. Est-ce que la vieille devise :
l'union fait la force, ne nous serait pas applicable ? Vous
avez tous répondu, n'est-ce pas, chers confrères ; car vous
savez, comme moi, que d'émulation à rivalité il n'y a qu'un
pas sur une pente très-glissante.

L'an dernier, en outre, n'a pas été très-favorable aux
études locales ; mais je ne signale le fait que parce qu'il est
réel, et non pour me plaindre qu'il nous ait été particulier ;

car je suis certain que toutes les sociétés plus ou moins analogues à la nôtre se sont trouvées dans le même cas, ce qui
n'est pas pour cela une raison de le passer sous silence. La
cause en était dans dans l'attraction, trop puissante pour
pouvoir y résister, qu'exerçait la grande merveille de Paris.
J'aime à penser que cette année sera l'opposée de la précédente ; les visiteurs de l'Exposition en ont très-probablement rapporté des idées, des méthodes ou des procédés
qu'ils n'auraient peut-être pas eus de sitôt et qui leur ont
permis ou leur permettront de se livrer plus fructueusement
à leur labeur favori ; ces mêmes causes ont retardé la publication régulière de notre bulletin, dont deux livraisons remarquables vous sont remises aujourd'hui seulement.

Enfin, Messieurs, malgré tout et nonobstant l'insuffisance
de son président, j'ai encore la satisfaction de pouvoir vous
dire que votre compagnie n'a pas souffert matériellement,
que ses relations se sont un peu étendues, que ses rangs
n'ont pas été éclaircis, et que vous n'avez eu aucun confrère à regretter.

Je pourrais m'arrêter là, mais je suis persuadé que vous
me taxeriez d'injustice à l'égard de l'Exposition universelle,
si je ne rappelais que nous lui devons le droit d'être double-
ment fiers de compter parmi nous des confrères d'un talent
et d'une distinction que ses divers juges ont appréciés et
sanctionnés, en leur accordant de justes et honorables récompenses. Vous avez déjà chaleureusement félicité les lauréats, je leur en fais ici le rappel ; mais je crois que c'est
l'occasion de féliciter la Société d'histoire naturelle, sur laquelle rejaillissent leurs succès.

Faisons aussi des vœux, Messieurs, pour que le plus célèbre d'entre eux, qui, par un dévouement au-dessus de tous
les éloges, se trouve perdu au milieu des neiges du Pic du
Midi, puisse continuer à mener à bien la tâche qu'il a entreprise et dont les résultats procureront, peut-être, un jour,
des bienfaits inestimables pour tous.

Un dernier mot, mes chers Confrères, pour vous dire combien je suis heureux, moi déchu, d'avoir à souhaiter la bienvenue aux membres du bureau de 1879, et pour inviter le nouveau et sympathique président à s'asseoir au fauteuil où vous m'aviez fait l'honneur de me placer.

M. Emile Cartailhac, président, répond en ces termes :

Messieurs,

Depuis douze ans notre Société existe, elle a toujours choisi pour la présider des hommes d'une valeur incontestée. Cette année elle a voulu faire une exception et je ne puis l'en blâmer. Il est bon de montrer que l'amitié comme la science a ses devoirs et que pour obtenir le titre de président, il peut suffire d'avoir l'affection de tous. A ce titre, j'accepte avec bonheur de succéder à des savants que je ne remplacerai pas.

En votre nom, je remercie M. Bidaud des services qu'il a rendus à notre œuvre. Il est parmi nous le représentant de ces Ecoles vétérinaires où la science est cultivée au plus haut point et que le ministre de l'instruction publique serait bien fier d'avoir dans son département ! Si l'expression que M. Bidaud employait tout à l'heure est vraie, si comme président sortant il représente le passé, faisons des vœux pour que l'avenir soit la suite réelle de ce passé et comme lui digne de toute estime.

Une année, mes chers collègues, passe vite, l'essentiel est de la bien employer. Ne nous laissons pas distraire ; la fusion entre les deux Sociétés toulousaines, fusion désirée par tous les hommes sérieux et désintéressés, se produira-t-elle ? je ne sais, mais travaillons en comptant sur nos seules forces, c'est plus sûr. Notre groupe peut faire bonne figure parmi tant de Sociétés qui s'occupent des mêmes études. Que chacun de nous prenne soin d'être assidu aux séances, de parler des ouvrages qu'il a lus, de collaborer aux bulletins et tout ira pour le mieux.

Nous n'aurons pas de peine à organiser une grande excursion et d'autres plus modestes. Le nouveau chemin de fer d'Auch rend accessible à nos recherches des régions fort intéressantes ; dès que nos commissions auront choisi les excursions, je m'occuperai d'obtenir les réductions d'usage sur la ligne de la Compagnie du Midi.

Cela dit, avec l'espoir que nous aurons des bonnes fortunes inattendues, que nos confrères éloignés, comme M. Balansa, reviendront chargés de trésors dont une part sera pour nous, je termine en vous priant de m'aider de tout votre pouvoir afin que vous ne soyez point fâché de m'avoir choisi. D'ailleurs, si je connais mon insuffisance, je sais et vous le savez bien qu'on peut compter absolument sur les membres qui font partie du bureau. Donc, Messieurs, sans plus de retard, *laboremus*.

La correspondance comprend un grand nombre de publications des sociétés françaises et étrangères. On trouvera leurs titres à la fin du volume. La Société a reçu, en outre :

Histoire naturelle des Merles, par X. RASPAIL. Paris, 1878, br. in-8°. Don de l'auteur.

Inondations : Causes principales et préservatifs, par A. BoÉABRY. Cahors, 1876, in-8°. Don de l'auteur.

Notice sur les fonds de la mer, par M. L. DE FOLIN et L. PERRIER. Bordeaux, 1878, in-8°. Don de M. de Folin, membre de la Société.

Mantes (Seine-et-Oise) et son arrondissement, par VICTOR MOLARD. Meulan, 1879, in-8°. Don de l'auteur.

Notice sur les titres scientifiques de M. Delesse. Paris, 1878, in-4°. Don de M. DELESSE, membre honoraire de la Société.

Renseignements photographiques, par M. CH. FABRE. Paris, Reinwald, 1878, in-8°. Don de l'auteur, membre de la Société.

M. Jose Lluch de Diaz, vice-consul d'Espagne à Toulouse, membre de la Société espagnole d'histoire naturelle, est nommé membre titulaire.

M. Barrat, propriétaire à Toulouse, est nommé membre titulaire.

L'auteur, membre titulaire, lit le mémoire suivant :

De l'exploration des grottes au point de vue entomologique;

Par M. Gaston MESTRE.

L'exploration des grottes au point de vue entomologique date seulement de quelques années, et les collections s'enrichissent tous les jours par suite de nombreuses et intéressantes découvertes. Aussi sera-t-il peut-être intéressant pour les naturalistes même étrangers à l'entomologie, aujourd'hui que les recherches de ce genre se sont plus répandues, de connaître d'une façon générale les insectes vivant dans les cavernes et les procédés de chasse employés pour les capturer.

C'est dans ce but que j'ai écrit ces notes. Elles s'adressent principalement à nos collègues de la Société d'Histoire naturelle de Toulouse qui, à l'une des dernières séances où fut lu le travail de notre savant et sympathique confrère, M. Abeille de Perrin, sur les *Leptodirites* et les récentes découvertes hypogées, parurent s'intéresser aux recherches pratiquées dans les grottes.

Mais avant d'entrer en matière, je dois tout d'abord faire remarquer que mes notes se rapportent seulement aux observations faites à la suite de mes explorations dans les grottes de l'Ariège et de l'Aude. Il se peut donc que ce que je vais dire s'applique exclusivement aux cavernes que j'ai visitées, et je ne voudrais pas être rendu responsable des divergences que l'on peut observer dans la manière de vivre des espèces hypogées étrangères à cette faune.

QUELQUES MOTS SUR LES COLÉOPTÈRES CAVERNICOLES.

Les quatre classes des Articulés ont chacune leurs représentants hypogés. Les recherches ont en effet donné pour résultat la découverte dans les grottes d'Arachnides, de Myriapodes et de Crustacés. Quant aux Insectes, ceux qui ont été trouvés appartiennent à l'ordre des *Coléoptères*.

Nous nous occuperons à peu près exclusivement de ces derniers, qui ont fait jusqu'à ce jour le sujet des études les plus nombreuses.

Les Arachnides se rencontrent un peu partout : les uns, et c'est le plus grand nombre, se tiennent plaqués contre les parois et sur le sol, ou se blottissent sous les cailloux et les autres pierres; d'autres tendent des toiles de petite dimension dans les anfractuosités des rochers.

Les Coléoptères cavernicoles recueillis jusqu'à présent appartiennent aux familles des *Carabides*, des *Silphides* et des *Staphylinides*.

L'étymologie de quelques noms d'espèces, tels que *Anophtalmus, Adelops*, indique un caractère remarquable chez ces animaux : la cécité. Cette question a donné lieu à de nombreuses controverses, et l'on comprend bien que certains entomologistes aient émis des doutes sur la cécité absolue lorsqu'on a pratiqué quelques chasses dans les grottes. Il est en effet surprenant de voir avec quelle rapidité s'enfuient certains insectes lorsqu'une lueur vient à les frapper. L'*Anophtalmus Pluto* est à cet égard d'une agilité merveilleuse. Monté sur de longues pattes et muni d'antennes très-développées qui lui prêtent l'aspect d'une araignée, cet insecte est admirablement constitué pour la course; aussi se meut-il avec rapidité, ce qui contribue à rendre sa capture assez difficile. Il est donc bien certain que si ces petits êtres ne voient pas la lumière, cette dernière les impressionne cependant d'une façon que nous ne pouvons apprécier, mais qui est indubitable. Eprouvent-ils cette impression par les antennes ou toute autre partie du corps, ou bien est-ce une vibration de l'air qui leur fait reconnaître la présence d'un danger? c'est ce qui n'est pas encore connu et qui pourrait faire le sujet d'une étude intéressante.

Les Coléoptères Cavernicoles offrent généralement un système de coloration roussâtre passant, suivant les espèces, du testacé clair au foncé. Cette couleur se rapproche généralement dans les grottes de celle du sol, et cette uniformité de teinte constitue encore une difficulté pour les recherches.

On ne peut préciser d'une façon certaine les parties des grottes où se trouvent les insectes. J'ai pu cependant, quoique je n'établisse pas de règles fixes à cet égard, faire les remarques suivantes :

Les *Anophtalmes* habitent les grottes humides ; je n'en ai jamais rencontré dans celles dont les parois ou le sol étaient secs. Ils se trouvent sur le sol, sur les stalagmites et les stalactites, et sous les pierres humides. Quelques-uns vivent dans la terre où ils creusent des galeries, notamment l'*Anophtalmus Orpheus*. J'ai trouvé ce dernier en retournant la terre à l'entrée de la grotte d'Aubert (Ariège).

Les *Pholeuon, Anthrocharis, Adelops,* se contentent de grottes plus sèches. On les trouve principalement près des endroits où sont déposées des matières en décomposition , telles que débris de torches, crottins de chauves-souris, etc.

C'est dans les mêmes conditions, mais surtout auprès des crottins de chauves-souris, que l'on trouve l'*Homalota subcavicola.*

Les époques d'éclosion des insectes cavernicoles ont été, je crois, assez peu étudiées. Un de mes collègues qui s'est occupé de cette question, a bien voulu me communiquer le résultat de ses observations que je crois utile de reproduire :

« Les espèces cavernicoles, dit M. Abeille de Perrin, ont-
» elles une époque d'éclosion ? Dans ma notice sur les grot-
» tes de l'Ariège, je me contentais de dire que cette ques-
» tion n'était pas encore résolue. Depuis lors, notre regretté
» collègue, M. de la Brûlerie, a déclaré qu'on devait ré-
» pondre négativement. Mes récentes expériences me con-
» duisent à une conviction absolument contraire.

» Mais ici une distinction me semble nécessaire. Non, je
» n'ai pas remarqué que les *Arachnides*, les *Myriapodes*, et
» parmi les coléoptères, les *Silphales*, fussent plus rares à
» certaines saisons qu'à d'autres ; mais j'ai positivement
» constaté le contraire pour les *Anophtalmes*.

» A l'entrée de l'hiver, c'est-à-dire du 15 novembre au
» 15 décembre, les *Anophtalmes* deviennent de plus en plus
» rares, et le nombre des individus immatures est relative-
» ment considérable. Le 10 décembre, la proportion était
» de cinq sur sept. Nul doute que ce moment ne soit celui
» de la dernière métamorphose des insectes. D'un autre
» côté, on comprend facilement que ceux qui sont en
» avance ou en retard sur cette époque, n'étant pas expo-
» sés aux variations de la température, viennent aussi à
» bien, ce qu'ils ne feraient pas à l'air libre. Il y a donc
» unité dans leurs habitudes comme dans la température
» des cavernes, mais il est inexact de dire qu'ils ne tien-
» nent absolument aucun compte des saisons. »

II

DES INSTRUMENTS NÉCESSAIRES POUR LA CHASSE.

1° Plusieurs tubes en verre fort renfermant de la sciure
de bois, et d'autres contenant de l'alcool.

Dans le cas où l'excursion doit durer pendant quelques
jours et comprendre plusieurs grottes, il est indispensable

d'avoir un nombre de tubes suffisant pour pouvoir mettre à part les insectes trouvés dans chaque grotte. Une étiquette collée sur le tube et portant le nom de la localité et la date de l'exploration, est le meilleur moyen de fixer ses souvenirs pour le moment où, rentré chez soi, on s'occupera de préparer les insectes recueillis.

2° Des bougies et des allumettes.

Il ne faut pas oublier que ces objets étant les plus importants, on doit en emporter un nombre suffisant pour ne pas être obligé de cesser les recherches à défaut de lumière. Les allumettes seront contenues dans une boîte de métal fermant bien. Sans cette précaution, l'humidité agit au bout d'un certain temps sur le phosphore qui ne prend plus alors que difficilement.

3° De petites pinces ponr saisir les *Arachnides*. Je dirai plus bas comment il est préférable de ne pas se servir de pinces pour les autres insectes.

4° Une pioche ou un écorçoir (celui-ci est plus portatif) pour rechercher les insectes qui se trouvent dans la terre, comme l'*Anophtalmus Orpheus*.

5° Quelques morceaux de papier blanc que l'on pourra laisser tomber à terre dans les passages difficiles pour se reconnaître au retour. Cette précaution n'est utile que dans le cas où l'on n'aurait pas de guide avec soi ; mais il est préférablede se faire accompagner par un homme du pays ayant déjà visité la grotte.

6° Une petite gourde contenant de l'eau-de-vie ou du rhum. Il est bon d'en prendre quelques gouttes avant d'entrer dans la grotte.

III

MÉTHODES DE CHASSE.

Voici la manière qui m'a paru la plus commode pour se servir des objets ci-dessus énumérés :

On place le tube à sciure débouché entre la naissance du pouce et de l'index de la main gauche, et la bougie entre l'index et le troisième doigt de la même main. La bougie est ainsi presque horizontale, et en se baissant vers le sol, on examine dans le rayon de lumière. De cette façon, la main droite est conservée entièrement libre. Dès qu'un insecte est aperçu, on appuie légèrement sur ses élytres un doigt mouillé de la main droite : l'insecte y restant collé, il n'y a plus qu'à le faire tomber dans le tube en donnant, avec le doigt qui le retient, de petits coups sur le rebord du goulot.

Les pinces seront réservées pour les *Arachnides* qui doivent être saisis par une patte et plongés dans le tube à alcool.

Quelques explorateurs se servent pour l'éclairage d'un appareil représentant une sorte de bougeoir en bois composé d'un morceau de planche épaisse ayant à peu près la forme d'un T : à chaque extrémité de la bande transversale est pratiqué un trou pouvant contenir une bougie. Cet instrument présente assurément certains avantages, notamment celui d'éclairer une surface assez large, et de permettre de rallumer une bougie éteinte par une goutte d'eau tombant de la voûte à l'autre bougie qui brûle encore. Mais cet appareil a, pour moi, le défaut d'être encombrant, et ceux qui ont chassé dans certaines grottes, telles que Peyort et Mongautin, où l'on est obligé de descendre en rampant et n'ayant pour point d'appui que des cailloux mouvants, savent fort bien qu'il est souvent indispensable de pouvoir disposer de ses deux mains. C'est du reste aux excursionnistes d'essayer et d'adopter le système qui leur convient le mieux.

On pourra objecter à l'éclairage par la bougie unique que les rayons lumineux sont faibles et, s'étendant à une distance restreinte, ne peuvent donner une idée de l'ensemble d'une grotte. Mais il ne faut pas oublier que nos explorations étant exclusivement faites au point de vue entomolo-

gique, la vue générale du lieu devient d'une importance secondaire. Du reste, rien de plus simple, une fois la chasse
terminée, que d'allumer une torche et de visiter la grotte
dans ses détails.

IV

VÊTEMENTS A PRENDRE EN EXCURSION.

La température des grottes étant, en été, plus basse et
plus humide que celle de l'air extérieur, je conseille aux excursionnistes d'emporter, outre la chemise de flanelle qu'ils
devront avoir sur le corps pendant le trajet, un gilet de
laine qui sera renfermé dans leur sac de touriste et qu'ils
auront soin de revêtir avant d'entrer dans la grotte. C'est là
une bonne précaution dont je me suis bien trouvé, et le dé-
sagrément de ce surcroît de bagage est largement compensé
par son utilité préventive des douleurs et des rhuma-
tismes.

Il sera bon aussi de ne pas quitter le pantalon de laine
pendant la durée de l'excursion.

Un foulard convient très-bien pour remplacer le chapeau
à l'intérieur de la grotte.

Inutile d'ajouter que les souliers doivent être forts et
ferrés, pour pouvoir adhérer solidement aux rochers et surtout à cette espèce de cristallisation qui recouvre le sol de
beaucoup de cavernes.

M. de Bonvouloir avait imaginé, pour l'exploration des
grottes, un vêtement spécial dont je n'ai pas fait l'essai, mais
dont je tiens à donner la description en raison de sa
commodité.

Ce vêtement en toile grise, fort large, d'une seule pièce,
emprisonnant le costume ordinaire, et s'attachant au cou,
aux poignets et au cou-de-pied, est doublé en cuir et rem-
bourré solidement dans les portions correspondant aux arti-

culations que l'on peut ainsi appuyer sans se blesser sur les aspérités du sol et des parois. Dans certains cas où l'on est obligé de se coucher dans la boue ou l'argile, ce perfectionnement est une garantie contre l'humidité.

Ce costume est encore connu de quelques paysans des environs de Saint-Girons à cause du fait suivant qui s'y rattache et qui m'a été conté par le guide naturaliste Brunet qui m'accompagnait, en 1878, au cours de mes excursions dans l'Ariège.

MM. de Bonvouloir, Abeille de Perrin et Ehlers avaient aussi pris Brunet pour guide pendant leurs explorations dans les grottes de l'Ariège, en 1870. Ces entomologistes, qui avaient adopté le costume que je viens de décrire, sortant un jour d'une grotte particulièrement boueuse et humide où ce vêtement avait pris des couleurs invraisemblables, aperçoivent sur la route, à une faible distance, un cortége accompagnant des mariés qui se rendaient au village voisin. Une idée folle passe alors dans le cerveau des trois graves savants, et la mettant sur-le-champ à exécution, ils se précipitent au devant du groupe. Là, « ressemblant à des diables sortant de sous terre, » me disait Brunet, faisant des bonds et dansant des pas inconnus, ils jettent au milieu de la compagnie une sorte de panique qui ne se calma qu'après les explications données par le guide sur les intentions peu hostiles des étranges danseurs.

Le récit de cette aventure m'avait fort amusé, et c'est en raison de son originalité que j'ai tenu à le rapporter, quoiqu'il m'ait un peu éloigné de mon sujet.

Je termine ici mes observations. Leur seul mérite est d'être pratiques et basées sur ma propre expérience, et j'ai l'espoir qu'elles pourront, à ce titre, être utiles aux naturalistes qui ont l'intention de pratiquer quelques chasses souterraines. Je m'estimerais heureux si j'avais pu, par cette modeste étude, contribuer à vulgariser le goût d'explorations qui sont de nature à enrichir la science de nouvelles et intéressantes découvertes.

Tableau synoptique des Trechus aveugles français (1).

A. Elytres glabres, sauf quelques longs poils sortant de gros pores.

B. Corselet déprimé sur son disque, beaucoup plus rétréci à la base qu'au sommet.

C. Elytres entièrement striées, les stries formées de gros points ronds enfoncés.

D. Stries plus ou moins irrégulières, surtout sur les côtés.

E. Elytres déprimées sur leurs disques. Stries obsolètes au sommet. . . . . 1 *Lespesi*, Fairm.

E'. Elytres convexes. Stries bien distinctes au sommet. . . . . . 2 *Mayeti*, Ab.

D'. Stries irrégulières même sur les côtés. . . . . 3 *Delphinensis*, Ab.

C'. Elytres avec des stries superficielles, effacées sur les côtés et à l'extrémité, les dites stries subponctuées de très-petits points ou non ponctuées.

D. Six ou sept stries visibles vers la base des élytres et la suture, subponctuées de très-petits points.

E. Taille plus grande (5 mill.); couleur plus foncée ; une dépression très-accusée de chaque côté de l'écusson. . . . . 4 *Auberti*, Gren.

(1) Ce tableau a été dressé par M. Abeille de Perrin à l'obligeance duquel j'en dois la communication. J'ai cru devoir le placer à la suite de cette notice dont il m'a paru le complément naturel.

E'. Taille plus petite (4 mill.); couleur plus pâle ; pas de dépression circascutellaire ou une dépression à peine marquée. . . .   5 *Raymondi*, Delar.

D'. Trois ou quatre stries seulement vagues et imponctues près de la suture.

E. Trois ou quatre pores sétigères près de la suture.

F. Taille petite (4 mill.); élytres un peu pruineuses ; antennes n'atteignant pas la moitié des élytres ; angles de la base du corselet obtus. . . . .   6 *Gallicus*, Del.

F'. Taille grande (6 mill.); élytres non pruineuses ; antennes dépassant la moitié des élytres ; angles de la base du corselet aigus et dirigés en arrière. . . . .   7 *Rhadamanthus*, Lind.

E'. Six pores sétigères près de la suture. . . . .   8 *Bucephalus*, Dieck.

B'. Corselet subcylindrique, à peine plus rétréci à la base qu'au sommet, très-convexe sur son disque.

C. Antennes dépassant notablement l'extrémité du corps. . . .   9 *Pluto*, Dieck.

C'. Antennes n'atteignant pas ou atteignant à peine l'extrémité du corps.

D. Tête à côtés absolument parallèles, sans cou distinct. Pattes très-courtes. . . . .   10 *Ehlersi*, Ab.

D'. Tête à côtés plus ou moins renflés, avec un cou distinct. Pattes longues.

E. Premiers articles des tarses antérieurs dilatés chez les ♂.

F. Joues peu renflées, ce qui les
fait paraître séparées des côtés
du cou par une simple sinuosité.
Elytres très-renflées, plus de deux
fois et demi plus longues que
larges.

G. Antennes n'atteignant pas l'extrémité du corps. Corselet très-
visiblement plus étroit à la base
qu'au sommet, mais ses côtés ne
se redressant pas à la base. . . . 11 *Æacus*, Saulcy.

G'. Antennes atteignant l'extrémité
du corps. Corselet à peine plus
étroit à la base qu'au sommet,
ses côtés se redressant assez
brusquement à la base.

H. Les deuxième et troisième pores des élytres aussi distants entr'eux que les troisième et qua-
trième.. . . . . 12 *Cerberus*, Dieck.

H'. Les deuxième et troisième pores beaucoup plus rapprochés
que les troisième et quatrième. *Var. Inæqualis,* Ab.

F'. Joues très-renflées, ce qui les
fait paraître séparées des côtés
par un angle plus ouvert qu'un
angle droit, mais cependant bien
marqué. Elytres très-renflées,
moins de deux fois et demi plus
longues que larges. . . . . 13 *Tiresias*, La Brul.

E'. Premiers articles des tarses antérieurs simples dans les deux
sexes.

F. Taille grande (7 mill. au moins).
Corselet deux fois plus étroit que
la tête . . . . 14 *Leschelnauti,* Bonv.

F'. Taille plus petite (5 mill. au
plus). Corselet aussi large ou à
peine moins large que la tête. . . 15 *Crypticola,* Lind.

A'. Elytres entièrement velues de
poils très-courts, souvent difficiles à voir.

B. Corps très-allongé. Corselet très-
convexe. Pattes longues. Antennes dépassant la moitié des ély-
tres. . . . . 16 *Brisouti,* Ab.

B'. Corps relativement court. Corselet subconvexe. Pattes courtes.
Antennes n'atteignant pas la moitié des élytres.

C. Villosité des élytres composée de
poils droits. Stries sulciformes
formées de points dont quelques-
uns au moins sont bien nets et
gros. . . . . 17 *Orpheus,* Dieck.

C'. Villosité des élytres inclinée.
Stries non sulciformes avec des
points qui sont tous confus et fondus les uns dans les autres.

D. Epaules armées d'épines. Elytres déprimées à leur bord ex-
terne, sous les épaules. . . . . 18 *Discontignyi,* Fairm.

D'. Epaules non épineuses. Elytres
sans dépression latérale sous les
épaules.

E. Corselet court, à côtés très-arrondis se redressant brusquement
à la base, de façon à former un

angle avec le reste du côté. . . . 19 *Trophonius*, Ab.

E'. Corselet assez allongé, à côtés peu arrondis, se redressant à peine à la base, sans former aucun angle. . . . . 20 *Orcinus*, Lind.

Espèces non comprises dans ce tableau.

{ 21 *Pandellei*, Lind. Soc. ent. Fr. 59-71.

22 *Minos*, Lind. Soc. ent. Fr. 59-258.

———

M. G. DE MALAFOSSE, au nom de l'auteur absent, donne lecture du travail suivant :

Catalogue des Mollusques testacés, terrestres et d'eau douce qui vivent à la Preste

(Canton de Pralz de Mollo, Pyrénées-Orientales).

Par M. l'abbé DUPUY, membre honoraire.

Le 23 août 1878 j'arrivais aux Eaux de La Preste, situées dans une dépendance de la vallée du Tech, à plusieurs kilomètres au-dessous du plateau de Costa-Bona et à 8 kilomètres au-dessus de Pratz de Mollo.

Partis de Perpignan vers onze heures, nous suivîmes l'une des routes les plus poussiéreuses et les plus cahotantes de France jusqu'au Boulou : là la route devient un peu moins mauvaise, et l'on parcourt la jolie vallée du Tech, avec ses beaux vignobles sur les coteaux de la rive gauche et ses belles plantations de châtaigners sur la rive droite, plantations dont la disposition, presque partout régulière et en quinconce, indique à la fois l'intelligence et le soin de ceux qui y ont présidé. Elles ont été longtemps une source de très-gros revenus pour leurs propriétaires et l'alimentation de l'industrie du pays pour la fabrication des cercles ; mais, hélas ! en ceci comme en bien d'autres choses, le fer est venu se substituer au bois, ruinant ainsi les populations riveraines de ce joli torrent.

Mais nous serions exposés à faire une digression trop longue : revenons à nos moutons.

Autant la route poudreuse de Perpignan au Boulou est mauvaise, ennuyeuse et fatigante, autant celle du Boulou à Amélie et à Arles est charmante et souvent pittoresque. Bordée de champs couverts de fraîches cultures de maïs, de luzernes, etc., avec des coteaux portant de riches vignobles ou des belles châtaigneraies, elle repose agréablement l'œil fatigué par la poussière de la route de Perpignan. Elle est encore longée par de superbes plantations d'arbres fruitiers, pêchers dans la partie basse de la vallée, et plus haut, pommiers tout chargés des fruits les plus beaux.

Qu'on me permette ici une digression pour indiquer la quantité de fruits produite par le département des Pyrénées-Orientales. La gare de Perpignan a expédié depuis la fin de juin jusqu'à la fin d'août, *quatre cent mille paniers* de pêches.

Arrivés à quatre heures à Arles-sur-Tech, une petite excursion sur la rive droite de la rivière nous fournit déjà, par les quelques espèces de coquilles que nous y recueillîmes pendant l'heure de jour qui nous restait, des espèces qui nous donnèrent un avant-goût des richesses malacologiques du pays (1).

Le lendemain, à cinq heures et demie, nous quittâmes Arles, et nous suivions la route pittoresque, quoique encore assez mauvaise sur une partie de son étendue, qui devait nous mener à Pratz de Mollo, chef-lieu de canton fortifié dont l'église renferme l'un des plus beaux autels à la mode espagnole que l'on puisse voir.

A Pratz de Mollo, nous prîmes la route, ou plutôt le che-

---

(1) On ne nous pardonnnerait pas de quitter Arles sans signaler sa remarquable petite église romane, son cloître, et les tombeaux de saint Sennen et saint Abdon.

min montueux et étroit qui devait nous conduire à un kilomètre de l'établissement de la Preste.

Là, un peu au-delà du hameau de la Forge, nous dûmes
forcément mettre pied à terre, laisser la voiture sur la route,
confier nos bagages à des porteuses qui chargèrent nos
malles sur leur dos et les montèrent à l'établissement, où
nous arrivâmes nous-même après un quart d'heure ou vingt
minutes de marche à travers les éboulis occasionnés par les
travaux des ponts et chaussées, qui démolissent la montagne
à pic pour faire une route carrossable jusqu'à l'établissement du capitaine Cabot.

L'établissement thermal de la Preste est situé à 1,000 mètres au-dessus du niveau de la mer, sur un petit torrent
qui, à 100 mètres plus bas, va se perdre dans le Tech.

Le Tech, qui prend sa source dans les dépendances de
Costa-Bona, à 6 ou 7 kilomètres à l'ouest de la Preste,
forme un des plus jolis torrents de la chaîne des Pyrénées,
avec ses eaux aussi limpides, aussi froides et aussi torrentueuses que celles des plus beaux gaves des Hautes ou
Basses-Pyrénées, ou des torrents des Pyrénées de la Haute-
Garonne et de l'Ariége. Le Tech est sans contredit le plus
gracieux des cours d'eau du département des Pyrénées-
Orientales. Les truites y sont tellement abondantes que,
durant tout le mois que j'ai passé à la Preste, on nous en a
servi presque tous les jours matin et soir à la table d'hôte.

Les montagnes qui entourent la Preste sont composées de
terrains granitiques, gneissiques, schisteux, de terrains de
transport et de calcaires anciens, quelquefois d'une grande
puissance, constituant tantôt des marbres blancs cristallisés, dans le genre de ceux de Saint-Béat, et tantôt des
roches compactes et unies.

Les montagnes sont généralement couvertes de buis, que
l'on rase de temps en temps pour les besoins du chauffage,
et qui, par conséquent, ont une grosse souche presque
au ras de terre, et forment chacun une touffe de petite dimension.

Il y a aussi quelques bois de chênes de peu d'étendue, intercalés entre ces forêts naines ou plutôt ces maquis de buis qui, ainsi qu'on le verra, nous ont offert un grand intérêt au point de vue malacologique, ainsi que les rochers calcaires abondamment répandus autour de la Preste.

L'établissement thermal est la seule maison qui y existe, et le torrent peu considérable, mais toujours alimenté par les sources de la petite vallée supérieure de Can-Britchol (1), reçoit les eaux thermales de l'établissement, qui sont de 45 ou 50 degrés de chaleur et assez abondantes pour donner aux eaux du torrent, immédiatement au-dessous de l'établissement, une température de 25 à 30 degrés. Ces eaux chaudes nourrissent une physe remarquable qui a été décrite comme nouvelle par M. Paul Massot, qui n'en avait trouvé que deux exemplaires, probablement parce qu'il avait cherché trop bas, vers l'endroit où les eaux refroidies se rapprochent du Tech, dans lequel elles vont se perdre ; tandis que, vers le confluent des eaux chaudes des bains avec les eaux froides du torrent, les pierres en sont couvertes et que nous avons pu y en recueillir quelques milliers.

Voici, du reste, l'énumération des espèces que j'ai trouvées à la Preste pendant mon séjour ; mais avant de le soumettre aux malacologistes, qu'on me permette de dire :

1° Que j'ai passé trente-un jours à la Preste, durant lesquels j'ai cherché des mollusques pendant presque toute la journée, sauf le temps consacré à mes devoirs religieux, aux repas, aux eaux et aux bains, c'est-à-dire régulièrement de midi à cinq heures, et souvent de huit heures et demie à dix heures et demie ;

2° Que j'ai eu la bonne fortune d'y être rejoint par mon excellent et vieil ami le docteur Penchinat, de Port-Vendres, qui m'a puissamment aidé de ses recherches, et qui

(1) *Demeure de Britchol*, ancien propriétaire de la ferme appartenant aujourd'hui au capitaine Cabot.

durant les quinze jours qu'il a passés à la Preste, a eu l'heureuse chance d'y trouver un échantillon du genre *acme*,
genre qui n'avait pas encore, que nous le sachions du moins,
été signalé dans les Pyrénées-Orientales ;

3° Que j'y ai été rejoint par un second ami, M. Boutigny,
ancien inspecteur des forêts, bien connu de tous les botanistes comme de tous les malacologistes. Disons en passant
que c'est lui qui a été le premier à trouver à Lourdes l'*Hélix
constricta* (Boubée), que ce dernier naturaliste avait recueillie
dans les environs de Saint-Palais, et que MM. de Nansouty,
le marquis de Follin et Bérillon ont si abondamment récoltée sur un grand nombre de points de la partie occidentale du département des Basses-Pyrénées, y faisant comme
le pendant de l'*H. Rangiana* de l'autre extrémité de la
chaîne dans les Pyrénées-Orientales, de même que l'*Hélix
Quimperiana* remplace sur la contrée océanique l'*H. Pyrenaica* du versant montagneux de la Méditerranée ;

4° Je dois une mention spéciale à une dame habitant la
Preste depuis plusieurs années, mais qui m'a imposé l'obli-
gation de ne pas la nommer : elle a généreusement mis à
ma disposition tout ce qu'elle avait recueilli de coquilles
terrestres. Je lui dois spécialement la certitude de l'existence à la Preste de l'*H. Cespitum* Dr. var. *Arrigonis* (Rossm.)
Je la prie de recevoir ici, malgré son anonyme, l'expression
de ma sincère reconnaissance ;

5° Parmi les naturalistes qui ont exploré la Preste, je dois
citer le capitaine Michaud, auteur du complément de Draparnaud et de plusieurs autres excellents travaux malacologiques qui, dès 1842, mit généreusement à ma disposition
diverses espèces recueillies à la Preste ;

6° Je dois encore citer M. le docteur Paul Massot, aujour-
d'hui sénateur, auquel la politique n'a pas pu enlever son
goût pour l'histoire naturelle, car je l'ai retrouvé, le
24 août 1878 comme il y a plus de trente ans et il y a sept
ans, au milieu de ses collections, qu'il a très-libéralement

mises à ma disposition, cette fois encore. Il m'avait donné, il y a plus de trente ans, des *Pupa affinis* qu'il avait recueillis à la Preste, et depuis, spécialement à mon dernier passage, il m'a fourni des renseignements qui m'ont été extrêmement précieux pour mes recherches. En outre, il m'a permis d'examiner en détail la belle collection qui lui a servi à faire son *Enumération des Mollusques terrestres et fluviatiles vivants du département des Pyrénées-Orientales*. Cet ouvrage renferme une foule de documents importants et plusieurs espèces nouvelles (extrait du Bulletin de la Société agricole, scientifique et littéraire des Pyrénées-Orientales);

7º Enfin, M. Louis Companyo, directeur du musée de la ville de Perpignan, m'a communiqué, avec la plus amicale complaisance, plusieurs renseignements utiles sur les mollusques de la Preste;

8º Je dois prévenir mes lecteurs que, durant le temps que j'ai passé à la Preste, je n'ai pas eu un jour de pluie, une fois seulement un temps de brouillard humide, et une autre fois, à peine quelques ondées accompagnées d'un vent froid et sec, qui n'ont pas pu décider les mollusques à sortir de leur cachette où la sécheresse les retenait depuis deux mois.

Ceci expliquera comment plusieurs espèces trouvées à la Preste par d'autres malacologistes, et notamment par M. Massot, ont échappé à toutes mes recherches.

TOPOGRAPHIE DE LA PRESTE

On descend de l'établissement vers le Tech et l'on passe sur la rive droite par un premier pont : au-dessous, à 7 ou 800 mètres, on repasse par un autre pont sur la rive gauche que la route suit toujours jusqu'à Pratz de Mollo. Avant d'arriver au premier pont, au bas de la Preste, en remontant le Tech, on suit le sentier qui mène à Costa-Bona :

1º La montagne à laquelle est adossé l'établissement des bains porte le nom de *Balme del Tech*, ce qui veut dire la grotte de l'If. Les Latins, comme on le sait, donnaient à l'If le nom de *Taxus* et prononçaient *Taichous*, de là le mot catalan de *Tech* (1).

Ajoutons, pour l'intelligence complète du sujet, qu'un vieil if surmonte une masure adossée à une grotte qui s'étend sur la montagne à une certaine profondeur.

Sur cette montagne, à une soixantaine de mètres au-dessus de l'établissement des bains, on voit se dresser un très-grand rocher où se plaisent beaucoup les *Pupa affinis*.

2° Au-delà du Tech, sur sa rive droite, entre les deux ponts, la montagne formée de marbre blanc cristallisé porte le nom de *Bouchater*. Elle est garnie de petits buis, en latin *Buxus*, prononcez *Bouchous*, de là le nom *Bouchater*, porte-buis.

3° Entre les deux ponts et en face de la rive gauche du Tech, s'ouvre une petite vallée de quelques kilomètres de long seulement (2 ou 3 au plus), que l'on a appelée à juste titre la *Vallée du Silence*, car on n'y entend jamais aucun bruit; il n'y a pas même un torrent au fond : manque d'eau absolu, et par suite point d'oiseaux. En remontant cette vallée, la montagne à droite s'appelle *Le Panal*.

Dans la même vallée, la montagne à gauche porte le nom de *Sainte-Marie*.

Dans cette vallée on trouve plusieurs grottes que nous avons eu le regret de ne pouvoir visiter.

4° La montagne située sur la rive gauche du Tech, en face du hameau de la Forge, porte le nom de *Rourède d'en Ribes* (Ribes en est le propriétaire), forêt de chênes : *Rubur*, en

---

(1) Je dois cette explication étymologique, comme toutes celles qui suivent, à l'obligeance de l'érudit capitaine d'artillerie Cabot, botaniste distingué, propriétaire de l'établissement de la Preste, et qui a été longtemps membre du conseil général des Pyrénées-Orientales.

latin (prononcez Roubour), en catalan *roure* (le *b* supprimé).
de là *Rourède* (1).

Enumération des espèces.

TESTACELLE. — TESTACELLA *Faur. Big.*

Testacelle de Servain — *Testacella Servainiana, P. Mass.*
in Ann. Mal. 1870 et tirage à part, p. 10-12.
Fig. *ibid.* pl. V. f. 13-17.
Hab. La Preste aux abords du pont qui conduit à l'établis-
sement thermal. (P. Mass. Moll. Pyr.-Or. (2).
* T. de Bourguignat — T. *Bourguignati* P. Mass. in
Ann. Mal. 1870 et tirage à part, p. 6-9.
Fig. *ibid.* pl. V. f. 7-12.
Hab. aux environs de La Preste où M. Paul Massot l'a re-
cueillie, le 19 août 1869, derrière l'établissement thermal,
en face de la maison du capitaine Cabot.

VITRINE — VITRINA *Drap.*

V. globuleuse — *V. subglobosa Mich.* compl. p. 10 (1831).
Fig. *Mich. ibid.* pl. XV, f. 18-20.
Hab. sous les pierres, dans les gazons et presque partout
autour de La Preste (3).
Elle est abondante sous les pierres le long du petit
torrent dans lequel se déversent les eaux des bains. On la
trouve aussi sous les gazons. M. de Saint-Simon, à qui nous

---

(1) Cabot *in litteris*, 6 décemb. 1878, pour toutes ces explications
et les précédentes.

(2) Nous aurons soin de marquer d'une * toutes les espèces indiquées à La Preste que nous n'y avons pas trouvées.

(3) Nous avons vainement cherché cette espèce ainsi que les deux
précédentes dans les localités indiquées par les auteurs. La sécheresse a
rendu probablement nos efforts inutiles.

l'avons communiquée, croit que c'est bien sa *Vitrina Ser-vainiana*, mais il doute de la validité de son espèce et croit qu'il est préférable de conserver le nom de Michaud. Est-ce bien *l'Hyalina annularis* Stud.? C'est encore fort douteux pour nous.

HELICE. — HELIX *Drap.* (*Linn.* pars).

H. des celliers — *H. cellaria* Mull.
    Var. *Farinesiana*.
H. *Farinesiana* L. Pf. Mon. hel. viv. VII, p. 536, n° 779 b. (1876).
Zonites Farinesianus Bourg. in Rev. et Mag. Zool. XXII, p. 18, tab. XVI, f. 1-3 (1870).
Hyalina Farinesiana West. Faun. Eur. p. 22, n° 19 (1876).
Hab. C. à La Preste, au pied des rochers, dans les jardins, sous les gazons au bord du torrent et du Tech, etc.

C'est d'après MM. de Saint-Simon et Fagot que je rapporte cette coquille à l'espèce de M. Bourguignat. Ces deux naturalistes, très-sagaces, m'assurent que la variété d'*H. cellaria* que je signale ici est l'*H. Farinesiana* Bourg. Je dois avouer ingénuement que malgré toute mon affection pour l'auteur de cette espèce, et malgré mon estime pour le naturaliste, je ne sais y voir qu'une légère variété de l'*H. cellaria* Mull., que je possède d'un grand nombre de points de la France et de l'étranger.

Je crains qu'avec toutes les espèces du genre *Zonites* ou Hyalina (*ad libitum*) qui ont été faites depuis un certain nombre d'années, il ne soit désormais absolument impossible de les distinguer les unes des autres.

H. à petits rayons — *H. Hammonis* Strom. Trondhy. Selsk. Skrift. III (1765).
    Fig. *Dup.* h. n. Moll. *tab.* XI, f. 4 (1849).
H. radiatula Ald.
    striatula Gray.

La Preste sous les pierres. R. peut-être à cause de la sécheresse, car cette espèce est répandue dans toute la chaîne
des Pyrénées.

H. nitideuse — *H. nitidosa* Fer. Avec l'espèce précédente.

* H. *nitida* Mull.

* H. *nitidula* Drap.

Je n'ai pas trouvé ces deux espèces indiquées à La Preste
par M. Paul Massot, *Enum.*, etc., p. 50.

H. bouton — *H. rotundata* Mull.

C. sous les pierres du torrent qui descend le long des bains.

H. chagrinée — *H. aspersa* Mull.

C. dans les jardins, les champs, les bois, le long des
murs, etc.

On en trouve des exemplaires de petite taille et d'autres
qui atteignent presque les dimensions des plus gros individus de l'Algérie.

La couleur qui domine, c'est la teinte noire ou noirâtre
plus ou moins flammulée.

Quelques spécimens que j'ai recueillis étaient presque entièrement d'un noir uniforme.

H. des jardins — *H. hortensis* Mull.

C.C.C. dans les jardins, les bois, sur les buis, etc.

H. némorale — *H. nemoralis* L.

C.C. moins commune cependant que l'*H. hortensis* dans
les mêmes lieux.

J'ai trouvé sur les buis, sur les rochers et les pierres détachées, principalement dans la vallée du Silence, une variété remarquable de cette espèce, qui ressemble beaucoup à
l'*H. Vindobonensis* C. Pfeiff. (*Austriaca* Muhlf.), par son
ouverture plus étroite, subquadrangulaire et moins oblique,
par sa spire plus élevée et par ses stries plus fortes et régulières, comme aussi par la couleur moins foncée de son
péristome. Cette variété, si on la rapproche de celle de l'*H.
sylvatica* de la Grande-Chartreuse que nous avons signalée
dans notre Histoire naturelle des Mollusques, p. 133-135,

pourrait bien nous fournir un argument de plus en faveur
des malacologistes qui pensent que les *H. sylvatica* Dr., *nemoralis* Linn., *hortensis* Mull., *Vindobonensis* C. Pfeiff
(*Austriaca* Muhlf.), ne devraient faire qu'une seule et même
espèce.

* H. du Canigou — *H. Canigonensis* Boub. in Bull. d'hist.
nat. no 57 (1832).

H. Xalartii Far., in Bull. soc. de Perpignan, 1834.

Nous n'avons pu recueillir cette espèce (ou variété de l'*H.
arbustorum*) à La Preste, mais notre ami et sagace naturaliste, M. Penchinat, l'a trouvée il y a déjà un grand nombre
d'années à Costa Bona, à quelques kilomètres au-dessus de
La Preste, vers les sources du Tech, où on la rencontre abondamment après les pluies sur les pierres, les rochers, etc.

H. des Pyrénées — *H. Pyrenaica* Drap.

C. à travers les rocailles, dans les fentes des rochers et
surtout dans celle des vieilles murailles en pierres sèches,
dans les jardins, au pied des rochers de la montagne du
Bouchaner, sous les grands éboulis de pierre, etc.

Cette espèce est assez abondante à La Preste où j'en ai
recueilli une soixantaine de sujets morts au pied des murs
en pierres sèches, sous les éboulis, près du grand rocher au
nord-ouest de l'établissement, derrière les jardins de M. Cabot,
au pied des grands rochers, sur la rive droite du Tech,
entre les deux ponts à mi-montagne. Je n'en ai pu recueillir,
à cause de la sécheresse continue, pendant mes trente-un
jours de séjour à La Preste, que quatre individus vivants,
dont trois jeunes. Mais le lieu où on la trouve très-abondamment, c'est à Pratz de Mollo, dans les jardins clôturés
de murs en pierres sèches. J'ai pu même en avoir une
cinquantaine de vivantes un jour qu'il était tombé quelques ondées.

Les individus de La Preste sont en général un peu plus
grands que ceux de Pratz de Mollo. Ce fait semble, pour
beaucoup d'espèces, constituer une règle générale. Ainsi,

les *H. Carascalensis* atteignent une taille plus forte dans le cirque de Gavarnie, au Pic du Midi (vers le Cône), etc., qu'au lac de Gaube et sur les autres points inférieurs où on commence à les trouver.

Je pourrais faire la même observation sur la plupart des espèces alpines françaises ou étrangères des genres *helix*, *pupa*, etc.

A peu près tous les échantillons morts que j'ai recueillis se trouvaient dans les jardins, au pied des murailles en pierre sèche, à travers l'herbe où les animaux avaient probablement été surpris par quelques-unes des larves qui les dévorent, car la plupart des coquilles étaient assez fraîches et entièrement vides.

H. cornée — *H. cornea* Drap. Tabl. moll. p. 89 (1801).

Fig. h. n. m. pl. VIII, f. 1-3 (1805).

Hab. La Preste contre les murs en pierre sèche, au pied des rochers, etc.

Je n'ai recueilli qu'un seul échantillon du type de cette espèce tel qu'on le trouve aux environs de Montpellier.

Mais on rencontre assez fréquemment la variété dont M. Marcel de Serres a fait son H. Squammatine, *H. Squammatina*, qui ne diffère guère que par sa taille plus petite et sa couleur d'un brun noirâtre presque uniforme. Je n'y ai pas remarqué les squammes dont parlent plusieurs auteurs.

Elle est très-répandue partout à La Preste et quoique nous n'ayons pu en trouver que peu d'exemplaires vivants, nous en avons rencontré de morts presque partout au pied des murs en pierre sèche et au pied des rochers. Du reste, des renseignements que nous avons pu rassembler il résulte qu'au printemps, après les pluies, on en trouve beaucoup sur toutes les vieilles murailles des jardins et contre les rochers. Celles que nous avons eues vivantes ont été prises presque toutes contre les rochers, le long du Tech, en amont du premier pont, en descendant de l'établissement des bains, attachées aux parois humides des rochers ou sous les mousses humectées par les vapeurs du torrent. C'est surtout à l'un des baigneurs, M. Joseph Morat, de Sainte-Marie-la-Mer, que nous devons la plupart des exemplaires vivants qu'il nous a été donné de rapporter. Après quelques instructions, M. Morat est devenu l'un des plus adroits chercheurs que nous ayons rencontrés.

H. de Des Moulins — *H. Desmolinsii* Far. Descr. coq. p. 5 (1834) f. 4 (en sens inverse et très-mauvaise). Fig. *Dup.* Hist. nat. moll. pl. VI, fig. 6 (bonne).

Je n'ai pas su trouver cette espèce à La Preste où elle est indiquée par M. Paul Massot ; mais je n'en ai pas été surpris, parce que cette Hélice ne se montre qu'après des pluies prolongées, comme nous l'avons dit ailleurs à propos de la variété velue que l'on trouve à Cauterets exclusivement dans les murs formés de blocs granitiques ou sur les rochers granitiques eux-mêmes. Du reste, il existe deux blocs à La Preste entre l'établissement et le village de la Forge, et c'est là, sans doute, qu'il faudrait chercher cette espèce après des pluies prolongées.

H. planorbe — *H. obvoluta* Mull.

R. au pied des rochers à mi-montagne du Bouchaner.

H. mignonne — *H. pulchella* Mull.

H. à côtes — *H. costata* Mull.

Hab. l'une et l'autre, sous les pierres, dans les prairies et le long du petit torrent qui descend le long des bains.

H. lampe — *H. lapicida* Linn.

Le type de cette espèce, d'une couleur fauve roussâtre, est rare à La Preste. Je n'en ai trouvé que quelques échantillons ; mais la belle variété flammulée, que nous ne connaissons jusqu'à présent en France que dans les Pyrénées-Orientales, y est très-commune partout dans les vieux murs en pierres sèches, sur les rochers, dans les touffes de buis où elles se réfugient pendant la chaleur. C.C.C. c'est l'une des espèces les plus abondantes.

J'en ai trouvé cinq ou six échantillons seulement entièrement albinos. Ils sont du reste très-rares dans cette variété comme dans le type où nous en avons trouvé quelques-uns à Cauterets.

H. strigelle — *H. strigella* Drap.

C.C. presque partout à La Preste, à travers les herbes, au pied des murs et des rochers.

Tous les échantillons que nous y avons rencontré (quatre ou cinq seulement à l'état vivant), appartiennent à la variété fauve rougeâtre avec une bande blanchâtre sur le milieu du dernier tour, très-bien marquée, mais pas aussi accentuée que dans l'*H. limbata*.

H. chartreuse — *H. carthusiana* Mull. non Drap.

Cette espèce est assez commune surtout au-dessus des bains de La Preste, au pied des murs en pierres sèches et dans les éboulis. Tous les échantillons que nous y avons trouvé appartiennent à la variété globuleuse en dessus et en dessous.

H. marginée — *H. limbata* Drap.

C.C.C. dans les endroits frais, le long du torrent et dans les buis, principalement sur la montagne du Bouchaner où elle est abondante.

Les individus du type blanc peu transparent, ornés d'une bande d'un blanc lacté sur le dernier tour, sont les plus nombreux. La jolie variété ceinte d'une bande fauve rougeâtre au-dessus de la bande d'un blanc lacté et se continuant le long de la suture jusqu'au sommet de la spire, est la plus commune après le type (1).

La variété de couleur fauve plus ou moins rougeâtre avec la bande blanc lacté très-prononcée, est un peu moins commune sans être rare; mais la variété uniforme sans bande blanche sur le dernier tour y est très-rare.

---

(1) Cette jolie variété est très-bien figurée dans le Catalogo iconographico y descriptivo de los Molluscos terrestres de Espana, Portugal y las Baleares, par J.-C. Hidalgo, pl. 23, f. 245.

H. des rochers — *H. rupestris* Drap.

C.C.C. sur les rochers, presque partout, mais principalement sur la rive droite du Tech, entre les deux ponts ; on y
trouve très-fréquemment la variété conique presque pyra-
midale. On recueille cette espèce en quantité par le bros-
sage des rochers.

H. de Martorell. — *H. Martorelli* Bourg. in Rev. et mag.
zool., XXII, p. 26 (1870).

Fig. *ibid.* tab. XV, f. 12-16.

Hab. La Preste, sous les pierres, au bord du petit torrent.
Nous n'en avions trouvé qu'un seul échantillon ; mais M. de
Saint-Simon en a recueilli trois individus à Amélie-les-
Bains.

Cette espèce, si elle est bonne, est bien voisine de l'H.
conspurcata ; mais il faudrait, pour juger de sa légitimité,
en avoir sous les yeux un grand nombre d'échantillons, ce
qui ne nous a pas été donné.

H. Salie — *H. conspurcata* Drap.

Je n'ai pas rencontré cette espèce à La Preste, mais M. de
Saint-Simon l'a trouvée en abondance à Amélie-les-Bains.

H. des gazons — *H. cespitum* Drap.

Var. *Arrigonis*.

H. Arrigonis Rossm.

Cette espèce est fort rare à La Preste où nous n'en
avons vu qu'un échantillon qui nous a été communiqué par
Mme N..., dont nous regrettons d'être obligé de respecter
l'anonyme. Cette hélice a été trouvée dans les jardins de
M. le capitaine Cabot. Elle abonde plus bas dans la vallée,
aux environs de Céret où elle a été recueillie il y a longtemps
par notre ami M. Boutigny.

Nous ne croyons pas qu'on puisse la séparer de l'*H. cespitum*. Cette variété, du reste, C.C.C. dans presque toute
l'Espagne, se retrouve aux deux extrémités de la chaîne des
Pyrénées, aux environs d'Hendaye, dans les Basses-Pyrénées et dans les Pyrénées-Orientales.

Du reste, pour se convaincre de l'identité de l'*H. cespitum*
et de l'*H. Arrigonis*, il n'y a qu'à consulter la description et
les figures de l'iconographie de Rossmassler et les figures
mieux faites encore du Catalogue des Moll. d'Espagne de
Hidalgo, pl. 15, f. 145-148.

BULIME. — BULIMUS *Scop*.

B. de montagne — *B. montanus* Drap.

C'est probablement par erreur que cette espèce a été indiquée à La Preste, car nous ne croyons pas qu'elle existe
dans les Pyrénées.

FERUSSACIE. — FERUSSACIA *Risso*.

F. luisante — *F. lubrica* Mull. (Sp.)

Hab. La Preste, dans tous les lieux frais, sous les pierres,
au pied des rochers, des touffes de buis, etc. On en trouve
plusieurs variétés, dont nous signalerons les suivantes :

1o Le type répandu dans toute l'Europe ;

2o Une variété plus effilée et plus allongée, que nous
avons rencontrée sur les bords du petit torrent des bains.
Rare à travers les autres ;

3o Une autre variété plus renflée et plus courte, que nous
avons trouvée sous une touffe de buis, en amont du Tech,
au-dessus du premier pont, sur la route de Costa Bona.

AZÈQUE — AZECA *Leach*.

A. de Dupuy — *A. Dupuyana* Bourg. in Fagot.

Mon. des esp. Fr. d'*Azeca*, p. 9-10 (1876).

Il est à regretter que M. Fagot, comme bien d'autres auteurs, ait publié cette espèce sans en donner une bonne figure au moins au trait. Nous sommes sûrs que l'espèce de
La Preste est son *Azeca Dupuyana*, d'après le témoignage
de M. Fagot lui-même. En voici du reste la description :

« Testa cylindrica, elongata, vitrino idea, lævissima, pal-

4

lide corneo-diaphana, — spira elongata, vix obtusa leviter-
que attenuata ; — apice obtuso — anfractibus 6 fère planulatis, regulariter crescentibus, sutura linceari, zonula
opacula pallidiore circumcincta, separatis ; — ultimo convexo ad aperturam crassiore et leviter descendente; — apertura paululum obliqua, lunata (paries penultimi ventricoso-
arcuatus), semioblonga, superne angulata ; margine externo
convexo, columella oblique recta, leviter lamellosa ; —
peristomate recto, vix incrassatulo ; marginibus callo albido junctis.

» Alt. 6 1/2. — Diam. 2 mill. » (FAGOT, loc. cit.)

HAB. *La Rourède d'en Ribes*, en face du hameau de la
Forge, à travers les clairières du bois de chênes. Elle y est
fort rare ou du moins très-difficile à trouver à travers le
vieux terreau sous les touffes de buis. Chaque séance de
trois heures ne m'a jamais donné que cinq ou six échantillons, tous morts, à l'exception d'un seul, dont nous n'avons
jamais pu observer l'animal qui se cachait à la moindre
lueur. Si l'on était là au printemps, probablement on pourrait en avoir de vivants.

J'en ai trouvé un seul exemplaire sous une touffe de buis,
en amont du pont, le long du Tech, sur le sentier de Costa
Bona. M. Penchinat et moi en avons en outre rencontré chacun un exemplaire sous les éboulis de pierres de *la balme
del Tech*, où nous trouvions très-abondamment le *Pupa cylindrica*. Extrêmement voisine de l'*A. Boissii* Dup. (Zua), si
tant est qu'elle puisse en être séparée comme espèce. Nous
pensons, pour notre compte, que c'est tout au plus si l'on
doit la distinguer comme variété.

BALÉE. — BALEA *Prid.* in *Gray*.

B. fragile — *B. fragile* Drap.

HAB. La Preste, sous les rochers, sous les herbes, le long
de la route entre les deux ponts, sur les vieux murs autour
de l'établissement, etc.

CLAUSILIE. — CLAUSILIA *Drap.*

Cl. rugueuse — *Cl. rugosa* Drap.

Hᴀʙ. sur les rochers partout autour de La Preste, mais peu commune.

Notre excellent ami M. Fagot croit devoir rapporter les échantillons que j'ai recueillis à La Preste, à la *Cl. Penchinati* Bourg. Sp. noviss. Mollusc. p. 30, n° 38 (1870).

Je dois avouer que si cette détermination est exacte, je ne sais pas voir les différences qui existent entre nos échantillons et les échantillons authentiques de la *Cl. rugosa* Drap. que je possède dans ma collection recueillis aux environs de Montpellier par feu M. le docteur Roch, élève de Draparnaud, et par notre ami le docteur Paladilhe, de si regrettable mémoire.

S'il y a quelques différences, elles sont si légères que c'est tout au plus, à mon sens, si l'on pourrait les considérer comme une variété bien peu distincte du type.

* *Cl. parvula* Stud.

* *Cl. ventricosa* Drap.

Nous n'avons pas su trouver ces deux espèces à La Preste où elles sont indiquées par M. P. Massot, *Enum.*, etc., p. 70 et 71, convaincu d'ailleurs que c'est par erreur que la *Cl. ventricosa* a été indiquée à La Preste, car c'est, selon nous, une espèce exclusivement du nord et de l'est de la France, descendant jusques aux Alpes.

MAILLOT. — PUPA *Drap.*

M. voisin — *P. affinis* Rossm, *Icognogr.* IX et X, p. 26, fig. n° 642 (1839).

P. Clausilioïdes Ner. Boub. ex Dup. Hist. nat. Moll. de France.

Nous croyons aujourd'hui qu'il est impossible de rapporter d'une manière certaine le *P. Clausilioïdes* Boub. au P. de

La Preste qui est bien certainement le *P. affinis* Rossm.

Hab. Cette espèce se trouve abondamment sur le grand rocher calcaire de *la Balme del Tech*, derrière les jardins de M. Cabot, au nord de l'établissement. C'est là que M. Paul Massot l'avait recueilli en quantité sur les parois du rocher après la pluie, et sous les touffes des graminées et autres plantes par la sécheresse, ou bien dans les fentes du rocher où il s'abrite volontiers.

On le trouve aussi dans les grands rochers calcaires de la vallée du Silence qui s'ouvre à l'est de l'établissement. Nous l'avons également recueilli au pied des rochers, au sud de l'établissement, sur la rive droite du Tech, sur le Bouchaner, mais il y est plus rare et nous ne l'y avons que bien rarement rencontré vivant.

Mais après en avoir recueilli quelques centaines, M. Penchinat et moi avions épuisé ce que nous pouvions trouver sur le grand rocher, derrière les jardins de M. Cabot, à *la Balme del Tech*.

Ce fut alors que me doutant qu'il y avait d'autres grands rochers calcaires dans la vallée du Silence, j'y fis une petite excursion ; j'en découvris trois ou quatre autres, habités par des *Pupa affinis*, et je recueillis sur ces rocs un certain nombre d'exemplaires de cette espèce , moins cependant qu'en premier lieu,

Après deux ou trois excursions, en cherchant des *Pupa polyodon* sous les buis, je m'aperçus que sur chaque grosse souche s'abritaient quelques *P. affinis* vivants. Je me mis à y chercher avec soin, et dès lors, sous chaque touffe de buis, en fouillant dans les fentes, j'en recueillis en moyenne une quinzaine ou une vingtaine sur chaque pied, mais presque jamais sur les rameaux. Par ce moyen, les malacologistes qui iront dorénavant faire des recherches à La Preste, n'auront qu'à commencer par où j'ai fini, et ils recueilleront sans fatigue, assis au pied des touffes de buis, autant de *P. affinis* qu'ils pourront en souhaiter.

On trouve, quoique assez rarement, un certain nombre
d'échantillons de la var. *Elongatissima* qui présente jusqu'à
quinze et seize tours de spire.

Var. *Eudolicha*.

Pupa Eudolicha Bourg. Moll. nouv. et lit., p. 74, pl. VIII,
fig. 6-10.

Nous ne croyons pas qu'on puisse séparer cette variété accidentelle du type, puisque d'après M. Paul Massot il n'a pù
en trouver que trois exemplaires mêlés à plusieurs milliers
d'*affinis* et, pour notre part, sur au moins 1,500 exemplaires que nous avons recueillis, nous n'en avons trouvé
qu'un seul. On ne peut pas établir d'une manière juste une
comparaison entre le *P. affinis* et le *P. Eudolicha* et dire qu'ils
sont l'un à l'autre ce que le *P. Farinesii* est au *P. Avenacea*,
car le *P. Farinesii* se trouve presque partout dans les Pyrénées-Orientales sur les rochers, tandis que le *P. Eudolicha*
ne se trouve pas un par mille à travers les *P. affinis*.

M. polyodonte — *P. polyodon* Drap.

Var. *ringicula*.

P. ringicula Mich.

Cette espèce se rencontre un peu partout aux environs
de La Preste et à toutes les expositions sous les pierres, au
pied des rochers, à travers les racines des graminées, sous
les touffes de buis, etc.

Durant les premiers temps de notre séjour à La Preste
nous n'en trouvions que des individus isolés, en petit nombre, et presque toujours morts, lorsqu'une heureuse chance
nous fournit le moyen d'en recueillir en quantité de vivants.

Je secouais les buis ou plutôt je les frappais très-rude-
ment avec mon bâton pour faire tomber dans mon parapluie des *H. lapicida* (la variété flammulée des Pyrénées-
Orientales), des *H. limbata*, etc., lorsque arrivé dans une
certaine région du Bouchater, entre la route et les grands
rochers, je trouvai dans mon parapluie plusieurs échantil-
ons vivants de *Pupa polyodon*. Je continuai à frapper les

buis pendant une douzaine de jours et je pus ainsi récolter un nombre considérable d'échantillons vivants, au moins quatre à cinq cents. Nous ne pouvons pas dire que ce fût sans fatigue, car pour se tenir debout sur une pente raide et battre les buis de toute la force de son bras droit en maintenant dessous le parapluie de la main gauche, l'exercice était si pénible que notre ami, le docteur Penchinat, dut y renoncer.

Les *Pupa polyodon* de La Preste, bien qu'ayant la forme allongée d'ouverture signalée dans la pl. XX, fig. 2, C. de notre Hist. nat. des Moll., sont d'une dimension plus forte que ceux de Villefranche, qui nous ont été donnés autrefois par M. Michaud, et que ceux que nous avons trouvés dans les alluvions de l'Aude il y a deux ans, envoyés par M. Léon Partiot, ingénieur en chef à Carcassonne. Toujours, conformément à ce que nous avons dit plus haut, que les mêmes espèces, à une altitude plus haute, atteignent une taille plus forte.

M. cylindrique — *P. cylindrica.* Mich. in Bull. soc. Linn. Bord. III, p. 228, 11, fig, 17-18 (1828)

P. Dufourii Fer (Sp) Tabl. syst. p 59, n° 478 (1821).

Sans description ni figure, ce qui nous fait adopter le nom imposé par le capitaine Michaud.

C. à La Preste, au pied des rochers où nous l'avons trouvé partout, mais C.C.C. sous les grands éboulis de pierres à gauche du grand rocher (en se plaçant en face).

Dans les premiers jours de notre séjour à La Preste, nous trouvions le *P. cylindrica* partout, mais en petit nombre et par individus isolés. Un jour, nous souvenant que nous avions trouvé à Saint-Sauveur le *P. Braunii* en quantité sous des éboulis de pierres, et nous trouvant en face d'un éboulis considérable, nous nous mimes à le fouiller. Il y avait une épaisseur de 60 à 80 centimètres de pierres plus ou moins grosses, et lorsque nous eûmes déblayé un peu le terrain, sous les pierres inférieures et sur la terre qu'elles recouvraient, nous trouvions de nombreux échantillons, de sorte que chaque séance nous fournissait de 100 à 300 exemplaires. M. Penchinat et moi y en avons, en conséquence, recueilli plusieurs milliers d'individus.

Var. *elongatissima* de quinze à seize tours de spire, un seul exemplaire trouvé par M. Penchinat.

Var. *polyodon*.

Se trouve assez abondamment ; elle présente autour de son péristome des plis semblables à ceux du *P. polyodon*. Nous avons signalé et figuré cette variété dans notre Histoire naturelle des Mollusques terrestres et d'eau douce de France, p. 399, à l'article rapport et différences des *P. polyodon* et *cylindrica* (*P. Dufourii*), et dans la description du *P. Dufourii* lui-même, p. 400 et pl. XX, f. 1, C.

M. des Pyrénées — *P. Pyrenearia* Mich.

HAB. d'après Companyo La Preste où il est rare. (Massot), *Enumer.*, etc., p. 65).

Nous n'avons pas pu, malgré nos recherches, en trouver un seul échantillon.

M. de Farines — *P. Farinesii* Ch. des Mons.

HAB. C.C.C, sur tous les rochers, en compagnie de la plupart des autres *Pupa* et surtout du *P. megacheilos*, sur les rochers à la droite de la route, entre les deux ponts et principalement vers le pont d'Aval, comme aussi sur les grands rochers à mi-montagne du Bouchaner. C'est certainement la plus commune des espèces de La Preste.

M. à grands bords — *P. megacheilos* Jan.

Var. *bigoriensis* Charp.

Subvar. *ventricosa*.

HAB. C.C.C. avec la précédente. L'un et l'autre bravent les ardeurs du soleil collés sur les rochers ; néanmoins, ils se mettent volontiers sous les petits abris des cassures de rochers qui leur donnent un peu d'ombre.

M. des mousses — *P. muscorum* Linn. (Sp.)

HAB. les rochers de *la Balme del Tech*. Il n'y paraît pas

abondant, mais nous en y avons trouvé plusieurs échantillons.

M. ombiliqué — *P. umbilicata* Drap.

Hᴀʙ. les fentes des murs en pierre sèche en descendant de
l'établissement au pont du Tech. R.

M. très-petits — *P. minutissima* Harlm.

Hᴀʙ. avec le *P. muscorum* à *la Balme del Tech*; au grand
rocher aux *P. affinis* il y paraît rare, car je n'en ai trouvé
qu'un échantillon.

PHYSE. — PHYSA *Drap.*

Ph. gibbeuse — Ph. *gibbosa Mass.* Enum. moll. Pyr.-Or.,
p. 80, n° 5, fig. 4 (pessima).

Contrairement à toutes les règles de la nomenclature
adoptées par tous les naturalistes depuis la publication de la
Philosophia botanica Linn., M. Massot a donné à cette espèce
le nom de

Physa gibbosa et *minutissima.*

Nous ne conservons que le premier de ces noms pour rentrer dans la véritable voie de la désignation des espèces. Il
est à regretter que la fig. de M. Massot soit tellement mauvaise, que jamais aucune Physe ait pu ressembler de près ni
de loin à cette figure. Cependant, une lettre de M. Fagot nous
dit qu'elle a été faite sur un échantillon scalaire de Physe.

Or, comme malgré toutes nos recherches nous n'avons pu
trouver à La Preste qu'une seule espèce de Physe qui se rapporte par plusieurs de ses caractères et spécialement par la
gibbosité de son dernier tour à la description de M. Massot,
nous maintenons le nom de l'espèce de cet auteur, si toutefois on ne veut pas la considérer comme une variété de la
Physa acuta, ce que je préférerais.

Ce sera donc la *Physa gibbosa* pour les amateurs de division d'espèces et

La *Physa acuta* Drap.

Var. *gibbosa*, pour ceux qui admettent plus difficilement les types spécifiques.

Hab. très-abondante dans le torrent qui reçoit les eaux des bains, mais seulement dans l'espace de 30 à 40 mètres où l'eau tout entière du torrent acquiert une chaleur considérable. Plus bas, c'est à peine si l'on en trouve quelques échantillons. Mais les pierres échauffées par l'eau thermale en sont tellement couvertes, qu'avec une brosse nous avons pu, en peu de temps, en faire tomber quelques milliers sur un mouchoir. C'est ce que nous avons fait, malgré l'incommodité qu'il y a se tenir dans cette partie du torrent.

LIMNÉE. — LIMNÆA.

L. naine — L. *minuta* Drap.

Hab. La Forge, dans les eaux qui descendent des canaux d'irrigation où elle n'est pas commune.

ANCYLE. — ANCYLUS *Geoffr.*

A. fluviatile — *A. fluviatilis* Mull.

Var. *riparius*.

Hab. les eaux vives et torrentueuses et surtout sur les pierres de soutènement des canaux d'irrigation à La Forge.

Nous n'adoptons pas le nom d'*A. simplex*, parce que le nom d'*A. fluviatilis* est plus généralement employé, et nous ne croyons pas devoir, dans un simple catalogue, changer la nomenclature généralement admise.

CYCLOSTOME. — CYCLOSTOMA *Lamark.*

C. élégant — *C. elegans* Mull. (Sp.)

Hab. le long des rochers de la montagne du Bouchater. Malgré toutes nos recherches sur les rochers calcaires, si nombreux aux environs de La Preste, nous n'avons pu trouver trace du genre Pomatias, si nombreux et si varié sur d'autres points et surtout dans la partie centrale des Pyrénées.

ACMÉE. — ACME *Hartm.*

A. cryptomene — *A. cryptomena* de Fol. et Ber.
Contr. à la Faune mal. du Sud-Ouest, p. 13-14.
    Fig. *ibid.* pl. II, fig. 1-5.

Hab. sous les éboulis de *la Balme del Tech*, là où abondent les *Pupa cylindrica*, et où notre ami, le docteur Penchinat, en a trouvé un seul échantillon qui ne diffère des échantillons authentiques de Bayonne que par sa taille un peu plus forte, et par le bourrelet péristomique cuculliforme paraissant un peu plus accentué, parce que l'exemplaire trouvé à La Preste était vieux et mort depuis assez longtemps. C'est du reste une trouvaille très-intéressante en ce que : 1° Le genre *Acme* n'avait encore été signalé, que nous le sachions du moins, comme vivant dans les Pyrénées-Orientales ; en outre, sa présence à La Preste montre une fois de plus l'analogie qui existe entre les deux points extrêmes de la chaîne des Pyrénées. Ainsi l'*Acme cryptomena*, l'*Helix cespitum*, var. *Arrigonis*, la *Clausilia rugosa*, habitent les Basses-Pyrénées et les Pyrénées-Orientales ; tandis que, comme nous l'avons déjà fait remarquer, l'*H. Quimperiana* et l'*H. Constricta* sont, dans les Basses-Pyrénées, le pendant des *H. Pyrenaica* et *Rangiana* des Pyrénées-Orientales.

De ce qu'un seul échantillon a été trouvé au mois de septembre, après trois mois de sécheresse, il ne s'en suit pas que l'*A. cryptomena* soit rare à La Preste, car on sait avec quelle difficulté on trouve cette petite espèce presque hypogée, en dehors des saisons longtemps pluvieuves, même dans les lieux où elle est assez abondante. Il est donc possible qu'en la cherchant avec soin au mois de mars après les pluies de l'hiver, on la trouve assez abondamment sous les pierres quand la terre est détrempée.

Malgré nos recherches, nous n'avons pu trouver ni de Paludinelles dans les eaux des sources, ni des Pisidium que l'on ramasse si fréquemment à travers les plantes et les vases des eaux limpides ou stagnantes. Probablement d'autres naturalistes seront plus heureux que nous et découvriront quelques espèces de ces genres autour de La Preste.

M. le Président insiste sur l'intérêt que présentent les travaux de M. l'abbé Dupuy. La Société doit exprimer à ce savant naturaliste sa reconnaissance pour sa collaboration.

Note d'archéologie préhistorique.

M. E Cartailhac fait passer sous les yeux de la Société une série de pierres taillées trouvées près de Toulouse ; par leurs formes et pour d'autres motifs, elles peuvent être attribuées à l'époque quaternaire et seraient contemporaines des pointes en silex des alluvions anciennes du gisement célèbre de Saint-Acheul. Ces outils sont des cailloux de la Garonne, façonnés par l'enlèvement de gros et moyens éclats ; en général ce sont des quartzites. Ils offrent souvent des arêtes vives, une apparence de fraîcheur de taille qui a pu faire suspecter leur ancienneté aux personnes inexpérimentées. D'autres échantillons, au contraire, offrent des angles adoucis, une surface glacée, et l'on a pu croire qu'ils avaient été roulés par l'ancien cours d'eau. C'est une erreur que M. Cartailhac lui-même a partagée, mais qu'il reconnaît.

Si ces pierres avaient été roulées, les arêtes ne seraient pas seulement adoucies, elles seraient effacées ; les pointes seraient cassées ou tout au moins très-atténuées ; or, elles sont encore intactes et même plus effilées.

Deux causes peuvent avoir produit le résultat en question : une action physique, le frottement des sables soule-

vés par les vents ; une action chimique, la dissolution de
la roche par les agents atmosphériques et les substances
contenues dans le sol. M. Cartailhac montre un fragment de
brique , peut-être récente, qui a été trouvé avec les quartzites taillés et qui offre lui aussi une altération de la surface, une véritable patine et un glacis très-sensible.

Il resterait à expliquer pourquoi la même station offre des
pierres taillées avec et sans patine. Ce qui est certain, c'est
que les unes et les autres ont été abandonnées à l'endroit
où on les a rencontrées, elles ont été. peut-être atteintes par
les crues, qui les ont alors plus ou moins recouvertes par
l'alluvion. Ces pierres n'ont pas été roulées par les eaux
dans tous les cas.

M. Cartailhac dit ensuite que les travaux entrepris aux
portes d'Abbeville pour extraire du ballast employé pour la
construction de Béthune, ont mis au jour des couches riches
en silex taillés. Ce gisement est la continuation de celui de
Moulin-Quignon. C'est précisément la même couche géologique qui s'étend depuis Saint-Gilles jusqu'à Moulin-Quignon. Seulement, à Saint-Gilles, elle n'est plus recouverte
de lehm ; elle en a été privée par une érosion postérieure ,
d'après les observations de M. G. de Mortillet. M. Cartailhac
fait passer sous les yeux de la Société une belle série de ces
silex qui lui appartient. Aucun musée du midi de la France
n e possède une collection de pièces aussi nombreuses et
a ussi belles de la classique vallée de la Somme.

On ne s'explique pas encore pourquoi on recueille dans
ces alluvions une si considérable quantité de pièces qui ne
sont pas évidemment des rebuts. C'est par milliers, en effet,
qu'elles sont sorties des tranchées de Moulin-Quignon et
de Saint-Acheul. C'est par centaines, comme M. Cartailhac
l'a fait remarquer dans un précédent travail (1), qu'on les
rencontre dans les stations de la région toulousaine

(1) Bulletin de la Société d'Histoire naturelle de Toulouse, 1877, p. 81.

M. Cartailhac montre enfin une magnifique lance des Iles
de l'Amirauté armée d'un bout en obsidienne. Cet objet
donne une idée de la manière dont les primitifs sauvages
de l'Europe devaient emmancher leurs pointes en silex.

L'auteur, membre titulaire, donne lecture du travail suivant :

Notice explicative de la Carte agro-géologique et hydrologique du Tarn-et-Garonne ;

Par M. P.-A. REY-LESCURE.

La petite carte géologique de Tarn-et-Garonne, au $\frac{1}{320.000}$e,
est destinée à venir, après de nouvelles et nombreuses investigations, compléter et résumer *l'Esquisse agro-géologique
et hydrologique de ce département et les coupes détaillées
au* $\frac{1}{80.000}$e, insérées, en 1874, dans le Bulletin de la Société et
dans celui de la Société géologique de France (1).

On s'est proposé pour but de rendre ainsi, par tous les
moyens, le plus facile et le plus accessible à tous, non-seulement l'étude, à la fois précise et pratique, des terrains
géologiques de cette partie de la région, mais encore celle
des rapports intimes et nombreux qui rattachent entre elles
dans notre pays la géologie, la topographie, l'agronomie et
l'hydrologie.

Indépendamment des précieux encouragements qui lui
ont été accordés, l'auteur croit devoir dire qu'il a été guidé
dans cette voie, non-seulement par un sentiment profond de
gratitude pour la bienveillance avec laquelle les maîtres de
la science, MM. Daubrée, Hébert, Delesse, Gaudry et Raulin
ont accueilli ce travail, et par l'intérêt que les habitants des
localités parcourues ont paru attacher à la diffusion de ces
connaissances, mais aussi par le vif désir de développer
chez les jeunes gens l'esprit d'observation et de comparai-

(1) Bull. Soc. Hist. nat. de Toulouse, t. VIII, p. 222, 1874.
Bull. Soc. géol. de France, 3e série, t. III, p. 398, 5 avril 1875 ; et t. V,
p 100, 15 janvier 1877.

son, le goût des excursions scientifiques et l'habitude de voir vite et bien sur le terrain et sur les cartes, habitude si précieuse pour toutes les recherches et surtout pour les itinéraires et les reconnaissances topographiques.

A cet effet, la carte présente quelques notions et quelques procédés simplifiés de topographie que l'on croit à propos de faire connaître tout d'abord.

Topographie.

1º Le Carroyage ou quadrillage de la carte, partant de Montauban (1 ᵍ 10' ouest , — 48ᵍ 80' nord, à peu près 1º et 44º), et se dirigeant vers les quatre points cardinaux, est numéroté dans le cadre et donne à première vue les distances de 10 en 10 kilomètres et l'étendue approximative des cantons par 10,000 hectares En subdivisant ces carreaux en 4, par des lignes exprimant l'équidistance de 5 en 5 kilomètres, et par des diagonales, on obtiendrait des carrés de 2500 hectares et des triangles isocèles de 1250 hectares correspondant à l'étendue moyenne d'une commune.

2º Un GRAND CERCLE TOPCGRAPHIQUE UNITAIRE de $0^m,10$ de rayon (1) et plusieurs petits cercles concentriques de $0^m,0125$, — $0,025$, — $0,05$, ont été tracés sur la carte, centrés à Montauban et inscrits dans un carré de $0^m,20$ de côté, ce qui permet de trouver instantanément la position symétrique de la plupart des chefs-lieux de commune, équidistants de Montauban de 4, 8, 16 ou 32 kilomètres, et celle des points intermédiaires.

3ᶜ Les *lettres caractéristiques ou initiales des terrains géologiques et agronomiques,* ainsi que les *cotes d'altitude des principaux plans de niveau de 20 en 20 mètres,* ont été rapprochées le plus possible de ces circonférences et de leurs principaux rayons, tracés de 10 en 10 degrés, afin de faciliter et de préciser les recherches, et de donner ainsi, en quelque sorte , *l'équivalent* in plano *de coupes géologiques et de profils topographiques* dans tous les terrains et dans toutes les directions.

4º Une TABLE GRAPHIQUE *unitaire,* disposée dans le quadrant sud-est de la carte, au moyen des arcs, cordes, sinus et tangentes le plus fréquemment employés, donne la facilité de trouver ou de calculer rapidement, à la lecture d'un angle à la boussole, les directions, distances, altitudes, pentes, projections et surfaces en degrés, grades, millimètres, mètres ou kilomètres, à une échelle quelconque sur le terrain ou sur une carte qu'on veut lire, réduire ou agrandir, en employant comme facteur l'une des échelles métriques ou l'une des échelles de pas figurées dans la marge droite.

---

(1) Une distension imprévue, résultant de la nature du papier et de la pression exercée pour l'application des diverses couleurs, a produit un allongement symétrique d'un peu plus de $0^m,001$, dent on devra tenir compte dans les données graphiques, mais qui ne change pas les nombres théoriques qui les accompagnent.

5° Les *rayons prolongés du grand cercle* aboutissent hors cadre, dans la marge droite, à un autre tableau graphique de *topographie usuelle*, où les pentes les plus utiles à connaître sont aussi indiquées en grades, degrés, millimètres par mètre et en fractions ordinaires, rapportées à la base, avec les projections ou réductions des pentes à l'horizon.

6° Les *indications horaires* inscrites entre les lignes du cadre de la carte sont destinées à vulgariser le moyen de s'orienter sans boussole, en campagne, à l'aide de l'étoile polaire, du soleil, d'une montre ou même de la lune ou d'une simple carte.

7° Les *échelles métriques*, figurées le long de la marge droite, sont destinées à faciliter la représentation graphique du terrain, en prenant 1 centimètre pour 100 mètres (au $\frac{1}{10.000}$e) pour les plans topographiques et cantonaux, les reconnaissances et itinéraires spéciaux, et 5 millimètres aussi pour 100 mètres (au $\frac{1}{20.000}$e) pour les levés de grande étendue, les reconnaissances et les itinéraires généraux. — Au-dessous les *échelles de 125 pas* (de 0^m,80) *ou de 133 pas* (de 0,^{m}75) pour 100 mètres, par minute, donneraient des vitesses militaires de 6 kilomètres à l'heure pour l'homme et le cheval, vitesses qui se réduisent ordinairement dans la pratique, à 5 kilomètres et même à 4 kilomètres en 50 minutes, avec repos de 10 minutes (1).

L'idée de ces diverses dispositions topographiques nous a été suggérée par l'emploi très-avantageux, dans nos excursions, de l'excellente lunette micrométrique du colonel du génie Goulier, qui donne, comme on sait, sur une table graphique, calculée et inscrite sur la lunette elle-même, la hauteur métrique des objets visés, d'après le nombre des divisions du micromètre comprises dans l'image de l'objet, et la distance de l'objet exprimée dans l'espèce d'unité adoptée pour la hauteur.

Un niveau, une boussole mobile à perpendicule et à double graduation, un compas et une chambre claire, le tout très-léger et très-peu embarrassant, que nous avons fait adapter sur cette lunette, permettent de voir et de mesurer instantanément, dans toutes les directions et dans tous les sens, la position, la distance, les dimensions des objets et leur inclinaison, de les inscrire et de les dessiner rapidement et automatiquement à leur vraie place sur la carte ou le papier décliné placé au-dessous, en évitant bien des lenteurs et des chances d'erreur, si fréquentes avec les instruments ordinaires.

Aussi avons-nous cherché, dans le même ordre d'idées, à adapter à notre carte géologique de Tarn-et-Garonne une disposition simplifiée, mais analogue, qui, sous le nom de Rayographe unitaire ou de grand cercle rapporteur, lui donne l'avantage d'être en même temps un petit instrument de topographie usuelle, léger, commode, très-peu coûteux et suffisamment exact pour les levés expédiés.

(1) Afin de familiariser l'œil et l'esprit avec les longueurs topographiques et les vitesses des marche horaires et angulaires, on a mis en abrégé, au $\frac{1}{20.000}$, dans les 2 longues échelles pointillées, avec divisions distanciel'es. initiales et indications horaires de départ des divers corps de troupe, un *graphique de marche* d'une division militaire.

En effet, en collant cette petite carte sur une planchette ou sur un carton fixe ou pliant, après avoir détaché ou replié les marges au-dessous de la table des arcs et sinus, on a l'équivalent :

1° D'une *équerre octogone* d'arpenteur ou même d'un pantomètre, en plaçant des épingles sur les rayons correspondant au N.-S , E.-O., N.-E., etc.

2° D'un *graphomètre*, en faisant tourner autour du centre du cercle un double décimètre guidé par une épingle et en visant par l'arête supérieure qui représente l'alidade à pinnules.

3° D'un cercle rapporteur, en le découpant ou le calquant.

4° D'un *clisimètre* ou niveau de pente pour niveler ou mesurer les pentes, en suspendant au centre du grand cercle un léger fil à plomb ou perpendicule qui donne l'angle de pente sur le cercle et la table des arcs, quand on fait coïncider ou qu'on parallélise à distance l'un des côtés de la carte avec la pente du terrain ou des objets.

DESCRIPTION SOMMAIRE DES TERRAINS ET DES ÉTAGES GÉOLOGIQUES.

Introduction.

Le département de Tarn-et-Garonne, découpé dans le Quercy, l'Agenais, la Gascogne et le Languedoc, occupe à peu près le centre (1° Long. O. ; 44° Lat. N.) de la vaste dépression géologique du Sud-Ouest (Aquitaine ou plaine sous-pyrénéenne de 5 à 6 millions d'hectares). Cette dépression, successivement mer, golfe et lac, a été émergée peu à peu et comblée par des dépôts marins, fluvio-lacustres et geysériens de sables, de grès, d'argiles, de marnes, de calcaires, etc., dont les éléments avaient été pendant des milliers de siècles enlevés par les eaux anciennes aux premières roches du plateau central de l'Auvergne, de la Montagne Noire et des Pyrénées, dénudées par de *longues érosions*, après avoir été émergées et relevées à la suite de *grandes dislocations*.

Le grand massif jurassique et tertiaire Tarno-Garonnais, anciennement arrasé à l'altitude moyenne de 300 à 400 mètres, a été peu à peu découpé et façonné par les mouvements du sol et par l'action érosive de la Garonne, du Tarn, de l'Aveyron et de quinze cours d'eau secondaires, en plusieurs massifs allongés et divisés en *plateaux calcaires perméables* et en *collines, terrasses et plaines argileuses plus ou moins imperméables*. Les vallées se sont successivement et symétriquement abaissées et creusées à 100, 150 et 200 mètres de profondeur. Elles sont aujourd'hui à l'altitude moyenne de 60 à 120 mètres au-dessus de la mer.

Un coup d'œil d'ensemble, jeté sur la carte, montre la ligne de plus grande pente de l'Aveyron, du Tarn, de la Garonne (redressée, 97 kilomètres, altitude 150 mètres à Laguépie, 50 à Lamagistère), qui, dirigée de l'Est à l'Ouest, laisse au Nord 182,000 hectares, au Sud 189,676 hectares, formant ensemble 371,676 hectares, subdivisés en :

RÉGIONS NATURELLES

N.-E. — Rouergue, Haut Quercy présentant, de l'est à l'ouest, une succession descendante de plateaux : 1° granito-gneissiques ; 2° schisteux (teinte carmin) ; 3° gréseux (terre de Sienne), auxquels succèdent : 4° des plateaux de calcaires souvent dolomitiques (bleu grisâtre) ; 5° des couches alternantes de marnes érodées et de calcaires liasiques (bleu de prusse) ; 6° des plateaux calcaires jurassiques, ondulés, disloqués, crevassés (bleu avec raies rouges verticales et bleu pâle) que recouvrent par places : 7° des dépôts tertiaires d'origine geysérienne et fluvio-lacustre (ocre rouge foncée).

Plateaux et croupes ondulés. Alt. moyenne 300ᵐ. — Vallées escarpées. — Etendue 79,500 hectares.

Centre-Nord. — Haut Quercy (ocre rouge). Collines argileuses, sableuses, peu perméables, quelquefois calcaires, érodées, subgeysériennes et fluvio-lacustres. Alt. 200 mètres. — Vallées étroites en talus ravinés. 29,000 hectares.

N.-O. — Agenais. Plateaux argilo-sableux et calcaires, lacustres, miocènes. Vallées riches, en talus et glacis argilo-calcaires, de 120 mètres de profondeur (mauve), souvent couronnés ou flanqués de lentilles calcaires (jaune). 73,500 hectares.

S.-E. — Bas Quercy. Coteaux argileux éo-miocènes (ocre rouge), en talus ravinés ou adoucis. Altitude 230 mètres. Vallées de 100 mètres de profondeur. Etendue, 27,500 hectares.

S.-O. — Gascogne. Terrasses et plateaux argileux, miocènes et diluviens (mauve et ocre jaune) ; pentes raides et en talus. Alt. 200 mètres. Vallées profondes de 100 à 120 mètres. Etendue 80,000 hectares.

Centre Sud. — Grandes vallées anciennes ou modernes de la Garonne, du Tarn, de l'Aveyron (vert et ocre très-pâle) : plaines et terrasses. Alt. 80 à 100 mètres. Etendue, 82,176 hectares.

Après ce coup d'œil général, nous commencerons la description sommaire des terrains et des étages, comme le font les auteurs de la carte géologique détaillée de la France, par les terrains les plus récents qui sont en même temps les plus rapprochés du centre, du département et les plus étendus, et nous suivrons l'ordre descendant indiqué dans la légende placée dans la marge gauche de la carte (1).

TERRAINS MODERNES ET QUATERNAIRES.

A. Les **Dépôts meubles sur les pentes et les éboulis**, mélangés et désagrégés alternativement par la pluie, la gelée, la chaleur, occupent les flancs des coteaux, leurs pentes transversales en *talus* (15° à 20°), leur pied ou base en *glacis* (5° à 15°), les pentes longitudinales ou thalwegs des petites vallées (0°15' à 5°), le fond des vallons et des *combes*, les croupes mollement arrondies et les plis, les dépressions légères ou profondes, les cirques et les entonnoirs des plateaux. — De composition très-variable, ils sont argileux (a), siliceux (s), calcaires (c), siliço-argilo-calcaires (s. a. c), sableux (s), calcaro-sableux (c), calcaro-pierreux (c), marneux (m), ou

(1) Les terrains géologiques sont divisés en étages et strates désignés par une couleur et par une lettre majuscule, avec exposant ou indice. Pour ne pas multiplier les couleurs, vu l'exiguité de cette carte, on a réuni, notamment dans les terrains jurassiques, deux étages sous la même couleur (bleu ou grisâtre).

Les petites lettres initiales romaines (inscrites à la 4e colonne de la légende) signalent d'une manière générale la nature lithologique et agronomique des dépôts d'un même étage qui dominent dans les diverses localités. En ajoutant à ces lettres romaines des exposants ou des indices, chacun pourra, avec plus de précision, indiquer sur cette carte ou sur d'autres, à une plus grande échelle, la nature variable ou prédominante de la roche, du sol et du sous-sol, comme on l'a fait sur les feuilles de la carte géologique de la France, au $\frac{1}{80,000}$e et sur les belles cartes géologiques, agronomiques et hydrologiques de la Seine et de Seine-et-Marne, par M. Delesse.

marno-sableux (m), mélangés de cailloux anguleux ou roulés, quartzéux (q), schisteux (q'), granitiques (g), ou calcaires (c). Ils donnent des sols limoneux, tantôt riches et perméables, tantôt médiocres et traversés par les suintements nuisibles, provenant des sables sous-jacents, ou par les infiltrations de sources plus ou moins abondantes, provenant des roches perméables dominantes ou surplombantes, tantôt secs et arides, où peuvent seuls végéter le bois et la vigne. Leur peu d'épaisseur et d'étendue a rarement permis de les représenter sur la carte. Environ 10,000 hectares.

Des *Tufs, travertins, stalactites, brèches*, etc. Dépôts chimiques et mécaniques incrustants de carbonate de chaux, fortement magnésien, quelque peu siliceux, gypseux, peut-être sous-phosphaté, alumineux, ferrugineux, manganésé, etc., ont été produits autrefois et souvent continuent à se produire au contact de l'air par des sources provenant des terrains calcaires. (Village de Livron près Caylus, le Martinet près St-Antonin), ou par infiltration dans les fissures et les interstices des roches et des matières meubles.

A². Les **Alluvions modernes**, limons fluviatiles, argileux (a), argilo-siliceux (a. s. r.), ou siliço-argileux (s. a. r.), riches, passant peu à peu à des sables graveleux, reposent sur des couches de gravier formées de cailloux roulés, de plus en plus gros à la base et mélangés de sables quartzeux ou micacés. — Ce terrain, successivement transporté et déplacé par des eaux d'inondation (elles ont atteint environ 12m de hauteur et une vitesse de 5 à 6m par seconde à Lamagistère, le 24 juin 1875 et à Montauban en 1766), a été déposé sur le fond érodé, et principalement sur les tournants convexes des vallées sinueuses (larges d'environ 3 kilomètres) de la Garonne, du Tarn et de l'Aveyron, ainsi que dans leur lit actuel. (Moyenne largeur 80m à 200m, profondeur 2m à 5m, pente kilométrique 1m à 0m 30, vitesse ordinaire de la Garonne 1m 30 par seconde, du Tarn et de l'Aveyron 0m 15 à 0m 30, à cause de nombreux barrages. Altitude moyenne au droit de Montauban de ces *nappes superficielles*, environ 75m.)

Des *Nappes aquifères souterraines* de 0m 80 à 4m d'épaisseur, à raison de 300 à 400 litres d'eau par mètre cube de gravier imbibé, reposent entre 2m et 10m de profondeur sur les argi-

les ou autres roches imperméables. Elles sont alimentées :
1° par l'infiltration lente des pluies à travers les affleure-
ments perméables, sablo-argileux et caillouteux ; 2° par le
déversement plus ou moins abondant et visible des nappes
d'une altitude supérieure ; 3° par infiltration latérale à une
distance plus ou moins grande des cours d'eau, ou 4° par
submersion en temps d'inondation.

Elles entretiennent des puits très-nombreux (-o-), se répandent et s'écoulent suivant les lignes de plus grande
pente, et se déversant lentement, à cause de l'action capil-
laire du frottement et de la perte de charge ou de pression
à travers les sables et les cailloux, elles alimentent les sources nombreuses (♀ ♀) et plus ou moins abondantes qui viennent au jour le long des rivières et des ruisseaux et qui débitent
de 1/4 de litre à 1 litre par seconde (86m cubes par jour) et
quelquefois 4 ou 5 litres : Ex. Sources de Villebourbon,
Verdié, Mataly, etc.

Mais les *Nappes d'infiltration latérale* ou de *submersion*
des graviers déposés dans le lit même des cours d'eau, où
ils servent en même temps de réservoirs et de *filtres naturels*,
sans cesse renouvelés et nettoyés par le courant, peuvent
seules avec les *dérivations*, quand la pente, la qualité de l'eau
et les frais d'établissement le permettent, alimenter largement les distributions d'eau des villes. Ex. : à Montauban,
Sapiac, Planques.

Dans les vallées du Tarn, de la Garonne et de l'Aveyron,
où la pierre fait défaut, les terres argilo-siliceuses servent à
façonner des briques séchées au soleil ou cuites au four
(long. 0m 38, larg. 0m 30, épais. 0m 05).

A¹. Les **Limons et graviers anciens des vallées**, généralement siliço-argileux (s. a), *boulbènes*, formés de sable quartzeux très-fin (s), mélangé à une faible quantité d'argile, ou
glaiseux (à), *rougets*, recouvrent ou empâtent des sables
quartzeux (s), gris ou diversement colorés en brun, rouge,
jaune ou noir, et imprégnés, surtout dans la partie supérieure, par des oxydes de fer et de manganèse. A mesure
qu'on descend dans ce terrain de transport, qui a généralement 6 à 10m d'épaisseur, on trouve des lits alternatifs de
sables et de cailloux, principalement quartzeux (q), schisteux ou granitiques (g), de plus en plus gros vers la base.

L'ensemble forme, dans les élargissements des trois grands cours d'eau ou sur les coudes convexes délaissés par eux, surtout du côté de l'ouest, des traînées de 3 à 4 kilomètres de largeur, en deux ou trois terrasses étagées dominant le fond actuel des vallées de 15 à 20ᵐ de hauteur. Ex. : plaines de Verdun 120ᵐ, Saint-Nicolas 80ᵐ, Donzac 70ᵐ (Garonne R. G.). Altitude de Montauban ou de Montricoux à Ville-made, entre le Tarn et l'Aveyron (altᵉ 105ᵐ, 100ᵐ, 95ᵐ), 10,000 hectares. Plaines de Lacourt Saint-Pierre et de Mon-tech, allant de Nohic et Grisolles, à Labastide-du-Temple et à Castelsarrasin (immense vignoble et forêt de 1,800 hectares, recouvrant en partie le promontoire de 26,000 hectares d'entre Tarn et Garonne (alt. 105ᵐ, 100ᵐ, 85ᵐ). Cet ancien confluent où la Garonne, corrodant à droite le tertiaire sous-jacent à partir de Montbartier, déposa d'abord, à la base, sur le terrain tertiaire jusque vers Lacourt, Mont-beton, Lavilledieu, etc., ses gros cailloux de granit, lydienne, grès (g), et ses sables micacés que recouvrirent ensuite ou brouillèrent par alternance ou superposition les cailloux quartzeux (q) et les limons rougeâtres du Tarn, cet ancien confluent, disons-nous, était alors plus élevé de 30 mètres et à 30 kilomètres en amont du confluent actuel situé au-dessous de Moissac.

De grandes *Nappes aquifères souterraines* existent à la base de ce terrain, reposent sur le tertiaire érodé, et se déversant dans tous les sens, alimentent ainsi les puits et les sources très-nombreuses venant au jour sur tout le périmètre de ce promontoire et des diverses plaines sus-désignées.

Des ossements brisés qui paraissent se rapporter à l'*Elephas* et au *Rhinoceros* ont été trouvés dans quelques graviè-res. Dans les grottes-abris de Bruniquel, M. Brun a découvert des crânes humains et des ossements d'animaux divers, notamment de *Renne*, rongés par des carnassiers, cassés, travaillés et sculptés par l'homme, à l'aide de silex taillés, qui forment une très-intéressante collection au muséum de Montauban.

Les *tufs* de Livron sus-indiqués ont dû commencer à se former pendant cette période.

D. Les **Limons et dépôts caillouteux des terrasses** recou-

vrent les bas-plateaux de la Gascogne et du Quercy, généralement étagés en immenses gradins, entre 100 et 200ᵐ d'altitude. Ces divers dépôts, très-analogues aux dépôts anciens
des vallées, sont siliço-argileux, glaiseux ou caillouteux.
Environs de Montauban, Saint-Martial, Léojac, Vignar-
naud, etc.

P. Le **Limon des plateaux** (s. a. f. g. q), d'ordinaire argilo-
siliceux, souvent coloré en rouge ou en jaune par des hy-
droxydes de fer pisolithiques (f), passant latéralement et
verticalement à des sables graveleux ou à des cailloux granitiques (g), schisteux ou quartzeux (q), recouvre les coteaux
élevés et les plateaux allongés de la Gascogne, de la Lomagne et du Quercy, notamment dans les cantons de Verdun,
Beaumont, Lavit, Monclar, Négrepelisse, Caussade, Molières, etc.

TERRAINS TERTIAIRES

Les terrains ci-après, d'origine *fluvio-lacustre*, recouverts
par tous les terrains de transport ci-dessus, sur une étendue
de 180,000 hectares ou mis à nu par érosion sur 126,000 (1)
hectares, forment le *substratum* visible ou probable d'environ
306,000 hectares, soit plus des quatre cinquièmes du département. Ces terrains comprennent des séries alternantes ou des
groupes juxtaposés ou superposés : 1º d'*argiles marneuses* ;
2º de sables ou d'*arènes* tantôt *molasses*, tantôt gréseuses, et
3º de *calcaires* plus ou moins argileux ou siliceux.

M³. Les **Argiles, sables et calcaires supérieurs** occupent
au-dessous des limons, des sables et des cailloux des plateaux
les points les plus élevés (entre 220 et 280ᵐ d'altitude), dans
les cantons de Verdun, Beaumont, Lavit et Auvillar. Sur
les plateaux calcaires de l'Agenais et du Quercy, ils forment
des buttes étroites, d'une faible puissance, donnant des sols
médiocres dans les cantons de Lauzerte, Bourg-de-Visa et
Montaigu.

On ne trouve dans les arènes de cet étage que quelques
ossements indéterminés d'herbivores et de ruminants.

(1) Une erreur typographique inaperçue sur la carte, porte l'étendue des
terrains tertiaires miocènes à 28,385 au lieu de 83,265.

Les *Calcaires de la Gascogne*, gris, maculés de jaune, propres à la taille, à Gramont, Marignac, Maubec, au sud-ouest de Lavit et Beaumont, et détachés par les érosions de l'Arrax et de la Gimonne, de leurs analogues du Gers, figurent ici (pour ne pas multiplier les couleurs) sous la même teinte jaune (M^2) que le calcaire gris de l'Agenais.

M^2 Le **Calcaire gris de l'Agenais**, siliceux (s) ou magnésien, gélif, sec, fendillé, est exploité seulement pour moellon (c). Il forme les plateaux pierreux et secs, entre 200 et 250^m d'altitude, dans les cantons de Bourg de-Visa, Lauzerte et Montaigu. Fossiles : *Hélix girundica* ou *subglobosa, Planorbis solidus, Bylhinia Lemani, Limnœa Pachygaster.*

M^1 Les **Argiles, marnes et sables moyens** constituent la majeure partie des terrains de la Gascogne et de la Lomagne, entre 120 et 200^m d'altitude moyenne. Ils s'allongent en terrasses successives érodées et nivelées d'abord par la Garonne, du S.-S.-E. à l'O.-N.-O., puis creusées et divisées en éventail, du S.-O. au N.-E. et au N.-O., par la Gimonne et par des ruisseaux divergents. Ces molasses sont presque partout recouvertes, comme les argiles, les sables et les calcaires supérieurs (M^3) qui les surmontent sur les plateaux (sans ligne de démarcation bien caractérisée), de cailloux et de limons siliço-argileux (s. a) imperméables ou trop secs, partant peu fertiles et cultivés seulement en céréales, vignes, bois ou prés secs. Dans les vallées et sur leurs flancs plus ou moins raides et ravinés, surtout à l'exposition Sud et Ouest, quand leurs pentes ne sont pas cachées par les dépôts meubles, ils déroulent au contraire en longs rubans, sur une hauteur d'environ 60^m, leurs alternats argilo-calcaires, verdoyants de maïs, de luzerne, de sainfoin et de trèfle, interrompus seulement par des pointements arénacés grisâtres.

En se rapprochant de la Garonne et de l'Agenais, ces molasses diminuent d'épaisseur, s'atténuent beaucoup sur la rive droite et disparaissent entre le calcaire gris (M^2, et le calcaire blanc (M_1) ou recouvrent les molasses inférieures M_{11} autour et au nord de Moissac, et sans qu'il soit possible de bien déterminer leurs limites respectives.

M_1 Le **Calcaire blanc hydraulique de l'Agenais**, d'une

puissance moyenne de 15 à 20ᵐ, et auquel certains géologues rattachent le calcaire gris M² (ce qui lui donnerait
alors 60ᵐ de puissance), tandis qu'il en a été jusqu'ici distingué par sa nature et sa position, se montre sur les deux
rives de la Garonne. (Voir la coupe de Mansouville à Castels, par Auvillar et Valence.) Ce calcaire grenu, siliceux,
argileux, souvent vacuolaire, mais résistant, propre à la
taille et donnant de la bonne chaux hydraulique, forme de
faibles escarpements à mi-flanc ou vers le haut des coteaux
de la rive droite de la Garonne. Il peut être suivi par Bou-
dou, Malause, Goudourville, Castels, etc..., entre 130 et
150ᵐ d'altitude, jusqu'à Agen, et dans les vallées de la
Séoune et de la Barguelonne, par Gasques, Montjoy, Mira-
mont, Lauzerte, Bourg-de-Visa, Montaigu, où il remonte
peu à peu jusqu'à près de 180ᵐ d'altitude. Il existe aussi sur
la rive gauche de la Garonne et presque à la base des terrasses, à Dunes, Mansonville, Auvillar, Saint-Michel, Pauly,
Saint-Roch, Caumont, Labourgade et Larrazet sur la Gimonne ; mais de ce côté il s'abaisse jusqu'à 120 ou 110ᵐ, et
finit probablement entre Beaumont et Verdun, recouvert
par les argiles et les sables moyens (M¹) ou remplacé par les
molasses inférieures, sableuses et marneuses, qui se montrent à Cordes, Bourret, Savenès, Aucamville, Montbartier,
Dieupentale et Pompignan.

Sur certains points de l'Agenais ce calcaire paraît divisé
en deux assises séparées par des argiles, des sables d'une
faible épaisseur et quelquefois par des conglomérats bréchi-
formes qui ne sont que l'amincissement des argiles et sables
moyens (M¹). L'assise supérieure semble n'être plus alors, à
son tour, que l'amincissement final au S.-O. du calcaire
gris beaucoup plus puissant vers le N.-O.

Quant à l'assise inférieure, elle éprouve parfois des plon-
gements considérables, notamment du côté de Gasques,
tandis qu'elle remonte peu à peu sous une faible pente vers
le N.-O. Les mollusques caractéristiques de cet étage sont
l'*Helix Ramondi*, *Aginensis* ou *Oxystoma*, *Tournali*, *Planorbis Cornu*, *Limnœa Pachygaster*, *Cyclostoma elegans-anti-
quum*, *Nerita*, *Melanopsis*.

Un niveau aquifère à la base de ce calcaire ou plutôt une
série de gisements d'eau donnant lieu à des sources plutôt

nombreuses qu'abondantes (Gasques fait exception), se révèle vers l'altitude moyenne de 150ᵐ, avec un écart en plus ou en moins de 20ᵐ, à raison de l'inclinaison des couches.

M_{11} Les **Molasses inférieures de Moissac ou de l'Agenais** argileuses (a) ou arénacées (s) se trouvent au-dessous des calcaires blancs à *Helix Ramondi* et forment les premières pentes ou talus des coteaux de la rive droite de la Garonne. Elles alimentent plusieurs briquetteries. On a trouvé dans les sables graveleux de Moissac, une tête d'*Anthracotherium magnum,* des dents et des ossements de *Dremotherium*, de *Rhinoceros minutus, R. indéterminé, Lophiomeryx, Testudo, Cœnotherium.*

La coupe de Mansonville à Castels, tout en montrant la disposition concordante des molasses et des calcaires sur les deux rives de la Garonne, fait voir la profondeur des érosions, la puissance et la nature des limons siliço-argileux des terrasses qui ne portent guère que des blés, des vignes et des bois d'un faible revenu cadastral, dans le canton d'Auvillar, tandis que les alluvions modernes riches de la Garonne et les terrains argilo-calcaires des plateaux de l'Agenais portent des blés, des maïs et des fourrages qui élèvent beaucoup le revenu par hectare.

EM_1 Le **Calcaire argileux supérieur du Quercy**, calcaire lacustre, massif, mal stratifié, peu fossilifère, terreux, grumelé, est profondément érodé à Montpezat, Montalzat, Perges, Puylaroque. Passant insensiblement de haut en bas à des sables calcaires, gréseux, graveleux et à des argiles noduleuses, jaunâtres, rougeâtres ou roses (EM_{11}) il a été déposé, comme ces molasses, sur les dernières pentes du bassin jurassique ou dans leur voisinage. Il semble occuper là, vers 300ᵐ, une position culminante, mais transitionnelle et intermédiaire, quoique difficile à préciser, entre le calcaire blanc d'Agen, le calcaire supérieur du Périgord et le calcaire de Cordes et d'Albi, d'où le nom *d'éo-miocène*, corr es pondant à celui *d'oligocène* de quelques géologues. Il paraît toutefois préférable de le rattacher à l'*Eocène supérieur* et par là au *sidérolithique,* comme l'a proposé pour le calcaire de Brie et le calcaire lacustre du Berry, M. Douvillé, à l'occasion de la présentation de la feuille de la carte géologique détaillée d'Orléans (1).

EM$_{11}$. Les **Argiles, calcaires, sables gréseux et graveleux** paraissent représenter, entre 100 et 250^m d'attitude, dans les cantons de Montpezat, Caussade, Molières, Lafrançaise, la partie fluvio-lacustre et subgeysérienne des dépôts sidérolithiques entraînés dans la profondeur de l'ancien lac, à une distance plus ou moins grande du rivage. Les dépôts d'argiles et de sables du bas Quercy, entre le Tarn et l'Aveyron, dans les cantons de Monclar, Nègrepelisse, Villebrumier, Montauban, doivent avoir une origine analogue, et font suite ainsi aux grands dépôts éocènes de l'Aude, du Castrais, de l'Albigeois et des environs de Gaillac, de Montans. D'ailleurs, d'après les sondages d'Agen et de Toulouse, il paraît hors de doute que ces dépôts reposent eux-mêmes sur des couches analogues, d'une grande puissance, datant des premiers temps tertiaires et formant en quelque sorte le *substratum* incliné du miocène vers le centre du département, ou les zones sublittorales de plus en plus profondes du lac éocène contre lesquelles sont venus buter ou se mouler les dépôts meubles miocènes plus tard enlevés par de grandes érosions (2).

EP, EO. Le terrain **sidérolithique** et les *Argiles, sables et calcaires inférieurs*, accompagnés de *limonites*, de *phosphates de chaux* et de sables éruptifs, tantôt purs et réfractaires, le plus souvent ferrugineux, d'un rouge brun, jaunâtres, gris, blanchâtres ou versicolores, se sont répandus et

(1) Bull soc. géol. de France, 3e série, t. IV, 1876, p. 93.

(2) Il serait en effet, ce semble, aujourd'hui, contraire à l'enchaînement naturel des faits géologiques, et à l'étude du sidérolithique en particulier, comme à celui de l'enchaînement des mammifères si nombreux et si variés découverts dans les poches à Phosphorites sur les plateaux jurassiques du Quercy, de mettre en doute la position *pro-miocénique* de ces argiles et de ces sables, quoiqu'il soit très-difficile de constater le mode et les lignes de passage de l'éocène au miocène, au milieu de toutes ces matières meubles et tout-à-fait semblables, si peu résistantes d'une part et si confusément érodées et rapprochées de l'autre.

Bien que les calcaires supérieurs du Quercy EM$_1$, et les molasses sous-jacentes EM$_{11}$ dérivent en grande partie des phénomènes sidérolithiques, qui ont été si considérables dans le Périgord, le Lot et le Tarn-et-Garonne, il a paru bon de les en distinguer, à raison de la prédominance de la sédimentation dans leur mode de dépôt sur les bords du lac tertiaire et de réserver une place spéciale aux matières éruptives du sidérolithique réunies dans le groupe suivant EP-EO.

accumulés en buttes surmontées de calcaires d'eau douce (EM_{11}), aujourd'hui érodés, sur les plateaux de calcaire jurassique, entre Caylus, Saint-Antonin, Montricoux, Septfonds et Puylaroque, notamment à La Mandine, Servanac, Lasalle, Lavaurette, Mouillac. On le trouve étalé sur ces mêmes pentes jurassiques, notamment entre St-Cirq et Montricoux ou sur le revers occidental de la vallée de la Vère, en dépôts irréguliers, rubéfiés par l'oxyde de fer qui s'y trouve fréquemment à l'état de *limonites* ou de *Pisolithes de fer hydroxydé* exploitées à Bruniquel. Ces argiles, ces limonites, ces sables se sont accumulés surtout dans les dépressions et dans les crevasses et fissures étroites, mais allongées et orientées, qui accidentent cette région plissée et disloquée et dans lesquelles on a découvert, en 1865, et exploité depuis très-activement, jusqu'à 40 ou 50^m de profondeur, des amas considérables de Phosphorite concrétionnée (dosant 75 à 80 0/0 de Phosphate tribasique de chaux, représentant en moyenne 36 0/0 d'acide Phosphorique) (1).

On a retrouvé presqu'à la surface ou à une petite profondeur dans ces crevasses, une faune excessivement remarquable et précieuse pour la paléontologie (2).

Dans la légende on a indiqué parmi les fossiles les plus intéressants qui ont été recueillis dans cette région et décrits par MM. Gaudry et Filhol ou qui figurent dans les collections de Caylus, Toulouse, Montauban, ceux qui par leur ordre d'apparition ou leur abondance relative semblent appartenir en propre ou être communs aux divers étages éocènes, aux niveaux du Gypse de Paris ou du Calcaire de Brie ou même du Miocène inférieur.

Dans la coupe placée au bas de la carte, on a *fictivement* rapproché les buttes tertiaires et les poches à phosphates d'un axe médian, supposé parallèle à la route de Lavaurette à Caylus. On a voulu représenter ainsi l'axe moyen S.O.-N.E. (entre S.S.O.-N.N.E. et O.S.O.-E.N.E.) des

(1) Voir la note de M. Daubrée sur les Phosphorites du Quercy. Compt. rend. Acad. sc., 30 oct 1871, LXXIII.

Voir aussi les Remarques stratigraphiques et orohydrographiques à la fin de cette étude.

(2) Enchaînements du monde animal. mammifères tertiaires, par M. Gaudry. Savy, 1878. — Phosphorites du Quercy, par M. Filhol. Annales des sciences géologiques. — Masson, 1876.

dislocations qui semblent avoir le plus anciennement accidenté les couches jurassiques sous-jacentes et déterminé peut-être l'axe de leur plongement vers le Sud-Ouest, direction qui se rapprocherait beaucoup, ainsi que le montre la carte (1), de celle des dislocations de la Côte-d'Or et des Cévennes.

Un autre axe perpendiculaire à celui-ci, représente la moyenne, S.E.-N.O. des deux autres axes S.S.E.-N.N.O. (Mt Viso) et E S.E. - O.N.O. (Pyrénées) qui paraissent aussi avoir joué un rôle très-considérable dans la distribution des axes de plissement et de fracture des diverses couches sur les bords sud-ouest du Plateau central, dans leur exhaussement et leur affaissement, dans la formation des lignes et des zones de sédimentation et de plus grande résistance, et par conséquent dans la préparation des axes d'érosion et dans le système géologique et oro-hydrographique de toute la contrée (2).

TERRAINS JURASSIQUES (alt. 450 à 100ᵐ).

Ces terrains d'origine marine et analogues à ceux du Jura et de l'Angleterre (d'où leurs divers noms), et, comme eux, formés principalement de *plateaux calcaires (Causses)*, ondulés et disloqués et de *collines marneuses profondément érodées*, occupent au N.-E. environ 60,000 hectares. Ils peuvent se diviser en deux parties : l'une supérieure ou **Jurassique**, l'autre inférieure ou **Lias**. Chacune de celles-ci se subdivise à son tour en plusieurs groupes : supérieur et moyen ou Jurassique *blanc* (J^3, J^2), inférieur ou *brun* (J^1),

(1) Sans attacher une importance et une exactitude trop grandes à l'âge et à la direction des systèmes de montagnes, on a cependant, à titre de rapprochement (utile tout au moins à connaître) cru devoir figurer approximativement les directions principales, au moyen des rayons prolongés sur les bords du cadre de la carte avec leur dénomination abrégée en majuscules.

(2) A rapprocher du grand ouvrage de M. Delesse : *Lithologie du fond des mers et de ses cartes des mers anciennes et des mers actuelles ;* des mémoires de M. Hébert : *Les mers anciennes et leurs rivages dans le bassin de Paris,* 1857. Bull soc géol. de France, 2ᵉ série, 1872, t. **XXIX**, p. 446 et 553. — Ibid., 3ᵉ série, 1875, t. III p. 512. — Les ondulations de la craie dans le nord de la France. An. des sc. géol., t. VII. Masson, 1876.

et en Lias supérieur ou *noir* (J J$_i$) et en Lias inférieur ou *gris* et infralias (J$_{ii}$ I.)

J^3 Les *Calcaires de l'oolithe supérieure* (*Corallo-Kimméridgiens*) du Quercy, compactes, très-durs, tantôt blancs, cristallins, sonores, parfois subcrayeux, ailleurs sublithographiques, et tantôt grisâtres, esquilleux, occupent une place intermédiaire entre les calcaires marneux supérieurs (à ciment-portland) de Fumel-Condat (Lot), et les calcaires siliceux moyens des *Causses* de Caylus et de Limogne.

Ils se montrent dans une zone dirigée N.N.O-S S.E., des environs de Puylaroque, vers Septfonds et Montricoux. Ils sont en partie recouverts par les premiers dépôts tertiaires lacustres et geysériens. — Aux carrières de Prunes ou des Peyrières, entre Caussade et Septfonds, à 160^m d'altitude, ils fournissent de la pierre à chaux blanche pour mortier, épuration du gaz, etc... A Lardenne (190^m), ce calcaire dur, esquilleux, difficile à la taille, se lève en dalles, marches, colonnes, rouleaux, etc. — Fossiles : *Pinnigenna Saussurii, Terebratula Subsella, Cidaris.* Sources abondantes de Puylaroque, Fonlongue.

J^2. Les **Calcaires de l'oolithe moyenne** *(Oxfordien-Kellovien)* compactes, grisâtres, esquilleux, quelquefois terreux et en couches minces, d'autres fois en bancs épais, blanchâtres ou jaunâtres, sublithographiques, alternant à la base avec quelques couches schisteuses de marnes grises, constituent la majeure partie des plateaux calcaires (Causses) des bords de l'Aveyron près de Montricoux, à ceux du Lot près de Cajarc, entre 200 et 350^m d'altitude, près de Caylus et de Saint-Antonin. Ils plongent généralement vers le Sud-Ouest; mais les couches, comme celles qui sont sous-jacentes, sont, sur bien des points, plissées, disloquées. C'est dans les fentes, les crevasses et les cavités formées par ces fractures qu'on exploite les Phosphates de chaux susmentionnés.

J^1. Les **Calcaires de l'oolithe inférieure** (*Jurassique brun*) se subdivisent en deux étages :

I. **Grande oolithe** (*Bathonien*) composée :

1° Vers le haut de calcaires massifs, compactes, gris ou jaunâtres, esquilleux, rudes, parfois gréseux; carrières de

Bruniquel, Puycelcy, Cazals, Saint-Antonin, le Martinet, Tubas près Caylus.

2° De calcaires magnésiens ou dolomies cariées, creusées intérieurement en cavernes, avec stalactites, par les eaux des plateaux qui s'infiltrent par les fissures et les crevasses et entraînent la magnésie, ou qui tapissent extérieurement les flancs de cette assise de traînées calcaires ou ferrugineuses brunes, rouges, jaunes, blanches, noires, ce qui leur donne cet aspect ruiniforme si pittoresque et si caractéristique dans la vallée de l'Aveyron et de la Bonnette, de Bruniquel à Saint-Antonin, à Caylus, à Lexos, etc... Grottes, abris de Bruniquel, Cazals, du Capucin, de Saint-Antonin, de Caylus.

3° A la base, de calcaires compactes, épais, gris ou roses, exploités aussi à Saint-Antonin.

II. **Oolithe inférieure** (*Bajocien*) formée à la base de lits ou bancs minces de calcaire schisteux, gris, alternant avec des marnes noirâtres ou grisâtres, et renfermant en grande abondance les *Ostrea sublobata, Pholadomya obtusa, Lima proboscidea, Rhynchonella cynocephala, Belemnites giganteus, Ammonites Murchisonœ.* Au-dessus viennent des couches de calcaire marneux, bitumineux, noirâtre, exploité pour chaux hydraulique à Saint-Antonin. Visible à Bruniquel près de la gare, à Penne, et surtout dans la vallée de la Bonnette, rive droite, de St-Antonin à Caylus, Livron, etc., et à Lexos près de la gare, cet horizon de l'*Ostrea sublobata* est caractéristique et partout très-reconnaissable. Il présente en outre des *sources abondantes* provenant des eaux de pluie qui s'infiltrent par les fissures des plateaux calcaires, jusqu'aux marnes bajociennes imperméables, en suivant surtout les lignes de fracture N. N. O. ou E. N. E. et qui viennent au jour en déposant parfois des tufs calcaro-magnésiens: Le Martinet, Moulins de Livron, Saint-Projet...

J. Les **Marnes noires et grises du lias supérieur** (*Toarcien*) très-fissiles, bitumineuses, parfois micacées et renfermant des couches minces de calcaire marneux, se montrent avec une puissance moyenne de 70 à 80^m aux environs de Bruniquel, dans la vallée de la Vère, dans celle de la Bonnette, de Saint-Antonin à Caylus, à Lexos, etc.

Fossiles : on y trouve en haut dans les marnes grises et

noirâtres des *Turbo, Plicatules, Nucules* et principalement *Leda rostralis, Cerithium* ;

2° Au milieu, dans les marnes grises, les *Ammonites bifrons, radians* ;

3° A la base, dans les marnes grisâtres, alternant avec des bancs calcaro-marneux, de 0^m 15 d'épaisseur, des *Ammonites serpentinus, heterophyllus, discoïdes, Belemnites tripartitus.*

J_l. Les **Calcaires bleus du Lias moyen** (*Liasien*) jaunâtres extérieurement, lumachelliques, exploités en gros moellon très-dur pour les casernes de Montauban, se voient à Bruniquel, dans la vallée de la Vère, et près Saint-Antonin et Caylus, le long et dans le bas de celles de la Bonnette et de l'Aveyron, où ils forment enclave et soubassement continu ou terrasse, de 30^m d'épaisseur environ, au-dessous des marnes toarciennes doucement inclinées par l'érosion, et au-dessus des marnes liasiennes qu'ils surplomblent et recouvrent. Fossiles : *Pecten æquivalvis, Pinna, Lima.*

Ces marnes gris-verdâtre, très-fissiles, micacées, renfermant des *Ostrea cymbium*, de nombreuses *Terebratules* et *Belemnites ;*

Les alternats réguliers, peu épais (en place ou dispersés) de calcaires marneux et de marnes sableuses grises à *Belemnites niger, Clavatus, Ammonites margaritatus* ; et les calcaires sableux, gris-bleuté, en petits bancs, avec grands *Nautiles*, profondément ravinés et désagrégés par les eaux et cultivés en maigres céréales ou en vignes, s'étendent surtout entre St-Antonin, Caylus, Puylagarde, Parizot, Fenayrols et Lexos. Dans les sols marneux et profonds, prospèrent au contraire les céréales, le maïs, les fourrages.

Des calcaires compactes, en gros bancs, gréseux, à rognons siliceux terminent cet étage.

J_ll. Les **Calcaires du lias inférieur** (*Sinemurien*) représentés :

1° En haut par des calcaires gris, rugueux, en plaquettes ;

2° Au milieu par des calcaires compactes, lithographiques, lumachelliques ou dolomitiques ;

3° Par des Cargneules épaisses, rougeâtres, sans fossiles, caverneuses, fracturées, émettant des sources magnésiennes (vallée de la Vère, vers Fontbrélière près la Gontario). Ces calcaires et ces dolomies se voient avec une épais-

seur approximative de 200 mètres, surtout entre Verfeil,
Castanet, Parizot, Ginals, Fenayrols, sur les bords de
l'Aveyron, de la Baye et de la Seye, où ils étendent leurs
plateaux nus et secs ou boisés sur les poin s culminants
et recouverts d'une terre rougeâtre sablo-argileuse assez
bonne pour les céréales dans les dépressions. Aux carrières
de Puech-Mignon le calcaire est exploité comme pierre à
chaux grasse pour amender les sols granitiques et gréseux.

I. Les **Dolomies, marnes et calcaires** minces, schisteux,
magnésiens, jaunes ou gris, alternant avec des marnes vertes,
blanches ou violettes, représentent l'infra-lias entre Castanet
et Ginals.

$T^{3.2.1}G$ Des **Dolomies**, des **marnes irisées**, sableuses, en
petites couches et principalement des **grès bigarrés**, siliceux,
fins ou poudinguiformes, en grandes masses, reposant sur
des grès psammitiques rouges, qui alternent avec des argiles
grises, vertes ou lie de vin, forment la région siliceuse du
Nord-Est, de Puech-Mignon à Castanet, où cet ensemble de
couches montre une épaisseur approximative de 400 mètres.
Leurs mamelons arrondis, qui s'élèvent peu à peu jusqu'à
500 mètres, ne présenteront guère que des châtaigniers, des
chênes et des bruyères, des prairies, des seigles et des avoi-
nes médiocres, tant que l'emploi général de la chaux qu'on
fabrique près de Loudes ou de Puech-Mignon n'aura pas
neutralisé l'acidité du sol et permis la culture du froment et
des légumineuses fourragères.

Le grès bigarré et le grès rouge sous-jacent exploités à
Najac, Laguépie, au Cuzoul, à Puech-Mignon, pour pierres
de construction, rouleaux à dépiquer, meules à aiguiser,
auges, anciens sarcophages, fourniraient très-probablement,
si on les exploitait dans des couches plus profondes et partant plus homogènes, une belle pierre de taille ornementale,
comme celle qui a servi à la construction des cathédrales de
Strasbourg, Mayence, Cologne, etc.

I YY¹. Les **Schistes micacés** et les **gneiss**, sorte de granite
feuilleté (composé de quartz 50 0/0 environ, de feldspath-
orthose, d'oligoclase 40 0/0 et de micas plus ou moins magnésiens), dressent à pic, dans les gorges de l'Aveyron, près
de Laguépie, leurs anguleux feuillets, micacés, gris-noirâ-
tres, ou talqueux, gris-clair-rosé-verdâtre, et leurs filons de

quartzblanc laiteux. Au milieu de ces rochers et de la sombre verdure des chênes et des châtaigniers, des croupes ondulées, recouvertes de cailloux ou hérissées de pointes gneissiques qui s'arrondissent en se désagrégeant en arènes siliço-argilo-potassiques et magnésiennes, laissent voir des prairies bien arrosées dans des vallons étroits et des sols jaunâtres cultivés çà et là en céréales et en fourrages, après avoir été amendés par la chaux.

Les filons de quartz avec traces de cuivre, de fer, etc , reconnues dans les schistes et les veines minces de schistes noirs, plus ou moins combustibles, trouvés près de Puech-Mignon, ont paru sans importance après des sondages infructueux.

Séance du 5 février 1879.

Présidence de M. E. CARTAILHAC.

La correspondance comprend les publications récentes des Sociétés et des Revues avec lesquelles la Société est en correspondance, et, en outre :

Extraits de Géologie pour les années 1876 *et* 1877, par MM. DELESSE (membre honoraire de la Société), et de LAPPARENT. 1 vol. in-8°. Paris, 1878.

Conférences pédagogiques faites aux instituteurs primaires venus à Paris pour l'Exposition universelle de 1878. 1 vol. in-12. Paris, Hachette, 1878 (don de M. Cartailhac).

M Arthez, au nom de la commission chargée d'examiner les comptes de la Société pour l'année 1878, fait son rapport. Le budget est voté ; des remerciements sont adressés à M. Lacroix, trésorier.

L'auteur, membre titulaire, communique le travail suivant :

Histoire malacologique des Pyrénées françaises

I. Pyrénées-Orientales.

Par M. FAGOT, membre titulaire

INTRODUCTION

Notre excellent ami, M. J.-R. Bourguignat, avait eu l'intention, en 1864, de publier le résultat de ses études malacologiques pyrénéennes. Mais ce projet n'ayant pas eu de suite, encouragé par la bienveillance et l'appui de ce savant auteur, nous venons essayer aujourd'hui de combler cette lacune dans la mesure de nos forces.

La chaîne pyrénéenne a été sans doute l'objet de nombreux travaux conchyliologiques, mais ces travaux se trouvent disséminés dans une foule d'ouvrages ou de brochures, dont la plupart peu répandus, et contiennent des erreurs multipliées. Grouper ces écrits, en écarter, au moyen d'une critique tempérée, les défectuosités involontaires ou les appréciations erronées, nous a paru une œuvre utile et digne d'être soumise à l'examen de nos collègues qui cultivent avec tant de persévérance et de bonheur les sciences naturelles. Nous donnons en ce moment la liste des auteurs qui ont écrit sur les mollusques des Pyrénées-Orientales ou qui y ont signalé des espèces, en attendant d'aborder les autres parties de la chaîne.

HISTORIQUE.

1805 DRAPARNAUD. Histoire naturelle des Mollusques terrestres et fluviatiles de la France, par J.-B. Draparnaud. In-4° avec 13 planches noires gravées et dessinées par Grateloup. Montpellier et Paris.

Décrit l'*H. pyrenaica*, trouvée pour la première fois à Prats de Mollo.

1829 MICHAUD (A.-L.-G.) Description de plusieurs espèces nouvelles de Coquilles vivantes. In Actes de la Société Linnéenne de Bordeaux, t. III, avec une planche.

Description et figures : 1º du *Pupa cylindrica*, appelé en 1822 par Férussac, *Pupa Dufouri*, mais qui ne peut conserver ce dernier nom, l'auteur n'ayant donné ni diagnose ni figure ; 2º de la *Physa contorta*.

1830 DESHAYES (G.-P.). Encyclopédie méthodique. Histoire des Vers, par Bruguière et Lamark, complétée par Deshayes. Paris, 1830-1832. 2 vol. in-4º.

Description de l'*H. Rangii*, découverte à Collioure par Sander-Rang. Nous déclarons ignorer le motif pour lequel les auteurs ont préféré le nom d'*Helix Rangiana*, donné par Deshayes à la table analytique des espèces (p. 257), à celui d'*Helix Rangii* qu'il a adopté en tête de sa diagnose (p. 259), et que, par suite, il regardait comme le seul vrai.

1831 MICHAUD (A.-L.-G.) Complément à l'Histoire naturelle des Mollusques terrestres et fluviatiles de France, par Draparnaud. Paris et Verdun. In-4º avec 3 planches lithographiées dessinées par Terver.

H. Pyrenaica.

H. lactea. L'auteur cite pour la première fois l'*H. lactea* à Perpignan, en faisant toutefois remarquer qu'elle est plus petite et plus colorée qu'en Espagne et en Algérie.

H. Rangiana. Michaud, ignorant la description de Deshayes, décrit et figure comme nouvelle cette espèce qui lui a été donnée par Belieu, et observe, toutefois, qu'elle est connue sous ce nom dans les collections.

H. lenticula. L'auteur signale le premier dans les Pyrénées-Orientales cet *helix*, qui avait été recueilli depuis longtemps par Férussac en Espagne et dans d'autres localités du bassin méditerranéen.

Physa contorta.

1831-1835. Boubée (Nérée). Bulletin d'Histoire naturelle de France pour servir à la statistique et à la géographie naturelle de cette contrée. Première année, 3ᵉ section. Mollusques et Zoophytes. Paris, 1831-1833. In-18, 40 p. — Edit. in-8º, 1832-1835, 40 p. — Plusieurs auteurs donnent à l'édition in-18 le nom de 1ʳᵉ édition, et à l'édition in-8º le nom de 2ᵉ édition.

Testacella haliotidea. — Testacella Companyoi. N. Boubée fait remarquer que « l'échantillon que M. Companyo a bien voulu lui communiquer et le seul qu'il ait pu rencontrer (à Saint-Martin du Canigou), a un test long de 17 millim. et large de 9 millim., tandis que les dimensions ordinaires sont de 8 millim. en longueur et de 5 millim. en largeur. »

Bulimus radiatus.

Helix cespitum. — Bouche gauche.

Helix algira. Zonites algirus.

Unio Pianensis.

Helix rangiana. H. Rangi.

Helix Canigonensis. H. Canigonica.

Pupa megacheilos. Pupa leptocheilos.

Helix carascalensis.

Helix pyrenaica.

Helix splendida.

Limnœa ovata, var. *glacialis. Limnœa limosa,* var. *glacialis.*

Pupa quadridens : Bouche gauche. — Nous ignorons le motif pour lequel Boubée a signalé cette pré-

tendue anomalie, les individus de cette
espèce étant normalement senestres.

Nous ferons observer que Boubée a omis dans cette liste
le *Pupa clausilioides* (*P. affinis*), et qu'il connaissait
pourtant pour l'avoir vu dans la collection de Companyo,
ainsi que ce dernier auteur nous l'apprend lui-même. Il est
probable qu'il n'a pas su distinguer ce maillot de sa *Cl.
pyrenaica* (*Pupa Pyrenœaria*), et que plus tard les auteurs
des Pyrénées-Orientales ayant vu dans le Bulletin de l'auteur
un *Pupa clausilioides* dont la diagnose paraissait s'adapter à
leur espèce, l'auront distribué sous ce nom.

1834-1835 FARINES (J.) Description de trois espèces de coquilles vivantes du département des Pyrénées-Orieutales.
Perpignan, 1834. In-8°, 8 p. (Les hélices figurées à l'envers, parce que l'on a omis de les retourner sur la
pierre). Les figures sont exécrables.

Le manuscrit de cet opuscule avait été remis à la Société
philomatique de Perpignan pour être inséré dans le Bulletin ; l'auteur fit faire un tirage à part qui porte la date de
1834 : c'est celui dont nous venons de parler. Le mémoire
fut publié dans le tome I de ladite société, daté seulement
de 1835. Dans ce volume, les hélices ont été figurées de
nouveau dans leur position normale ; mais le dessin en est
encore mauvais.

Les espèces nouvelles sont :
Helix Desmoulinsii et *Xatartii* : *Unio Pianensis*.

1835 MOULINS (CHARLES DES). Description de quelques Mollusques terrestres et fluviatiles de France. In Actes de
la Société Linnéenne de Bordeaux, t. VII, p. 142, 2 pl.

L'auteur décrit comme nouveau le *Pupa Farinesi*, et signale sous le nom de var. *tenuimarginata*, une forme du
Pupa megacheilos appelée par Michaud et Aleron *Pupa Farinesi*, par Farines *Pupa pyrenaica*, et par Moquin-Tandon
Pupa Badia.

1837 Rapport de MM. Delocre et Companyo sur un tableau contenant une collection de Mollusques terrestres et fluviatiles du département des Pyrénées-Orientales, offert à la Société philomatique par M. Aleron. In Bulletin Société philomatique de Perpignan, t. III, 1re partie, in-8º, p. 85-105.

Ce rapport, très-intéressant au point de vue historique, donne la liste des espèces comprises dans le tableau des Mollusques des Pyrénées-Orientales offert à la Société philomatique par Aleron, menuisier (1), qui profitait de ses loisirs pour rechercher les espèces du département, indique quelques nouveaux Mollusques trouvés par Companyo, renferme des détails intéressants sur les tentatives d'acclimatation de quelques espèces étrangères au pays et sur les espèces spéciales au département. Il contient en revanche plusieurs erreurs que nous signalerons en en donnant une analyse assez complète. Il semble avoir été rédigé en entier par Companyo, et le nom de M. Delocre n'intervient qu'à propos de son expérience chimique sur les valves des *Unio littoralis* et *Pianensis*, expérience dont nous parlerons à sa place.

Voici d'abord la liste des espèces recueillies par Aleron :
Ancilus (sic !) *fluviatilis.*
Ancilus (sic !) *lacustris.*
Limax cyreneus (sic !). — *Limax cinereus.*
Testacellus haliotidea. Testacella haliotidea.

Companyo a recueilli à la métairie de Paillarés, près Rigarda-en-Conflent, deux individus de la testacelle qu'il avait découverte à Saint-Martin-du-Canigou, testacelle dont la coquille l'avait frappé par ses dimensions extraordinaires; il constate aujourd'hui que la grosseur de l'animal et les couleurs habituelles de son corps sont bien différentes de

(1) Ce tableau a été transporté au Musée de Perpignan où nous avons pu examiner les espèces, mais seulement à travers une vitrine.

celles de la *Testacella haliotidea* ; mais il n'ose point ériger cette nouvelle testacelle au rang d'espèce.

Vitrina diaphana. Vitrina elongata.

Helix conica

    pyramidata.

    elegans. — *Helix terrestris.*

    rupestris.

    strigella.

    maritima. — *Helix lineata.*

    Variabilis. Plusieurs espèces sont réunies sous ce nom.

    Pisana.

    Pomatia.

C'est le capitaine Kindelan qui apporta cette espèce dans les Pyrénées-Orientales. Aleron déposa près de sa vigne plusieurs individus, lesquels se reproduisirent ; mais ils furent recherchés à cause de la délicatesse de leur chair et devinrent très-rares. Les autres individus furent acclimatés par Companyo dans le jardin de feu M. Rigaud, pépiniériste ; cette espèce devint si abondante, qu'on fut obligé de la détruire à cause des ravages qu'elle exerçait.

Helix Xatartii.

Companyo s'escrime à prouver que les individus jeunes des *H. Xatartii* (Farines) ou *Canigonensis* (Boubée) (ces deux espèces pour lui n'en font qu'une), diffèrent beaucoup de l'*H. arbustorum*, et conclut en disant qu'ils lui paraissent n'être que de jeunes sujets de l'*H. arbustorum,* ou du moins qu'ils peuvent être rangés dans les nombreuses variétés de cette belle espèce.

Helix candidissima. — *Zonites candidissimus.*

    aspersa.

    naticoides. Helix aperta.

    sylvatica (erroné).

    nemoralis.

    hortensis.

    vermiculata.

    lactea. Helix apalolena.

Les observations du rapporteur au sujet de l'*Helix lactea*
présentent assez d'importance à cause des erreurs qu'elles
entraîneront plus tard, pour que nous croyions devoir les
transcrire en entier :

« M. Canta a déposé près d'une de ses propriétés plusieurs individus de l'*Helix lactea* qu'il avait reçus de Valence
(Espagne) ; ils se sont reproduits ; mais les jeunes sujets
durent supporter, la première année , l'hiver très-rigou-
reux de 1830, et périrent presque tous. Les hélices qui
résistèrent à cette température si froide n'atteignirent point
la grosseur de celles qu'il avait reçues ; il paraît que cette
espèce a besoin, pour son développement, de beaucoup de
chaleur, car toutes celles qui viennent dans ce pays ne sont
pas aussi développées ni aussi variées de belles couleurs
que celles que nous recevons d'Espagne et d'Alger.

» Cette hélice se trouve néanmoins en grande quantité au
lieu appelé *las Lloberas*, entre Perpignan, Cabestang et Château-Roussillon, coupé par des ravins où le soleil darde avec
force. Nos paysans appellent cette hélice *Llobera* ; elle est
très-recherchée, car sa chair est bonne et fine. Je n'ai pu
découvrir si c'est du nom de l'hélice qu'on a surnommé ce
terrain, ou si c'est du nom de la localité qu'on a baptisé la
coquille. »

Il résulte pour nous évidemment de ce qui précède, qu'il
existait à Las Lloberas une race indigène d'*Helix lactea* plus
petite que le type , très-bien connue des paysans, et qu'en
1830 M. Canta essaya d'acclimater, mais sans succès, dans le
Roussillon quelques *H. lactea* rapportés de l'Espagne.

Helix Companyonii. Helix Companyoi.

Companyo trouve que cette hélice, qu'il a découverte, se
rapproche beaucoup des *Helix serpentina* et *ondulata* (sic!)
mais pense qu'elle est nouvelle.

Helix splendida. Signale une variété à bouche rose, commune dans les Albères.

cinctella Helix limbata junior.

carthusianella. Helix carthusiana.

Olivieri. » » var. *rufilabris.*

conspurcata.

Apicina.

ericetorum.

cespitum.

Desmolensii. Helix Moulinsiana.

Companyo dit qu'il a découvert cette espèce à La Preste, en 1823, qu'il l'a placée dans sa collection sous le nom d'*Helix cornea*, à observer ; qu'il l'a examinée depuis attentivement avec Marcel de Serres et qu'ils ont décidé, malgré qu'elle se rapproche beaucoup de l'*H. cornea*, de la distinguer, parce que le caractère qui l'en sépare tout-à-fait, « c'est que le péristome est constamment contigu. » Ce caractère est sans doute exact, mais il n'est point infaillible, puisqu'il existe également dans l'*Helix cornea*. Companyo aura sans doute confondu les deux espèces ; cette supposition est appuyée par ce fait que notre auteur prétend que Michel a trouvé une variété de l'*Helix Desmolensii* à Saint-Girons, et que cette prétendue variété est précisément l'*Helix cornea* recueillie par M. Gaston de Malafosse, dans les environs de cette localité, le 11 mai 1872, lors de l'excursion de la Société d'Histoire naturelle de Toulouse.

Helix squammatina. Helix cornea, var.

cornea.

Rangiana. Helix Rangi.

pyrenaica.

lapicida.

obvoluta.

pulchella.

lenticula.

rotundata.

Algira. Zonites algireus.

Espèce rapportée de Montpellier par Companyo et déposée dans diverses localités ; les individus se reproduisirent et se conservaient encore en 1837.

Helix lucida. Zonites nitidus.

    nitida. Zonites lucidus vel Farinesianus.

    nitens. Zonites crystallinus.

Succinea amphibia. Succinea elegans et Pfeifferi.

    oblonga.

Bulimus decollatus.

    ventricosus. Helix barbara.

    acutus. Helix acuta.

    radiatus. Bulimus detritus.

Achatina lubrica. Ferussacia subcylindrica.

    acuta. Cœcilianella....?

    folliculus. Ferussacia folliculus.

Companyo observe avec raison que Michaud a négligé de mentionner comme vivant aux environs de Perpignan cette espèce qui lui avait été communiquée par Canta.

Pupa marginata. Pupa muscorum.

    granum.

    inédite.

    avena. Pupa avenacea.

    frumentum. Pupa polyodon.

    cinerea. Pupa quinquedentata.

    Pyrenearia.

Companyo avait trouvé à la Preste, en 1823, une espèce qu'il inscrivit dans sa collection sous le nom de *Clausilia,* rare, à observer. Maintenant il est fixé sur la valeur de cette espèce : il la rapporte sans hésitation au *Pupa Pyrenœaria* de Michaud et à la *Clausilia pyrenaica* de Boubée. Or, ce maillot n'est autre que celui que Rosmassler appelera *P. affinis* deux ans plus tard. L'auteur du rapport fait en outre savoir que ce maillot ressemble tellement à une Clausilie, que tous les naturalistes s'y sont trompés, et que Aleron, de Boissy et lui n'ont été convaincus que c'était un Pupa, qu'après en avoir ouvert plusieurs individus pour voir la conformation intérieure de la bouche. Trois savants pour distinguer un maillot d'une clausilie ! Il faut avouer que la science malacologique n'atteignait point son apogée à cette époque.

Pupa pyrenaica. Pupa cylindrica.

   Farinesi. Pupa leptocheilos.

   variabilis. Pupa multidentata.

   fragilis. Balia perversa.

   quadridens. Bulimus quadridens.

   polyodon. Pupa ringigula.

Vertigo vertigo. Vertigo pusilla.

   anti-vertigo.

   muscorum.

Clausilia papillaris. Clausilia bidens.

   rugosa.

Aleron a réuni sous le nom de *Cl. rugosa* plusieurs espèces du groupe du *nigricans.*

Carychium myosotis. Alexia myosotis.

Planorbis contorsus (sic!). *Planorbis contortus.*

   marginatus.

   vortex. Planorbis rotundatus.

   imbricatus. Planorbis carinatus junior.

Limnæa ovata. — Limnæa limosa.

   palustris.

   minuta. Limnæa truncatula.

Physa hypnorum.

Aleron a disposé dans son tableau sous ce nom des individus de la *Physa acuta* à spire allongée.

Physa acuta.

Cyclostoma elegans.

   obscurum. Pomatias obscurus.

   Patulum. Pomatias Bourguignati

   truncatulum. Truncatella truncata.

Paludina impura. Bythinia tentaculata.

viridis.	Toutes ces dénominations sont erronées. A cette
acuta.	époque les *Paludinidæ* étaient très mal connues, et
anatina.	l'on se contentait de déterminations approximatives. N'ayant pas pu examiner à loisir ces cinq espèces
similis.	dans le tableau, nous négligerons de donner les
abreviata	noms qui leur appartiennent réellement.

Valvata piscinalis.

Neritina fluviatilis.

Anodonta cygnea.

Unio littoralis.

Unio Pianensis.

Companyo ne peut admettre cette espèce qui est pour lui l'état de vieillesse de l'*Unio littoralis,* séjournant dans la vase qui lui donne la couleur *incarnée,* coloration due principalement à la présence de substances animales et végétales en décomposition. M. Delocre a eu l'idée de laver avec de l'acide nitrique étendu, pour en enlever l'épiderme, des *Unio littoralis :* la nacre des individus jeunes a présenté une teinte *azurée,* et la nacre des individus âgés une teinte *rosée* semblable à celle de l'*Unio Pianensis.* Cette expérience est concluante.

Unio pictorum.

     rostrata. Unio Requieni.

Cyclas fontinalis. Pisidium amnicum (?)

     cornea. Sphærium corneum.

     caliculata. Sphærium lacustre.

A ces espèces il convient d'ajouter celles qui ont été observées directement par Companyo. Ces espèces figurent dans le rapport à leur place ; nous avons cru devoir les rejeter à la fin, afin qu'on embrasse d'un coup d'œil les découvertes de l'auteur du rapport.

Limax agrestis.

     silvaticus (sic !)

     gagates. Milax gagates.

     marginatus. Milax pyrrichus.

     rufus. Arion rufus.

Il est curieux de voir Companyo ranger l'*Arion ater* parmi les *arion,* et l'*Arion rufus,* que la plupart des auteurs considèrent comme une légère variété du premier, parmi les *limaces.*

Limax hortensis. Arion hortensis.

Le rapporteur fait remarquer que cette espèce doit rentrer dans le sous-genre *arion* (Fér.).

Vitrina subglobosa.

Helix Quimperiana.

Apportée de Brest par M. le baron de Kindelan et acclimatée par Companyo sur le bord d'un fossé des parties basses de Château-Roussillon.

Clausilia ventricosa.

Trouvée pour la première fois dans le département par M. Xatart, de Prats de Mollo.

Planorbe corné. Planorbis corneus.

> *spirorbe. Planorbis spirorbis.*

Limnæa peregra.

Neritina viridis.

Companyo affirme qu'il a trouvé la *Neritina viridis*, espèce marine et des eaux saumâtres, dans le ruisseau de l'Escouridou, près de Perpignan. Cette espèce rentre dans le genre *Gaillardotia*, de M. Bourguignat.

En ajoutant au tableau d'Aleron les espèces mentionnées par Companyo, on a un total de 117. Il faut en retrancher : 1° 3 espèces acclimatées : *Zonites algireus, Helix pomatia* et *quimperiana*; 2° 3 espèces erronées, qui sont : *Helix sylvatica* et *cinctella*, *Planorbis imbricatus*. Reste 111 espèces.

1839 Rossmassler (E. A.). Iconographie der Land and Suswasser Mollusken mit vorzuglicher Beruksichtigung der Europaischen noch nicht abgebildeten Arten. — Dresde et Leipzig, 1835-1845. Heft. IX et X, 1839.

Dans ce fascicule, l'auteur décrit le *Pupa affinis*.

1842 Aleron. In Henry, Guide du Voyageur en Roussillon. In-18, p. 327-333.

C'est la simple réimpression, avec toutes les fautes d'orthographe, de la liste des espèces mentionnées dans le rapport de MM. Delocre et Companyo, et une analyse ou une reproduction textuelle des notes y contenues.

1845 COMPANYO. Itinéraire de quelques vallées du département des Pyrénées-Orientales, etc. In Bulletin Société agricole, scientifique et littéraire des Pyrénées-Orientales, t. VI, 2ᵉ partie (années 1841-1844).

L'auteur recueille : ·

A la truncada d'Ambulla, près Villefranche, les *Helix pyrenaica, Pupa ringens, Farinesi* et *ringicula* (*nova species*) Michau (sic!)

A Saint-Martin-de-Canigò, *Helix Desmoulinzii* (sic!) et *pyrenaica.*

Au Roc de la Muia, près Flassa, les *Pupa quadridens, Farinesi* et *cynerea* (sic !)

A la Jassa de la Llapudera (Canigou), l'*Helix Xatartii.*

A la fontaine de la Sègre, une très-belle variété de l'*Helix arbustorum.*

Dans ce même bulletin, Companyo et le Dᴿ Paul Massot décrivent l'*Unio Aleroni*, et le dernier établit comme espèce nouvelle la *Physa cornea.*

1847-1851 DUPUY (D.). Histoire naturelle des Mollusques terrestres et d'eau douce qui vivent en France. Auch, 1847. Paris, 1850. 2 vol. in-4° de 733 pages avec atlas in-4° de 31 pl.

Testacella Companyonii. Testacella Companyoi.

M. l'abbé Dupuy décrit comme espèce nouvelle, sur la simple inspection de la coquille, cette testacelle que Boubée et après lui Companyo avaient considérée comme une variété de l'*haliotidea,* malgré que ce dernier ait vu l'animal sur place et ait pu ainsi en reconnaître les caractères.

Helix algira. Zonites algireus.

arbustorum.	⎫ Le savant abbé reconnaît les différences existant entre l'*H. arbustorum* d'une part, et les *H. Canigonensis* et *Xatartii* qui sont pour lui une espèce unique, de l'autre. Pourtant il n'hésite point à les ranger tous trois en synonymie.
Canigonensis.	
Xatarti.	

pyrenaica.

cornea.

L'*Helix squammatina* est rangée parmi les synonymes de l'*H. cornea*.

Helix Desmolinsii. Helix Moulinsiana.

Dans le tableau analytique des espèces du genre Hélice, l'auteur appelle cette espèce *H. Moulinsii* ; plus tard, revenant sur sa détermination, il lui donne le nom d'*Helix Desmolinsii*, en faisant toutefois observer en note que, s'il n'a point conservé le premier nom, c'est parce que M. Farines l'a nommée ainsi, et que le droit de priorité lui paraît préférable à une règle d'étiquette de langage.

Helix lapicida.

L'on trouve dans les Pyrénées-Orientales une variété jaunâtre ou blanchâtre flammulée de fauve.

Helix splendida.

M. le Dr Penchinat, de Port-Vendres, lui a communiqué du Mont-Béarn et d'autres points des Albères, la variété rose (variété à bouche rose de Companyo).

Helix Companyonii. Helix Companyoi.

Notre auteur décrit avec soin et fait figurer l'Hélice trou - vée par Companyo et ainsi nommée par Aleron, qui ne l'avait point publiée.

Helix lactea. Helix apalolena.

Trompé par les phrases ambiguës de Companyo, M. l'abbé Dupuy croit que cette espèce a été acclimatée.

Helix strigella.

On trouve une variété d'un fauve rougeâtre avec une bande blanchâtre sur le dernier tour.

Helix cinctella.

M. l'abbé Dupuy ne croit point, et avec raison, à la présence de cette espèce dans les Pyrénées. Toutes les hélices qu'il a reçues sous ce nom étaient des variétés fauves de l'*Helix limbata*.

Helix rangiani. Helix Rangi.

   conspurcata.

Trochilus. Helix terrestris var. *depressa.*

Cette espèce n'avait point encore été signalée.

Helix cespitum.

   pyramidata.

   conoidea.

Bulimus ventrosus. Helix barbara.

Zua Boissyi. Azeca Boissyi.

L'auteur ajoute, sans s'en douter, à la faune des Pyrénées-Orientales une magnifique espèce qui y avait été recueillie par M. de Boissy, lequel, malheureusement, ne se
souvenait plus de la localité. Cette espèce, malgré son
abondance relative, ne devait être retrouvée que vingt ans
plus tard.

Zua folliculus. Ferussaciu folliculus.

Clausilia ventricosa.

Cette espèce lui paraît manquer dans les Pyrénées et
leurs dépendances, bien qu'il ait reçu plusieurs fois sous
ce nom, des diverses parties de la chaîne, les *Clausilia Rolphii* ou *dubia.* Ce fait n'est point exact. La *Clausilia ventricosa* existe positivement dans les Pyrénées-Orientales.

Pupa megacheilos, Pupa leptocheilos.

Ce n'est point le type qui existe dans ce département,
mais une variété plus petite, à bord moins élargi, moins
blanc.

Pupa Farinesi.

   variabilis. Pupa multidentata.

   Boileausiana.

Cette espèce avait été recueillie dans l'Ariége par de
Charpentier et décrite par Kuster, en 1845. M. l'abbé Dupuy
est le premier à la signaler dans les Pyrénées-Orientales,
en faisant toutefois observer qu'elle y est moins caractérisée
que dans l'Ariége.

Pupa ringicula.

Ce maillot avait été découvert par Michaud dans les environs de Villefranche, en 1842, et publié par Kuster, en
1845. M. l'abbé Dupuy le donne en synonyme au *Pupa po-*

lyodon, en signalant toutefois ses différences et en le faisant bien représenter.

Pupa clausilioides. Pupa affinis.

L'auteur soupçonne que l'espèce de Boubée n'est point identique à celle de Rossmassler, mais il ne peut rien affirmer parce qu'il n'a pas pu se procurer le *Pupa clausilioides*. Pourtant il conserve ce nom au *Pupa affinis*, ce qu'il aurait dû éviter.

Pupa Dufourii. Pupa cylindrica.

M. Dupuy semble avoir ignoré que Férussac, en nommant ainsi ce maillot, a négligé de le décrire ou de le figurer.

Physa contorta.

    hypnorum.

Limnæa glacialis. Limnæa limosa var. glacialis.

Notre honorable correspondant dit que Companyo a retrouvé dans les mares élevées des Albères la *Limnæa glacialis* du lac de Gaube.

Unio Rousii. Unio Aleroni.

M. Bourguignat fera observer, avec raison selon nous, que l'auteur de l'Histoire des Mollusques a eu tort d'assimiler l'*Unio Aleroni* à son *Unio Rousii*.

Unio Pianensis.

Malgré les observations de Companyo et les expériences de Delocre, le professeur d'Auch n'hésite point à maintenir cet *unio* au rang d'espèce.

Unio Capigliolo.

M. Dupuy fait remarquer avec beaucoup de justesse que Rossmassler a eu tort de rapporter à l'espèce de Payraudeau les individus des Pyrénées-Orientales qui appartiennent tous à l'*Unio Turtoni*.

Unio Turtoni. Unio Turtoni(anus).

1855 DE GRATELOUP. Essais de géographie malacologique, par MM. de Grateloup et Victor Raulin. In-8°. Baillères.

Dans cette compilation, remplie d'erreurs et faite sans

7

méthode, nous rechercherons les espèces citées pour la région qui nous occupe.

Limax Valentianus (erroné).

Helix algira var. *maxima. Zonites algireus.*

   cespitum var. *sinistrorsa.*

   Companyonii. Helix Companyoi.

   cornea var. *squammatina. Helix cornea* var.

   depilata. Erroné.

Grateloup cite comme vivant dans les Albères, à 1,300ᵐ, cette espèce qui n'y a jamais existé !

Helix Desmoulinsii. H. Moulinsiana.

L'auteur adopte ce nom, mais, comme s'il éprouvait un repentir, il ajoute immédiatement :

Helix cornea var. (?) N'est-ce point une variété de l'*Helix cornea*?

Helix hispanica, Pfeiffer. *H. lactea* var.

Nous déclarons ignorer quelle est cette espèce ; mais nous pensons que de Grateloup a entendu parler de l'*Helix hispanica* Michaud, Catal. test. viv. terrest. et fluviat., envoyé d'Alger au cab. d'hist. nat. de Strasbourg, in Mém. Soc. hist nat. Strasbourg, t. I, II, tirage à part, p. 2, n° 2, 1833, et que Canta a essayé en vain d'acclimater dans les environs de Perpignan.

Helix lactea. H. apalolena.

   lenticula.

   pyrenaica.

   Rangiana. H. Rangi.

   Trochilus. — Helix terrestris var.

Bulimus ventrosus. Helix barbara.

Pupa Boileausiana.

   clausilioides. P. affinis.

Le conchyliologue de Bordeaux reproduit l'erreur de l'abbé Dupuy, en donnant comme auteurs à ce *pupa* Boubée et Pfeiffer.

Pupa Dufourii. P. cylindrica.

(Voir nos observations dans le compte-rendu de l'ouvrage du savant professeur d'Auch).

Pupa Farinesii. P. Farinesi.

  goniostoma.

  megacheilos var. *marginata. P. leptocheilos.*

  quadridens var. *sinistrorsa. Bulimus quadridens.*

  variabilis. P. multidentata.

Physa acuta var. *cornea. Physa cornea.*

  contorta.

  hypnorum.

Unio Aleroni.

  capigliolo (*Unio Baudoniana* (sïc !) Kuster). *Unio Turtoni.*

  pianensis.

  Turtonii. Unio Turtoni (anus).

Il est facile de se convaincre que le compilateur s'est contenté de citer textuellement les espèces mentionnées par l'abbé Dupuy, auxquelles il a ajouté les *Helix hispanica* et *depilata*, erronés, le *Pupa goniostoma*, non publié à l'époque où ce dernier faisait paraître son œuvre, la *Physa cornea*, dont il a fait a tort une variété de l'*acuta*, et l'*Unio capigliolo*, à laquelle il a donné un synonyme qui ne lui appartient point. Jugez d'après cela du mérite de l'œuvre !

1855 Drouet (Henri). Enumération des Mollusques terrestres et fluviatiles vivants de la France continentale et insulaire. Liége, 1855. ln-8°, 53 p.

Testacella Companyoi.

Helix arbustorum var. { *Canigonensis.* Boubée.
                          { *Xatartii.* Farines.

Drouet est le premier à reconnaître que l'*Helix arbustorum* n'existe point dans les Pyrénées-Orientales ; mais il ne sait point encore reconnaître les caractères spécifiques des *H. Canigonensis* et *Xatarti.*

Helix Companyonii. H. Companyoi.

  Desmolinsii. H. Moulinsiana.

Helix lactea. H. apalolena.

    pyrenaica.

    Rangiana. H. Rangi.

    strigella.

Achatina subcylindrica, var. *Boissii. Zua Boissyi.*

Pupa clausilioïdes (Boub.), *affinis* (Rossmass.). *P. affinis.*

    L'auteur continue à confondre l'espèce de Boubée et celle de Rossmassler.

Pupa Dufourii. P. cylindrica.

    megacheilos var. *goniostoma. P. goniostoma.*

    polyodon.

            var. *ringicula* (Michaud *olim*). *P. ringicula.*

Physa acuta var. *cornea. Physa cornea.*

Unio littoralis var. *Pianensis. U. Pianensis.*

    Requieni var. *Aleronii. U. Aleroni.*

1855 Moquin-Tandon (A.). Histoire naturelle des Mollusques terrestres et fluviatiles de France, contenant des études générales sur leur anatomie et leur physiologie et la description particulière des genres, des espèces et des variétés. Paris, 1855. 2 vol. in-8º, avec atlas de 92 p. et 51 pl. col.

Limax gagates. Milax gagates.

    marginatus. Milax pyrrichus.

Testacella haliotidea ζ *Companyoi. Testacella Companyoi.*

    Suivant l'exemple de Boubée et de Companyo, Moquin a le tort de faire redescendre au rang de simple variété cette belle espèce si bien reconnue par M. l'abbé Dupuy.

Vitrina diaphana. Vitrina Penchinati.

    major δ *depressiuscuta. Vitrina Draparnaudi.*

Zonites candidissimus.

    L'auteur nous apprend que, d'après Companyo, cette espèce avait été naturalisée dans les Pyrénées-Orientales; cependant nous avons vu que Companyo n'a jamais parlé jusqu'ici de ce fait.

Zonites nitidulus.

> *nitens* γ *hiulca.*

Moquin commet deux erreurs : la première en faisant de l'*Helix hiulca de Jan* une variété du *Zonites nitens* ; la seconde en signalant l'espèce du malacologiste italien dans les Pyrénées-Orientales, attendu qu'elle n'y existe point, à notre avis.

Helix lenticula.

Dans ses observations au sujet de l'*Helix lenticula*, notre auteur dit : « On soupçonne que cette espèce a été connue de Linné et désignée par lui sous le nom de *striatula* (Syst. nat., édit. X, 1 p. 768, 1758) ; mais cette assertion est difficile à confirmer. »

Si Moquin avait lu Michaud avec attention, il aurait vu, dans son complément, que c'est Collard de Cherres qui a donné à notre coquille le nom d'*Helix striatula* (Linn.), que ce synonyme est erroné, et que tous les auteurs postérieurs à Michaud ont donné l'*Helix striatula* (Coll. de Cherr.) comme synonyme de l'*H. lenticula*, sans parler du nom linnéen.

Helix Rangiana.

> *arbustorum* γ *Canigonensis. Helix Canigonensis* et
> *Xartatii.*

Comme M. Drouet, Moquin a compris que le véritable *arbustorum* ne vivait point dans les Pyrénées-Orientales. Comme lui il n'a pas su discerner les caractères des *Helix Canigonensis* et *Xatartii*.

Helix pyrenaica.

> *Kermovani. Helix quimperiana.*

Moquin, qui a changé le nom de de *Ferussac* sans motif plausible, nous fait remarquer que l'*Helix quimperiana* a été acclimatée dans les Pyrénées-Orientales.

Helix cornea η *Moulinsii. H. Moulinsiana.*

Nous sommes étonnés que Moquin-Tandon n'ait point fait l'anatomie de cette espèce. L'observation de l'animal lui aurait fait éviter l'erreur dans laquelle il est tombé.

Helix cornea ♂ *squammatina. H. cornea* var.

 lapicida γ *grisea.*

C'est la même variété que celle signalée par M. l'abbé Dupuy.

Helix splendida.

 β *Penchinatia.*

 ϰ *roseo-labiata.*

Notre auteur sépare en deux sous-variétés la variété à bouche rose de Companyo et M. l'abbé Dupuy.

Helix Companyonii. H. Companyoi.

 lactea. H. apalolena.

Reproduction de l'erreur de M. l'abbé Dupuy au sujet de l'acclimatation de cette espèce dans les Pyrénées-Orientales.

Helix hortensis.

   sous-variété *Lespesia* 1.23 45, rose à bandes soudées.

   Menkea 003, 45, rose à bandes distinctes.

   lutea, jaune brill^t. ⎱ sans bandes
   Baudonia, fauve. ⎰

Nous devons être étonnés de voir le savant anatomiste qui, dans la préface de son ouvrage, reprochait à ses contemporains « de compter des poils et de louper des stries », s'amuser patiemment à distinguer des sous-variétés de sous-variétés.

Helix sylvatica.

Reproduction de l'erreur d'Aleron.

Helix pomatia (acclimatée).

 aperta (naturalisée).

 limbata ε *minor.*

 strigella β *fucescens.*

C'est la variété fauve-rougeâtre à bande blanchâtre du professeur d'Auch.

 Helix cinctella.

Mentionnée d'après Aleron et erronée.

Helix explanata.

 apicina.

 unifasciata η *rugosiuscula. H. rugosiuscula.*

Moquin est le seul auteur, à notre connaissance, qui ait eu l'idée de faire de l'*Helix rugosiuscula*, espèce si bien caractérisée, une simple variété de l'*Helix unifasciata.*

Helix lineata.

 α *vittata (typus).*

 β *hypochroma.*

 δ *castanea.*

 ε *hypozona.*

 λ *albina.*

Toutes ces variétés, recueillies à Port-Vendres par M. Penchinat, sont fondées sur la disposition des bandes ou leur absence.

Helix conspurcata.

 ericetorum ζ *striata.*

 variabilis π *subcarinata. H. lauta.*

 pyramidata.

 terrestris.

 trochoides.

 conoidea.

 bulimoides. H. barbara.

Bulimus montanus.

Moquin cite cette espèce comme faisant partie de la population malacologique des Pyrénées-Orientales sur l'autorité de M. l'abbé Dupuy, qui ne l'y a jamais signalée.

Bulimus detritus.

 quadridens.

Outre le type rencontré par Aleron, Moquin cite à Port-Vendres une var. *major.*

Bulimus subcylindricus. Ferussacia subcylindrica.

 folliculus. Ferussacia folliculus.

 acciula. Cœcilianella.....

 decollatus.

Clausilia bidens.

> *perversa* γ *pyrenaica. Cl. nigricans* var.

Pupa perversa. Balia perversa et *pyrenaica.*

> *quinquedentata.*

> *megacheilos*
> ⎧ β *rufula.*
> ⎨ γ *tenuimarginata. Pupa leptocheilos.*
> ⎩ ζ *goniostoma. Pupa goniostoma.*
>
> > Moquin cite le premier dans le département, le **P.** *goniostoma* que Kuster avait publié en 1845 et signalé dans le sud de la France, sans indication de localité. Seulement, notre auteur a tort d'en faire une variété du P. *megacheilos*

> *avenacea.*

> *Farinesi.*

> *Frumentum.*

Espèce erronée citée sous la foi d'Aleron.

Pupa ringens (?)

Aleron prétend avoir recueilli cette espèce dans le département ; Moquin ne l'y introduit qu'avec un point de doute.

Pupa pyrenœaria. — Pupa affinis var.

M. Sarrat a recueilli le type à la Preste, et M. Braun à Villefranche ; tous deux l'ont communiqué à Moquin.

Pupa pyrenœaria δ *saxicola.*

Notre auteur avait fait autrefois une espèce de cette variété sous le nom de *Pupa saxicola.* Aujourd'hui il reconnaît son erreur en la supprimant avec franchise.

Pupa secale.

On trouve en dehors du type une variété que Moquin nomme *cylindroides* et qu'il assimile à celle recueillie à Gavarnie par M. l'abbé Dupuy.

Pupa secale ζ *Boileausiana. P. Boileausiana.*

Moquin ne parle point des différences existant entre les individus de l'Ariége et ceux des Pyrénées-Orientales, ainsi que l'avait fait le professeur d'Auch.

Pupa granum.

> *polyodon.*

Cette espèce est signalée à Prats de Mollo et à la Preste.

Pupa polyodon γ minor. P. ringicula.

Cité comme vivant à Banègues, Figuères et Villefranche.

Pupa multidentata.

affinis.

> var. *cylindrella.* A la Preste.
>
> var. *elongata.* A Prats de Mollo.

cylindrica. On rencontre le type à Villefranche, à Arles et à la Preste.

β *polyodon.* A Villefranche, d'après Michaud.

δ *curta.* A Arles, selon de Boissy.

muscorum.

Vertigo muscorum.

anti-vertigo

pusilla.

Carychium myosotis. Alexia myosotis.

Planorbis complanatus.

carinatus.

C'est M. l'abbé Dupuy qui, d'après Moquin, aurait le premier signalé cette espèce dans notre département.

Planorbis vortex.

A M le Dr Penchinat appartient la découverte authentique de cette espèce dans la région qui nous occupe.

Planorbis spirorbis.

nautileus.

albus.

Cette espèce n'avait pas encore été signalée; elle a été également recueillie par M. le Dr Penchinat.

Planorbis contortus.

corneus.

Physa contorta.

acuta.

hypnorum γ cornea. P. cornea.

Moquin rattache à l'*hypnorum* cette espèce que Grateloup et Drouet avaient mis à côté de l'*acuta.*

Limnœa limosa.

   truncatula γ minor. Variété récoltée à Collioure.

   palustris.

Ancylus lacustris.

Cyclostoma obscurum ζ. truncatulum. **Pomatias obscurus var.**

    truncatula.

   patulum. **Pomatias Bourguignati.**

Bythina abreviata var. **Reyniesii. Paladinella.....**

  viridis.

Anodonta cygnœa γ ventricosa. **Anodonta ventricosa.**

   anatina $\begin{cases} δ \ Rayii. \\ ε \ coarctata \end{cases}$ Argelès. Penchinat.

Unio rhomboideus β *Pianensis.* **Unio Pianensis.**

  Moquinianus.

Moquin cite dans les Pyrénées-Orientales un *Unio* qui n'y existe point et qui lui a été dédié par M. l'abbé Dupuy. L'*Unio Moquinianus* a été trouvé dans les Hautes-Pyrénées et semble spécial à cette région.

Unio Requienii $\begin{cases} δ \ Aleronii \ \ Unio \ Aleronii. \\ η \ Turtonii. \ Unio \ Turtonianus. \end{cases}$

Pisidium amnicum γ striolatum.

1863 Companyo. Histoire naturelle des Pyrénées-Orientales.

Arion empiricorum. **A. rufus et A. ater.**

  hortensis.

Limax maximus.

Companyo donne en synonyme à cette limace le *L. anti-quorum* Fér. qui est le *Limax cinereo niger* Sturm. et le *Limax cinereus* Muller.

Limax agrestis.

  sylvaticus.

  gagates. **Milax gagates.**

  marginatus. **Milax pyrrichus.**

Testacella haliotidea.

    Companyonii. **Companyoi.**

Décrit pour la première fois les caractères externes de l'animal et le fait figurer.

Vitrina elongata.

> *diaphana. Vitrina Penchinati.*
>
> *pellucida.*
>
> *subglobosa. Vitrina major.*

Succinea putris.

> *oblonga.*

Il est à peu près certain que l'auteur a désigné sous ce nom le *S. elegans* Risso, puisqu'il lui donne comme synonyme le *S. longiscata* Morelet, se rapportant précisément à cette espèce.

Succinea oblonga.

> *Pfeifferi.*

Helix naticoides. H. aperta.

> *melanostoma.*
>
> *pomatia.* Est devenue très-rare en 1865.
>
> *aspersa.*
>
> *vermiculata.*
>
> *lactea. H. apalolena.*

Après avoir reproduit la note citée à propos de l'acclimatation de cette espèce par de Canta (voir page 88), Companyo ajoute : « Il paraît que cette espèce exotique (de Valence) a besoin de beaucoup de chaleur pour se développer; car les nôtres, *celles du pays*, sont régulières dans leurs formes et varient peu dans leurs couleurs, » dissipant ainsi tous les doutes qu'avait laissé dans l'esprit des auteurs sa phrase ambigue du rapport sur le tableau d'Aleron.

Helix Companyonii. H. Companyoi.

> *splendida.*
>
> *sylvatica. H. nemoralis* var.
>
> *nemoralis.*
>
> *hortensis.*
>
> *arbustorum.*
>
> *Xatartii. Xatarti* et *Canigonensis.*
>
> *Candidissima. Z. Candidissimus.*
>
> *Pyrenaica.*

Helix cornea.

 squammatina. Cornea **var.**

 Desmolinsii. **Far.** *H. Moulinsiana.*

 lapicida.

 pulchella.

 costata.

 obvoluta.

 hispida.

 strigella.

 carthusiana.

 rufilabris. — *Helix carthusiana* **var.**

 limbata.

 cinctella. H. limbata.

 rupestris.

 pygmœa. Il est à présumer que ce nom réunit les *H.*
   micropleuros et *Massoti.*

 nitida. Zonites nitidus.

 Olivetornm. Zonite incertus.

 nitidula.

 lucida.

 nitens.

 cristallina.

 algira. Acclimatée. Se conserve encore, parce que sa
   chair coriace est dédaignée des cultivateurs.

 rotundata.

 Rangiana. H. Rangi.

Companyo nous apprend que Rang le premier, en station
à Port-Vendres, trouva cette coquille dans le ravin qui descend de Consolation. Par suite, M. Deshayes a eu raison de
l'appeler *H. Rangi,* et ce nom doit être consacré définitivement comme le seul conforme à la nomenclature.

Helix explanata.

 trochilus. H. terrestris **var.** *depressa.*

 elegans.

 trochoides.

Helix pyramidata.

   apicina.

   conspurcata.

   striata.

   cespitum.

   ericetorum.

   neglecta.

   submaritima (?)

   variabilis.

   maritima. H. lineata.

   pisana.

   conoidea.

   bulimoides. H. barbara.

Bulimus ventrosus. H. acuta.

   acutus. H. acuta.

   radiatus.

   montanus (erroné).

   obscurus.

   decollatus.

Companyo range l'*H. barbara* parmi les hélices et fait de l'*H. acuta* deux bulimes distincts lesquels ne sont que deux variétés de la même espèce.

Achatina acicula. Cœcilianella.....

Zua lubrica. Ferussacia subcylindrica.

   folliculus. Ferussacia folliculus.

Clausilia laminata.

   solida (très-douteux).

   bidens.

   rugosa. Sous cette désignation sont comprises plusieurs espèces n'appartenant aucune au type de Draparnaud.

   ventricosa.

Balœa fragilis. Balia perversa et pyrenaica.

Pupa quadridens. Bulimus quadridens.

   tridens (?)

   variabilis. P. multidentata.

   frumentum (erroné).

   secale.

Pupa Boileausiana.

   Clausilioides. P. affinis (1).

   pyrenearia (2). — *Pupa affinıs*

   avenacea.

   Farinesi.

   megacheilos. P. leptocheilos.

   granum.

   polyodon. P. ringicula.

   Dufourii. P. cylindrica.

   similis. P. quinquedentala.

   doliolum. (Ne serait-ce point le *P. triplicata ?*)

   muscorum.

   umbilıcata.

   anti-vertigo. Vertigo anti-vertigo.

   pusilla. Vertigo Venetzi.

Carychium minimum.

     myosotis. Alexia myosotis.

Planorbis contortus.

   corneus.

(1) Après avoir pris ce maillot pour une clausilie, après lui avoir donné le nom erroné de *Pupa pyrenœaria* (Michaud), Companyo commet une nouvelle erreur en le désignant sous le nom de *Pupa clausilioides* Boubée, et en affirmant que M. Moquin-Tandon le regarde comme une variété du *Pupa pyrenœaria.*

Notre auteur aurait dû savoir que le pupa des Pyrénées-Orientales auquel il attribue l'appellation de *clausilioïdes* avait été nommé *Pupa affinis* par Rossmassler en 1839, et que si en 1848 et en 1850 Pfeiffer et M. l'abbé Dupuy lui avaient donné le premier nom, c'était à suite d'une erreur excusable. Il n'aurait pas dû ignorer que son espèce ne pouvait pas être le *Pupa clausilioïdes* de Boubée, mentionné par cet auteur dans la vallée de la Barousse (Hautes-Pyrénées), et que Moquin-Tandon a considéré avec raison comme une variété du *Pupa pyrenœaria.* Si les auteurs avaient pris la peine de lire attentivement le bulletin de Boubée, ils auraient certainement évité dans la synonymie cette confusion qui ne pourra plus être commise désormais.

(2) C'est à cette espèce que doivent être rapportés les *Clausilia pyrenaica* et *Pupa transitus* de Boubée. (Voir nos observations dans l'Historique des Mollusques des Hautes-Pyrénées.)

Planorbis albus.

      nautileus.

      spirorbis.

      vortex.

      rotundatus.

      carenatus. P. carinatus.

      complanatus.

Physa acuta.

      hypnorum.

      cornea.

      contorta.

Limnœa ovata. Limnœa limosa.

      peregra.

      palustris.

      minuta. L. truncatula.

Ancylus fluviatilis.

      lacustris.

Cyclostoma elegans.

      obscurum. **Pomatias obscurus. Crassilabris** et **hispanicus** var.

      Nouleti. P. Nouleti.

      patulum. P. Bourguignati.

Bythinia Ferussina. Erroné.

      abreviata. Pàludinella abbreviata.

      similis. Amnicola similis et autres espèces.

      tentaculata.

Valvata piscinalis.

Neritina fluviatilis.

Anodonta cygnea.

      var. γ ventricosa de Pfeiffer. — *Anodonta arenaria* var.

      anatina.

Unio littoralis.

      var. *Pianensis. Unio Pianensis.*

      subtetragona var. de l'*Unio littoralis.*

Requienii var. A *Unio Aleronii. Unio Aleroni.*

pictorum var. B *Unio Turtonii. Unio Turtoniänus.*

    Moquinianus.

Pisidium amnicum.

       nitidum.

       pusillum.

Cyclas cornea. Sphærium corneum.

     lacustris. Sphærium lacustre.

     Mouchousii N. S. Pisidium Casertanum.

1863 Février. Bourguignat (J. R.). Mollusques de San-Julia de Loria. Gr. in-8º de 34 p. et 2 pl.

Description et représentation de l'*H. Desmoulinsii* (*Helix Moulinsiana*). Anatomie de plusieurs organes de l'animal, surtout du système reproducteur. L'auteur décrit en outre en détail *Pupa goniostoma* de Kuster et en donne une excellente figure, la première qui ait paru en France.

1863 Avril. Bourguignat (J.-R.). Mollusques nouveaux litigieux ou peu connus. Iᵣₑ décade, grand in-8º, avec planches.

L'auteur décrit et représente :

Limax Companyoi, voisin du *variegatus* ;

Helix Massoti, du groupe du *Pygmæa*.

Il indique enfin à Amélie-les-Bains l'*Helix micropleuros* découvert par Paget dans les environs de Montpellier.

1863 Décembre. Bourguignat (J.-R.). Monographie du nouveau genre français *Moitessieria*. Paris. Gr. in-8º. 18 pages, 2 planches.

Description avec figures du *Moitessieria Massoti* découvert par le Dᵣ Paul Massot, vivant dans la source de Fourada près Salces.

1863 Décembre. Bourguignat (J.-R.). Mollusques nouv. etc. IIᵉ décade.

Description et représentation du *Pupa eudolicha* de la Preste, très-voisin de l'*affinis*.

1867 Décembre. Bourguignat (J.-R.). Mollusques nouv. etc. VIIIe décade.

Description, sous le nom d'*Helix apalolena*, de l'espèce nommée jusqu'alors *Helix lactea* par tous les auteurs.

1868 Rambur (J.) In Journal de conchyliologie, t. XVI.
Diagnose latine de l'*Helix Becasis*. t. XVII, 1869.

Description avec figure de la même espèce appartenant au groupe de l'*hispida*, d'après l'auteur.

1869 Janvier. de Saint-Simon (Alfred), Descriptions d'espèces nouvelles du genre *Pomatias*, suivies d'un aperçu synonymique sur les espèces de ce genre. Gr. in-8°, 28 p. Paris, v^e Bouchard-Huzard.

Diagnose latine du *Pomatias Bourguignati* (P. *patulus* des anciens auteurs des Pyrénées-Orientales), et caractères qui le séparent des autres espèces de ce groupe.

1869 Février. Paladilhe (D^r A). Nouvelles miscellanées malacologiques, IVe fascicule in-8°.

Description et représentation des :

Bythinia Bourguignati (ana).
Amnicola lanceolata.
   subproducta
Paludestrina procerula.

1870 Janvier et février. Bourguignat (J.-R.). Mollusques nouv. etc. XIe et XIIe décades.

Représentation et description du *Zonites Farinesianas*.

1870 Juin et juillet. Paladilhe (Dr A.). Etude monographique des Paludinées françaises (extrait des Annales de malacologie du Dr Servain). Gr. in-8°. Paris.

L'auteur indique comme appartenant à la faune malacologique des Pyrénées-Orientales :

8

Amnicola similis.
           anatina.
Paludinella bi evis.
Il décrit et figure les :
Paludinella Companyoi.
Belgrandia marginata.

1870 Juin. Massot (Dr Paul). Des Testacelles françaises (ex-
    trait des Annales de malacologie du Dr Servain). Gr.
    in-8°. Paris, vᵉ Bouchard-Huzard. 13 p. 1 pl.

Est citée comme appartenant à notre faune :
Testacella Companyoi.

Notre collègue décrit en outre et fait figurer deux espèces nouvelles qu'il a découvertes lui-même. Ces espèces
sont :
Testacella Bourguignati. T. Bourguignatiana.
           Servaini. T. Servainiana.

1870 Juin. Mabille (Jules). Des Limaciens français (extrait
    Ann. malac.). Gr. in-8°, 40 p.
Arion ater.
           subfuscus.
Milax pyrrichus.

Mabille pense qu'à cette espèce doivent être rapportés les
individus des Pyrénées-Orientales appelés : *Milax marginatus.*
Mil x gagates.
Limax sylvaticus

1872 Massot (Dr Paul). Enumération des Mollusques terres-
    tres et fluviatiles vivants du département des Pyrénées-
    Orientales, in Bulletin de la Société agricole, scien-
    tifique et littéraire des Pyrénées-Orientales, t. XIX,
    181 pl. avec figures noires, et tirage à part in-8°, 116
    pages, même pl.

L'auteur ajoute aux arion :

Arion (limax) subfuscus, Drap.

Découvre le *Krynickilus biunneus* ;

Introduit dans la faune :

Limax variegatus.

Testacella bisulcata.

Décrit et figure la *Testacella Pelleti*, espèce découverte récemment.

Cite à tort comme trouvées dans le département :

Vitrina annularis.

        diaphana.

espèces propres, d'après nous, à la région alpique.

Rapporte à la *Vitrina Draparnaldi (Draparnaudi)* les individus nommés par Moquin *Vitrina major γ depressiuscula.*

Introduit avec raison :

Vitrina major,

et à tort, selon notre avis :

Vitrina nivalis

Dit que l'on recueille à presque toutes les altitudes :

Vitrina pelluc.da ;

Cite la *Succinea debilis*, espèce découverte pour la première fois en Portugal, et qui lui a été signalée par le Dr Penchinat ;

Donne sous le nom d'*Helix acompsia* Bourguignat (une variété de l'*Helix tauta*).

Affirme qu'il n'a jamais trouvé personnellement l'*Helix aperta* et pense que cette espèce a été acclimatée ;

Etablit l'*Helix Canigonensis* de Boubée comme synonyme de l'espèce qu'il appelle *arbustorum* sans motifs plausibles;

Cite à tort l'*Helix Cantiana* (Montagu:, près de laquelle il range en synonymie, ce qui est inexact, l'*Helix Carthusiana* (Drap.) ;

L'*Helix cemenelea* de Risso, est nommée sans indication de localité.

M. le Dr Paul Massot pense que l'*Helix Companyoi* a dû être introduite, en 1828, d'Espagne par les contrebandiers

de Banyuls qui ont bien pu en emporter quelques individus
dans les ravins où ils déposaient leurs ballots Ces individus se sont reproduits pendant quelque temps ; mais depuis
lors il a été impossible d'en découvrir de nouveaux.

Il fait remarquer avec sagacité que l'*H. cinciella* de Companyo n'est autre que l'*H. limbata* ;

Introduit dans notre faune l'*H. Gigaxii* (Charpent.) sans
mentionner de localité ;

Est le premier à signaler l'*Helix in'ersecta* (Poiret et Michaud) (deux espèces distinctes), qu'il considère comme une
variété assez rare de l'*H. variabilis* ;

Donne le nom d'*Albinos* à la variété de l'*H. lapicida* de la
Preste ;

Croit que l'*H. Massoti* (Bourg), ne diffère point de l'*H.
pygmœa* (Drap.) ;

N'a jamais rencontré l'*H. melanostoma*, moins heureux en
cela que Companyo ;

Décrit sous le nom d'*Hlix minutula* une espèce conique
qu'il rattache au groupe de l'*H. pygmœa* (Nous ferons observer que, dans le cas où la validité de cette espèce serait
prouvée, le nom de *minutula* devrait être changé parce
qu'il avait été déjà appliqué à une espèce du genre *Helix*
de la Nouvelle-Calédonie par M. Crosse) (in Journ. conchyl.,
IIIᵉ série, t. V. p. 141, avril 1870) ;

Nomme *Helix Olivieri* l'*H. rufilabris* à laquelle il ne convient point de rapporter comme synonyme l'*H. Olivieri* de
Férussac ;

Introduit l'*H. plebeia*, qu'il prétend citée par Companyo
dans son Hist. nat. des Pyr.-Or., tandis que cet auteur n'en
a point parlé ;

Confirme que Rang a découvert le premier l'*H. Rangiana*,
espèce qui doit alors prendre le nom d'*H. Rangi*.

Il appelle l'*Helix lauta* (Lowe) *H. submaritima* (Desmou-
lins) ignorant que ce dernier auteur n'a jamais créé d'*H.
submaritima*, et a, au contraire appelé *Helix variabilis* var.

submaritima (1829) l'espèce que Lowe appela deux ans plus tard *H. lauta.*

Malgré l'affirmation de Companyo, notre collègue pense que l'*H. sylvatica* est rare ;

Il introduit l'*H. Terveri* ;

Il dit que les côtes de l'*H. Xatartii* sont dues à ces remarquables relèvements épidermiques, caractère propre à un grand nombre de Mollusques des Pyrénées-Orientales. infirmant ainsi l'opinion de Companyo qui attribuait ce phénomène à des restes d'anciens péristomes.

Il nous apprend que le *Zonites algirus*, déposé par Companyo, n'a pu s'acclimater, attendu qu'il n'en a recueilli qu'un seul exemplaire, il y a déjà longtemps ;

Il ajoute trois zonites non encore mentionnés dans les Pyrénées-Orientales.

L'un, *Zonites fulvus*, est exact.

Les deux autres, *Zonites cellarius* et *glaber*, sont plus que douteux.

Contrairement à la méthode scientifique qui impose de ne signaler que les espèces certaines, notre auteur ajoute d'un seul coup à la population malacologique des Pyrénées-Orientales toutes les Ferussacies et cœcilianelles indiquées en France, sans se préoccuper de l'exactitude des déterminations.

Il avoue franchement qu'il a pu commettre des erreurs; ce motif seul aurait dû lui faire rejeter toutes les espèces douteuses, sauf à les ajouter dans un supplément au fur et à mesure qu'il lui aurait été possible de les déterminer d'une manière rigoureuse. Quels bouleversements introduirait ce procédé, s'il venait par hasard à être adopté.

Parmi les Ferussacies, le Dr Massot décrit et figure une espèce qu'il nomme *Ferussacia cylindrica;* cette espèce peut être excellente ; malheureusement, ni diagnose ni figure ne permettent de la juger en connaissance de cause.

Il signale le premier le *Pupa Brauni.* Est-il extraordinaire que ce pupa vivant dans les Corbières se retrouve sur la portion de cette chaîne dans les Pyrénées-Orientales?

Il estime que le *Pupa eudolicha* de Bourguignat est une variété édentule de l'*affinis* ;

Dit qu'il n'a jamais trouvé le *Pupa frumentum* ;

Découvre dans les Corbières le *Pupa Partiot* (?)

Décrit et figure le *Vertigo Baudoni* (*V. Baudoniana*), espèce nouvelle qui diffère de ses congénères de France par ses côtes très-saillantes :

Cite trois vertigos non mentionnés par ses prédécessurs :

Vertigo columella (?).

edentula.

pygmœa

ainsi que le *Pupa triplicata* sous le nom de *Vertigo triplicatus.*

Il sépare de la *Clausilia rugosa* de Companyo tous les individus d'une teinte plus foncée et moins striée que le type connu sous le nom de *Clausilia nigricans*, et, comme son prédécesseur, confond sous ces deux noms plusieurs espèces qui leur sont étrangères.

On lui doit la découverte de :

Carychium bidentatum. Alexia Massoti.

tridentatum.

Il ajoute quatre *pomatias.*

Pomatias apricus (erroné).

crassilabris. Pomatias crassilabris et P. hispanicus var.

septempsiralis (erroné).

striolatus (erroné).

Cinq limnées :

Limnœa auricularia.

corrugata (??)

intermedia.

marginata (?)

Thermalis, citée par Boubée et non mentionnée par Companyo.

Trois physes :

Physa fontinalis ???)

  gibbosa et minutissima, très-belle espèce dont le nom doit être changé comme contraire aux règles de la nomenclature.

  Taslei (??)

Sept ancyles :

Ancylus capuloides (?)

  costatus (?)

  Fabrei (?)

  gibbosus (?)

  Moquinianus (??)

  Radiolatus (???)

  Tiberianus (???)

changeant le nom d'*Ancylus fluviatilis* en celui de *simplex*.

Quatre planorbes :

Planorbis complanatus. Limn. non Drap.

  compressus (?)

  fontanus (?)

  nitidus (?)

Deux hydrobies :

Hydrobea diaphana (erroné).

  thermalis. Sans indication de localité (erroné).

Trois paludinelles :

Paludinella Astieri (erroné).

  brevis.

  bulimoidea (erroné).

Une paludestrine : *Paludestrina acuta*.

Deux belgrandia :

Belgrandia gibba.

  gibberula.

Deux valvées :

Valvata cristata.

  spirorbis.

Une néritine : *Neritina Bourguignati* (erroné).

Deux pisidium :

Pisidium Henslowanum.

> *roseum.*

Il rapporte avec raison au *Pisidium Casertanum* le *Cyclas Mouchousii* de Companyo ;

Donne le nom d'*Anodonta piscinalis* à l'*Anodonta anatina* de Companyo ;

Introduit l'*Anodonta ventricosa* de Dupuy (non Pfeiffer) ;

Affirme que l'*Unio Moquinianus* ne vit pas dans le département.

1873 BOURGUIGNAT (J.-R.). In Soc. scienc. naturelles, historiques, lettres et beaux-arts de Cannes, t. III, nᵒ 3, p. 280, 1873.

Après avoir rappelé le nom des espèces appartenant au groupe de l'*Helix pygmœa*, l'auteur ajoute en note : « Je ne comprends point dans ce groupe l'*Helix minutula* établie à tort par Paul Massot d'après des sommets de *Pupa umbilicata*. »

1875 PALADILHE (Dʳ A.). Monographie du nouveau genre *Peringia*, suivie de descriptions d'espèces nouvelles de *Paludinidœ*, in Annales des sciences naturelles, t. III, art. nᵒ 2. 1ᵉʳ août 1875, et tirage à part, gr. in-8ᵒ, 2 pl.

Description et figure des :

Peringia Massoti.

> *Penchinati.*

1876 Juillet. BOURGUIGNAT. (J.-B.). Species novissimæ molluscorum.

Clausilia Penchinati.

Vitrina Penchinati.

Paludestrina aciculina.

> *spiroxia.*

> *arenarum.*

1876 FAGOT (P.). Monographie des espèces françaises appar-

tenant au genre *azeca* in Bullet. soc. scientif. Pyr.-
Or , et tirage à part br. in-8°, 10 p. Perpignan, 1876.
Azeca Boyssii.

> *Dupuyana.*

1877 Baudon (Dr A.). Monographie des Succinées françaises.
Succinea putris

> *Pfeifferi* var. *brevispirata. Succinea debilis.*
> *elegans.*
> *oblonga.*

1877. Bourguignat (J.-R.). Histoire des Clausilies françaises
vivantes et fossiles.
Clausilia Farinesiana

> *Penchinati* var. *orophyla.*
> *Companyoi.*
> *microlena.*
> *ventricosa.*
> *hispanica.*

1877 Bourguignat (J.-R.). Aperçu sur les espèces françaises
du genre *succinea.*
Succinea Pfeifferi.

> *debilis.*
> *agonostoma.*

1879 Dupuy (D.) Catalogue des Mollusques testacés, terrestres et d'eau douce qui vivent à la Preste. In Bull. soc.
Hist nat. Toulouse. t XIII, p. 34-59

L'auteur découvre l'*Helix Ammonis* Strom. *Zonites radiatulus,* ainsi que la variété de l'*Helix nemoralis,* que ses prédécesseurs avaient prise pour l'*H lix sylvatica.*

Il reconnaît que les échantillons de l'*Helix cornea,* formant
la variété dont Marcel de Serres a fait son *Helix squammatina,* ne portent point les squammes mentionnées par plusieurs auteurs ; mais il laisse ignorer que le véritable *Helix
squammatina* ne vit point dans les Pyrénées-Orientales.

Il signale la présence de l'*Helix Martorelli*, Bourguignat, déjà découvert à Amélie-les-Bains par M. de Saint-Simon, et de l'*Helix Arrigonis*, Rossmassler dont il fait une variété de l'*Helix cespitum*.

Il estime que l'*Azeca Dupuyana*, Bourguignat, est une légère variété de son *Azeca Boissii*.

Il nie la présence de la *Clausilia ventricosa* signalée à La Preste par M. le Dr Paul Massot.

Son avis est que les exemplaires rapportés par nous à la *Clausilia Penchinati*, Bourguignat, appartiennent à la *Clausilia rugosa* Drap.

Il ne voit dans le *Pupa endolicha*, Bourguignat, qu'une variété accidentelle du *Pupa affinis*, et reconnaît que le *pupa clausilioides*, Boubée, ne peut être placé dans la synonymie de l'espèce de Rossmassler.

Il donne le nom de *Pupa megacheilos*, Jan., var. *Bigoriensis*, Charp , subvar. *ventricosa*, à notre *Pupa leptocheilos*.

Il redresse le nom de *Physa gibbosa* et *minutissima*, Massot, pour le modifier en celui de *Physa gibbosa*, simple variété, à ses yeux, de la *Physa acuta*, Drap.

Enfin, M le Dr Penchinat, de Port-Vendres, découvre un seul exemplaire d'une *acme* appelée *Acme cryptomerta*, de Folin et Bérillon, coquille que nous rapportons à l'*Acme Dupuyi*, Paladilhe.

Toutes les autres espèces citées dans ce catalogue avaient été antérieurement mentionnées ; c'est pour ce motif que nous les omettons.

Notre savant ami donne des détails très-intéressants sur la *station* de la plupart des espèces, les localités étant indiquées avec un soin scrupuleux.

M. Gaston de Malafosse fait remarquer que le mémoire dont M. Fagot vient de remettre la première partie, est une de ces œuvres de longue haleine dont notre secrétaire général faisait il y a quelques jours un juste éloge et qui don-

nent à notre Bulletin son caractère sérieux et son rang
distingué parmi les publications scientifiques. Nous devons
donc adresser à M Fagot nos sincères remerciements et
souhaiter qu'il puisse poursuivre sans obstacles ni retards la
tâche qu'il a si bien commencée.

L'auteur, membre titulaire fondateur, donne lecture de la
note suivante :

Transition du paléolithique au néolithique,

Par M. Emile CARTAILHAC.

En 1870 (1), m'appuyant sur une remarque importante de
notre maître Edouard Lartet, j'insistai sur ce fait que nous
avons une solution de continuité entre l'âge de la pierre
polie et l'âge de la pierre taillée; en 1872, en 1873, en
187. (2), j'ai développé cette thèse et j'ai répondu, au fur et
à mesure de leur publication, aux observations qui m'étaient
faites. En 1878, dans mon rapport en quelque sorte officiel,
sur l'Exposition universelle, au point de vue de l'âge de la
pierre polie, j'ai pu affirmer définitivement un fait qui ne fut
pas contesté par les membres du Congrès international des
sciences anthropologiques. La question est si grave, si intéressante, que la Société d'Histoire naturelle de Toulouse sera
bien aise, je l'espère, d'être mise au courant.

Cette portion des temps géologiques que l'on est convenu
d'appeler quaternaire, est caractérisée, au point de vue paléontologique, par la présence sur le sol de notre territoire d'un
certain nombre d'espèces. Elles apparaissent dans un ordre
encore fort obscur; à un certain moment la plupart coexis-
tent, mais les unes affectionnent la plaine, les autres la

(1) Société archéologique du Midi, 5 janvier.
(2) *Matériaux pour l'histoire de l'homme*, 1872, p. 327 ; 1873,
p. 338; 1874, p 413.

montagne; il en est qui habitent le pays toute l'année, d'autres y viennent du nord ou du sud soit l'été, soit l'hiver. La situation correspond, en définitive, à la distribution géographique de notre faune actuelle.

En outre, quelques espèces prédominent les unes après les autres; après avoir eu leur maximum d'abondance, par suite de causes multiples, elles disparaissent tour à tour. Les unes, les plus anciennes, ne se retrouvent nulle part. D'autres ont simplement émigré, ou du moins elles ont survécu ailleurs que chez nous, dans des climats propices à leur durée.

Dans l'état actuel de nos connaissances, nous pouvons être assurés que la disparition, l'émigration se faisaient fort lentement. Les choses se passent encore ainsi sous nos yeux; on pourrait citer une foule d'animaux qu'on ne rencontre plus que de temps en temps, et qu'on verra longtemps encore à des intervalles de plus en plus éloignés : le loup, l'ours, le bouquetin, le castor et autres.

A la fin de l'époque quaternaire, les stations humaines et débris de cuisine nous renseignent à peu près exactement sur les animaux qui vivaient alors. Je dis *à peu près* et j'insiste. Les animaux ne manquaient pas, le chasseur choisissait; nous rencontrons dans ses rejets les ossements des espèces préférées, soit parce que leur capture était plus facile, soit parce que leur chair était meilleure, soit parce que les diverses parties de leur corps étaient d'une plus grande utilité.

Mais dans l'ensemble, et comparées aux documents fournis par les alluvions, les données que nous offre l'exploration des cavernes et abris sont exactes et peuvent servir de base à des conclusions positives.

Nous pouvons assurer qu'à la fin de l'époque quaternaire, à ce moment qu'une phase de l'industrie caractérise admirablement, avec ses os transformés en flèches ou harpons barbelés, ses aiguilles, ses sculptures et gravures, traces d'un

instinct artistique si développé, c'est-à-dire à l'époque de la
Madeleine, des Eysies, de Bruniquel, de Gourdan, de Thayn-
gen, la faune était encore très-riche : le lion et d'autres
félis, l'ours des cavernes, la hyène, le renard polaire, se
rencontrent quelquefois ; le renne est fort commun ; une
seule grotte, en Suisse, fournit les restes de 250 individus, et
une autre dans les Pyrénées 4,000.

Or, voici le fait positif, incontestable : les gisements néoli-
thiques voisins de ceux-là, ici les entrées de cavernes, là-bas
les cités lacustres, ne livrent *aucune* trace de ces espèces, et
parmi des monceaux d'ossements de cerf, il n'y a pas UN
SEUL fragment de renne.

Supposez un livre, qui après avoir donné le commencement d'un récit, négligerait de le terminer et présenterait au
lecteur une nouvelle histoire.

C'est en effet d'une nouvelle histoire qu'il s'agit, nous ne
savons guère d'où sortent ces pasteurs et agriculteurs qui se
montrent avec tous nos animaux domestiques ; c'est à peine
si quelques-uns paraissent — comme transition — posséder
d'abord le chien seulement. Nous sommes loin de ces temps
là, il est vrai, et à distance nous pouvons être dupes d'une
illusion, cela est même probable ; mais il semble que l'Europe
est envahie, que des troupeaux arrivent nombreux et se répandent dans tous les sens.

Lente ou rapide, l'apparition des animaux domestiques
et par suite de l'agriculture, coïncide avec une série de nou-
veautés dans le domaine industriel ; les liens manquent entre l'industrie paléolithique et l'industrie néolithique ; l'ensemble, la physionomie générale sont profondément distincts.
Il y a deux choses que l'on ne trouve pas, même à l'état rudimentaire, à l'âge du renne, c'est la poterie, la hache en pierre
polie. Tout cela constitue une civilisation née, développée
ailleurs que chez nous.

C'est un fait que nous n'avons pas une seule station dans
laquelle on puisse reconnaître quelque trace d'un mélange

de cette civilisation et de la précédente. Il semble que les
nouveaux venus n'ont rencontré personne ; aussi insou-
ciants, aussi ignorants que nos bergers peuvent l'être
aujourd'hui, ils réoccupent les cavernes, ils foulent aux
pieds les foyers méconnus de leurs prédécesseurs oubliés.
Au point de vue zoologique, le meilleur, la question se pose
dans des termes indiscutables. La suite de l'âge du renne
tel qu'il se révèle dans des stations classiques, ne se rencontre pas dans les dépôts les plus anciens qui viennent ensuite. Il y a là une époque encore inconnue qui correspond à
la disparition lente, graduelle, définitive de certaines espèces.
Même dans le nord de l'Europe, non loin des pays que le
renne habite aujourd'hui, les kjokenmoddings n'offrent *jamais* ses débris. L'homme a-t-il disparu un moment de notre
pays ? cela n'est pas probable ; aucune cause n'en pourrait
être donnée. A-t-il cessé de stationner dans ses cavernes
affectionnées? la température devenue moins froide a-t-il
vécu de plus en plus en plein air? cela est possible. Est-ce là
l'explication de cet intervalle que nous constatons? Nous
croyons trop que ces phases des civilisations primitives ont
été rapides ; si vous n'admettez pas leur énorme longueur,
vous ne pouvez rien comprendre, rien expliquer. Les stations en plein air ont été soumises plus que les autres aux
actions destructives; mais il y a des exceptions considérables (Solutré), qui prouvent avec quelle prudence on doit
proposer des hypothèses en ces matières ; à dire vrai, nous
ne savons pas !

Au point de vue géologique, il n'y a rien à observer ; aucun phénomène ne sépare l'âge du renne de l'ère des animaux domestiques : le régime des eaux est le même, le
climat seul a dû se modifier, devenir à la fois plus chaud et
plus irrégulier L'abaissement de la température à l'âge du
renne est incontestable ; la faune et la flore (mousses arctiques de Schusseuried) le démontrent. Cependant, si l'on
en croit les auteurs de l'antiquité, le climat de l'Europe était

plus rigoureux à l'époque romaine que de nos jours. Cette
température se relie-t-elle insensiblement à celle des temps
quaternaires, ou bien y a-t-il eu des alternances plus que
séculaires? on ne sait. Toujours est-il que la géologie ne
soutient pas qu'à un moment donné le renne a pu s'étein-
dre brusquement.

L'anthropologie proprement dite est contraire à l'hypothèse
d'un changement de population. Reste à savoir dans quelle
mesure nous devons tenir compte de ses décisions. Combien
avons-nous d'ossements humains *positivement* quaternaires ?
L'âge de la pierre polie a revendiqué la plupart des squelettes que l'on avait attribués d'abord à une époque plus
ancienne ; il est de plus en plus évident que les chasseurs
de renne, semblables à tant de populations nos contemporaines ou à peu près, n'ont point enterré leurs morts , peut-
être les délaissaient-ils comme les Kamchadales, ou bien les
exposaient-ils au grand air sur les sommets ou sur les arbres
comme les Australiens. Je ne connais pour ma part que
deux exemples qui *paraissent* opposés à cette thèse : le squelette au collier de dents d'ours et de lion de la couche inférieure de Sordes (grotte Duruthy), et le squelette aux
cyprœa des couches moyennes de Laugerie basse. Mais on
peut admettre que ces deux individus sont morts là, ou bien
qu'on les y a cachés, abandonnés, par suite de circonstances
qui n'ont aucun rapport avec l'idée de sépulture.

Toutefois, ces squelettes sont bien de l'époque du renne,
sans qu'aucun doute puisse s'élever, de riches foyers les cou-
vraient de leurs assises régulières. Or, ils offrent des caractères que l'on trouvera, même développés, dans la population
postérieure, c'est le même type. L'avenir expliquera ces con-
tradictions entre l'anthropologie anatomique et l'archéologie préhistorique ; elles ont pour base l'insuffisance des renseignements ; travaillons encore.

M. le général Ch. de Nansouty communique à ses collègues ses précieuses observations météorologiques :

MOYENNES D'UN AN

1877-1878.

STATION

PLANTADE

2,366

MOIS.	BAROM. réJuit à ZÉRO.	THERMOMÈTRES		PLUVIO- MÈTRE.
		MINIMA.	MAXIMA.	
Juin 1877.. . .	575.9	4.5	13.0	130.1
Juillet —	576.7	5.3	13.4	151.8
Août —	576.3	8.0	15.1	61.6
Septembre —	574.3	0.3	9.1	71.0
Octobre —	574.5	— 1.2	6.0	137.5
Novembre —	570.5	— 2.4	3.6	212.9
Décembre —	571.6	— 7.1	— 1.4	321.8
Janvier 1878.. . .	572.3	— 9.7	— 1.7	289.3
Février —	574.8	— 6.5	1.9	50.8
Mars —	570.7	— 7.1	0.7	251.2
Avril —	568.9	— 3.2	3.6	258.9
Mai —	571.2	0.5	7.4	112.0
Totaux.	6876.6	— 18.6	70.7	2.48.9
Moyenne.	573.1	— 1.6	5.9	»

Station Plantade. — *Col de Sencaus,* 1er *janvier* 1879.

Aperçu des Insectes hyménoptères qui habitent le midi de la France,

Par M. MARQUET, membre titulaire fondateur.

NOTES SUPPLÉMENTAIRES.

Depuis la publication de nos premières observations sur les insectes Hyménoptères d'une partie du Languedoc, nous avons pu constater que les études des entomologistes s'étaient fortement portées sur cet ordre d'insectes trop délaissé et qui, cependant, sous le rapport de l'instinct, des mœurs et des habitudes de ses représentants, mérite au plus haut degré de fixer notre attention.

En ce moment, divers travaux sur les hyménoptères sont en voie de préparation ou de publication. M. le professeur Jules Pérez, de Bordeaux, et M. Abeille de Perrin, notre collègue, de Marseille, s'occupent actuellement, l'un des Mellifères et l'autre des Chrysides de notre pays. M. E. André, de Gray, s'est occupé des Fourmis d'Europe ; son frère, M. Edmond André, de Beaune (Côte-d'Or), publie un spéciés des Hyménoptères d'Europe. Enfin, M. Maurice Girard continue la publication de ses leçons élémentaires sur l'entomologie par l'étude des Hyménoptères indigènes et exotiques. Comme on le voit, l'impulsion est donnée, et nous espérons encore voir surgir de nouveaux adeptes qui, se passionnant pour des études si attrayantes et venant grossir le nombre de ceux qui y ont déjà appliqué leur savoir, contribueront à vulgariser la connaissance de ces intéressants insectes.

Afin de coopérer, dans une part bien modeste, aux travaux en préparation, nous avons, de notre côté, multiplié nos recherches, et nos chasses dans diverses régions du sud-ouest de la France nous ont donné pour résultat la découverte d'un notable contingent d'espèces. Quelques-unes sont peut-être nouvelles ou peu connues ; d'autres, figurant dans les catalogues comme originaires du midi de l'Europe et même d'Algérie, vivent, quelquefois en abondance, autour de nous.

Un fait digne d'observation et qu'il est plus facile d'apprécier chez les Hyménoptères, et dans quelques ordres voisins, que chez les Coléoptères, c'est l'apparition, en plus ou moins grande quantité, de telle ou

9

telle espèce selon les années. Laissant de côté celles vivant sur le littoral, qu'il ne nous a pas été donné de pouvoir observer d'une façon suffisante, vu le court espace de temps passé dans cette région, nous avons
pu constater que divers Hyménoptères de nos environs sont très-abon-
dants une année et peu fréquents l'année suivante ; il en est de même
des sexes. La cause peut en être attribuée, et nos observations nous
donnent lieu de le présumer, à l'influence de la température lors des
éclosions ; chose remarquable, les femelles sont ordinairement plus communes que les mâles.

Ce travail est le résultat de nos observations assidues, et nous espérons
que ce titre lui assurera auprès de nos confrères le même accueil bienveillant qu'ils ont accordé à la publication de nos travaux antérieurs.

Toulouse, le 1er mai 1879.

MARQUET.

—

Sect. I. — TEREBRANTIA (Linn.)

Subsect. I. — PHYTOPHAGA (Westw.).

Trib. I. — serifera (Lepell.).

Fam. unica. — TENTHREDINÆ (1) (Leach.).

Subf. I. — Cimbicides (Westw.).

Cimbex, Oliv.

Axillaris, Jurine. . . Insecte d'assez forte taille (0,018 millimm.), dont la
larve vit sur le *cratægus oxyacantha* et sur le
Prunus padus. A l'état parfait, on le voit quelquefois volant, en familles, sur le chêne blanc ; sa
couleur jaune et brun noir le fait ressembler, à distance, à la Guêpe frelon. Nous l'avons pris en juin,
au Pech-David, près de Toulouse.

Femorata, Linn. . . . Espèce plus grande que la précédente ; le mâle est
d'un beau noir, avec un trait blanc à la base de

(1) Les femelles, dans cette famille, entaillent, à l'aide de leur tarière dente-
lée, les pétioles des feuilles et les tiges jeunes pour y pondre leurs œufs ; on
appelle *fausses chenilles* les larves, qui subissent plusieurs mues comme les
chenilles des lépidoptères.

l'abdomen ; la femelle a le corselet varié de brun-noir et de jaunâtre ; l'abdomen est jaune d'or avec le 1er segment, et quelquefois le second d'un noir enfumé. Habite Montpellier.

Clavellaria, Leach.

Amerinæ, Leach . . . . . La larve vit sur le saule et autres essences ; l'insecte parfait vole dans les oseraies ; le mâle de cette espèce est noir, velu ; la femelle a l'abdomen glabre, noir à la base, avec les quatre ou cinq derniers segments bordés de jaune pâle. Taille : 0m,015 millimm.

Amasis Leach.

Læta, Leach . . . . Joli petit insecte d'un noir vif avec l'abdomen largement bordé de jaune sur presque tous les segments ; on le prend en fauchant dans les prairies ; paraît en mai.

Abia, Léach.

Ænea, Klug . . . . Cette espèce habite Montpellier d'où elle nous a été envoyée par M. Lichtenstein, qui étudie les hyménoptères depuis longtemps. L'*abia œnea* ressemble en tout point à *sericea*. Ses antennes noires l'en distinguent.

Sericea Linné . . . . . . Depuis la publication de notre dernière note (*Aperçu des Insectes hyménoptères d'une partie du Languedoc*), nous avons trouvé plusieurs exemplaires de cette belle espèce sur l'*Euphorbia sylvatica*, dans les prairies, en mai. Cet insecte est d'un beau vert brillant, plus ou moins bronzé, avec les antennes jaune pâle.

Fulgens Zadd. André.

Nov. Sp. . . . . . . Nous avons reçu de M. Pandellé, de Tarbes, cette *Abia*, un peu moins grande que les précédentes, d'un vert plus foncé, avec les antennes brunes à la base et à l'extrémité, et le corselet ponctué serré, ce qui le rend opaque. La ponctuation, dans les Hyménoptères, est un caractère distinctif très-important.

Subf. II. — Hylotomides (Westw.).

Hylotoma, Latr.

Segmentaria, Panz. . . . . D'un bleu noir brillant ; diffère d'*Enodis* et de *Berberidis* en ce que ses ailes ont une teinte rousse ; se prend en fauchant dans les prairies ; nous l'avons reçue de Tarbes (H.-Pyr).

Ustulata, Linn. . . . . . . Très-voisine de la précédente ; en diffère par l'absence de trait blanc à la base de l'abdomen et sa teinte générale plus verdâtre. Est-ce une espèce ou une variété de *Segmentaria ?* Habite avec elle. Se trouve aussi à Tarbes.

Atrata, Klug. . . . . . . Deux exemplaires : l'un de Toulouse, l'autre de Tarbes. Cette espèce ressemble beaucoup à *Berberidis* ; elle s'en distingue par sa couleur plus foncée, tirant légèrement sur le vert.

Cærulescens, Fab. . . . . C'est par erreur que nous avons désigné, dans nos premières notes, cette espèce sous le nom de *Cærulea*, Klug ; elle est très-voisine de *Melanochroa*, Lin. (*Femoralis*, Klug). Sa couleur foncière d'un vert bleu l'en distingue très-légèrement ; celle de *Femoralis* est noir verdâtre.

Thoracica, Spin. . . . . . Nous avons trouvé dans la forêt de Boucorne cette très-jolie *Hylotoma*, très-voisine d'*Enodis*, mais s'en distinguant par la couleur rouge du dessus du prothorax. Cette espèce vit aussi au Villa, près de Limoux.

Espèces citées précédemment (*Aperçu des Insectes hyménoptères du Languedoc*) :

Hylotoma enodis, Linn.
  »   **berberidis**, Sch.
  »   **rosarum**, Fahr.
  »   **pagana**, Panz.
  »   (**melanochroa**, Linn.
  »   (**femoralis**, Klug.

Schizocera, Latr.

Furcata, Vill. . . . . . Nous n'avions trouvé que le mâle de cette curieuse espèce, remarquable par la forme de ses antennes

bifurquées dès la base; la femelle, prise sur la
ronce, diffère du mâle par ses antennes simples
et par la couleur rouge du dessus du prothorax;
le mâle a cette partie noir brun.

Subf. III. — Tenthredinides (Westw.).

Lophyrus, Latr.

Les espèces de ce genre habitent principalement les montagnes, sur les pins
et les sapins; il est à croire qu'en bien cherchant on trouvera quelques *Lophy-
rus* sur les conifères des parcs et surtout sur ceux de la Montagne-Noire.

Monoctenus, Dahlbom.

Juniperi, Linn. . . . . . . Un seul exemplaire trouvé sur le genevrier dans la
Montagne-Noire. .

Cladius, Illig.

Difformis, Panz. . . . . Cette espèce, citée de Montpellier, habite aussi
Toulouse.

Priophorus, Latr.

Albipes, Hart. . . . . . Se prend à Toulouse, en mai, sur l'euphorbe.
Commun.

Nematus, Jurine.

Luteus, Jurine. . . . . . Sauf les antennes, cet insecte est complètement
ferrugineux; il habite la Montagne-Noire et nous
a été envoyé aussi de Tarbes.
Le genre *Nematus*, dont le nombre d'espèces s'élève
à environ 300 pour l'Europe seulement, doit
avoir de nombreux représentants dans nos contrées; pour notre part, nous en possédons une
vingtaine dont nous ignorons les noms.
Espèces citées précédemment :
Nematus interruptus, Lepell.
» **intercus,** Oliv.
Les larves produisent des galles sur les saules.

Pontania, Costa.

Vallisnerii, Hart. . . . . Cette espèce a été trouvée à Montpellier par M. Lichtenstein. C'est un insecte noir, de petite taille, avec les ailes diaphanes.

Blennocampa, Hart.

Les larves de diverses espèces nuisent aux arbres fruitiers à noyau.

Fuliginosa, Schrk. . . . Habite sur l'euphorbe dans les prairies des environs de Toulouse ; l'insecte est noir, avec les ailes un peu enfumées ; sa longueur est de 7 à 8 mill.

Ephippium, Panz. . . . Noir, avec le corselet rouge en dessus et les ailes un peu enfumées ; nous l'avons reçu de Tarbes (H.-P.) ; taille inférieure à celle de *Fuliginosa*.

Dolerus, Klug.

Vestigialis, Klug. . . . . Noir brillant, avec les pattes rouges et noires à l'extrémité ; vit sur l'euphorbe dans les prairies des environs de Toulouse.

Cenchris, Illig. . . . . . Cet insecte est un des premiers qui se montrent ; il paraît au commencement de mars dans les champs ensemencés de froment : sa couleur est noire, sauf deux petits points blancs à la base de l'abdomen. Taille de *Vestigialis* (9 à 10 millim.). Le *Niger*, Klug, que l'on trouve à Tarbes, en est très-voisin ; il en diffère en ce que son corselet est très brillant ; il est mat dans *Cenchris*.

Espèces citées précédemment :

Eglantariæ, Fabr.

Anticus, Klug.

Triplicatus, Klug.

Tristis, Fabr.

Hæmatodes. Schr.

Gonager, Fabr.

Dimidiatus.

Emphytus, Klug.

Cinctus, Linn. . . . . . Noir, avec les tibias, les tarses et une bande transversale au milieu de l'abdomen d'un blanc jaunâtre. Se trouve, en avril, sur les euphorbes, près des bois humides. Taille : 10 à 12 millim. La larve vit sur le rosier.

Monophadnus, Hart.

Albipes, Linn. . . . . . . On le prend en fauchant dans les prairies ; sa larve vit sur les chatons des saules. Sauf les tibias, les tarses et deux points à la base de l'abdomen, de couleur blanche, cet insecte est tout noir. Taille : 5 à 6 millim. Habite Toulouse.

Gagathinus, Klug. . . . Taille et couleur de ce dernier ; il en diffère par la couleur foncée des tarses ; on le prend, en juin, sur les fleurs du sureau hièble, à Toulouse.

Espèces citées précédemment :

E. grossulariæ, Klug. La larve vit sur le groseillier.

E. rufocinctus, Klug. Id. sur le rosier.

Et aussi **Eriocampa ovata**, Linn.

Selandria, Leach.

Flavescens ou Flavens, Kl. Espèce extrêmement voisine de *Serva ;* corselet et tête noirs : le premier bordé de rouge, couleur qui envahit l'abdomen. Un seul exemplaire pris sur les euphorbes, à Toulouse.

Stramineipes, Klug. . . Petite espèce (5 millimètres environ), noire, avec les pattes pâles et les ailes enfumées. Toulouse, en battant les aulnes sur lesquels vit la larve.

Athalia, Leach

Glabricollis, Thoms. . . Très-voisine de *Selandria flavens* quant à la couleur, mais ayant les ailes plus longues ; se trouve sur les euphorbes dans les environs de Toulouse. Longueur : 5 à 6 millimètres.

Lineolata. . . . . Nous avons reçu de Tarbes, sous ce nom, une petite *Athalia* qui est la miniature de la précédente ; elle a environ 3 millim. de longueur.

Espèces citées précédemment :

S. morio, Fab. La larve nuit aux groseilliers.

S. gagatina, Klug.

Et aussi **Athalia spinarum**, Fab., dont la larve vit
sur les crucifères.

»   **rosæ**, Linn. La larve est nuisible
aux rosiers.

Allantus, Jurine

Les larves nuisent généralement aux jardins.

Scrophulariæ, Linn. . . . Cette espèce vit aussi à Toulouse sur les euphorbes;
elle est remarquable par ses antennes complète-
ment jaunes. Sa couleur est comme dans la plupart des *Allantus*, noire et jaune. Longueur:
10 à 12 millimètres.

Tricinctus. Fabr. . . . . Un peu plus grande que *Scrophulariæ*; elle nous
a été envoyée de Tarbes et de Luz, par M. Pan-
dellé, qui a bien voulu nous faire part de ses
chasses dans les Hautes-Pyrénées.

Zonus, Klug. . . . . . . Espèce voisine des précédentes, mais moins grande;
on la trouve à Toulouse près du pont d'Empalot,
en octobre, sur la carotte sauvage. Assez fréquente; elle vit aussi dans la Montagne-Noire
sur les mêmes fleurs et à la même époque.

Dispar, Klug.. . . . . . Chez cette espèce le noir domine le jaune; elle fréquente les fleurs d'euphorbe, sur les lisières des
bois. Toulouse, Montpellier.

Viduus, Rossi. . . . . . Grande et belle espèce que l'on prend à Toulouse
et dans les Hautes-Pyrénées sur les euphorbes
des prairies et des bords des sentiers, vers la fin
de mai; elle est remarquable par sa couleur générale d'un noir brillant, avec une bande unique
blanche, sur le 3e segment abdominal, et ses ailes
d'un brun violacé. Longueur: 12 à 14 millim.

Espèces précédemment citées:
     A. cingulum, Klug.
     A. marginellus, Fabr.

Macrophya, Dahlbom.

Blanda, Fabr.. . . . . . Insecte d'assez grande taille (12 à 13 millim.), d'un
beau noir, avec du rouge foncé sur les 2e, 3e et
quelquefois 4e et 5e segments abdominaux; elle
habite Montpellier.

Punctum, Fabr. . . . . . Taille moyenne, noire avec deux taches sur les angles huméraux du corselet, et une autre sur l'écusson ; ses pattes sont variées de noir, de rouge et de jaune ; elle habite la Montagne-Noire (Saint-Ferréol) sur le sureau.

Duodecimpunctata, Linn. Trouvée à Bouconne, près de Toulouse, en juin, sur les chênes ; elle est noire, avec l'écusson, la bouche et l'extrémité des tibias jaunes ; ses ailes sont un peu enfumées.

Espèces précédemment citées :

M. neglecta, Klug.
» **militaris**, Klug.
» **strigosa**, Fab.
» **hæmatopus**, Panz.
» **rustica**, Linn.
» **albicincta**, Schr. La larve nuit aux groseilliers.
» **ribis**, Schr.   »   »
» **crassula**, Klug.

Synairema, Hart.

Bimaculosa, Auct.(?). . . Nous avons reçu, sous ce nom, un insecte du Nord qui vit aussi à Toulouse sur les orties ; il est très-voisin de *Pachyprotasis rapæ*, mais la tête et le corselet sont d'un noir brillant avec une tache blanche sur l'écusson, et deux points très-petits, de même couleur, à la base de l'abdomen, et une tache plus grande à l'extrémité. Pattes variées de noir et de blanc ; bouche de cette dernière couleur. Taille : 7 à 8 millim.

Pachyprotasis, Hart.

Rapæ, Linn. . . . . . . Très-joli insecte vivant sur les crucifères. La tête et le corselet sont variés de noir et de blanc ; l'abdomen est également noir avec un trait transversal blanc sur le 2e segment ; ses pattes sont noires en-dessus et blanches en dessous. Longueur : 7 à 8 millim. Languedoc.

Taxonus, Mégerle.

Nitidus, Klug. . . . . . Espèce assez rare à Toulouse ; on la prend en

fauchant dans les prairies ; elle est noire avec
une bande rouge sur le milieu de l'abdomen et
les pattes de cette couleur. Taille : 6 à 8 mill.

Strongylogaster, Dahlbom.

Cingulatus, Fabr.. . . . . Reçu des Hautes-Pyrénées, où la larve vit sur les
fougères. Taille : 10 à 12 millimètres ; couleur
noire avec les segments obscurément bordés de
fauve et les pattes rousses.

Perineura, Hart.

Quelques auteurs rangent dans ce genre certaines espèces du genre *Tenthredo*,
notamment la *Scalaris*, Klug, ou *Viridis* de Panzer, espèce citée dans notre
Aperçu, et dont la couleur verte, variée plus moins de noir, en fait une des
plus jolies tenthredines d'Europe ; on la prend sur l'aulne et le saule ; sa larve vit
sur ces deux essences. L'adulte est, dit-on, carnassier.

Tenthredo, Linn.

Aucupariæ, Klug.. . . . . Espèce que nous avons citée comme se trouvant à
Montpellier ; nous l'avons prise récemment (27
mars) à Toulouse sur les baies de fusain du
Jardin des Plantes. C'est une des plus petites
espèces du genre ; elle est noire, avec la majeure
partie de l'abdomen rouge, la base et l'extrémité
restant de la couleur du fond ; quelques taches
blanches sur le corselet ; pattes rougeâtres. Longueur : 6 à 7 millim.

Atra, Linn. . . . . Grande espèce (longueur : 12 à 14 millim), d'un
noir vif ; elle a quelquefois deux taches jaunes
sur les côtés antérieurs du corselet ; les pattes
rouges avec les tarses noirs ; elle nous a été envoyée de Luz (H.-Pyr.).

Interrupta, Lepell. . . . Taille plus forte que celle de la précédente ; ici le
jaune s'étend sur l'écusson et borde, chez le mâle,
les segments abdominaux ; les pattes sont variées
de noir et de jaune ; elle habite aussi Luz.

Dimidiata, Fourc.. . . . Trouvée également à Luz. Cette espèce a des taches jaunes sur la tête et à l'écusson ; la seconde
moitié de l'abdomen est rouge ; les pattes sont
de cette couleur. Longueur : 12 à 14 millim.

Mesomela, Linn. . . . . . Il y a une si grande affinité entre cette espèce et
l'*Atra,* que nous nous demandons si ce n'est pas
le même insecte. La couleur noire et blanche des
pattes est le seul caractère distinctif; provenance :
Luz.

Picta, Klug.. . . . . Petite espèce (5 à 6 millim.) trouvée en mai 1878,
à Toulouse, sur le chêne ; elle est noire avec
des taches blanches sur la tête et le corselet ; les
pattes sont également variées de noir et de blanc.

Amœna, Léon Dufour. . . Espèce déjà citée dans notre *Aperçu* , et dont
nous avons trouvé récemment le mâle, qui ne
diffère de la femelle que par la forme plus étroite
du corps. La couleur générale des deux sexes
est noire, avec les parties buccales blanches ;
les pattes sont de cette couleur, linéolées de noir
en dessus ; l'abdomen a les deux ou trois segments du milieu d'un jaune verdâtre ; fréquente,
fin avril , les euphorbes des bords des chemins,
près du château de Bellevue, chemin de Toulouse
à Pouvourville. Longueur : 10 millim.

Bicincta, Linn. . . . . . Un peu plus grande que cette dernière ; noire,
avec la bouche et une double bande blanc jau-
nâtre sur le milieu de l'abdomen ; pattes variées
de noir et de jaunâtre ; provenance : Luz.

Colon, Klug. . . . . . . Insecte remarquable par la couleur blanche des trois
ou quatre derniers articles des antennes ; le corps
est généralement noir, avec la deuxième partie de
l'abdomen rouge ; les pattes sont variées de noir,
de rouge et de jaune. Trouvée à Toulouse, en
septembre et octobre, en battant les arbres, surtout les chênes. Il existe une variété à abdomen
concolore.

Livida, Lin. . . . . . . Insecte déjà cité, de forte taille (12 à 15 millim.),
envoyé de Luz Son nom de *Livida* nous sem-
ble bien mal appliqué, attendu que cette espèce
est noire avec les jambes et les tarses rouges ; les
antennes noires avec les trois articles terminaux
blancs ; les ailes roussâtres, terminées de foncé ;
il y a une variété dont l'abdomen est noir à la
base et rouge sur le reste.

Scutellaris, Fabr. . . . . Noire, écusson blanc ; abdomen largement rouge
dans son milieu ; pattes variées de rouge et de

noir ; se prend en mai et juin dans tout le Languedoc sur les euphorbes On trouve uno variété qui, sauf l'écusson, est toute noire.

Pavida, Lepell. , ... Très voisine de la précédente dont elle n'est, peut-être, qu'une variété plus petite. Reçue de Luz.

Tenthredopsis, Costa.

On classe dans ce genre les *T. ambigua*, Klug., et *instabilis*, Klug., espèces extrêmement voisines ; la première a le corps et les pattes noirs, avec une large bande rouge au milieu de l'abdomen ; la seconde a la même couleur avec des taches blanches sur la tête et le corselet, et les pattes rouges. Quant à la troisième espèce (*nassata*, Klug.), sa couleur est très-variable ; on trouve des exemplaires presque noirs avec des taches blanches sur la tête et le corselet, d'autres rougeâtres, avec ces dernières parties tachées Je la même manière ; enfin d'autres exemplaires sont totalement rougeâtres.

SUBF. IV. — LYDIDES (Westw.).

Tarpa, Fabr.

Spissicornis, Klug. . . . Cette espèce et la suivante ont déjà été citées dans notre *Aperçu ;* celle-ci est assez commune dans les Hautes-Pyrénées ; nous l'avons trouvée à Luz.

Cephalotes, Fabr. . . . . Elle est également montagnarde ; on la prend à Saint-Sauveur. Ces deux espèces sont noires, variées de jaune sur la tête et le corselet, et le ventre zébré. Longueur : 10 à 12 millim.

Lyda, Fabr.

Les larves de certaines espèces sont nuisibles à divers arbres de nos jardins et des forêts.

Pratensis, Fabr. . . . . Trouvée à Luz (Hautes-Pyrénées). Joli insecte noir, varié de jaune sur la tête et le corselet ; le ventre noir avec les côtés ferrugineux ; le mâle est plus petit et a l'abdomen roux vif. Long. 12 millim.

Subf. V. — Cephides (Westw.).

Cephus, Fab.

Rubi, Perris. . . . . . Insecte assez grand (15 millim.), tout noir, avec les jambes et les tarses roux, et les cuisses en grande partie noires. Trouvé en juin sur l'euphorbe des bois (*Euphorbia sylvatica*).

Troglodytes, Linn. . . . Tout noir, luisant : vit sur l'euphorbe des bois.

Compressus, Lepell.. . . La femelle dépose ses œufs sur les bourgeons des poiriers ; la larve suit le canal médullaire à une certaine profondeur ; les bourgeons deviennent ensuite noirs et se dessèchent. Habite tout le Languedoc et pays circonvoisins.

Espèces précédemment citées :

C. abdominalis, Latr.

» **spinipes;** Panz.

» **pygmæus,** Linn.

Subf. VI. — Xyelides (Westw.).

Xyela, Dalmann.

Pusilla, Dalm. . . . . . Trouvée à Toulouse et à Revel, sur des pins. Ce petit insecte (3 millim), est jaune paille varié de noir. Déjà cité de Montpellier (Ap. I. H. L.).

Subf. VII. — Siricides (Curtis).

Sirex, Linn.

Gigas, Linn. . . . . . . Gros insecte noir avec les antennes, les jambes, les tarses, une bande à la base et à l'extrémité de l'abdomen d'un roux vif ; se trouve assez abondamment dans la Montagne-Noire, dans l'Ariége et les Hautes-Pyrénées, sur les troncs d'arbres vermoulus ; ce n'est qu'accidentellement qu'il habite la plaine. On assure qu'à l'aide de leurs mandibules, ces insectes percent le bois le plus dur et même le plomb. Longueur : 13 à 14 mill. la femelle ; le mâle est moitié plus petit.

Espèce déjà citée : **S. juvencus,** Linn.

Xyloterus, Hart.

Magus, Fabr. . . . . La taille de la femelle ne le cède pas à celle de
Sirex gigas ; elle est uniformément bleue avec
les jambes et les tarses roux, les cuisses en partie
noir bleu et les ailes rousses ; un seul individu
pris à Cette (Hérau't).
Espèce précédemment citée :

X. fuscicornis, Fabr.

SUBSECT. II. — ENTOPHAGA (Westw.)

TRIB. II. — SPICULIFERA (Westw.)

FAM. 1. — CYNIPIDÆ (Westw.).

Nous n'avons pas encore étudié les insectes de cette sous-section ; mais
M. Lichtenstein a bien voulu nous envoyer la liste suivante des espèces qu'il a
chassées ou obtenues d'éclosion dans le midi de la France :

Bioriza, Westw. Apophyllus, Hart.

Aptera, *Fab.*
Cynaspis, *Hart.*
Renum, *Gir.*

Cynips, Linn.

Tinctoria, *Linn.*, n'est pas du Midi.
Quercus-tozæ, *Linn.*
Kollari, *Hart.*
Lignicola, *Hart.* Ses parasites sont : Synergus Heineanus, *Rz.* Eurytoma
signata. *Nees* Eurytoma Istriana, *Koll.* Syphoneura Schmidti, *Nees.*
Pteromalus dilatatus, *Koll.* Torymus puparum, *Nees.*
Calicis *Burgd.* Des galles en soucoupe du chêne. Parasite : Pterolamus
crater. (Ex Goureau.)
Conifica, *Hart.*
Hartigii, *Koll.*
Cerricola, *Gir.* Des galles du Quercus cerris sur les grosses branches.
Caliciformis, *Gir.* Des galles semblables au calice du gland. (Ex Gou-
reau.)
Tribuloïdes, *Gir.*

Galeata, *Gir.*

Callidoma, *Gir.*

Serotina, *Gir.*

Solitaria, *Fonsc.* Son parasite est Eupelmus azureus.

Majalis, *Gir.*

Glandulæ, *Hart.* Parasite : Callimone minutus. (Ex Goureau.)

Catilla, *Gir.* Inédit.

Radicis, *Fab.*

Rhyzomæ, *Hart.*

Corticalis. *Hart.* Des galles des écorches des jeunes chênes.

Corticis, *Linn.* Galles des écorces des vieux chênes. Parasites : Semeio-
tus varians, Callimone conjunctus, Megastigmus dorsalis. (Ex.Gour)

Globuli, *Hart.* Des glandes en globules détachées. Parasite : Pteromalus
cabarines. (Ex Goureau.)

Lucida, *Hart.*

Fecundatrix, *Hart.*

Quercus gemmæ, *Linn.* Des galles en artichaut du chêne.

Autumnalis, *Hart.*

Clementinæ, *Gir.* Vienne.

Macroptera, *Hart.* Vienne.

Collaris, *Hart.*

Folii, *Linn.* Des galles en grosses baies des feuilles du chêne. Parasite :
Callimone cynipedis (?) (Ex Goureau.)

Scutellaris, *Ol.*

Longiventris, *Hart.* Des galles en grain de groseille du chêne. Parasites :
Callimone cynipedis, Pteromalus dispar, Eurytoma variegata. (Ex
Goureau)

Agama, *Hart.* Parasites : Synergus nigripes, S. nigricornis.

Disticha, *Hart* Ses parasites sont : Syphonura Schmidtii, S. brevi-
caudis, *Rtz.*

Divisa, *Hart.*

Longipennis, *Hart.* Des galles en grain de groseille du chêne. Parasites :
Platymesopus tibialis, Callimone caudatus, Eurytoma abrotani, Eury-
toma verticillata, Megastigmus dorsalis, Selaoderma citreipes. (Ex
Goureau.)

Dryocosmus, Gir.

Cerriphilus, *Gir.*

Neuroterus, Hart.

Lenticularis, *Ol.* Des galles en disque du chêne. (Ex Goureau.)

Numismalis, *Ol.* Des galles en bouton ou en ombilic du chêne. (**Ex**
Goureau.)

Lanuginosus, *Gir.* Vienne.

Ostreus, *Gir.*

Ilicis, *Fab.*

Andricus, Hart.

Glandium, *Gir.*

Erythrocephalus, *Gir.* Trouvé sur les feuilles de rosier avec deux pucerons blessés; ses parasites sont : Ceraphron clandestinus, Merimus
rufipes. (Ex Goureau.)

Burgundus, *Gir.*

Curvator, *Hart.*

Inflator, *Hart.*

Terminalis, *Linn.*

Multiplicatus, *Gir.*

Ramuli, *Linn.* Parasites : Entedon semifasciatus. (Ex Goureau.)

Amenti, *Gir.*

Circulans, *Mayr.*

Petioli, *Hart.* Des galles situées sur la nervure principale des feuilles
du chêne. Parasites : Semiotus citripes, Torymus pellucidiventris. (Ex
Goureau.)

Noduli, *Hart.*

Papaveris, *Perris.*

Spathegaster, Hart.

Baccarum, *Linn.* Des galles du Quercus pubescens.

Aprilinus, *Gir.*

Glandiformis, *Gir.*

Tricolor, *Hart.*

Bathryapsis, Forst.

Aceris, *Fors.*

Trigonaspis, Hart.

Megaptera, *Pz.*

Crustalis, *Hart.* Ses parasites sont : Torymus contractus et Torymus
robustus, *Ratz.*

Rhodites, Hart.

Rosæ, *Linn*. Ses parasites sont très-nombreux, exemple : Torymus ater, Bedeguaris longicaudis, Ptero complanatus, Euryloma Æthiops, Eulophus dendricornis, etc.
Eglanteriæ, *Hart*.
Centifoliæ, *Hart*.
Rosarum, *Gir*.
Spinosissimæ, *Gir*

Diastrophus, Hart.

Rubi, *Bouché*.
Glechomæ, *Linn*. Des galles du Glechoma hederacea. Parasites : Torymus splendidus, Pteromalus glechomæ (Ex Goureau).
Scabiose, *Gir*.

Synophrus, Hart.

Polytus, *Hart*. Des Galles du *Quercus cerris* (Ex Goureau).

Aulax, Hart.

Brandtii, *Ratz*.
Rhæadis, *Bé*. Des capsules du Papaver rhæas.
Potentillæ, *Vill*. Des galles du Potentilla anserina.
Hieracii, *Linn*. Des capitules de l'Hyeracium sylvaticum.
Caninæ, *Hart*. Des galles de la rosa canina.
Salviæ, *Gir*.
Scorzoneræ, *Gir*.
Fecundatrix, *Gir*.
Centaurea, *Gir*. Landes,

Ceroptres, Hart.

Clavicornis, *Hart*.
Socialis (?) *Hart*. Des galles de la rose canine.

Synergus, Hart.

Socialis, *Hart*.
Melanopus, *Hart*.
Hayneanus, *Hart*.
Ruficornis, *Hart*.

Facialis, *Hart.* Des galles de Cynips terminalis.
Flavipes, *Hart.*
Incrassatus, *Hart.*
Vesiculosus, *Gir* Inédit.
Vulgaris, *Hart.* Des galles du Cynips quercus folii.
Erythrocerus, *Hart.*
Erythroneurus, *Hart.*
Tibialis, *Hart.*
Apicalis, *Hart.*
Cerridis, *Gir.* Inédit.
Varius, *Hart.*
Connatus, *Hart.*
Albipes, *Hart.*
Variolosus, *Hart.*
Flavicornis, *Hart.*
Basalis, *Hart.*
Xanthocerus, *Hart.*
Pallipes, *Hart.*
Exaratus, *Hart.*
Pallicornis, *Hart.* Des galles du Cynips quercus folii.

Allotria, Westw. **Xystus,** Hart.

Circumscripta, *Hart.* Ex Aphide raphani, pini, ribis.
Minuta, *Hart.* Ex Aphide eryngii.
Victrix, *Westw.* Ex Ahpide rosæ.
Tscheki, *Gir.*
Flavicornis, *Hars.* Ex Aphide carthami tinct.
Melanogastra, *Hart.* Ex Aphide viciæ.
Testacea, *Hart* Ex Aphide chenopodii.
Forticornis, *Gir.* Ex Aphide pini pumilionis.
Macrophadna, *Hart.*
Defecta, *Hart.*
Erythrothorax, *Hart.* Ex Aphide pruni.
Postica, *Hart.* Ex Aphide dianthi barbati.
Brachyptera, *Hart.*
Cursor, *Hart.*

Eucoila, Westw. **Cothonaspis,** Hart.

Maculata, *Hart.*   Melanoptera (?) *Hart.*
Subnebulosa, *Gir.*   Cubitalis, *Hart.*

Coronatus, *Hart.*
Compressiventris, *Gir.*
Debilis, *Gir.*
Curta. *Gir.*
He erogena, *Gir.*
Insignis, *Gir.*
Longicornis, *Hart.*
Basalis, *Hart.*
Diaphana, *Hart.*
Melanoptera, *Hart.*
Nigripes. *Gir.*
Scutellaris, *Hart.*
Atra, *Hart.*
Moniliata, *Hart.*
Trichopsila, *Hart*

Floralis, *Dahlb.*
Ciliaris, *Dahlb.*
Melanipes, *Gir.*
Allotriæ formis, *Gir.*
Antennata, *Gir.*
Heptoma, *Hart.*
Picicrus, *Gir.*
Rutiventris, *Gir.*
Pentatoma, *Hart.*
Tomentosa, *Gir.*
Cordata, *Gir.*
Geniculata, *Hart.*
Bicolor, *Gir.*
Nodosa, *Gir.*
Codrina, *Hart.*

Anacharis, Dalm. **Megapelmus**, Hart.

Eucharoïdes, *Dalm.*
Typica, *Wlk.*
Immunis, *Wlk.*

Ægilips, Haliday.

Nitidula, *Dalm.*
Dalmani, *Reinhard.*
Armata, *Gir.* Vienne.

Amblynotus, Hart. **Melanips**, Gir. pt.

Opacus, *Hart.*
Parvus, *Hart.*
Granulatus. *Hart.*
Alienus, *Gir.*

Sarothrus, Hart. **Melanips**, Gir. pt.

Canaliculatus, *Hart.*
Tibialis, *Dahlb.*
Areolatus, *Hart.*

Amphitectes, Hart. **Melanips**, Gir. pt.

Dahlbomii, *Hart.* ♀.

Figites, Lat. Psilogaster, Hart.

Scutellaris, *Lat*. Ex Sarcophaga striata.
Consobrinus. *Gir*. Ex Sarcophaga striata.
Clavatus. *Gir*. Vienne.
Abnormis, *Gir*. Vienne.
Striolatus, *Hart*. Ex Musca domestica.
Politus, *Gir*.
Heteropterus, *Hart*.
Fuscinervis, *Gir*.
Apicalis, *Gir*.

Onychia, Haliday. Callaspidia, Dahlb. Xyalaspis, Hart. pt.

Notata, *Fonsc*.
Westwoodii, *Dahlb*.

Homolaspis, Gir. Figites, Hart. pt.

Niger, *Hart*.
Noricus, *Gir*.

Aspicera, Dahlb. Onychia, Dahlb., Gir.

Scutellata, *Vill*.
Ediogaster, *Pz*.
Spinosa, *Rossi*.

Ibalia, Lat.

Cultellator, *Lat*. Parasite de Sirex juvencus.

Fam. II. — EVANIDÆ (Westw.)

Brachygaster, Leach. Hyptia, Rossi. Evania, Lath.
Minutus, *Oliv*.

Fœnus, Fab.

Le catalogue des Hyménoptères de Dours n'énumère que deux espèces de *Fœnus* français : *Affectator*, Fabr., et *Jaculator*, Linn. Or, en cherchant à capturer dans les environs de Marseille ces deux espèces que, du reste, on rencontre difficilement, il s'est trouvé que M. Abeille en a recueilli onze autres, dont voici la dénomination :

Pedemontanus, Tourn. Signalé jusqu'ici comme propre à l'Italie. Assez rare, sur les euphorbes fleuris. Toulouse.

Terrestris, Tourn Moins rare dans les mêmes conditions. Originaire de Suisse.

Vagepunctatus, Costa. Signalé jusqu'ici de Naples seulement. Rare; sur les jeunes pousses de Banksias.

Granulithorax , Tourn. Découvert à Bordeaux par M. Pérez. Très-commun partout dans le Midi, de Cette à Toulouse.

Pyrenaïcus, Guérin. Commun sur les ombellifères. Toulouse.

Freyi, Tourn. Découvert primitivement dans le Valais. Repris depuis à Marseille, mais très-rarement.

Nigripes, Tourn. De Suisse et d'Italie. Rare à Marseille.

Rubricans, Guerin. Sur les carottes fleuries. Assez rare. Toulouse.

Punctulifer, Ab. nov. sp. On ne connaît malheureusement que le mâle.

Minutus, Tourn. Rare sur les fleurs.

Variolosus, Abeille, n. sp. Longueur du corps : 10 millim., de la tarière, 4 millim. Tête presque lisse, peu brillante, sans ponctuation appréciable, privée de fossettes au bord postérieur, lequel n'est point relevé en collerette, mais simplement rebordé. Prothorax et mésothorax couverts de gros points très-enfoncés, ruguleux et serrés. Ecusson finement chagriné, avec de petits points épars, limité de chaque côté par des points en ligne un peu crénelée. Tarière non tachée de blanc au bout , à peu près de la longueur du premier segment. Mâle inconnu.

Couleur d'un brun noir. Face à duvet argenté. Abdomen rougeâtre sur une portion des 2e, 3e et 4e arceaux. Pattes avec la base et le sommet des tibias et portion des tarses rougeâtres, mais non blancs. Marseille. Très-rare.

Voisin des *Nigripes*, Tourn., *Freyi* (idem), *Affectator*, Fabr., et *Minutus*, Tourn., les seules espèces noires qui aient une tarière beaucoup plus courte que le corps. La forte et régulière ponctuation du thorax le rapproche uniquement du *Freyi*, qui a les tibias et les tarses tachés de blanc, le thorax ridé transversalement, etc....

Plus deux espèces indéterminées prises à Toulouse sur les fleurs de la carotte sauvage.

Aulacus, Jur.

Striatus, *Jur.*	Latreilleanus, *Nees.*
Patrati, *Lev.*	Compressus, *Spin.*

Evania, Lat.

Appendigaster, *Illig.* Parasite des Blattes. (Ex Licht.). Montpellier.

Trigonalis, Westw. Procedings of zool. Soc. April 14, 1835, n° 28, p. 53.

Hahnii, *Spin*. In Guérin, Mag. zool. 1849, pl. 50.

Fam. III — ICHNEUMONIDÆ (Leach).

Subf. I. — Ichneumonides (Westw.).

C'est encore à l'extrême obligeance de M. Lichtenstein que nous pouvons donner ci-après la liste des espèces qu'il a observées ou obtenues d'éclosion à Montpellier et aux environs de cette ville.

Eupalamus, Wesm.

oscillator, *Wesm.*

Chasmodes, Wesm.

lugens, *Grav.*

Exephanes, Wesm.

hilaris, *Grav.*
occupator, *Grav.*

Ichneumon. Lin.

sugillatorius, *Linn.*
pisorius, *Grav.*
similatorius, *Wesm.*
Coqueberti, *Wesm.*
leucocerus, *Grav.*
rubens, *Fonscol.*
rudis, *Fonscol.*
lineator, *Grav.*
ferreus, *Grav.*
serenus, *Grav.*
comitator, *Linn.*
derasus, *Wesm.*
bilineatus, *Grav.*
consimilis, *Wesm.*
quadrimaculatus, *Grav.*
deliratorius, *Fabr.*
culpator, *Schrk.*
albicollis, *Wesm.*
retractus, *Tischb.*

sarcitorius, *Linn.*
luctatorius, *Wesm.*
stramentarius, *Grav.*
terminatorius, *Grav.*
buculentus, *Wesm.*
suspiciosus, *Wesm.*
gracilentus, *Wesm.*
gratus, *Wesm.*
latrator, *Fabr.*
analis, *Grav.*
inquinatus, *Wesm.*
multipunctatus, *Grav.*
raptorius, *Linn.*
insidiosus, *Wesm.*
xanthorius, *Grav.*
cessator, *Grav.*
quæsitorius, *Linn.*
quadrialbatus, *Grav.*
discrimidator, *Wesm.*
nigritarius, *Grav.*
pallifrons, *Grav.*
fabicator, *Fabr.*
luteiventris, *Grav.*
clericus, *Grav.*
deletus, *Wesm.*
flavatorius, *Fabr.*
albinus, *Grav.*
monostagon, *Grav.*
perscrutator, *Wesm.*
albosignatus, *Grav.*
callicerus, *Grav.*
bilunulatus, *Grav.*
vicarius, *Wesm.*
sicarius, *Grav.*
Lichtensteini, *Tischb.*

Hoplismenus, Gravenh.

aulicus, *Grav*.

Amblyteles, Wesmaël.

palliatorius, *Grav*.
infractorius, *Panz*.
fasciatorius, *Fabr*.
laboratorius. *Panz*.
notatorius, *Fabr*.
subsericans, *Wesm*.
æquitatorius, *Panz*.
glaucatorius, *Grav*., *Fabr*.
vadatorius, *Grav*., *Illig*.
occisorius, *Grav*.
Gravenhorsti, *Wesm*.
uniguttatus, *Grav*.
Gœdarti, *Grav*.
bipustulatus, *Wesm*.
rubriventris, *Wesm*.
sputator, *Grav*.
homocerus, *Wesm*.
castigator, *Grav*.
divisorius, *Grav*.
messorius, *Wesm*.
fossorius *Müller*.
inspector, *Wesm*.
repentinus *Grav*.
fusorius, *Linn*.

Trogus, Gravenshorst.

lutorius, *Grav*.
exaltatorius *Wesm*.
flavatorius, *Panz*.

Psilomastax.

lapidator, *Fab*, ♂, *Tischb*. ♀.

Automalus, Wesm.

alboguttatus, *Wesm*.

Hepiopelmus, Wesm.

leucostigmus, *Wesm*.

Neotypus, Forster.

melanocephalus, *Först*.

Platylabus, Wesm.

dœmon, *Wesm*.
pedatorius, *Grav*.
dimidiatus, *Wesm*.

Colpognathus, Wesm.

celerator, *Wesm*.

Alomya, Panzer.

ovator, *Grav*.

Ischnus, Gravenh.

truncator, *Wesm*.

Sub. II. — Crypti (Gravenh.).

Cryptus, Gravenh.

tarsoleucus. *Grav*.
titillator, *Fab*.
spiralis, *Grav*.
analis, *Grav*.
sponsor, *Fabr*.
obscurus, *Grav*.
longicauda, *Kriechb*.
fugitivus, *Grav*.

minator, *Grav*.
adustus, *Grav*.
perspicillator, *Grav*.
armatorius, *Grav*.
apparitorius, *Grav*.
assertorius, *Grav*.
calescens, *Grav*.
albitarsus, *Holm*.
migrator, *Grav*.
peregrinator, *Grav*.

spinosus, *Grav.*
bimaculatus, *Grav.*
minutorius, *Grav.*
girator, *L Dufour.*
lugubris, *Grav.*
melanopus, *Taschb.*
alternator. *Grav.*
hostilus, *Grav.*
rufipes, *Grav.*
brachy-oma. *Taschb.*
femoratus, *Grav.*
atripes, *Linn.*
dubius, *Tasch.*
anatorius, *Grav.*
oculator, *Grav.*
italicus, *Grav.*
rugosus, *Wesm.*
opacus, *Grav.*
arrogans, *Grav.*
echtroides, *Ratz.*
amœnus, *Grav.*
moschator, *Grav.*
gracilipes, *Grav.*
furcator, *Grav.*
contractus, *Grav.*

Mesostenus, Gravenh.

alticinctus, *Grav.*
gladiator, *Scop.*

Phygadeuon, Gravenh.

brevis, *Grav.*

digitatus, *Grav.*
regius, *Grav.*
leucostigmus, *Grav.*
gravipes, *Grav.*
dumetorum, *Grav.*
vagabundus, *Grav.*
ceilonotus, *Taschb.*

Linoceras, Taschb.

seductorius, *Fab.*
macrobatus, *Grav.*

Pezomachus, Gravenh.

Kiesenwetteri, *Först.*
furax, *Först.*
nigritus, *Först.*
fasciatus, *Grav.*
zonatus, *Först.*

Hemiteles, Gravenh.

melanarius, *Grav.*
argentatus. *Grav.*
luteolator, *Grav.*
imbecillus, *Grav.*
melanogamus, *Grav.*
fulvipes, *Grav.*
bicolorinus, *Grav.*
flavicator, *Grav.*
coriarius, *Grav.*
pulchellus, *Grav.*

Subf. III. — Tryphonides (Gravenh.).

Mesoleptus, Gravenh.

cingulatus, *Grav.*
typhœ, *Fourc.*
fugax, *Grav.*
ruficornis, *Grav.*
lævigatus, *Grav.*
multicolor, *Grav.*

Euryproctus, Holmg.

mundus, *Grav.*

Mesoleius, Holmg.

formosus, *Holm.* nec *Grav.*
aulicus, *Grav*
sanguinicollis, *Grav.*

Perilissus, Först.

limitaris, *Grav.*
virgatus. *Grav.*
pictilis, *Holmg.*

Catoglyptus, Först.

fortipes, *Grav.*
foveolator, *Grav.*

Tryphon, Fallën.

elegantulus, *Grav.*
elongator, *Grav.*
approximator. *Grav.*
brachyacentrus, *Grav.*
proditor, *Grav.*
cephalotes, *Grav.*
rutilator, *Linn.*

Exenterus, Hartig.

marginatorius, *Grav.*

Exochus, Gravenh.

coronatus, *Grav.*
lævigatus, *Grav.*
gravipes, *Grav.*

Bassus, Fallën.

cinctus, *Grav.*
lætatorius, *Panz.*
albosignatus, *Grav.*
pictoratereus, *Grav.*
exultans, *Holmg.*
signatus *Grav.*
fissorius, *Grav.*
ornatus, *Grav.*
flavolineatus , *Grav.*

Metoplus Panz.

dissectorius, *Panz.*
dentatus, *Fabr.*
necatorius, *Fabr.*
micratorius, *Fabr.*

Exyston, Schiödte.

cinctulus, *Grav.*

SUBF. IV. — OPHIONIDES (Gravenh.).

Ophion, Fabr.

obscurus, *Fabr.*
luteus. *Linn.*
meridarius. *Grav.*
ramidulus, *Linn.*
ventricosus, *Grav.*

Trachynothus, Grav.

foliator, *Fabr.*

Exochilum, Wesm.

circumflexum, *Linn.*

Anomalon, Grav.

Wesmaeli, *Holmg.*
xanthopus, *Grav.*
ruficorne, *Grav.*
cerinops, *Grav.*
tenuitarsum, *Grav.*
capillosum, *Holmg.*

megarthrum, *Ratz.*
pallidum, *Ratz.*
anxium, *Wesm.*
fibulator, *Grav.*
evonymelum, *Hart.*
arcuatum, *Grav.*

Opheletus, Holmg.

glaucopterus, *Linn.*

Paniscus, Gravenh.

fuscipennis, *Grav.*
testaceus, *Grav.*
virgatus, *Fourc.*

Campoplex.

albipalpis *Grav.*
mixtus, *Schrk.*
cultrator, *Grav.*
lugens, *Grav.*
infestus, *Grav.*

Limneria, Holmg.

pictipes *Schrk.*
nigripes, *Grav.*
difformis, *Grav.*
majalis, *Grav.*
albida, *Grav.*
armillata, *Grav.*
dolosa, *Grav.*
sordida, *Grav.*
transfuga, *Grav.*
cylindrica, *Grav.*
viennensis, *Gir.*

Mesochorus, Grav.

pectoralis, *Ratz.*
splendidulus, *Grav.*
lucifer, *Grav.*
testaceus, *Grav.*

Pristomerus, Holmg.

vulnerator, *Panz.*

Banchus, Fahr.

volutarius, *Linn.*
pictus, *Fabr.*
elator, *Fabr.*
guttatorius, *Grav.*

Scolobates, Grav.

auriculatus, *Fabr.*

Pachymerus, Grav.

calcitrator, *Grav.*

Exolytus, Förster.

lævigatus, *Grav.*

Leptobatus, Grav.

rufipes, *Linn.*

Trichomma, Wesm.

enecator, *Grav.*

Exetastes. Grav.

fornicator, *Fabr.*
guttatorius, *Grav.*
clavator, *Fabr.*
albitarsus. *Grav.*
illusor, *Grav.*
bicoloratus, *Grav.*
bassator, *Grav.*
osculatorius, *Grav.*

SUBF. V. — PIMPLARIÆ (Grav.).

Lampronota, Holmg.

nigra, *Grav.*
setosa, *Fourc.*

Perithous, Holmg.

mediator, *Fab.*

Glypta, Gravenh.

flavolineata, *Grav.*
mensurator, *Grav.*
bifoveolata, *Grav.*
pictipes, *Grav.*

Meniscus, Schiödte.

catenator, *Panz.*
setosus, *Grav.*

Lissonota, Gravenh.

impressor, *Grav.*
maculatoria, *Fab.*
parallela, *Grav.*
decimator, *Grav.*
cylindrator, *Villers.*
bellator, *Grav.*
brachycentra, *Grav.*
culiciformis, *Grav.*

verberans, *Grav.*
insignita, *Grav.*
elector, *Grav.*
irrisoria, *Rossi.*
petiolaris, *Grav.*
mesocentrus, *Grav.*

Pimpla, Fabr.

flavicans, *Fabr.*
melanopyga, *Grav.*
oculatoria, *Grav.*
rufata, *Grav.*
arundinator, *Grav.*
calobata, *Grav.*
graminellæ, *Grav.*
spuria, *Grav.*
turionellæ, *Grav.*
alternans, *Grav.*
scanica, *Grav.*
examinator, *Grav.*
brevicornis, *Grav.*
instigator, *Panz.*
roborator, *Fabr.*
arctica, *Grav.*
detrita, *Holmg.*
varicornis, *Fabr.*
melanocephala, *Grav.*
stercorator, *Grav.*
ruficollis, *Grav.*
angens, *Grav.*

Ephialtes, Grav.

tuberculatus, *Fourc.*
messor, *Grav.*

carbonarius, *Grav.*
mesocentrus, *Grav.*
divinator, *Rossi.*
albicinctus, *Grav.*
varlus, *Grav.*

Rhyssa, Gravenh.

persuasoria, *Grav.*
clavata, *Grav.*
curvipes, *Grav.*

Acænites, Latr.

arcutor, *Grav.*
fulvicornis, *Grav.*
dubitator, *Panz.*
saltans, *Grav.*
nigripennis, *Grav.*

Xorides, Gravenh.

nitens, *Grav.*

Xylonomus, Gravenh.

filiformis, *Grav.*
prædatorius, *Grav.*
ater, *Grav.*

Odontomerus, Gravenh.

dentipes, *Linn.*

Fam. IV. — BRACONIDÆ (Westw.).

Fam. V. — CHALCIDIDÆ (Westw.).

Fam. VI. — PROCTOTRYPIDÆ (Steph.).

Ces trois familles sont formées d'un si grand nombre d'espèces minuscules, et leur étude est si difficile, qu'il y aurait témérité de notre part d'en entreprendre la nomenclature ; on nous permettra donc, quant à présent, de les passer sous silence.

Trib. III. — Tubulifera (Lepell).

Fam. CHRYSIDIDÆ (Leach.).

Les Chrysides déposent leurs œufs dans le nid de divers apiens et fouisseurs, mais leurs larves ne vivent pas de la provision de miel et de pollen ; on les dit carnassières.

Cleptes (Latr.).

Voici un tableau inédit des espèces françaises de ce genre, dont nous devons la communication à notre ami et collègue M. Abeille :

MALES.

A. Abdomen sans couleur métallique.

> **B.** Dos du prothorax fauve. *Nitidula*, Fab. Se trouve à Dunkerque, rare.

> **BB.** Prothorax cuivré ou vert métallique. *Semiaurata*, Fabr. Habite Montpellier, Mont-de-Marsan, etc.

FEMELLES.

AA. Abdomen à 4ᵉ segment doré avec l'extrémité sombre. *Ignita*, Fab Pris dans les Hautes-Pyrénées par M. Pandellé. Très-rare.

a. Prothorax avec une série de points le long de sa base. *Semiaurata*, Fab.

aa. Idem. Sans cette série de points.

> **b.** Quatrième segment abdominal bleuâtre *Nitidula*.

> **bb.** Id. Id. cuivreux doré, *Ignita*.

Omalus, Panzer.

Pusillus, Fabr. . . . . . . Petite espèce entièrement vert métallique. Landes.

Punctulatus, Dahlb.. . . . Tête et corselet bleu ; abdomen cuivreux. Toulouse. La Nouvelle (Aude).

Œneus, Panz. . . . . . . Couleur de ce dernier, mais plus grand. Toulouse. Le bleu tourne au vert dans quelques variétés.

Nitidulus.. . . . . Voisin de l'*Œneus* dont il n'est peut-être qu'une variété à abdomen plus sombre.

Minutus. . . . . Même observation, mais il est plus petit. Toulouse. Rare.

Scutellaris, Panz. . . . Tête et corselet vert gai ; abdomen cuivreux doré. Commun à Toulouse.

Espèces précédemment citées :
O. auratus. Dahlb.
» **cœruleus,** De Géer.

Holopyga, Dahlb.

Obs. — On classe maintenant dans ce genre les *Elampus* de Spinola.

Chalibæus, Dahlb. . . . D'un vert métallique uniforme , habite Cette, Mont-pellier.

La variété *Smaragdina*, Tourn., est d'une couleur plus cuivreuse.

Ovata, var. Lucida Lep. Aspect de l'*Hedychrum lucidulum* (variété à corselet cuivre rouge). Rare à Cette.

Id. Id. Ignicollis. . Plus petite ; corselet cuivre vert.

Chloroidea, Stäl. . . . . . Corselet vert, abdomen cuivre rouge. Taille moyenne. Toulouse, sur l'euphorbe des bois.

Fervida, Fabr. . . . . . . Tête, corselet et abdomen rouge cuivreux ; métathorax bleu. Cette. Très-rare.

Semi-ignita, Abeille, n. sp. Tête et métathorax bleu ; le reste cuivreux rouge; taille petite.

Genre et espèce déjà cités :
Stilbum splendidum, Fab.

Hedychrum, Latr.

Minutum
var. Coriaceum, Dahlb. . D'un rouge cuivreux, avec l'extrémité du métathorax bleue et un reflet sombre sur l'abdomen, en dessus. Toulouse, sur les tertres.

Minutum
var. homæopathicum.. . Très-petit, de couleur sombre ; se trouve sur les ombellifères. Toulouse.

Longicolle, Abeille, nov, sp. Aspect de l'*Hedychrum lucidulum* ; moins grand. Cette.

Gratiosum, Abeille, nov. sp. Très-petit ; couleur de l'*Hed.* var. *coriaceum*. Un seul exemplaire pris sur les haies.

Genre et espèce précédemment cités :
Parnopes carnea, Rossi.

Chrysis, Linn.

Afin d'abréger la description des espèces de ce

genre , nous reproduisons ci-après un tableau,
dû à l'obligeance de M. Abeille, dans lequel sont
succinctement caractérisées celles de sa collection
et de la nôtre.

A. Corps nettement vert ou bleu, ou l'un ou l'autre, sans trace de dorure.

  B. Corps plus ou moins mat. Dents apicales peu marquées. **Virgo**, Abeille.
    (Assimilis, Spinola.) Toulouse, sur les tertres.

  B'. Corps brillant ; dents apicales bien dessinées. **Cyanea**, Linn. Limoux.

    C. Trois dents apicales. **Nitidula**, Fabr. Nord de la France.

    C'. Quatre dents apicales.

      D. Ces dents obtuses. Corps grand, très-allongé. **Indigotea**, • Duf.
      Landes.

      D' Ces dents spiniformes. Corps moyen, médiocrement allongé.

    C". Six dents apicales, les deux externes représentées par des angles
    droits. **Violacea**, Panzer. Bordeaux.

A' Corps plus ou moins doré.

  B. Six dents apicales bien marquées. **Micans**, Rossi. Provence.

  B'. Tout au plus quatre dents apicales.

    C. Abdomen doré, ayant au moins un de ses trois segments entièrement
    bleu ou vert tranchant sur la couleur du reste.

      D. Abdomen ayant le premier segment en entier, parfois le deuxième,
      en partie, verts ou bleus

        E. Pas de dents apicales. **Basalis**, Dahlb. Provence.

        E'. Quatre dents apicales. **Fulgida**, Linn. Bordeaux.

      D' Abdomen à plusieurs couleurs, mais n'ayant pas son 1er segment
      entièrement vert ou bleu.

        E. Abdomen à 3e segment vert ou bleu, ou avec des macules , mais
        non entièrement doré.

          F. Abdomen à 2e segment nettement bicolore, ayant un tiers de
          sa surface d'un bleu ou d'un vert tranchant. **Semicincta**,
          Lepell. Toulouse, Béziers, sur l'*eryngium*, les euphorbes.

          F'. Abdomen à 2e segment unicolore.

            G. 3e segment tronqué-arrondi, sans dents ni sinuosités.

              H. Ponctuation abdominale forte et entremêlée de rugosités.
              Cyanura Klug.

              H'. Ponctuation abdominale fine et subcoriacée. **Incras-
              sata**, Spin. Montpellier.

           G' 3e segment de forme variable, avec des dents ou des sinuo-
            sités.

              H. Thorax, en majeure partie, couleur feu comme l'abdomen.

                I. Aire médiane du mesothorax concolore (?) **Bidentata**,
                Linn. (Dimidiata, Lepell.). Toulouse, tertres.

I'. Aire médiane du mesothorax verte. Var. **Fenestrata**, Abeille. Toulouse.

H'. Thorax à fond vert ou bleu, plus ou moins doré.

   I. Sinuosités apicales peu marquées, sauf parfois les externes.

   J. Ponctuation abdominale très-serrée, presque rugueuse; sinuosités apicales à peine marquées. Var. **Integra**, Fabr. Provence.

   J'. Ponctuation abdominale plus forte et moins serrée ; sinuosités apicales externes bien marquées. Var. **Pyrrhina**, Dalman Provence.

   I'. Tous les angles ou toutes les dents apicales bien nettement dessinés, même les internes.

      J. Corps de grande taille, tête glabre au-devant ; 3ᵉ segment entièrement vert, sauf le rebord qui est bleu **Rutilans**, Oliv. Toulouse.

      J'. Corps de taille moyenne, tête poilue au-devant ; 3ᵉ segment complètement vert. **Verna**, Dahlb. Toulouse.

      J". Taille petite ou médiocre ; 3ᵉ segment bleu sur son disque, au moins en partie.

         K. Ponctuation abdominale très-serrée, fine, comme rugueuse, dents apicales peu saillantes. **Dominula**, Abeille. Provence.

         K'. Ponctuation assez serrée, forte. Dents apicales bien saillantes.

            L. Corps allongé. **Splendidula**, Rossi Toulouse, sur les ombellifères.

            L'. Corps trapu. **Cyanopyga**, Dahlb. Montpellier, tertres.

C'. Abdomen entièrement doré, sauf, parfois, le rebord du 3ᵉ segment.

   D. Corps nettement bicolore, c'est-à-dire tête et thorax verts ou bleus, et abdomen doré.

      E. Rebord du 3ᵉ segment concolore.

         F. Abdomen tronqué, arrondi ou très-légèrement sinué au bout.

            G. Post-écusson en forme de cône. **Flammea**, Lepell. (**Refulgens**, Spinola.) Toulouse, ombellifères.

         G'. Post-écusson normal.

            H. Derniers articles antennaires en partie fauves en dessous. **Varicornis**, Spin. Provence.

            H'. Derniers articles antennaires noirs.

               I. Ligne de points du 3ᵉ segment à peine immergée, for-

mée de points peu nombreux, inégalement espacés.

J. Ponctuation abdominale très-serrée, rebord du 3e
segment avec une légère sinuosité au milieu.
Simplex, Klug. Provence.

J'. Ponctuation abdominale très-lâche ; rebord du 3e
segment entier. **Austriaca,** Lepell. Provence.

I'. Ligne de points du 3e segment profondément immergée,
formée de points nombreux régulièrement espacés.

J. 4e article antennaire en entier métallique par dessus,
souvent aussi la base du 5e. **Pustulosa,**
Abeille Montpellier.

J'. 4e et 5e articles antennaires noirs, sauf parfois
l'extrême base du 4e.

K. 3e article antennaire noir.

L. 1er segment abdominal à gros points lâches ;
tarses foncés. **Subsinuata,** Abeille. **(Medio-
cris (?))** Provence.

L'. 1er segment abdominal à gros points très-
serrés, ce qui fait paraître leurs intervalles caré-
niformes ; tarses testacés. **Emarginata,** Spin.
Provence.

K'. 3e article antennaire métallique.

L. 3e segment abdominal tronqué ou arrondi très-
largement au bout. **Neglecta,** Shuck. Lille.

L'. 3e segment abdominal, ou arrondi ogivalement,
ou sinué au bout.

M. Yeux très-rapprochés. Taille petite ; forme
allongée. Rebord du 3e segment non en bourrelet. **Saussurei,** var. Chev. Longages (H.-
Gar.). Ombellifères.

M'. Yeux distants. Taille assez grande. Forme
peu allongée. Rebord du 3e segment en bourrelet. **Mulsanti,** Abeille. Toulouse, euphorbes.

F'. Abdomen nettement denté à l'extrémité.

G. Deux dents nettement accusées, dont chacune, chez la ♀, est
flanquée d'un angle obtus. **Æstiva,** Dahlb. Provence.

G'. Quatre dents nettement accusées.

H. Dessous du ventre vert, bleu, noir, parfois un peu doré,
mais jamais couleur de feu.

I. Ponctuation abdominale beaucoup plus serrée et plus fine

sur le 3e segment que sur le 2e. **Ignita**, Linné, commune partout.

I'. Ponctuation abdominale à peine plus serrée et non plus fine sur le 3e segment que sur le 2e.

J. Dents abdominales placées sur la même ligne; 3e segment égal, sans carène. **Comparata**, Lepel[1]. Toulouse, Montpellier, Bordeaux.

J'. Dents abdominales placées sur une ligne très-courbe. 3e segment fortement déprimé de chaque côté de sa forte carène médiane. **Inæqualis**, Dahlb. Marseille, Toulouse.

H'. Dessous du corps couleur de feu.

I. Ponctuation abdominale très fine; corselet très-court et beaucoup moins large que la tête prise aux yeux. **Auripes**, Wesm. Provence.

I'. Ponctuation abdominale forte; corselet assez long, à peu près aussi large que la tête prise aux yeux. **Igniventris**. Abeille. Marseille.

E'. Rebord du 3e segment bleu, vert ou bronzé.

F. Pas de dents apicales bien marquées.

G. 3e article antennaire métallique; taille petite; ponctuation générale moins serrée. **Saussurei**, Chevr. Longages.

G'. 3e article antennaire noir; taille grande; ponctuation générale plus serrée. **Elegans**, var. ♂, Lepell. Gard.

F'. Quatre dents apicales bien marquées.

G, 3e article antennaire subégal au 4e; ponctuation de l'abdomen allant en décroissant du 1er segment au 3e. **Chevrieri**, Abeille. Béziers, Marseille.

G'. 3e article plus long que le 4e; ponctuation abdominale subégale sur les trois segments. **Dahlbomi**, Chevr. Marseille.

D'. Thorax et tête plus ou moins dorés, ainsi que l'abdomen.

E. Extrémité de l'abdomen sans dents ni sinuosités bien accusées.

F Thorax en partie vert ou bleu, en partie couleur feu; ces deux teintes franches et nettement limitées.

G. Pronotum, mesonotum et écusson entièrement couleur feu.

H. Tête entièrement couleur feu. **Cœruleipes**, Fabr. Toulouse, Marseille.

H'. Tête non entièrement couleur feu.

11

I. Tête couleur feu jusqu'au milieu des yeux. **Purpuri-frons**, Abeille. Marseille.

I'. Tête verte ou bleue, parfois avec un très-léger reflet doré.

J. Cavité faciale couverte d'une ponctuation très-serrée, fine et égale. **Dichroa**, Dahlb. Cette, dans les tiges d'asphodèle. Toulouse.

J'. Cavité faciale à ponctuation assez grosse, éparse et laissant des espaces lisses. **Angustifrons**, Abeille. Provence.

G'. Mesonotum, au moins en partie, vert ou bleu.

H. Mesonotum entièrement bleu ou vert. **Uniformis**, Dahlb. Midi de l'Europe.

H'. Mesonotum couleur feu, avec l'aire médiane bleue.

I. 3e article antennaire entièrement noir. **Elegans**, var. Lep. Gard.

I'. 3e article antennaire à base métallique par dessus.

J. Front avec une grande macule dorée. **Laïs**, Abeille. Provence.

J'. Front concolore **Phryne**, Abeille. Provence.

F'. Thorax d'un vert ou bleu lavé de doré, sans couleurs franches ni nettement limitées.

G. Les trois premiers articles antennaires vert doré. Ventre, en partie, couleur feu. **Hybrida**, Lepell. Gavarnie (Hautes-Pyrénées).

G'. Le 3e article antennaire noir. Ventre noirâtre ou vineux.

H. Forme trapue ; ventre avec des macules vineuses. Tarses testacés, au moins en d.ssous. **Versicolor**, Spin. Marseille.

H'. Forme allongée ; ventre entièrement d'un bleu noir. Tarses sombres. **Fugax**. Abeille. Provence.

E'. Extrémité de l'abdomen avec des dents ou des sinuosités bien visibles.

F. Thorax entièrement bleu ou vert sombre, sauf l'écusson et le post-écusson qui se détachent sur le fond par leur couleur dorée. **Scutellaris**, Fab. Toulouse, Montpellier.

F'. Prothorax et mesothorax plus ou moins dorés.

G. Mesonotum bleu, au moins sur une portion de son aire médiane.

H. Aire médiane, et parfois les latérales du mesothorax entièrement bleues. Pas de dents, mais de très-légères sinuosités apicales. **Elegans**, Lepell. Marseille.

H'. Aire médiane bleue en arrière seulement; quatre dents apicales bien marquées. **Grohmanni**, Spin. Marseille.

G' Mesothorax doré.

H. Vertex d'un doré plus ou moins verdâtre, absolument concolor avec le mesothorax. **Schousboei** (???) Dahlb. Montpellier.

H'. Vertex vert ou bleu mélangé de noir, tranchant absolument sur le doré du mesothorax.

I. Pronotum doré en entier.

J. Abdomen à ponctuation grosse et serrés; ligne ponctuée du 3e segment formée de fossettes régulières, petites et nombreuses. **Spinifer**, Abeille. Toulouse, tertres.

J'. Abdomen à ponctuation assez fine et lâche; ligne ponctuée du 3e segment formée de fossettes irrégulières, grosses et rares. **Dives**, Linn. Provence.

I. Prothorax vert ou bleu, au moins à son bord postérieur.

J. Ecusson doré.

K. Ponctuation abdominale forte et non serrée. **Succincta**, Wesm. Provence.

K' Ponctuation abdominale très-fine et très-serrée, comme coriacée. **Leachi**, Sbuck, Montpellier.

J. Ecusson vert ou bleu.

K. Ponctuation abdominale serrée; en général l'abdomen terminé par une pointe flanquée en retrait des deux angles. **Gribodoi**, Abeille. Marseille. Toulouse. Ombellifères.

K'. Ponctuation abdominale non serrée; toujours quatre dents plus ou moins obtuses à l'abdomen. **Bicolor**, Lepell. (nec Dahlb.). Toulouse.

Sect. II. — ACULEATA (Latr.).

Subsect. I. — INSECTIVORA (Westw.).

Fam. I. — HETEROGYNA.

Subf. I. — Formicidæ.

Camponotus, Mayr.

Les Camponotes sont des fourmis de grande taille qui recherchent beaucoup

les pucerons, et que l'on trouve errant sur les chemins ; elles nichent ordinairement dans les vieux troncs pourris (1).

Cruentatus, Latr.. . . . . D'un ferrugineux obscur, sauf la tête noire ainsi
que le devant du corselet. Habite les Landes.

Lateralis, Oliv. . . . . . Cette ; sous les pierres.

Æthiops, Latr. . . . . . Noir roussâtre. Reçue de Marseille (M. Abeille).

Marginatus, Latr. . . . . Habite Montpellier.

Espèces citées : (*Aperçu Ins. hym. Lang.*).

Pubescens, Fab. — Marginatus, Latr.

Herculeanus, Linn. — Sylvaticus, Oliv.

Colobopsis, Mayr.

Espèces citées :

Fuscipes, May. — Truncata, Spin. Se trouve dans les tiges sèches de la
ronce ; niche dans les vieux troncs pourris.

Plagiolepis, Mayr.

Espèce citée :

Pygmæa, Latr. . . . . . Une des plus petites fourmis, vivant sous les pierres

Lasius, Fabr.

Espèces citées :

Fuliginosus, Latr. . . . Niche dans les vieux troncs pourris.

Brunneus, Latr. — Niger, Linn. Niche dans la terre.

Flavus, De Geer. . . . . Niche dans la terre.

Alienus, Fœrst. — Umbratus, Nyl. — Emarginatus, Latr.

Formica, Linn.

Espèces citées :

Sanguinea, Latr. . . . . Niche dans la terre ou dans de vieux troncs.

Fusca, Linn. . . . . . . Niche dans la terre.

Rufa, Linn. . . . . . . Niche dans les bois.

Rufibarbis, Fabr.. . . Variété de la précédente.

Cinerea, Latr. — Truncicola, Först.

Rufa, Linn.. . . . . . . Niche dans les vieux troncs.

Cunicularia, Latr. . . . Niche dans les bois.

Pratensis, De Géer. . .. . Niche dans les bois.

(1) Toutes les observations relatives à l'habitat des Formici les s'appliquent
exclusivement aux ouvrières aptères, les mâles et les femelles étant ailés.

`Cataglyphis, Först.

Cursor, Fonsc.
(Nasuta Nyl.). . . . . . Trouvée à Beaucaire (Gard), sous les pierres; elle
habite aussi Montpellier.

Polyergus, Latr.

Les ouvrières, à cause de la forme acérée de leurs mandibules, se font creuser
leur nid et nourrir par des fourmis étrangères qu'elles ont transportées chez elles
à l'état de nymphe; on nomme vulgairement *fourmis amazones* les Polyergus
et quelques espèces du genre Formica (*Rufa, Sanguinea*).
Rufescens, Latr. . . . . . Espèce, déjà citée, dont nous n'avions qu'un seul
exemplaire; elle se trouve abondamment aux en-
virons de Toulouse, soit dans la terre, soit sous
des feuilles pourries, près de la prairie de Bellevue; le mâle est noir; la femelle et l'ouvrière
rousses.

Hypoclinea, Mayr.

Quadripunctata, Linn., Fab. Dans les bois de chênes; le mâle et la femelle
sont fort rares.

Tapinoma, Först.

Pygmæas, L. Duf. . . . Commune sur le cyprès, à Cette; très-petite espèce.
Erratica, Latr. . . . . . . Toulouse, sous les mousses.
Meridionale, Rog. . . . Montpellier.

Subf. II. — Odontomachidæ.

Il n'entre, dans cette sous-famil'e, que le genre **Anochetus** (Mayr.), composé d'une seule espèce (*A. Ghiliani*, Spin.), originaire d'Andalousie.

Subf. III. — Poneridæ.

Ponera, Latr.

Les Ponères vivent sous les pierres ou au pied des arbres; les ouvrières sont
presque aveugles.
Punctatissima, Rog. . . . Reçue de Marseille (M. Abeille).
Ochracea, Mayr. . . . . .

L'insecte que nous avions supposé être la *Typhlopone europœa* (*Ap. Ins. hym. Lang.*), est l'ouvrière d'*Ochracea* regardée, jusqu'ici, comme fort rare ; elle se trouve quelquefois à Toulouse dans les détritus des inondations.

Espèce citée :

Contracta, Latr.. . . . . qui diffère de l'*Ochracea* par sa couleur noire.

SUBF. IV. — DORYLIDÆ.

Typhloponæ, Westw.

Composé de deux espèces étrangères à la France : *T. oraniensis*, Lucas d'Algérie, et *europœa*, Rog. de Turin.

Le genre **Dorylus** renferme une énorme fourmi ailée d'Oran (Algérie), dont le corps est brun, avec la majeure partie de l'abdomen rousse.

Epititrus (?) Emery.

E. Argiolus, Emery. . . Nous l'avons trouvé à Banyuls-sur-Mer (Pyr.-Or.), sous de grosses pierres enfoncées.

Espèce citée :

E. Baudueri, Emery. . . Vivant sous terre, à la base des pieux enfoncés.

SUBF. V. — MYRMICIDÆ.

Aphænogaster, Mayr. Atta, Latr.

Espèces moissonneuses faisant de grandes provisions de grains de blé, et donnant abri à divers coléoptères (*colovoceraformicaria, punctata, attœ*), et à un insecte de l'ordre des Thysanures (*Lepisma myrmecophila*).

Espèces citées :

Aph. Barbara, Linn. — Structor, Latr. — et Testacero pilosa. Les deux premières du languedoc , la troisième de Collioure (Pyr.-Or.). Les ouvrières sont remarquables par leur tête très-forte.

Myrmica, Latr.

Les espèces de ce genre habitent sous les pierres, les mousses et les vieux troncs pourris.

Espèces citées :

Rubida, Latr. — Lobicornis, Nyl. — Lævinodis, Nyl. — Scabrinodis, Nyl. — Sulcinodis, Nyl.

Leptothorax, Mayr.

Nylanderi, Först. . . . . . Reçue de Marseille (M. Abeille).
Acervorum, Fabr. . . . Extrêmement commune dans les tiges sèches de
ronces, dans les vieux troncs et sous les pierres.
Espèces citées :
Cingulatus, Schrk.
Unifasciatus, Latr. . . . . Vivant sous de grosses pierres enfoncées, à Agde.
Tuberum, Nyl. . . . . Se trouve dans la mousse et sous les pierres.

Tetramorium, Mayr.

Les espèces de ce genre nichent en terre.
Espèce citée :
Cœspitum, Lin. . . . . . Le mâle et la femelle volent en juillet.

Temnothorax , Mayr.

Recedens, Nyl.. . . . . . Trouvée à Beaucaire, sous des pierres.

Myrmecina, Curtis.

Espèce citée :
Latreillei, Curtis.. . . . . que l'on trouve dans les détritus des inondations,
à Toulouse.

Monomorium, Mayr.

Minutum, Mayr. . . . . . Montpellier.

Pheidole, Westw.

Pusilla, Heer.. . . . . . Reçue de Marseille (M. Abeille).
Espèce citée :
Pallidula, Nyl. . . . . . dont l'ouvrière a la tête très-grosse. A côté de
cette espèce doit se placer probablement la *Myr-
mica domestica* , Shuck, espèce exotique et
cosmopolite qui commet de grands dégâts dans
nos maisons.

Crematogaster, Lund.

Espèces citées :
Scutellaris, Oliv. . . . Noire avec la tête et le corselet rouges. On trouve
dans les tiges sèches d'asphodèles, à Cette, une

variété ou espèce complètement noire. Le type
vit dans les vieux troncs de saules, sur les cyprès, etc.

Sordidula, Nyl.. . . . . . Petite espèce variant du noir au roux, quelquefois
roux avec l'abdomen noir. Commune à Cette,
sous les pierres.

Solenopsis, Westw.

Espèce citée :

Fugax, Latr. . . . . Très-petite espèce jaune paille que l'on trouve sous
les pierres.

SUBF. VI. — MUTILLIDÆ (Leach).

Mutilla, Linn.

Les Mutilles vivent dans les nids des hyménoptères mellitiques ou fouisseurs.

Chiesi, Spin.. . . . . . . Espèce très-méridionale dont nous avons trouvé un
individu femelle à Cette.

Partita, Klug.. . . . . . Une seule femelle provenant de Carcassonne.

Hungarica, Panz . . . . Trois exemplaires femelles trouvés à Cette courant
sur le sable.

Espèces précédemment citées :

M. Brutia, Petagna. — M. Calva, Latr. — M. Littoralis, Petagna. —
M. Europæa, Linn. . . Habite les nids des *Bombus muscorum* et *lapidarius.*
M. Subcommata, Wesm. — M. Pedemontana, Fabr. — M. Coronata,
Rossi, dont la *Stridula* du même auteur est
le mâle ; cet insecte habite le nid de *Larrada
anathema.*

Smicromyrme, Thomson.

On a classé dans ce genre la *Mutilla rufipes*, Latr., citée dans notre
Aperçu des Insectes hyménoptères du Languedoc. ' et insecte habite les
nids de *Bombus apricus* et *Lapidarius.*

Myrmosa, Latr.

Melanocephalla, Fabr. . On prend assez communément le mâle de cette espèce en *filochant* dans les prairies ; la variété
à corselet rouge est plus rare (le type est tout

noir). Nous n'avons trouvé qu'une femelle dont la description succincte a été donnée à l'article *Myzine* de notre *Ap. des Ins. hym. du Lang.*

Fam. II. — FOSSORES.

M. Wesmael a caractérisé les sous-familles de la manière suivante :

I. Bord postérieur du pronotum atteignant la base des ailes antérieures. Souvent deux éperons aux jambes intermédiaires.

A. Une intersection profonde à la jonction de l'arceau ventral avec le 2e. **Scoliidæ**.

AA. Surface ventrale de l'abdomen uniformément convexe.

b. Flancs du mesothorax convexes. Eperon des jambes de devant échancré au bout. **Sapygidæ**.

bb. Flancs du mesothorax comprimés. Eperon des jambes de devant aigu au bout **Pompilidæ**.

II. Bord postérieur du pronotum n'atteignant pas la base des ailes antérieures.

A. Ailes postérieures ayant la cellule médiane prolongée dans le disque de l'aile, plus ou moins au-delà de l'origine du frein Ailes antérieures ayant généralement plusieurs cellules cubitales.

a. Abdomen à pétiole brusque, grêle, cylindrique, continu dans tout son contour. Deux éperons aux jambes intermédiaires. **Sphecidæ**.

aa. Abdomen souvent sans pétiole, quelquefois à pétiole épais, ou à pétiole grêle, brusque et subtétragone ; arceau dorsal du 1er segment toujours distinct de l'arceau ventral, même dans toute l'étendue du pétiole, où la limite respective de ces deux arceaux est indiquée par deux sutures longitudinales latéro-inférieures

+ Mandibules échancrées extérieurement près de la base ou cellule radiale appendicée, ou ces deux caractères coexistants. Souvent un seul éperon aux jambes intermédiaires. **Larridæ**.

++ Mandibules sans échancrure au bord extérieur. Cellule radiale jamais appendicée.

* Labre très-saillant. **Bembecidæ**.

* * Labre caché ou peu saillant.

o Deux éperons aux jambes intermédiaires. **Nyssonidæ**.

o o Un seul éperon aux jambes intermédiaires.

— Trois cellules cubitales complètes. Rarement une seule. **Cerceridæ**.

— — Deux cellules cubitales complètes. **Pemphredonidæ**.

AA. Ailes postérieures à cellule médiane terminée à l'origine du frein (rarement nulle). Ailes antérieures à une seule cellule cubitale et à cellule radiale appendicée. Un seul éperon aux jambes intermédiaires. **Crabronidæ.**

Subf. I. — Scoliadæ.

Scolia, Fabr.

Flavifrons. Fabr. . . . . Deux exemplaires de cette belle et grande espèce ont été pris sur l'*eryngium maritimum* à Vias (Hérault).

L'espèce, ou variété, de cette dernière, nommée *Hemorrhoidalis*, Fab , habite, en abondance, les Landes de Gascogne, sur les fleurs d'oignon comestible ; elle diffère de *Flavifrons* par la couleur rousse des derniers segments abdominaux.

Espèces précédemment citées :
S. Quadripunctata, Fabr. — Insubrica, Rossi. — Unifasciata, Cyrille. — Interstincta, Klug. — Hirta, Schr. — Bifasciata, Rossi.
Genre et espèces cités: Elis sexmaculata, Fab., et Villosa, Fab.

Tiphia, Fabr.

Minuta, Vanderl.. . . . . Un seul exemplaire chassé à Toulouse, sur un tertre.

Espèces précédemment citées :
T. Femorata, Fab. — T. Morio, Fab.
Genre et espèce déjà cités :
Myzine sexfasciata, Rossi. La femelle paraît plus commune en Provence qu'en Languedoc.

Subf. II. — Sapigidæ (Westw.).

Genre et espèce précédemment cités :
Sapyga punctata, Klug. . Parasite des nids d'*Osmia*, de *Chalicodoma* et même d'*Odynerus*.

Polochrum, Spin.

Cylindricum , Schenk. . Trois exemplaires trouvés à Toulouse sur des ombellifères. Parasite des cellules de *Xylocopa violacea*. Cet insecte ressemble, à s'y méprendre, au mâle de *Sapyga punctata*, mais il est plus petit ; sa tête est plus carrée, et les taches de l'abdomen sont obsolètes.

Subf. III. — Pompilidæ (Leach).

Les Pompilides approvisionnent leurs larves d'araignées anesthésiées ; Wesmael groupe ainsi les genres :

I^e Subdivision.	Deuxième arceau ventral de l'abdomen uniformément convexe chez les deux sexes. *Pompilidæ homogastricæ*.	Ceropales. Pompilus. Salius. Aporus.
IIe Subdivision,	Deuxième arceau ventral de l'abdomen des femelles marqué d'une impression transversale. *Pompilidæ typogastricæ*.	Priocnemis. Agenia. Pogonius.

Dolichurus , Latr.

Ce genre, dit Wesmael, a des caractères si singuliers, que sa place naturelle est très-difficile à assigner ; on doit le séparer des *Pompilidæ* et les rapprocher peut-être des *Mellinus* ou des *Alyson*.

Le même auteur serait aussi d'avis de séparer des Sphegides, les deux genres *Psen* et *Mimesa*.

Dolichurus corniculus, Latr. Nous avons trouvé un seul exemplaire femelle de cette rarissime espèce courant sur un tertre ; elle est toute noire.

Ceropales, Latr.

Variegata Fabr. . . . . . . Jolie espèce noire avec la première moitié de l'abdomen rouge ; trouvée sur des ombellifères, à Toulouse.

Espèces précédemment citées :

C. Maculata, Fabr. — C. Histrio, Fab.

Salius, Fab.

Major, Nov. sp. . . . . . Lisse , d'un noir luisant ; antennes, jambes et tarses ferrugineux ; tête avec deux taches jaunes le long des yeux en devant et en arrière ; une tache carrée petite et deux autres sur les 2e et 3e segments abdominaux, en dessus, également jaune blancbâtre ; cuisses noires, ailes rousses, foncées à l'extrémité. Longueur : 16 millimm Un seul exemplaire trouvé le 20 août à Vias, sur l'*eryngium maritimum*.

Planiceps, Latr.

Latreillei, Dahlb . . . . Cette rare espèce, noire avec les trois quarts de l'abdomen d'un rouge vif et les ailes foncées, habite Montpellier ; un seul individu pris par M. Lichtenstein. Elle est moins rare à Marseille.

Aporus, Spin.

Dubius Vanderl. . . . . Quatre exemplaires trouvés sur des ombellifères ; l'espèce est petite, noire, avec la base de l'abdomen rouge Languedoc.

Pogonius, Dahlb.

Hircanus, Fabr. . . . . Facies, en petit, du *Bifasciatus*; d'un noir luisant, avec les ailes ornées de grandes taches foncées ; sur l'apicale existe une tache ronde claire ; cette espèce se trouve à Toulouse, sur les tertres.

Espèce précédemment citée :
P. Bifasciatus. Fab.

Agenia, Schiœdte.

Carbonaria, Scop. . . . Espèce de moyenne taille, noire en entier, ou avec la base de l'abdomen rouge et les ailes hyalines; sans taches. Vit à Toulouse sur les ombellifères.
Hyalinatus, Dahlb. . . dont le *Priocnemis fasciatellus*, Spin. est la femelle. Le mâle est noir et la femelle a la base de l'abdomen rouge. Taille au-dessus de la moyenne. Languedoc, sur les tertres.

Ferreola, Lepell.

On peut placer ici une espèce reçue de Gênes (Italie).
Nigra, Nov. sp. . . . . Entièrement noire, opaque, ailes hyalines, un peu

foncées vers l'extrémité ; les fortes épines placées
à l'extrémité des jambes intermédiaires et posté
rieures sont blanches. Longueur : 8 millimètres ;
un seul exemplaire femelle.

Pompilus, Fabr.

Wesmaël classe les espèces de Belgique de la façon suivante :

I. Epines sériales des jambes excessivement courtes. Metanotum des femelles
ridé en travers, arrondi à l'extrémité. **Apicalis**, ♀, Vanderl. —
Vaccillans, ♂, Wesm.

II. Epines sériales des jambes toujours très-distinctes. Metanotum arrondi postérieurement, sans rides transversales.

A Abdomen noir avec des taches dorsales blanches (tarses de devant fortement pectinés chez les ♀), leur dernier article symétrique chez
les ♂. **Rufipes**, Linn. — **Albonotatus** Vanderl.

AA. Abdomen noir, sans taches dorsales. Tarses de devant plus ou moins
longuement pectinés chez les femelles ; leur dernier article symétrique chez les mâles. **Plumbeus**, Dahlb. — **Sericeus**,
Vanderl. — **Cinctellus**, Vanderl.

AAA. Abdomen noir, sans taches dorsales blanches. Tarses de devant non
pectinés chez les ♀ ; leur dernier article dilaté au côté interne
chez les ♂. **Niger**, Dahlb.

AAAA. Abdomen noir dans sa moitié postérieure, fauve vers la base. Dernier article des tarses de devant asymétrique chez les ♂, son
bord interne étant plus ou moins dilaté ou anguleux avant l'extrémité.

a. Bord postérieur du pronotum échancré avec un angle très-ouvert au
milieu : antennes des femelles grêles et filiformes.

† Tarses de devant non pectinés chez les femelles. Metanotum non
velu. **Spissus**, Schiodte. **Neglectus**, Dahlb.

†† Tarses de devant pectinés chez les femelles. Metanotum non velu.
Chalibæatus, ♂♀, Schiodte. — **Trivialis**, ♂♀, Dahlb.
— **Anceps**, ♀, Wesm. — **Abnormis**, ♂, Dahlb.

††† Tarses de devant pectinés chez les femelles Metanotum couvert de longs poils élevés. **Viaticus**, Dahlb. —**Fumipen-
nis**, Dahlb.

aa. Bord postérieur du pronotum à peine un peu cintré, sans angle
rentrant au milieu. Antennes des femelles courtes et épaisses,
amincies vers le bout ; leurs tarses pectinés. **Pectinipes**,
Vanderl,

III. Extrémités latérales du metathorax prolongées, de chaque côté, en une
forte dent. Jambes épineuses. **Venustus**, Wesm.

Sericeus, Vanderl. . . . Petite espèce très-voisine des exemplaires mâles du
Plumbeus; assez rare à Toulouse.

Niger, Fabr. . . . . . . D'un noir soyeux ; se trouve à Béziers, sur les tertres et les fleurs en ombelle.

Apicalis, Dahlb. . . . . Espèce noire, de moyenne taille, avec les ailes un
peu sombres au milieu et hyalines à l'extrémité ;
deux individus femelle chassés à Béziers.

Cingulatus, Rossi. . . . De taille assez forte ; noir avec des taches blanc
soyeux sur le côté des trois premiers segments
ventraux , en dessus ; un duvet argenté sur le
chaperon et les joues ; les ailes gris foncé bordées de noirâtre extérieurement. Toulouse, Cette,
sur les euphorbes.

Quadripunctatus, Fabr. Espèce signalée de Cette, mais se trouvant à Toulouse. Noire, grande, avec du jaune doré au-
tour des yeux, sur le devant du mesonotum, un
point sur le milieu de cette partie et un autre
point sur l'écusson ; les trois premiers segments
du ventre sont ornés d'une petite tache jaune
soufre sur les côtés ; l'extrémité des cuisses et
les jambes rousses ; les tarses intermédiaires et
postérieurs foncés, ceux de devant roux ; les
ailes roux doré bordées de noirâtre.

Thoracicus, Dahlb, Rossi. Jolie espèce, assez grande, noire, avec le metanotum et deux taches grandes sur le côté des deux
ou trois premiers segments abdominaux d'un rouge
carmin ; plus pâle sur les segments ; les ailes
enfumées. On trouve des exemplaires à abdomen
concolore. Béziers, sur un tertre

Viaticus, Latr. . . . . . Nous possédons quelques individus dont la couleur
est totalement noire. Cette, Toulouse. Le type
a, comme on sait, les premiers segments ventraux rouges.

Aterrimus, Rossi. . . . Cette espèce habite aussi Béziers (signalée de Montpellier, *Aperçu Insect. hym. Lang*). Nous
l'avons prise sur un tertre au coteau de Bagnols;
sa taille est forte (22 millim. la femelle, le
mâle 15). Noire, avec les 2e et 3e segments
ventraux en grande partie orangé ; les ailes sombres, noirâtres au bout.

Villosus, Nov. sp. . . . Insecte d'assez forte taille, tout noir ; tête, corselet
et premier segment ventral velus ; le reste lisse;

metathorax rugueux ; ailes brun foncé ; antennes assez fortes ; un exemplaire trouvé à **Ax**.
Longueur : 12 millim.

Espèces précédemment citées :

P. Plumbeus, Vanderl. — Rufipes, Linn. — Trivialis. Vanderl. —
Spissus, Dahlb.

Priocnemis, Schiödte.

Voici de quelle façon Wesmaël groupe les espèces de Belgique :

I. Première cellule discoïdale et deuxième sous-médiane étant à peu près de niveau
à leur origine. Pronotum brusquement élevé derrière
le cou. Jambes postérieures des mâles sans dentelures. **Hyalinatus**, Schiodte (G. Pogonius).
Rubricans, Lepell. (G. Pogonius).

II. Première cellule discoïdale beaucoup plus longue vers son origine que la
deuxième sous-médiane. Pronotum s'élevant en
pente douce derrière le cou.

A. Cellule radiale aiguë au bout.

a. Metanotum sans poils élevés. Jambes postérieures sans dentelures chez
les mâles.

╉ Segment anal du ventre sans carène.

＊ Nervule médiane des ailes antérieures formant un angle rentrant au
point d'origine de la nervule cubitale. **Exaltatus**,
Dahlb. — **Pusillus** ♂ . Dahlb.

＊ ＊ Nervule médiane des ailes antérieures décrivant une courbe uniforme. **Notatus**, Wesm. — **Femoralis**, Dahlb.

╉ ╉ Segment anal du ventre caréné, très-distinctement chez les mâles, très-finement chez les femelles. **Obtusiven-**
tris Dahlb. — **Minutus**, Vanderl.

aa Metanotum ayant des poils élevés, au moins vers les côtés. Jambes
postérieures des mâles ordinairement dentelées en
scie. **Mimulus**, Wesm. — **Fuscus**, Dahlb. —
Coriaceus. Dahlb.

AA. Cellule radiale arrondie au bout. **Affinis**, Vanderl. — **Bipunctatus**,
♀, Fab. **Tripunctatus**, ♀, Spin.

Consobrinus, Nov. sp . Ressemble, au premier abord, au *Pompilus qua-*
dripunctatus, Fabr. ; mais, outre la disposi-
tion des nervules alaires, son metathorax est
fortement rugueux sur les côtés et ridé en travers
dans son milieu ; les taches de l'abdomen, de la
tête et du corselet sont blanches, rarement jau-

nes et beaucoup plus étendues ; les antennes
noires ; la forme générale rappelle celle de
Priocnemis luteipennis, Dahlb. Il y a une
variété sans taches sur les côtés du mesonotum
et sur l'écusson, dont les ailes sont plus jaunes;
les antennes noires sur les deux premiers articles et le reste ferrugineux ; enfin, les taches sont
jaunes et obsolètes. Habite Béziers, Toulouse,
sur les tertres ; plusieurs femelles.

Nigripennis, Dours in litt. Après un sérieux examen, nous avons reconnu,
en cette prétendue espèce, une variété complète-
ment noire de *Priocnemis consobrinus*.

Variabilis, Costa. . . . . Chez cette espèce, le mâle a le faciès d'un *Salius*;
il est noir avec deux taches blanches sur les
côtés des deux ou trois premiers segments abdominaux ; les pattes sont tantôt noires en entier,
tantôt avec les cuisses en grande partie rouges ;
le metathorax est lisse, tandis qu'il est ridé chez
le *Variegatus*, Fabr.; il vit à Toulouse et à
Cette, avec ce dernier, sur l'*eryngium campestre*.

Obtusiventris, Schiödt. . Espèce placée dans le groupe de celles qui ont la
base de l'abdomen rouge et très-voisine de *fuscus*
Fabr., mais un tiers plus petite. Toulouse.

Binotatus, Nov. sp . . . Insecte d'environ 12 millimètres, noir, sauf deux
taches rouges sur les côtés du 2e segment ventral.
Forme du *Fuscus*, mais ayant les ailes plus
foncées avec le bord apical également plus sombre. Béziers, Cette ; trois femelles.

Ici se place un Priocnemis du nord de l'Espagne (*Nigritus mihi*), entièrement noir, à metathorax finement ridé en travers et avec les ailes
sombres portant deux taches foncées vers l'extrémité. Une femelle.

Espèces précédemment citées :

P. Luteipennis, Dahlb. — Variegatus, Fab. — Variegatus, var. Bipunctatus, Fab. — Fuscus, Fab. — Exaltatus, Panz. — Fasciatellus,
Spin. (femelle du *Pogonius hyalinatus* de Dahlb).

Subf. IV. — Sphegidæ (Leach).

Mimesa, Shuck.

Les *Mimesa* approvisionnent leurs larves de petits hémiptères homoptères du genre Psylle.

Unicolor, Shuck. . . . . Insecte de moyenne taille, noir, uniforme, vivant sur les vieux troncs de saule, en Languedoc.

Equestris, Shuck.. . . Voisin de ce dernier, mais plus petit : même habitat.

Bicolor, Shuck.. . . . . Taille intermédiaire entre celle des deux précédents; d'un beau noir, avec les trois ou quatre premiers segments ventraux rouges. Même habitat.

Psen, Latr.

Atratus, Vanderl.. . . . Taille de *Mimesa unicolor* (8 millim.), tout noir ; vit sur les tertres et les vieux troncs de saule. Il niche dans les tiges creusées de la ronce et approvisionne son nid de larves de cicadelles.

Ammophila, Kirby.

Les Ammophiles approvisionnent leur nid de larves de lépidoptères.

Moksari, Radak. . . . . Insecte noir argenté, avec le 2e et une partie du 3e segment ventral rouges ; le pétiole de cet organe est assez long. Il habite Montpellier et tout le littoral jusqu'en Provence. Butine sur les *eryngiums*.

Abeillei, Nov. sp. . . . Voisin d'*Amm. affinis*, mais plus petit et très-peu velu ; le metathorax est, comme chez cette espèce, ridé en travers. Marseille (M Abeille).

Lanuginosa, Nov. sp.. . Taille d'*Amm. viatica*; en diffère par la villosité blanche de tout le corps et par la couleur rouge de l'abdomen qui s'étend jusqu'au dernier segment. Commun à Cette, sur l'*eryngium campestre*

Espèces précédemment citées :

A. Viatica, Linn. — Sabulosa, Linn. — Holosericea, Germ.

Nous avons trouvé au cirque de Gavarnie l'*Ammophila affinis*, Kirby, voisine de *viatica*, mais s'en distinguant par la sculpture du metathorax qui, au lieu d'être ponctué finement, est ridé en travers.

12

Un autre ammophila trouvé à Limoux (Aude), par M. Mestre, forme le passage, par la longueur du pétiole, entre l'*Amm. lanuginosa* et *sabulosa*; est ce un hybride? l'examen d'un grand nombre d'individus permettra de se pro noncer.

Le *Miscus campestris*, Latr. commun, à Toulouse, sur les chemins, nous paraît être une variété d'*Am. sabulosa*, ayant la 3e cellule cubitale pétiolée.

Psammophila, Dahlb.

Nous plaçons ici ce genre pour mémoire; Dahlbom l'a créé en 1843 pour y faire entrer deux Ammophila à pét ole abdominal très court : *viatica* et *affinis*; mais la longueur de ce segment progressant insensiblement d'une espèce à l'autre, ne permet pas, ce nous semble, de conserver ce genre.

Parasphex, Smith.

Approvisionne son nid d'orthoptères anesthésiés (*G. Ædipoda*).
Espèce précédemment citée :
P. Albisecta, Lepell.

Gastrosphœria, Costa.

Anthracina, Costa. . . . Espèce d'assez grande taille (15 millim.), d'un noir soyeux; poils blanc roussâtre sur la tête et le corselet; face argentée, abdomen velouté, ailes roussâtres Habite Montpellier et le littoral jusqu'en Provence (M. Abeille).

Chalybion, Dahlb.

Femoratum. Fab. . . . . Cette belle espèce, bleue, avec les cuisses postérieures rousses et les ailes roussâtres, a été prise à Marseille par M. Abeille; nul doute qu'elle habite Cette et Montpellier.

Sphex, Fabr.

Les sphex approvisionnent leur nid d'orthoptères anesthésiés (*Decticus, Grillus*, etc.).
Proditor, Lepell. . . . . . Espèce citée de Toulouse; elle se trouve en nombre à Cette sur l'*erynyium maritimum* et *campestre*; diffère de *Flavipennis* par la sculpture du metatborax, ridé en travers; chez le mâle le noir envahit presque tout l'abdomen, ne laissant qu'un peu de rouge sur le 2e segment ventral et à la base du 3e.

Espèces citées :

Flavipennis, Fabr. — Fuscata, Dahlb.

Subf. V. — Larridæ (Leach).

Miscophus, Jurine.

Bicolor, Jurine. . . . . Petit insecte noir, avec les trois ou quatre premiers segments abdominaux rouges. Trouvé à Toulouse sur les tertres, vers la fin de septembre.

Tachytes, Panzer.

Les espèces de ce genre approvisionnent leur nid de larves d'orthoptères et de lépidoptères.

Nigra, Latr. (Nitida, Spin.). Tout noir, ondulé de taches peu marquées, soyeuses. Commun sur les tertres dans tout le Languedoc.

Panzeri, Vanderl. . . . C'est l'*Aurifrons* de Lucas, cité dans notre *Aperçu*. Le type est noir, soyeux, avec la base de l'abdomen rouge et le front couvert d'un duvet doré. Nous trouvons des variétés toutes noires. Cette, Béziers.

Tarsina, Lepell.. . . . . Noir, brillant, moins soyeux que ses congénères et en différant par la forme des protubérances de la face. Habite Toulouse et le Bas-Languedoc.

N. B. Les *Tachytes pectinipes*, Linn., nec Dahlb., et *Pompiliformis*, Latr., nec Panzer, sont la même espèce, laquelle ne diffère de *Panzeri* que par la plus forte étendue du rouge sur la base de l'abdomen et par le duvet de la face qui, ici, est argenté. Il existe des variétés noires.

Espèces citées (*Ap. Ins. hym. Lang.*) :

T. Etrusca, Jurine. — T. Obsoleta, Rossi.

Dinetus, Jurine.

Pictus, Spin. . . . . . · Petit insecte noirâtre, avec du jaune sur le prothorax et l'écusson ; abdomen de cette couleur, ayant la séparation des segments noirâtre. La femelle a l'abdomen rouge à la base et l'extrémité noire ornée de deux taches blanches de chaque côté. Habite Montpellier ; sur les tertres.

Le Catalogue Dours cite un dinetus (*Niger*, L. Dufour), trouvé à Hyères et à Port-Vendres.

Genres et espèces cités :

Palarus flavipes, Fabr. C'est, dit-on, un insecte carnassier, faisant la chasse aux hyménoptères des genres Polistes, Eumenes et Odynerus qui passent à sa portée.

Larra anathema, Rossi.

Astata boops. Schrk. Le mâle est remarquable par l'étendue de ses yeux qui le font ressembler à une mouche. La femelle, selon M. Fabre, approvisionne son nid de petites pentatomides (*Sehirus dubius*, Scop.).

Subf. VI. — Mellinidæ Dahlb.

Mellinus, Fabr.

Les espèces de ce genre approvisionnent leurs larves de diptères : *Musca corvina, Lucilia Cæsar, Scatophaga, Pollenia.*

Sabulosus; Fabr. . . . . Moins grande que *Arvensis* et lui ressemblant beaucoup; le jaune de cette dernière est très-souvent ici remplacé par du blanc. Les pattes, dans *Arvensis*, sont jaunes avec la base des cuisses noire ; le *Sabulosus* les a ferrugineuses et également noires à la base. Cette, Montpellier. Rare.

Espèce citée précédemment :

M. Arvensis, Linn.

Subf. VII. — Bembecidæ (Westw.)

Bembex, Fabr.

Les Bembex approvisionnent leur nid de diptères à l'état parfait appartenant aux genres *Stratiomys, Eristalis, Bombilius, Helophylus, Syrphus,* etc.

Sinuata, Vanderl. . . . Voisine de *Rostrata* ; mais ordinairement moins grande ; les antennes sont noires en dessus et en dessous, sauf le 1er article mi-partie blanc et jaune; le mâle a l'abdomen noir rayé de blanchâtre ; et la femelle l'a noir rayé de jaune avec l'extrémité de cette couleur ; les taches faciales sont autrement disposées. Commun à Béziers, en juillet, sur l'*eryngium campestre* ; le mâle est extrêmement ardent.

Espèces précédemment citées :

B. Rostrata, Fab. — Olivacea Fabr. — Repanda, Latr. — Tarsata, Latr.

SUBF. VIII. — NYSSONIDÆ (Dahlb.).

Alyson, Jurine.

L'Alyson Ratzeburgi, Dahlb., précédemment cité, serait, après examen, une variété naine du *Bimaculatum*, Panz.

Harpactus, Shuck.

Lœvis, Lepell. . . . . . Nous avons repris cette espèce à Toulouse, le 26 août, courant sur un chemin battu; c'est un joli insecte d'environ 8 millim. de longueur, à tête noire, corselet rouge et abdomen noir avec deux facies blanches.

Stizus, Latr.

Bifasciatus, Jurine. . . . Insecte d'assez forte taille (15 millim.), noir, avec deux bandes jaune or sur les 2e et 3e segments ventraux; les ailes d'un violet foncé; antennes et pattes noires Trouvée à Cette, en juillet, sur l'*eryngium maritimum*.

Rufipes, Vanderl. . . . Moins grand, avec les trois premiers segments abdominaux jaune orangé, les antennes jaunes à la base et les pattes de cette couleur, les ailes moins foncées. Cette espèce vole, en compagnie de la précédente, sur la même plante et dans la même localité.

Continuus, Nov. sp. . . Espèce de la taille de *Ruficornis* et lui ressemblant beaucoup, surtout la femelle. Les antennes sont foncées en dessus sur presque toute leur longueur; les bandes jaunes de l'abdomen ne sont point interrompues sur le milieu en dessus; les taches jaunes scutellaires et les dessins noirs de la face sont autrement disposés. Enfin la forme du corps est plus parallèle

Trouvé à Cette sur le *crithmum maritimum* où il butine en juillet.

Espèce déjà citée :

St. Ruficornis, Latr.

Genre et espèce déjà cités :
Stizomorphus tridens, Vanderl.

Sphecius, Dahlb.

Nigricornis, Dufour. . . . Aspect de *Stizus ruficornis*, mais le mâle est plus petit (12 millim.) ; antennes noires, corselet immaculé, dessins de la face autrement disposés. Habite Montpellier, les Landes, la Provence dans les terrains sablonneux. — Mœurs des *Stizus*.

Hoplisus, Dahlb.

Latifrons, Spinola. . . . Très-voisin de *Quinquecinctus*, mais à dessins jaunes plus délicats. Les antennes jaunes en dessous et noires en dessus ; le chaperon noir avec une petite tache au milieu. Toulouse, en juin, sur l'*euphorbia sylvatica*.

Espèce déjà citée :
H. Quinquecinctus, Lepell.

Gorytes, Latr.

Mystaceus, Latr. . . . . . Espèce plus grande que *Campestris*, à antennes du mâle plus longues ; se trouve en mai, sur l'euphorbe des bois. On assure que la femelle approvisionne son nid de Larves d'hémiptères homoptères du genre *Aphrophora*.

Espèce déjà citée :
G. Campestris, Linn., qui se distingue de *Mystaceus* par le mesonotum plus brillant et la bande dorsale jaune du 4e segment abdominal plus large.

Nysson, Latr.

Shuckardi, Wesm. . . . Voisin de *Spinosus*, mais moins grand ; les dessins jaunes plus délicats. Toulouse ; courant sur un tertre.

Omissus, Dahlb. . . . . . Presque de la taille de ce dernier. Ici les fascies jaunes du ventre sont interrompues au milieu. Assez commun à Toulouse, en juin, sur les feuilles de sureau hièble. Nous avons cité précédemment cette espèce sous le nom d'*Interruptus*, Shuck.

Dimidiatus Jurine. . . . Petit insecte avec la base de l'abdomen et les pattes rouge ferrugineux ; se trouve dans les Landes.

Espèce citée précédemment :

N. Spinosus, Latr.

Brachystegus, Costa.

Dufourii, Lepell.. . . . . Insecte noir fascié de jaune, avec les pattes ferrugineuses ; il a été démembré du genre Nysson.
Habite les Landes.

SUBF. IX. — PEMPHREDONIDÆ (Dahlb.)

Celia, Shuck.

Espèce citée :

C. Troglodytes, Wesm. qui niche dans les pailles creuses de chaume, et
approvisionne son nid de petites larves de Thrips,
famille des Thysanoptères.

Passalœcus, Shuck.

Espèces citées :

P. Insignis, Vanderl. — P. Monilicornis, Shuck.

Cemonus, Jurine.

Unicolor, Fabr. . . . . . Espèce déjà citée ; trouvée en abondance dans des
tiges sèches de ronces.

Stigmus. Jurine.

Pendulus, Vanderl.. . . . Espèce commune dans les Landes ; petite, toute
noire, avec le dessus des antennes, les tibias et
les tarses ferrugineux ; le stigma noir et fortement dilaté ; niche aussi dans les tiges de ronce,
et approvisionne ses larves de petits aphidiens.

Diodontus, Curtis.

Minutus, Fabr. . . . . . . Insecte déjà cité. Nous l'avons trouvé en grande
quantité sur des tertres; quelquefois dans des ti-
ges sèches de ronces ; il approvisionne ses larves
de petits hémiptères du genre *Aphis*.

Pemphredon, Latr.

Lugubris, Fabr. . . . . . Tout noir ; taille moyenne (6 à 10 millim.). On le
prend sur le tronc vermoulu des saules, peu-

pliers, pruniers, où il établit son nid, qu'il approvisionne de petits aphidiens aptères.

Subf. X. — Crabronidæ (Dahlb.).

Trypoxylon, Latr.

Attenuatum, Thoms. . . . Espèce intermédiaire entre *Figulus* et *Clavicerum*. Trouvé à Cette ; plus commun en Pro-
vence.

      Espèces citées :
T. Figulus, Linn. — T. Clavicerum, Lepell.

Rhopalum (Kirby), Stephens.

Clavipes, Linn. . . . . . . Insecte noir, petit (6 millim.), avec la base de
l'abdomen rouge et les pattes variées de noir et
de blanc. Habite les Landes ; non encore trouvé
en Languedoc.

Nitela, Latr.

Spinolæ, Latr. . . . . . Petite espèce provenant aussi des Landes ; toute
noire ; longueur : 4 millim.

Oxybelus.

Lineatus, Fabr . . . . . Très-joli insecte qui nous a été envoyé des Landes ;
la femelle a deux bandes longitudinales jaune
soufre sur le mesonotum ; celui-ci est bordé de
la même couleur sur le devant ; deux taches
scutellaires et le mucro également jaunes, ainsi
que les bandes continues de l'abdomen. La couleur foncière est noire et les pattes ferrugineuses.
Longueur : 8 millim. Le mâle n'a pas de taches
sur le mesonotum et l'écusson ; l'abdomen est
simplement maculé de jaune sur les côtés.

Eburneo fasciatus, L. Duf. Nous possédons une femelle de cette espèce provenant des Landes ; elle est noire, avec le bord an-
térieur, l'écusson, le mucro et ses appendices,
les jambes, l'abdomen blancs ; ce dernier a les
segments finement bordés de noir ainsi que la
base du 1er segment et une petite tache sur le

milieu du second ; les cuisses sont en grande partie noires et les tarses foncés. Long., 6 mill.

Affinis, Nov. sp. . . . . . Cette espèce ressemble beaucoup à l'*Oxybelus* (*Notoglossa*), *Arabs*, Lep., mais elle est un peu plus grande, et le mucro, au lieu d'être en fer de lance échancré et de couleur ferrugineuse, est noir, relevé, en gouttière et tronqué au bout. Pour le reste (forme et couleurs), il est très-semblable à ladite espèce. Long., 8 millim.

Variegatus, Wesm.

(Hemorrhoïdalis), Oliv. . Voisin de l'*Uniglumis*, mais ici les antennes ont un peu de fauve à l'extrémité ; les taches blanches de l'abdomen sont autrement formées ainsi que celles de l'écusson ; l'anus est toujours rougeâtre dans la femelle. Toulouse, rare.

Espèces citées (*Ap. Ins. hym. Lang.*) :

Arabs, Lep. (à classer dans le genre *Notoglossa* (Dahlb). — Uniglumis, Linn. — Subspinosus, Klug. — Trispinosus, Fab. — Quatuordecimnotatus, Oliv. — Tridens, Oliv. — Pulchellus, Gerst.

Entomognathus, Dahlb.

Brevis, Dahlb. . . . . . . Insecte petit, noir, avec les pattes variées de cette couleur et de blanchâtre ; remarquable par ses yeux velus. Toulouse, sur les tertres.

Lindenius, *Lepell.*

Espèces citées :

Albilabris, Lep. — Venustus, Lepell. — Nous possédons trois exemplaires rentrant dans ce genre qui, comparés avec les *Lindenius* de la collection Shuckard, paraissent nouveaux ; nous nous dispensons, quant à présent, d'en donner la description succincte.

Le *L. Panzeri*, Vanderl., remarquable par sa grosse tête, habite les Hautes-Pyrénées.

Crabro, Fabr.

Dahlbom a groupé les sous-genres de la manière suivante :

1. Abdomen non pétiolé, ordinairement noir, rarement varié de jaune; premier segment creusé à la base d'une fosse obtriangulaire ; flancs du meso-thorax luisants, lisses ou faiblement ponctués. Ailes : cellule cubitale

recevant la nervure récurrente vers son milieu ou très-peu au-delà, très-rarement vers les deux tiers de sa longueur. Tête : ocelles disposées en triangle — S.-G. **Crossocerus.**

II. Flancs du mesothorax luisants, lisses ou faiblement ponctués, et le metanotum plus ou moins fortement rugueux, le segment abdominal portant de chaque côté, à sa base, une carène aiguë ; ces deux carènes parallèles entre elles, et l'espace inter-jacent n'a jamais l'aspect d'une fosse obtriangulaire. Ailes : la nervure récurrente est toujours insérée au-delà du milieu de la cellule cubitale. Taille moyenne ou grande. Abdomen varié de noir et de jaune. Mâles à antennes irrégulières ; jambes de devant de ces derniers écussonnées. Femelles ayant la surface dorsale de l'anus plane, obtriangulaire. — S.-G. **Thyreopus**.

III. Ce groupe diffère des *Thyreopus* en ce que le dorsulum et l'abdomen ont une ponctuation serrée ; les côtés du metanotum sont striés, et les antennes ont douze articles chez les deux sexes. Les mâles de plusieurs espèces ont les tarses antérieurs écussonnés.— S.-G. **Ceratocolus.**

IV. Antennes de 12 articles chez les deux sexes, celles des mâles ayant un ou plusieurs articles du flagellum antennaire échancrés ; mandibules fortement unidentées vers le milieu de leur bord interne ; flancs du thorax ayant des stries longitudinales ; dorsulum coriacé, chagriné ou rugueux ; metanotum rugueux. — S.-G. **Ectemnius.**

V. Ce groupe diffère du précédent en ce que les mandibules n'ont pas de dent au milieu du bord interne ; les mâles ont le flagellum des antennes denté, et les femelles ont le chaperon couvert d'un duvet souvent doré. C'est à tort qu'on attribue treize articles antennaires aux mâles.
S.-G. **Solenius.**

VI. Les espèces de ce groupe diffèrent de celles du précédent en ce que le dorsulum est distinctement strié, en travers sur le devant, longitudinalement en arrière, et en ce que les mandibules ont une dent vers le milieu du bord interne. Les antennes des mâles sont composées de douze articles. S.-G. **Crabro.**

Thyreopus, Lep.

Patellatus , Lepell. . . . Moins gros que *Cribarius* ; en différant par la forme et la couleur de l'écusson des pattes antérieures ainsi que par la conformation du flagellum des antennes, chez le mâle ; rare dans le Midi ; Montpellier. Nous l'avions cité comme étant le *Th. interruptus*.

Espèce citée :
Th. Cribrarius, Lepell.

Blepharipus, Lepell.

Espèce citée :

Mediatus, Lepell. Subpunctatus, Dahlb. Vagabundus, Panz.
La synonymie des espèces de ce sous-genre est encore très-embrouillée.

Crossocerus, Lepell.

Les espèces de ce sous-genre sont très-difficiles à caractériser ; voici comment Wesmaël a groupé celles de Belgique :

I. Segment anal des femelles canaliculé vers l'extrémité ; celui des mâles n'étant jamais plus fortement ponctué que le segment précédent, ayant quelquefois, vers l'extrémité, des traces d'une impression linéaire.

  A. Aire subcordiforme du metanotum, ou l'espace correspondant, parcouru par une ligne longitudinale enfoncée, très-fine, non rebordée et non crénelée.

    a. Flancs du mesothorax mutiques. **Capitosus**, ♂, Shuck. — **Cinxius**, ♀, Dahlb.

    aa. Flancs du mesothorax munis d'un tubercule dentiforme, **Podagricus**, ♂, Vanderl. — **Affinis**, ♀, Vesm.

  AA. Aire subcordiforme du metatonum, ou l'espace correspondant, parcouru par une cannelure longitudinale rebordée ou crénelée.

    c. Flancs du mesothorax munis d'un tubercule dentiforme. **Ambiguus**, ♀, Wesm. Dahlb. — **Vagabundus**, ♂♀, Panz. — **Melanarius**, ♂♀, Vesm — **Cetratus**, ♂♀, Shuck. — **Leucostoma**, ♂♀, Fab.

    cc. Flancs du mesothorax mutiques. **Diversipes**, ♂♀, H. Schœf.

II. Segment anal des femelles à surface plane, triangulaire et ponctuée ; celui des mâles couvert de points enfoncés, plus gros ou plus serrés que le segment précédent, n'ayant jamais de vestige d'une impression linéaire.

  Diversipes, ♂♀, H. Schœf.

  E. Flancs du mesothorax munis d'un tubercule dentiforme. **Scutatus**. ♂♀, Dahlb. — **Palmipes**, ♂♀, Dahlb. — **Varius**, ♂♀, Lepell. — **Anxius**, ♂♀. Wesm —

  EE. Flancs du mesothoraxs mutique. **Wesmaeli**, ♂♀, Vanderl

    e. Une impression longitudinale profonde au-devant de l'ocelle antérieur. **Elongatulus**, ♂♀, Vanderl. — **Quadrimaculatus**, ♂♀, Spin. — **Walkeri**, ♂ (♀ ?) Shuck., Wesm.

    ee. Pas d'impression longitudinale profonde sur le vertex, au-devant de l'ocelle antérieur, mais seulement une ligne très-fine et à peine distincte. Mandibules jaunes avec le bout fauve ou noir. — **Exiguus**, ♂♀, Vander. — **Denticrus**, ♀, H. Schœf.

Podagricus, Lepell. . . . Petit insecte noir, avec les jambes en partie blan
ches. Reçu des Landes.

Festivus, Nov. sp. . . . Voisin de *Scutatus*, Shuck, mais ayant la tête
plus grosse, carrée ; des taches jaune d'or le
long des yeux, en devant, un point de cette couleur sur le derrière de la tête chez une variété
de cette espèce ; le 3e segment abdominal porte
de chaque côté une tache jaune ; pattes jaunes
variées de noir à la base des cuisses et à l'extrémité des tibias postérieurs. Narbonne, Montpellier, Cette sur les tertres. Longueur, 7 millim.

S. G. **Anothyreus**, Dahlb.

Il n'entre dans ce sous-genre qu'une espèce étrangère à la France.

S.-G. **Ceratocolus**, Lepell.

Espèce citée :

C. Vexillatus, Dahlb.. . . dont le mâle, par la conformation de sa tête, diffère extrêmement de la femelle. C'est à tort que
nous avions placé cette espèce dans le sous-
genre suivant.

S.-G. **Solenius**, Lepell.

Cephalotes, Shuck.. . . dont le *Sex-cinctus*. Panzer, est une variété. Insecte d'assez forte taille, noir avec du jaune sur
le pronotum et l'écusson, et le ventre annelé de
cette couleur. Rare dans le Midi.

Espèce citée :

Lapidarius, Lep. (Chrysostomus, Lep.; Fossorius, Vanderl.).

S -G. **Crabro**, Fabr.

Striatus, Lepell. . . . . . Un des plus gros crabronites ; couleur de *Cephalotes*, mais ayant un croissant jaune plus étendu
sur l'écusson et le metathorax différemment
sculpté ; il habite Agen, les Hautes-Pyr., etc.

S.-G. **Ectemnius**, Dahlb.

Vagus, Lepell. . . . . . Noir, avec des taches jaunes sur les côtés des segments abdominaux et quelquefois sur l'écusson.
Béziers, Bordeaux. Taille : 9 millim.

Rubicola, Léon Dufour. Plus petit (6 millim.) , à peu près taché de la même couleur ; vit dans les tiges sèches de la ronce. Toulouse.

Subf. XI. — Philanthidæ (Dahlb.).

Philanthus, Fabr.

Venustus, Lep. . . . . . . Très-voisin de *Raptor*, dont il n'est peut-être qu'une variété à taches abdominales continues et à couleur jaune fixe, tandis que dans *Raptor* beaucoup d'exemplaires sont tachetés de blanc.

Espèces citées (*Ap Ins. hym. Lang.*).

Ph. Triangulum, Fab. — Coronatus, Fab. — Raptor, Lepell.

Cerceris, Latr.

Conigera, Dahlb. . . . . . Insecte dont nous avons donné la description dans notre *Aperçu*, sous le nom de *Rostrata*, Nob.

Tuberculata, Vanderl. (nec Germar). Nous ne connaissons que la femelle de cette grande espèce ; le mâle se prend à Cette, vers le milieu de juillet, sur l'*eryngium maritimum* ; il ressemble beaucoup à celui de *Conigera*, mais ses antennes sont toujours noires en dessus, entre le premier et le dernier article ; pas de noir à l'extrémité des cuisses, et un point enfoncé au milieu du chaperon. M. Fabre, d'Avignon, a observé les mœurs de la femelle, qui approvisionne son nid de coléoptères (*Cleonus ophthalmicus* et *alternans*), après les avoir anesthésiés.

Quadrimaculata, Léon Dufour. Espèce espagnole que nous trouvons, assez rarement , à Béziers, plus commune à Marseille : elle est remarquable par la couleur fuligineuse de ses ailes ; le noir envahit presque tout le corps ; il n'y a de jaune qu'à la face, aux 3e et 5e segments ventraux ; le mâle a quelquefois un trait vers l'écusson et les pattes (sauf les cuisses), également jaunes ; la femelle les a rougeâtres.

Tenuivittata, Léon Dufour. Nous avons pris quelques exemplaires femelle de cette espèce à Vias et à Cette, sur l'*eryngium*

campestre ; elle a les pattes complètement rousses ; sa face est noire, avec trois taches blanches
entre les yeux ; les segments abdominaux sont
bordés de blanc comme dans le mâle ; celui-ci
a la face blanche et les pattes jaunes avec la
seconde moitié des cuisses et l'extrémité des tibias noirs ; les deux sexes ont le corselet immaculé.

Bupresticida, Léon Dufour. Nous avons chassé un rarissime mâle de cette
curieuse espèce à Béziers, sur la menthe sauvage ;
il ressemble beaucoup à la femelle ; mais le corselet n'a point de tache jaune, la face est noire
avec trois grandes taches jaunes, deux au devant
des yeux et la troisième en haut du chaperon.
Cette espèce est assez commune à Marseille.

Euphorbiæ, Nob. . . . . . M. Pandellé nous a envoyé de Tarbes une *Cerceris*
paraissant être la femelle de cette espèce ; elle
est de la couleur du mâle, sauf trois grandes
taches sur la face : deux au devant des yeux, et
la troisième sur le chaperon qui est échancré,
avec les deux bouts légèrement relevés.

Espèces déjà citées (*Ap. Ins. hym. Lang.*) :

C. Arenaria, Vanderl. . . Approvisionne son nid de coléoptères (*Cleonus,*
Strophosomus.

C. Ornata, Latr. . . . . . Approvisionne son nid de petits hyménoptères (*Bra-*
con, Microgaster).

C. Minuta , Lepell. . . . Approvisionne son nid de coléoptères (*Apion.*
Bruchus).

C. Interrupta , Shuck. . .

C. Labiata, Vanderl. . . .

C. Quadricincta, Latr. . . Approvisionne son nid de coléoptères (*Apions,*
Phytonomus, Sitones).

C. Ferreri, Lepell. . . . . Approvisionne son nid de coléoptères des genres
Sitones, Phythonomus, Rhynchites , Cneo-
rhinus, etc.

C. Eryngii, Nob. . . . qui pourrait bien être une des nombreuses variétés
d'*Ornata* à taches blanches.

M. Alfred de Saint-Simon, membre titulaire, lit la notice suivante :

Mémoires sur les fonds de là mer, par MM. de Folin et Périer.

Ce mémoire. dont le titre fait pressentir toute l'importance, est composé de deux chapitres.

Le premier chapitre est consacré à l'histoire des recherches sous-marines faites jusqu'à nos jours. Par suite des erreurs qui régnaient depuis l'antiquité jusqu'au siècle dernier, les fonds de la mer avaient été négligés par les navigateurs. Buffon est peut-être le premier qui ait regardé les fonds sous-marins comme étant solides. Vers la même époque, Frédéric Otto Müller, connu par ses travaux importants sur les Mollusques, fait connaître les premières applications de la drague à la recherche des faunes sous-marines; mais ce n'est que dans le xixe siècle que ces études prennent un grand développement, par suite des travaux de sir John Ross, Mac Andrew, Gwyn Jeffreys, Agassiz, la mission du Challenger et d'autres explorateurs anglais, américains, allemands, italiens, autrichiens et suédois. Par modestie, les auteurs de ce travail n'insistent pas sur les explorations qu'ils ont faites sur les côtes de France et qui ont amené de magnifiques résultats. On peut apprécier ceux-ci dans le second chapitre, intitulé : l'*Etude du fond des mers par l'initiative privée.*

Ce chapitre nous fait connaître les résultats obtenus par les auteurs après de nombreuses explorations; il suffit de rappeler que ces recherches se sont étendues à cent trente rades. Enfin, les opérations de sondage et de dragage sur les côtes de l'Océan et en pleine mer se montent à plusieurs centaines.

Le paragraphe relatif à la géologie nous initie à la constitution du fond de la mer dans de nombreuses parties du globe. La chaux, le fer et la magnésie sont les substances qui dominent dans les dépôts qu'on y observe.

Le paragraphe qui traite de la botanique , nous fait connaître un grand nombre d'espèces de Diatomées qui peuplent le fond de la mer et particulièrement celles qui ont été recueillies au mouillage de l'Union, dans le golfe de Fonseca. Il est question aussi d'une localité très-riche en plantes marines, le Rocher de St-Nicolas, situé auprès de la Pointe-de-Grave.

Le paragraphe consacré à la zoologie présente un très-grand intérêt, surtout en ce qui se rapporte aux Foraminefères, aux Mollusques et aux Crustacés. Les recherches nous signalent l'existence de plusieurs mollusques complètement nouveaux ou du moins que l'on supposait éteints : les *Vasconia Jeffreysiana, Nana semi-striata*, *Ringicula auriculata Dentalium Janii*, enfin un Mollusque remarquable que l'on croyait particulier aux eaux équatoriales (le *Scintilla*). On a trouvé aussi à l'état vivant des Crustacés qui n'étaient connus qu'à l'état fossile, le *Cythere acuminata*, par exemple.

Un fait important qui ressort de ce mémoire et sur lequel insistent les auteurs, c'est la continuité d'habitat des espèces méditerranéennes et boréales prouvée par l'existence de ces espèces à une certaine profondeur dans la fosse du Cap Breton.

La partie la plus importante du chapitre qui traite de la Physique et de la Géographie, est celle qui se rapporte à l'étude de l'action des courants et des obstacles qui arrêtent la propagation des espèces. Ainsi, par suite de l'existence de la grande ligne des faîtes sous-marins océaniques qui traverse le globe du nord au sud, le Gulf stream n'a pas acclimaté sur les côtes de France un seul Mollusque de la mer des Antilles.

La conclusion est un appel à toutes les villes maritimes et notamment à celle de Bordeaux, ainsi qu'aux marins. Nous nous associons de grand cœur au vœu émis par les naturalistes éminents qui nous ont donné si noblement l'exemple, notre savant ami, M. de Folin, et M. Périer. Nous félicitons en outre la ville de Marseille de la généreuse initiative qu'elle a prise sous ce rapport et que MM. de Folin et Périer signalent avec raison.

Présidence de M. E. Cartailhac.

La correspondance comprend les publications récentes des Sociétés et des Revues avec lesquelles la Société est en relation, et en outre les ouvrages suivants offerts par M. E. Cartailhac, auquel la Société adresse une fois de plus ses remerciements.

Catalogue de l'Exposition géographique de Paris. 1875.

De Quatrefages : *Action de la foudre sur les êtres organisés.* In-8°.

De Quatrefages : *La cautérisation par le nitrate d'argent dans le croup.* 1837, in-8°.

Roberts : *Les animaux domestiques considérés dans leurs rapports avec la civilisation.* 1837.

Vital : *Recherches sur l'inflammabilité des poussières de charbon.* 1875, in-8°.

H. de la Blanchère : *Y-a-t-il des poissons à acclimater ?* 1873, in-8°.

H. de la Blanchère : *Trois cents millions à tirer des poissons par an.* 1873.

J.-E. Planchon : *La truffe et les truffières artificielles.* 1874, in-8°.

A. du Payrat : *Conférence sur la formation graduelle du globe.* 1868, Toulouse.

Arloing et Tripier : *Mémoires de physiologie.* 3 brochures, 1868, 1869 et 1872.

A. Gaudry : *Notice sur les travaux du Vte d'Archiac.*

Un lot de *dix brochures recueillies à l'Exposition universelle de 1878, et relatives à l'état de l'instruction publique en Amérique et en Russie.*

Hébert et Milne-Edwards : *Annales des sciences géologiques.* 1877 et 1878.

Société scientifique de Bruxelles : *Revue des questions scien-*

tifiques. 1877 à 1879. 10 livraisons, tout ce qui a paru.

Bulletin de la Commission des antiquités de la ville de Castres.
In-8°. 1878. Ce qui a paru.

Bulletin de l'Institut Egyptien. Années 1866 à 1875, 4 vol.
in-8°.

Ad. Wurtz : *La théorie atomique.* (Vol. de la Bibliothèque
scientifique internationale) 1879.

Un lot de livres et brochures recueillis à l'Exposition universelle de Paris : *Catalogues de l'Autriche, de la Fin-
lande, de la République Argentine,* etc.

Ramond : *Observations faites dans les Pyrénées pour faire
suite à des observations sur les Alpes.* 2 vol. in-8°, 1789.

La France scientifique. N° 1 à 7 (les seuls numéros parus de
cette publication dirigée contre les professeurs du
Muséum).

La Feuille des jeunes naturalistes. Collection complète de
1871 à 1878.

M. Henri Chalande, membre correspondant, sur sa demande
est nommé membre titulaire.

M. J. Mommeja, propriétaire à Sapiac Montauban (Tarn-et-
Garonne), est nommé membre titulaire sur la présentation de
MM. Cartailhac et Mestre.

Le Président annonce une présentation.

M. Bidaud fait un rapport sur une brochure de M. Monclar,
membre titulaire à Albi, relative à *l'heure universelle.*
L'auteur voudrait voir adopter l'heure de Rome ou tout autre.
On aurait des montres à double cadran indiquant l'heure
type et l'heure du pays qu'on.habite. Il résulterait de grands
avantages de cette innovation, notamment pour la lecture
des plantes marines.

M. J. Chalande lit une note sur les cryptogames que l'on
trouve sur le corps des insectes de certaines grottes.

MM. Marquet et Mestre présentent quelques observations
à ce sujet.

Présidence de M. Cartailhac.

M. le Président lit un discours sur l'*Anthropologie en* 1878.

M. Ch. Fabre, secrétaire-général, fait un *rapport sur les travaux de la Société.* Il fait d'abord l'éloge des membres que la Société a perdus depuis cinq ans, c'est-à-dire depuis la dernière séance publique. Il rappelle les noms et les travaux de MM. Magnan, Gourdon, Chelle. Puis il résume toutes les communications faites à la Société et montre en peu de mots leur importance et leur intérêt. Il termine en ces termes :

Voilà, Messieurs, un rapide aperçu des travaux de la Société ; laissez-moi vous dire encore quelques mots.

Notre bibliothèque est organisée par M. le colonel Belleville avec une intelligence et un dévouement bien rares. Nous saisissons avec bonheur l'occasion de lui témoigner publiquement notre gratitude. Nous avons 2,000 volumes dont les articles mêmes sont catalogués avec méthode, nous échangeons notre bulletin avec les Annales de 140 sociétés, nous recevons environ 45 journaux ou revues scientifiques.

Nous ne faisons pas de collections d'histoire naturelle, mais notre mission est d'augmenter celles du Musée de Toulouse. Or, si vous passez en revue les dons faits à cet établissement qui fait tant d'honneur à notre ville et qui lui coûte si peu, vous reconnaîtrez que sur cent objets qu'il reçoit, 75 sont offerts par la Société ou par ses membres.

Lorsqu'un de nos confrères est revenu de loin chargé de renseignements précieux, nous n'avons pas voulu être seuls à l'entendre et nous avons fait partager le plaisir et le profit au public qui a bien voulu remplir cette salle.

Il me suffit de rappeler le succès des conférences sur le Paraguay, par M. Balansa, et de M. Soleillet, sur l'Afrique du Nord. Ces deux voyageurs sont de nouveau dans des pays inexplorés ; puissent-ils accomplir avec succès la périlleuse mission qu'ils se sont donnée !

Voilà pour le travail à l'intérieur. La Société doit étudier le pays Toulousain. Dans ce but elle avait fait autrefois de longues excursions ; ces courses auxquelles prenaient part une trentaine de membres laissaient de charmants souvenirs, mais en réalité elles ne profitaient guère à la science. Aussi, les avons-nous un peu délaissées ; nous avons livré à nos spécialistes le soin de diriger leurs voyages à leur gré ; les nombreux catalogues qu'ils nous ont apportés prouvent qu'ils ont parfaitement atteint le but qui nous est proposé.

La Société se préoccupe depuis longtemps de l'avenir de l'histoire naturelle en France. Elle a contribué largement à obtenir l'introduction de cette science dans les programmes du Baccalauréat, plusieurs membres du Conseil supérieur de l'instruction publique ont bien voulu le reconnaître. Nous avions par suite une tâche tout indiquée, celle d'aider les professeurs de notre Lycée et d'encourager les élèves. Nous avons fondé un prix d'histoire naturelle qui est attribué à la classe de philosophie.

C'est ainsi, Messieurs, que la Société poursuit son œuvre. Elle fait appel non pas seulement aux naturalistes, mais à tous ceux qui estiment ses études. Tel est venu d'abord en simple auditeur qui a pris goût aux recherches et qui a bientôt grossi le nombre de nos auteurs. Nous serions heureux de voir cet exemple souvent suivi dans l'intérêt de notre compagnie et de la science elle-même.

M. Louis de MALAFOSSE, qui a photographié avec habileté une grande quantité de *vues du département de la Lozère*, en projette une série au moyen de la lumière oxyhydrique. Il donne en même temps des explications précieuses sur la géographie, la géologie, la flore, la faune et l'archéologie de ce département, qui est l'un des moins connus et l'un des plus intéressants.

Séance du 19 mars 1879.

Présidence de M. E. Cartailhac.

La correspondance comprend les publications récentes des Sociétés et des Revues avec lesquelles la Société est en correspondance, et, en outre, les ouvrages suivants offerts par le Ministère de l'Instruction publique :

De Quatrefages : *L'espèce humaine.* 1877, in-8°.

A. de Gubernatis : *Mythologie zoologique ou les légendes animales.* 1874, 2 vol. in-8°.

Sebert : *Notices sur les bois de la Nouvelle-Calédonie.* In-8°.

H. Helmholtz : *Optique physiologique.* 1867, in-8°.

L. Pasteur : *Etude sur la maladie des vers à soie.* 1870, in-8°, 2 vol.

L.-P. Gratiolet : *Recherches sur l'anatomie de l'hippopotame.* 1867, in-4°.

A. Gaudry : *Animaux fossiles du mont Léberon, Vaucluse.* Paris, 1873, in-4°

Jacquelin du Val et Jules Michaud : *Genera des coléoptères d'Europe.* 1857 à 1868. 4 vol. in-4°.

Revue d'anthropologie. 2e série, t. I, 1878, in-8°.

L. Grenier et Godron : *Flore de France.* 1848, 2 vol. in-8°

Gaudin : *L'Architecture du monde des atomes.* 1873, in-12.

Ecorchard : *Flore régionale de toutes les plantes dans les environs de Paris.* 1878, in-12.

M. le comte Bégouen, de Toulouse, présenté par MM. E. Cartailhac et G. Mestre, est nommé membre titulaire.

Le Président annonce plusieurs présentations.

Les modifications suivantes au règlement ayant été régulièrement proposées, sont adoptées par un vote secret et unanime :

Art. 8 bis. Les membres correspondants seront choisis

désormais hors du département de la Haute--Garonne et des
départements limitrophes.

Art. 8 ter. Tout membre correspondant qui laissera passer trois années sans donner de ses nouvelles par l'envoi de
travaux, de livres, ou d'objets d'histoire naturelle, pourra
être rayé de la liste après un avertissement signé du Président et un vote de la Société.

La Société nomme membres des commissions des excursions : 1º MM. de la Vieuville, Garrigou, Fagot, Rey-Lescure,
Mestre ; 2º d'Aubuisson, Chalande, Desjardins.

M. Joleaud, membre titulaire, donne lecture du rapport
suivant :

Je viens vous rendre compte de l'examen d'un ouvrage
qui renferme les publications faites de 1873 à 1875, par une
Société fondée au Japon sous le titre de : *Deutsche Geseils-
chafft für Natur und Völkerkunde Ostasien's* (Société allemande pour la connaissance de la nature et des peuples de
l'Asie orientale).

Pour analyser un aussi gros volume, il faudrait un long
travail et surtout un commentateur plus autorisé, aussi me
suis-je borné à glaner dans ce vaste champ et à relever,
parmi les nombreuses observations qu'il contient, quelques-
unes de celles qui peuvent intéresser notre Société.

Mais, avant d'entrer en matière, je vous demanderai la
permission de jeter un coup d'œil sur la situation actuelle
du pays que la Société allemande s'est donné pour mission
d'explorer. Je ne saurais mieux faire, pour cela, que de vous
citer les quelques lignes suivantes extraites de la *Géographie*
de Lavallée, édition de 1878 :

« Ces îles sont mal connues ; les Portugais les découvri-
» rent en 1542, les jésuites y portèrent le christianisme en
» 1554 et formèrent une église très-nombreuse jusqu'en
» 1648 où les empereurs la proscrivirent dans une persécu-
» tion épouvantable, qui n'a pas laissé un seul chrétien au

» Japon. Depuis ce temps, l'entrée du pays fut interdite aux
» étrangers, excepté aux Chinois et aux Hollandais ; mais en
» 1858 le gouvernement japonais s'est décidé de faire des
» traités de commerce avec l'Angleterre, la France et les
» Etats-Unis. Les relations des Japonais avec l'Europe ont
» été des plus tardives ; mais cette nation semble aujour-
» d'hui vouloir amplement s'en dédommager. Une passion
» dévorante, un goût effréné pour les choses de l'Occident,
» semblent s'être emparés du gouvernement et des classes
» lettrées au Japon. Depuis trois ou quatre ans à peine
» d'incalculables progrès ont été réalisés. Le voyageur euro-
» péen peut traverser à son gré toutes les parties de l'em-
» pire. »

Nous devons souhaiter que, grâce à ces facilités données
par le gouvernement japonais, la Société allemande puisse
mener à bien la tâche qu'elle a entreprise.

Les bulletins qui nous sont adressés portent le titre de :
« *Mittheilungen* (communications).

Le premier numéro contient les Statuts de la Société. Elle
fut fondée le 22 mars 1873, jour anniversaire de la naissance
de l'empereur d'Allemagne. Son siége est à Yedo, les séances ont lieu alternativement à Yedo et Yokohama. J'ai relevé les articles suivants dans les Statuts :

« § 26. Les membres de la Société peuvent amener des
hôtes aux séances, mais cette faculté est réduite à deux
fois par an pour les étrangers domiciliés à Yedo et Yokohama. Chaque hôte est présenté à un des membres du
bureau et son nom est inscrit sur le livre des étrangers.

« § 29. La Société accueille les communications qui lui
sont faites sur toutes les choses dignes d'être connues. »

Avec un programme aussi vaste et dans un pays encore
inexploré, la Société allemande devait trouver de nombreux
sujets d'étude, aussi ses bulletins renferment-ils de curieux
documents sur l'histoire, la littérature, la musique, etc.;
les sciences naturelles, néanmoins, n'ont pas été négligées.

Parmi les mémoires qui concernent la *Faune*, il faut citer :

Description, par le Dr Hilgendorf, **d'une grande seiche** (*Ommastrephès*, d'Ord.) **prise sur la côte de la mer, à Kunothoura.** Cet animal mesurait 186 c. depuis le bout de la queue jusqu'au devant du manteau. D'aussi grandes seiches sont très-rares au Japon.

Notice sur le *talpa mogura* (Schleg), par le même auteur. Ce mammifère a, comme le *talpa cœca* de l'Europe méridionale, les yeux entièrement recouverts par la peau du corps.

Description de quelques types nouveaux pour la faune japonaise, par le même auteur. Le genre de Souris *Arvicola*, représenté par des espèces multiples sur le continent voisin, n'avait pas encore été signalé au Japon. — De nombreux sujets du genre *Hydra* ont été trouvés dans un fossé rempli d'eau, à Uweno. Ce genre avait déjà été signalé en Europe, dans l'Amérique du Nord, au Chili, à la Nouvelle-Zélande ; il peut donc désormais être considéré comme cosmopolite. — Dans la mer, à Yedo-Bay, une grande quantité de *Sternapsis* ont été recueillis au moyen d'un filet. Ils habitaient la vase à une ou deux brasses de profondeur. Ce genre, caractéristique des Astéries et en même temps le seul des Sternapsides, avait été considéré pendant long-temps comme exclusivement européen.

Description, par le même auteur, **d'une nouvelle espèce d'aigrefin** (poisson), qu'il dédie au président de la Société sous le nom de *Gadus Brandtii*.

Pourquoi il n'y a pas de poissons dans la mer de Tschu-senji, par le Dr Brandt. L'auteur fait connaître que l'on a, à plusieurs reprises, essayé de peupler cette mer, mais que l'on n'a pas réussi. Il attribue cet insuccès à l'absence complète de végétation dans le fond de l'eau. Ainsi, tous les poissons que l'on y a introduits sont morts de faim.

Sur un cloporte d'eau douce, par le Dr Hilgendorf. Cet insecte a été trouvé dans les fossés de la ville d'Yedo. Il se distingue de l'*Asellus aquaticus* connu en Europe par son corps plus grêle et sa quatrième paire de pattes plus courtes.

Remarques sur l'Antilope japonaise, par le même auteur. Bien que cette espèce ait plusieurs points de ressemblance avec le chamois européen, on ne saurait la considérer comme sa voisine la plus proche dans l'échelle des êtres. Elle semblerait plutôt se rapporter à l'*Antilope crispa* que l'on trouve en Sibérie. — Cependant, Radde dit que celle-ci ressemble davantage à l'*Antilope Goral* qui habite les montagnes de l'Inde. Il faudrait avoir sous les yeux des sujets des trois espèces et en faire un examen comparé pour tracer nettement les limites qui les séparent.

Sur un cas de syndactylie dans le *felis domestica*, var. *japonica*, par le professeur Dœnitz. — Cette anomalie, que l'on a observée plusieurs fois chez l'homme, consiste dans une réunion irrégulière des doigts des membres antérieurs.

Plusieurs mémoires ont trait à la *Flore*. Je citerai particulièrement le compte-rendu d'une excursion faite au mois d'août, entre Yedo et Niko, par M. Niewerth, pharmacien.

L'auteur fait la description de la route de Yedo à Niko. Il constate la grande fertilité de la campagne au commencement de cette route. Plusieurs espèces de riz y sont cultivées, et l'œil, dit-il, se fatigue à parcourir cette uniformité que le vent seul anime un peu. Les champs sont pour la plupart clos avec des plantations d'*aulnes* qui aiment un fond toujours humide et dont les rameaux servent au moment de la récolte à lier les gerbes de paille de riz. La monotonie des terrains cultivés n'est rompue que par la présence du lotier aux fleurs odoriférantes (*melumbo nucifera*), dont les feuilles agréablement découpées présentent des nuances variées et se balancent continuellement à l'extrémité de leurs longs pétioles. Ses fruits, qui ont la forme de petites noix, sont alimentaires ainsi que ses souches; ses feuilles sont employées en médecine comme astringentes.

L'aspect de la campagne se modifie au fur et à mesure que l'on s'avance vers Niko. — Ça et là on aperçoit un temple à travers le sombre feuillage des arbres aux feuilles aciculaires. A partir de Ojama, la route est bordée d'une allée épaisse de pins et de sapins (*Pinus masson.*, *Pinus densiflor.*, et *Abies firma*).

Dans des fossés profonds de 1 mètre et larges de 2 ou 3 mètres, croissent en abondance diverses espèces de *Potamogeton*. Des hommes et des femmes sont occupés à les couper dans le fond de l'eau, au moyen d'instruments en forme de faulx; ils les abandonnent ensuite au courant. Dans ces mêmes eaux on trouve le *Nymphœa tetragona*, Franch., Savat. Dans les mares on rencontre des sujets appartenant aux genres *Hydrocharis*, *Alisma*, *Menyanthes*, *Lemna*, *Salvinia* et *Pontedcria*. Ces derniers sont les rares représentants asiatiques d'une petite famille qui a pour patrie l'Amérique tropicale, entre le 40° de latitude nord et le 30° de latitude sud; leurs racines sont employées pour combattre les maux d'estomac Plus loin on trouve une espèce de *Sagittaria* appelée ici *Kuwai* ou *Gowai*, dont les bulbes sont mangés en guise d'oignons.

Le thé et le cotonnier sont rares dans cette contrée; on y voit quelques mûriers. En deçà de Tonegawa se trouve le pays des cucurbitacées, plantes qui, au Japon, sont cultivées sur une grande échelle dans le voisinage des villages. L'auteur y a vu onze espèces comestibles de courges, melons ou concombres. Plus loin, dans la province de Mikawa, on cultive le riz, le sarrazin, le millet, le tabac, la pomme de terre, le sesamum, le chanvre, l'orge, les épices, etc.

Parmi les plantes qui croissent spontanément, on trouve des espèces appartenant aux genres *Camelia*, *Aralia*, *Aucuba*; une *Aurantiacée*, l'*Ilex oléa*, le *Bambou* et quelques chênes portant des fruits comestibles; puis, en avançant toujours, on rencontre le *Carpinus cornus*, de nombreux arbres fruitiers, des *Ficus, Tilia, Quercus, Sophora, Tamarinus, Rhus, Cratœgus, Gleditfehia, Castanea, Firmiana, Magnolia, Ulmus* et *Paulownia ;* ces derniers sont plus rares.

De Ojama à Utzunomija, on cultive une cucurbitacée à grandes fleurs blanches nommée *Jungau.* Ses fruits sont lisses, allongés, de couleur blanche et pèsent de 15 à 20 kilog. Quand ils sont murs on les découpe en tranches de 2 à 3 centimètres d'épaisseur, on les débarrasse de leurs semences et des filaments intérieurs, et on étend la chair tendre et visqueuse sur des bandes de papier pour la faire sécher au soleil ; elle prend alors une couleur grisâtre et ressemble à de la laine crépue. Les indigènes l'appellent *Kaminariboshi.* Quelquefois ils y ajoutent un peu de sel et lui donnent alors le nom de *Kampiau.*

La flore de l'entrée de Niko est entièrement spécifique. A droite se trouve en épais buissons une *Hydrangea*, et au-dessous d'elle une *Aroïdée* (*Hondzodzufu*) très-abondante, dont les fruits groupés en massue brisent avec peine la spathe qui les enveloppe.

On y voit également le *Cardiandra alternifolia*, des *Cacalia, Tricyrtis, Funkia ;* le *Senecio stencephalus*, var. *comosa.* Ces dernières plantes se retrouvent fréquemment dans la montagne où l'on rencontre, outre les espèces déjà énumérées : *Corylopsis, Stachyurus, Helwingia, Acer, Evonymus, Eleagnus, Deutzia, Akebia, Rhododendron, Rubus, Sassafras Thunbergii.* Le bois aromatique de ce dernier sert à faire des cure-dents.

Parmi les parasites, il faut citer l'*Æginetia japonica*, qui est très-commune et qui a servi de modèle pour la confection des pipes japonaises.

Dans les jardins des habitants de Niko, on trouve toujours l'*Asarum Sieboldii*, que le peuple lie intimément au culte des Shogunes.

Parmi les plantes grimpantes on remarque le *Rhus toxicodrendron*, dont les tiges sont souvent radicantes.

Le *Vaccinium vitis Idœœ* et le *Myrtillus* (airelle rouge et airelle bleue) sont très-communs. L'airelle rouge est ici grosse comme une cerise. Les indigènes attribuent à ce fruit la longévité des grues, parce que ces oiseaux le mangent volontiers.

Il y a dans la flore de Niko un arbre bien connu et fort vénéré, c'est le *Zaradsiou*. A cet arbre se rattache la légende d'un oiseau nommé Dsifischin Aschijo, c'est-à-dire oiseau charitable. L'arbre et l'oiseau ont été célébrés dans des vers dont voici la traduction :

L'oiseau sacré dans les montagnes saintes appelle lui-même son propre nom, lorsque le soir approche et qu'un vent inquiétant souffle dans les montagnes.

Le perroquet demeure au palais et fait entendre son cri.

Le binoja (oiseau terrestre) chante aussitôt qu'il sort de l'œuf.

L'oiseau sacré recueille les fleurs lorsque l'arbre fleurit, il s'envole sur les beaux palais quand la nuit vient, et il chante à la lune (dans la nuit devenue plus belle). Les arbres et les buissons sont profondément sombres, l'œil ne voit rien : on n'entend que le vent du ciel qui souffle sur les temples.

Un rapport botanique très-important, est celui de M. Savatier sur les Mutisiacées du Japon ; mais comme ce document est écrit en français, je me contenterai de le signaler à votre attention

Parmi les notes, rapports, mémoires qui se rattachent à la *Géologie*, je citerai les suivants :

Description de la solfatare d'Aschinoyu, par le Dr Cochius. Cette sulfatare est située dans la chaîne du Hakone, sur une montagne élevée d'environ 800 mètres au-dessus du niveau de la vallée. Le terrain qu'elle occupe se trouve à 90 mètres au-dessous du point culminant ; il a une inclinaison d'environ 40°. Il apparaît dans le lointain comme une bande nue dans le flanc de la montagne, semblable à une grande carrière de laquelle s'échappe un nuage de vapeurs très-denses. Dans le voisinage on trouve des jeunes arbres presque entièrement carbonisés et une grande quantité de troncs qui subissent la même transformation. Il y a donc lieu de supposer que la solfatare a subi des modifications récentes et qu'elle s'est étendue sur un terrain qui, il y a peu de temps, était couvert par une forêt de jeunes arbres. De nombreuses fumerolles emplissent l'air de vapeur d'eau, d'acide sulfureux, etc. Le sol de la solfatare est formé d'un tuf qui est plus ou moins décomposé par l'action de ces gaz. Presque partout, mais surtout dans le voisinage des fumerolles, on voit de riches coulées de soufre dans lesquelles cette substance se présente souvent en cristaux très-apparents. On trouve également une trachyte grise qui renferme du feldspath et du hornblende ; une roche semblable existe près de Naples ainsi que dans l'Eifelgebirge.

Description de la solfatare d'Od'shingcku, par le Dr Ritter. Cette solfatare se trouve sur une des montagnes les plus élevées du Hakone (1400^m environ). Sa partie la plus active est située à 974^m de hauteur. En cet endroit, un puissant jet de vapeur d'eau s'échappe de plusieurs ouvertures avec un bruit de tonnerre. La température du sol doit dépasser 80°, car il est presque partout recouvert d'aiguilles monocliniques de soufre, jaunes, transparentes et très-cassantes qui, comme on le sait, ne se montrent que sous l'influence d'une température élevée. Le soufre rhomboïdal se présente en cristaux confus dans les parties plus froides et plus élevées de la montagne. — Le D^r Dœnitz a constaté la présence de la vie animale dans les endroits les plus chauds de la solfatare : il y a trouvé quelques cicindèles. Le président Brandt a vu une quantité considérable de ces insectes sur le sol d'une solfatare située près du volcan de Komangatake.

Les bulletins renferment de nombreuses et très-complètes observations météorologiques faites chaque jour à Yedo. Les tableaux qui en présentent les résultats sont établis d'après les formules et instructions en usage dans les stations météorologiques de la Prusse.

On peut rattacher à ce genre de travaux, un mémoire sur la détermination de la hauteur du Fusi-Yama, par M. Lépissier. L'auteur s'est servi pour cette opération d'un holostéric baromètre anglais, et d'un baromètre Chevalier accompagné d'un thermomètre centigrade. En appliquant la formule don-née par Laplace dans la mécanique céleste pour le calcul des hauteurs des montagnes, il a obtenu 3,519 mètres ou 11,542 pieds anglais.

Le docteur Knipping a fait un rapport sur le même sujet. Ses observations ont eu lieu simultanément à la cime et au pied du Fusi-Yama. Il a obtenu pour résultat 3729 mètres. Différence, 210 mètres.

Parmi les gravures qui se trouvent dans les bulletins que j'ai examinés, plusieurs sont tirées sur papier japonais ; M. E. Zappe a rédigé une notice sur la fabrication de ce papier. On le fait depuis des siècles avec l'écorce du *Brous-sonetia papyrifera*, dont la culture réussit à peu près partout au Japon. Outre cette plante, on emploie maintenant pour le même usage l'*Edgeworthia papyrifera*. La Société allemande possède dans sa collection plus de 200 sortes de papiers japonais servant à divers usages et portant des noms diffé-rents dans la langue du pays.

Je ne terminerai point cette courte analyse sans dire un mot d'un globe terrestre japonais, datant de 1670, repro-duit par la photographie en quatre fuseaux et accompagné d'une notice descriptive par O. Herren. Des annotations en japonais figurent sur cette carte et sont traduites dans la notice. Elles indiquent non-seulement les noms de pays ou de peuples, mais encore les principales productions de chaque région. On y lit, entre autre choses, à propos des pays de No-tchi et Ka-tchi (Amérique anglaise et Etats-Unis) : « Si des étrangers arrivent dans ce pays, ils sont reçus d'une manière très-affable par les habitants. » N'est-il pas permis de voir dans cette tradition des Japonais l'origine de ces incroyables migrations d'orientaux, qui préoccupent si fort aujourd'hui le gouvernement des Etats-Unis ?

Herborisations dans l'Hérault.

Catalogue des Plantes trouvées à Bessan, Vias, Agde et Roquehaute (Hérault),

EN MARS, AOUT ET SEPTEMBRE 1875, 1876 et 1877,

Par M. DESJARDINS, membre titulaire.

Il y a déjà plusieurs années que nous allons herboriser dans l'Hérault et en particulier à Bessan, Vias, Agde et Roquehaute. Malheureusement, nous n'avons jamais pu y aller que vers le mois de septembre ; cette circonstance ne nous a pas permis de connaître suffisamment les plantes qui y croissent spontanément.

A cette époque, tout est sec, et, à l'exception des plantes automnales, on n'y voit que l'aridité d'un sol brûlé par le soleil.

Néanmoins, d'après le Catalogue ci-joint, on pourra voir que ce département doit être riche en végétaux, car, sous le rapport du climat et des altitudes, sa flore est excessivement variée. En effet, on y trouve trois régions bien distinctes : la région montagneuse, la région de la plaine et la région maritime. Nous n'avons vu que les deux dernières.

Les coteaux, en raison de leur peu d'altitude, sont aussi dénudés que les garrigues, et, n'étaient les bords des cours d'eau et de la mer, on ne trouverait rien à glaner.

Les garrigues sont aussi d'une sécheresse désespérante et l'on n'y voit plus que les débris brûlés par le soleil d'une quantité de plantes qui y croissent pendant la bonne saison. C'est tellement aride, qu'on entend résonner les plantes sèches qui craquent sous les pieds. L'œil n'est distrait que par des Chênes verts, des Cistes, des Pistachiers, des Phillyrea, des Genèvriers, quelques bruyères, le *Cupularia viscosa*, Gr. God., le *Daphne gnidium*, L., *Scilla automnalis*, L., *Aster acris*, L., etc.

Quant à la plaine, on ne voit que vignes et, pour se reposer la vue, des Oliviers au feuillage grisâtre, quelques portions de luzernes et quelques chaumes. Nous devons ajouter que les vignes sont si bien travaillées, si bien nettoyées qu'on n'y trouve presque rien, ce qui fait, au contraire du viticulteur, le désespoir de celui qui herborise, qui préférerait que les vignes n'aient pas l'air d'un jardin si bien cultivé.

Nous avons tenu aussi à visiter la localité classique de Roquehaute, les fameuses mares, lieu de pèlerinage pour les botanistes, et, quoique cette station soit spéciale à certaines plantes, nous n'avons rien vu que nous n'ayions déjà remarqué en d'autres endroits à cette époque de l'année où les mares sont complètement à sec. Nous avons pu pourtant, en cherchant dans l'humus du fond de ces mares desséchées, trouver des rhizomes de l'*Isoetes setacea*, Del., que nous avons plantés ici et qui se sont très-bien développés.

Pour jouir de la richesse vegétale de cette localité, c'est au printemps qu'il faut y aller, alors que les mares sont remplies et la végétation en pleine activité.

Nous avons aussi visité une fois ces divers endroits au mois de mars ; mais, au contraire du mois de septembre, la végétation n'était pas assez avancée. Nous n'y avons trouvé que quelques plantes qui sont inscrites dans le Catalogue avec les autres.

Division I. — DICOTYLÉDONÉES.

(Phanérogames).

Classe I. — THALAMIFLORES.

Renonculacées.

1 *Clematis vitalba*, L. — Haies à Bessan et à Lavalmale.
2   *flammula*. Lavalmale et les monts Ramus à Bessan ; Bois à Roquehaute.

3 *Ranunculus aquatilis*, L. — Mares à Bessan.

4   *bulbosus*, L. — Bessan.

5   *chœrophyllos*, L. — Bessan.

6   *philonotis*, Retz. — Bords des mares à Bessan.

7 *Ficaria ranunculoïdes*, Mœnch. — Fossés à Bessan.

8 *Nigella damascena*, L. — Le long d'une haie à Lavalmale et à Bessan.

Papavéracées.

9 *Papaver Rhœas*, L. — Bessan et Lavalmale.

        argemone, L. — id.   id.

10 *Glaucium luteum*, Scop. — Les monts Ramus à Bessan.

Fumariacées.

11 *Fumaria officinalis*, L. — Bessan.

Crucifères.

12 *Mathiola sinuata*, R. Br. — Bords de la mer à Agde.

13 *Raphanus raphanistrum*, L. — Lavalmale et Bessan.

14   *landra*, Mor. — Bessan.

15   *sativus*, L. — Fossé à Bessan.

16 *Hirschfeldia adpressa*, Mœnch. — Luzerne à Bessan.

17 *Diplotaxis tenuifolia*, D. C. — Bessan et Lavalmale.

18   *muralis*, D. C. — Bessan, Lavalmale et Agde.

19   *viminea*, D. C. — Bessan, Lavalmale et Agde; dans les vignes.

20   *erucoïdes*, D. C. — Vignes à Agde.

21 *Sisymbrium officinale*, Scop. — Bessan et Lavalmale.

22 *Arabis Thaliana*, L. — Bessan.

23 *Cardamine hirsuta*, L. — Fossé à Bessan.

24 *Draba verna*, L. — Vignes à Bessan et à Lavalmale.

25 *Alyssum calycinum*, L. — Bessan et Lavalmale.

26   *maritimum*, L. — Sable à Agde et sur la voie du chemin de fer à Vias.

27 *Biscutella ambigua*, D. C. — Fossé sur le bord de la route de Bessan à Vias.

28 *Capsella bursa-pastoris*, Mœnch. — A Bessan et à Lavalmale.

29 *Bunias erucago*, L. — Bessan et Lavalmale , bords des chemins.

30 *Lepidium latifolium*, L. — Bords de l'Hérault et fossés à Bessan.

31   *graminifolium* , L. — Bords des chemins à Bessan, Vias, Agde et Roquehaute.

32   *draba*, L. — Bords de l'Hérault à Bessan.

33   *campestre* , R. Br. — Revers des fossés à Bessan et Lavalmale.

34 *Senebiera coronopus*, Poir. — Bessan et Lavalmale.

35 *Rapistrum rugosum*, All. —   id.   id.

36 *Cakile maritima*, L. — Sables des bords de la mer à Agde.

Capparidées.

37 *Capparis spinosa*, L. — Sur les monts Ramus et à Bessan où il est cultivé.

Cistinées.

38 *Cistus crispus* , L. — Garrigues de Lavalmale à Bessan.

39   *salviæfolius*, L. —   id.   id.   id.

40   *Monspeliensis*, L. — id.   id.   id.

41 *Helianthemum vulgare*, Gœrtn.—   id.   id.

42   *guttatum*, Mill. —   id.   id.

43   *fumana*, Mill. —   id.   id.

Violariées.

44 *Viola Nemausensis*, Jord. — Parmi les herbes sur un des monts Ramus, celui où est le moulin à vent.

Résédacées

45 *Reseda Phyteuma,* L. — Bessan et Lavalmale.
46   *luteola,* L. —   id.   id.

Caryophyllées.

47 *Silene inflata,* Sm. — Bessan et Lavalmale.
48   *gallica,* L. — Vignes à Bessan et Lavalmale.
49   *italica,* Pers. — Le Causse de Bessan.
50 *Saponaria officinalis,* L. —Bords de l'Hérault à Bessan.
51 *Lychnis dioïca,* D. C. —   id.   id.
52 *Dianthus prolifer,* L. — Les monts Ramus à Bessan.
53   *virgineus,* L. — Clairières des bois à Bessan et
      à Roquehaute.
54 *Spergula pentandra,* L. — Vignes à Lavalmale, com-
      mune de Bessan.
55 *Spergularia marina,* Lange. — Prairie salée à Roque-
      haute.
56   *rubra,* Pers. — Bessan et Lavalmale.

Linées.

57 *Linum Gallicum,* L. — Friche à Lavalmale.   .
58   *angustifolium,* Huds. — A Bessan.
59   *catharticum,* L. — Garrigues de Lavalmale où
      cette plante est rare.

Malvacées.

60 *Malva sylvestris,* L. — Bords des chemins à Bessan.
61   *ambigua,* Guss. —   id.   id.   et à
      Lavalmale.
62 *Althœa officinalis,* L. — Prairie salée à Roquehaute.

Géraniacées.

63 *Geranium dissectum,* L. — Haies à Bessan

64 *Geranium rotundifolium*, L. —Fossés et bords des chemins à Bessan.

65 *Erodium althœoïdes*, Jord. — A Lavalmale (commune de Bessan).

66   *ciconium*, Willd. —   id.   bords des chemins.

67   *triviale*, Jord. — Vignes à Bessan et à Lavalmale.

68   *romanum*, Willd. — Bords des chemins à Lavalmale.

Hypéricinées.

69 *Hypericum perforatum*, L. — A Bessan.

Ampélidées.

70 *Vitis vinifera*, L. Subspontané à Bessan sur le bord d'un bois et aux bords des fossés.

Zygophyllées.

71 *Tribulus terrestris*, L. — Vignes et bords des chemins à Bessan, Vias, Agde.

Rutacées.

72 *Ruta montana*, Clus. — Monts Ramus et le Causse à Bessan, Roquehaute.

Coriariées.

73 *Coriaria myrtifolia*, L. — Haies à Lavalmale et sur le Causse à Bessan.

Classe II. — CALICIFLORES.

Rhamnées.

74 *Paliurus aculeatus*, Lamk. — Sur le Causse et haies à Bessan.

Térébinthacées.

75 *Pistacia lentiscus*, L. — Les monts Ramus à Bessan.
76   *terebinthus*, L. — Garrigues de Bessan et de Roquehaute.

Légumineuses.

77 *Ulex europæus*, L. — A Bessan.
78 *Spartium junceum*, L. — Les monts Ramus à Bessan; Roquehaute.
79 *Sarothamnus scoparius*, Koch. — Bessan, Roquehaute.
80 *Ononis repens*, L. — Bessan.
81 *Medicago sativa*, L. — Cultivé et subspontané à Bessan.
82   *orbicularis*, All. — Vigne à Lavalmale e^t monts Ramus à Bessan.
83   *lappacea*, Lamk. — Bessan.
84   *minima*, Lamk.—Bords des chemins à Bessan, Roquehaute.
85   *germana*, Jord. — Bessan, sur le Causse.
86 *Trigonella monspeliaca*, L. — Monts Ramus et le Causse à Bessan.
87 *Melilotus alba*, Lamk. — Bords de l'Hérault à Bessan.
88 *Trifolium angustifolium*, L. — Bords des chemins à Bessan, Vias, Agde, Roquehaute.
89   *Cherleri*, L. — Lieux incultes à Bessan, Vias, Roquehaute.
90   *pratense*, L. — Bessan.
91   *arvense*, L. — Vignes à Lavalmale.
92   *scabrum*, L. — Bessan.
93   *fragiferum*, L. — Bessan, Vias, Roquehaute.
94   *glomeratum*, L. — Bessan, Agde.
95   *repens*, L.— Bessan, Agde, Vias, Roquehaute.
96 *Dorycnium suffruticosum*, Vill. — Garrigues de Bessan, Agde, Roquehaute.
97   *hirsutum*, D. C. — id.   id.   id.   id.

98 *Tetragonolobus siliquosus*, Roth. — Prairie salée à Roquehaute.

99 *Astragalus hamosus*, L. — Lieux incultes à Bessan, Agde,
Roquehaute,

100   *Monspessulanus*, L. -- Le Causse à Bessan.

101 *Psoralea bituminosa*, L. —   id.   id.

102 *Vicia sativa*, L. — Bessan.

103   *lutea*, L. —   id.

104   *gracilis*, Lois. — id.

105 *Lathyrus ensifolius*, Bad. — A Lavalmale (commune de
Bessan).

106 *Scorpiurus subvillosa*, L. — Le Causse, à Bessan.

107 *Gleditschia triacanthos*, L. — Haie à Bessan.

Amygdalées.

108 *Amygdalus communis*, L. — Les monts Ramus où il se
reproduit très-bien de graines.

109 *Prunus spinosa*, L. — Haies à Bessan et çà et là dans les
garrigues.

Rosacées.

110 *Potentilla verna*, L. — Garrigues de Bessan.

111   *reptans*, L. — Fossés et bords des chemins à
Bessan.

112 *Rubus* de diverses espèces qui n'ont pu être déterminées, faute de fleurs.

113 *Rosa,*   id.   id.   id.   id.   id.

114   *myriacantha*, D. C. — Garrigues de Lavalmale à
Bessan ; Roquehaute.

115 *Agrimonia eupatoria*, L. — Bessan.

116 *Poterium Magnolii*, Spach. — Lavalmale à Bessan.

Pomacées.

117 *Cratægus oxyacantha*, L. — Haies à Bessan.
        azarolus, L. — A Bessan où il est planté sur

le bord des vignes pour ses fruits comestibles.

118 *Pyrus amygdaliformis*, Willd. —Un seul pied dans les
garrigues de Lavalmale, à Bessan; un seul
pied aussi à Roquehaute, entre la maison du
garde-chasse et la métairie.

Granatées.

119 *Punica granatum*, L. — Cultivé.

Ænothérées.

120 *Epilobium tetragonum*, L. — Fossé à Bessan.
121 *OEnothera biennis*, L. — Sables des bords de la mer à
Agde.

Lythariées.

122 *Lythrum salicaria*, L. — Fossé à Bessan.

Tamariscinées.

123 *Tamarix gallica*, L. — Haies à Bessan, Vias, Agde et
Roquehaute.

Cucurbitacées.

124 *Bryonia dioïca*, Jacq. — Bords de l'Hérault et haies à
Bessan.
125 *Ecballium elaterium*, Rich. — Bessan.

Portulacées.

126 *Portulaca oleracea*, L. — Dans les jardins à Bessan.

Paronychiées

127 *Herniaria glabra*, L. —Bords des chemins, des routes,
à Bessan, Vias.

Crassulacées.

128 *Sedum altissimum*, Poir. — Bessan.

129 *Umbilicus pendulinus*, D. C. — Rochers à la base des monts Ramus, à Bessan.

Ombellifères.

130 *Eryngium campestre*, L. — Bessan, Vias, Agde, Florensac.

131   *maritimum*, L. — Sables des bords de la mer, à Agde.

132 *Daucus carota*, L. — Bessan.

133 *Torilis helvetica*, Gm. — Lavalmale, à Bessan.

134   *nodosa*, Gœrtn. — Bessan.

135 *Peucedanum officinale*, L. — Les bords d'un ruisseau à sec pendant l'été, à Lavalmale (commune de Bessan).

136 *Pastinaca pratensis*, Jord. — Bords de l'Hérault, à Bessan.

137 *Tordylium maximum*, L. — Bessan.

138 *Crithmum maritimum*, L. — Bords du canal, à Cette.

139 *Seseli tortuosum*, L. — Les monts Ramus, à Bessan.

140 *Fœniculum*. — Bessan, Vias, Roquehaute, Agde, Cette.

141 *Buplevrum tenuissimum*. L. — Lavalmale à Bessan.

142   *falcatum*, L. — Garrigues de Lavalmale à Bessan.

143 *Scandix pecten-veneris*, L. — Bessan.

144 *Echinophora spinosa*, L. — Sables des bords de la mer, à Agde.

Caprifoliacées.

145 *Sambucus ebulus*, L. — Bessan.

146   *nigra*, L. —   id.

147 *Lonicera etrusca*, Santi. — Garrigues de Lavalmale et monts Ramus, à Bessan.

148   *periclymenum*, L. — Haies à Bessan.

Rubiacées.

149 *Rubia peregrina*, L. — Monts Ramus et le Causse, à Bessan.

150 *Galium cruciata*, Scop. — Bessan.

151   *aparine*, L. —   id.

152 *Asperula cynanchica*, L. — Monts Ramus et le Causse, à Bessan.

153 *Sherardia arvensis*, L. — Bessan.

154 *Crucianella maritima*, L. — Sables sur les bords de la mer, à Agde.

155   *angustifolia*, L. — Lavalmale, à Bessan.

Dipsacées.

156 *Scabiosa calyptocarpa*, St-Am. — Bessan.

157 *Dipsacus sylvestris*, Mill. — Fossés à Bessan.

Composées.

Sous-famille I. — *Corymbifères.*

158 *Eupatorium cannabinum*. L. — Fossé à Bessan.

159 *Conyza ambigua*, D. C. — Bessan.

160 *Erigeron Canadensis*, L. — id., Agde.

161 *Aster acris*, L. — Garrigues de Bessan et de Roque-haute.

162   *Tripolium*, L. — Fossé humide près de la mer, à Agde.

163 *Bellis perennis*, L. — Bessan.

164   *sylvestris*, Cyr. — Monts Ramus, à Bessan, parmi les herbes.

165 *Artemisia campestris*, L. — Lavalmale, à Bessan.

166   *gallica*, Willd. — Prairie salée à Roquehaute.

167 *Anthemis maritima*, L. — Sables des bords de la mer à Agde.

168   *altissima*, L. — Bessan, Vias.

169 *Anacyclus clavatus*, Pers. — Bessan, Agde.

170 *Achillea ageratum*, L. — Bords des chemins à Bessan, Vias, Agde.

171 *Pallenis spinosa*, Cass. — id. id. id. id. Roquehaute.

172 *Inula crithmoïdes*, L. — Sables sur les bords de la mer, à Agde.

173   *dysenterica*, L. — Bessan.

174   *sicula*, Ard. — Fossés humides à Bessan.

175 *Cupularia graveolens*, Gr. God. — Chaumes de Laval-male, à Bessan.

176   *viscosa*, Gr. God. — Endroits incultes à Bessan, Vias, Agde, Roquehaute.

177 *Helichrysum stœchas*, D. C. — Garrigues de Bessan, Agde, Roquehaute.

178 *Filago canescens*, Jord. — Bessan.

179   *spathulata*, Presl. — id.

180   *minima*, Fries. — id.

181 *Calendula arvensis*, L. — id.

Sous-famille II. — *Cynarocéphales.*

182 *Echinops ritro*, L. — Garrigues de Bessan, Agde, Roquehaute.

183 *Galactites tomentosa*, Mœnch. — Bessan, Agde, Vias.

184 *Silybum marianum*, Gœrtn. — id. id.

185 *Onopordon acanthium*, L. — id. id.

186   *Illyricum*, L. — id. id., Roquehaute.

187 *Cirsium lanceolatum*, Scop. — id.

188   *acaule*, All. — id., sur le Causse.

189   *arvense*, Scop. — Bessan.

190 *Carduus tenuiflorus*, L. — id.

191 *Centaurea amara*, L. — id.

192   *paniculata*, L. — id., Vias, Agde, Roquehaute.

193 *Centaurea Aspera*, L. —   id.   id.   id.   id.

194   *prætermissa*, de Martrin. — id.   id.   id.

195   *aspero-calcitrapa*, Gr. God. — Bessan avec les parents.

196   *calcitrapa*, L. — Commun partout.

197   *solstitialis*, L. —   id.   id.

198 *Microlonchus salmanticus*, D. C. — Chemin de Lavalmale à Bessan.

199 *Kentrophyllum luteum*, Cass. — Bessan, Vias, Agde.

200 *Cnicus-benedictus*, L.— Chaumes de Lavalmale à Bessan

201 *Stahelina dubia*, L. — Garrigues de   id.   id.

202 *Carlina corymbosa*, L.— id.   id.   id.
Vias, Agde, Roquehaute.

203 *Lappa minor*, D. C. Bessan.

Sous-famille III. — *Chicoracées*.

204 *Catananche cœrulea*, L. — Talus d'un ruisseau à Lavalmale, à Bessan.

205 *Cichorium intybus*, L. — Bessan.

206 *Tolpis barbata*, Gœrtn. — id.

207 *Hedypnoïs cretica*, Willd. — Parmi les éboulis des monts Ramus, à Bessan.

208 *Thrincia hirta*, Roth. — Bessan, Vias, Agde.

209 *Picris stricta*, Jord. — Garrigues de Bessan.

210 *Urospermum Dalechampii*, Desf. — Bessan

211 *Helminthia echioïdes*, Gœrtn. — Bessan.

212 *Podospermum laciniatum*, L. — Lavalmale à Bessan.

213 *Tragopogon orientale*, L — Bords de l'Hérault à Bessan.
        major, Jacq. — id.   id.   id.

214 *Chondrilla juncea*, L. — Les vignes à Vias, Bessan.

215 *Taraxacum gymnanthum*, D C. — Bessan, Vias, Agde, Roquehaute.

216   *dens-leonis*, Desf. — id.

217 *Lactuca chondrillæflora*, Bor. — Bessan, dans les endroits incultes.

218 *Lactuca suligna*, L. — Bessan, Vias.

219   *scariola*, L. —   id.

220   *virosa*, L. —   id.

221 *Sonchus oleraceus*, L. - - id.

222   *asper*, All. —   id.

223 *Picridium vulgare*, Desf. Bessan, Vias, Agde.

224 *Pterotheca nemausensis*, Cass. — Bessan.

225 *Crepis fœtida*, L. Bessan.

226 *Hieracium pilosella*, L. — Le Causse de Bessan.

227 *Andryala sinuata*, L. · - Bessan.

228 *Scolymus hispanicus*, L. — Bessan, Vias, Agde, Cette.

229   *maculatus*, L. — Bord d'un chemin qui conduit de Lavalmale aux monts Ramus. Il n'en a été vu qu'une dizaine de pieds.

Ambrosiacées.

230 *Xanthium strumarium*, L. — Bessan, Vias.

231   *macrocarpum*, D. C. — Bords de l'Hérault, fossés et vignes à Bessan.

232   *spinosum*, L. · — Partout, sur les bords des chemins ; les lieux vagues.

Ericinées.

233 *Arbutus unedo*, L. — Garrigues de Lavalmale, à Bessan.

234 *Calluna vulgaris*, Salisb. — id.   id.   id.

235 *Erica cinerea*, L. —   id.   id.   id.

236   *arborea*, L. —   id   id.   id.

Classe III. — Corolliflores.

Primulacées.

237 *Asterolinum stellatum*, Link. — Pelouse sur les monts Ramus, à Bessan.

238 *Anagallis arvensis*, L. — Bessan.

239   *cœrulea*, Lamk. — Bessan.

Oléacées.

240 *Olea europæa*, L. — Le Causse, à Bessan.
241 *Phyllyrea angustifolia*, L. — Garrigues de Bessan, de
Roquehaute.

Jasminées.

242 *Jasminum fruticans*, L. — Le Causse et garrigues de
Bessan.

Asclépiadées.

243 *Vincetoxicum officinale*, Mœnch. — Garrigues de Bessan
et de Roquehaute.

Gentianées.

244 *Chlora perfoliata*, L. — Bessan.

Convolvulacées.

245 *Convolvulus sepium*, L. — Haies à Bessan.
246　　　　　*arvensis*, L. — Partout à Bessan.
247　　　　　*soldanella*, L. — Sables des bords de la mer
à Agde.
248　　　　　*cantabrica*, L. — Les monts Ramus à Bessan. ˙

Borraginées.

249 *Anchusa italica*, Retz. — Bessan.
250 *Lycopsis arvensis*, L. — Bessan.
251 *Nonnea alba*, D. C. Bessan à Lavalmale sur un chemin
empierré. Il n'en a été trouvé qu'un seul pied.
252 *Echium vulgare*, L. — Lavalmale et Bessan.
253　　　　*italicum*, L. — Bessan à Lavalmale, Vias, Roquehaute. Une forme, à fleurs d'un blanc rosé,
est commune dans les mêmes endroits.

254 *Myosotis hispida*, Schl. — Bessan.

255 *Cynoglossum cheiriifolium*, L. — Le Causse de Bessan.

256   *pictum* Aït, Bessan, Agde, Roquehaute.

257 *Heliotropium europæum*, L. — Bessan.

Solanées.

258 *Lycium mediterraneum*, Dun. L. *europæum*, L. — Haies
     à Bessan.

259 *Solanum miniatum*, Willd. — Bessan.

260   *nigrum*, L. — Bessan.

261   *Dulcamara*, L. — Bessan, Vias.

262 *Lycopersicum esculentum*, L. — Vignes de Lavalmale à
     Bessan.

263 *Datura stramonium*, L. — Bessan.

264 *Hyosciamus albus*, L. — Interstices d'un mur à Bessan.

Verbascées.

265 *Verbascum thapsus*, L. — Bessan.

266   *sinuatum*, L. — id., Vias.

267   *blattaria*, L. — id. id.

Scrophulariacées.

268 *Linaria spuria*, Mill. — Chaumes à Bessan.

269   *striata*, D. C. — Le Causse à Bessan.

270 *Veronica hederæfolia*, L. — Bessan.

Verbénacées.

271 *Verbena officinalis*, L. — Bessan.

Labiées.

272 *Lavandula stœchas*, L. — Garrigues de Bessan et de Ro-
     quehaute.

273   *latifolia*, L. — id.   id.   id.

274 *Mentha rotundifolia*, L. — Bessan, Vias.

275   *pulegium*, L. —   id.   id.

276 *Salvia clandestina*, Pourr. — Bessan au Causse.

277 *Rosmarinus officinalis*, L. — id.

278 *Thymus vulgaris*, L. — Garrigues de Bessan, Vias, Roquehaute.

279 *Calamintha nepeta*, Link et Hoffm· — Bessan aux monts Ramus.

280 *Clinopodium vulgare*, L. — Bessan.

281 *Lamium purpureum*, L. —   id.

282   *amplexicaule*, L. —   id.

283 *Phlomis herba venii*, L. —   id.

284 *Betonica officinalis*, L. — Garrigues de Bessan à Lavalmale.

285 *Sideritis romana*, L. — Bessan aux monts Ramus.

286 *Marrubium vulgare*, L. — Bessan.

287 *Ballota fœtida*, L. —   id.

288 *Brunella hyssopifolia*, Bauch. — id., à Lavalmale.

289   *vulgaris*, Mœnch. — Garrigues de Bessan à Lavalmale.

290   *alba*, Pall. —   id.   id.   id.

291 *Ajuga iva*, Schreb. — Aux pieds des monts Ramus, à Bessan

Plombaginées.

292 *Statice serotina*, Schreb.—Prairie salée de Roquehaute.

293 *Plumbago europœa*, L. — Bessan, Vias, Agde, Roquehaute,

Plantaginées.

294 *Plantago major*, L. — Bessan, Vias.

295   *intermedia*, Gilib. — Bessan à Lavalmale.

296   *lanceolata*, L. —   id. Vias.

297   *coronopus*, L. —   id. id., Roquehaute.

298 *Plantago psyllium*, L. — Sables non loin de la mer à
Agde.

299   *cynops*, L. — Bessan, Vias.

Classe IV. — *Monochlamydées.*

Amaranthacées.

300 *Amaranthus prostratus*, Balb. — Bessan, Vias, Agde.
301   *blitum*, L. —   id.   id.   id.
302   *retroflexus*, L. — Bessan à Lavalmale.
303   *albus*, L. — Vignes à Bessan, Vias, Agde
Roquehaute.

Chénopodées.

304 *Chenopodium vulvaria*, L. — Bessan, Vias, Agde.
305   *album*, L. —   id.
306   *opulifolium*, Schrad. — Bessan, Vias.
307   *viride*, L. — Bessan.
308   *murale*, L. —   id.
309 *Camphorosma Monspeliaca*, L. — Bessan, Vias, Agde,
Roquehaute, Cette.
310 *Corispermum, hyssopifolium*, L. — Sables au bord de
la mer à Agde.
311 *Salicornia fruticosa*, L. — Prairie salée à Roquehaute.
312 *Salsola kali*, L. — Sables des bords de la mer à Agde
et sur la voie du chemin de fer à Vias.
313 *Atriplex hastata*, L. — Bessan.
314   *patula*, L. —   id.
315   *rosea*, L. —   id. à Lavalmale.
316   *laciniata*, L. — id.   id.
317   *halimus*, L. — Haies à Bessan, Vias, Agde, Roquehaute.

Polygonées.

318 *Rumex pulcher*, L. — Bessan, Vias, Agde, Roquehaute.
319   *conglomeratus*, Murr. — Bessan.

320 *Rumex tingitanus*, L. — Sables maritimes à Agde.
321   *acetosella*, L. — Bessan à Lavalmale.
322 *Polygonum convolvulus*, L. — Bessan à Lavalmale.
323   *dumetorum*, L. — id. sur les bords de
            l'Hérault.
324   *amphibium*, L. — id.   id.   id.
325   *persicaria*, L. — id.   id.   id.
326   *aviculare*, L. — id. Vias.

Santalacées.

327 *Osyris alba*, L. — Bessan au Causse et aux monts Ra-
     mus, Agde, Roquehaute.

Thymélées.

328 *Daphne gnidium*, L. — Garrigues de Bessan au Causse,
     Roquehaute.

Aristolochiées.

329 *Aristolochia clematitis*, L. — Les monts Ramus et vignes
     à Bessan, Vias, Agde.

Euphorbiacées.

330 *Euphorbia chamœsyce*, L. — Vignes à Bessan, Agde.
331   *peplis*, L. — Sables des bords de la mer à
            Agde.
332   *helioscopia*, L. — Bessan.
333   *Paralias*, L. — Sables des bords de la mer à
            Agde.
334   *serrata*, L. — Bessan, Vias, Agde, Roque-
            haute.
335   *cyparissias*, L. — Bessan.

336 *Euphorbia exigua,* L. — Bessan à Lavalmale, dans les
     chaumes.

337   *falcata,* L. —   id.   id.   id.

338   *segetalis,* L. —   id.   id.   id. et dans
     les vignes.

339   *Characias,* L. — Bessan au mont Ramus et
     au Causse, Roquehaute.

Urticées.

340 *Urtica urens,* L. — Bessan.

341   *dioïca,* L.   id.

342 *Parietaria diffusa,* Mert. et Koch. — Vieilles murailles
     à Bessan, Vias, Agde.

343 *Humulus lupulus,* L. — Bords de l'Hérault à Bessan.

344 *Ulmus campestris,* L.—   id.   id.   id.

345   *suberosa,* Ehrh. — id.   id.   id.

Cupulifères.

346 *Quercus pedunculata,* Ehrh. — Bois de Bessan à Laval-
     male, Roquehaute.

347   *pubescens,* Willd.—   id.   id.   id.   id.

348   *Ilex,* L. — Garrigues et id.   id.   id.   id.

349   *coccifera,* L. — Garrigues de Bessan à Laval-
     male, Roquehaute.

Conifères.

350 *Juniperus oxycedrus,* L. — Garrigues de Bessan et de
     Roquehaute.

Lemnacées.

351 *Lemna minor,* L. — Mares à Bessan.

Alismacées.

352 *Alisma plantago,* L. — Bessan.

Typhacées.

353 *Sparganium ramosum*, Huds. — Roquehaute.

Aroïdées.

354 *Arum Italicum*, Mill. — Bessan.

Orchidées.

355 *Orchis morio*, L. — Garrigues de Bessan à Lavalmale.

Iridées.

356 *Gladiolus segetum*, Gawl. — Bessan.

Asparaginées.

357 *Asparagus officinalis*, L. — Bords de l'Hérault à Bessan.
358   *acutifolius*, L. — Garrigues, taillis et lieux incultes à Bessan, Roquehaute. Cette asperge, qui a un goût très-prononcé, est récoltée par les habitants, qui la mangent avec plaisir . lorsqu'elle est jeune.
359 *Ruscus aculeatus*, L. — Bois à Bessan et à Roquehaute.
360 *Smilax aspera*, L. — Bessan à Lavalmale, au Causse ; Agde, Roquehaute.

Liliacées.

361 *Ornithogalum divergens*, Bor. — Bessan, les vignes.
362 *Scilla autumnalis*, L. — Bessan, Agde, Roquehaute.
363 *Muscari comosum*, Mill. — id., les vignes.
364 *Asphodelus albus*, Willd. — Garrigues de Bessan à La-valmale.

Joncées.

365 *Juncus glaucus*, Ehrh. — Bessan.

366 *Juncus effusus*, L. — Bessan.

367   *acutus*, L. — Bord d'un ruisseau à Bessan ; prairie salée à Roquehaute.

Cypéracées.

368 *Cyperus longus*, L. — Bessan, Vias.

369 *Scirpus holoschœnus*, L. — id.   id.   Roquehaute.

370 *Carex divisa*, Huds. —   id.   id.

371   *vulpina*, L. —   id.

372   *muricata*, L. —   id.

373   *glauca*, Scop. —   id.   dans les garrigues.

374   *præcox*, Jacq. —   id.   id.   id.

Graminées.

375 *Phalaris nodosa*, L. — Bessan à Lavalmale.

376 *Crypsis schœnoïdes*, Lamk. — Fossé humide à Bessan

377   *aculeata*, Aït. — Prairie salée à Roquehaute.

378 *Phleum nodosum*, L. — Bessan à Lavalmale.

379   *Bœhmeri*, Wib. — id.   id.

380 *Alopecurus agrestis*, L. —   id.   id.

381 *Setaria glauca*, P. B. — Bessan, Vias, Agde.

382   *viridis*, P. B. —   id.   id.   id.

383   *verticillata*, P. B. — id.   id.   id.

384 *Panicum crus-galli*, L. —   id.   id.   Pézénas.

385 *Digitaria sanguinalis*, Scop. — id.   id.   Agde.

386 *Cynodon dactylon*, Pers. — Partout.

387 *Saccharum Ravennæ*. L. — Sables maritimes à Agde, prairie salée à Roquehaute.

388 *Imperata cylindrica*, Rœm. et Sch. — Sables à Agde.

389 *Arundo Donax*, L. — Agde, Roquehaute.

390 *Phragmites communis*, Trin. — Bessan, Vias, Agde, Roquehaute.

391 *Psamma arenaria*, Rœm. et Sch. — Sables à Agde.

392 *Agrostis canina*, L. — Bessan, Vias.

393 *Gastridium lendigerum*, Gaud. — Bessan à Lavalmale.

394 *Lagurus ovatus*, L.—Sables des bords de la mer à Agde.

395 *Aira cæspitosa*, L. — Bessan à Lavalmale.

396 *Avena sterilis*, L. —   id.

397   *Ludoviciana*, Durr.— id.

398   *pratensis*, L. —   id. à Lavalmale.

399 *Poa annua*, L. -- Bessan, Vias.

400   *bulbosa*, L. et sa variété vivipare. — Bessan.

401 *Erogrostis megastachya*, Link. — Bessan, Vias, Agde,
      Roquehaute.

402   *pilosa*, P. B. —   id.   id.   id.

403 *Briza maxima*. L. — Garrigues et lieux incultes de
      Bessan à Lavalmale.

404 *Scleropoa rigida*, Griseb. — Bessan, Vias.

405 *Æluropus littoralis*, Parlat. — Prairie salée de Roque-
      haute.

406 *Dactylis glomerata* , L. — Bessan.

407 *Bromus tectorum*, L. —   id.

408   *sterilis*, L. —   id.

409   *maximus*, Desf. —   id.

410   *madritensis*, L. —   id.

411   *mollis*, L. —   id.

412   *squarrosus*, L.   id.

413 *Hordeum murinum*, L.   id. Vias.

414   *maritimum*, L. Roquehaute.

415 *Triticum junceum*, L. — Sables des bords de la mer à
      Agde.

416   *repens*, L. — Bessan.

417 *Ægilops ovata*, L.—   id. aux monts Ramus.

418 *Brachypodium pinnatum*, P. B. — Bessan, Vias.

419   *ramosum*, Rœm. et Sch. — Bessan.

420   *distachyon*, P. B. —   id. dans
      les garrigues.

421 *Gaudinia fragilis*, P. B. — Bessan.

Division III. — ACOTYLÉDONÉES VASCULAIRES.

(Cryptogames).

Equisétacées.

422 *Equisetum ramosum,* Schl. — Bessan.
423   *palustre,* L. —   id.

Isoétées.

424 *Isoetes setacea,* Del. — Mares de Roquehaute.

Séance du 30 avril 1879,

Présidence de M. MARQUET, Vice-Président.

La correspondance comprend les publications périodiques ordinaires et les ouvrages suivants :

A. PICHE : *Etat de la Météorologie en France.* In-8°, 1879.

DE ROUVILLE : *Notice sur le sol de Montpellier.* 1879, in-8°.

R. RUMEAU : *Monographie de la ville de Grenade.* Toulouse, 1879, in-8°.

Maurice GOURDON : *Croquis scandinaves, — Ascension en Andorre, — le Pic de Boum, — le Gallinero, — le Pic de Montarto, — le Massif de Colomès, — la vallée d'Aran, — les Montagnes de Caldas.* Brochures in-8°, 1877 et 1878.

Sont nommés membres titulaires, conformément aux statuts, MM. DELTHIL, de Lavaur; Bernard LASSÈRE, PÉRIER, POCHON, Georges de MUNCK, et BARBIER, professeur d'Histoire naturelle à l'Ecole vétérinaire de Toulouse, présentés par MM. Cartailhac, Lacroix, Bidaud, Courso et de Rivals.

Le président annonce ensuite plusieurs présentations.

M. ARTHÈS, membre titulaire, fait en ces termes la proposition de créer un *Musée départemental à Toulouse :*

Dans mes visites à quelques-uns des principaux Musées de France, notamment à celui de Toulouse, qui compte à juste titre parmi les plus complets et les mieux entretenus, j'ai été frappé du peu d'importance que l'on semble accorder aux productions de la région.

Alors que les échantillons de la faune des pays lointains occupent le premier rang, dans d'élégantes et riches vitrines, ceux de la contrée, lorsqu'il en existe, sont presque toujours relégués dans les coins obscurs ou bien dans les greniers.

N'y aurait-il pas quelque intérêt à réunir dans une ou plusieurs salles spéciales des collections, bien classées, présentant des spécimens de tout ce que le département produit au point de vue des sciences naturelles ?

Si je prends la liberté d'aborder ce sujet devant vous, Messieurs, c'est parce que vous êtes les représentants autorisés du département de la Haute-Garonne en ce qui touche à l'histoire naturelle.

Je lis en effet, dans notre règlement, article 3 :

« Le but plus spécial de la Société, est d'étudier et de » *faire connaître* la constitution géologique, la flore et la » faune de la région dont Toulouse est le centre. »

Cette mission, je le sais, n'a jamais été désertée par la Société ; et il suffit d'ouvrir ses Annales pour s'en convaincre.

Vos découvertes sont connues, il est vrai, des érudits et des savants ; mais le public n'en profite guère ; pour l'intéresser et l'instruire, il faut parler à ses yeux.

Or, le moyen le plus rationnel d'obtenir ce résultat est, comme je le disais, de former un Musée départemental ouvert à tous, et dans lequel l'étudiant, le touriste et l'étranger trouveraient des sujets d'étude et de distraction.

Si ce projet obtenait votre sanction et que, d'autre part, la municipalité consentît à la cession d'un local suffisant, garni de vitrines, voici par quels moyens nous pourrions arriver à un résultat pratique.

Ce serait :

1° De retirer du grand Musée les doubles qui doivent s'y trouver je n'en doute pas ;

2° De faire appel aux collections particulières ;

3° D'intéresser Messieurs les Curés et instituteurs de toutes les communes du département à notre œuvre, et pour faciliter leur tâche, de rédiger une instruction aussi précise que possible sur la recherche des échantillons. (*Choix, conservation, expédition.*)

Ce Musée, avec le temps, renfermerait tous les éléments de l'histoire naturelle de la Haute-Garonne.

Telles sont, Messieurs, les quelques observations que j'ai l'honneur de soumettre à votre appréciation.

Après une courte discussion, la Société prend la proposition en considération et la renvoie à une commission chargée de l'étudier.

M. P. Fagot, membre titulaire, donne lecture des travaux suivants :

Espèces des Pyrénées-Orientales du groupe de l'Helix arbustorum;

Par M. P. FAGOT, membre titulaire.

L'*Helix arbustorum*, espèce caractéristique du centre alpique, en s'introduisant dans les Pyrénées-Orientales, département peuplé par l'acclimatation des espèces du centre hispanique, y subit des modifications profondes et y présente deux formes distinctes méconnues par tous les conchyliologistes français.

C'est à l'étude de ces deux formes que nous consacrons la présente note, après avoir donné la diagnose de l'*Helix arbustorum*, considéré comme type des espèces de ce groupe.

HELIX ARBUSTORUM

Helix arbustorum, Linnæus, Syst. nat., édit. X, p. 771, n° 596, 1758.

« Testa subimperforata, convexa, supra conoidea, vel
» convexa, infra convexiuscula, solida, opaca, nitida, sub-
» tiliter striata, brunnea vel rufa, maculis flavescentibus
» marmorata, subtus unifasciata ; — spira conoidea, quan-
» doque subdepressa, convexa, subelata, apice obtuso ; —
» anfractibus 5-5 1/2 depresso-convexis, sat celeriter cres-
» centibus, sutura impressa separatis; ultimo majore, ro-
» tundato, regulariter ac paululum descendente, circa locum
» umbilicalem depresso; — apertura obliqua, lunata, irre-
» gulariter rotundata, intus lactea ; peristomate subacuto,
» reflexo, intus incrassato. marginibus parum approximatis,
» vix convergentibus, margine columellari subarcuato,
» compresso, ad umbilicum adpresso ; margine externo ro-
» tundato. »

Coquille subimperforée, convexe, conoïde ou convexe en
dessus, moins bombée en dessous, solide, opaque, luisante,
brune ou roussâtre et irrégulièrement striée, avec de petites
flammes longitudinales en zigzags irréguliers plus opaques
et jaunes, munie d'une bande brune peu marquée sur la
convexité de l'avant-dernier tour ; spire conoïde et quelquefois subdéprimée, convexe, un peu élevée ; sommet obtus ;
5 à 5 1/2 tours de spire convexes-déprimés, à croissance assez rapide et à sutures profondes, le dernier plus grand,
arrondi, descendant vers l'ouverture d'une façon lente et
régulière, déprimé dans le voisinage de l'ombilic ; — ouverture oblique, irrégulièrement arrondie, blanche en dedans; péristome presque aigu, réfléchi, épais à l'intérieur ;
bords peu rapprochés, à peine convergents, le columellaire
un peu courbé, comprimé, réfléchi vers l'ombilic, l'externe
arrondi.

Cette coquille, telle que nous venons de la décrire, est
commune dans les Alpes et leurs dépendances, mais n'a jamais été trouvée dans les Pyrénées, où elle est remplacée
par les suivantes :

HELIX XATARTI.

Helix Xatartii. Farines, Descript. espèc. coq. viv., p. 6,
pl. unique, fig. 7-9 (en sens inverse),
1834, et in Bullet. soc. philom. Perpignan, t. I, II, p. 65, pl. unique, fig. 7-9,
1835.

Arianta Xatartii, Beck., Ind. Moll., p. 41, 1837.

« Testa imperforata, convexa, supra conoidea, subtus
» convexissima, solida, opaca, nitida, striata, striis validio-
» ribus costulata, brunnea, maculis flavis notata, unifas-
» ciata ; — spirea conoidea, parum convexa ; apice obtuso ;
» — anfractibus 5 convexis, sutura impressa separatis, re-
» gulariter crescentibus, ultimo vix majore, rotundato, ad
» aperturam subito descendente, circa locum umbilicalem
» vix depresso ; — apertura obliqua, regulariter rotundata,
» lactea ; peristomate subacuto, valde reflexo, intus incras-
» sato ; — marginibus approximatis, convergentibus ; mar-
» gine columellari arcuato, ad umbilicum compresso ; mar-
» gine externo rotundato.

Alt. 14-15. — Diam. 19-20 millim.

Coquille subimperforée, convexe, conoïde en dessus, très-
convexe en dessous, solide, opaque, brillante, striée, les
stries étant coupées obliquement par des côtes, brune
avec des taches ou de petites bandes d'un jaune vif et une
seule bande brune au-dessus de la convexité de l'avant-
dernier tour ; spire conoïde, peu convexe, sommet obtus ;
5 tours de spire convexes séparés par une suture profonde,
à croissance régulière, le dernier à peine plus grand, arrondi, descendant subitement vers l'ouverture, peu déprimé
dans la région ombilicale ; ouverture oblique, régulièrement
arrondie, très-blanche ; péristome tranchant, très-réfléchi,

épaissi à l'intérieur, bords rapprochés, convergents, le columellaire arqué, réfléchi vers l'ombilic, l'externe arrondi.

Cette espèce, qui n'a cessé d'être considérée, à tort, par
les malacologistes, tantôt comme une variété de l'*H. arbus-*
torum, tantôt comme identique avec l'*H. Canigonica*, se distingue aisément de la première espèce par son dernier tour
proportionnellement moins grand, le dessous de ce même
tour plus bombé, la couleur et la disposition des taches
jaunes, les stries plus fortes qui la rendent comme côtelée,
l'ouverture plus arrondie, et de la seconde par sa forme
plus globuleuse, son dernier tour plus petit, plus bombé en
dessous et en dessus, l'épaisseur des stries, la disposition et
la coloration de la bande, etc.

Habite sur le Canigou et surtout sur le Cambre d'Aze, à
Montlouis (1200 mètres et au-dessous).

HELIX CANIGONICA.

Helix Canigonensis. Boubée, Bullet. hist. nat., édit. in-16,
p. 36, n° 57, 1833 ; et édit. in-8°,
p. 25, n° 57, 1er décembre 1834.

« Testa imperforata, depresso-convexa, supra depressa,
subtus mediocriter convexa, parum solida, subopaca, vix
nitida, costulato-striata, corneo-virescente, unifasciata vel
non fasciata ; — spira compressa ; apice obtusissimo ; — anfractibus 5 parum convexis, sutura non impressa separatis,
ultimo majore, ad aperturam vix descendente, subrotun-
dato, circa locum umbilicalem non inflato ; — apertura parum obliqua, irregulariter rotundata, alba ; — peristomate
acuto, vix reflexo, intus subincrassato ; marginibus parum
approximatis, tamen convergentibus ; margine columellari
regulariter subarcuato, ad umbilicum reflexo ; margine externo rotundato.

Alt. 7-10. — Diam. 18-20 millim.

Coquille imperforée, déprimée-convexe, peu bombée en dessus, un peu plus en dessous ; peu solide, subopaque, à peine brillante, irrégulièrement striée-côtelée, couleur de corne verdâtre avec une seule bande brune transparente et à moitié effacée sur la convexité de l'avant-dernier tour ; cette bande manque quelquefois ; — spire comprimée, sommet très-obtus ; 5 tours de spire peu convexes, séparés par une suture médiocre, le dernier un peu plus grand, descendant à peine vers l'ouverture, subarrondi, légèrement comprimé vers l'ombilic ; ouverture peu oblique, irrégulièrement arrondie, blanche ; péristome tranchant, à peine réfléchi, légèrement épaissi en dedans ; bords peu rapprochés quoique convergents, le columellaire régulièrement arqué, réfléchi vers l'ombilic, l'externe plus arrondi.

L'*Helix Canigonica* ne pourrait être confondu qu'avec l'espèce précédente dont on le reconnaîtra : à sa forme moins globuleuse, à ses stries plus régulières et non séparées par des stries fines, à son test fragile et pellucide, à la coloration de sa bande, à ses tours moins convexes, sa suture moins profonde, son dernier tour plus grand et moins descendant vers l'ouverture, à cette ouverture plus comprimée transversalement, à son péristome moins réfléchi et plus mince, etc.

Habite au-dessus de la Preste, à la limite des neiges éternelles, sur le mont Canigou (2000 mètres et au-dessus).

Afin de montrer que les descriptions de l'*Helix Xartati* et *Canigonica* correspondent aux types des auteurs, nous reproduisons textuellement les diagnoses originales.

HELIX XATARTII.

« Test solide, d'une couleur jaunâtre tirant sur le vert, brunâtre et comme rôti, surtout sur le tour inférieur de la spire qui est marquée d'une bande brune, clairsemé de taches jaunes plus nombreuses vers la partie postérieure de la

coquille; ouverture demi-ovale, péristome blanc, peu réfléchi, trou ombilical moyen et un peu marqué par la columelle. Cette coquille est très-striée et comme *côtelée* par
des replis très-saillants qui sont probablement des traces
d'anciens péristomes ; ces stries, beaucoup plus apparentes
en dessous qu'en dessus de la coquille, constituent un caractère distinctif entre cette hélice et l'*Helix arbustorum*. La
spire, quoiqu'un peu convexe, est beaucoup plus aplatie et
sa grosseur beaucoup moins variable que dans les différentes
variétés de l'*Helix arbustorum*.

» Dans le jeune âge cette coquille est transparente, fragile, d'une couleur jaune-verdâtre, mince, sans bande brune
ni taches jaunes, profondément striée ; son ombilic est en
grande partie recouvert par la columelle ; au fur et à mesure qu'elle avance en âge, elle acquiert de la solidité, se
développe ⸝ se découvre » (Farines).

HELIX CANIGONENSIS.

« Globuleuse, fragile, striée, couverte d'un épiderme
verdâtre, dépourvue de tout système de coloration, mais
seulement ornée d'une raie brune peu marquée sur la carène
de son dernier tour qui est à peu près arrondi » (Boubée).

Les individus jeunes de l'*Helix Xatarti* ressemblent beaucoup à l'*Helix Canigonica* ; mais on les distinguera de ce
dernier à leur coloration plus jaunâtre, leurs côtes plus
fortes et plus régulières, l'absence de toute trace de bande,
le test moins délicat, etc.

A mesure qu'il avance en âge, le premier voit sa coquille
s'épaissir et se couvrir de taches jaunâtres, tandis que l'*Helix
Canigonica*, parvenu à son entier développement, reste toujours mince et sans trace de points jaunâtres.

C'est cette ressemblance trompeuse et temporaire qui a
égaré tous les malacologistes et les a empêchés de discerner
la vérité.

HELIX XANTHELÆA, BOURGUIGNAT.

Helix pyrenaica. var. *complanata.* (Bourguignat, Moll. San Julia de Loria, p. 8, pl. I, fig. 12-14, 1863.)

Testa umbilicata, supra et subtus fere depressa, corneo-oleosa, nitida, pellucida, substriatula ; — apice obtuso, lævigato ; — anfractibus 4 1/2 lente ac regulariter crescentibus, ad partem superiorem convexiusculis, infra suplanulatis, ad suturam declivibus, sutura impressa separatis ; ultimo majore, subtus compresso ; — apertura transverse oblongo-rotundata ; margine externo arcuato, ad aperturam paululum descendente, margine columellari recto, ad partem superiorem late reflexo ; marginibus parum conniventibus, callo tenuissimo junctis.

Alt. 7. — Diam. 8-9 millim.

Environs de Port-Vendres, de Perpignan, de la Preste, du Vernet, d'Ax (Mérens, l'Hospitalet), Val d'Andorre.

La *xanthelœa* est surtout caractérisée par sa forme surbaissée, un peu comprimée, par son accroissement plus régulier (chez cette espèce, *l'avant*-dernier tour est plus large et plus développé que chez la *pyrenaica*), par son ouverture transversalement oblongue-arrondie, dont le bord inférieur est presque rectiligne.

Elle diffère de la *Pyrenaica* :

par sa spire presque plane en dessus ;

par son dernier tour moins arrondi en dessous et comme comprimé ;

par ses tours dont la convexité se trouve portée vers la partie supérieure (chez la *pyrenaica*, les tours plus en pente en dessus, sont plus arrondis et le maximum de la convexité est plus médian) ;

par son ombilic plus ouvert ;

par son bord columellaire moins dilaté, moins longuement

réfléchi à sa partie supérieure. La dilatation supéro-
columellaire de l'autre espèce est plus grande et recouvre toujours un peu l'ombilic ;

par son ouverture un peu moins oblique et transversalement
oblongue-arrondie, offrant à sa partie inférieure une
direction peu arquée, plutôt un peu plane, et dont le
bord supérieur, loin d'être un peu en pente (comme
cela a lieu pour sa congénère), est plus régulièrement
relevé, tout en étant arrondi.

La *Xanthelœa* possède, en outre, un test plus délicat et
plus finement striolé.

Note sur le véritable Pupa pyrenaica, Farines ;

Par M. P. FAGOT, membre titulaire.

Le type du *Pupa megacheilos* (Cristofori et Jan, 1832), se
trouve dans les Alpes de la Lombardie, dans la province de
Côme. Ce type ne se retrouve point dans les Pyrénées françaises ; il y est remplacé par des formes suffisamment
distinctes que nous nous proposons de faire connaître successivement. Pour aujourd'hui, nous nous contenterons
d'étudier l'une de ces formes spéciale au département des
Pyrénées-Orientales. Aucune coquille n'a reçu autant de
noms et n'a été mieux méconnue, ainsi que l'on peut s'en
convaincre par la synonymie suivante que nous donnons
comme certaine après une étude consciencieuse :

> *Pupa frumentum*, Boubée, Bullet. Hist. nat. France,
> 3ᵉ sect., Moll. et Zooph. ; édit. in-18, pp. 10 et
> 11, nᵒ 18 ; 15 février 1833 (1).
>
> *Pupa frumentum*, var. Boubée. Bullet. Hist. nat. France,

---

(1) Non *Pupa frumentum*. Draparnaud, Tabl. Moll., p. 59, nᵒ 11,
1801.

3ᵉ sect. Moll. et Zooph. ; édit. in-8°, p. 30,
n° 70 ; 1ᵉʳ décembre 1834.

Pupa megacheilos, Bouhée, *loc. cit.*

Pupa frumentum, var. *pyrenaica.* Boubée ex Des Moulins, Descript. Moll. terr. et fluv. (extr. Act.
soc. Linn. Bordeaux, t. VII, 3ᵉ livr.), p. 20,
1835 (1).

Pupa secale. Des Moulins, *loc. cit.* (2).

Pupa Farinesi. Michaud, teste Boubée, *loc. cit.,* édit.
in-8°, p. 30, n° 70, 1834 ; et Des Moulins, *loc.
suprà cit.,* pp. 20 et 22, 1835 (3).

Pupa pyrenaica. Farines teste Boubée et Farines, *loco
citato* (4).

Pupa Pyrenœaria quorund. Des Moulins, *loco citato,*
p. 20 (5).

(1) « Cette espèce fut mentionnée dans un mémoire lu devant une
société savante de Paris sous le nom d'une espèce dont elle diffère considérablement, *Pupa frumentum,* Drap. var. *pyrenaica.* » Ce mémoire
n'est autre que celui de Boubée signalé dans notre Historique·des Pyrénées-Orientales.

(2) Non *Pupa secale,* Drap., Tabl. Moll, p. 59, n° 12, 1801.

(3) Non *Pupa Farinesii.* Des Moulins, *loc cit.,* p. 16, pl. II, fig. E.
1·3., espèce différente.

(4) Non *Pupa pyrenaica.* Boubée, *loc. cit.,* édit. in-18, p 9, n° 18,
15 février 1833, synonyme du *Pupa ringens,* Michaud.

(5) « Deux naturalistes, mes correspondants, me l'envoyèrent ou m'en
parlèrent dans leurs lettres sous les noms successifs et également erronés
de *P. avena,* Drap., var. *major,* et de *P. pyrenœaria,* Mich., Complément. » Ces deux correspondants sont, selon toute probabilité, Companyo et Aleron. Michaud, in Pothiez, et Michaud, Galer. Moll., Douai,
p. 167, t. I, 1838, s'exprime ainsi : « M. Charles Des Moulins rapporte
à cette espèce (*Pupa megacheilos*) plusieurs coquilles de France, qui,
quoique d'un aspect bien différent du type, peuvent très-bien en former
des variétés ; mais ce naturaliste fait erreur en donnant pour synonyme
le *Pupa pyrenœaria,* Michaud, qui, selon nous, constitue une espèce
parfaitement distincte. Ce n'est point, en effet, le *Pupa pyrenœaria* que
M. Michaud eut, dans le temps, l'intention de publier sous le nom spé-

Pupa megacheilos, var. *tenuimarginata*. Des Moulins,
 loc. cit., p. 22, pl. 11, fig. C. 1-4.

Pupa badia. Moquin-Tandon, Hist. nat. Moll., t. II,
 p. 354, 1855 (1).

Malgré la diversité des appellations qui lui ont été impo-
sées, notre espèce doit recevoir un nom nouveau, tous ceux
qu'elle a reçus ayant été déjà retenus pour d'autres coquilles. Le vocable seul de *tenuimarginata* aurait pu être pris,
s'il n'était point contraire à la règle de la nomenclature
« *sesquipedalia verba excludenda sunt.* » En conséquence,
nous proposons de la nommer *Pupa leptocheilos*, traduction
grecque de *tenuimarginata*. Cette espèce, quoique voisine
du *Pupa megacheilos*, en est très-distincte, comme nous le
ferons remarquer après avoir donné sa diagnose.

PUPA LEPTOCHEILOS.

 « Testa subperforata, conica, corneo-rufa vel badia, vix
» nitida, subpellucida (3 primi lævigati excepti) striatula :
» striæ irregulares, debiles, obliquæ, confertissimæ ; — spira
» parum elongata, regulariter acuminata, apice obtuso ; —
» anfractibus 8 convexis, sutura impressa separatis, ultimo
» majore, ad aperturam ascendente , circa perforationem
» compresso et infra cristato, — apertura vix obliqua, trun-
» cato-subrotumdata, 8 dentata scilicet : plicæ parietales
» duæ, quarum una fere angulari, submarginali, altera me-

cifique de *Pupa Farinesi*, c'est une coquille que depuis cet auteur a
regardée comme une variété *major* du *Pupa avena*. Les appréciations
de M. Michaud sont complètement erronées. Des Moulins n'a point donné
le *Pupa pyrenœaria*, Michaud, comme synonyme au *Pupa megacheilos*,
mais a dit au contraire que ce sont deux espèces distinctes. Ce qu'il y a
à retenir de cette citation, c'est que Michaud a appelé notre coquille
d'abord *Pupa Farinesi* et ensuite *Pupa avena*, var. *major*.

 (1) Non *Pupa badia*, Adams in Bost. Journ , t. III, p. 331, tab. III,
fig. 18, 1845, espèce complètement différente.

» dia, profunda ; — plicæ parietales duæ, in fauce remotæ;
» 4 plicæ palatales, superior tenuis, brevissima, aliæ levem
» marginem, prope aperturam situm, attingentes ; — peris-
» tomate acuto , reflexo ; margine externo valde arcuato,
» expanso, margine columellari fere recto, reflexo , patente,
» rimam subtegente, marginibus approximatis, non callo
» junctis. »

Alt. 8. — Diam. 3 millim.

Le *Pupa leptocheilos* ne saurait être confondu qu'avec les
Pupa megacheilos et *Bigorriensis*. Il diffère du premier par
sa forme plus conique-ventrue, par ses stries plus apparentes, ses tours plus convexes, ses plis palataux réduits à 4,
dont 3 atteignent un léger bourrelet submarginal, tandis
qu'un seul de ces plis arrive jusqu'au péristome dans l'espèce de Cristofori et Jan, par son bord externe plus arqué,
par son péristome beaucoup plus mince et moins rabattu, etc.

Il se distingue du second par sa forme régulièrement conique et non cylindracée, par ses stries plus fines et plus
régulières, son sommet moins trapu, ses plis palataux plus
accusés, son ouverture moins oblongue, son bord externe
plus régulièrement arrondi, etc.

Le type, tel que nous venons de le décrire, est très-commun à la Preste (Pyrénées-Orientales). Il semble former le
passage entre les *Pupa megacheilos* et *Bigorriensis*, et c'est
probablement pour ce motif que tous les auteurs français
ont méconnu ses caractères. Notre *Pupa leptocheilos* et une
autre espèce du même groupe, le *Pupa goniostoma* Kuster,
caractérisent la partie orientale du versant français pyrénéen.

Présidence de M. E. Cartailhac, président.

M. Edmond Salinier (Toulouse et château du Castelet, près Cuq-Toulza), est nommé membre titulaire sur la proposition de MM. Belleville et de Malafosse.

Le Président annonce que le comité des excursions propose d'aller :

1o En mai dans l'Aude, région de Caunes ;

2o En juin dans l'Ariège, région de Saint-Girons ;

3o En juillet ou août, ascension du pic du Midi.

Ces projets sont adoptés.

· Le rapporteur de la Commission chargée d'examiner la proposition de M. Arthès sur la création d'un Musée départemental à Toulouse., présente des conclusions favorables. La Société est unanime à partager cette manière de voir ; mais M. Cartailhac et d'autres membres supposent que le vœu de la Société n'aurait pas de chance d'être bien accueilli dans les circonstances actuelles. Par exemple ,, on pourra répondre à la Société qu'il n'y a pas possibilité de trouver à présent un local.

Malgré ces observations la Société, persuadée qu'elle remplit son devoir, adopte la proposition que M. Arthès avait développée dans la séance du 30 avril.

M. Joleaud, membre titulaire, donne communication d'un procédé pour la reproduction des plantes sur le papier. Il présente à la Société quelques épreuves d'une netteté remarquable. Les graminées et les autres plantes à tige ténue sont surtout très-bien venues. — Pour obtenir ces épreuves, il faut : 1o sensibiliser le papier au moyen du mélange des deux solutions suivantes : I. *Cyanure jaune de potassium*, 40 gr.; *Eau distillée*, 100 gr. — II. *Citrate de fer*, 40 gr.; *Eau distillée*, 100 gr. — 2o Appliquer la plante sur le papier et l'exposer pendant quelques minutes au soleil. — 3o Laver dans une solution très-légère d'ammoniaque.

M. P. Fagot donne lecture de la note suivante :

Matériaux pour la faune malacologique terrestre, des eaux douces et des eaux saumâtres de l'Aude ;

Par M. P. FAGOT, membre titulaire.

I. Historique.

Moins favorisé que la plupart des autres départements français, le département de l'Aude qui, pourtant, par sa position géographique, offre tant d'intérêt, n'a jamais eu jusqu'à ce jour aucun catalogue des Mollusques. C'est pour combler en partie cette lacune que nous nous proposons de donner une première liste, fort incomplète sans doute, mais qui permettra de juger les richesses de cette région.

Avant de dresser la liste annoncée, nous croyons devoir faire connaître les minces matériaux apportés par nos prédécesseurs, laissant volontairement de côté les travaux des auteurs étrangers qui ont semblé se complaire dans l'indication de fausses localités.

Jusqu'en 1831 nous ne connaissons aucune espèce mentionnée.

Draparnaud, le père de la conchyliologie française, a complètement négligé le département qui nous occupe.

M. Michaud, voulant compléter l'œuvre de Draparnaud, a fait quelques recherches dans les régions inexplorées par ce dernier et a signalé, dans son Complément, les deux espèces suivantes :

Helix apicina.

    conspurcata.

Nérée Boubée, qui entreprenait chaque année, en compagnie de ses élèves et de ses amis, un voyage dans les Pyrénées, a aussi visité les Corbières.

Dans les deux éditions de son Bulletin (1832-1835) il cite :

Testacella haliotidea.

Achatinea folliculus. — *Ferussacia folliculus.*

Bulimus radiatus. — *Bulimus detritus.*

Moquin-Tandon (1843),

Signale la présence de la *Succinea oblonga.* — *Succinea Valcourtiana.*

En 1845, Companyo, — Ile Sainte-Lucie, Histoire naturelle, Conchyliologie, — in Bulletin Soc. agric., etc. Pyrénées-Orientales, t. VI, 2ᵉ part., p. 319 (ann. 1841-1844, Perpignan, 1845), indique :

Helix maritima.

conica. — *H. trochoides.*

pyramidata.

elegans. — *H. terrestris.*

Pisana.

Variabilis.

Moquin-Tandon, dans son *Histoire naturelle des Mollusques de France* (1855), est le premier auteur qui ait fait connaître un certain nombre d'espèces :

Vitrina pellucida.

Succinea arenaria. — *Succinea Valcourtiana.*

Helix splendida et 2 variétés.

Helix vermiculata et 3 variétés.

Helix apicina.

Helix unifasciata var. *gratiosa* (espèce erronée).

Helix conspurcata.

— — var. *costulata* (*H. Narbonensis*, Requien) (fausse détermination).

Helix terrestris, var. *Trochilus.*

Bulimus detritus.

Bulimus quadridens.

Bulimus folliculus. — *Ferussacia folliculus.*

Bulimus decollatus.

Clausilia bidens.

Pupa quinquedentata, var. *major.*

Pupa avenacea.

Pupa pyrenæaria.

Pupa multidentata (très-douteux).

Vertigo pusilla.

Vertigo anti-vertigo, var. *octodentata.*

Carychium myosotis. — *Alexia myosotis.*

Physa acuta.

Limnœa limosa, var. *intermedia.*

Limnœa palustris.

Unio rhomboidens, var. *minor.*

Pisidium amnicum.

M. Jules Mabillé , *Limaciens français* (extr. Annal. malac.) 1870, ajoute à la faune :

Arion ater.

Arion subfuscus.

Milax pyrrichus.

Limax sylvaticus.

M. J.-R. Bourguignat (*Species novissimæ Molluscorum,*
1877), donne la diagnose et l'habitat des *paludestrina*, genre
si intéressant et si négligé, qui vivent dans les eaux saumâtres du littoral :

Paludestrina gracillima.

Moitessieri.

spiroxia.

soluta.

euryomphalus.

arenarum.

Narbonensis.

leneumicra.

Enfin M. Dubreuil, de Montpellier (Catal. Moll. Hérault),
3e édit. in Rev. sc. nat. 1878), vient de signaler la présence
dans les environs de Narbonne, de la

Clausilia rugosa.

Il est facile de se convaincre, par la lecture de ce qui précède, que l'Aude a peu attiré l'attention des naturalistes ou que, du moins, leurs découvertes ont été perdues pour la science.

Quelques explorations personnelles que nous avons faites dans le département et les envois de correspondants obligeants, nous mettent à même de publier une liste beaucoup plus étendue. Mais nous n'ignorons point que nos matériaux sont incomplets ; aussi prions-nous les adeptes de la science conchyliologique de nous adresser leurs renseignements.

Séance du 4 juin 1879,

Présidence de M. le capitaine LASSERRE, doyen d'âge.

Le Secrétaire signale dans la correspondance une lettre de M. le Directeur de la compagnie des chemins de fer du Midi, accordant une réduction de 50 p. % sur le prix des places aux membres de la Société qui voyageront en groupe de dix au moins.

La Société vote des remerciements à la compagnie du Midi.

Sont nommés membres titulaires :

MM. Charles GAURAN, Edmond BAYLE et Paul FABBÉ, présentés par MM. Marquet et Cartailhac.

Le Président annonce trois présentations.

Il est donné lecture de la note suivante :

Note sur un grenat chromifère des environs de Venasque;

Par M. le comte BEGOUEN, membre titulaire.

M. Lézat me montra, il y a environ quatre ans, dans l'intéressante collection de minéraux des Pyrénées qu'il a jointe à ses magnifiques plans en relief, une roche verte contenan des cristaux d'une belle couleur émeraude. Ce minéral ne me parut rentrer dans aucun des types que je connaissais. Depuis j'ai pu voir souvent des échantillons du même genre chez les marchands de minéraux qui sont à Luchon, sans pouvoir obtenir d'indications bien précises sur son origine ; le garde qui m'en remit plusieurs morceaux me dit qu'ils venaient des montagnes situées aux environs de la ville de Venasque au pied du pic Poset.

L'essai au chalumeau avec du borax révéla tout de suite la présence du chrome. Quelques fragments de cristaux portant des faces du dodécaèdre rhomboïdal, je pensai que l'on pouvait se trouver en face d'une variété de grenat.

M. Garrigou, à qui j'en parlai, voulut bien commencer l'analyse. Il obtint une notable proportion de chrome et trouva une densité se rapprochant beaucoup de celle du grenat. Malheureusement, des travaux plus importants ne lui permirent pas de terminer ces recherches.

Je portai des échantillons de cette roche à M. Damour, sachant qu'il avait déjà fait autrefois des recherches sur le grenat chromifère de l'Oural. Ce savant minéralogiste m'écrivit le 31 janvier dernier :

« Ainsi que je vous l'ai écrit dans ma dernière lettre, le » grenat vert du pic Poset constitue pour une forte propor- » tion une roche mêlée de quartz et d'un minéral blanc, » facilement fusible et qui semble se rapporter soit à la » wernerite soit à la zoïzite. La roche est en outre intime- » ment pénétrée de carbonate de chaux, facile à séparer » par une digestion dans l'acide nitrique affaibli. On met » ainsi à jour de petites druses montrant des cristaux dodé- » caédriques de grenat vert.

» Ce grenat étant très-fendillé, s'égrène facilement. Mais » il n'en conserve pas moins la dureté particulière au genre » auquel il appartient. La densité 3, 43. A la flamme du » chalumeau il fond assez difficilement en un verre noir , » fondu avec le borax ou le sel de phosphore, il donne un

» vert coloré en vert émeraude. L'analyse a donné les résul-
» tats suivants :

			Oxygène	Rapports
» Silice............	36,20		19,30	2
» Alumine.........	10,20	4,75		
» Oxyde de chrome..	6,50	2,04	9,67	1
« Oxyde ferrique....	9,60	2,88		
» Oxyde ferreux	8,16	1,81		
» Chaux	27,50	7,85	9,79	1
» Oxyde manganeux.	50	0,13		
	98,66			

» On en tire la formule :

» $^2 Si^3 +$ (C a F) $^6 Si^3$, qui se rapporte à celle du grenat.

» On voit ainsi que ce grenat ne pouvait pas être rapporté
» à l'ouwarowite. Il renferme trop de fer et d'alumine et
» pas assez d'oxide de chrome. »

Dans une lettre que M. Damour m'a fait l'honneur de
m'écrire le 15 juin dernier, il m'informe qu'il a donné connaissance de ces résultats à la Société minéralogique et il
ajoute :

« La composition de ce grenat se rapproche très-notable-
» ment d'un minéral de même forme cristalline et de même
» couleur qui provient d'Ozford, au Canada. Ces deux va-
» riétés de grenat ne contiennent pas au-delà de 6 à 7 p. %
» d'oxyde de chrome et ne pourraient donc pas être rappor-
› tées à l'ouwarowite, qui en renferme près de 30 p. %. »

Séance du 18 juin 1879.

Présidence de M. Marquet, vice-président.

Le président annonce que pendant son excursion dans l'Aude, la Société a nommé membre titulaire M. Germain Sicard, château de Rivières par Caunes (Aude), et M. Guilhaume Héron, de Toulouse, présentés par MM. Begouen et Cartailhac.

M. Adrien Lacroix communique le résultat de ses observations sur *un passage de guépiers* qui a eu lieu fin mai 1879 dans les environs de Toulouse. Ce passage a été aussi remarqué dans la zône qui s'étend de Bayonne à Agen. Maintenant sans doute comme il arrive d'ordinaire, il s'écoulera une période de 5 à 6 ans avant qu'on puisse apercevoir cette espèce.

M. Félix Regnault rend compte des résultats obtenus par la Société dans son excursion entre Caunes et Limousis: Et d'abord il convient de voter des remerciements chaleureux à notre confrère M. Rousseau, sous-inspecteur du reboisement de l'Aude, qui avait préparé avec soin l'excursion.

A Caunes la Société a pu visiter les carrières de marbres dévoniens, les nombreuses assises-fossilifères et les marbreries dans lesquelles elle a rencontré le plus gracieux et le plus généreux accueil, notamment chez M. Galinier, qui a offert de beaux échantillons de plaques avec goniatites. Bien que cela sorte du domaine des études de la Société, il convient de rappeler qu'elle a pu admirer au presbytère une boite en ivoire sculptée, d'une haute antiquité et sans doute d'origine orientale.

Le lendemain le groupe des excursionistes se rendait aux mines de Manganèse de Villerembert, puis au dolmen de Roquetroquade. Ce monument fort bien conservé et dans une admirable position avait déjà livré, en 1868, des ossements humains à MM. Cartailhac et A. Gautier.

L'après-midi fut consacrée aux cavernes de Sadledles Cabardes, dont le muséum de Toulouse possède déjà des échantillons dus à la générosité de M. le professeur Filhol. La grotte qui est à l'est du village de l'autre côté du ruisseau, est la plus vaste. Les couloirs intérieurs sont occupés par un limon jaunâtre dans lequel gisent des ossements d'ursus spelœus. La première salle offre un dépôt charbonneux, et de nombreux ossements cassés ou travaillés avec silex taillés de l'âge du renne.

L'autre caverne est une sorte de puits situé au nord et au-dessous du village. Les ossements humains y sont très-bien conservés mais d'une extraction pénible. Il y a aussi des ossements de bœuf et des poteries qui, d'après M. Cartailhac, rappelleraient plutôt l'âge du bronze, que l'âge de la pierre polie. Plus encore que la précédente, cette grotte mériterait des fouilles sérieuses.

Tandis que la majeure partie des excursionistes reprenait la route de Toulouse par la délicieuse vallée de l'Orbiel, MM. E. Cartailhac, P. Fagot, M. Gourdon et F. Regnault allaient coucher à Limousis pour explorer le lendemain les grottes du voisinage. Grâce à la gracieuse hospitalité de M. Cau, instituteur, et de M. Callusio, garde-mine, M. Regnault et ses compagnons purent remplir rigoureusement leur programme. Les deux grottes sont à un et demi et à trois kilomètres nord-est de Limousis. La plus éloignée renferme des restes d'ursus spelœus dans ses profondes cavités ; elle est assez riche. Elle a également livré des ossements de hyène. M. Regnault présente la photographie des entrées de ces diverses cavernes.

M. Regnault ne veut pas terminer sans rappeler la visite faite par la Société au Musée de Carcassonne, où l'on peut admirer une nombreuse série de haches polies des Corbières, produits des fouilles importantes soit dans les grottes de la Clape, soit dans celle de Bise (recherches de M. Rousseau), et quelques objets précieux de l'âge de la pierre océanien.

M. Léon FLOTTE membre titulaire lit les deux notes suivantes.

Géologie des environs de Rome et du Vésuve.

Par M. L. FLOTTES, membre titulaire.

Le sol de la Campagne aux environs de Rome est un sol
essentiellement volcanique, Ce sont des coulées de laves, des
tufs et des sables volcaniques remaniés. Cependant, l'on y
trouve des lambeaux de quaternaire postérieurs ou contemporains de ces formations volcaniques et une série tertiaire.
La vallée du Tibre sépare en deux parties distinctes, sous le
rapport géologique, la Campagne Romaine. Sur la rive gauche se trouve le terrain quaternaire, sans jamais laisser voir
te terrain tertiaire. Sur la rive droite, au contraire, apparaît
le tertiaire sur lequel repose le quaternaire avec le facies terrestre seul.

Les fossiles que l'on y rencontre permettent cette conclusion.
En effet, à Ste-Agnès (rive gauche) au point dit La chaise du
Diable, l'on voit la coupe suivante :

1º Terre végétale, 0,10 à 0,20.

2º Tuf remanié avec ponce 1^m.

3º Sables tufacés, 0,20.

4º Cailloux roulés avec des ossements de bœuf, cerf, éléphant, co-
chon, etc., etc. 1^m.

5º Marnes d'eau douce en place avec *paludina impressa*; *planorbis
carinatus*, *lymnea auricularia*, *helix* très-rares, etc., etc., de 4 à 5^m.

6º Tuf micacé exploité pour les constructions de Rome 20 mètres au
moins.

Si l'on continue et que l'on suive le cours de la rivière au
ponte Salaria, sur la voie Nomentana, le facies de la couche
n° 5 varie, et l'on ne trouve plus que des cyclostomes et des
hélix d'assez grande taille, mais tellement écrasés qu'il est
difficile d'en emporter des échantillons facilement détermi-
nables.

Ces couches quaternaires sont peu étendues dans leur ensemble, quelques-unes seules ont un assez grand développement comme nous allons le voir dans la coupe suivante du Monte-Mario.

En sortant de Rome par la porte Angélique, l'on arrive rapidement au pied du Monte-Mario et à la hauteur de la villa Madama, l'on relève la couche suivante :

1º Tuf volcanique remanié.

2º Argile id.

3º Cailloux roulés et fossiles roulés, éléphant, cerf, cheval, etc,

4º Banc d'huitres.

5º Sables fossiliférés, 2^m.

6º Banc d'huitres.

7º Marnes du Vatican.

8º Quaternaire, 8.

La couche nº 3 correspond à la couche nº 4 de Ste-Agnès. Le nº 7 contient les argiles du Vatican, étudiées par M. Ponzi professeur à l'université de Rome, qui les place dans le miocène supérieur. D'autres géologues de Rome les placent dans la partie inférieure du pliocène.

Les couches nº 4 et nº 6 font partie d'un même banc et c'est dans cette couche que se trouve intercalée la couche fossilifère nº 5, dite du Monte-Mario.

Cette couche très-riche en fossiles a été étudiée par MM. Ponzi, de Reyneval, Montovani et quelques autres géologues, notamment M. Méli, aide naturaliste de M. Ponzi. Je n'ai pu déterminer les fossiles recueillis par moi, j'espère plus tard fournir cette liste.

La couche nº 8, quaternaire du Tibre, est en stratification discordante avec les couches du Monte-Mario ; dans cette couche se trouvent fréquemment des cétacés.

La couche nº 5 n'est qu'une intercallation dans la couche 4 et 6. Si on la suit dans les différentes vallées où elle affleure, on la voit apparaître sans que l'on puisse la signaler dans la vallée voisine. En effet, sur les pentes du Monte-Mario regardant le Vatican, pas de traces de cette couche, sur le flanc opposé à la villa Madama, à la Farnesina, au val de l'aqua travasa l'on la trouve avec tous ses caractères; mais elle ne tarde pas à disparaître sous les terrains plus modernes.

La coupe suivante montre bien comment elle se comporte :

L'inclinaison des surfaces de contact est variable, la couche n° 3 est inclinée de 4° sur la couche 4-6, et celle-ci de 10° sur la couche n° 7. La puissance de la couche n° 7, est inférieure.

Le facies des fossiles de la couche n° 5 est nettement marin presque sans mélanges. Cependant nous y avons rencontré quelques cérites· et plus rarement encore quelques cyrènes.

———

La constitution géologique du massif de la Somma et du Vésuve est assez intéressante à étudier. Elle se compose de deux formations volcaniques ayant des caractères distincts.

La première comprend la formation générale de la Somma. Le volcan primitif a surgi pendant la période quaternaire et s'est fait jour au fond de la mer au travers des couches tertiaires. Car on rencontre fréquemment dans les différentes couches de laves ou de cendres, des fossiles nummulitiques et des fossiles dont les espèces vivent encore dans la baie de Naples. M. le professeur Giuscardi, de l'université de Naples, a pu déterminer les fossiles quaternaires, mais il n'a pas encore déterminé les fossiles du nummulitique. La seconde, le Vésuve proprement dit, s'est au contraire formée hors des eaux, jamais dans aucune de ses coulées ou parmi les produits minéraux rejettés par la bouche principale ou les bouches accessoires, il n'a été rencontré aucun débris organique.

La série des différentes couches de la Somma et du Vésuve constitue un massif dont l'élévation au-dessus du niveau de la mer reste à peu près constant entre 1,200 et 1,300 mètres.

L'étude de la supperposition des différentes couches de la Somma peut se faire d'une manière très-intéressante dans les vals de l'Attrio de Cavallo et del Inferno.

En tournant le dos au Vésuve l'on aperçoit une série de couches paraissant horizontales. Ces couches sont désignées sous le nom de couches de marne, elles sont la représentation des diverses coulées de la Somma. Elles sont traversées par un grand nombre de filons qui correspondent chacun à une de ces couches de marne.

Quant à la constitution du Vésuve elle n'est pas visible comme celle de la Somma, mais est absolument la même. Les différentes coulées constituent aussi et des couches de marne et des filons qui sont tous les bouches de chacune des éruptions.

Les minéraux se trouvent principalement dans les anciennes coulées de la Somma. Les coulées actuelles du Vésuve sont peu riches en variétés,

---

Séance du 2 juillet 1879.

Présidence de M. Marquet, Vice-Président.

Sont nommés : membre titulaire , M. Moner , docteur en médecine à Barcelone (Espagne), sur la présentation de MM. Lacroix et Regnault , et M. de Rey , ingénieur à l'usine à Gaz, à Toulouse , présenté par MM. Cartailhac et Lacroix.

La Société ayant effectué son *excursion à la grotte d'Aubert, près de Saint-Girons,* il est donné lecture des rapports suivants :

M. Joleaud, membre titulaire, s'exprime en ces termes :

Je n'ai passé que quelques heures dans la montagne d'Au-

bert, et je n'ai pu, par suite, me rendre un compte exact de
la richesse de cette localité au point de vue botanique ;
voici néanmoins les noms de quelques plantes que j'ai observées. Cette liste, quoique succincte, suffira pour donner
un aperçu de la végétation qui se déroulait sous nos pieds,
tandis que nous montions à la grotte. C'est d'ailleurs la
flore des terrains calcaires, et elle se rapproche sensiblement de celle des collines du Berry et des montagnes de la
Côte-d'Or :

Hepatica triloba D. C. (les
feuilles seulement).

Stellaria holostea L.

Rubia peregrina L. (dans les
buissons de *Buxus sempervirens*).

Ligustrum vulgare L.

Orobanche epithymum D. C.

Globularia vulgaris L.

Orchis conopsea L.

Melica nniflora L.

Briza maxima L.

Trisetum flavescens P. B.

Brachypodium pinnatum P. B.

Gaudinia fragilis P. B.

Veronica teucrium L.

Veronica officinalis L.

Ranunculus bulbosus L. (variété).

Crassula rubens L.

Sedum dasyphyllum L.

Lotus corniculatus L.

Anthyllis vulneraria L.

Phyteuma orbiculare L.

Thymus serpyllum L.

Chlora perfoliata L.

Teucrium pyrenaicum L

Clinopodium vulgare L.

Brunella vulgaris (Mœnch).

Brunella laciniata Lam., (variété *Alba* Pall)

Brunella grandiflora (Mœnch)

Geranium Robertianum L.

Geranium sanguineum L.

Geranium nodosum L.

Polygala vulgaris L.

Aspidium aculeatum Roth.

Pteris aquilina L.

Scolopendrium officinale D. C.

Asplenium trichomanes L.

Asplenium adianthum-nigrum
L.

Asplenium ruta muriara L.

Ceterach officinarum Willd.

Polypodium vulgare L.

Je crois devoir faire quelques observations sur l'habitat
de plusieurs de ces plantes :

Le *Brunella grandiflora* croît à Aubert dans une pelouse sèche et élevée qui paraît être son habitat régulier, tandis que dans les environs de Toulouse nous le trouvons dans les terrains bas et humides. M. Noulet, dans sa *Flore du bassin sous-pyrénéen*, a d'ailleurs signalé cette particularité.

La même òbservation s'applique au *Phyteuma orbiculare*, que j'ai trouvé en grande quantité à Farges (Cher), dans un pré inondé pendant une grande partie de l'année.

Le *Chlora perfoliata*, au contraire, est signalé par les auteurs comme habitant les lieux humides, tandis qu'à Aubert on le trouve dans la pelouse sèche qui couvre la montagne.

Le *Teucrium pyrenaicum* est la plante caractéristique des montagnes calcaires élevées ; il n'a, je crois, jamais été signalé en France en dehors des Pyrénées et des Alpes du Dauphiné. Il paraît y tenir la place occupée dans les collines calcaires par le *Teucrium montanum*.

L'auteur, membre titulaire, rend compte en ces termes des résultats obtenus, au point de vue paléontologique, dans l'excursion de la Société à Saint-Girons :

Grotte d'Aubert commune de Moulis (Ariége);

Par M. Félix REGNAULT, membre titulaire.

En suivant la route départementale n° 10 qui part de St-Girons vers Castillon, on trouve le village de Lédar et l'on arrive en tournant à gauche (3 kil.) à Aubert. Il faut traverser le Lez sur un pont très-ancien, un sentier nous conduit aux belles carrières de marbre antique exploitées par les Romains. Le sentier monte insensiblement la montagne composée de calcaire gris. Près du col qui donne accès dans la vallée de Montfaucon, à côté d'un petit champ labouré sur le seuil de la montagne, s'ouvre l'entrée de la grotte cachée par les broussailles et les buis (O.-E.). L'altitude est de 180 à 200 mètres au-dessus de la vallée. L'entrée est une fente large de 3 mètres dans le calcaire à *dicerates*, *crétacé inférieur* d'après la carte géologique de Mussy. Quand on pénètre dans l'intérieur, on se trouve dans une première salle assez vaste, le sol est couvert de blocs et de déblais empâtés dans une terre noire. Au fond, un couloir tournant à gauche à angle droit, nous fait pénétrer par deux ouvertures différentes dans une belle et grande salle, longue de 30 mètres au moins sur 15 à 20 de large. La voûte est très-élevée et paraît dépourvue de stalactites. Le sol de cette salle est parfaitement uni et recouvert d'un vaste plancher de stalagmite jaune très-tendre, d'une épaisseur variant de 30 à 50 centimètres, et recouvrant une épaisse couche de terre argileuse jaune (voir la coupe).

En hiver, les infiltrations d'eau, tombant de la voûte, forment de nombreux petits lacs, quelquefois la salle entière est couverte d'eau.

Au fond de cette grande salle se dresse un talus de gros blocs, empilés les uns sur les autres, qu'on escalade facilement pour pénétrer dans les galeries supérieures.

J'ai fouillé à différentes reprises la grande salle dans la partie qui touche au talus. Immédiatement au-dessous de la stalagmite, à peine enterrés dans la terre argileuse, j'ai recueilli des ossements d'Ursus spelæus cassés et entiers, ainsi que plusieurs mâchoires inférieures de cet animal, adulte et très-jeune. Ces débris, comme dans la plupart des grottes, ont été transportés là par les courants d'eau, puis recouverts par une couche de stalagmite.

C'est dans les galeries supérieures que mes recherches ont été plus actives. J'avais laissé sur place le résultat de mes fouilles jusqu'au moment de l'excursion faite par la Société d'Histoire naturelle, le 29 juin. Ce jour-là, nous avons eu la bonne fortune de fouiller un recoin très-riche en ossements, et de pouvoir retirer le crâne presque entier d'un ours à front bombé, de petite taille, d'une espèce indéterminée, ainsi que plusieurs membres entiers de l'ursus spelæus, avec une série de mâchoires inférieures entières et cassées.

Ce qui surtout a frappé notre attention , c'est de trouver dans les galeries supérieures tous ces ossements entiers ou cassés, étendus sur une épaisse couche de terre grasse noirâtre *non recouverte par une stalagmite,* comme ils le sont dans la grande salle du bas. La différence des couches de terrains est grande. Dans la galerie supérieure, j'ai recueilli des ossements cassés et roulés mélangés à de petits cailloux roulés, ce qui prouve que ces ossements ont été transportés là par les eaux, sans doute à une époque postérieure à ceux trouvés dans la grande salle *sous la stalagmite.* Un plancher stalagmitique se forme plus ou moins vite, selon que les eaux sont plus ou moins chargées de carbonate de chaux ; mais il n'en est pas moins certain que les couches *sous-stalagmitiques* doivent être considérées comme remontant à une haute antiquité.

L'examen attentif d'une quantité de mâchoires entières d'ours, ainsi que des ossements entiers, fémur, humérus, radius, etc., m'ont prouvé que la caverne d'Aubert renfermait des sujets très-vieux et très-jeunes. Un grand nombre de mâchoires inférieures d'ours sont cassées d'une certaine façon, propres à être tenues facilement à la main comme une arme ou un instrument. Quelques savants, frappés de la quantité de mâchoires d'ours que l'on rencontre en général dans toutes les grottes de l'âge de l'ours, et qui offrent toutes le même genre de cassure, ont pensé que ces mâchoires ont été ainsi fracturées par l'homme contemporain du grand ours.

Je n'examinerai pas aujourd'hui cette question, mais je crois important d'observer : 1° que la grotte d'Aubert est une de celles qui ont fourni jusqu'à présent et où l'on peut trouver encore un grand nombre de ces mâchoires ainsi façonnées ; 2° la faune de cette grotte paraît presque entièrement composée par l'ours. Je n'y ai pas rencontré les animaux contemporains, tels que l'hyène, le grand chat, le bos, le rhinocéros etc..., comme dans toutes les grottes du même âge.

Essai de classification des espèces françaises du genre Fænus (Fabricius),

Par M. ABEILLE DE PERRIN, membre titulaire.

**Insectes hyménoptères de la section des Térébrants entophages.
Tribu des Spiculifères. Famille des Evanides.**

Dans la séance du 3 février 1877, de la Société entomologique Belge, M. Tournier a proposé un tableau des espèces connues de lui appartenant au genre *Fænus*. Possédant une certaine quantité de ces insectes, qui paraissent affectionner nos régions méridionales, je les ai étudiés et j'ai reconnu dans ce tableau plusieurs de mes espèces inédites. Une autre a été publiée par M. Costa à une date postérieure. D'autres enfin n'ont encore point reçu de baptême. J'avais offert dans le temps, à M. Tournier, de lui soumettre tout ce que je possédais dans ce groupe ; mais cet entomologiste m'ayant fait répondre qu'il avait pris *la résolution ferme et arrêtée de ne plus correspondre et de ne plus faire ou recevoir d'envois*, j'ai dû n'employer que mes propres données pour débrouiller ce genre de mon mieux, et c'est le résultat de mes observations que j'offre ici à mes collègues.

CARACTÈRES DU GENRE.

Il appartient à la famille des *Evanides* par la disposition des antennes et le mode d'insertion de l'abdomen.

Corps long et étroit. Abdomen comprimé, plus épais à l'extrémité et inséré sur la base du métathorax. Tête semi-ovoïde, aplatie en dessous. Prothorax rétréci en forme de col.

Antennes longues tout au plus comme la tête et le thorax, plus épaisses dans les mâles que dans les femelles, grossissant un peu de la base à l'extrémité dans les premiers, à peine plus épaisses au milieu dans les secondes ; composées de 13 articles dans les mâles et de 14 dans les femelles. *Bouche* protractile. *Mandibules* très-renflées à leur base, allant en s'amincissant jusqu'à leur extrémité qui est en forme de bec d'aigle, un peu crénelées intérieurement et armées vers leur milieu d'une dent aussi unciforme, perpendiculaire, interne, forte, mais peu acérée.

Ailes antérieures offrant une radiale qui atteint presque le bout de l'aile ; deux grandes cubitales, dont la première est rhomboïdale ; trois discoïdales, dont l'extérieure très-grande et les deux autres très-petites, surtout l'intérieure qui est linéaire ; et enfin une cellule marginale postérieure.

Pattes postérieures plus longues et surtout plus fortes que les autres ; avec les hanches, les cuisses et les tibias épais, ces derniers en massue. Premier article des tarses beaucoup plus long que les autres ; crochets simples ; pelote assez petite.

Les *Fœnus* sont parasites. D'après les observations de Bergman, rapportées par Linné, certaines espèces vivraient aux dépens du *Trypoxilon figulus*. M. Westwood a rencontré le *Jaculator* (?) voltigeant sur de vieilles murailles dans lesquelles l'*Osmia bicornis* creusait son nid. J'ai observé moi-même le *Diversipes* dans les mêmes conditions, avec cette différence que les murailles en question recélaient les germes d'une multitude d'Hyménoptères, surtout de Vespides (Odynères, Eumènes etc...). M. Pérez a obtenu le *Pyrenaïcus* de ronces où avaient vécu des *Cemonus unicolor* et d'où un ♂ et une ♀ de *Fœnus* sont sortis le 17 juin. La larve de cette espèce est, suivant M. Pérez, blanche, longue, un peu courbée et très-déprimée au tiers moyen du corps. Elle est très-vive et très-irritable. Enfin le même savant me dit qu'un *Fœnus* (probablement l'*Esenbecki*), est parasite de notre plus petit *Colletes* (*Davesianus*, selon Schenck, *Marginatus* (?) Smith, selon M. Pérez). Brullé observe avec beaucoup de raison que la tarière des *Fœnus* femelles fait supposer

que ces insectes peuvent percer les parois des nids de leurs
victimes. On pourrait même ajouter, il me semble, que la
longueur si différente de la tarière de la femelle dans chaque
espèce indiquerait une diversité proportionnée dans la profondeur où est placé le nid de leurs victimes, et par conséquent des victimes très-variées pour les *Fœnus* en général,
très-spéciales au contraire pour chaque espèce. Mais ce ne
sont là que des hypothèses.

J'ai été fort embarrassé pour dresser le tableau des espèces.
Il est encore assez facile de classer les femelles dont la couleur et la longueur de la tarière fournit des signes excellents.
Ces deux caractères n'existant pas chez les mâles, on en
est réduit aux différences tirées de la sculpture. En outre, je
ne connais pas les mâles de plusieurs espèces, et enfin je
possède quelques mâles que je ne sais comment apparier.
Dans ces conjonctures, j'ai cru qu'il valait mieux faire un
tableau seulement pour les femelles, et j'espère qu'avec lui
on pourra les déterminer avec certitude. Je l'ai fait suivre
d'un second tableau pour les mâles, mais ce dernier est très-
incomplet, et l'avenir seul pourra permettre de le compléter et de le rectifier. J'aurais désiré découvrir d'autres
caractères que ceux dont s'est servi M. Tournier. Mais ceux
qu'il a utilisés étaient précisément les seuls que j'aie pu
voir et qui avaient facilité mon classement avant même la
publication de son tableau. Après avoir consciencieusement
étudié ces insectes, je crois même pouvoir dire qu'il me
paraît difficile d'en employer d'autres.

Tableau des Fœnus femelles.

A. Tarière égalant au moins la longueur
   de l'abdomen.
 B. Filets de la tarière concolores. . . . *Pyrenaïcus.*
 B'. Filets de la tarière tachés de blanc
   au bout.

C. Quatre pattes antérieures rouges.   *Goberti.*

C′. Quatre pattes antérieures en par-
     tie au moins noires ou som-
     bres.

   D. Bord postérieur de la tête avec
      des fossettes bien marquées.

     E. Fossette médiane ronde et
       creusée abruptement. Colle-
       rette large. . . . .   *Pedemontanus.*

     E′ Fossette médiane allongée et
       à bords en pente. Collerette
       assez étroite.

       F. Tarses antérieurs et inter-
        médiaires bruns. Pro et
        mésothorax irrégulièrement
        ponctués-réticulés. . . . . .   *Terrestris.*

       F′ Tarses antérieurs et inter-
        médiaires tachés de blanc.
        Pro et mésothorax réguliè-
        rement ridés en travers. . .   *Juculator.*

   D′ Bord postérieur de la tête sans
      fossettes bien marquées.

     E. Pro et mésothorax ni ridés,
       ni ponctués, mais coriacés.   *Opacus.*

     E′ Pro et mésothorax ayant tou-
       jours des rides ou des points
       visibles.

       F. Prothorax et flancs du méso-
        thorax imperceptiblement
        ridés et portant parfois des
        points légers et très-épars.   *Vagepunctatus.*

       F′. Prothorax et flancs du mé-
        sothorax fortement ridés-
        ponctués.

        G. Tarière plus courte que le

corps. Collerette remplacée
par un rebord étroit nulle-
ment translucide. . . . . . *Diversipes*.

  G′. Tarière aussi longue que
le corps. Collerette en
partie translucide.

    H Flancs du prothorax
régulièrement et médio-
crement ridés. . . . . . *Obliteratus*.

    H′. Flancs du prothorax
à rides grossières et en-
chevêtrées. . . . . *Granulithorax*.

A . Tarière beaucoup plus courte que
l'abdomen

  B. Tous les tibias rouges. . . . . *Esenbecki*.

  B′. Tibias, au moins en partie, sombres

    C. Tarière égalant à peu près la lon-
gueur du premier segment
abdominal.

      D. Thorax sans rides ou rugosités
transversales.

        E. Thorax chagriné assez forte-
ment . . . . *Rugulosus*.

      E′. Thorax criblé de gros points vario-
leux. . . . . *Variolosus*.

      D′. Thorax ridé ou rugueux trans-
versalement.

        E. Tibias postérieurs sans tache à
leur base. . . . . *Nigripes*.

        E′. Tibias postérieurs avec une
tache à leur base.

          F. Thorax fortement rugueux
transversalement. . . . . . *Undulatus*.

          F′. Thorax ridé-chagriné fine-
ment. . . . . *Freyi*.

C'. Tarière sensiblement plus courte
que le premier segment abdominal.

    D. Deuxième article antennaire plus
long que large . . . . *Minutus.*

    D'. Deuxième article antennaire
aussi long que large. . . . *Affectator.*

Tableau des Fænus males

A. Tibias antérieurs et intermédiaires
rouges.

    B. Tête avec des fossettes par derrière. *Goberti.*

    B'. Tête sans fossettes . . . . *Esenbecki.*

A'. Tibias antérieurs et intermédiaires en
partie sombres.

    B. Tibias postérieurs rouges par dessous. *Diversipes.*

    B'. Tibias noirs, sauf parfois un anneau
à la base.

        C. Derrière de la tête avec des
fossettes.

            D. Fossette médiane ronde et creu-
sée abruptement. Collerette
large . . . . *Pedemontanus.*

            D'. Fossette médiane allongée et
à bords en pente. Collerette
assez étroite.

                E. Tarses antérieurs et inter-
médiaires bruns. Pro et
mésothorax irrégulièrement
ponctués-réticulés . . . . *Terrestris.*

                E'. Tarses antérieurs et inter-
médiaires tachés de blanc.
Pro et mésothorax réguliè-
rement ridés en travers . . . *Jaculator.*

        C'. Derrière de la tête sans fossettes.

D. Tibias postérieurs sans anneau
   clair à leur base......... *Nigripes.*

D'. Tibias postérieurs avec un
   anneau plus clair à leur
   base.   .

  E. Tête brillante portant de très-
     petits points très-épars.... *Pyrenaïcus.*

  E'. Tête plus ou moins mate,
     portant des rides ou des gra-
     nulations serrées.

    F. Point de collerette derrière
       la tête, mais un simple re-
       bord .... *Affectator.*

    F'. Une collerette plus ou
       moins large derrière la tête.

      G. Côtés du mésothorax co-
         riacés avec des points ou
         des rides imperceptibles.. *Vagepunctatus.*

      G'. Côtés du mésothorax
         avec des points forts ou
         des rides grossières.

        H. Troisième article an-
           tennaire moitié plus long
           que le deuxième....... *Var. Annulatus.*

        H'. Troisième article an-
           tennaire un tiers, au
           plus, plus grand que
           le deuxième.

          I. Troisième article un
             quart plus long que
             le deuxième. Flancs
             du prothorax réguliè-
             rement et médiocre-
             ment ridés......... *Obliteratus.*

          I'. Troisième article un

tiers plus long que
le deuxième Flancs
du prothorax à rides
grossières et enchevê-
trées.............. *Granulithorax.*

Mâles inconnus : *Opacus, Rugulosus, Variolosus, Freyi,*
Minulus et *Undulatus.*

Pyrenaïcus (Guérin).

Intermedius Foerst.
Chevrieri Tourn. in litt.
♀ Long. 11 à 16 mil. sans tarière (de même pour les
autres).

Noir. — Tête lisse avec de petits points très-fins et épars
qui lui donnent un aspect luisant; munie d'une collerette
nette, mais peu ou pas translucide, sans fossettes. Thorax
uniformément couvert d'une réticulation énorme et régulière; flancs du mésonotum plus finement sculptés. Abdomen avec la moitié du premier, le deuxième et base du
troisième segments rouges. Tarière égalant à peu près la
longueur de l'abdomen. Filets concolores. Pattes entièrement noires.

♂ Long. 12 à 16 mil.
Pareil à la ♀, sauf les flancs du mésonotum qui sont plus
grossièrement sculptés.

Cette espèce n'est point très-rare en Provence où j'en ai
pris une quinzaine de sujets. Je l'ai vue dans plusieurs
autres localités

Sa grosse tête lisse, la couleur des pattes de la ♀, sa tarière
égalant l'abdomen et à filets concolores, l'absence de fossettes
sur le rebord de la tête, sont des signes qui ne se trouvent
réunis que sur elle seule et la séparent de toute autre.

Goberti (Tourn).

♀ Long. 21 mil. sans tarière.

Noir. — Tête subcoriacée, avec des points pas très-petits et pas très-épars qui lui donnent un aspect semi-brillant, ornée d'une collerette large et translucide, devant laquelle se trouvent trois fossettes, la médiane plus large et surtout plus profonde que les deux autres. Thorax couvert d'une forte réticulation ocellée, formant parfois de fortes rides transversales plus faibles et dégénérant en ponctuation irrégulière et forte sur les flancs du mésothorax. Abdomen ayant l'extrémité du premier segment, le deuxième et portion des troisième et quatrième rouge. Tarière dépassant une fois et demie la longueur de l'abdomen. Filets tachés de blanc au bout. Pattes antérieures et intermédiaires entièrement rouges, sauf les hanches et parfois la base des cuisses postérieures noires, sauf le dessous des tarses.

♂ Long. 19 mil.

Pareil à la ♀, sauf que les deuxième et troisième articles antennaires sont beaucoup plus courts. Collerette peu ou pas translucide.

Mont-de-Marsan (Dr Gobert). Cette magnifique espèce, distincte de toute autre par la couleur des pattes et sa grande tache, m'a été généreusement donnée par son heureux inventeur.

PEDEMONTANUS (Tourn.).

♀ Long. 14 à 15 mil.

Noir. — Tête couverte de rides très-fines et de petites granulations qui lui donnent un aspect mat, ornée d'une large collerette en partie translucide, précédée de trois grosses fossettes, la médiane ronde, grande et creusée abruptement dans la tête, les autres plus larges, mais moins profondes et non nettement limitées. Thorax ayant de fortes rugosités transversales entremêlées de points ; flancs du mésothorax sculptés de même, mais plus finement. Abdomen ayant une portion des trois premiers segments rouge. Tarière une fois et demie de la longueur de l'abdomen ; filets terminés de blanc. Pattes ayant la base des deux premières paires de tibias, une tache au tiers antérieur de la dernière paire et la majeure partie du premier article des tarses postérieurs blancs.

♂ Long. 12 à 15 mil.

Pareil à ♀, sauf les signes suivants : deuxième et troisième articles antennaires très-courts, le troisième égalant une fois et un tiers le deuxième. Flancs du mésothorax un peu plus grossièrement sculptés. Tarses un peu plus clairs.

Cette espèce, que M. Tournier a décrite seulement sur la ♀, est assez rare chez nous. J'en ai pris une dizaine dans nos environs montagneux et l'ai vue d'autres provenances du sud-ouest de la France. La forme des fossettes de la tête ne permettrait de la confondre qu'avec le *Goberti,* qui a quatre tibias rouges, et avec le *Terrestris,* qui a une collerette bien moins large et les côtés de l'écusson limités par des points crénelés bien moins-forts.

Terrestris (Tourn.).

♀ Long. 11 à 12 mil.

Noir. — Tête couverte de très-fines rides transversales qui lui donnent un aspect mat, ornée d'une collerette assez large, en partie translucide, précédée de trois fossettes, celle du milieu plus grosse et abrupte, les autres plus larges et non nettement limitées. Thorax à fortes rugosités transversales, entremêlées de points ; flancs du mésothorax sculptés de même, mais beaucoup plus finement. Abdomen ayant une portion des trois premiers segments rouge. Tarière une fois un tiers de la longueur de l'abdomen, filets blancs au bout. Pattes ayant la majeure partie du premier article de la dernière paire et un anneau, souvent peu visible à la base des tibias de cette même paire, blancs.

♂ Long. 10 à 12 mil.

Pareil à la ♀, sauf les signes suivants : deuxième et troisième articles antennaires très-courts, le troisième égalant une fois et demie le deuxième. Flancs du mésothorax plus grossièrement sculptés. Base des quatre tibias antérieurs tachés obscurément de blanc. Tarses postérieurs sombres.

J'ai pris seulement deux mâles et deux femelles de cette espèce suisse dont j'ai vu un type chez le D⁣ʳ Gobert.

La couleur de ses tarses antérieurs la distinguera facilement de tous ceux qui ont des fossettes sur le bord postérieur de la tête. Le *Pedemontanus* en diffère par les signes qui sont indiqués à la fin de sa description.

JACULATOR (Lin.).

♀ Long. 8 à 12 mil.

Noir. — Tête à points très-petits et assez serrés, sur le front surtout, qui lui donnent un aspect tantôt mat, tantôt brillant, suivant le jour où on la regarde ; ornée d'une collerette assez large, en partie translucide, portant trois fossettes, la médiane plus petite et un peu plus profonde que les autres, toutes vaguement limitées. Thorax à rides médiocres, très-serrées, transversales, non ponctuées, plus faibles sur les flancs du mésonotum. Abdomen ayant le dessous de ses trois premiers segments un peu rougeâtre tout-à-fait au sommet. Tarière une fois un tiers de la longueur de l'abdomen. Filets blancs au bout. Pattes ayant la base de tous les tibias et de tous les premiers articles tarsaux tachés de blanc.

♂ Long. 8 à 11 mil.

Pareil à la ♀, sauf les signes suivants : deuxième et troisième articles antennaires très-courts, le troisième à peine plus long que le précédent. Flancs du mésothorax plus fortement ridés. Tarses et tibias antérieurs beaucoup plus pâles. Tarses postérieurs noirâtres.

Facile à distinguer des trois précédents par la couleur de ses pattes antérieures, et du *Pyrenaïcus* par sa taille plus petite, les filets de la tarière tachés de blanc, sa tête moins grosse, moins brillante, à collerette assez forte et portant des fossettes.

Je n'ai jamais pris cette espèce à Marseille et l'ai reçue de
Toulouse, des Pyrénées et des Landes. Cette année j'en ai
récolté 54 sujets sur une haie de banksias, à Lorgues (Var.)

Opacus (Tourn.).

♀ Long. 11 mill.

Noir. — Tête mate, à bord postérieur rebordé, sans
fossettes. Thorax coriacé, sans ponctuation, ni rides appré-
ciables. Tarière aussi longue que tout le corps ; filets tachés
de blanc. Pattes noires, brunâtres par places, mais sans
taches blanches.

♂ Inconnu.

Genève. 1 ♀.

Je n'ai point vu en nature cette espèce et reproduis sa
diagnose d'après M. Tournier. La sculpture de son thorax
la sépare nettement de toutes les précédentes.

Vagepunctatus (Costa).

♀ Long. 11 à 12 1/2 mill.

Noir. — Tête mate, à ponctuation presque invisible, à
collerette très-étroite, à peine rougeâtre, sans fossettes.
Thorax à gros points, se prolongeant en fines rugosités transversales, le tout uniformément mat, cette sculpture de
même nature, mais très-fine sur les flancs du mésothorax.
Abdomen ayant l'extrémité des deux premiers anneaux
rouge-jaunâtre Tarière une fois et demie de la longueur de
l'abdomen, filets tachés de blanc au bout. Pattes noires avec
tous les tibias tachés de blanc à leur base.

♂ Long. 10 mill.

Antennes avec les deuxième et troisième articles plus
courts, le troisième égalant une fois et demie le précédent.
Tibias antérieurs sans tache blanche, intermédiaires avec
une tache obscure.

Espèce bien distincte par la sculpture de ses flancs méso-
thoraciques, très-tranchée par rapport au reste du segment.

Décrite des environs de Naples par le professeur Costa. J'en
ai pris un couple à Marseille, un individu à Lorgues, et j'en
ai vu un autre des Hautes-Pyrénées.

Diversipes (Ab. n. sp.).

♀ Long. 10 à 13 mill.

Noir. — Tête mate, à ondulations transversales serrées et
bien marquées, limitée en arrière par un simple rebord concolore sans fossettes. Thorax avec une forte ponctuation
granuleuse, à peine confluente transversalement ; flancs du
mésothorax avec des rides ponctuées et transversales médiocres. Abdomen avec ses deux premiers anneaux rougeâtres au bout. Tarière égalant juste la longueur de l'abdomen ; filets tachés de blanc au bout. Pattes avec tous les
tibias tachés de blanc à la base ; premier article des tarses
postérieurs en majeure partie blanc.

♂ Long. 9 à 13 mill.

Premiers articles antennaires très-courts, le troisième à
peine plus long que le second. Flancs du mésothorax à sculpture plus forte. Premier article des tarses postérieurs noir ;
quatre tibias et tarses antérieurs presque entièrement rougeâtres, les tibias sombres vers leur milieu. Tibias postérieurs rougeâtres par dessous.

Espèce très-tranchée. Le ♂ est le seul qui ait les tibias
postérieurs noirs par dessus, rouges par dessous. La ♀ se
distingue de toutes les autres par sa tarière égalant juste
l'abdomen. Le *Pyrenaïcus* partage, il est vrai, ce caractère
mais ses filets sont concolores.

Peu rare dans toute la Provence ; abondant à Marseille,
aussi dans les Pyrénées, le Languedoc, la Gascogne, etc.

Obliteratus (Ab. n. sp.).

♀ Long. 12 à 16 mill.

Noir. — Tête mate avec des rides transversales ; collerette bien marquée, sans être large, translucide en partie,

sans fossettes. Thorax à rides assez fortes et entremêlées de points, à sculpture assez uniforme ; flancs du mésonotum à sculpture irrégulière, ponctués-subrugueux sur leur moitié externe, ridés-ponctués sur leur moitié interne, mais toujours plus faiblement que sur le reste du segment. Abdomen en majeure partie rouge sur ses trois premiers segments. Tarière égalant une fois un tiers l'abdomen. Filets tachés de blanc au bout. Pattes ayant tous les tibias tachés de blanc à leur base. Premier article tarsal des postérieures taché de blanc.

♂ Long. 12 à 13 mill.

Antennes à premiers articles courts, le troisième égalant une fois un quart le précédent. Tarses postérieurs noirs. Flancs du mésonotum entièrement et assez fortement ridés.

Espèce très-voisine de la suivante avec laquelle M. Tournier l'a confondue. Il faudrait du reste en voir de nombreux exemplaires pour trancher nettement la question de son état civil. Il me semble pourtant difficile de la lui réunir, parce que, outre la différence assez sensible de sculpture du thorax, différence visible surtout sur les côtés du pronotum, le mâle a le troisième article antennaire plus long.

J'en ai pris quelques sujets à Marseille et l'ai reçue de Bordeaux, des Landes, des Pyrénées et d'Autriche.

Granulithorax (Tourn.).

♀ Long. 16 mill. ♂ 14 mill.

Tellement semblable au précédent, qu'il vaut mieux n'en indiquer que les signes différentiels. Les deux sexes en diffèrent par la sculpture du thorax dont les rugosités sont beaucoup plus fortes et plus irrégulières. En outre le ♂ a son troisième article antennaire une fois un tiers plus long que le deuxième. Ces différences sont légères, mais elles m'ont paru constantes.

Le *Granulithorax* et le précédent se distingueront sans peine du *Pyrenaïcus* par les filets de la tarière tachés de blanc ; des *Goberti*, *Pedemontanus*, *Terrestris* et *Jaculator* par l'absence de fossettes au bord postérieur de la tête ; des *Opacus* et *Vagepunctatus* par la sculpture du thorax, et du *Diversipes* par la couleur plus claire de l'abdomen, la longueur plus grande de la tarière et la couleur normale des tibias postérieurs du mâle.

Je n'ai vu de cette espèce que trois exemplaires : un type de Bordeaux, un autre individu d'Autriche et un troisième des Hautes-Pyrénées.

Esenbeckii (Westwood.).

? *Dorsalis* Westwood.

Rubricans Guérin.

♀ Long. 10 mill.

Roux — Tête mate, granuleuse, parfois tachée de noir sur le vertex, à peine rebordée par derrière, sans fossettes. Thorax plus ou moins rembruni sur son disque, uniformément couvert de fortes granulosités rugueuses disposées un peu transversalement. Abdomen avec tous ses anneaux plus ou moins rembrunis à la base. Tarière et filets brunâtres, plus courts que le premier segment abdominal. Pattes plus ou moins brunes sur les hanches et le dessus des cuisses et des tibias.

♂ Long. 8 à 10 mill.

Tête et thorax bruns-noirs ; abdomen avec une teinte plus noire ; pattes avec tous les tibias presque entièrement rougeâtres. Troisième article antennaire une fois et demie de la longueur du précédent.

La ♀ se reconnaît aisément à son corps mat, sa tarière courte et à sa couleur. Le mâle ne pourrait se confondre qu'avec le *Diversipes* et le *Goberti*. Mais la première de ces espèces a un anneau blanc aux tibias postérieurs et la deuxième a ces tibias noirs et non rouges.

Assez rare à Marseille, Apt, Lorgues. Je l'ai vu et reçu aussi des Pyrénées, de Bordeaux, de Suisse, d'Espagne, etc.

Le Dr Gobert l'a obtenu de la ronce.

Rugulosus (Ab. n. sp.).

♀ Long. 11 mill.

Noir. — Tête très-mate, chagrinée très-finement, rebordée assez fortement en arrière, sans fossettes. Thorax uniformément couvert d'un chagrinage réticulé assez fort, sans rides transversales ni points enfoncés. Abdomen rougeâtre sur les premier, deuxième et troisième segments vers leur sommet. Tarière égalant juste la longueur du premier segment abdominal; filets concolores. Pattes avec la base des quatre tibias antérieurs rougeâtre et un anneau à la base des tibias postérieurs blanchâtre.

♂ Inconnu.

De tous ceux qui ont la tarière courte, le *Rugulosus* est le seul qui ne porte sur le corselet ni points enfoncés, ni rides transversales.

Marseille, très-rare.

Variolosus (Ab. n. sp.).

Long. 11 1/2 mill.

Noir. — Tête un peu brillante, à petits points tachés, rebordée faiblement en arrière, sans fossettes. Thorax uniformément couvert de gros points varioleux, un peu réticulés en arrière, plus faibles sur les flancs du mésonotum. Abdomen rouge sur l'extrémité du premier segment et la base du deuxième. Tarière un peu plus longue que le premier segment abdominal; filets concolores. Pattes brunes avec les tibias à peine rougeâtres à leur base.

♂ Inconnu.

Parmi les espèces à tarière courte, cette espèce est la seule qui ait le prothorax couvert de gros points varioleux et la tête un peu brillante.

Marseille, très-rare.

Nigripes (Tourn.).

♀ Long. 10 à 11 mill.

Noir. — Tête très-mate, invisiblement chagrinée, munie d'une collerette extrêmement étroite, sans fossettes. Thorax ridé-chagriné plus ou moins fortement et irrégulièrement. Abdomen avec bouts des premier, deuxième et troisième segments rougeâtres. Tarière dépassant un peu la longueur du premier segment; filets concolores. Pattes noires avec les tibias un peu rougeâtres vers leurs deux bouts.

♂ Long. 9 à 12 mill.

Troisième article antennaire une fois et demie de la taille du deuxième. Thorax plus rugueux.

Suisse (type de M. Tournier). Marseille, rare. Landes.

Var. *Annulatus.* Cette variété, que je n'ai rencontrée que pour ce dernier sexe, montre un anneau plus ou moins marqué et blanc-rougeâtre à la base des tibias postérieurs.

Marseille, Landes, peu commun.

Le type se distingue aisément des espèces voisines, à la couleur de ses tibias. La variété ne peut guère se confondre qu'avec le *Freyi*, qui a le thorax ridé très-faiblement et très-régulièrement.

Undulatus (Ab.).

Pareil au précédent, sauf les points suivants :

Rugosités du thorax un peu plus fortes. Collerette remplacée par un rebord à peine marqué. Tibias postérieurs parés d'un anneau blanc.

♂ Inconnu.

Très-rare à Marseille. Paraît plus abondant à Bordeaux et dans les Landes. J'en ai vu 5 sujets.

Freyi (Tourn.).

♀ Long. 10 1/2 mill.

Noir. — Tête très-mate, chagrinée, avec une collerette

bien visible, non translucide, sans fossettes. Corselet couvert
de rides ponctuées faibles et très-régulières. Abdomen avec
la moitié postérieure du premier segment et la majeure
partie du suivant rougeâtres. Tarière à peine plus longue que
le premier segment, filets concolores. Pattes avec tous les
tibias tachés de blanc à leur base ; premier article des tarses
postérieurs blanc dans sa seconde moitié.

♂ Inconnu.

Facile à distinguer des précédents à tarière courte par la
sculpture fine et régulièrement ridée du thorax, et des suivants par la présence de sa collerette et sa tarière plus longue.

Suisse (ex. Tournier), midi de la France, très-rare.

AFFECTATOR (Fabr.).

♀ Long. 10 à 11 mill.

Noir. — Tête très-mate, très-finement chagrinée, avec un
rebord postérieur à peine marqué, sans fossettes. Deuxième
article antennaire à peine plus long que large. Thorax uniformément et faiblement coriacé. Abdomen rouge au
sommet de ses trois premiers anneaux. Tarière n'égalant pas
tout-à-fait la longueur du premier segment abdominal ; filets
concolores. Pattes noirâtres, sauf un anneau blanc à la base
des postérieures.

♂ Long, 9 à 11 mill.

Thorax avec de fines rides transversales. Deuxième article
antennaire pas plus long que large, troisième près de deux
fois aussi long que le précédent.

Facile à distinguer du précédent par la brièveté de sa
tarière.

Je ne l'ai jamais pris à Marseille et l'ai reçu en nombre des
Pyrénées, des Landes et de Bordeaux.

MINUTUS (Tourn.).

Je ne puis me prononcer sur cette espèce qui paraît très-
rare chez nous et dont je n'ai pris qu'une seule femelle. Elle

ne se distingue, à mes yeux, de la femelle de la précédente, que par son thorax sculpté comme chez l'*Affectator* mâle, et le deuxième article antennaire sensiblement plus long que large.

Je n'en connais pas le mâle, que j'ai pourtant pris jadis, mais que j'ai envoyé à M. Tournier.

Long. 9 mill.

Addendum.

Outre les espèces précitées, deux autres se trouvent en Europe. La dernière ayant plus de chances pour être rencontrée plus tard en France, je crois devoir ajouter son signalement :

1° *Caucasicus* (Guérin).

2° *Laticeps* (Tourn.).

Longueur de la femelle 16 mill. Bord postérieur de la tête non relevé en colerette, mais seulement rebordé ; fossette du bord postérieur de la tête petite, sans impression analogue à ses côtés. Pro et mésothorax grossièrement et fortement ponctués ; pattes noires, tibias et tarses postérieurs tachés de blanc à leur racine. Tarière aussi longue que le corps ; filets blancs au bout.

♀ (Italie) ex. Tournier. Mâle inconnu.

Depuis que ce petit mémoire est terminé, j'ai pris à Lorgues (Var), deux femelles d'une nouvelle espèce très-tranchée par la longueur de sa tarière et faisant sous ce rapport le passage entre mes deux divisions. En voici la description.

Long. 11 mill.

Noir. — Tête mate, ridée transversalement, avec une étroite collerette noire, sans fossettes. Thorax assez fortement ridé, ponctué transversalement, cette sculpture faible sur les flancs du mésonotum. Abdomen rougeâtre sur une partie de ses trois premiers segments. Tarière égalant la longueur de ses quatre premiers segments ; filets tachés de rougeâtre à leur extrême bout. Pattes avec un anneau blanc à la base de tous leurs tibias.

Je donne à cette espèce le nom de MARIÆ, par reconnaissance envers ma femme, qui m'en a apporté le premier exemplaire, pris par elle sur des banksias.

Cette espèce se distinguera de toutes celles de la première division par sa tarière plus courte que l'abdomen, de toutes celles de la seconde, par cet organe dépassant de beaucoup la longueur des deux premiers segments de l'abdomen. Elle n'a ni ses filets bien tachés de blanc, ni absolument concolores. On ne pourrait, à mon avis, la confondre qu'avec le *Pyrenaïcus*, qui s'en sépare nettement par sa tête luisante, plus grosse, plus carrée et par sa grande taille.

Catalogue des FŒNUS décrits jusqu'à ce jour.

1. *Goberti* Tourn.
2. *Pedemontanus* Tourn.
3. *Terrestris* Tourn.
4. *Jaculator* Lin.
5. *Opacus* Tourn.
6. *Vagepunctatus* Costa.
7. *Obliteratus* Ab. (*granulithorax* ex part. Tourn.).
8. *Granulithorax* Tourn.
9. *Caucasicus* Guérin.
10. *Diversipes* Ab.
11. *Pyrenaïcus* Guérin (*intermedius* Foerst.).
12. *Laticeps* Tourn.
13. *Mariæ* Ab.
14. *Esenbecki* Westw. (*dorsalis* West., *rubricans* Guérin).
15. *Rugulosus* Ab.
16. *Variolosus* Ab.
17. *Nigripes* Tourn.
       id.   Var. *Annulatus*. Ab.
18. *Undulatus* Ab.
19. *Freyi* Tourn.
20. *Minutus* Tourn.
21. *Affectator* Fabr.

Séance du 16 juillet 1879.

Présidence de M. Emile Cartailhac.

Conformément au règlement, est nommé membre titulaire :

M. Guilhaume Mélac, de Sabonnères, par Rieumes (Haute-Garonne', présenté par MM. Regnault et Romestin.

Le président fait savoir qu'ayant appris le prochain passage à Toulouse de M. de Lesseps qui se rend à Montpellier, appelé par la Société languedocienne de Géographie, il a prié l'illustre français de faire devant la Société d'Histoire naturelle de Toulouse, une conférence sur son projet de canal à travers l'isthme de Panama. M. de Lesseps a été heureux de pouvoir répondre favorablement, et son arrivée est imminente.

La Société ratifie avec empressement tout ce que le président a fait ; et après une discussion à laquelle prennent part les membres présents, il est décidé que l'on exprimera au Maire de Toulouse et à la Chambre de commerce, le désir d'une entente dans le but de recevoir dignement M. de Lesseps.

Séance extraordinaire du 19 juillet.

Présidence de M. Emile Cartailhac.

Le président communique les lettres échangées entre M. de Lesseps, son secrétaire et lui ; les réponses de la Municipalité et de la Chambre de commerce.

La Conférence aura lieu sous les auspices de la Société d'Histoire naturelle, dans le grand théâtre du Cirque, que le propriétaire a généreusement mis à la disposition de la Société ; la Ville se charge de tous les frais ; en outre, M. de Lesseps sera son hôte.

La Chambre de commerce, le Tribunal de commerce, la Chambre des agents de change offrent un banquet.

La Société décide qu'à l'issue de la conférence, elle offrira un punch à l'auteur du Canal de Suez.

Séance du 5 août 1879.

Présidence de M. E. Cartailhac.

Cette séance étant la dernière de l'année, on vote l'admission, conformément au règlement : de M. Ferdinand de Lesseps, membre de l'Institut, nommé membre honoraire sur la présentation de MM. Cartailhac, Lacroix, Chalande, Regnault, Romestin, Joleaud, Arthez, Saint-Simon, de la Vieuville et Lasserre ;

De M. Langlade, président de la Chambre de commerce, présenté par MM. Cartailhac et de la Vieuville.

M. de Lesseps est arrivé à Toulouse au jour indiqué. Il a fait sa conférence devant le public et les invités de la Société, au nombre de 800. Le président de la Société d'Histoire naturelle a ouvert la séance par quelques paroles de bienvenue.

M. de Lesseps a répondu, et pendant deux heures a tenu l'assemblée sous le charme de sa parole simple et familière. Il a raconté ce qu'il avait fait à Suez. ce qu'il voulait accomplir à Panama.

M. Ozenne, président du Tribunal de commerce, l'a remercié.

Immédiatement après a eu lieu, dans les salons de l'hôtel Tivollier, la réception du célèbre ingénieur par la Société d'Histoire naturelle : le conseil municipal, la presse, le recteur, le corps professoral et les membres des sociétés savantes, les représentants du commerce, les généraux et officiers, les ingénieurs et tous les principaux fonctionnaires de Toulouse avaient bien voulu accepter notre invitation. La soirée s'est terminée au milieu de la nuit.

Séance de rentrée du 19 novembre 1879.

Présidence de M. E. Cartailhac.

Le président dit que la Société a fait pendant les vacances une perte irréparable. M. le colonel Belleville, qui lui appartenait depuis longtemps, qui s'était dévoué à elle et lui avait rendu des services importants, est mort après quelques mois de maladie. Les membres de la Société étaient dispersés à cette époque, et bien peu ont pu accompagner à sa dernière demeure leur confrère affectionné.

La Société décide que le portrait de M. le colonel Belleville sera placé dans la salle des séances.

M. P. Fagot, membre titulaire, communique le travail suivant :

Mollusques quaternaires des environs de Toulouse et de Villefranche (Haute-Garonne).

Par M. Paul FAGOT, membre titulaire.

PHASE TRIZOÏQUE

Genus 1. — Testacella.

1, Testacella haliotidea.

Testacella haliotidea. Draparnaud. Tabl. Moll. France, p. 99, n° 1. 1801.

On trouve la coquille de cette espèce dans presque tous les dépôts, mais nous croyons, avec M. Bourguignat, qu'elle n'a vécu qu'à la phase ontozoïque, et qu'elle ne se rencontre que fortuitement, soit à cause de son genre de vie souterraine, soit parce qu'elle aurait été entraînée par les eaux pluviales.

Genus 2. — Succinea.

1. *Succinea Pfeifferi.*

Succinea Pfeifferi. Rossmassler. Icon. der land und suss wass. Moll. Heft. 1, p. 96, fig. 46. 1835.

Couche argileuse grise de l'Hers. Echantillons peu typiques et se rapprochant de ceux qui vivent actuellement sur les joncs au canal du Midi, à Villefranche.

2. *Succinea debilis.*

Succinea debilis. Morelet teste L. Pfeiffer. Monogr. helic, vivent. t. IV, p. 811, 1859. Bourguignat. Malac. Algérie, t. I, p. 65, pl. 3, fig. 32-35, 1864.

Avec la précédente. Cette espèce vit encore sur les bords d'un fossé, au lieu dit « les *Voûtes*, » près Villefranche, et les échantillons sont à peu près identiques.

3. *Succinea deperdita.* Fagot.

Testa suboblonga; sat ventrosa, parum fragili, grosse et irregulariter in ultimo anfractu striata; — spira brevi, vix acuminata, apice non acuto, robusto, mamillato; — anfractibus 3 vix contortis, convexiusculis, rapide crescentibus, sutura declivi, sat impressa, separatis, ultimo maximo, convexo, totam fere testam formante; — apertura perobliqua, subrotundato-oblonga, in medio dilatata, ad aperturam sat valide retrocedente; — margine externo convexo, collumella perobliqua, recta, usque ad basim aperturæ fere descendente; marginibus conniventibus, callo junctis.

Alt. 8. — Diam. 4 1/2 millim.

Avec les deux espèces précédentes. R.

La *Succinea deperdita* ne présente d'analogie qu'avec la *Succinea Bourguignati* (1); mais elle ne peut être confondue

---

(1) *Succinea Bourguignati.* J. Mabille ap. Bourguignat. Aperçu. esp. France, genre *Succinea*, p. 22, 1877.

avec elle à cause de sa taille plus petite, l'absence de lamelle collumellaire, etc.

4. *Succinea exstincta*. Fagot.

Testa ovato-elongata, contorta, striatula, rugis irregulariter sparsis in intervallo striarum munita ; — spira regulariter acuminata, conoidea ; — apice prominente, debili ; — anfractibus 3 1/2 contortis, sinistra convexis, dextra turgidis ; primis lente et regulariter, ultimo celeriter, crescentibus, sutura perprofunda, parum declivi, separatis ; ultimo maximo, majorem testæ partem efficiente ; — apertura ampla, fere recta, ovata ; margine externo regulariter arcuato ; columella rotundata, dimidiam testæ vix superante, marginibus conniventibus, callo sat crasso junctis.

Alt. 10-12. — Diam. 5 millim.

La *Succinea exstincta*, par son port et sa taille, rappelle la succinea *Joinvillensis* (1).

5. *Succinea prisca*. Fagot.

Testa valde elongata, gracillima, contorta, irregulariter striata ; — spira valde procera, contorto-acuminata ; apice valido, subprominente, mamillato ; — anfractibus 3 1/2-4 contortis, tumidis, regulariter velociterque crescentibus, sutura perprofunda declivique separatis ; ultimo convexo-elongato, ad aperturam retrocedente, dimidiam altitudinis partem superante ; — apertura non obliqua, oblongo-pyriformi ; margine externo paululum convexo ; collumella exigua 2,3 altitudinis aperturæ circa attingente ; — marginibus callo conspicuo junctis.

Alt. 9. — Diam. 4 millim.

Couche argileuse grise de l'Hers.

---

(1) *Succinea Joinvillensis*. Bourguignat. Moll. ter. et fluv. envir. de Paris à l'époq. quatern, p. 4, pl. 3, fig 5-6.

Il est impossible de confondre notre nouvelle espèce avec aucune de celles appartenant au même groupe ; la seule coquille à laquelle on puisse la comparer est la *Succinea Fagotiana* (1), mais sa forme beaucoup plus fluette et élancée, son ouverture moins arrondie et plus oblongue, etc., l'en feront distinguer au premier coup d'œil.

6. *Succinea agonostoma*. Kuster.

Succinea agonostoma. Kuster. in Dritt. Ber. nat. Ges. Bamb, p. 75, 1856.

Même station que la précédente.

7. *Succinea Renati*. Fagot.

Testa ovato-oblonga, irregulariter striata ; — spira subelongata vix acuminata ; — apice subprominente, mamillato ; — anfractibus 3 1/2 contortis, convexis, regulariter velociterque crescentibus, sutura profunda perobliqua separatis ; primo tumido, secundo turgido, ultimo convexo, 2 3 altitudinis æquante ; — apertura parum obliqua, oblongo-subrotundata, superne leviter angulata, inferne subrotundata ; margine externo convexo; collumella parum incrassata, infra medianam partem aperturæ descendente ; marginibus callo tenui junctis.

Alt. 7. — Diam. 3 1/2 millim,

Quartier de Gilis, près Villefranche, Coteaux de Pech-David, à Toulouse,

Espèce voisine de la *Succinea Valcourtiana* (2), vivant encore dans la commune de Renneville, mais pourtant facile

---

(1) *Succinea Fagotiana*. Bourguignat. Aperçu sur les espèc. franç. genr. *Succinea*, p. 25, 1877.

(2) *Succinea Valcourtiana*. Bourguignat. Descrip. espèce nouv. Moll. terrestr. Alpes-Maritimes, p. 5, 1869. — *Succinea Crosseana*. Baudon. Suppl. Monogr. succinées franç, in : Journ. Conchyl , 3me édit., t. 17, n° 1, p. 348, pl. 11, fig. 21, octobre 1877.

à distinguer à cause de sa forme plus élancée, son ouverture moins ample, ses tours plus convexes et plus tordus, etc.

Genus. 3. — Zonites.

1. *Zonites incertus.*

Helix incerta. Draparnaud. Hist. Moll. France, p. 109, tab. 13, fig. 8-9, 1805.

Zonites incertus. Fagot.

Quartier de Caraman (commune d'Avignonet).

2. *Zonites cellarius.*

Helix cellaria. Muller. Verm. Hist., t. II, p. 28, n° 230, 1774.

Zonites cellarius. Gray in Turton. schells. Brit., p. 170, 1840.

Couche argileuse grise de l'Hers.

3. *Zonites epipedostoma* Bourguignat.

Testa subconvexo-depressa, late umbilicata vix striatula, supra convexiuscula, subtus compressa ; — spira paululum convexa ; apice minuto, obtuso; — anfractibus 5 subconvexo-depressis, irregulariter, primi minuti, tarde sequentes majusculi celeriter, crescentibus, sutura impressa separatis ; ultimo majore, depresso-rotundato, subtus compressiusculo, ad aperturam vix tectiformi, dilatato ac non descendente; —apertura lunata, ovato-oblonga, vix compressa ; peristomate recto, simplici, acuto.

Alt. 5. — Diam. 10 millim.

Espèce du groupe du *Zonites nitens*, caractérisée surtout par son ouverture presque plane horizontalement (de là son nom), et non très-oblique comme chez le *nitens* ; cette coquille à l'air d'un *Zonites nitens*, pourvu d'une bouche de *cellarius.*

Quartier de Caraman (commune d'Avignonet).

4. *Zonites nitens.*

Helix nitens. Gmelin. Syst. nat.. édit. XIII, p. 3633, nº 66, 1788.

Zonites nitens. Bourguignat. Catal. coq d'Orient in : Voy. mer Morte, p. 8 (note), 1853.

Avec le précédent. CCC.

5. *Zoniles subnitens.*

Zonites subnitens. Bourguignat. Ap. Mabille. Hist. Malac., bass. Parisien, p. 116, 1871.

Avec le précédent, ainsi que dans la couche argileuse grise de l'Hers.

6. *Zonites nitidosus.*

Helix nitidosa Férussac. Tabl. syst., p. 45, nº 214, 1821.

Zonites nitidosus. Bourguignat. Malac. Bretagne, p. 50, 1860.

Couche argileuse grise de l'Hers.

7. *Zonites radiatulus.*

Helix radiatula. Alder. Catal. of Land and Fresh. Water., etc, in : Newcastl. trans., vol. I, p. 38, 1830, et tir. à part, p. 12, nº 50, 1831.

Zonites radiatulus. Gray ap. Turton. Schells. Brit., p. 173, tab. 12, fig. 137, 1840.

Avec le précédent.

8. *Zonites subradiatulus.* Fagot.

Testa convexo-depressa, profunde umbilicata, supra eleganter subradiatula (radii confertissimi, tenues, sat regulares, perspicui), subtus inconspicue striata, fere lævigata; spira parum convexa; apice minutissimo, obtuso, lævigato; — anfractibus 4 parum convexis, fere depressis, celeriter crescentibus, sutura impressa separatis, ultimo paulum ma-

jore, rotundato, vix compresso, tectiformi, ad aperturam
subdilatato ac non descendente ; — apertura perobliqua,
oblongo-lunata ; — peristomate recto, simplici, acuto.

Alt. 1 1/2. — Diam. 4 millim.

Voisin du *radiatulus*, mais s'en distinguant par le dernier
tour moins tectiforme, l'ombilic plus étroit et creusé moins
profondément, et surtout par ses rayons plus délicats, plus
serrés et plus régulièrement disposés.

Couche argileuse grise de l'Hers.

9. *Zonites lenarrostus*. Bourguignat.

Testa subconvexo-depressa, profunde perforata , supra
subradiatula (striæ irregulares, minutissimæ), subtus lævigata ; — spira fere depressa ; apice minutissimo, obtuso,
levi ; — Anfractibus 4 depressis, celeriter ac regulariter
crescentibus, sutura sat profunda separatis, ultimo vix majore, exacte rotundato, subtus turgido, ad aperturam subdilatato ac non descendente ; — apertura parum obliqua,
oblongo-rotundata ; — peristomate recto, simplici, acuto.

Alt. 2. — Diam. 4 millim.

Cette coquille, du même groupe que les précédentes, sera
reconnue facilement à son dernier tour non—comprimé,
mais arrondi, à son ouverture plus régulièrement ovale et
surtout à sa perforation ombilicale plus étroite, à cause de
la convexité du dernier tour à cet endroit.

Avec les *Zonites nitidosus*, *radiatulus*, etc.

10. *Zonites nitidus*.

Helix nitida. Muller. Verm. Hist., t. II, p. 32, n° 234,
1774.

Zonites nitidus. Moquin-Tandon. Hist. nat Moll. France,
t. II, p. 72, 1855.

Espèce abondante en compagnie des précédentes. Les
échantillons ne diffèrent en rien de ceux qui vivent encore
dans des lieux très-voisins.

11. *Zonites pseudohydatinus.*

Zonites pseudolydatinus. Bourguignat. Zonit. Cristall. in : Amén. Malac., t. I, page 189, 1860.

Couche argileuse grisè de l'Hers. Quartier de Lavelanet, près Villefranche. Coteaux de Pech-David, près Toulouse.

12. *Zonites diaphanus.*

Helix diaphana. Studer. Kurzes. Verseichn., p. 86, 1829.
Zonites diaphanus. Moquin-Tandon. Hist. nat. Moll. France, t. II, p. 90, 1855.

Commune d'Avignonet, au quartier de Caraman. R.

13. *Zonites fulvus.*

Helix fulva. Muller. Verm. Hist., t. II, p. 56, n° 24, 1774.
Zonites fulvus. Moquin-Tandon. Hist. nat. moll. France, t. II, p. 67, 1855.

Couche argileuse grise de l'Hers, près les Voûtes (rive droite).

GENUS 4. — HELIX.

1. *Helix omalisma.* Bourguignat

Testa latissime ad summum umbilicata, depressa, vix convexa, costis regularibus, curvatis, eleganter ornata ; — spira perdepressa ; apice parvo. obtuso, vix mamillato ; — anfractibus 6 subplanulatis, lente ac regulariter crescentibus, sutura impressa separatis ; ultimo non majore, ad aperturam dilatato, non descendente, supra fere plano, in medio carinato, infra convexo, tumido ; — apertura obliqua, transverse lunata ; marginibus convergentibus ; — peristomate recto, simplici, acuto.

Alt. 2. — Diam. 6 millim.

Espèce du groupe des *Helix rotundata*, Muller ; *Abietina*

Bourguignat, etc., caractérisée par une spire presque plane
en dessus, à l'encontre de ses congénères.

Au quartier de Caraman, commune d'Avignonet.

2. *Helix pulchella.*

Helix pulchella. Muller. Verm. Hist., t. II, p. 30, n° 232,
1774.

Espèce qui se rencontre dans la plupart des dépôts.

3. *Helix costata.*

Helix costata. Muller. Verm. Hist.. t. II, p. 31, n° 233,
1774.

Couche argileuse grise de l'Hers.— 1 individu.— Coteaux
de Pech-David, à Toulouse.

4. *Helix nemoralis.*

Helix nemoralis. Linnæus. Syst. nat., édit. X, t. I, p. 773,
n° 604, 1758.

Couche argileuse grise de l'Hers. La majorité des échantillons sont de petite taille. — Commune d'Avignonet, au
quartier de Caraman : beaux individus.

5. *Helix aspersa.*

Helix aspersa. Muller. Verm. Hist., t. II, p. 59, n° 253,
1774.

Espèce peu répandue çà et là, dans les dépôts des environs de Villefranche.

6. *Helix carthusiana.*

Helix carthusiana. Muller. Verm. Hist., t. II, p, 15, n° 214,
1774,

Cette hélice, ainsi que la variéte *rufilabris* (*H. rufilabris*
Jeffreys) est commune partout, sans être abondante.

7. *Helix Ventiensis*. Bourguignat.

Testa subotecte perforata, depressa, nitida, lactea (in speciminibus mortuis), striis confertissimis et irregularibus præcipue ad suturam conspicuis, ornata ; — spira convexo-planulata ; apice obtuso, levi, submamillato ; — anfractibus 6 parum convexis (primi lente ac regulariter, sequentes, ceeriter) crescentibus, sutura profunda separatis ; ultimo majore ad aperturam dilatato et subito descendente, subtus paululum compresso ; — apertura recta, maxime lunata, compressa, margine dextro rotundato, columellari elongato, fere recto, multum retrocedente, ad umbilicum reflexo ; — peristomate acuto, simplice.

Alt. 7. — Diam. 11-14 millim.

Du groupe de l'*Helix carthusiana* dont elle diffère notamment par sa bouche plus comprimée, et son bord columellaire rectiligne.

Couche argileuse grise de l'Hers. R.

8. *Helix Lutetiana*.

Helix lutetiana. Bourguignat. Moll, envir. Paris à l'époq. quatern., p. 6, pl. I, fig. 20-25, 1869.

Couche argileuse de l'Hers.

9. *Helix Boucheriana*.

Helix Boucheriana. Bourguignat. Moll., envir. Paris à l'époq. quatern., p. 5, pl. I, fig. 14-19, 1869.

Avec la précédente.

10. *Helix celtica*.

Helix celtica. Bourguignat. Moll., envir. Paris à l'époq. quatern., p. 5, pl. I. fig. 8-13, 1869.

Un seul échantillon plus petit que le type. (Haut. 3. — Diam. 7 millim.).

Près des Voûtes, au-delà du canal du Midi.

11. *Helix torpida*. Fagot.

Testa regulariter umbilicata, conoideo-compressa, dense et irregulariter striatula ; — spira parum convexa, subhemispherica ; apice minuto, prominente, levi ; — anfractibus 6 1/2 tarde ac regulariter crescentibus, convexis, ad suturam planulatis, sutura parum impressa separatis, ultimo supra non majore, ad aperturam subdilatato, vix descendente, subtus compressiusculo, fere turgido ; — apertura non obliqua, pyriformi, intus lamina, ad marginem columellarem crassa, sicut dentem obtusam formante, in medio tenui, supra cvanescente, munita ; — marginibus non convergentibus, dextro regulariter rotundato, columellari majore, arcuato, ad umbilicum subreflexo ; — peristomate simplici, supra recto, infra expanso.

Alt. 5. — Diam. 8 1/4 mill.

Cette singulière espèce, du même groupe que les précédentes et recueillie avec elles, a pour principal caractère une ouverture pyriforme, phénomène dû à la présence d'un bourrelet encrassé situé au milieu du bord columellaire et ayant l'apparence d'une dent obtuse.

12. *Helix persenecta*. Fagot.

Testa umbilicata, regulariter conoidea, dense et subregulariter striatula ; — spira convexa, apice levi, vix prominente, mamillato ; — anfractibus 6 1/2 convexis, regulariter crescentibus, sutura impressa separatis, ultimo vix majore, ad aperturam paululum dilatato ac parum descendente, subtus compresso ; apertura obliqua ; parva lunata marginibus remotis ; dextro brevi, rotundato, columellari longo, subarcuato, ad umbilicum reflexo ; peristomate simplici, acuto, expanso.

Alt. 5 1/2. Diam. 8 mill.

Il sera aisé de reconnaître cette espèce à cause de l'accroissement lent et régulier de ses tours et de son ouverture beaucoup plus petite que celle des espèces du même groupe. Couche argileuse grise de l'Hers.

13. *Helix Timidula*. Fagot.   -

Testa umbilicata, globulosa, irregulariter striatula; spira hemispherica; apice levi, non prominente, obtuso: anfractibus 6 1/2 subplanulatis, regulariter crescentibus, sutura profunda separatis; ultimo supra non majore, ad aperturam subdilatato ac non descendente, zonula alba in medio circumcincto, subtus vix compresso; — apertura obliqua, parva, pyriformi-rotundata, lamina alba levi intus munita; marginibus rimotisimis; dextro brevi, rotundato, columellari longo, fere recto, ad umbilicum vix reflexo; — peristomate simplici, acuto, subtus vix expanso.

Alt. 5. — Diam. 7 1/2 mill.

Coquille, du même groupe que les précédentes, remarquable par sa forme hémisphérique, son dernier tour très-renflé en dessous, son bord columellaire presque rectiligne et descendant régulièrement vers l'ombilic, etc.

Couche argileuse grise de l'Hers près des Voûtes.

14. *Helix conamblya*. Bourguignat.

Testa ad apicem usque subminime perforata, perconoidea, supra eleganter ac regulariter striatula, subtus radiatula ; — spira ellipsoidea; apice levi, prominente, mamillato ; — anfractibus 6 parum convexis, tarde ac regulariter crèscentibus, sutura impressa separatis, ultimo non majore, ad apturam nec dilatato nec descendente, rotundato subtus turgido; — apertura -recta, lunata, lamina parva intus munita ; marginibus remotissimis, quamvis convergentibus; peristomate acuto, vix expanso.

Alt. 5-5 1/4. — Diam. 7 mill.

Espèce remarquable par sa spire en forme de sommet de pain de sucre et par son ombilic très-étroit.

Couche argileuse grise de l'Hers. Quartier de Craman dans la commune d'Avignonet.

15. *Helix Roujoui*. Bourguignat.

Testa ad apicem usque perforato-umbilicata, vix co-. noidea, depressa, irregulariter sed sat eleganter striata ; — spira depressa ; apice obtuso, lævigato ; — anfractibus 5 1/2 lente ac regulariter crescentibus, subplanulatis, sutura parum impressa separatis ; ultimo vix majore, ad aperturam paululum dilatato et descendente, subtus compresso ; — apurtura obliqua, oblongo-rotundata ; marginibus remotis, dextro rotundato, columellari arcuato regulariter, ad umbilicam non reflexo ; peristomati simpliceo, recto ;

Alt. 4. — Diam. 6 millim.

Si l'espèce précédente se distingue à sa spire très-bombée, celle-ci possède, au contraire, une spire déprimée ; sa perforation ombilicale est en outre beaucoup plus petite que chez toutes ses congénères ; quelques individus ont même l'ombilic presque fermé.

Couche argileuse grise de l'Hers. Quartier de Gilis, commune de Villefranche.

16. *Helix palearcha*. Fagot.

Testa ad apicem usque pervie perforata, umbilicata, conoidea, irregulariter vix striatula ; — spira convexa ; apice vix prominente, lævigato ; — anfractibus 6 regulariter et tarde crescentibus, sutura parum impressa separatis, ultimo paululum majore ad aperturam vix dilatato, non descendente, subtus compresso ; — apertura vix obliqua, subquadrato-rotundata, intus lamina, ad marginum columellarem crassa, in medio tenui, supra evanescente, munita ; marginibus remotis, dextro brevi, rotundato ; columellari fere recto, ad umbilicum sat reflexo.

Alt. 5. — Diam. 7 1/2 millim.

Il est aisé de reconnaître cette espèce à sa spire bombée en dessus, presque plane en dessous; à son ouverture presque quadrangulaire, à son bord columellaire presque rectiligne, recourbé subitement vers l'ombilic à angle obtus, etc.

Commune de Villefranche, au quartier de Gilis.

17. *Helix submenostosa*. Fagot.

Testa ad apicem usque perforata vix conoidea, subdepressa ad suturam leviter et irregulariter striatula ; — spira depressa ; apice prominente, mamillato, levi ; — anfractibus 5 1/2 regulariter crescentibus, sutura sat impressa, separatis ; ultimo majore, ad aperturam dilatato, non descendente, subtus turgido ; — apertura recta, rotundato-lunata ; marginibus conniventibus, dextro rotundato, columellari arcuato, ad umbilicum vix reflexo ; peristomate simplici, recto.

Alt. 4. — Diam. 6 1/2 millim.

Le principal caractère de cette espèce est d'avoir une ouverture en forme de croissant arrondi, caractère non observé dans les autres coquilles du même groupe.

Quartier de Gilis, près Villefranche.

18. *Helix albata*. Fagot.

Testa ad apicem usque subcylindrico-umbilicata, conoidea, striatula, radiis ad suturam eleganter ornata, nitida, alba ; — apice lævigato, obtuso, vix mamillato ; — anfractibus 5 1/2 subconvexis, ad suturam impressam planulatis, lente ac regulariter crescentibus, ultimo rotundato, vix majore, ad aperturam parum dilatatam descendente, subtus turgido ; — apertura parva, lunata, lamina crassissima, sicut dentem obtusam in medio marginis columellaris formante, munita ; marginibus subapproximatis, conniventibus, dextro brevi, columellari vix majore, ad umbilicum vix reflexo ; peristomate simplici, recto.

Alt. 4. — Diam. 6 millim.

Cette espèce a pour principaux caractères : une coquille très-blanche, presque diaphane, un ombilic cylindrique presque aussi large à ses deux extrémités ; une ouverture petite et régulière, à cause de la longueur à peu près égale des deux bords, etc.

Coteaux de Pech-David, près Toulouse. C. C. C.

19. *Helix hispidosa.* Bourguignat.

Testa ad apicem usque pervie perforata, subcompresso-conoidea, vix inconspicue striatula ; — spira globoso-compressa ; apice lævigato, subprominente, mamillato ; — anfractibus 5 1/2 fere planulatis, regulariter sed sat celeriter crescentibus, sutura parum impressa separatis ; ultimo paululum majore, ad aperturam vix dilatato ac descendente, globoso, subcarinato ; — apertura lunata, rotundata, lamina debili intus munita, marginibus convergentibus, rotundatis, subæqualibus, columellari ad umbilicum vix reflexo ; peristomate simplici ; recto.

Alt. 3 1/2. — Diam. 5 1/2 millim.

Cette espèce, la plus petite du groupe, se distingue par sa petite perforation oblique, son dernier tour subcarené, son ouverture régulièrement arrondie, à bords à peu près égaux, etc.

Avec l'*Helix albata.*

20. *Helix diluvii.*

Helix diluvii. Braun, in : Bourguignat, Moll envir. Paris à l'époq. quatern., p. 7. 1869.

Cette coquille, facilement reconnaissable à sa grande taille (haut. 6, diam. 9-10 millim.), a été recueillie par nous dans la commune de Villefranche, au quartier de Pinel.

21. *Helix Poiraulti.* Bourguignat.

Testa ad summun perforata, conoidea, in primis eleganter,

in·ultimo grosse et irregulariter costulata; — spira conoidea, apice prominente, lævigato, mamillato; — anfractibus 4 1/2 convexis, celeriter crescentibus, sutura impressa separatis, ultimo majore, ad aperturam dilatato, subtus turgido, non compresso, ad aperturam vix descendente; — apertura exacte circulari; marginibus approximatis, peristomate simplici, recto.

Alt. 4· — Diam. 6 millim.

Cette coquille, du même groupe que l'*Helix Diluvii*, est surtout caractérisée par ses stries élégantes sur les premiers tours, se changeant en fortes costulations irrégulières sur le dernier, par sa spire conique, son dernier tour arrondi et globuleux en dessous, son ouverture exactement arrondie, etc.

Quartier de Gilis, près Villefranche.

22. *Helix Radigueli.*

Helix Radigueli. Bourguignati, Moll. envir. Paris à l'époq. quatern., pl. 7, pl. I, fig. 38-43. 1869.

Quartier de Pinel (Villefranche).

23. *Helix Weddeli.* Bourguignat.

Testa ad apicem usque pervie perforata, conoideo depressa, in primis eleganter striata, in ultimo irregulariter costulata; — spira subconoidea, parum elevata; apice robusto, lævigato, prominente, mamillato; — anfractibus 4 1/2 parum convexis celeriter ac regulariter crescentibus, sutura mediocriter profunda separatis; ultimo majore, ad aperturam dilatato ac descendente, in medio subcarinato, supra carinam fascia rubiginosa conspicua ornato, infra tumido, vix compresso; apertura obliqua, lunata, marginibus subapproximatis, dextro brevi, exacte rotundato; columellari arcuato, ad umbilicum reflexo; — peristomate simplici, acuto.

Alt. 4. — Diam. 6 millim.

Cette nouvelle espèce ne pourrait être confondue qu'avec l'*Helix Poiraulti*, dont elle diffère par sa spire plus sur-baissée, son dernier tour subcarené, au lieu d'être arrondi sur la convexité, son ouverture moins arrondie, le bord columellaire étant moins arqué que le bord droit, etc.

Coteaux de Pech-David, près Toulouse.

24. *Helix Contejeani.* Bourguignat.

Testa ad apicem usque pervie perforata, vix conoidea, in primis eleganter, in duobus ultimis grosse costulata; — spira conoideo-perdepressa; apice minuto, non prominente lævigato; — anfractibus 4 1/2 convexo-planulatis, primi lente, sequentes celeriter, crescentibus, sutura profunda se-paratis, ultimo majore, ad aperturam dilatato, subito des-cendente, subcarinato, subtus compresso; — apertura fere circulari, parum lunata; marginibus æqualibus, conniven-tibus; peristomate recto, acuto.

Alt. 3 1/2. — Diam. 6 millim.

L'on distinguera cette espèce des précédentes à ses cos-tulations régnant sur les deux derniers tours, surtout à sa spire très-surbaissée, presque aplatie, ce qui n'a jamais lieu chez ses congénères, son ouverture assez arrondie, mais pourtant pas autant que celle de l'*Helix Poiraulti*, etc.

Quartier de Craman, dans Avignonet.

25. *Helix ericetorum.*

Helix ericetorum. Muller, Verm. hist., t. II, p. 33, n° 236, 1774.

Couche argileuse grise de l'Hers.

26. *Helix neglecta.*

Helix Neglecta. Draparnaud, Hist. moll. France, p. 108, n° 41, pl. VI, fig. 12-13. (*H. cespitum,* explic. pl.), 1805.

Genus 5. Chondrus.

1. *Chondrus quadridens.*

Helix quadridens. Muller, Verm. hist., t. II, p. 107, n° 306. 1774.

Chondrus quadridens. Cuvier, Règne anim., t. II, p. 408. 1817.

Quartier de Craman, commune d'Avignonet. Cette espèce se trouve en compagnie de la *Succinea Renati,* sur les talus du chemin qui conduit de la métairie de Craman au Marès, et est parallèle à ce ruisseau sur un espace de 1 kilomètre. A plusieurs endroits on la rencontre seule.

Genus 6. Azeca.

1. *Azeca antiqua.* Bourguignat.

Testa subovoideo-elongata, nitidissima, lævigata ; — spira vix obtuse attenuata ; apice obtuso, pallidiore ; — anfractibus 8 fere planulatis (primi lente ac regulariter, sequentes cellerime) crescentibus, sutura lineari, zonula pallidiore circumcincta, separatis ; ultimo paululum majore, ad basin compresso ; — apertura vix obliqua, exacte pyriformi, supra ad insertionem labri valde angustata, sicut califormi, inferne subrotundata, plicata silicet : parietales duæ, quarum una fere mediana, validissima, alata, in lamellam productissimam intus intrans ac antice in arcum (sicut soleam jumentis) sinistrorsum curvata et ad columellam intus retrocedens ; altera minuta, punctiformis, obsoleta, dextrorsum sub altera sita ; columellaris unica, marginalis, robustissima, columellam truncants etobtcgens ; palatales tres, quarum una marginalis, dentiformis in margine externo, cum lamella parietali secunda exacte opposita , alteræ remotissimœ punctiformes ; — peristomate valde incrassato ; margine externo superne multum lunato ; —

columella brevissima, vix conspicua ; — marginibus callo tuberculifero junctis.

Alt. 7-8. — Diam. 1/2 millim.

Cette espèce ne saurait être rapprochée que de notre *Azeca Mabilliana* dont elle se distingue par sa spire plus fusiforme, les plis plus robustes et disposés différemment, etc. Elle est plus éloignée de l'*Azeca Nouletiana* Dupuy, qui vit dans des localités plus rapprochées.

Genus 7. Ferussacia.

1. *Ferussacia subcylindrica.*

Helix subcylindrica. Linnæus, Syst. nat., édit. XII, n° 696, p. 1248, 1767.

Ferussacia subcylindrica. Bourguignati, Amen. malac., t. I, p. 209, 1856.

Couche argileuse grise de l'Hers, etc.

2. *Ferussacia exigua.*

Achatina exigua. Menke, Synops. Moll, édit. II, p. 29, 1830.

Ferussacia exigua. Bourguignat, Moll. nouv. lit. ou peu conn. 4ᵉ déc., p. 122.

Couche argileuse grise de l'Hers. — Quartier de Caraman, dans Avignonet.

3. *Ferussacia crassula.* Fagot.

Testa ovato-elongata, nitida, lævigata, solida ; — spira obtuse acuminata ; apice obtuso, pallidiore, mamillato ; — anfractibus 5 subconvexo-planulatis, celerrime ac regulariter crescentibus, sutura declivi, parum impressa, separatis, ultimo dimidiam partem altitudinis parum superante, vix supra compresso ; — apertura subpyriformi-elongata, superne acute angulata, basi ovata ; — columella crassissima, basi non truncata ; peristomate calloso ; margine dextro regulari-

ter arcuato ; marginibus remotis, callo incressato junctis.
Alt. 5 1/2. — Diam. 2 millim.

Couche argileuse grise de l'Hers. R.

Diffère des *Ferussacia subcylindrica* et *exigua*, par son test épais relativement à sa petite taille, ses tours à croissance plus régulière et mieux proportionnés, sa columelle très-calleuse et oblique par rapport à l'axe de la coquille, etc.

Genus 8. Clausilia.

1. *Clausilia Rolphi.*

Clausilia Rolphii. Leach., Moll. Britanniæ synops., p. 179, 1820.

Espèce assez commune au quartier de Caraman, dans la commune d'Avignonet. — Trouvée une fois dans les alluvions de l'Hers, près des Voûtes de Renneville.

2. *Clausilia infirma.* Fagot.

Testa breviter et punctiformi rimata, minima, subtumido-fusiformi, obsolete acuminata, pellucida, argutissime striatula, in ultimo modo striata (striæ ad aperturam costulato-lamellosæ ; — spira conoidea, ad summum mamillata ; apice pallidiore, nitidissimo, lævigato, obtuso ; — anfractibus 9-10, primis convexis, sutura impressa, sequentibus subplanulatis, sutura levi, separatis, ultimo externe medio subimpressiusculo bisulcato aut postice sicut tricristato (cristæ paralleles, scilicet : une superior obsolcta, prope insertionem, altera mediana, cava, parum eminens, ad aperturam evanescente, tertia inferiore, compressa, marginem attingente ; — apertura suboblonga, ovata, superne vix angulata (sinulus parvus parum profundus), intus in margine externo callosa (callus superne tuberculosus, inferne vix lamelliformis, lamellam palatalem simulans), plicata scilicet : A. Parietales duæ quarum superior marginalis, strictissima, cum spirali conjuncta, inferior remota, obtusa, contorto-descendens ; B. plica

subcolumellaris debilis, emersa, vix oblique conspicua ;
C. plica palatalis unica supera, ultra lunellam prolongata ;
D. Lunella arcuata, parva ; — peristomate soluto, continuo,
incrassato, albo, expansiusculo, reflexo.

Alt. 7. — Diam. 2. millim.

Coteaux de Pech-David, près Toulouse. Assez abondante.

Espèce du groupe du *C. parvula,* caractérisée par la délicatesse de toutes ses lamelles et le développement de ses
tours embryonnaires

Genus 9. Pupilla.

1. *Pupilla muscorum.*

Turbo muscorum. Linnæus, Syst. nat. édit. X, p. 767,
1758.

Pupilla muscorum. Beck., Ind. moll. p. 84, 1838.

Caraman, près Avignonet, — quartier de Pinel et de Lavelanet à Villefranche — Pech-David, à Toulouse.

Genus 10. Planorbis.

1. *Planorbis complanatus.*

Helix complanata. Linnæus, Syst. nat., édit. X. p. 769,
1758.

Planorbis complanatus. Studer, in : Coxe. Trav. Switz. III,
p. 345, 1789 (1).

Couche argileuse grise de l'Hers.

2. *Planorbis vortex.*

Helix vortex. Linnæus, Syst. nat., édit. X, p. 770, 1758.

Planorbis vortex. Muller, Verm. hist., t. II, p. 158,
n° 345, 1774.

Avec le précédent, mais plus commun.

(1) Non *planorbis complanatus.* Draparnaud, 1805.

3. *Planorbis rotundatus.*

Planorbis rotundatus. Poiret, Prodr. coq. terr. fluv.
Aisne et cnvir. Paris, p. 93, avril 1801.

Avec le Planorbis vortex, très-répandu.

Genus 11. Limnæa.

1. *Limnœa staynalis.*

Helix stagnalis. Linnæus, Syst. nat, édit. X, p. 774,
n° 612, 1758.

Limneus stagnalis. Draparnaud, Tabl. moll., 1801.

Limnœa stagnalis. Lamark (emend), Syst. anim., sans.
vert., p. 91, 1801.

Couche argileuse grise de l'Hers.

2. *Limnœa fusca.*

Limnœus fuscus. C. Pfeiffer, Deutschl. moll., t. I, p. 92,
pl. IV fig. 25, 1821.

Avec la précédente.

3. *Limnœa fuscula.* Fagot.

Testa ovato-acuta, striatula ad aperturam sicut costulata
(costulis obliquis, flexuosis) ; — spira subulata, apice prominente, lævigato, mamillato, acuto ; — anfractibus 5, primis convexis, regulariter crescentibus , sutura impressa
separatis, ultimo magno, turgido, ad aperturam subcom-
presso ; — apertura recta, ovato-elongata, margine externo
incrassato, regulariter arcuato ; margine columellari, recto,
obliquo ; marginibus callo conspicuo junctis.

Alt. 7 1/2. — Diam. 3 1/2 millim.

Se distingue de la *limnœa fusca* par sa taille de moitié
plus petite, ses tours à croissance plus lente et régulière,
son bord columellaire droit et non contourné, son ouverture
plus étroite, etc.

Avec les précédentes.

4. Limnœa truncatula.

Buccinum truncatulum. Muller, Verm. hist., t. II, p. 130, n° 325, 1774.

Limnœus truncatulus. Jeffreys, Suppl. synops. testac. in Trans. Linn., London, t. XVI, 2ᵉ part , p. 377, 1830.

Couche argileuse grise de l'Hers. Quartier de Gilis près Villefranche.

GENUS 12. CYCLOSTOMA.

1. Cyclostoma Lutetianum.

Cyclostoma Lutetianum. Bourguignat, Moll. terrestr. et fluv. quatern. envir. Paris, p. 11, pl. III, fig. 40-42, 1869.

Commune d'Avignonet, au quartier de Craman où cette espèce vit de nos jours.

2. Cyclostoma elegans.

Nerita elegans. Muller, Verm. hist., t. II, p. 177, n° 363, 1774.

Cyclostoma elegans Draparnaud, Tabl. moll., p. 38, n° 1, 1801.

Avec le précédent.

GENUS 13. BYTHINIA.

1. Bythinia tentaculata.

Helix tentaculata. Limnæus, Syst. nat., édit. X, t. I, p. 774, 1757.

BYTHINIA TENTACULATA. Gray, in : Turton : Schell. Brit.. p. 93, fig. 20, 1840.

Couche argileuse grise de l'Hers.

Séance du 3 décembre 1879.

Présidence de M. Emile CARTAILHAC.

M. Théophile SAVEZ, employé à l'administration de la Marine, à Nouméa, est nommé membre correspondant, sur la proposition de MM. A. de Saint-Simon et Trutat.

Conformément au règlement, on procède aux élections.

Sont nommés pour l'année 1880 :

Président.	M. DE LA VIEUVILLE.
Vice-Présidents. 1er	M. BIDAUD.
2e	M. le Comte BEGOUEN.
Secrétaire général.	M. E. TRUTAT.
Secrétaires-adjoints.	MM. G. MESTRE et CROUZIL.
Archiviste.	M. F. REGNAULT.
Trésorier.	M. LACROIX.

Conseil d'administration :

MM. MARQUET et DÉLEVEZ.

Comité des publications :

MM. CARTAILHAC, DE SAINT-SIMON, G. DE MALAFOSSE, BIDAUD.

Séance du 17 décembre 1879.

Présidence de M. Emile CARTAILHAC.

M. Auguste RACHOU, banquier à Toulouse, ingénieur civil, est nommé membre titulaire, sur la présentation de MM. Fouque et Cartailhac.

L'auteur, membre titulaire, donne lecture du travail suivant :

La matière radiante de M. Crookes et son application à l'astronomie ;

Par M. le comte BÉGOUEN, membre titulaire.

La *Revue scientifique* a reproduit, dans son numéro du 25 octobre 1879, une conférence faite à Londres à l'Association britannique pour l'avancement des sciences, par M. Crookes. Le nom de ce savant est bien connu par les recherches qu'il a faites sur la matière raréfiée, et il y a quelques années son radiomètre est venu dévoiler tout un ordre de phénomènes nouveaux que les théories actuelles ne pouvaient expliquer.

En poursuivant ses recherches, M. Crookes est arrivé à trouver à cette énigme une solution dont la conséquence est la constatation d'un nouvel état de la matière.

Déjà, en 1816, comme M. Crookes s'empresse de le rappeler, Faraday avait, dans les cours qu'il faisait sur l'état de la matière, pressenti qu'il pouvait y avoir un quatrième état pour les corps, aussi éloigné de l'état gazeux que celui-ci l'est de l'état liquide, et que la matière, perdant encore dans ce changement une partie de ses propriétés, pouvait se montrer sous une forme nouvelle qu'il appelait l'état radiant.

Jusqu'ici rien n'était venu appuyer cette hypothèse, que les travaux de M. Crookes viennent de mettre en lumière ; et cette constatation est un fait d'une grande importance pour la science, non-seulement parce qu'elle nous apprend à connaître de nouvelles propriétés des corps, mais parce qu'il peut en résulter des modifications à apporter aux idées que nous nous faisons de la constitution de l'univers.

Voici les faits constatés par M. Crookes : quand on fait passer un courant d'induction dans un tube de Geissler, où le vide a été fait avec soin, et en se servant d'un électrode convenablement disposé, on voit auprès du pôle négatif un espace sombre, d'autant plus grand que le vide est plus complet, après lequel les phénomènes lumineux se manifestent. En poussant le vide jusqu'à un millionième d'atmosphère, on ne voit plus l'étincelle traverser le tube, le courant électrique est projeté en ligne droite sur la face opposée, quelle que soit la position du pôle positif. Ce courant provoque sur la paroi qu'il frappe une phosphorescence verte dont la nuance varie avec la qualité du verre employé. La couleur de cette lueur varie suivant les corps qu'elle frappe ; des rubis donnent une belle lumière rouge, quelle que soit leur nuance ; l'émeraude une lumière cramoisie, et le spodumène, qui est gris-verdâtre, des rayons jaune d'or. Cette lumière, invisible sur son parcours, donne des ombres, c'est-à-dire que la phosphorescence se développe sur la paroi de verre en dessinant le contour des objets placés sur son trajet. Il y a mouvement effectif et transport des molécules ; M. Crookes, au moyen d'appareils ingénieux et d'une extrême délicatesse, a pu mettre en mouvement des roues à ailettes ou les faire avancer sur des rails de verre, variant la direction du mouvement avec celle du courant. Nous retrouvons ici en partie, bien que la cause d'impulsion diffère, les mouvements du radiomètre. Le courant de matière radiante est dévié et attiré par un aimant. Il faut ajouter que cette matière si divisée est projetée par l'électricité avec une si grande vitesse, qu'elle produit de puissants effets calorifiques ; en employant des miroirs concaves comme pôle négatif, M. Crookes a pu faire rougir à blanc des barreaux de platine ou fondre le tube de verre qui servait à l'expérience. Les phénomènes sont les mêmes quel que soit le gaz employé. L'hydrogène, l'acide carbonique donnent les mêmes résultats que l'air.

Ces expériences prouvent que l'on est en présence d'un état nouveau et nettement défini de la matière ; j'ai été frappé immédiatement de l'application qui pouvait être faite de cette théorie aux phénomènes offerts par la queue des

comètes, je n'ai pu résister au désir d'en adresser mes félicitations à M. Crookes et de lui demander s'il ne pensait
pas avoir ainsi trouvé la solution des anomalies que présente la constitution de ces météores. Ces anomalies sont,
en effet, singulières. Ces astres, dont la plupart arrivent
dans notre système du fond des espaces célestes, offrent un
noyau dont tous les astronomes admettent l'état gazeux. Il
est sphérique, ne présente pas de phases, il est assez transparent pour ne pas arrêter la lumière de faibles étoiles. En
approchant du soleil, il émet vers cet astre des ondes de
matière qui, subitement, sont projetées en arrière, avec une
vitesse considérable, dans une direction opposée à celle du
soleil. Cette force répulsive a été très-bien mise en évidence
par M. Faye (1) : elle disperse sur une grande étendue la
matière émanée du noyau, et forme dans le ciel ces splendides
développements qui donnent aux comètes leur saisissante
physionomie. Mais ici se présente une complication : tandis
que le noyau donne toutes les indications d'une substance
gazeuse, le polariscope et le spectroscope démontrent que
la queue réfléchit la lumière solaire à la manière des corps
solides. Ce fait a reçu un appui dans les recherches du
savant astronome de Milan, M. Schiaparelli, qui a voulu iden-
tifier les essaims de météores qui nous apparaissent sous la
forme d'étoiles filantes, avec la queue des comètes. La concordance réelle ou apparente des orbites des comètes avec
celle que l'on attribue aux essaims météoriques, a porté
beaucoup d'astronomes à chercher à concilier dans une même
théorie les émanations gazeuses du noyau cométaire et les
étoiles filantes. M. Delaunay, dans la notice de l'*Annuaire du
Bureau des longitudes*, de 1870 (p. 547), dit que la comète,
qui fait la même route qu'un essaim, doit être considérée

---

(1) Notamment dans la conférence faite à la Sorbonne, *Revue Scientifique*, 1870, p. 385. *Annuaire du Bureau des longitudes*, 1874,
p. 1061.

comme en faisant partie et n'est autre chose que la conden-
sation locale de la matière de cet essaim. Le P. Secchi,
dans son ouvrage sur le soleil, réunit aussi les deux phénomènes. Il calcule quel est le minimum de masse que l'on peut
attribuer aux corpuscules qui s'enflamment en traversant
notre atmosphère et l'abaisse à un gramme. Or, on a calculé
que la comète de 1861 avait une masse égale à celle de 58
mètres cubes d'eau ; la queue visible de cette comète
dépassait 60 millions de kilomètres ; il n'y aurait pas eu une
de ces petites masses alignées par kilomètre sur une seule
file, ce qui n'est pas admissible.

On pourrait reprendre les unes après les autres toutes les
masses assignées aux comètes, les rapprocher des dimensions
de leurs queues, et l'on verrait que pour produire de pareils
phénomènes, on ne peut assigner qu'une masse presque
insensible aux matières qui les composent.

Si ces corpuscules avaient une valeur assez élevée pour
s'enflammer en traversant l'air, s'ils étaient assez nombreux
pour couvrir comme d'un voile lumineux toute une partie du
ciel, leur rideau intercepterait probablement entièrement la
vue des étoiles, et la masse totale de la comète serait énorme.
Il serait difficile de croire que les essaims d'étoiles filantes ne
pourraient pas aussi devenir visibles avant d'être atteints
par la terre, ce qu'aucune observation n'a pu constater, même
pour les averses météoriques les plus remarquables. Cette
théorie ne n'avait donc jamais paru acceptable. Après avoir
lu, dans la *Revue scientifique* du 21 mai 1870, la conférence
faite à la Sorbonne sur la figure des comètes par M. Faye,
dans laquelle ce savant astronome établissait si clairement
la force répulsive du soleil, j'avais pensé que cette action,
qui devait être électrique et non calorifique (Herschell l'attribuait à l'électricité positive), ne pouvait s'exercer que
sur une matière entièrement divisée, et que la substance
gazeuse du noyau, attirée et surchauffée par le soleil dans le
vide stellaire, devait se désagréger au point de rendre

indépendante chaque molécule, dont les contacts avec les
molécules voisines devaient être profondément modifiés
ou annulés, et produire un mouvement rectiligne. Chacun de ces atomes ne pouvant, par suite de son isolement, écouler dans la masse du noyau l'électricité néga-
tive du soleil, devait être saturé par elle et, repoussé par
le soleil à des distances énormes en raison de sa légèreté,
pouvait alors présenter les phénomènes de phosphorescence et de réflection lumineuse reconnus dans les queues
des comètes. Je me figurais une modification analogue à
celle qu'éprouve un cours d'eau arrivant à une cascade : la
nappe d'eau coule d'abord homogène et limpide, ne donnant
lieu qu'à une seule réflection de la lumière. Lorsqu'elle se
brise sur les rochers, elle paraît augmenter de volume et
change d'aspect et de couleur, chaque goutte d'eau réflé-
chissant individuellement le rayon lumineux qui la frappe.
Cette poussière gazeuse de la matière cométaire me paraîtrait
répondre à toutes les conditions de transparence, de légèreté
de masse, de transport dans l'espace en opposition avec les
lois de la gravitation que présentent les comètes. Il faudrait
alors, il est vrai, laisser de côté les faits relevés par M. Schiaparelli et par d'autres astronomes, tendant à réunir les
comètes aux étoiles filantes ; mais il me semble que les phénomènes célestes sont si nombreux et souvent si obscurs
pour nous, qu'il pourrait y avoir coïncidence et superposition
plutôt qu'union intime de ces deux phénomènes.

J'ai cru voir la preuve de cette supposition dans la
matière radiante de M. Crookes, et je m'empressai de l'écrire
à ce savant, qui voulut bien me répondre la lettre suivante :

« Londres, 7 novembre 1879.

» Cher Monsieur,

» J'ai à vous remercier de la manière bienveillante dont
» vous parlez de mes recherches sur la matière radiante.
» J'ai depuis longtemps pensé que le phénomène des

» comètes pouvait être expliqué par ce que j'ai fait, mais
» le sujet est très-obscur et demande à être soigneuse-
» ment travaillé encore avant de pouvoir en parler d'une
» façon définitive.

    » Croyez, etc. »

Nous pouvons être sûrs que les travaux incessants de
M. Crookes lui permettront de résoudre affirmativement
cette question, et que la matière radiante, par sa constatation dans les comètes, prendra le rang qu'elle mérite parmi
les belles découvertes de notre siècle.

Cet état de la matière est-il spécial aux comètes? n'existe-
t-il pas dans l'immense couronne solaire que les éclipses
totales nous rendent visible, et dans la lumière zodiacale ?
n'enveloppe-t-il pas notre atmosphère comme les vapeurs
qui s'élèvent sur une masse d'eau ? Déjà Herschell, parlant
de la hauteur exceptionnelle de 240 kilomètres à laquelle
s'enflamment quelques étoiles filantes, disait dans sa lettre
du 18 août 1833 à M. Quetelet, que « l'on pouvait soup-
» çonner une espèce d'atmosphère supérieure à l'atmos-
» phère aérienne, plus légère et pour ainsi dire plus ignée. »

Quant à la force répulsive du soleil, M. Faye, qui l'attribuait si formellement, en 1870, à la chaleur solaire, est moins
affirmatif, quant à l'origine de cette force, dans la notice
de l'*Annuaire du Bureau des longitudes de* 1874. Il laisse le
choix entre la chaleur et l'électricité. Chose singulière, pour
prouver que la chaleur la produisait, M. Faye faisait en 1870,
à la Sorbonne, l'expérience fondamentale de M. Crookes:
il faisait passer un courant dans un tube de Geissler, il
entrevoyait la phosphorescence ; mais, probablement par
suite de l'insuffisance du vide, les principaux phénomènes
ne se manifestaient pas, et, entraîné par d'autres idées, le
savant astronome passait à côté d'une loi nouvelle de la
matière, laissant à la patience de M. Crookes le soin de la
découvrir.

L'auteur, membre titulaire, communique la note suivante :

Note sur l'Isard des Pyrénées

Par M. Maurice GOURDON, membre titulaire.

L'Isard, que les montagnards des Pyrénées françaises et espagnoles appellent dans leur patois *Crabes* (chèvres), est généralement répandu dans toute la chaîne qui sépare la France de l'Espagne. On le trouve cependant moins nombreux à mesure que l'on se rapproche des deux mers.

Il disparaît complètement aux deux extrémités de la chaîne, ce qui provient, sans doute, de la moindre élévation des montagnes et de la plus grande fréquentation par l'homme de ces régions.

Cependant, il y en a quelques-uns dans le massif du Canigou, mais ils sont rares.

Chez les deux sexes la taille est la même ou à peu de chose près. Le mâle ne diffère de la femelle que par des formes plus robustes en apparence ; mais leur force, leur agilité sont également extrêmes et merveilleuses. Leurs cornes, noires et brillantes à la partie supérieure, mates à la base, sont implantées presque perpendiculairement au frontal en avant des oreilles : fortes chez le mâle à la base, elles s'écartent beaucoup à la partie supérieure qui est recourbée en crochets. Chez la femelle elles sont plus grêles et leur écartement est moindre. Chez l'un comme chez l'autre sexe elles sont sillonnées dans leur longueur de fines stries parallèles, qui chez quelques sujets sont parfois fortement marquées. De légères annelures qu'elles portent, surtout vers la base, peuvent servir à reconnaître l'âge, à ce qu'assurent les montagnards.

A l'âge de deux mois on commence à sentir sur le crâne une légère proéminence protégée par un épais bouquet de poils noirs. Cette excroissance s'accroît rapidement, l'extré-

ISARD EN PELAGE D'HIVER

mité des cornes apparaît vers le sixième mois, et à un an elles atteignent déjà 5 centimètres de long.

A l'âge de douze à treize mois le tissu épidermique qui protégeait la corne tombe par petites lames et la pointe définitive se dégage fine et acérée, formant une arme dangereuse dont l'isard sait se servir à merveille pour sa défense. Tous les ans, au printemps, elles s'accroissent par la base dans un court espace de temps ; l'animal mange peu alors et cet état de malaise dure quelques jours.

J'ai pu d'autant mieux observer ces détails, que j'ai déjà élevé deux isards (un mâle et une femelle) et que, chez les deux, les mêmes phénomènes se sont reproduits identiquement pendant six ans.

En naissant, les isards sont revêtus d'un pelage tout laineux ; il fait insensiblement place à une fourrure soyeuse et fine, très-épaisse et dont la couleur est trop connue pour que j'aie besoin d'en parler. Ce poil d'été sera lui-même remplacé pour la saison froide par une autre toison plus longue, très-fournie et plus foncée. La poitrine même, les jambes deviennent complètement noires et brillantes : une véritable crinière part des épaules et s'étend jusqu'aux bas des reins, où elle atteint de 12 à 15 centimètres de longueur.

Le pelage de la femelle est identique à celui du mâle. Je noterai en passant que les isards que je possède conservent toute l'année les jambes noires, tandis que chez les sujets à l'état sauvage la couleur est plus ou moins brunâtre et n'atteint son noir qu'en hiver.

Quand les premiers froids commencent et tout le temps qu'ils durent, le mâle a le poil légèrement couvert d'un enduit noirâtre, résineux. Cette sorte de matière sébacée me paraît être sécrétée par des glandes sous-cutanées situées derrière les cornes. Depuis les premiers jours d'octobre jusqu'à la fin de novembre, époque du rut, ces mêmes glandes répandent une odeur forte et pénétrante, qui sans être celle du musc s'en rapproche beaucoup et peut lui être comparée plus qu'à toute autre. En mars également se produit le même phénomène, mais avec moins de force. Chez la femelle je n'ai rien observé de semblable. Celle-ci porte cinq mois, et les petits naissent dès la fin d'avril ou le commencement de mai ; deux ou trois jours après leur naissance ils courent déjà parfaitement et sont en état de suivre la mère. Les jeunes, jusqu'à l'âge de trois mois, ont la langue rose, elle commence alors à noircir par le bout et, peu à peu, cette coloration se répand jusqu'à la base de la langue pour rester ainsi pendant toute l'existence de l'animal, qui peut vivre une vingtaine d'années.

Contrairement à cette erreur assez répandue parmi les montagnards, que l'isard ne boit pas et mange seulement de la neige, je puis affirmer que ceux que je possède en captivité boivent énormément, et plusieurs fois par jour il leur faut de l'eau fraîche. La propreté est une chose inhérente à leur nature. Mais, il faut le dire, la neige est leur élément, et lorsque pendant l'hiver elle couvre la terre, il faut leur en donner ou les faire sortir pour qu'ils puissent s'y rouler, ce qu'ils font avec délices.

Leur légèreté et leur rapidité sont extrêmes. Maintes fois, dans mes excursions ou à la chasse, j'ai pu le remarquer : je les ai vus franchir d'un bond des crevasses fort larges ou des précipices, ou poursuivis disparaître au travers des moraines et des rochers avec la rapidité de la flèche.

Le dessous du sabot est élastique comme du caoutchouc ; c'est ce qui leur permet de se tenir facilement sur les pointes de rochers les plus aigus, sur des corniches qui semblent à peine assez larges pour qu'ils y trouvent place.

Les isards vivent habituellement en harde de 8, 10, 20 individus et même plus. Les vieux mâles se tiennent à l'écart et prennent le nom de *solitaires*, de *seulets*. Cela m'amène naturellement à parler de leur chasse. Elle se fait de la même manière, quelle que soit l'époque de l'année.

Pendant l'hiver les montagnards ne les chassent guère, car ils n'en trouveraient pas le placement ; à cette époque les isards descendent fort bas jusque dans les forêts voisines des glaciers, et plus d'une fois dans les montagnes de Luchon j'en ai trouvé à 12 ou 1500 mètres d'altitude. En janvier 1874, j'en ai même rencontré trois qui paissaient avec un troupeau de chèvres et de moutons à 500 mètres d'une grange. Des faits semblables m'ont été rapportés par des chasseurs aragonais. Pendant l'été, au contraire, c'est le moment où on les poursuit activement : leur chair, quoi qu'en disent certaines personnes, est au moins aussi délicate que celle du chevreuil, surtout si l'on a affaire à une jeune bête, car les vieilles sont généralement dures.

Comme le lièvre, l'isard affectionne certains passages. On en profite pour le chasser en battue. Plusieurs chasseurs se réunissent, les uns se postent, tandis que les traqueurs se dispersent dans la montagne où se tiennent les isards, et faisant le moins de bruit possible, cherchent à les approcher pour les tirer eux-mêmes, ou s'ils ne le peuvent les rejettent sur les chasseurs. On les tue encore à l'affût en se mettant à portée des endroits où ils viennent habituellement paître. En Espagne on les attire encore à portée du fusil avec du sel dont ils sont très-friands.

Depuis trois ans environ, dans les montagnes qui confinent à la Haute-Garonne, et surtout dans le massif des Posets, on les prend avec un piége masqué et amorcé avec des feuillages d'asphodèles et de narcisses. Il faut toujours les chasser à bon vent, sans cela on court risque de ne rien faire. Car chaque harde a une ou plusieurs sentinelles dont il ne faut pas éveiller la défiance. Ces animaux, en effet, ont l'ouie très-développée. Au moindre bruit insolite, la sentinelle pousse un espèce de sifflement aigu et prolongé, tout le troupeau s'empresse de la rejoindre et ne quitte son poste d'observation qu'en cas de péril.

C'est surtout le matin dès l'aurore, jusqu'à 10 heures, et

le soir depuis 4 heures, que la chasse est la plus facile ; le reste de la journée l'isard craignant la chaleur se retire sur les glaciers ou les hautes cimes. Il s'y couche et rumine tout à loisir en sondant l'horizon de son œil pénétrant.

Comme je le disais tout à l'heure, les isards vivent en société, en hardes souvent nombreuses et n'abandonnant presque jamais la montagne qu'ils ont adoptée. Je rapporterai le fait suivant comme preuve de leur attachement au quartier qu'ils ont choisi. Un de ces animaux avait élu domicile dans le massif de Baticiel à l'Est des Posets ; pendant plusieurs années, les chasseurs le rencontraient dans les mêmes parages et le reconnaissaient d'autant plus facilement que son pelage était entièrement blanc sur le train de derrière. Ce cas d'albinisme est attribué par les Vénasquais à un croisement avec une chèvre. Leurs troupeaux, en effet, montent très-haut dans la montagne, et souvent les bergers ont vu des isards au milieu de leurs animaux. Je rapporte cette explication sous toute réserve et la donne pour ce qu'elle vaut.

Il y a quelques années, une véritable épidémie les avait atteints, leur nombre avait diminué, les chasseurs trouvaient, fait extrêmement rare, des ossements de ces animaux dans la montagne. Il se peut fort bien que ce mal ne soit autre que le *noir du museau,* tel est le nom donné par les bergers à une sorte de maladie qui attaque l'espèce ovine : les narines sèchent, deviennent brûlantes, puis s'écaillent : des boutons virulents apparaissent en même temps et sont l'indice d'une infection de toute l'économie, et l'animal meurt au bout de 8 à 10 jours. C'est ainsi qu'en 1876 j'ai perdu une jeune femelle.

Le mal semble avoir disparu entièrement, car les bandes sont reconstituées, et pendant toute la saison thermale on en apporte plusieurs par semaine à Luchon. En 1877, une société de chasseurs Aranais en aurait tué 72. Dans les montagnes de la Haute-Garonne, les isards sont cantonnés vers 1800 et 3000 mètres. Ils affectionnent les glaciers du port d'Oo, de Spujeoles, des Crabioules, du Maupas et du Boum, les cirques des Graouès, de la Glère et de la Montagnette. Au printemps le revers espagnol est leur rendez-vous de prédilection, et on les trouve dans les vallées d'Astos, de Ramougne, de Litayrola et aux alentours des Posets. L'immense massif des Monts Maudits est encore un de leurs meilleurs refuges.

Dans le val d'Aran je les ai, depuis cinq ans, toujours trouvés dans les cirques de Colomès, de Valartias, de Ruda, dans le massif de Barrados et vers les pics de Crabère, de Mauberme et Baciné. En mai 1878, me rendant en Andorre par le versant espagnol des Pyrénées, j'ai vu des isards dans le massif des Pouys et de Béret, dans les hautes montagnes de Cardos, de Ferrera et d'Andorre vers la frontière de France.

TABLE DES MATIÈRES

TOULOUSE, TYP. GIBRAC, & Cᵉ. RUE SAINT-ROME, 44.

e, 44.

SOCIÉTÉ

D'HISTOIRE NATURELL

DE TOULOUSE.

———

QUATORZIÈME ANNÉE — 1880

———

TOULOUSE

IMPRIMERIE DURAND, FILLOUS ET LAGARDE

RUE SAINT-ROME, 44

———

1880

BULLETIN

DE LA

SOCIÉTÉ D'HISTOIRE NATURELLE

DE TOULOUSE

SOCIÉTÉ

D'HISTOIRE NATURELLE

DE TOULOUSE

BULLETIN

QUATORZIÈME ANNÉE. — 1880.

TOULOUSE

TYPOGRAPHIE DE GIBRAC ET Cⁱᵉ

RUE SAINT-ROME, 44.

—

1880

ÉTAT

DES MEMBRES DE LA SOCIÉTÉ D'HISTOIRE NATURELLE

DE TOULOUSE.

1er Juin 1880.

Membres nés.

M. le Préfet du département de la Haute-Garonne.

M. le Maire de Toulouse.

M. le Recteur de l'Académie de Toulouse.

Membres honoraires.

MM.

1866 Dr Clos, Directeur du Jardin des Plantes, 2, allée des Zéphirs, Toulouse.

— E. Dulaurier ✳, Membre de l'Institut, Professeur à l'Ecole des Langues orientales vivantes, 2, rue Nicolo, Paris.

— Dr N. Joly ✳, ancien Professeur à la Facultté des sciences, membre correspondant de l'Institut, 52, rue des Amidonniers, Toulouse.

— Dr J.-B. Noulet ✳, Directeur du Musée d'histoire naturelle, 15, grand'rue Nazareth, Toulouse.

— Lavocat ✳, ancien Directeur de l'Ecole vétérinaire, allée Lafayette, 66, Toulouse.

1868 Daguin ✳, Professeur à la Faculté des sciences, 44, rue Saint-Joseph, Toulouse.

— Dr Léon Soubeyran, Professeur à l'École supérieure de pharmacie de Montpellier.

1872 L'abbé D. Dupuy ✳, Professeur au Petit-Séminaire, Auch (Gers).

— Paul de Rouville ✳, Doyen de la Faculté des sciences, Montpellier.

1873 Emile Blanchard O ✳, membre de l'Institut, Professeur au Muséum, Paris.

1875 Delesse ✳, Ingénieur en chef des mines, Professeur de géologie à l'Ecole Normale, rue Madame, 59, Paris.

1878 Baron de Watteville ✳, ancien Directeur des Sciences et des Lettres, au Ministère de l'Instruction publique.

— Dr F.-V. Hayden, directeur du Comité géologique des Etats-Unis, Washington.

1879 de Lesseps (Ferdinand) C. ✳, membre de l'Institut, Paris.

Membres titulaires.

Fondateurs.

MM. D'Aubuisson (Auguste), 1, rue du Calvaire, Toulouse.
Cartailhac (Emile), 🏵 ✳. 5, rue de la Chaîne, Toulouse.
Chalande (J.-François), 3, rue Maletache, Toulouse.
Fouque (Charles), ✳, 25, rue Boulbonne, Toulouse.
Dr Félix Garrigou, ✳, 38, rue Valade, Toulouse.
Lacroix (Adrien), 20, rue Peyrolières, Toulouse.
Marquet (Charles), 15, rue Saint-Joseph, Toulouse.
De Montlezun (Armand), Menville, par Lévignac-sur-Save (H.-G.).
Trutat (Eugène), O🏵, Conservateur du Musée d'histoire naturelle,
rue des Prêtres, 3, Toulouse.

MM.

1866 Bordenave (Auguste), Chirurgien-dentiste, allée Saint-Michel, 27,
Toulouse.
— Calmels (Henri), propriétaire à Carbonne (H.-G.).
— Lassère (Raymond) ✳, capitaine d'artillerie en retraite, 9, rue
Matabiau, Toulouse.
— De Malafosse (Louis), château des Varennes, par Villenouvelle
(Haute-Garonne).
— De Planet (Edmond), ✳, Ingénieur civil, 46, rue des Amidon-
niers, Toulouse.
— Regnault (Félix), rue de la Trinité, Toulouse.
— Rozy (Henri), Professeur à la Faculté de Droit, 10, rue Saint-
Antoine-du-T. Toulouse
1867 De Constant-Bonneval (Hippolyte), 18, rue des Arts, Toulouse.
— Dr Thomas (Philadelphe), Gaillac (Tarn).
1868 Gantier (Antoine), Château de Picayne, près Cazères (H.-G.), et
12, rue Tolosane, Toulouse.
— Comte de Sambucy-Luzençon (Félix), rue du Vieux-Raisin, 31,
Toulouse.
1869 Izarn, Commis principal des douanes, 45, allées Lafayette, Tou-
louse.
— Fagot (Paul), notaire à Villefranche-de-Lauragais (H.-G.).
— Flotte (Léon), Vigoulet, par Castanet (H.-G.).
1871 Delevez, Directeur de l'École normale, à Toulouse.
— Desjardins (Edouard), Jardinier en chef à l'Ecole vétérinaire,
Toulouse.
— Guy, Directeur de l'Aquarium Toulousain, 15, rue de Cugnaux,
Toulouse.

MM.

1871 De MALAFOSSE (Gaston), château de La Roque, par Sallèles d'Aude (Aude).

— Dr RESSEGUET (Jules), 3, rue Joutx-Aigues, Toulouse.

1872 AVIGNON, 19, rue de la Fonderie, Toulouse.

— Dr BÉGUÉ, Inspecteur des enfants assistés, rue Boulbonne, 28, Toulouse.

— BIDAUD (Louis), professeur à l'Ecole vétérinaire, Toulouse.

— BIOCHE (Alphonse), avocat, 57, rue de Rennes, Paris.

— Du BOURG (Gaston), 6, place Saintes-Scarbes, Toulouse.

— DELISLE (Fernand), 12, rue Racine, Paris.

— DETROYAT (Arnaud), banquier, Bayonne (Basses-Pyrénées).

— FONTAN (Alfred), Receveur de l'enregistrement, Le Vigan (Gard).

— GÈZE (Louis), 17, place d'Assézat, Toulouse.

— GOURDON (Maurice), villa Maurice, à Luchon (Haute-Garonne).

— HUTTIER, agent-voyer en chef du département d'Alger, passage Malakoff, 15, Alger.

— Général de NANSOUTY (Charles), C ✳, directeur de l'Observatoire du pic du Midi, Bagnères-de-Bigorre (Hautes-Pyrénées).

— POUGÉS (Gabriel), 5, rue St-Aubin, Toulouse.

— REY-LESCURE, Faubourg du Moustier, Montauban (Tarn-et-Gar.)

— De RIVALS-MAZÈRES (Alphonse), 50, rue Boulbonne, Toulouse.

— De SAINT-SIMON (Alfred), 6, rue Tolosane, Toulouse.

— SEIGNETTE (Paul), ✳, Principal du Collége, Castres (Tarn).

— TEULADE (Marc), ✳, rue des Tourneurs, 45, Toulouse.

1873 ABEILLE DE PERRIN (Elzéar), 56, r. Marengo, Marseille (B.-du-R.)

— BALANSA, botaniste, rue du port St-Sauveur 13, Toulouse (en mission dans le Paraguay).

— COURSO, manufacturier, rue des Récollets, 41, à Toulouse.

— DOUMET-ADANSON, à Cette (Hérault).

— DUC (Jules), pharmacien, à Caylux (Tarn-et-Garonne).

— FABRE (Georges), sous-inspecteur des Eaux et Forêts, Alais (Gard)

— FOURNIÉ, ingénieur en chef des ponts-et-chaussées, r. Madame, 46, Paris.

1873 GENREAU, ingénieur des mines, place du Palais, 17, à Pau (Basses-Pyrénées).

— GOBERT, docteur-médecin, rue de la Préfecture, à Mont-de-Marsan (Landes).

— De NERVILLE ✳, inspecteur général des mines, boulevard Males-herbes, 85, Paris.

— De la VIEUVILLE (Paul), ✳, boulevard de Strasbourg, 36, Toulouse.

MM.

1874 Bessaignet (Paul), rue des Chapeliers, Toulouse.
— Chalande (Jules), 51, rue des Couteliers, Toulouse.
— De Gréaux (Laurent), naturaliste, 126, rue Consolat, Marseille (Bouches-du-Rhône).
— Monclar, allée St-Etienne 41, Toulouse.
— Pianet (Sébastien), à Toulouse.
— Rousseau (Théodore), Inspecteur des Eaux et Forêts, Square Sainte-Cécile, 22, Carcassonne (Aude).
1875 Ancely (Georges), 63, rue de la Pomme, Toulouse.
— Du Boucher (Henri), président de la Société scientifique de Borda, Dax (Landes).
— Fabre (Charles), aide astronome à l'Observatoire de Toulouse, 13, allée St-Etienne, Toulouse.
— Foch (Charles), à Lédar, près Saint-Girons (Ariége).
— Lajoye (Abel), Reims (Marne).
— Martel (Frédéric), rue Perchepinte, 15, Toulouse.
— Paquet (René), avocat, 34, rue de Vaugirard, Paris.
— Peux (Charles), Président du Tribunal de St-Louis (Sénégal).
— Pugens (Georges), ingénieur des ponts et chaussées, r. Cantegril, 2. Toulouse.
— Tassy, Inspecteur des Eaux et Forêts, Pau (Basses-Pyrénées.
1876 Crouzil (Victor), instituteur primaire, rue du pont de Tounis, Toulouse.
L'abbé Fourment, vicaire à l'église St-François, Castelnaudary (Aude).
— De Lavalette (Roger), Cessales près Villefranche-de-Lauragais, (Haute-Garonne).
1877 G. Mestre, 4, rue de la Chaîne, Toulouse.
1878 Arthez (Emile), officier d'administration, Auch.
— Chalande (Henri), rue des Couteliers, 51.
— G. Cossaune, rue du Sénéchal, 10, Toulouse.
— Devèze, propriétaire des carrières du Nord, Armissan (Aude).
— Joleaud (Alexandre), officier d'administration, professeur à l'Ecole militairé de Vincennes.
— Lluch de Diaz (Jose), vice-consul d'Espagne, rue Alsace-Lorraine, Toulouse.
— Victor Romestin, rue Périgord, 10 bis, Toulouse.
1879 Barbet (Jules), inspecteur de la Compagnie du Phénix, rue La-fayette, 33, Paris
— Bayle (Edmond), étudiant en médecine, rue des Filatiers, 56, Toulouse.
— Bégouen (Comte) ✻, place des Pénitents-Blancs, 15, Toulouse.

MM.

1879 Delthil, notaire à Lavaur (Tarn).
— Fabre (Paul), étudiant en médecine, rue Roquelaine, 3, Toulouse.
— Gauran (Charles), étudiant en médecine, rue du Canon, 2, Toulon.
— Héron (Guillaume), rue Dalayrac, 2, Toulouse.
— Langlade, président de la Chambre de commerce, rue des Arts, 14, Toulouse.
— Lasserre (Bernard), rue St-Aubin, 12, Toulouse.
— Mélac (Guillaume), à Saboumères, par Rieumes (Hte-Garonne).
— J. Monmeja, faubourg de Sapiac, Montauban.
— Dr Moner, plaza Catalana, 18, Barcelonne (Espagne.)
— De Munck (Georges), rue Mage, 32, Toulouse.
— Perez, rue de Metz, 13, Toulouse.
— Pianet (Jules), Toulouse.
— Pianet (Emile), id.
— Rachou (Auguste), ingénieur civil, 3, rue de l'Echarpe, Toulouse.
— De Rey-Pailhade, ingénieur à l'usine à gaz, rue du Taur, 38, Toulouse.
— Sicard (Germain), château de Rivières, par Caune (Tarn.)
— Salinier (Edouard), rue Ninau, 15, Toulouse.
1880 Azam (Henri), rue de la Colombette, 26, Toulouse.
— De Belcastel (Auguste), Jardin Royal, 3, Toulouse.
— Clary (Raphael), rue St-Laurent, 18, Toulouse.
— Hurel, rue Magnan, 26, Paris.
— Latgé (Louis), rue des Couteliers, 12, Toulouse.
— Lafourcade, instituteur primaire, Ecole du Grand-Rond (Toulouse.
— De Lagarrigue (Antonin), étudiant en droit, rue St-Remesy, 11, Toulouse.
— Mobisson (Paul), faubourg St-Etienne, 41, Toulouse.
— Sauvage (Julien), canal de Brienne, 24, Toulouse.
— De Tersac, à St-Lizier (Ariége.)

Membres correspondants.

MM.

1866 Dr Bleicher, professeur à la Faculté de Médecine de Nancy.
1867 Dr Caisso, Clermont (Hérault).
— Fourcade (Charles), naturaliste, Bagnères-de-Luchon (H.-G.)
— Dr Bras, à Villefranche (Aveyron).
— Cazalis de Fondouce, ✳ ⚜ O, 18, rue des Etuves, Montpellier.

MM.

1867 CHANTRE (Ernest), Sous-Directeur du Muséum de Lyon (Rhône).
  — LALANDE (Philibert), Receveur des hospices, Brives (Corrèze).
  — MASSENAT (Elie), Manufacturier, Brives (Corrèze).
  — PAPAREL, Percepteur en retraite, Mende (Lozère).
  — Marquis de SAPORTA (Gaston), ✳, correspondant de l'Institut, Aix, (Bouches-du-Rhône).
  — VALDEMAR SCHMIDT, ✳ ✳, attaché au Musée des antiquités du Nord, Copenhague (Danemarck).
1869 MALINOWSKI, Professeur de l'Université, en retraite, Cahors (Lot).
1871 BICHE, Professeur au Collège, Pézénas (Hérault).
  — PEYRIDIEU, anc. Professeur de physique, quai de Tounis, Toulouse.
  — PIETTE (Edouard), Juge de paix à Eauze (Gers).
  — De CHAPEL-D'ESPINASSOUX (Gabriel), avocat, Montpellier (Hérault).
  — Marquis de FOLIN (Léopold), Commandant du port, Bayonne (B.-P.)
  — Pasteur FROSSARD, Président de la Société Ramond, Bagnères-de-Bigorre (H.-P.).
  — GASSIES, Conservateur du Musée préhistorique, Bordeaux (Gironde)
  — ISSEL (Arthur), Professeur à l'Université, Gênes (Italie).
  — LACROIX (Francisque), Pharmacien, Mâcon (Saône-et-Loire).
  — Dr De MONTESQUIOU (Louis), Lussac, près Casteljaloux (L.-et-G).
1873 l'Abbé BOISSONADE, professeur de sciences au Petit-Séminaire à Mende (Lozère).
  — CAVALIÉ, prof. d'hist. naturelle au collège de St-Gaudens (H.-G.).
  — GERMAIN (Rodolphe) ✳, vétérinaire au 29e d'artillerie, à Lyon.
  — Comte de LIMUR, Vannes (Morbihan).
  — POTTIER (Raymond), Correspondant de la Commission de Topographie des Gaules, rue Matabiau, Toulouse (Haute-Garonne).
  — POUBELLE (J.), préfet des Bouches-du-Rhône.
  — Dr RETZIUS (Gustave), professeur à l'Institut Karolinien de Stockholm.
  — ReVERDIT (A.), vérificateur de la culture des tabacs, à Montignac-sur-Vézère (Dordogne).
  — DrSAUVAGE (Emile), aide-naturaliste au muséum, rue Monge, 2, Paris.
  — VAUSSENAT, ingénieur civil, à Bagnères-de-Bigorre (H.-P.)
1874 COMBES, pharmacien, ✳, à Fumel (Lot-et-Garonne).
  — JOUGLA (Joseph), conducteur des Ponts et Chaussées, à Foix (Ar.).
  — LUCANTE, naturaliste, à Lectoure (Gers).
  — LAREMBERGUE (Henri de), botaniste, Angles-du-Tarn (Tarn).
  — SERS (Eugène), ingén. civil, à St-Germain, près Puylaurens (Tarn).
  — BAUX Care, Russell and Co, Canton (Chine).
  — CAILLAUX (Alfred), Ingénieur civil des mines, rue Saint-Jacques, 240, Paris.

MM.

1875 W. DE MAÏNOF, secrétaire de la Société de géographie, St-Pétersbourg.
1876 Dr CROS (Antoine), 11, rue Jacob, Paris.
1877 LADEVÈZE, au Mas-d'Azil (Ariége).
— SOLEILLET (Paul), de Nîmes, voyageur français en Afrique
1879 SAVÈS (Théophile), à Nouméa, Nouvelle-Calédonie.
— TISSANDIER (Gaston), rédacteur en chef de *La Nature*, 19, avenue
de l'Opéra, Paris.

SOCIÉTÉS CORRESPONDANTES

Société des sciences physiques et naturelles.	Alger.
Société académique des sciences et arts.	Saint Quentin.
Société d'émulation.	Moulins.
Société des sciences naturelles.	Cannes.
Société centrale d'agriculture.	Nice.
Société des lettres, sciences et arts.	Nice.
Société des sciences naturelles et historiques.	Privas.
Société académique d'agriculture, sciences.	Troyes.
Société des lettres, sciences et arts.	Rodez.
Académie des sciences, arts et belles-lettres.	Caen.
Société linnéenne de Normandie.	Caen.
Académie.	La Rochelle.
Société Linnéenne.	St-Jean-d'Angely.
Académie des sciences et belles-lettres.	Dijon.
Société des sciences historiques et naturelles.	Semur.
Société centrale d'Agriculture.	Niort.
Société d'émulation.	Montbéliard.
Société départementale d'archéologie.	Valence.
Commission scientifique.	Chartres.
Société académique.	Brest.
Académie.	Nîmes.
Société d'Études des sciences naturelles.	Nîmes.
Société scientifique.	Alais.
Société des sciences physiques et naturelles.	Bordeaux.

Société linnéenne.	Bordeaux.
Société d'études des sciences naturelles.	Béziers.
Société archéologique, scientifique.	Béziers.
Société de l'Académie des sciences.	Montpellier.
Société de statistique, des sciences naturelles.	Grenoble.
Académie Delphinale.	Grenoble.
Société d'émulation.	Lons-le-Saulnier.
Société d'agriculture, sciences et arts.	Poligny.
Société d'agriculture, industrie, sciences.	Saint-Etienne.
Société d'agriculture, sciences.	Le Puy.
Société académique.	Nantes.
Société des sciences.	Blois.
Société d'agriculture, des sciences et des belles-lettres.	Orléans.
Société de Borda.	Dax.
Société des études scientifiques.	Cahors.
Société d'agriculture, sciences et arts.	Agen.
Société d'agriculture, industrie et sciences.	Mende
Société académique.	Angers.
Société d'études scientifiques.	Angers.
Société linnéenne.	Angers.
Société des sciences naturelles.	Cherbourg.
Société académique.	Cherbourg.
Société polymathique.	Vannes.
Société d'Histoire naturelle.	Reims.
Société d'Agriculture.	Châlons.
Société des sciences et arts.	Vitry-le-Français.
Académie de Stanislas.	Nancy.
Société des sciences.	Nancy
Société nivernaise des sciences.	Nevers.
Société d'agriculture, sciences et arts.	Douai.
Société Dunkerquoise.	Dunkerque.
Société des sciences, de l'agriculture et des arts.	Lille.
Société académique d'archéologie, sciences.	Beauvais.
Académie des sciences, belles-lettres et arts.	Clermond--Ferrand.
Société des sciences et des arts.	Bayonne.
Société Ramond.	Bagnères-de-Bigorre
Société académique.	Tarbes.
Société agricole; scientifique et littéraire.	Perpignan.

Société des sciences, lettres et arts.	Pau.
Société Académique.	Boulogne-sur-Mer.
Académie des sciences, belles-lettres et arts.	Lyon.
Académie d'agriculture, histoire naturelle et arts.	Lyon.
Académie botanique.	Lyon.
Académie linnéenne.	Lyon.
Société d'agriculture, sciences et arts.	Vesoul.
Académie.	Mâcon.
Société d'agriculture, sciences et arts.	Le Mans.
Académie des sciences, belles-lettres et arts.	Chambéry.
Société florimontane.	Annecy.
Académie des Sciences. — Institut.	Paris.
Association scientifique de France.	Paris.
Observatoire de Montsouris.	Paris.
Réunion des officiers.	Paris.
Société d'anthropologie.	Paris.
Société de géographie.	Paris.
Société entomologique.	Paris.
Société géologique.	Paris.
Société d'archéologie, des sciences lettres et arts.	Meaux.
Société des sciences naturelles et médicales.	Versailles.
Société hàvraise d'études diverses.	Le Hâvre.
Société des sciences et arts, agriculture et horticulture.	Le Hâvre.
Société des amis des sciences naturelles.	Rouen.
Société industrielle.	Rouen.
Académie des sciences, lettres et arts.	Amiens.
Société linnéenne du nord de la France.	Amiens.
Société d'émulation.	Abbeville.
Société des sciences, belles-lettres et arts.	Montauban.
Société des Etudes scientifiques.	Draguignan.
Société Académique.	Poitiers.
Société d'agriculture, sciences et arts.	Limoges.
Société littéraire, scientifique et artistique.	Apt.
Société d'agriculture et d'horticulture.	Avignon.
Société d'émulation.	Epinal.
Société des sciences historiques et naturelles.	Auxerre.
Société d'études.	Avallon
Société Belfortaine d'émulation.	Belfort.

Société d'études scientifiques.	Finistère.
Société d'acclimatation.	Paris.
Académie des sciences.	Toulouse.
Société de géographie.	Bordeaux
Société de géographie.	Marseille.
Société zoologique de France.	Paris.
Société scientifique.	Brives.
Société impériale des naturalistes.	Moscou.
Comitato géologico.	Rome.
Académie royale des sciences.	Belgique.
Société italienne des sciences naturelles.	Milan.
Société Murithienne.	Lausanne.
Société d'histoire naturelle de Lorraine.	Metz.
Société de Géographie.	Amiens.
Société des sciences naturelles.	Pise.
Geological Survez.	Washington.
Société de géographie.	Madrid.
Société belge de microscopie.	Bruxelles.
Club alpin.	Toulouse.
Société d'agriculture.	Toulouse.
Société d'Horticulture.	Toulouse.
Revue vétérinaire.	Toulouse.
Société d'histoire naturelle.	Madrid.
Zoological societay.	Londres.
Société belge de géographie.	Bruxelles.
Société Vaudoise des sciences naturelles.	Lausanne.
Institut royal.	Luxembourg.
Boston societay.	Boston.
Société botanique de Provence.	Marseille.

RÈGLEMENT

DE LA

BIBLIOTHÈQUE

*La Bibliothèque est ouverte tous les Mercredis de 4 à 6 heures
du soir, sauf pendant les vacances.*

Art. 1er. Il ne peut être emporté qu'un ouvrage à la fois ;
l'inscription de la remise en est faite sur le registre par le
Sociétaire qui signe en marge.

Art. 2. Chaque ouvrage ne peut être conservé plus de
quinze jours. En cas de besoin, la prolongation peut être
accordée par le Bibliothécaire, si l'ouvrage en main n'a pas
été demandé.

Art. 3. Ne peuvent être emportés hors de la Bibliothèque :

1o Les ouvrages non catalogués ;

2o Les numéros reçus de chaque revue, journal ou tout
autre ouvrage périodique, tant qu'ils n'ont pas été réunis en
volume ;

3o Les Dictionnaires quand ils ont moins de trois volumes ;

4o Les Albums, Atlas, Cartes, Plans, etc. ;

5o Les ouvrages déposés par les Membres, pour être mis à
la disposition de la Société, sauf le consentement des dépo-
sants ;

6o Les livres rares ou d'un prix élevé, sans une autorisation spéciale du Bibliothécaire.

7o Les Archives et les Manuscrits ne peuvent être consultés
que sur place ; toutefois, lorsque l'auteur d'un travail désire

en faire une copie, le manuscrit peut lui être confié aux mêmes conditions que les livres (*Art. 50 du Réglement*).

Art. 4. Les ouvrages perdus ou détériorés par le fait des Sociétaires qui en sont détenteurs sont remplacés, complétés ou réparés à leurs frais, à la diligence du Bibliothécaire.

Art. 5. Les Membres titulaires non résidants peuvent jouir de la Bibliothèque aux mêmes conditions ; les frais de port (aller et retour) sont à leur charge.

BULLETIN

DE LA

SOCIÉTÉ D'HISTOIRE NATURELLE

DE TOULOUSE.

QUATORZIÈME ANNÉE 1880

Séance du 14 janvier 1880.

Présidence de M. DE LA VIEUVILLE, Président.

M. E. CARTAILHAC, président sortant, ouvre la séance et s'exprime en ces termes :

Messieurs et chers Confrères,

J'aurais bien voulu pouvoir quitter ce fauteuil de président sans avoir à rappeler des tristesses ! Je dois, au contraire, rendre d'abord un hommage mérité à la mémoire de notre cher collègue le colonel Belleville. Jeune encore, fort et robuste, il a été ravi à nos affections, et vous savez

2

tous quelle est l'étendue de la perte que notre Société a faite. C'était l'archiviste modèle ! Et nul ne pourra consacrer à nos intérêts autant de soin et de travail. Laissez-moi faire des vœux pour que son successeur et le bureau tout entier se préoccupent de sauvegarder notre bibliothèque et de la voir grandir.

Dans l'année qui vient de finir, nous avons eu le plaisir de reconnaître un véritable empressement à solliciter l'honneur d'entrer dans notre Société : vingt-sept personnes ont été nommées membres titulaires.

C'est que sans sortir de ses attributions, la Société a su saisir plusieurs fois l'occasion de se faire connaître au grand public, dont il ne convient pas de dédaigner les suffrages et l'appui.

Dans une séance générale, nous avons indiqué à une réunion choisie qui remplissait notre grand salon, le nombre, la variété, l'intérêt de nos travaux. Le rapport de notre Secrétaire-général a prouvé aux plus difficiles que notre groupe ne perd pas de vue sa mission, qu'il s'attache plus que jamais à étudier le pays Toulousain à tous les points de vue des sciences naturelles. Je crois, mes chers confrères, que si la modestie sied à chacun de nous, il est naturel et juste que la Société ait conscience de sa valeur ; qu'elle mette son légitime orgueil à justifier son existence, à mériter des louanges.

Puisque je parle de la séance publique, il ne serait pas juste de laisser passer l'occasion de remercier notre confrère M. L. de Malafosse de sa charmante conférence. Il nous a montré une fois de plus combien sont intéressantes à visiter les régions montagneuses de la France centrale. Malheureusement, elles sont trop loin de nous pour être choisies comme but de nos excursions générales.

Cette année nous avons fait dans l'Aude une excursion qui n'a pas été inutile au progrès de nos connaissances, et une promenade à l'Observatoire du Pic du Midi.

Vous savez que nous faisons nos efforts pour que l'absence
à Toulouse d'une société de géographie ne soit pas trop sensible. Nous pensons que cette science est si bien de notre
domaine, que dans les villes où une société de naturalistes
fonctionne sérieusement nous ne voyons pas l'utilité d'un
groupe spécial et nouveau. Quand M. Soleillet est revenu
de son voyage dans le haut Sénégal, il n'a pas manqué de
s'arrêter au milieu de nous pour nous raconter ses aven-
tures, ses travaux, ses déceptions et ses espérances. Lorsque
nous avons su que M. de Lesseps traversait la France en
missionnaire au profit d'une de ces œuvres qui rendent service à l'humanité et sont l'honneur d'un pays et d'un siècle,
nous l'avons prié de ne pas oublier Toulouse. Grâce à
l'appui de la municipalité nous avons pu recevoir dignement un homme dont le passé suffit et au-delà pour mériter
les éloges les plus enthousiastes. Nous n'avions pas à voir
qu'il y avait avant tout en ce moment une préoccupation
financière dans l'esprit de M. de Lesseps! Et d'ailleurs pour
réussir il faut de l'argent et encore de l'argent, et nous
aurions désiré que M. de Lesseps pût disposer d'assez de
millions pour exécuter une entreprise qui, à des points de
vue bien divers, doit être sympathique à une société d'histoire naturelle.

Le prix que nous offrons chaque année aux élèves du
Lycée de Toulouse a été décerné l'an dernier à M. Raymond
Bernard, de Limoges (sept fois couronné). Il est bon de
garder les noms des lauréats dans nos Bulletins Nous
sommes persuadés que ces jeunes gens, pour la plupart,
montreront un jour que l'histoire naturelle leur est restée
chère et que dans tous les cas son étude leur aura porté
bonheur (1).

(1.) Les lauréats de ce prix spécial ont été, en 1876, M. Jules Carayon,
de Toulouse, 11 fois couronné. — En 1877, M. Léon Laboubée, de
Saint-Michel, 10 fois couronné. — En 1878, M. Jean Castel, de Jarnac,
7 fois couronné.

Il me reste maintenant un devoir bien doux à remplir !
Vous m'aviez nommé Président par amitié, et vous m'avez
rendu bien facile l'exécution de tout mon mandat. J'ai fait
ce que j'ai pu pour répondre à votre attente...

Le souvenir de ma présidence me sera toujours des plus
agréables ; je suis très-heureux du choix que vous avez
fait pour votre nouveau Président. M. de la Vieuville ne me
permettrait pas de le louer devant vous qui d'ailleurs avez
apprécié depuis longtemps son dévouement à notre Société.
Vous avez été bien inspirés de mettre à votre tête un confrère qui représente si dignement l'alliance de la science et
de l'industrie. Sous sa direction et avec le concours des collègues que vous avez placés à côté de lui, notre Société ne
peut que prospérer, et je ne doute pas que chacun de nous
fasse tous ses efforts pour montrer que nous avons cet
amour désintéressé du travail qui est le lien et l'honneur
de notre association.

M. DE LA VIEUVILLE, président pour l'année 1880, prend à
son tour la parole :

Messieurs et chers Confrères,

Permettez-moi de vous remercier d'abord des sentiments
d'estime et d'affection qui me valent l'honneur de vous présider.

Appuyé sur les membres du bureau que vous m'avez ad-
joints, sur le dévouement et les aptitudes desquels nous
avons appris à compter, je fais, avec confiance, appel au
concours éclairé de tous nos collègues pour maintenir le
courant de progrès imprimé à nos travaux par mes honorables prédécesseurs.

Je suis certain d'être votre fidèle interprète en exprimant

à M. Cartailhac notre reconnaissance pour la sage direction et l'énergique initiative avec lesquelles il nous a guidés l'année dernière. Il a su prouver que sans se laisser détourner de son objectif, la Société d'Histoire naturelle de Toulouse ne s'isolait pas des grandes conceptions et des entreprises utiles qui ont fait et feront la gloire de notre siècle et de notre chère France. Nous pouvons le dire en toute sincérité, M. Cartailhac a justifié la confiance que nous lui avons témoignée ; il a bien mérité de notre Société.

Le but que nous nous proposons est grand par lui-même. Nous feuilletons le livre de la Nature ; et chaque page éveille en nous un profond sentiment de reconnaissance et d'admiration pour le génie suprême et éternel qui, après avoir créé et animé le monde, préside incessamment à sa conservation, au développement et au renouvellement de tous les êtres.

Aussi un intérêt puissant nous attache à nos recherches, élève notre esprit, soutient nos efforts.

Nos devanciers dans cette étude nous ont tracé la voie à suivre. Plusieurs de nos confrères s'y sont engagés avec énergie et, nous sommes heureux de le dire, ont marqué pour la Société d'Histoire naturelle de Toulouse une place honorable parmi les sociétés savantes. Cette distinction, cette reconnaissance de la valeur de nos travaux ont été consacrées par les missions importantes confiées à MM. Cartailhac et Trutat, pour le midi de la France ; Balansa, pour le Paraguay ; Soleillet, l'explorateur hardi de l'Afrique occidentale, et enfin le général de Nansouty, le pionnier d'une science nouvelle.

Nous avons la bonne fortune de compter parmi nous des spécialistes distingués dont les noms sont une garantie de vitalité et de progrès pour notre Société.

Minéralogistes et géologues, l'industrie attend de vous de nouveaux gites de combustibles et de minéraux précieux;

Zoologistes et entomologistes, vous avez rendu de grands

services à l'agriculture, vous lui indiquez les animaux utiles ; vous lui apprendrez à détruire ou tout au moins à arrêter la propagation des ennemis de nos récoltes.

Que chacun de nous se pénètre de cette pensée fortifiante que nos études n'ont pas pour but unique une science purement spéculative ; que bien loin d'être égoïstes, elles tendent à l'utilité pour tous ; ce sera un nouvel encouragement dont vous n'avez pas besoin pour continuer les traditions des années précédentes.

La Société a reçu une lettre de M. Baux, membre correspondant à Canton, se mettant à la disposition de la Société et lui demandant ses instructions pour les recherches à faire dans ce pays.

Sont proclamés membres titulaires :

MM. Vincent Pianet, présenté par MM. Trutat et Regnault ; Antonin Pianet, présenté par MM. Trutat et Regnault.

M. Cartailhac présente une série d'instruments de silex taillés recueillis à Sétif (Algérie), par M. de Westerveller, de Genève. Ces outils, lances, grattoirs, etc., ont été trouvés dans un foyer avec des ossements encore indéterminés, à un niveau assez inférieur à une couche qui renferme des traces de l'époque romaine. M. Cartailhac pense que ces silex peuvent être assimilés à ceux de notre âge du Renne, et il y a quelques motifs de croire qu'il s'agit bien, en effet, d'un dépôt véritablement quaternaire.

L'auteur, membre titulaire, communique à la Société le travail suivant :

Histoire malacologique des Pyrénées françaises;

Par M. P. FAGOT, membre titulaire.

1833 DRAPARNAUD et MICHAUD. Les premiers auteurs français qui ont fait connaître les espèces des Mollusques terrestres et d'eau douce de la France, n'ont signalé aucun Mollusque dans la Haute-Garonne. Boubée, le premier, a recueilli et cité dans son Bulletin d'Histoire naturelle, 9 espèces de la région pyrénéenne de ce département, qui sont :

Nᵒˢ 5. *Helix carascalensis*. Port de Vénasque.

91. *Ancylus lacustris*. Lac de Barbazan, près Saint-Bertrand de Comminges.

10. *Ancylus fluviatilis rupicola*. Variété de taille de l'*Ancylus fluviatilis*. Cascades de Juset et de Montauban près Luchon.

24. *Testacella haliotidea*. Saint-Bertrand de Comminges, Toulouse.

28. *Clausilia bidens*. *Clausilia*..... Cascade des Demoiselles, près Luchon.

70. *Pupa megacheilos*. *Pupa Bigorriensis*. Saint-Béat, Cierp, Saint-Bertrand.

83. *Helix obvoluta*. Saint-Béat.

87. *Linnœa ovata* var. *Limnœa glacialis*. Lac d'Oô.

91. *Hélix incerta*. *Zonites incertus*. Saint-Martory.

1834 J.-B. NOULET. Précis analytique de l'Histoire naturelle des Mollusques terrestres et fluviatiles qui vivent dans le bassin sous-pyrénéen. — Toulouse, J.-B. Paya, p. I-XX-21-94, MDCCCXXXIV.

A M. le docteur Noulet revient l'honneur d'avoir fait connaître en premier lieu la population malacologique du bassin sous-pyrénéen, dans un travail qui ne manquait point de mérite pour l'époque à laquelle il a été écrit, mais qui est devenu aujourd'hui insuffisant au point de vue de la synonymie et à cause des espèces omises par l'auteur.

Ce travail offre la liste suivante :

1. Limnée auriculaire. *Limnœa auricularia.*
2.   ovale. *limosa.*
3.   voyageuse. *peregra* (localité erronée).
4.   des étangs. *stagnalis.*
5.   des marais. *palustris.*
6.   allongée. *glabra.*
7.   petite. *truncatula.*

1. Physe aiguë. *Physa acuta.*

1. Limace gigantesque. *Limax cinereus.*
     Id.   Id.   B. *Limax variegatus.*
2.   agreste. *agrestis.*
3.   sylvaticus. *agrestis.*
4.   jayet. *Milax gagates.*
5.   marginée. *pyrrichus.*
6.   des jardins. *Arion hortensis.*
7.   noirâtre. Variété de l'*Arion rufus.*
8.   rousse. *Arion rufus.*

1. Testacelle ormier. *Testacella haliotidea.*

1. Ambrette amphibie. *Succinea Pfeifferi vel elegans.*

1. Hélix élégante. *Helix terrestris,*
2.   de Pise. *Pisana.*
3.   variable. *lineata, lauta et neglecta.*
4.   ruban. *ericetorum.*
5.   striée A. *striata.*
           C. *rugosiuscula.*
       des oliviers. *Zonites incertus.*
       hispide. *Helix hispida.*
       cellerière. *Zonites lucidus.*
       luisante. *nitidus.*

Hélix cristalline.	*Zonites cristallinus.*
chagrinée.	*Helix aspersa.*
vermiculée.	*vermiculata* (local. erronée).
némorale.	*nemoralis.*
marginée.	*limbata.*
bimarginée.	*carthusiana.*
C.	Id. var. *rufilabris.*
chartreuse.	erronée.
planorbe.	*obvoluta.*
pulchella.	*pulchella.*
lampe.	*lapicida.*
cornée.	*cornea var.*
Bulime ventru.	*ventricosa.*
aigu.	*barbara.*
décollé.	*Bulimus decollatus.*
brillant.	*Ferussacia subcylindrica.*
Aghatine aiguilette.	*Cœcilianella Liesviellei.*
Maillot mousseron.	*Vertigo muscorum.*
anti-vertigo.	*pygmœa.*
bordé.	*Pupilla muscorum.*
grain.	*Pupa granum.*
secale.	*Boileausiana.*
variable.	*ringicula* (?)
quadridenté.	*Chondrus quadridens.*
fragile.	*Balia perversa et Deshayesiana.*
Clausilie ventrue.	*Clausilia Rolphii.*
rugueuse.	*nigricans.*
Carychie pygmée.	*Carychium minimum et tridentatum.*
Cyclostome élégant.	*Cyclostoma elegans.*
obscur.	*Pomatias obscurus.*
Paludine impure.	*Bythinia tentaculata.*
diaphane.	*Moitessieria Simoniana.*
Valvée piscinale.	*Valvata Tolosana.*
Nerite fluviatile.	*Neritina fluviatilis.*

Ancyle fluviatile.	*Ancylus fluviatilis.*
lacustre.	*lacustris.*
Anodonte cygne.	*Anodonta arenaria.*
Mulette des peintres.	*Unio Requieni.*
littorale.	*rhomboideus.*
Cyclade caliculée.	*Sphœrium lacustre.*
riveraine.	*corneum.*
des marais.	*Pisidium amnicum.*

Si, comme nous l'avons fait, on maintient au rang d'espèces quelques Mollusques considérés à tort, par M. Noulet, comme de simples variétés, on a un total de 77 espèces, dont il faut retrancher : 1° quatre erronées : *Limnœa peregra*, *Limax sylvaticus*, *Helix vermiculata*, *Helix carthusiana* (Drap.); 2° trois qui ont été trouvés plus tard dans la Haute-Garonne, mais que notre auteur avait signalés seulement dans les départements voisins : *Helix lapicida* (Tarn-Gers), *Helix cornea* (Gers), *Zonites crystallinus* (Gers); reste 70 espèces.

1843 Moquin-Tandon. (A) Mémoire sur quelques Mollusques terrestres et fluviatiles. Mém. Acad. sc. Toulouse. 2e série, t. VI, p. 167, 1843, et tir. à part, br. in-8°.

Profitant des nouvelles recherches effectuées depuis 1834 par son confrère M. Noulet, de ses découvertes personnelles et de celles qui lui furent communiquées par plusieurs de ses élèves près la Faculté des sciences de Toulouse (Léon Partiot, Sarrat de Gineste, Paul de Reyniès, Alfred de Saint-Simon, de Saint-Germain, Louis Raymond), Moquin-Tandon donna un supplément au Catalogue de M. Noulet. Les espèces sont :

Vitrina elongata.
        pellucida. Vitrina Drapalnaldi.
Helix pyramidata.
        fulva. Zonites fulvus.
        aculeata.

Helix apicina.

 cornea.

 pygmœa. Helix Simoniana.

 rotundata.

 glabra. Zonites glaber.

 nitens.   *nitens.*

 nitidula.   *nitidulus.*

 hydatina.   *pseudohydatinus.*

Bulimus obscurus.

Clausilia laminata.

 dubia. Clausilia nigricans.

Pupa avenacea.

 ringens.

 pyrenœaria.

 frumentum.

 polyodon. Pupa ringicula.

 Goodallii. Azeca Nouletiana.

 inornata. Vertigo edentula.

 bigranata. Pupilla bigranata.

 anglica. Vertigo Moulinsiana.

 edentula. Vertigo edentula.

 pygmœa. Vertigo pygmœa.

 pusilla. Vertigo pusilla.

Planorbis contortus.

 imbricatus.

 nautileus. Planorbis cristatus.

 rotundatus.

 spirorbis.

 intermedius. Planorbis dubius.

 fontanus.

 nitidus. Planorbis fontanus.

Physa fontinalis.

 acuta var. *castanea.*

 hypnorum.

Limnœa ovata var. *limosa. Limnœa limosa.*

Cyclostoma fuscum. Acme Dupuyi.

    obscurum var. *sinistrorsum.* Anomalie du *Poma-*
    tias obscurus.

Paludina vivipara. Vivipara contecta.

    tentaculata. Bythinia tentaculata.

    gibba.
              } *Belgrandia Bourguignatiana.*
    marginata.

    viridis. Paludinella viridis.

    abbreviata (?)   *abbreviata.*

    bulimoidea.   *bulimoidea.*

    vitrea. Moitessieria Simoniana.

Paludina ferussina. Paludinella Ferussina.

Valvata cristata.

Cyclas fontinalis. Plusieurs *Pisidium* réunis sous une appellation unique.

Unio Requienii.

Anodonta ponderosa.

    Total : 65 espèces, sur lesquelles :

    1° 31 nouvelles, savoir :

    1. *Vitrina elongata.* — 2. *Vitrina Draparnaldi.* — 3. *Zoni-*
tes fulvus. — 4. *Helix aculeata.* — 5. *Helix apicina.* —
6. *Helix cornea.* — 7. *Helix Simoniana.* — 8. *Helix rotun-*
data. — 9. *Zonites nitens.* — 10. *Zonites nitidulus.* — 11. *Zo-*
nites pseudohydatinus. — 12. *Bulimus obscurus.* — 13. *Clau-*
silia laminata. — 14. *Pupa ringens.* — 15. *Pupa pyrenearia.*
16. *Pupa ringicula.* — 17. *Azeca Nouletiana.* — 18. *Pupa*
muscorum var. *bigranata.* — 19. *Vertigo edentula.* —
20. *Planorbis contortus.* — 21. *Planorbis imbricatus.* —
22. *Planorbis cristatus.* — 23. *Planorbis rotundatus.* —
24. *Planorbis fontanus.* — 25. *Physa hypnorum.* — 26. *Acme*
Dupuyi. — 27. *Vivipara contecta.* — 28. *Belgrandia Bour-*
guignatiana. — 29. *Paludinella abbreviata.* — 30. *Valvata*
cristata. — *Unio Requienii.*

    2° 7 déjà citées par M. Noulet :

    1. *Clausilia nigricans.* — 2. *Vertigo pygmœa.* — 3. *Pla-*

norbis dubius. — 4. *Physa acuta.* — 5. *Limnœa limosa.* —
6. *Pomatias obscurus.* — 7. *Bythinia tentaculata.*

3° 9 n'appartenant pas au département :

1. *Succinea oblonga. Succinea Valcourtiana* (Aude).
2. *Helix rupestris*, Durfort (Tarn).
3. *Pupa doliolum* (Lot, Tarn-et-Garonne).
4. *Planorbis spirorbis* (Gers).
5. *Unio Moquinianus*, Vic-de-Bigorre (Hautes-Pyrénées).
6.   *margaritifera. Margaritana margaritifera* (H.-P.).
7.   *sinuatus*, Moissac, Agen, Adour.
8.   *Deshayesianus* (Gers).
9. *Anodonta cellensis. Anodonta subponderosa* (Gers).

4° Espèces douteuses ou erronées :

1. *Helix pyramidata.* — 2. *Zonites glaber.* — 3. *Pupa avenacea.* — 4. *Pupa frumentum.* — 5. *Vertigo inornata.* — 6. *Vertigo anglica.* — 7. *Vertigo pusilla.* — 8. *Planorbis fontanus.* — 9. *Physa fontinalis.* — 10. *Paludinella viridis.* — 11. *Paludinella bulimoidea.* — 12. *Paludinella ferussina.* — 13. *Cyclas fontinalis.* — 14. *Anodonta ponderosa.*

5° 1 faisant double emploi : *Paludina marginata.*

1848-1852 Dupuy (D.). Histoire naturelle des Mollusques, etc.

Dans son excellent ouvrage, le savant professeur d'Auch rectifie quelques erreurs et introduit quelques espèces nouvelles pour notre faune, surtout en ce qui concerne la région pyrénéenne.

Helix glabra. — *Zonites glaber.* Cette espèce a été citée à
    tort par M. Moquin.

        striata var., au tableau XIII, fig. 4 a. L'auteur repré-
           sente une variété toulousaine de l'*Helix*
           striata (Drap).

Bulimus ventrosus. — *Helix ventricosa.* M. l'abbé Dupuy
           signale la présence de cette espèce à
           Toulouse, mais pense qu'elle y aura
           été importée du Bas-Languedoc.

Cette opinion ne nous paraît point exacte, l'*Helix ventricosa* vivant communément dans le Lauragais. Elle a, au contraire, dû arriver jusqu'à Toulouse par diffusion.

Clausilia Rolphii. L'auteur fait observer avec raison que tous les individus du bassin sous-pyrénéen auquel les auteurs ont donné le nom de *Clausilia ventricosa,* rentrent dans cette espèce.

Pupa triplicata.

    Moulinsiana. — *Vertigo Moulinsiana.* C'est l'espèce que Moquin avait appelé à tort *Pupa anglica* en 1843.

    edentula. Vertigo edentula.

    inornata(?) — *Vertigo inornata.* L'auteur admet avec doute cette espèce parmi la faune de Toulouse.

Limnœa thermalis.

    glacialis.

Hydrobia Ferussina. Erroné.

Hydrobia (?) *Simoniana.* Notre ami range avec doute parmi les *Hydrobia,* la *Paludina vitrea* de Moquin et la *Paludina diaphana* de M. Noulet

Quatre espèces nouvelles sont introduites : 1. *Pupa triplicata.* — 2. *Vertigo Moulinsiana.* — 3. *Limnœa glacialis.* — 4. *Limnœa thermalis.*

1852 DROUET (Henri). Etude sur les Anodontes de l'Aube (extr. Rev. et Magas. de Zool.), br. in-8°.

M. Drouet cite dans son travail deux espèces qui lui ont été communiquées par M. de Saint-Simon et toutes deux erronées : 1. *Anodonta ventricosa.* — 2. *Anodonta piscinalis.*

1855 Moquin-Tandon (a). Histoire nat. des Mollusques, etc.

Dans son nouvel ouvrage, Moquin ne néglige pas la faune du département ; il l'enrichit de quelques espèces et fait connaître des localités nouvelles ; malheureusement, sa synonymie laisse à désirer, et ses réunions d'espèces seraient impossibles à débrouiller s'il n'était point donné de les contrôler *in situ*.

Nous avons compulsé avec soin son livre pour en extraire tout ce qui intéressait notre région et nous donnons le résultat de nos recherches :

Arion subfuscus δ pyrenaicus. Au–dessus de Luchon.

Limax gagates. Milax gagates.

　　marginatus. pyrrichus.

Limax maximus γ cellarius, près Toulouse.

Testacella haliotidea $\begin{cases} β \textit{ flavescens} \text{ (Partiot)} \\ γ \textit{ albinos} \text{ (Sarrat)} \end{cases}$ env. de Toulouse.

Zonites olivetorum. Zonites incertus.

　　lucidus β albinos. Pech-David.

　　nitens β albinos. 　　　Id.

　　purus.

Helix pygmœa. Helix Simoniana.

　　cornea δ squammatina. Toulouse, près Saint-Martin (L. Raymond).

　　lapicida ξ minor. Toulouse.

　　nemoralis.

　　hortensis.

　　aspersa ο undulata. Toulouse. *Helix aspersa* var.

　　aculeata.

　　limbata, plusieurs variétés.

　　apicina.

　　unifasciata ι rugosiuscula. Helix rugosiuscula.

　　carascalensis β fasciata. Lac d'Oô.

　　neglecta, plusieurs variétés.

　　ericetorum γ Charpentieri.

　　terrestris.

Bulimoides. Helix ventricosa, plusieurs variétés.

Bulimus quadridens. Chondrus quadridens.

   Menkeanus β *Nouletianus* (Haute-Garonne. Bou-
    bée). *Azeca Nouletiana.*

   subcylindricus. Ferussacia subcylindrica.

   acicula. Cœcilianella Liesviellei.

   decollatus.

Clausilia punctata ⎫
   solida ⎬ naturalisées à Saint-Simon.
   bidens ⎭

 Ces deux dernières espèces se sont éteintes depuis la publication de l'ouvrage de M. Moquin.

Pupa perversa. Balia perversa.

   megacheilos γ *tenuimarginata,* Luchon. *Pupa*
    Bigorriensis.

   frumentum.

   ringens. Cazaril, Valentine.

   pyrenœaria. Luchon, Cazaril.

      β *novemplicata.* Cazaril (de Saint-
       Simon).

   secale. Pupa Boileausiana.

   granum.

   polyodon. Pupa ringicula.

Pupa multidentata. Haute-Garonne (de Saint-Simon).

 doliolum. Luchon, Cazaril, lac d'Oô.

 cylindraceu. Pupa umbilicata.

 muscorum.

 triplicata. Saint-Bertrand, Luchon, Cazaril, Saint-
 Aventin.

Vertigo muscorum.

   columella. Haute-Garonne, près Toulouse (Partiot).
    Vertigo edentula var. *major.*

   Moulinsiana.

   Anglica.

   pygmœa.

Vertigo anti-vertigo.

Planorbis nitidus.

> *fontanus.*
>
> *complanatus.*
>
>> Id.   β *submarginatus. Planorbis dubius.*
>
> *vortex.*
>
> *rotundatus* et γ *septemgyratus.* Toulouse. *Planorbis rotundatus.*
>
> *nautileus. Planorbis cristatus.*
>
> *albus.*
>
> *contortus.*
>
> *corneus* et β *albinos.* Toulouse.

Physa acuta { δ *ventricosa.* Toulouse.
{ ι *gibbosa.* Fonsorbes.

Limnœa auricularia.

> *truncatula.*
>
> *palustris* et β *corvus.*
>
> *glabra.*

Ancylus lacustris.

Cyclostoma elegans, plusieurs variétés de coloration.

Acme fusca. Acme Dupuyi.

> *Simoniana. Moitessieria Simoniana.*

Bythinia ferussina.

> *marginata. Belgrandia Bourguignatiana.*
>
> *vitrea* { β *elongata.*
{ γ *bulimoidea.*
>
> *abbreviata. Paludinella abbreviata.*
>
> *gibba. Belgrandia Bourguignatiana.*
>
> *viridis. Paludinella utriculus.*
>
> *tentaculata.*

Paludina contecta. Vivipara contecta.

Valvata cristata.

Nerita fluviatilis { β *dilatata,* le Touch, près Toulouse.
{ γ *Bourguignati.* Angers, près Muret (Sarrat). Ce n'est point la *neritina*

Bourguignati Reclus, mais une var.
de la *N. fluviatilis.*

Anodonta cygnea γ *ventricosa.* Toulouse.

    anatina. Toulouse.

    variabilis et plusieurs variétés.

Unio rhomboideus et plusieurs variétes.

Pisidium Henslowianum β *inappendiculatum.*

Pisidium amnicum et plusieurs variétés.

    casertanum.

    nitidum.

Cyclas cornea δ *nucleus. Sphœrium corneum.*

    lacustris subrotundata. Variété du *Sphœrium lacus-
tre.*

90 espèces sont citées comme appartenant à la Haute-
Garonne ; sur ce nombre, 78 avaient été déjà mentionnées
par ses prédécesseurs ou par Moquin. Ce dernier introduit
12 espèces nouvelles, savoir :

1º 3 acclimatées : 1. *Clausilia punctata.* — 2. *Clausilia
solida.* — 3. *Clausilia bidens.*

2º 4 erronées : 1. *Pupa multidentata.* — 2. *Vertigo columella.* — 3. *Anodonta variabilis.* — 4. *Pisidium nitidum.*

3º 6 certaines : 1. *Zonites purus.* — 2. *Pupa doliolum.* —
3. *Pupa umbilicata.* — 4. *Planorbis vortex.* — 5. *Pisidium
Henslowianum.* — 6. *Pisidium casertanum.*

1855 De Grateloup. Ess. distribut. Géograph.

Helix apicina.

    arenosa var. *scalaris.*

    nemoralis var. *scalaris.*

    Pisana var. *scalaris.*

Azeca tridens. Azeca Nouletiana.

Pupa anglica.

    doliolum.

    edentula. Vertigo edentula.

    Moulinsiana. Vertigo Moulinsiana.

Pyrenœaria.

> var. *curta*, Moquin.
>
> var. *novemplicata*, de Saint–Simon.

ringens.

saxicola. Pupa pyrenœaria.

Clausilia rugosa var. *minor. Clausilia parvula.*

Cyclostoma maculalum. Pomatias septemspiralis.

Acme fusca. Acme Dupuyi.

Physa acuta var. *gibbosa.*

Limnœa ovata var. *limosa.*

> *palustris* var. *scalaris.*
>
> *slagnalis* var. *scalaris.*

Planorbis intermedius. Planorbis dubius.

Planorbis nitidus.

> *rotundatus* var. *scalaris.*
>
> *vortex.*

De Grateloup assigne Toulouse pour localité à ces 24 espèces. Or, sur ce nombre, 5 seulement vivent à Toulouse : 1. *Helix apicina.* — 2. *Physa acuta.* — 3. *Limnœa limosa.* — 4. *Planorbis intermedius.* — 5. *Planorbis vortex.* 5 constituent des anomalies scalaires ou subscalaires : 1. *Helix nemoralis.* — 2. *Helix pisana.* — 3. *Limnœa palustris.* — 4. *Limnœa stagnalis.* — 5. *Planorbis rotundatus.* Une espèce est senestre : *Pomatias obscurus.* 8 ont été recueillies dans les alluvions et sont descendues de la région pyrénéenne : 1. *Azeca Nouletiana.* — 2. *Vertigo edentula.* — 3. *Vertigo Moulinsiana.* — 4. *Pupa pyrenœaria.* — 5. *Pupa ringens.* — 6. *Pupa saxicola.* — 7. *Clausilia parvula.* — 8. *Acme Dupuyi.* 5 sont erronées : 1. *Helix arenosa* var. *scalaris.* — 2. *Pupa anglica.* — 3. *Pupa doliolum.* — 4. *Pomatias septemspiralis.* — 5. *Planorbis nitidus.*

1855 DROUET (H). Molluq. Franc. continent., etc.

Bulimus ventrosus. Helix ventricosa.

Vertigo Moulinsiana.

Hydrobia Simoniana. Moitessieria Simoniana.
Anodonta cygnea var. *ventricosa.*

De ces trois espèces, une seule vit à Toulouse. Les deux
dernières ont été recueillies dans les alluvions de la Garonne, ainsi que nous l'avons déjà dit.

1856 P. Fischer. Espèces nouvelles pour la faune française.
Journal conchyl., vol. V, p. 159.
Paludina rufescens. Paludinella rufescens.

Cette espèce, décrite par Kuster, a été découverte dans les
environs de Luchon par M. le Dr Souverbie, de Bordeaux.

1858 C. Roumeguère. Description de la Paludine de Moquin
(*Paludina Moquiniana*), Mémoire Acad. scien. Toulouse, 5ᵐᵉ sér., t. II, p. 410, pl., fig 1, A, B, C, D, et tir.
à part, in-8°, 1 pl., pages.

M. Roumeguère décrit sous le nom de *Paludina Moquiniana* de jeunes individus de la *Vivipara contecta.*

1858 C. Roumeguère. Des anomalies des Mollusques et en
particulier des anomalies observées chez les Mollusques
des environs de Toulouse. Journal l'*Aigle*, n° du
23 octobre 1858 et tir. à part, br. in-8°, 14 p. impr.
Lamarque et Rives, rue Tripière, 9, Toulouse.

M. Roumeguère énumère les anomalies déjà citées par
Moquin dans son Histoire naturelle des Mollusques, auxquelles il ajoute quelques observations personnelles.

1859 C. Roumeguère. Mémoire, Acad. scien. Toulouse,
5ᵐᵉ sér., t. III, p. 457, 1859.

Sur les observations de Moquin-Tandon, l'auteur incline
à croire que sa *Paludina Moquiniana* doit rentrer dans un
autre genre.

1860 Bourguignat (J.-B.). Aménités malacologiques, etc.

L'auteur nomme *pseudohydatinus* le *Zonites* des alluvions

de la Garonne, que son prédécesseur avait rapporté à tort au *Zonites hydatinus*. Rossmassl.

1861 Bourguignat (J.-R.). Spiciléges malacologiques. Rev. et Magas. zool. et tir. à part, gr. in-8°, avec 15 pl. en partie coloriées.
. *Limax pycnoblennius*.
nubigenus.

1867 Gassies (J.-B.). Journal conchyl, vol. XV.
Présence à Toulouse, dans le canal du Midi, du *Dreissena fluviatilis*.

1869 Dr Paladilhe. Nouvelles Miscellanées malacologiques.
Diagnose et figure de l'*Acme Dupuyi*.
Diagnose et représentation de la *Paludinella canaliculata* de Cierp.

1869 Alfred de Saint-Simon. Des espèces nouvelles du genre *Pomatias*, suivies d'un aperçu synonymique sur les espèces de ce genre, br. in-8°, 28 p.
Diagnose du *Pomatias arriensis* de Cierp.

1870 Avril. Alfred de Saint-Simon. Description d'espèces nouvelles du midi de la France. Ann. de malac. et tir. à part, br. in-8°.
Description, sans figures, de trois espèces nouvelles :
Vitrina Servainiana, de Cierp.
Belgrandia Bourguignati, de Toulouse.
Valvata Tolosana, id.

1870 Avril. Dr Paladilhe. Monographie des *Paludinæ* françaises. In Ann. malac. et tir. à part, br. in-8°.
Diagnose des *Belgrandia Guranensis* et *Belgrandia Simoniana*, de Cierp.
Présence à Bourrassol, près Toulouse, de la *Paludinella Companyoi*.

1870 Juin. J. Mabille. Des Limaciens français.
Milax pyrrichus.
     gagates.
Limax pycnoblennius.
     nubigenus.

1874 Dr Paladilhe. Monographie du nouveau genre *Peringia*, suivi de la description d'espèces nouvelles de *Paludinidæ* françaises. In Ann. scien. nat. et tir. à part, br. in-8°, p. 1 pl.

L'auteur figure pour la première fois les *Belgrandia Simoniana* et *Guranensis*, décrit et représente une espèce nouvelle, la *Paludinella Baudoni.*

1875 P. Fagot. Mollusques de la région de Toulouse. Bulletin de la Soc. d'Hist. nat. de Toulouse, t. IX, p. 101, et tir. à part, br. in-8°, 37 p. Imp. Bonnal et Gibrac, Toulouse.

Dans ce travail nous avons cherché à préciser les localités, à n'admettre que les espèces certaines et à rejeter dans des paragraphes distincts les espèces qui nous ont paru douteuses ou erronées. Nous avons été assez heureux pour retrouver vivantes quelques espèces des alluvions et ajouter à notre faune :

Krynickillus brunneus.
        Bourguignati.
Zonites diaphanus.
     algirus. Acclimaté.
Helix pomatia.
Balia Deshayesiana.
Limnæa acutalis, que nous considérons comme erronée.

1876 Alfred de Saint-Simon. Mollusques des Pyrénées de la Haute-Garonne. Bulletin de la Soc. d'Hist. nat. de Toulouse, t. X, p. 122-144, et tir. à part, br in-8°, 23 p. Bonnal et Gibrac, 1876.

Notre savant ami assigne des localités plus précises à quelques espèces déjà observées, signale dans les Pyrénées plusieurs espèces de la plaine et ajoute à la faune du département :

Vitrina Draparnaldi.

Zonites subterraneus.

Ferussacia exigua.

Cæcilianella eburnea.

Pupa Bigorriensis.

Pupa Jumillensis.

Planorbis lævis.

Paludinella Reyniesi.

Pisidium thermale.

1876 Monographie des espèces françaises appartenant au genre *Azeca,* par P. Fagot. In Bulletin Soc. agr. scien. et litt. Pyr.-Or., t. XXII, p.   et tir. à part., br. in-8°, 10 p.

Diagnose de l'*Azeca trigonostoma* des environs de Luchon.

1877 BAUDON (Dr A.). Monographie des espèces françaises du genre *Succinea.* In Journal conchyl., t. XXV, n° 1, janvier et n° 2 avril 1877, pl. VI-X, fig. color., et tir. à part. J.-B. Baillère, in-8°, 83 p., 5 pl. noires, 1877.

Succinea Pfeifferi var. *recta,* de Portet.

1877 BOURGUIGNAT (J.-R.). Aperçu sur les espèces françaises de genre *Succinea.* Br. in-8°, 32 p. Paris, veuve Bouchard-Huzard.

Succinea Pfeifferi var. *recta.*

> *debilis.* Portet.

> *valcourtiana.* Environs de Villefranche.

1877 P. FAGOT. Catalogue des Mollusques des petites Pyrénées de la Haute-Garonne comprises entre Cazères et

Saint-Martory. Bulletin Soc. Hist. nat. Toulouse, t. XI, p. 33-50, et tir. à part, br. in-8°, 18 p.

Dans ce travail, nous avons essayé de constater la provenance d'une partie des espèces recueillies à Toulouse dans les alluvions de la Garonne, et d'étudier la distribution géographique de toutes les espèces qu'il nous a été donné de découvrir. Nous avons, en outre, enrichi notre faune des coquilles suivantes :

Zonites stœchadicus.

Helix squammatina. Que nous reconnaissons aujourd'hui ne point appartenir à cette espèce.

Clausilia Andreana. Variété de taille de la *Clausilia Saint-Simonis*, que M. Bourguignat publiait en même temps.

Clausilia nana. Clausilia parvula. } Déjà cités.
Pupa cereana. Pupa avenacea. }
Pupa Baillensii var. *Garumnica.*
Limnœa peregra var. *Boubeeiana.*
              Martrensis.

1877 Bourguignat. (J.-R.). Histoire des Clausilies françaises vivantes et fossiles. Annales scien. nat., t. VI, 7 art , n° 2, août 1877 et tir. à part, br. in-8°, 66 p.

Dans cet ouvrage, qui par l'étude attentive de tous les caractères essentiels, retire les clausilies françaises du chaos dans lequel elles avaient été plongées, M. Bourguignat cite comme vivant dans la Haute-Garonne :

Clausilia digonostoma. Cierp.
      Saint-Simonis. Id.
      abietina. } Environs de Luchon.
      gallica. }
      nigricans. Toulouse.

1877 J. Mabille. *Testarum novarum diagnoses.* Bulletin Soc. zool. franç., t. II, 3ᵐᵉ et 4ᵐᵉ part., p. 304-306 et tir. à part, br. gr. in-8°.

Helix steneligma. Le type de cette espèce a été recueilli par Bourguignat à la fontaine ferrugineuse de Luchon. (Lettre à de Saint-Simon du 30 novembre 1877.)

1877 Baudon (Dr A.). Supplément à Monogr. des succin. franç. Journal conchyl., t. XVII, vol. 25, pl. XI, color. et tir. à part, br. in-8°, 8 p. 1 pl. noire. Octobre 1877.

Notre correspondant décrit sous le nom de *Succinea Crosseana* la *Succinea Valcourtiana* de M. Bourguignat.

Séance du 28 janvier 1880.

Présidence de M. DE LA VIEUVILLE.

M. Lucante, membre correspondant, adresse à la Société son *Catalogue raisonné des Arachnides* du Sud-Ouest de la France.

Sont proclamés membres titulaires de la Société :
M. de Lagarrigue, présenté par MM. Regnault et Trutat ;
M. R. Clary, présenté par MM. Trutat et Regnault ;
M. Hurel, présenté par MM. Regnault et Trutat.

La Société procède à l'élection des commissions des courses.
Sont nommés membres de la commission des courses ordinaires :
MM. Marquet, d'Aubuisson, Desjardins ;
De la commission des grandes courses :
MM. Regnault, Romestin, G. de Malafosse, de Rey-Pailhade et Trutat.

M. de la VIEUVILLE, membre titulaire, donne lecture du travail suivant, dont il est l'auteur :

Note sur la Tourbière de Suc (Ariège).

L'Industrie métallurgique dans les Pyrénées, avant 1860, avait pour caractéristique les forges catalanes. La fabrication du fer employait exclusivement le charbon de bois comme combustible. Telle est la principale cause de la disparition de ces belles forêts qui faisaient l'ornement de la montagne et la sécurité de la vallée contre les inondations.

L'extension des pâturages, toujours désirée et poursuivie par l'habitant des campagnes, est la seconde cause de la dénudation des Pyrénées. Il en résulte que de nos jours les forêts y ont presque partout disparu et qu'elles peuvent à peine suffire au chauffage des habitants.

Fournir à la contrée un combustible à prix réduit que l'industrie et le chauffage domestique pourraient utiliser, serait rendre au pays un service important et qui deviendrait d'utilité publique par les facilités données au reboisement déjà si nécessaire.

Jusques à présent la houille n'a été rencontrée sur aucun point de l'Ariège, le lignite n'y atteint pas une épaisseur exploitable ; seule la tourbe peut actuellement donner lieu à des travaux intéressants.

L'impureté inhérente à ce combustible, les préparations à lui faire subir avant de l'employer, ont fait négliger d'en tirer parti. Cependant des départements bien plus fortunés, la Loire-Inférieure, l'Isère, le Doubs, le Pas-de-Calais, la Somme, l'Aisne, l'Oise et le Seine-et-Oise consomment ensemble, annuellement, 4,000 tonnes de tourbe.

Que si les grandes usines métallurgiques n'ont pas encore utilisé ce combustible à l'état de coke ou à l'état gazeux, il sera tout au moins employé avec avantage pour le chauffage domestique et pour la cuisson soit de la chaux soit du plâtre qu'on rencontre en grande abondance dans le canton de Tarascon.

La tourbière la plus importante du département de l'Ariège se trouve dans le canton de Vicdessos, non loin du village de Suc, à un kilomètre avant d'atteindre le col qui conduit de la vallée de Vicdessos dans celle de Massat. — On arrive jusqu'à 500 mètres du gîte par un chemin muletier qu'on pourrait rendre facilement charretable. La tourbe s'est formée dans un vaste bassin ayant une superficie de 4 hectares. Le sol de ce plateau, qui présente l'aspect d'un ancien lac comblé, est sensiblement horizontal avec une légère pente du sud au nord suivant le grand axe du bassin. Il est limité au sud par une montagne à pente raide formée d'un calcaire blanc qui appartient au terrain jurassique; à l'est et à l'ouest, par des coteaux granitiques à pente douce; enfin, au nord, par un barrage de granit de peu d'élévation dont la crête dépasse de fort peu le niveau du sol.

Je dois à une obligeante communication la connaissance des résultats obtenus par une série de sondages exécutés méthodiquement pour reconnaître l'importance de la tourbière de Suc. Ils ont constaté que dans l'axe du dépôt l'épaisseur de la tourbe dépasse 4 mètres ; que l'épaisseur moyenne exploitable était de 3 mètres, et que le nombre de mètres cubes de combustible contenu dans le gîte, était de 110 mille au minimum.

La tourbière est traversée dans presque toute sa longueur par un ruisseau qui sourd dans les calcaires à 5 mètres au-dessus du niveau de la tourbe et va se jeter dans la vallée par une brèche étroite creusée dans le barrage nord.

Cette disposition et les roches dures qui entourent ce bassin présentaient les conditions les plus favorables pour donner naissance à une tourbe d'excellente qualité : surface étendue, eau peu abondante circulant sans troubler les couchers inférieures stagnantes.

La tourbe est, en effet, le produit d'une double végétation, l'une aquatique partant du fond, l'autre terrestre provenant des herbes et des plantes qui sont venues se semer et croître sur les bois, les débris et les feuilles flottant sur l'eau. Cette végétation superficielle s'est développée, a formé un sol gazonné solide reposant sur l'eau, tandis que ses racines descendantes se mélangeaient aux tiges des plantes aquatiques. Des décompositions successives accroissent chaque année l'épaisseur de la tourbe et exhaussent le fond de la tourbière. Cette décomposition se produit d'une manière incomplète et laisse sur place la majeure partie du carbone des végétaux. Il se produit, en effet, dans les eaux stagnantes une fermentation qui leur donne une propriété analogue à celle du tannin sur les peaux, et l'on a constaté dans certaines tourbières que des insectes ou des cadavres très-anciens se trouvaient parfaitement conservés.

La tourbière de Suc est actuellement complète ; le combustible qu'elle renferme est de cet aspect noir que recherche le consommateur. Pour la mettre en valeur, il faudrait exécuter quelques travaux d'assèchement simples et peu coûteux.

Le premier consisterait dans la création d'un canal de 350 mètres de longueur, tracé sur le coteau oriental pour capter le petit ruisseau qui prend naissance en dehors du gîte à 5 mètres au-dessus du niveau de la tourbe. C'est une dépense de 1,000 à 1,100 francs qui procurerait l'assèchement de la tourbière sur une hauteur moyenne de 2 mètres.

Pour apurer l'exploitation facile jusqu'à 3 mètres de profondeur, il faudrait ajouter 200 francs à la somme précédente pour creuser, sur 100 mètres de longueur, une tranchée dans le barrage granitique.

Espérons que les nouvelles facilités de transports et quelques encouragements à l'initiative privée permettront d'établir à Suc une exploitation fructueuse d'un combustible ayant une sérieuse valeur et qui trouverait dans le département de l'Ariège la majeure partie de son débouché.

A la suite de cette lecture, M. Cartailhac fait observer combien il serait intéressant de voir ce dépôt livré à une exploitation régulière; car il paraît certain que les tourbières des Pyrénées contiennent des ossements de renne, ce qui semblerait indiquer que cette espèce s'est maintenue dans nos régions au-delà de l'âge préhistorique du renne.

La Société décide que le Punch annuel aura lieu le vendredi 6 février. MM. Regnault et Cartailhac sont chargés de l'organisation de cette réunion, et M. Trutat s'engage à faire une conférence, avec projections, sur la vallée de l'Aveyron.

Réunion annuelle du 6 février.

Les membres présents à Toulouse, auxquels se sont joints quelques invités, se réunissent dans la salle des séances pour fêter la quatorzième année d'existence de la Société.

Dans une conférence accompagnée de projections à la lumière oxhydrique, M. Trutat, membre fondateur, décrit les sites, les curiosités naturelles et les monuments les plus remarquables de la vallée de l'Aveyron, au-dessous de Najac, et de la région avoisinante. Les assistants voient tour à tour passer sous leurs yeux le pittoresque village de Cordes, les ruines majestueuses de Najac, les dolmens de Vaours, Saint-Antonin et son bel hôtel-de-ville, Caylus et les carrières de phosphates de ses environs, les antiques manoirs de Penne, de Bruniquel, les célèbres abris sous roches de cette dernière localité, et un grand nombre d'autres vues dues au talent de photographe du conférencier.

M. de La Vieuville, président de la Société, adresse, au nom de tous ses collègues, des remerciements et des éloges à M. Trutat pour son intéressante causerie.

Un punch termine, selon l'usage, la soirée.

Présidence de M. le comte Bégouen, Vice-Président.

Le président donne lecture d'une lettre de M. de la Vieu-Ville annonçant qu'il vient d'avoir la douleur de perdre son père, et qu'il ne pourra, à cause de son deuil, diriger les travaux de la Société.

La Société charge M. Bégouën de transmettre à son président l'expression de ses profonds et sympathiques regrets.

M. Julien Sauvage, à Toulouse, présenté par MM. Trutat et Regnault, est proclamé membre titulaire de la Société.

Le président annonce une présentation.

M. le Dr Gobert, membre titulaire, communique le travail suivant :

Catalogue raisonné des Coléoptères des Landes

(Suite) (1).

TENEBRIONIDES

TENTYRIDÆ

Tentyria, Latr.

Interrupta, Latr. . . . . . très-commun. Dans les dunes au pied des touffes d'*Artemisia*, de *Diotis* et autres où s'accumulent des détritus végétaux et animaux. Juin-juillet.

Larve. Vit dans le sable au pied des touffes de plantes. Voy. Perris, Soc. Lin. Lyon, 1876.

BLAPTIDÆ

Blaps, F.

Chevrolati, Sol. . . . . . commun. Dans les bûchers obscurs.

Larve. Vit dans la terre des bûchers.

(1) Voir Bulletin 1877-1878, p. 156.

Producta, Cast. . . . . . commun. Dans les caves, les écuries. Ses œufs sont
blancs, lisses, elliptiques, sphériques.
> Larves. Perris. Soc. ent. 1852, p. 606.

Fatidica, Sturm. . . . . commun.   id.
> Larve. Patterson, trans. Entom. Soc. Lond. 1838,
> p. 99.
> Letzner, ausz. a'üsder. ubers. der. schlesich. Ge-
> sellsch. 1843, p. 4.
> Perris, Soc. ent., t. X, 2e série, 1852, p. 609.

ASIDIDÆ

Asida, Latr.

Grisea, Ol. . . . . rare. Sous les détritus et les pierres.
> Larve. Muls. Latigènes, p. 87, a publié, sous le
> nom d'*Asida grisea*, une larve d'*Agriotes*.

Jurinei, Sol. . . . . . . très-rare. Sous les détritus au pied des Chênes et
sur le sable.
> Larve. Voy. Perris. An. Soc. Lin. Lyon, 1876.

Dejeani, Sol.. . . . . . très-rare. Pris à Sos par M. Bauduer.

CRYPTICIDÆ

Crypticus, Latr.

Quisquilius, L. . . . . très-commun. Sur le sable à partir du mois de
mai.
> Larve. Muls. Latigènes, p. 129. — Perris. Soc.
> Lin. Lyon, 1876. D'après Bouché, cette larve se
> trouve en automne et pendant l'hiver dans le bois
> pourri du saule. Ici on la recueille fréquemment
> en fouillant les sables secs mêlés de détritus et
> nourrissant diverses plantes. C'est très-probable-
> ment de ces détritus qu'elle se nourrit.

PANDARIDÆ

Olocrates, Muls.

Gibbus, F. . . . . très-abondant. Sur le sable et dans les dunes, dès
le mois de mai.

Larve. Se trouve sous le sable, au pied des plantes, dans les lieux les plus arides.

OPATRIDÆ

Opatrum, F.

Sabulosum, L. . . . . . commun. Dans les sablonnières.
Larve. Soc. ent., 1870. B. LXXXII. 1871, p. 152.

Gonocephalum, Muls.

Fuscum, Herbst. . . . . rare. Dans les sablonnières des terrains forts. Je ne l'ai jamais trouvé dans les dunes.

Microzoum, Redt.

Tibiale, F. . . . . raie. Courant çà et là dans les lieux arides où le *Lichen Rangiferinus* est abondant et où croit également en touffes une jolie graminée, le *Corynephorus canescens*.
Larve. Voy. Perris. Soc. Lin. Lyon, 1876.

DIAPERIDÆ

Trachyscelis, Latr.

Alphodioides, Latr.. . . . commun. Sur tout le littoral, mais principalement près du bassin d'Arcachon, sous le sable, au pied des plantes.

Phaleria, Latr.

Cadaverina, F., et var.
Bimaculata.. . . . . . . très-commun. Bords de la mer sous les algues, avec la larve. Voy. Perris. Soc. Lin. Lyon, 1876.

Bolitophagus, Illig.

Armatus, Panz.. . . . . . commun. Dans les champignons du Hêtre et dans le *Boletus suberosus*, sur le Chêne-Liége.
Larve. Voy. Per. Soc. Lin. Lyon, 1876.

Eledona, Latr.

Agricola, Herbst. . . . . très-commun. Dans les champignons du Châtaignier et dans les vieux troncs d'arbres.
Larve. Divers. Ch. Cand., p. 177.

Diaperis, Geoff.

Boleti, L. . . . . assez commun. Dans diverses espèces de Bolets.
Larve. Ch. Cand., p. 175. — Muls. Latigènes,
p. 208.

Scaphidema , Redt.

Ænea, Payk. . . . . . . assez commun. Sous les écorces de Sureau.
Larve. Westwood. Intr. to the mod. class. of.
ins., t. I. 1839, p. 314. — Muls Latigènes,
p. 203.
Var. Bicolor. . . . . . . avril. Sous les écorces de Robinier. — Vit aussi
dans l'Aubépine.

Platydema, Cast.

Violacea, F.. . . . . . . assez commun. Sous les écorces de Chênes et de
Chêne-Liége.
Larve. Vit des productions fongueuses qui se développent sous les écorces soulevées des vieux arbres
morts ; surtout le Chêne. M. Perris l'a trouvée
dans un champignon imbriqué venu sur un
tronc de Hêtre. — Voy. Per. Soc. Lin. Lyon,
1876.
Europæa, Cast. . . . . . rare. Sous l'écorce du Pin. — M. Souverbie l'a
trouvé dans un bolet du Pin.
Larve. Vit sous l'écorce du Pin maritime.

Alphitophagus, Steph.

4-Pustulatus, Steph. . . très-rare. Pris quelques individus au vol, le soir,
autour des maisons. (Sos, P. B.)

Pentaphyllus, Latr.

Testaceus, Helw. . . . . commun. Dans les vieux arbres.
Larve. Letzner. Arb. Schles. Gesells. 1853,

4

p. 218. — Muls. Latipennes, p. 36. — Per.
Soc. Lin. Lyon, 1876. — Elle vit dans le
creux de très-vieux Chênes dont le bois, altéré
par le temps, est devenu rougeâtre, très-tendre,
et presque feuilleté.

Tribolium, Mc Leay.

Confusum, Duv. . . . . assez commun. Sous les écorces de divers arbres.

Phthora , Muls.

Crenata, Germ. . . . . . . très-commun. Sous les écorces de Pin.
Larve. Vit du bois des souches et des troncs des
vieux Pins en voie de décomposition. — Voy.
Per Soc. ent. 1877, p. 351.

Uloma, Cast.

Culinaris, L. . . . . . . se trouve rarement dans le Pin, plus fréquemment
dans le Chêne.
Larve. Vit communément dans le Chêne. On la
trouve aussi dans les vieilles souches vermoulues
de Châtaignier, de Chêne, d'Aulne et de Marronnier ; elle y vit de déjections laissées par
d'autres larves lignivores. — Per. Soc. Lin.
Lyon, 1876.

Perroudi, Muls. . . . . très-commun. Dans les souches vermoulues de
Pin où vit également sa larve. — Voy. Per.
Soc. ent. 1857, p. 347.

Hypophlœus, Helw.

Depressus, F. . . . . . . assez rare. Sous l'écorce des Chênes morts. D'après
Rouget et Mœrkel, on le trouve également dans
les fourmilières de *L. ful.* et de *F. rufa*.

Castaneus, Schn. . . . . assez commun. Sous l'écorce des Chênes.
Larve. Se trouve sous l'écorce des Chênes où vivent
ou ont vécu les larves du *Scolytus intricatus*,
dont elle doit être l'ennemie. Voy. Per. Soc.
Lin. Lyon, 1876.

Pini, Panz. . . . . commun. Sous l'écorce du Pin.

> Larve. Vit dans le Pin aux dépens de celle du
> *B. stenographus.* Voy. Per. Soc. ent. 1857,
> p. 358.

Bicolor, Ol. . . . . assez rare. Sous les écorces d'Ormes ainsi que sa
larve avec celles du *Scolytus multistriatus.*

> Larve. Westwood. Intr. to. the mod. Class.,
> p. 315. — Muls. Latigènes, p. 259.

Fasciatus, Kug. . . . . . plus commun. Sur le Chêne, et le Chêne-Liége.
Sous les écorces de Chênes ayant nourri des
Callidium. Août.

> Larve. Vit sous l'écorce des Chênes habitée l'année
> précédente, par les larves du *Dryocœtes ca-*
> *pronatus.*

Linearis, F. . . . . commun. Vit sous les écorces de Pin.

> Larve. Se nourrit de celles du *B. bidens.* Per.
> Soc. Ent. 1857, p. 358.

TENEBRIONIDÆ

Menephilus, Muls.

Curvipes, F. . . . . assez rare. Se trouve dans le bois presque pourri
du Pin.

> Larve. Vit dans le bois pourri de Pin qui a déjà
> été habité par d'autres larves, notamment par
> celles de la *Leptura rubro-testacea* du *Crio-*
> *cephalus rusticus* et de l'*Ergates faber* (P).

Tenebrio, L.

Molitor, L. . . . . commun. Dans les boulangeries et les minoteries;
vit dans la farine ainsi que sa larve. — Hagen.
Statt. Ent. Zeit., 1853, p. 56. — Muls. Latigènes, 6, 281. — Ch. Canl., p. 176.

Obscurus, F. . . . . . . moins commun.   Id.

> Larve. Ann. Soc. Lin. Lyon, 1855, p. 9. —
> Hagen. Statt. Ent. Zeit., 1853, p. 56. — West-
> wood. Intr. to the mod. class. t. I, p. 318. —
> Muls. Latigènes, p. 286.

Opacus. Duft. . . . . très-rare. Pris en février dans un vieux tronc de châtaignier, par M. Bauduer, à Sos.

Larve. 6me op. Muls., p. 9.

HELOPIDÆ

Helops, F.

Cœruleus, L.. . , ... assez rare. Vit sous l'écorce de Chêne vivant, mais vermoulu. Il répand une odeur fétide analogue à celle du *Blaps producta*.

Larve. On la trouve dans les vieilles souches d'aulnes, dans le bois pourri et spongieux des vieux Châtaigniers, dans les troncs pourris de Hêtre ; elle paraît vivre des déjections d'autres larves. Voy. Ann. sc. nat., 1840, p. 81. — Waterhouse, Trans. of the ent. Soc. of. London, p. 29. — Soc. Lin. Lyon, 1870. — Ch. Cand., p. 176.

Coriaceus, Sturm.. . . . . assez rare. Courant çà et là sur les chemins et englué dans la résine.

Pallidus, Curt. . . . . . . assez commun. Sur le bord de la mer, enterré dans le sable ou sous les détritus. On ne le trouve guère qu'en automne.

Striatus, Fourc. . . . . . . très-commun. Vit dans le Pin, sous les écorces, et surtout dans les vieux troncs pourris.

Larves. Vit dans les mêmes condìtions que celle du *Menephilus Curvipes.* — Voy. Ins. pin, mar., p. 430.

CISTELIDÆ

Allecula, F.

Morio, F. . . . . très-rare. Dans les vieux troncs de Surier, en secouant les branches de Chêne. (Juillet.)

Larve. Ann. Soc. Lin. Lyon, 1876.

Nymphe. Muls. Pectinipèdes, p. 94.

Cistela, F.

Doublieri, Muls.. . . . . . très-rare. Insecte nocturne. En juin et juillet on le trouve caché sous l'écorce ou dans les cavités des souches de Pin.

Larve. Vit dans les vieilles souches de Pin avec celles de l'*Ater*, de l'*Uloma Perroudi*, de l'*Elater sanguineus*. Voy. Ins. pin, mar., p. 505. — Op. ent. Muls. 1er cah., p. 70.

Parasite. *Trachynotus foliator.*

Ater, F. . . . . assez commun. Vit dans le Pin et plusieurs autres arbres, tels que le Charme, le Chêne, le Saule, le Peuplier, l'Aulne.

Larve. Elle est cosmopolite comme l'insecte parfait. Voy. Per. Soc. Ent., 1857, p. 370.

Lœvis, Kust. . . . . . . assez rare. Dans les souches de Pin en mai.

Parasite. *Trachynotus foliator.*

Fusca, Illig.. . . . . . . assez commun. En battant les branches de Chêne tauzin en juin et en juillet.

Larve. Voy. Muls. Pectinipèdes, p. 50.

Ceramboides. L.. . . . . assez rare. En secouant des branches de Chêne.

Larve. Se développe dans le terreau des vieux troncs de Chêne. Voy. Ch. Cand., p. 177.

Nymphe. Muls. Pectinipèdes, p. 47.

Antennata, Panz. . . . . commun. En battant les Aubépines et les Chênes en fleur. (Sos, P. B.)

Ferruginea, Kust, et var.

Luperi.. . . . . rare. En battant les branches de divers arbres.

Murina, L. et Var, Maura. très-commun. En battant les haies et les branches de Chêne. — Avec *F. fusca* (Mœrkel).

Varians, F. . . . . assez commun. En secouant les branches de Chêne.

Larve. Se trouve souvent dans des lieux arides au pied des touffes de l'*Artemisia campestris*, où la terre est mêlée des détritus de cette plante. (E. P.)

Mycetochares, Latr.

Barbata, Latr.. . . . . . commun. En battant les branches de divers arbres.

Larve. Vit dans les écorces de Saule, de Chêne et d'autres espèces d'arbres, telles que le Châtaignier, le Robinier. Voy. Soc. Lin. Lyon, 1876. Muls. Pectinipèdes, p. 21.

Bipustulata, Illig. . . . . . assez commun. Sous les écorces de Chêne-Liége. (Sos, P. B.)

4-Maculata, Latr. . . . . . assez rare. Se trouve dans les mêmes conditions que le *Barbata*.
Larve. Vit dans les troncs pourris de Chêne.

Cteniopus, Sol.

Sulfureus. L. . . . . très-commun. Sur les fleurs de carottes et surtout sur les Châtaigniers en fleurs, où on le trouve par milliers.

Omophlus, Sol.

Picipes, F.. . . . . commun. En fauchant dans les prairies et sur les graminées (mai).

Lepturoides, F. . . . . . . très-commun. En fauchant un peu partout (mai, juin).

Brevicollis, Muls. . . . . . rare. Trouvé à Sos, par M. Bauduer, en fauchant çà et là.

PYTHIDÆ

Pytho, Latr.

Depressus, L. . . . . très-rare. Sous les écorces de Chêne.
Larve. Ch. Cand., p. 186.

Salpingus, Gyl.

Ater, Payk. . . . . très-rare. En battant des haies.

Reyi, Ab.. . . . . très-commun. En battant des branches mortes d'ar-bres fruitiers. Juin. Sos. (P. B.)

Æratus, Muls.. . . . . . . très-commun. En battant des Pêchers morts et sous les écorces des échalas de Châtaignier.

Exsanguis, Ab. . . . . . . rare. En battant une vieille haie de ronces. Sos. (P. B.)

Lissodema, Curt.

Denticollis, Gyl. . . . . . assez commun. Sur la *Clematis vitalba*, sous l'écorce des branches mortes, avec le *B. bispinus* et le *Lœmophlœus Clematidis*. On le trouve également sur les échalas de Châtaignier, sur des parties où l'écorce est noirâtre ; — dans l'Aubépine morte avec le *Choragus scheppardi*, et dans le Noisetier avec le *Dryocœtes coryli*.

Larve. Voy. Soc. Lin. Lyon, 1876.

Liturata, Costa. . . . . . commun. Sous l'écorce de Lierre, de Chêne. M. Perris l'a obtenu de l'Aubépine et surtout de la Vigne sauvage. Il est abondant en mars et en avril en battant les haies de Chêne parsemées de branches mortes.

Rhinosimus, Latr.

Planirostris, F. . . . . . . assez commun. En battant les branches mortes de Chêne.

Ruficollis, L. . . . . . . rare. En battant çà et là des branches mortes. Avec *Lasius fuliginosus*. (Rouget.)

Viridipennis, Latr. . . . très-rare. Id.

Agnatus, Germ.

Decoratus, Germ. . . . . . très-rare. En battant les branches de Chêne. Larve. Vit sous les écorces de Chêne aux dépens des autres insectes. Voy. Muls., 1856. op. 7, p. 114.

SERROPALPIDÆ

Tetratoma, F.

Baudueri, Perris. . . . . assez rare. Sous l'écorce des Chênes tauzins. (L. Bedel.) Sous l'écorce des Chênes-Liéges (Sos, P. B.). Dans le bois de Chêne imprégné de substances fongueuses.

Larve. Voy. Soc. Lin. Lyon, 1876.

Eustrophus, Illig.

Dermestoïdes, F. . . . . M. Bauduer en a pris un seul individu dans un champignon qui était venu sur un vieux tronc de Surrier. D'après Mœrkel, on l'aurait rencontré dans les fourmilières de *L. fuliginosus*.

Orchesia, Latr.

Micans, Panz.. . . . . . . assez commun. Se trouve dans les champignons,
surtout ceux du Hêtre et du Pin.
Larve. Même habitat. Voy. Ch. Cand., p. 179.

Hallomenus, Panz.

Humeralis, Panz. . . . . rare. En battant les branches de Pin.
Larve. Vit dans le *Polyporus maximus.* Voy.
Per. Soc. Ent., 1857, p. 382.

Anisoxya, Muls.

Fuscula, Illig.. . . . . . commun Dans les branches pourries de Châtaignier, de Robinier, de Chêne, de Noisetier et
d'Aubépine.
Larve. Voy. Soc. Lin. Lyon, 1876.

Abdera, Steph.

Triguttata, Gyl., var. Scu-
tellaris, Muls. . . . . rare. Se prend au vol, le soir au coucher du soleil,
près des lisières des forêts de Pins. A Lyon,
d'après M. Mulsant, on le trouve sous l'écorce
des vieux Pins. La larve vit peut-être dans notre
Pin maritime , mais jusqu'ici elle n'a été trouvée
que dans les branches de Chêne.
Griseo-guttata, Fairm. . . assez rare. En fauchant sous de grands Chênes
dans la-grande Lande. Sur les vieux échalas de
Châtaigniers fréquentés aussi par l'*Apate varia,*
le *Choragus* et le *Lissodema denticollis.*

Carida, Muls

Flexuosa, Payk. . . . . . très commun. Se trouve dans le champignon du
Pin.
Larve. Vit dans le bolet du Pin, duquel on peut
obtenir l'insecte parfait en grand nombre par éducation. Pour cela, on n'a qu'à recueillir le bolet
habité par les larves, vers la fin de l'hiver.

Parasites : *Trigonoderus obscurus.*

Eubadizon macrocephalus.

Diospilus dispar.

Nitela spinola.

M. Perris a trouvé ce dernier sous l'écorce d'un pieu de Pin où se trouvait abondamment le *Hylurgus ligniperda.* Il l'a aussi obtenu de champignons du Pin nourrissant les larves de la *Carida flexuosa,* ainsi que de la ronce. Profite-t-il pour nicher des trous faits par d'autres insectes ou est-il parasite ? Cette question a besoin d'être élucidée.

Phloiotrya, Steph.

Vaudoueri, Muls. . . . . très-rare. Se trouve dans le Châtaignier et le Chêne-Liége. En Corse, M. Revélière l'a trouvé sur le Hêtre.

Larve. Voy. Per. Soc. Lin. Lyon, 1876.

Jilora, Muls.

Ferruginea, Payk. . . . . très-rare. En battant des Pins sur le littoral.

Larve. Voy. Per. Soc. Lin. Lyon, 1876.

Marolia, Muls.

Variegata, Bosc. . . . . . . assez commun. Dans les mousses et les lichens de Chêne en hiver. (Sos, P. B.)

Larve. Vit dans les branches mortes d'Aubépine et de Chêne.

Melandrya, F.

Caraboides, L. . . . . . . assez rare. Sous les écorces de Chêne.

Larve. Per. Ann. Sc. nat., t. XIV, 2e série, 1840, p. 36 (sous le nom de *Serrata,* Fabr.)

Parasites : *Aspigonus diversicornis.*

Mycetoma, Muls.

Suturale, Panz. . . . . . très-rare. En battant des haies au printemps.

Conopalpus, Gyl.

Testaceus, Ol. . . . . très-rare. En battant des haies au printemps.

LAGRIDÆ

Lagria, F.

Atripes, Muls.. . . . . . . commun. En battant les Chênes tauzin.
Larve. Voy. Muls., op. ent. 6ᵐᵉ cah., p. 33.

Hirta, L. . . . . assez commun. En fauchant dans les prairies. (Juin, juillet.)
Larve. Se trouve au pied des Chênes, sous les feuilles mortes en hiver ; elle paraît être carnivore.
Per. Mém. Soc. Liége, 1855, p. 255. — Muls. Soc. Linn. Lyon, 1855, p. 65. — Heeger. Sitzber-Wien. acad. Wiss., 1853, p. 161. — Lyonnet. Mém. posth., p. 112, pl. X. — Westwood. Intr. to. the. mod. class. of ins., t. I, 1839, p. 230.

Glabrata, Ol. . . . . . . rare. En fauchant sur le bord des étangs maritimes.

PYROCHROIDÆ

Pyrochroa, Geoff.

Coccinea, L.. . . . . . . assez commun. En battant les branches de Hêtre.
Larve. Goureau, Soc. Ent., 1842, p. 173. — Divers, Ch. Cand., p. 186. — Muls. Latipennes, p. 36.

PEDILIDÆ

Xylophilus, Latr.

Pygmæus, De G. . . . . . très-rare. En battant des branches d'Orme.
Larve. Vit dans les branches d'Orme.

Oculatus, Payk. . . . . . . très-rare. En secouant les Lierres.

Nigrinus, Germ.. . . . . très-rare.   Id.

Brevicornis, Perris. . . . très-rare. Dans les mousses des arbres. (Sos, P. B.)

Pruinosus, K. . . . . . . assez commun. En battant les haies, en fauchant sur les mares desséchées.

Populneus, F. . . . . . . très-commun. En secouant les toitures de chaume et en battant les Aubépines (mai) ; parfois en fauchant dans les prairies.

Neglectus, Duv. . . . . . très-commun. En battant les haies et les Lierres. Larve. Vit dans les branches de Lierre.

Scraptia, Latr.

Fusca, Latr. . . . . commun. En battant les haies.

Minuta, Muls. . . . . . . très-rare. Dans l'intérieur des vieux troncs de Surriers. (Sos, P. B.). — En juillet j'en ai trouvé avec M. Perris un individu dans une fourmilière de *F. Fuliginosa.* J'avais antérieurement trouvé sa larve dans les détritus d'une fourmilière semblable. Voir pour plus de détails sur cette découverte. Ann. Soc. Linn. Lyon, 1876.

Trotomna, Kiesw.

Pubescens, Kiesw. . . . . très-rare. En battant des haies. (Sos, P. B.)

ANTHICIDÆ

Notoxus, Geof.

Monoceros, L. . . . . . . assez rare. Sur les fleurs au printemps.

Brachycerus, Fald. . . . très-commun.   Id.

Cornutus, F. . . . . . . commun.   Id.   et sur *Scrophularia aquatica* sur les bords de l'Adour.

Mecynotarsus, Laft.

Rhinoceros, F. . . . . . très-commun. En été sur les bords des fossés sablonneux.

Formicomus, Mots.

Pedestris, Rossi. . . . . . rare. En fauchant dans les marais.

Leptaleus, Laft.

Rodriguei, Latr. . . . . . Commun. Sous les détritus des étangs, sous les crottins de cheval, dans les sentiers de vigne et au vol le soir autour des fumiers. (Mai-juin.)

Anthicus, Payk.

Humilis, Germ . . . . . assez rare. En battant les Tamaris.

Floralis, L. . . . . très-commun. Sur les fleurs et au vol autour des fumiers.

Quisquilius, Thoms.. . . plus rare.   Id.

Bifasciatus, Rossi.. . . . assez commun. Sous les détritus végétaux, au vol autour des fumiers.

Sellatus, Panz. . . . . . assez commun. En battant les branches mortes, les haies, etc.

Instabilis, Scht.. . . . . rare. La Teste (Souverbie). Juillet (Sos, P. B.)

Tenellus, Laferté. . . . . assez rare. En battant les branches mortes. (Sos, P. B.)

Tristis, Scht. . . . . . . rare. En secouant les crottins secs de cheval.

Antherinus, L. . . . . . rare. Pris courant à terre et en fauchant dans les lieux un peu humides.

4-Guttatus, Rossi. . . . très-rare. En battant des branches mortes. (Sos, P. B.)

Hispidus, Rossi.. . . . . commun.   Id. et en secouant des détritus végétaux.

Ater, Panz. . . . . rare. Dans les détritus végétaux.

Flavipes, Panz. . . . . . rare. Sous les détritus près des grands étangs.

Fenestratus, Scht.. . . . rare.   Id.

Plumbeus, Laft.. . . . . très-rare. Sous les détritus végétaux.

Ochthenomus, Scht.

Punctatus, Laft.. . . . . rare. Dans les détritus d'inondation.

Unifasciatus, Bon.. . . . rare. Sous les détritus végétaux.

MORDELLIDÆ

Tomoxia. Costa.

Biguttata, Gyl. . . . . . très-rare. En battant les branches mortes de Surriers.

Larve. Vit dans le bois ramolli par le temps de
vieux échalas de Châtaigniers; dans les souches
de vieux Marronniers morts et déjà en voie de
décomposition. Voy. Per. Soc. Lin. Lyon, 1876.

Mordella, L.

Gacognei, Muls.. . . . . . rare. Dans les vieux troncs de Saule et de Peuplier.
(Sos. P. B.)
Larve. Muls. Longipèdes, p. 33.

Fasciata, F. . . . . commun. Sur les fleurs en ombelle et en corymbe.
Larve. Vit dans les échalas de Châtaigniers; obtenu
aussi du Chêne-Liége pourri et du Marronnier.
— Goureau, Soc. Ent., 1842, p. 173.
— L. Dufour, Ann. sc. nat., t. XIV, 2e série,
1840, p. 225.

Aculeata, L.. . . . . . . commun. Sur les fleurs au printemps et en été.
Larve. Vit dans l'Euphorbe, dans les branches pour-
ries de Chêne. Voy. Per. An. Soc. Ent., 1845.
p. 69. — Erichson in Wiegm. Arch, 1842,
p. 372.

Mordellistena, Cos.

Abdominalis, F.. . . . . rare. En fauchant sous bois en mai et juin.
Humeralis, L.. . . . . . très-rare.   Id.   (Sos, P. B.)
Brunnea, F.. . . . . . . assez rare. En fauchant dans les prairies (mai et
juin). Obtenu du bois pourri d'Aubépine en
même temps que le *Lateralis*.
Lateralis, Ol. . . . . . . rare.   Id.
Inæqualis, Muls. . . . . peu commun. En fauchant dans les prairies.
Larve. Ch. Cand., p. 188, sous le nom de *Mor-
della pusilla*. — Elle vit dans les racines de la
carotte sauvage. (Février-Mars)
Parasites : *Entedon Zanara.*
Ascogaster similis.
Parvula, Gyl.. . . . . . commun. En fauchant dans les prairies. (Mai-Juin.)
Episternalis, Muls. . . . rare.   Id.
Larve. Vit dans les tiges de la *Centaurea nigra*.
Grisea, Muls.. . . . . . assez rare. En fauchant, surtout sur le *Psamma
arenaria.*

Larve. Vit dans l'Armoise commune et l'Euphorbe.
— Voy. Per. An. Soc. Lin. Lyon, 1876.

Subtruncata, Muls. . . . . assez rare. En fauchant dans les lieux humides.
Larve. Vit sur le *Senecio aquaticus* et dans les tiges de l'*Origanum vulgare*.
Mœurs. Voy. Soc. Ent., 1868, p. 114.

Pumila, Gyl. . . . . commun. En fauchant dans les prairies.
Larve. Vit dans les tiges de la *Saponaria officinale*, dans le *Picris hieracioides*, le *Dianthus armeria*, la *Scabiosa succisa* et *Columbaria*, l'*Euphorbia amygdaloides*, la *Chironia centaurium*, le *Lycopus Europœus*, et le *Chlora perfoliata*. — Voy. An. Soc. Lin. Lyon, 1876.

Stricta, Costa (?) . . . . . un seul individu pris par M. Perris. — Habitat inconnu (?)

Stenidea, Muls. . . . . . . rare. En fauchant dans les prairies. (Sos, P. B.)

Perrisi, Muls. . . . . rare. En fauchant dans les lieux arides. (Juin.)
Larve. Vit dans les tiges de *Jasione montana*.

Minima, Costa. . . . . . . commun. En fauchant surtout sur les tiges de l'*Artemisia campestris*, dans les tiges de laquelle vit sa larve.

Liliputana, Muls. . . . . . rare. Obtenu, le 5 juillet 1875, des tiges de l'*Origanum vulgare* (P.).

Artemisiæ, Muls. . . . . . rare. Sur les Genêts.

Trifera, Rey. . . . . rare. En fauchant dans les endroits sablonneux.

Anaspis, Geof.

Monilicornis, Muls. . . . assez rare. En fauchant sur les fleurs. (Juin.)
Larve. Vit dans les souches de Marronnier en voie de décomposition.

Frontalis, L. . . . . très-commun. Au printemps sur les fleurs. — C'est plutôt la bouche qui est fauve que le front, les deux pattes antérieures sont seules fauves.
Larve. Vit dans le bois mort. — M. Perris l'a trouvée dans un tronc vermoulu de Noyer.

Labiata, Costa. . . . . . . commun. En battant les haies et en fauchant dans les prairies.

Geoffroyi, Muls. . . . . . commun.   Id.

Larve. Vit dans l'Orme mort.

Ruficollis, F. . . . . . . commun. Sur les fleurs d'Aubépine, le Genêt à balais.

Larve. Vit dans le bois pourri de Marronnier.

Flava, L. . . . . commun. Sur les fleurs.

Larve. Vit dans les vieux sarments de Vigne qu'ont habité les larves du *Sinoxylon b. dentatum* et du *Xylopertha sinuata ;* dans les branches presque pourries de Châtaignier ; dans les troncs vermoulus de Chêne, en compagnie de larves du *Rhyncolus punctulatus* et de *Mycetochares.* Voy. Soc. Lin. Lyon, 1876.

Subtestacea, Step. . . . . assez commun. En battant les Aubépines.

Larve. Vit dans le *Boletus suaveolus*, dans les branches vermoulues du Tauzin, de l'Orme, de la Vigne, du Châtaignier, de la Ronce. — Voy. Soc. Lin. Lyon, 1876.

Maculata, Geof. . . . . . très-commun. Au printemps, en fauchant dans les prairies, et au vol le soir autour des fumiers.

Larve. M. Perris a obtenu l'insecte parfait de larves vivant dans des branches mortes de Figuier. — Voy. Per. Soc. Ent , t. V, 2e série, p. 29.

Silaria, Muls.

Varians, Muls. . . . . . très-commun. Dans les prairies et en battant les Aubépines.

Larve. Vit dans les vieilles tiges d'Aubépine vermoulues.

Bicolor, Forst. . . . . . rare.   Id.

Larve.   Id.

RHIPIPHORIDÆ

Emenadia , Cast.

Flabellata, F. . . . . . . très-rare. Sur des fleurs de Menthe. (Sos, **P. B.**) Sur les fleurs. (Saint-Sever.)

VESICANTES

MELOIDÆ

Meloë, L.

Violaceus, Marsh.. . . . . commun. Courant çà et là sur les sentiers.
Autumnalis, Ol. . . . . assez rare.   Id.
Tuccius, Rossi.. . . . . rare. Dans les champs de Luzerne au printemps
et à l'automne. (Sos, P. B.)
Rugosus, Marsh. . . . . très-rare. Courant sur les chemins.
Proscarabæus, L.. . . . . rare. Sur les Luzernes.
Baudueri, Gren. . . . . assez rare. Courant çà et là sur le bord des chemins,
et aussi parfois englué dans la résine.

MYLABRIDÆ

Cerocoma, Geof.

Schæfferi, L. . . . . . . très-commun. Sur l'*Anthemis nobilis* et dans
les champs de blé.

Mylabris, F.

4-Punctata, L. . . . . . très-commun. Dans les lieux secs et pierreux, sur
diverses plantes, entre autres sur la *Scabiosa
columbina.*
Geminata, F.. . . . . . assez rare. (Sos, P. B.) Lieux arides.
Variabilis, Bilb.. . . . . très-commun. Sur les plantes, dans les lieux arides.
Hyeracii, Graëll. . . . . très-commun.   id.

CANTHARIDÆ

Cantharis, Geof.

Vesicatoria, L. . . . . . très-commun. Sur le Frêne et le Lilas dont elle dévore et ronge l'écorce. — La femelle pond en
terre des œufs d'où sortent de petites larves exa-
podes très-agiles, qui s'accrochent aux abeilles,

guêpes, mouches, etc. — Voy. Licht., Mém.
d'Ent.

Larve. Carolus. Ephém. Acad. nat. Curios. 1686.
Dec. 2. an. 5. Obs 36, p. 66. — Divers.
Ch Cand., p. 192.— Muls. Vesicants, p. 160.

Zonitis, F.

Præusta, F. . . . . peu commun. En fauchant sur les plantes maritimes.

Mutica, F. . . . . rare. Signalé de Sos par M. Bauduer.

Stenoria, Muls.

Apicalis, Latr. . . . . . . assez commun. Sur les plantes qui croissent sur
les plages.

Sitaris, Latr.

Nitidicollis, Ab. . . . . . rare. Quelques individus trouvés chaque année le
long d'un vieux mur du village de Sos (P. B.).
Il a été pris aussi à Dax par Léon Dufour.
Larve. Elle est parasite des *Anthophora*. — Voy.
Ch. Cand., sous le nom d'*Humeralis*, Latr.
Mœurs. Soc. Ent., 1848. B. LIV.

ŒDEMERIDÆ

Nacerdes, Scht.

Lepturoides, Th. . . . . . assez commun. Sur la plage. La femelle pond ses
œufs dans le vieux bois de Pin qui a séjourné
dans la mer.
Larve. Voy. Per., Soc. Ent., 1857, Soc. Ent.
p. 392, 1862, B. LXIX.

Anoncodes, Scht.

Ustulata, F. . . . . rare. Sur les plantes dans les marais en juin et
juillet. (Sos, P. B.)
Larve. Herklots. Tijdsahr. nederl. ent. ver. 1861,
p. 171.

Ruficollis, F. . . . . . . très rare. Sur les fleurs.

Dispar, Duf. . . . . . . très-commun. Sur les fleurs en juin, juillet.

> Larve. Dufour, Soc. Ent., t. X, 1re série, 1841, p. 5.

Asclera, Scht.

Cœrulea, L. . . . . assez commun. En fauchant sur les fleurs; en mars dans les détritus de souche pourris, surtout celles de peuplier où vit sa larve.

> Larve. Heeger. Sistzber, Wien. acad. wiss., 1853, p. 932.

Xanthochroa, Scht.

Carniolica, Gistl. . . . . peu commun. Vit dans le Pin ; se prend au vol autour des tas de bois de Pin en juillet.

> Larve. Vit dans les troncs de Pin de tout âge, ordinairement dépouillés de leur écorce et dont le bois en décomposition est arrivé presque à l'état spongieux. Elle se trouve souvent avec celles du *Menephilus* et de l'*Helops striatus*. Voy. Soc. Ent., 1857, p. 387.

Œdemera, Ol.

Podagrariæ, L. . . . . . très-commun. En fauchant dans les prairies au printemps.

Simplex, L. . . . . assez rare. Courant çà et là sur les joncs. Egalement en fauchant sur les fleurs.

Flavescens, L. . . . . . . peu commun. En fauchant dans les terrains argileux.

Barbara, F. . . . .   Id.   Id.

Flavipes, F. . . . . très-commun. Dans les prairies au printemps, sur les fleurs jaunes surtout et dans les landes et les bois sur l'*Helianthemum alyssoides*.

> Larve. Vit dans le Châtaignier, le Charme.

Cœrulea, L. . . . . très-commun. Sur les fleurs.

Lurida, Marsh. . . . . . très-commun.   Id. ·

Chrysanthia, Scht.

Viridissima, L. . . . . . très-commun. Dans les prairies en battant les
Saules.

Larve. Westwood. Introd. to the modern. Class.
of. ins., t. I, 1839, p. 305.

Viridis. . . . . très-rare. Id.

Stenostoma, Latr.

Rostrata, F. . . . . très-commun. Au bord de la mer sur l'*Eryngium
maritimum*. M. Perris a trouvé sa larve dans
les racines de cette plante et dans celles du *Diotis
candidissima*.

Mycterus, Clairv.

Curculionoides, Il. . . . très-commun. Sur les fleurs et dans les prairies au
printemps et en été.

CURCULIONIDES

BRACHYDERIDÆ

Cneorhinus, Sch.

Geminatus, F. . . . . . . très-commun. Sur le sable et le long des fossés.
Larve. Se trouve en faisant retourner des gazons.

Exaratus, Marsh. . . . . rare. En secouant les Chênes.

Carinirostris, Bohm. . . . rare. Id.

Liophlæus, Germ.

Nubilus, F. . . . . commun. En fauchant dans les prairies, et surtout
en battant les Lierres.

Strophosomus, Bilb.

Coryli, F. . . . . très-commun. En fauchant sur les Trèfles et les
Luzernes en mai. En battant les Hêtres, les Sau-
les ; en tamisant les feuilles sèches en hiver.

Obesus, Marsh. . . . . . très-commun. Id.

Baudueri, Desb.. . . . . . assez rare. En fauchant sur les Bruyères.
Sos. (P.-B.)

Tubericollis, Fairm. . . . rare. En secouant les branches de Tauzin.

Retusus, Marsh.. . . . . . assez rare. En fauchant sur les Bruyères.

Limbatus, F. . . . . . . très-commun. En mai sur l'*Erica cinerea*.

Faber, Herbst.. . . . . . commun. Dans les lieux arides sur les Bruyères ;
sur les tiges de *Centaurea nigra*.
Larve. Se trouve en retournant des gazons.

Foucartia, Duv.

Cremieri, Duv. . . . . . très-rare. En tamisant des feuilles et des mousses
en hiver.

Sciaphilus, Sch.

Muricatus, F. . . . . . . assez rare Lieux humides ; en battant les buissons,
les Aulnes et les Houblons.

Brachyderes, Sch.

Lusitanicus, F. . . . . . très-commun. Au printemps, sur le Chêne tauzin
et surtout sur les jeunes Pins.
Larve. Vit dans la terre au pied des Chênes.
Parasite. La larve de la *Hyalomyia dispar*
(Diptère) vit dans l'intérieur du corps de l'in-
secte parfait.

Sitones, Germ.

Subcostatus, All. . . . . assez rare. En battant les Genêts.

Griseus, F. . . . . très-commun.   Id.   et en fauchan
dans les prairies.

Flavescens, Marsh.. . . . assez commun. En fauchant dans les marais et sur
le *Lotus uliginosus*.

Suturalis, Steph. . . . . rare. En fauchant surtout en Chalosse sur le
Lathyrus pratensis.

Sulcifrons, Thunb.. . . . peu commun. Sur le Genêt à balais.

Tibialis, Hbst.. . . . . . commun. Sur *Genista Anglica* et *Ulex nanus*
et aussi en fauchant sur les fèves de marais.

Waterhousei, Walt.. . . . commun. En fauchant dans les prairies.

Larve. On dit qu'elle vit au collet du *Lotus cor-niculatus*. (Voy. Soc. Ent., 73, CLXXI et CCXXIX. M. Perris m'a toujours affirmé que c'était une erreur. Je n'ai pu jusqu'à ce jour vé-rifier encore ce fait.

Crinitus, Ol.. . . . . commun. Sur le Genêt à balais. Avec *F. Rufa* (rouget).

Regensteinensis, Hbst. . . très-commun. Au printemps sur l'ajonc et le Genêt en fleur.

Cambricus, Steph.. . . . très rare. En fauchant sous bois.

Puncticollis, Steph. . . . assez commun. En juin, juillet en battant des fa-gots de branches vertes.

Gemellatus, Gyl.. . . . . très-rare. En battant des branches sèches en hiver. (P.)

Lineatus, L., et var. Geni-
culatus, Fahr. . . . . très-commun. En fauchant dans les prairies et surtout sur la Luzerne et la Vesce.

Virgatus, Fahr. . . . . . très-rare. A été pris par M. Perris en fauchant, sans qu'il soit possible d'indiquer l'habitat.

Discoideus, Gyl. . . . . rare. Sur le *Medicago sativa*.

Humeralis, Sf.. . . . . . commun. En fauchant dans les prairies au prin-temps.

Inops, Gyl. . . . . assez rare. En secouant des fagots et en battant des branches mortes de Lierre.

Hispidulus, F.. . . . . . assez commun. En fauchant dans les prairies et en battant des Genêts.

Tibiellus, Gyl. . . . . . très-rare. En secouant des fagots de branches mortes.

Metallites, Germ.

Iris, Ol.. . . . . très-commun. En battant les Chênes, les Saules et les Aulnes dans les lieux frais, au printemps.

Polydrosus, Germ.

Undatus, F. . . . . assez rare. En battant les jeunes Hêtres et en fau-chant sur l'*Euphorbia sylvatica*, surtout dans les terrains forts.

Impressifrons, Gyl. . . . commun. En fauchant dans les prairies au printemps et en battant les Chênes et les Aubé-
pines.

Flavipes, De G. . . . . . . commun. En battant les haies d'Aubépines, les
Chênes, les Saules.

Flavovirens, Gyl. . . . . rare. En battant les branches do Chêne.

Cervinus, L.. . . . . très-commun. Dans les prairies au printemps et en
battant les Saules et les Chênes.

Larve. Bouché. Ent. zeit. zu stett., 1847, p. 165.

Chrysomela, Ol. . . . . . rare. En battant les Tamaris sur le bord de la
mer.

Confluens, Steph. . . . . rare.   Id.

Sericeus, Schall. . . . . . très-commun. Dans les prairies, en battant les
Chênes et les Saules au printemps et en été.

Thylacites, Germ.

Fritillum, Panz. . . . . très-rare. En battant les Chênes au printemps.
Parfois en hiver en secouant des fagots de bran-
ches sèches.

Tanymecus, Germ.

Palliatus, F.. . . . . . . très-commun. En fauchant dans les prairies au
printemps.

Chlorophanus, Germ.

Viridis, L. . . . . rare. En battant les Saules.

Otiorynchus, Sch.

Pulverulentus, Germ... très-rare. Trouvé en mars à Saint-Sever, sous
une écorce de vieille souche de Chêne, dans la-
quelle avait vécu sa larve.

Auropunctatus, Gyl. . . assez rare. En battant les Aulnes au bord des
ruisseaux.

Unicolor, Herbst.. . . . très-rare. Sous des poutres.

Navaricus, Gyl. . . . . . assez rare. En battant des Saules.

Atroapterus. Gyl.. . . . très-rare Sur le sable, dans les Dunes, au pied
des plantes.

Scabrosus, Marsh.. . . . commun. En battant les Lierres contre les murs.
(Juin, juillet.)

Ligneus, Ol. . . . . commun. Dans les prairies récemment fauchées,
sous les détritus d'herbes, au pied de *Centaurea
nigra*.

Picipes, F. . . . . assez rare. En battant les haies et les Lierres.

Tomentosus, Sch.. . . . très-rare. En battant des branches sèches en hiver
et en tamisant des mousses et des feuilles.

Cœnopsis, Bach.

Fissirostris, W.. . . . . assez commun. En battant des tas de branches de
Chêne. Il se réfugie le jour au milieu des herbes,
au pied des arbres dans les tas de bourrées, sous
les pièces de bois. M. Perris l'a pris plusieurs
fois assez abondamment au mois de juin, dans
de petits tas de branches feuillues qu'il avait
coupées quelques jours avant et laissées flétrir.

Waltoni, Bohm. . . . . assez rare. Sous les feuilles sèches et pourries, en
battant les Lierres et les fagots de Tauzin.

Larraldi, Perris. . . . . rare. Au pied des vieux Ormeaux.

Peritelus, Germ.

Griseus, Ol.. . . . . . . très-commun. En fauchant dans les prairies, en
battant les Saules, les Aubépines, etc., au prin-
temps. Il fait beaucoup de mal aux bourgeons
des arbres fruitiers, qu'il ronge pendant la nuit.

Omias, Germ.

Rotundatus, F. . . . . . rare. En tamisant les mousses et les feuilles en
hiver.

Montanus, Chevl. . . . . très-rare.   Id.

Brunnipes, Ol. . . . . . rare. Sous des copeaux de Chêne récemment coupés. Avril.

Concinnus, Bohm. . . . commun. Au pied des plantes dans le sable un peu
humide. Parfois aussi dans les fourmilières.

Trachyphlœus, Germ.

Scaber, L.. . . . . peu commun. En battant les haies.

Squamosus, Gyl. . . . . rare.   Id.

Spinimanus, Germ. . . . assez rare.   Id.

Scabriculus, L.. . . . . commun.   Id.   et avec *L. Fu-*
            liginosus (Mœrkel).

Aristatus, Gyl. . . . . . assez commun. Dans les amas de feuilles sèches en
            hiver. Sos. (P. B.)

Phyllobius, Germ.

Argentatus, L. . . . . . commun. En battant divers arbres.

Pomonœ, Ol. . . . . . . rare. En battant les branches de Poirier en juin.

Pyri, L.. . . . . rare.   Id.

Betulæ, F. . . . . rare. En battant les arbres fruitiers et les Saules,
            au printemps.

BRACHYCERIDÆ

Brachycerus, F.

Algirus, F. . . . . Je ne cite cet insecte qu'avec doute, comme ayant
            été pris dans les Landes.

MINYOPIDÆ

Minyops, Sch.

Variolosus, F.. . . . . . très-rare. Dans les détritus d'inondation.

Gronops, Sch.

Lunatus, F. . . . . rare. Dans les champs, près de la Teste (Souverbie).
            Dans les terrains marécageux, desséchés, près de
            la mer. (Fairmaire.)

STYPHLIDÆ

Styphlus, Sch.

Unguicularis, Aubé.. . . très-commun. Sous les feuilles sèches et pourries en
            hiver, en battant les Saules au printemps.

Setiger, Beck.. . . . . . très-rare. En fauchant dans les prairies, en tami-
            sant des herbes sèches contre une haie de Chêne
            (Juin). Pris en septembre par M. Perris, en Cha-
            losse, dans les mêmes conditions.

MOLITYDÆ

Anisorynchus, Sch.

Curtus, Perris. . . . . . un seul individu pris par M. Perris sur un sentier des Landes.

Bajulus, Ol. . . . . peu commun. Dans les fossés. Sos. (P. B.)

Liosomus, Sch.

Ovatulus, Clair.. . . . . rare. Se trouve aux pieds des *Ranunculus flammula, acris et repens.*
Larve. Se développe dans les racines de ces plantes.

Cribrum, Gyl. . . . . . rare. En tamisant des feuilles en hiver.

Plinthus, Germ.

Caliginosus, F. . . . . . rare. Sous les pierres dans les lieux calcaires. Dans les vieux troncs d'Aulnes (Sos), avec *L. Fuliginosus* (Rouget).
Larve. Ch. Cand., p. 207.

HYPERIDÆ

Phytonomus, Sch.

Punctatus, F. . . . . . . très-commun. Sous les détritus végétaux.

Fasciculatus, Hbst. . . . plus rare. Sur les murs, au soleil, et également sous les détritus. M. Duverger l'a obtenu (Avril) de larves vivant sur l'*Erodium cicutarium.* L'insecte parfait se trouve aussi sur cette plante.

Rumicis, L. . . . . commun. En fauchant sur les *Rumex.*
Larves. Vivent sur les feuilles du *Rumex patientia*, du *R Crispus*, et peut-être sur d'autres espè es du même genre. — Voy. Ch. Cand., p. 209.

Pollux, F. . . . . assez commun. Sur le *Cucubalus behen.*
Larve. Vit sur le *Cucubalus behen* et ronge également les feuilles de l'*Helosciadium nodiflorum.* — Boiel. Ent. Zeit., 1850, p. 359. —

Ch. Cand., p. 209. — Perris, Mém. Acad. sc.
et arts de Lyon, 1851 (sous le nom erroné de
Viciæ).

Suspiciosus, Herbst.. . . J'en ai pris un seul individu en fauchant dans une
prairie en Armagnac.

Plantaginis, De G. . . . commun. En fauchant dans les prairies.

Larve. De Geer. Mém., t. V, 1775, p. 237, n° 24.

Maculipennis, Fairm.. . très-rare. En battant les Lierres.

Murinus, F.. . . . . . assez rare. Sur le *Medicago sativa*.

Larve. Vit sur cette même plante. Heeger. Isis,
1848, p. 979.

Variabilis, Bohm.. . . . . très-commun. En fauchant dans les prairies et en
battant les Saules. Sur les Luzernes dont les
feuilles nourrissent la larve. Sur les bords de la
mer, la larve vit sur l'*Astragalus Bayonensis*.

Polygoni, F. . . . . . . assez commun. En fauchant dans les prairies.

— M. Duverger l'a obtenu de larves vivant sur les
capsules du *Githago seget m*, dont elles mangeaient les graines. — Licht. (Mém. d'ent.) dit que
la larve vit dans les tiges des OEillets. Je crois
que c'est une erreur. M. Ch. Barrett a obtenu
l'insecte de larves vivant sur le *Lychnis vespertina* (Ent. Mag., 72, 205). Elles vivent
aussi sur le *Cucubalus baccifer*. (E. P.)

Alternatus, Boh. . . . . très-rare. En fauchant dans les jardins.

Meles, F. . . . . commun.   Id.

Larve. Vit sur le *Trifolium pratense*. — Soc.
ent., 1862, p. 569.

Trilineatus, Mark. . . . commun.   Id.

Nigrirostris, F.. . . . . commun.   Id.

Larve. Vit sur l'*Ononis spinosa*.

Limobius, Sch.

Dissimilis, Herbst. . . . assez rare. En tamisant des mousses en hiver.

Mixtus, Bohm.. . . . . . commun. En fauchant sur l'*Erodium cicutarium*.

Larve. Vit sur divers *Erodium*.

Coniatus, Germ.

Chrysochlora, Luch. . . très-commun. En battant les Tamaris, sur le
bord de la mer.

   Larve. Vit sur le *Tamaris anglica.* — Per.,
   Soc. ent., 1850, t. VIII, 2ᵉ série, p. 25.

CLEONIDÆ

Leucosomus, Mots.

Ophthalmicus, Ros.. . . très-rare. Trouvé à Sos, par M. Bauduer.

Cleonus, Sch.

Grammicus, Panz. . . . très-rare. Un seul individu pris contre un mur.
Sulcirostris, L. . . . . . . très-rare. M. Bauduer l'a pris quelquefois sur des
   Chardons; M. Perris l'a trouvé une fois en
   Chalosse, sous un tas de branches vertes, en
   juin.

Stephanocleonus, M.

Nebulosus, L.. . . . . . . assez rare. Parmi les herbes et dans les sentiers,
   aussi en battant des branches de Chêne.
Turbatus, Fahr. . . . . assez rare.   Id.

Mecaspis, Sch.

Costatus. F.. . . . . . . peu commun. Çà et là, courant sur les chemins.
Cunctus, Gyl.. . . . . . rare.   Id.   (Sos).
Alternans, Ol. . . . . . peu commun.   Id.
Palmatus, Ol.. . . . . . rare.   Id.   (Sos).

Bothynoderes, Sch.

Albidus, F.. . . . . . . très-rare. 2 individus pris par M. Bauduer le long
   d'une baie ; un autre pris par moi sur un fossé
   en Armagnac.

Pachycerus, Gyl.

Mixtus, F. . . . . très-rare. Sur les talus des fossés et sur les chemins.
Varius, Herb.. . . . . . très-rare.   Id

Rhinocyllus, Germ.

Provincialis, Fairm. . . très-rare. Sur la *Centaurea nigra* dont les calathides nourrissent la larve.

Latirostris, Latr. . . . . . commun. En fauchant dans les prairies et dans
les bois.

> Larve. Vit de la partie charnue du réceptacle des
> Capitules de la *Centaurea nigra ;* des cala-
> thides de *Cirsium palustre* et *lanceolatum.*
> — Goureau, An. Soc. ent., 1845, t. X,
> 2ᵉ série, p. 77.

Olivieri, Gyl. . . . . . assez commun.   Id.

Larinus, Germ.

Flavescens, Germ.. . . . rare. Sos, juin-juillet sur les calathides de *Kentrophyllum lunatum.*

Turbinatus, Gyl. . . . . assez rare. Sur le *Cirsium arvense*, dans les
calathides duquel vit sa larve.

Carlinæ, Ol.. . . . . . . assez rare. Sur les *Cirsium palustre* et *arvense.*
Août.

> Larve. Vit dans les calathides des Carduacées;
> elle se transforme en nymphe au milieu des
> paillettes et des détritus hachés du réceptacle,
> sans les coller en forme de coques. L'Insecte par-
> fait naît dans le courant du mois d'août.
> Voy. Laboulb., Soc. ent. 1858, p. 279.
> Parasite. — *Bracon maculiger.* Wesm.

Lixus, F.

Mucronatus, Latr.. . . . assez rare. Sur le *Sium latifolium.*
> Larve. Vit dans les tiges de cette plante. D'après
> L. Dufour. on trouve la nymphe et l'insecte par-
> fait dans les tiges de Céleri.

Nanus, Bohm.. . . . . . très-rare. En secouant des Mauves. — Sur le
Rumex patientia. Juillet. Sos. (P. B.)

Ascanii, L. . . . . commun. Sur le *Rumex patientia* et la *Beta
vulgaris*, où vit également sa larve.

Ruficornis, Bohm. . . . pris un seul individu, en fauchant en juin sur le talus du chemin de fer, à Grenade. — M. Bauduer en a pris à Sos, en fauchant dans un marais.

Acutus, Bohm. . . . . . . rare. Pris à Sos, par M. Bauduer.

Myagri, Ol. . . . . assez rare. Sur les tiges d'*Erysimum præcox* et sur le *Myagrum*. Obtenu en juillet, de la tige d'un Chou. (E. P.)

Algirus, L. . . . . très-commun. Au printemps, sur les Althæa.
Larve. Per., An. Soc. ent., 1848, t. VI, 2e série, p. 147. — Vit dans les tiges des Malvacées, des *Cirsium palustre* et *urvense*.

Cribricollis, Bohm. . . . assez rare. En fauchant sur l'Oseille.

Spartii, Ol. . . . . assez rare. Sur les Genêts, dans les dunes.

{ Ascanoides, Villa. —
{ Junci, Bohm. . . . . rare. En fauchant dans les lieux humides. — Pris sur l'Epinard qui est de la même famille que la *Beta cicla*.
Larve. Ros. Beit. Zur. Ins. fauna Eur., 1847, p. 133. — Vit dans le Tyrol, dans la *Beta cicla*.

Bicolor, Ol. . . . . rare. Sur *Genista scoparia*.
Larve. Vit sur *Senecio aquaticus*.
Mœurs. Soc. ent., 1868. p. 113.

Lateralis, Panz. . . . . . rare. En fauchant çà et là.

Pollinosus, Germ. . . . . assez rare. En fauchant sur les Carduacées.
Parasite. *Pteromalus perilampoides*.

Filiformis, F. . . . . . . rare. En fauchant sur les Carduacées.
Larve. Vit dans les tiges du *Carduus nutans* et *crispus*. — Dieckhoff. Ent. Zeit. Zu. Stett., 1844, p. 383.

Rufitarsis, Bohm. . . . . très-commun. Sur les Chardons.

Angustus, Herbst. . . . . rare. En fauchant dans les prairies.

HYLOBIDÆ

Lepyrus, Germ.

Binotatus, F. . . . . . . très-rare. En battant les branches de jeunes Pins.

Hylobius, Germ.

Abietis, L. . . . . commun. En battant les branches de Pin.
Larve. Vit dans les Pins à écorce épaisse. — Voy.
Soc. ent., 1856, p 431. — Ch. Cand., p. 207.

Fatuus, Rossi.. . . . . . assez rare. En fauchant sur le *Myrica Galle,* sur
le littoral. En fauchant dans des fossés maré-
cageux. Sos. (P B.) Sur les bourgeons de jeunes
Pins (Août). Parfois en battant les Saules.

Pissodes, Germ.

Notatus, F. . . . . très-commun. En battant les jeunes Pins, en avril.
Larve. Vit dans le Pin. Elle s'attaque aux Pins de
tout âge, pour peu qu'ils soient malades, ce qui
le rend très-dangereux, et habituellement la
larve se transforme dans une cellule elliptique
creusée en niche à la surface de l'aubier, et qu'elle
ferme par une coupole de fibres entrelacées. —
Voy. Per., Soc. Lin. Lyon, p. 390. — Soc. ent.,
1856, p. 423. — Ch. Cand., p. 214.
Parasites. — *Pleuropachus tutela.*
Spathius rubidus.
Bracon palpebrator.
Bracon initiator.

ERIRHINIDÆ

Erirhinus, Sch.

Bimaculatus, F. . . . . . très-rare. En fauchant sur le bord des marais.
Scirpi, F. . . . . rare. Dans les détritus d'inondation.
Pilumnus, Gyl.. . . . . assez commun. En fauchant dans les marais en
juin ; se trouve aussi sur la *Matricaria camo-
milla.* — Voy. Soc. ent., 73, CLXII.
Infirmus, Herbst. . . . . assez commun. En avril sur le Saule Marceau dont
les chatons nourrissent la larve.
Festucæ, Herbst. . . . . très-rare. En fauchant sur le *Scirpus lacustris.*
Larve. Vit dans les tiges du *Scirpus lacustris;*

dont elle ronge la moelle et y subit ses métamorphoses. — Voy. Boiel, Ent. zeit. zu Stett.,
1850, p. 360.

Nereis, Payk. . . . . assez commun. En fauchant sur le *Calamagros-*
tis arundinacea.

Larve. Vit probablement dans le chaume de cette
graminée.

Dorytomus, Germ.

Vorax, F. . . . . très-commun. Sous les écorces de Peuplier en
hiver. En fauchant dans les prairies au prin-
temps.

Larve. Doumerc., Soc. ent., 1856. Bull., p. 104.

Tremulæ, Payk. . . . . assez rare. Sur le Tremble.

Costirotris, Gyl. . . . . peu commun. En battant les Peupliers récemment
abattus et les jeunes Trembles, en mai.

Maculatus, Marsh. . . . très-rare. En février, trouvé sous une écorce de
Saule. (E. P.)

Affinis, Payk. . . . . . très-rare. En fauchant sous bois.

Validirostris, Gyl. . . . assez commun. En battant les Saules au printemps.

Tæniatus, F. . . . . . . commun.   id.

Larve. D'après Goureau, elle vit dans les chatons
femelles.

Salicis, Walt. . . . . . rare.   id.

Agnathus, Bohm.. . . . très-commun.   id.

Larve. Vit dans les chatons femelles du Saule.

Pectoralis, Panz. . . . . très-rare.   id.   (E. P.)

Minutus, Gyl. . . . . . . peu commun. En battant les Saules au bord des eaux.

Tortrix, L. . . . . rare. En battant les Peupliers blancs au printemps.

Mecinus, Germ.

Pyraster, Herbst. . . . . très-commun. En fauchant dans les prairies surtout
sur les Plantains et en battant les arbres qui les
bordent.

Larve. Vit au collet des racines du *Plantago*
lanceolata, avec celle du *M. circulatus.*

Longiusculus. Bohm. . . assez rare. Pris en fauchant, à Sos, par M. Bauduer.

Larve. Vit sur la *Linaria striata.*

Janthinus, Germ.. . . . . assez rare. Pris à Saint-Sever, par le Dr Grenier, en secouant des branches de Chêne ; à Sos également par M. Bauduer.

Circulatus, Marsh. . . . commun. En fauchant sur les Plantains.

    Larve. Elle est lignivore et vit en hiver sous les écorces de Pommiers et de Poiriers ; on la trouve surtout dans le collet de la racine du *Plantago lanceolata*.

Hydronomus, Sch.

Alismatis, Marsh.. . . . . assez rare. En fauchant au printemps et en été sur le bord des eaux.

Bagous, Germ.

Limosus, Gyl. . . . . . . rare. En fauchant sur le bord des marais et aux pieds des plantes aquatiques.

Frit, Herbst. . . . . . . rare   id.

Tessellatus, Forst.. . . . rare   id.

Lutulosus, Gyl.. . . . . rare   id.

Lutosus, Gyl., ... rare   id.   Sos (P. B.)

Lutulentus, Gyl.. . . . rare   id.

Cylindricus, Ros.. . . . rare   id.

Tanysphyrus, Germ.

Lemnæ, Payk. . . . . . . peu commun. Dans les prairies, surtout les Luzernières.

Smicronyx, Sch.

Reichei, Gyl. . . . . . . très-rare. En fauchant sur les herbes. Sos (P. B.)

Politus, Bohm. . . . . . très-rare.   id.

Cicus, Gyl. . . . . rare. En fauchant dans les bois et en battant les Saules.

APIONIDÆ

Apion, Herbst.

Ce genre comprend un grand nombre d'espèces

des plus intéressantes au point de vue des mœurs et de l'habitat. Comme ce travail est destiné surtout aux naturalistes de la région, j'ai pensé leur être utile en transcrivant l'article sur les Apions que Perris a publié dans son remarquable ouvrage sur les larves. Je ne transcrirai de ce travail que ce qui a rapport aux Apions de la faune dont je m'occupe. Voici, tout d'abord, les Apions de la faune Landaise telle que je l'ai limitée.

Pomonæ, F. . . . . . . commun. En fauchant dans les prairies ; en battant les Saules et les Chênes.

Larve. Vit dans les gousses du *Lathyrus pratensis*, et dans celles de la *Vicia sepium*.

Craccæ, L. . . . . assez rare. En fauchant dans les prairies.

Larve. Vit dans les fruits de la *Vicia multiflora ;* dans les gousses du *Lathyrus sylvestris*, avec *L. Fuliginosus* (Rouget), De Geer, Mém., t, V, 1775. Mém. V, p. 238.

Subulatum, Kirb. . . . . assez commun. En fauchant dans les prairies et les bois.

Larve. Vit dans les gousses du *Lotus corniculatus.*

Ochropus, Germ. . . . . peu commun.   id.

Larve. Vit dans les gousses du *Lathyrus pratensis* et de la *Vicia sepium*.

Carduorum, Kirb. . . . . très-commun sur les feuilles d'Artichaut et sur les tiges de *Cirsium arvense* (mai-juin). En battant les Tauzins (juillet).

Larve. Vit dans les côtes médianes des feuilles d'Artichaut. — De Frauenfeld, Mél. zool., XIV, p. 147. Soc. Zool. Bot. Vienn., 1866.

Onopordi, Kirb. . . . . . assez rare. En fauchant sur la *Centaurea nigra* (août).

Larve. Vit dans les tiges de cette synanthérée. Vit aussi au collet de la racine de *Centaurea paniculata* (ab. 70-151).

Confluens, Kirb. . . . . très-rare. En fauchant dans les prairies.

Larve. Vit sur le *Chrysanthemum leucanthemum*.

6

Lœvigatum, Kirb. . . . . peu commun. Dans les bois de Pin et sur le *Filago gallica* (juin).

Larve. Vit dans une galle ovoïde, formée par l'hypertrophie des feuilles terminales du *Filago*.

Flavimanum, Gyl. . . . peu commun. En fauchant dans les prairies.

Larve. Vit dans le canal médullaire de la racine de la *Mentha rotundifolia*.

Aciculare, Germ. . . . . . commun. Sur l'*Helianthemum guttatum*.

Larve. Vit dans les tiges de cette plante et aussi sur celles de l'*H. vulgare*. L'Apion *chevrolati*, qui se prend avec l'*Aciculare*, ne se trouve jamais sur l'*H. vulgare*.

Pubescens, Kirb. . . . . rare. En battant les Saules.

Parasite : *Eupelmus urozonus* et un *Eulophus*.

Vicinum, Kirb. . . . . . peu commun En fauchant dans les prairies.

Larve. Vit sur le *Thymus serpillum*

Atomarium, Kirb. . . . . commun En fauchant sur les ajoncs (juin-juillet).

Lieux arides sur *H guttatum*. Vit, d'après Aubé, sur le *Thymus serpillum*. Je l'ai trouvé sur cette plante où vit aussi sa larve (juillet).

Ulicis, Forst. . . . . très-commun. Sur l'*Ulex Europœus*.

Larve. Vit dans les gousses de l'*U. Europœus* et de l'*U. nanus*.

Parasites : *Pteromalus pirus* et *Erichsoni*.

Voy Goureau. Soc. ent., 1847, t. V, 2e série, p. 245.

Uliciperda, Pand. . . . . commun. Sur l'Ajonc épineux avec le précédent, ainsi que sa larve.

Difficile, Herbst. . . . . assez rare. En battant les Chênes et fauchant dans les prairies.

Larve. Sur le Chêne (Germar); la *Veronica chamœropis* (De Heyden), et sur les *Genista sagittalis* et *Germanica*, dans les semences desquels la larve se développe (Wenck).

Funiculare, Muls . . . } commun. Sur la *Genista anglica*, dans les fruits
Bivittatum, Gerst. . . } de laquelle vit sa larve.

Parasites : *Eupelmus Geeri* et *Pteromalus leguminum*.

Fuscirostre, F. . . . . . commun. En fauchant dans les prairies et les bois.

Larve. Vit dans les gousses du *Sarothamnus scoparius*.

Parasite : *Systasis encyrtoides*, Wek.

Genistæ, Kirb. . . . . . commun Dans les lieux humides, sur la *Genista ang'ica* (mai), dans les gousses de laquelle vit sa larve.

Squammigerum, Duv.. . rare. Sur l'Ajonc épineux, dans les dunes.

Vernale, F. . . . . commun. En fauchant sur l'*Urtica urens* et *Doica* (mai).

Larve. Vit dans les tiges de ces plantes, principalement aux nœuds, on en trouve plusieurs dans une même tige Elle se transforme dans une coque formée de détritus agglutinés. — Voy. De Frauenfeld, Soc. Zool. Bot. Vienne, 1864, p. 964.

Parasite : *Pteromalus muscarum*.

Malvæ, F. . . . . commun. En fauchant sur les Mauves.

Larve. Vit dans les fruits de la *Malva sylvestris*.

Semivittatum Gyl.. . . assez rare. En fauchant dans des endroits un peu abrités.

Larve. Vit sur la *Mercurialis annua*, dans des nœuds formés sur la tige, et qui ressemblent à des galles.

Flavofemoratum, Hbst. . assez rare. En fauchant dans les prairies artificielles.

Larve. Vit sur le Trèfle rouge. — Westwood, Int. to the mod. Clas , 1839, p. 337.

Radiolus, Kirb. . . . . . commun. En fauchant dans les prairies, surtout sur les Malvacées.

Larve. Vit dans les tiges de la *Malva sylvestris* et de l'*Althæa rosea*. — Bouché, Ent. Zeit., 1847, p. 164.

Œneum, F.. . . . . . . très-commun. Sur les Passe-Rose, en juin et juillet.

Larve. Vit dans les tiges des *Malva sylvestris, rosea* et *rotundifolia*.

Parasites : *Sigalphus pallipes, Pteromalus larvarum*

Perrisi, Wenck.. . . . . commun. Sur le *Cistus allyssoides*.

> Larve. Vit dans les boutons à.fleurs du *Cistus*.
>
> Parasites : *Pteromalus pirus* et *leguminum*, *Eupelmus Degeerii*, *Bracon rufator*.

Tubiferum, Gyl. . . . . peu commun. Sur le *Cistus salviœfolius*.

> Larve. Vit dans les boutons à fleurs de cette plante.

Rugicolle, Germ.. . . . très-commun. Sur l'*Helianthemum vulgare* et sur le *Cistus alyssoides*.

> Larve. Vit dans les boutons à fleurs du *Cistus*.

Rufirostre, F.. . . . . . commun. En fauchant sur les Malvacées.

> Larve. Vit dans les fruits de la *Malva sylvestris*.

Fulvirostre, Gyl. . . . . commun. Sur la Guimauve (Sos). ·

> Larve. Vit dans les fruits de cette plante.
>
> Parasites : *Sigalphus floricola*, *Pteromalus flavipes*.

Miniatum, Germ.. . . . assez rare. En fauchant dans les lieux humides.

> Larve. Vit dans une galle provoquée sur la côte médiane des feuilles des *Rumex conglomeratus* et *nemorosus*. — De Frauenfeld, Mél. zool., XIV, p. 147, 1864. Soc. Zool. Bot. de Vienne.

Frumentarium, L. . . . très-commun. Dans les prairies, au printemps.

> Larve. Vit dans une galle provoquée sur la côte médiane des feuilles du *Rumex acetosella*. — Soc. ent., 1862, p. 597.

Sanguineum, Del.. . . . très-rare. En fauchant dans les prairies ombragées.

> Larve. Vit sur le *Teucrium scorodonia* et le *Rumex acetosella*.

Flavipes, F.. . . . . . . commun. En battant les Aubépines et les Saules, au printemps.

> Larve. Vit sur le *Trifolium pratense* et *repens*. — Westw., Int. to. the mod. Class. 1839, p. 337.

Nigritarse, Kirb.. . . . très-commun. Dans les prairies, surtout sur les feuilles de *Scolopendre*.

> Larve. Vit dans les *Trifolium procumbens*, *repens* et *frag:ferum*.

Viciæ, Payk. . . . . . . commun. Sur les Mélilots.

Larve. Vit dans les gousses de la *Vicia cracca,*
de l'*Ervum hirsutum,* du *Melilotus macro-*
rhiza (juin).

Ononidis, Gyl. . . . . . peu commun. En fauchant sur l'*Ononis spinosa*
et *campestris.*

Larve. Se nourrit des fruits de ces plantes. — De
Frauenfeld, Soc. Zool. Bot. de Vienne, 1864,
p. 966.

Parasites : *Pteromalus albitarsis* et *Erichsoni,*
Eurytoma salicicola.

Varipes, Germ. . . . . . peu commun. En battant les Aulnes.

Larve. Vit sur le *Trifolium pratense.*

Fagi, L. . . . . commun. En fauchant dans les prairies.

Larve. Vit dans les fleurs et les graines du *Tri-*
folium pratense, dans celles du *Trifolium*
montanum. — De Frauenfeld, Soc. Zool. Bot.
de Vienne, 1864, p. 147. — Soc. ent., p. CC.

Parasites : *Calyptus macrocephalus,* Nées ;
Pteromalus pione, W.

Trifolii, L. . . . . très-commun. En fauchant dans les prairies.

Larve. Se tient à la base du calice des fleurons du
Trifolium pratense. Elle ronge la graine qui
se trouve à cet endroit et perce un trou sur le
côté du fleuron pour en sortir. Elle se change en
chrysalide entre les divers fleurons des capitules.
Elle attaque parfois aussi les feuilles de Bardane.

Parasite : *Calyptus macrocephalus,* *Ptero-*
malus pione et *leguminum.*

Lœvicolle, Kirb. . . . . très-rare. En fauchant dans les terrains forts.

Immune, Kirb. . . . . . commun. Sur les Saules au printemps et sur le
Genêt à balais.

Larve. Vit dans le Genêt à balais.

Scutellare, Kirb. . . . . peu commun. En mai, sur l'*Ulex nanus.*

Larve. Se développe dans une galle ellipsoïdale
formée par l'hypertrophie des jeunes pousses de
la plante. — An. Soc. ent., 1840, t. IX,
1re série, p. 89 (sous le nom d'*Ulicicola,* Per.).

Parasite : *Entedon atrocœruleus.*

Meliloti, Kirb. . . . . . assez rare. En fauchant sur les Mélilots.

Larve. Vit sur le *Melilotus officinalis*.

Seniculum, Kirb. . . . . commun. En battant les Aulnes et les Saules, en fauchant dans les prairies.

Larve. Vit sur le *Trifolium pratense*. — Soc. Zool. Bot. de Vienne, 1866, p. 961.

Curtisi, Walt. . . . . . . rare. En fauchant dans les prairies humides, surtout dans les terrains forts; très-commun sur les Tamaris, au bord de la mer (juin-juillet).

Angustatum, Kirb. . . . assez rare. En fauchant sur le *Lotus uliginosus*.

Larve. Vit dans les gousses de cette plante.

Parasites : *Pteromalus tenuis, Sigalphus floricola.*

Tenue, Kirb. . . . . . . commun. En fauchant sur les Luzernes.

Larve. Vit dans les tiges du *Medicago sativa* et dans celles du *Trèfle* et du *Melilotus macrorhiza.*

Œneomicans, Wenk. . . assez rare. Sur le *Dorychium subfruticosum* (mai). Sos (P. B).

Vorax, Herbst. . . . . . commun. En fauchant sur les légumineuses, et dans les lieux ombragés sur les feuilles de Scolopendre.

Larve. Vit dans les Pois, les Vesces.

Ervi, Kirb. . . . . rare. En fauchant çà et là.

Larve. Vit dans les fruits de l'*Ervum hirsutum.*

Pavidum, Germ. . . . . rare. En fauchant sur le bord des fossés.

Larve. Vit sur la *Coronella varia* et le *Lathyrus pratensis.*

Platalea, Germ. . . . . . très-rare. En fauchant çà et là.

Larve. Vit sur la *Vicia crucca.*

Melancholicum, Wenk. . très-rare. En battant les Saules qui bordent des prairies humides.

Ononis, Kirb. . . . . . peu commun. En fauchant sur l'*Ononis campestris.*

Larve. Vit dans les gousses de cette plante.

Elegantulum, Payk. . . très-rare. En fauchant dans les prairies.

Larve. Vit sur le *trifolium pratense.*

Gracilicolle, Gyl. . . . . très-rare. En fauchant çà et là.

Pisi, F. . . . . très-commun. En fauchant sur les Trèfles et la *Mercurialis perennis*, dans les gousses desquels vit sa larve.

OEthiops, Herbst. . . . commun. En fauchant dans les prairies et en battant les Saules au printemps.

Larve. Vit sur la *Vicia sepium*.

Virens, Herbst. . . . . . peu commun. Vit dans les tiges du *trifolium pratense*.

Minimum, Herbst. . . . commun. En battant les Aulnes et les Saules.

Larve. Vit dans les galles du *Salix vitellina*, qui sont produites par un *Nematus*.

Filirostre, Kirb. . . . . . très-rare. En fauchant çà et là.

Limonii, Kirb . . . . . peu commun. Se trouve sur la plage au pied des *Statice limonium* et *Dubyei*, dans les racines desquels doit vivre sa larve. (E. P.)

Chevrolati, Gyl. . . . . assez commun Dans les lieux secs sur l'*Helianthemum guttatum* qui nourrit sa larve.

Brevirostre, Herbst. . . . commun. En fauchant sur l'Oseille (juillet).

Larve. Vit dans les capsules de l'*Hypericum hirsutum* et même, mais plus rarement, du *Perforatum*.

Parasite : *Tetrastichus rosarum, Entedon atrocœruleus*.

Humile, Germ. . . . . . très-commun. En fauchant dans les prairies au printemps.

Larve. Vit dans les tiges de l'Oseille sauvage (*Rumex acetosa*).

Simum, Germ. . . . . . rare. Sur l'*Hypericum perforatum*.

Larve. Frauenfeld, Soc. Zool. Bot. de Vienne, 1864, p. 963.

Violaceum, Kirb. . . . . très-commun En fauchant un peu partout.

Larve Vit dans les tiges de l'Oseille des jardins (*Rumex acutus*). L'insecte parfait naît fin juin.

Lab., Soc. ent., 1862, p. 565.

Parasite : *Entedon curculionidum*.

Hydrolapathi, Kirb.. . . plus rare.   Id.

Affine, Kirb. . . . . . . commun. En fauchant dans les bois.

Larve. Vit sur le *Spartium scoparium*.

Parasite : *Sigalphus flavipalpis.*

Marchicum, Herbst.. . . moins commun.   Id.

Larves.   Id.

Parasite. *Entedon pharnus.*

Généralités sur les larves d'**Apions**, H.

Voici un genre très-important par le nombre de ses espèces et celui des individus de beaucoup d'entre elles, et très-intéressant au point de vue des mœurs. Certains se prennent parfois abondamment , en battant les arbres, mais aucune espèce, que je sache, ne pond sur les grands végétaux, sauf l'*A. minimum* et peut-être les *A. pubescens* et *subpubescens* qui, se tenant habituellement sur les Saules, pourraient bien avoir pour berceau les chatons ou quelque galle de ces arbres, ce que je me propose de vérifier. Les autres n'ont des rapports qu'avec les plantes herbacées, à l'exception de ceux qui pondent dans les fleurs, les fruits, les pousses tendres de certains arbustes.

Les larves, sans aucune exception à ma connaissance, se transforment toutes au lieu même où elles ont vécu. Les insectes parfaits se pratiquent ensuite une issue vers le dehors, mais ceux qui se trouvent entre les valves presque cornées de certaines gousses à l'épreuve des faibles et courtes mandibules qui terminent leur rostre, sont souvent obligés d'attendre que l'action du soleil opère la déhiscence de ces gousses et risquent de mourir dans leur prison si elle tarde trop à s'ouvrir.

Bach a fait un relevé des espèces dont le régime était connu de son temps ; Dietrich et Frauenfeld y en ont ajouté plusieurs, et moi-même (Soc. ent , 1863, p. 451, et 1864, p. 305), j'ai augmenté cette liste dont M. Wencker a tiré parti sans me citer, et dont s'est servi aussi l'auteur de l'article inséré de la *Feuille des jeunes naturalistes*. Dans mon travail précité, je ne me suis pas borné aux mœurs, j'ai fait ressortir les similitudes de forme, de couleur, de ponctuation même, en concordance avec les familles des plantes dont se nourrissent les larves. Cette curieuse particularité, applicable à bien d'autres genres, a son importance scientifique et philosophique.

Il n'est pas de partie de végétaux qui ne puisse nourrir une larve d'*Apion*. Il y en a dans les feuilles, en bien petit nombre, il est vrai, dans les fleurs, dans les tiges et surtout dans les fruits. Trois ou quatre seulement déterminent sur les plantes des hypertrophies morbides des tissus végétaux, ce qu'on appelle des galles, les autres ne trahissent leur présence par aucun phénomène extérieur. Je vais passer en revue ces diverses catégories en inscrivant à la suite du nom de chaque insecte celui de la plante ou de l'arbuste dont il est l'hôte.

Feuilles

Carduorum, Kirb. . . . On trouve le plus fréquemment ses larves dans le pétiole et dans la côte médiane des feuilles de l'Artichaut sur lequel il est très-commun. Mais elles vivent aussi dans les tiges, ainsi que dans celle du *Cirsium arvense*. Il en est probablement de même des espèces de ce groupe parasite des grandes Carduacées.

Frumentarium, L. . . . Sa larve se développe dans le pétiole et la côte médiane des feuiles de la petite Oseille où elle détermine une sorte de galle.

Minimum, Herbst. . . . Son berceau est une galle ellipsoïdale dont il n'est pas l'auteur et qui est produite sur les feuilles des Osiers par la larve d'un hyménoptère du genre *Nematus*.

Fleurs.

Perrisi Wenck. . . . . . La femelle introduit un œuf dans un bouton à fleur du *Cistus alyssoides*, la larve se nourrit des organes floraux, lesquels suffisent à son développement, qui est assez rapide.

Tubiferum, Gyl. . . . . Il agit de même dans les boutons à fleurs des *Cistus salvifolius* et *Monspeliensis*.

Tiges.

Carduorum, Kirb. . . . . Artichaut, *Cirsium arvense*, *Carduus acanthoïdes*. (Voir à la section : Feuilles.)

Onopordi, Kirb. . . . . . *Centaurea nigra* et *paniculata*. Wencker, dans sa *Monographie*, dit qu'on le trouve sur *Onopordon acanthium*, sur les *Cnicus* et sur quelques *Rumex*. J'admets très-volontiers que sa larve vit dans les tiges des deux premiers, mais je n'accepte les *Rumex* que comme station accidentelle de l'insecte parfait.

Confluens, Kirb. . . . . *Leucanthemum vulgare.*

Flavimanum, Gyl. . . . Menthes.

Semivittatum, Gyl. . . . Nœuds des tiges de *Mercurialis annua.*

Vernale, F. . . . . Orties.

Æneum, F. . . . . Malvacées.

Radiolus, Kirb. . . . . . Malvacées. M. Westwood aurait trouvé sa larve
sur le Houx, et MM. Chapuis et Candèse dans
les tiges de la Tanaisie : Kaltenbach y ajoute
les Cardnacées. Je ne puis pas ne pas exprimer
sur ces derniers habitats des doutes qui ont déjà
été formulés par Frauenfeld. On a certainement
confondu plusieurs espèces.

Seniculum, Kirb. . . . . *Trifolium pratense* et *repens.*

Virens, Herbst. . . . . . Mêmes plantes.

Meliloti, Kirb. . . . . . *Melilotus officinalis.*

Tenue, Kirb. . . . . , . Melilots et Luzernes.

Miniatum, Germ. . . . . Rumex.

Sanguineum, De G. . . . Petite Oseille.

Limonii, Kirb. . . . . . *Statice.*

Chevro'ati, Gyl. . . . . *Helianthemun guttatum.*

Aciculare, Germ . . . . Même plante.

Violaceum, Kirb. . . . . Rumex.

Hydrolapathi, Kirb. . . . *Rumex hydrolapathum.*

Humile, Germ. . . . . . Oseille.

Simum, Germ. . . . . . *Hypericum perforatum.*

Fruits.

Pomonæ, F. . . . . *Lathyrus pratensis* et *Vicia sepium.* Le nom
de *Pomonæ* indique que cette espèce hante les
arbres fruitiers M. Gehin (insectes qui attaquent
les Poiriers). qui l'a observé en très-grande
abondance dans ces conditions et qui a remarqué,
plus tard, dans de jeunes pommes et de jeunes
poires, des larves qu'il a cru appartenir à un
Apion, suppose que la femelle perfore, pour y
pondre, les parties internes de la fleur. Je crois
ses présomptions mal fondées et il est probable
que les larves des fruits étaient de *Rhynchites
bacchus.*

Craccæ, L. . . . . *Vicia cracca* et *multiflora*, *Lathyrus sylves-tris*, *Ervum hirsutum.*

Subulatum, Kirb. . . . . Vesces et Lotiers.

Ochropus, Germ. . . . . *Lathyrus pratensis, Vicia sepium.*

Ulicis, Forst. . . . . . . Ajoncs.

Uliciperda, Pand. . . . . Ajoncs.

Difficile, Herbst. . . . . Genêts.

Bivittatum, G. . . . . . Genêts.

Genistæ, Kirb. . . . . . Genêts.

Squamigerum, Duv.. . . *Genista pilosa* et *Ulex.*

Immune, Kirb. . . . . . Genêt à balais.

Pubescens, Kirb. . . . . Se trouvent habituellement sur les Saules ; je suppose que leurs larves vivent dans les chatons.

Fulvirostre, Gyl. . . . . Guimauve.

Rufirostre, F. . . . . . . Mauves.

Viciæ, Payk. . . . . . . *Vicia cracca. Ervum hirsutum, Melilotus.*

Ononidis, Gyl. . . . . . *Ononis.*

Varipes, Germ. . . . . . *Trifolium pratense.*

Trifolii, L. . . . .   Id.

Fagi, L. . . . .   Id.   et *Trifolium montanum.*

Flavipes, F.. . . . . . .   Id.   et *repens.*

Nigritarse, Kirb. . . . .   Id.   Id.

Platalea, Germ. . . . . . *Vicia cracca.*

Ervi, Kirb. . . . . *Lathyrus pratensis, Ervum hirsutum.*

Ononis, Kirb.. . . . . . *Ononis.*

Pisi, F. . . . . *Lathyrus pratensis, Vicia sepium* et *sativa, Hedysarum onobrychis,* Trèfles.

Æthiops, Herbst. . . . . *Vicia sepium.*

Angustatum, Kirb. . . . *Lotus, Dorycnium herbaceum.*

Vorax, Herbst. . . . . . Pois et Vesces.

Pavidum, Germ. . . . . *Coronilla varia.* Je l'ai pris sur *Lathyrus pratensis.*

Œneo-micans, Wenck. . Se trouve communément à Sos sur le *Dorycnium subfruticosum ;* je ne doute pas que sa larve ne vive dans les gousses de cet arbuste.

Malvæ, F. . . . . Mauves.

Brevirostre, Herbst. . . . *Hypericum hirsutum* et *perforatum.*

ESPÈCES AU SUJET DESQUELLES J'IGNORE SI ELLES VIVENT DANS LES FRUITS OU DANS LES TIGES.

Vicinum, Kirb. . . . . . . Serpolet.
Atomarium, Kirb. . . . Id.
Elegantulum, Payk. . . . *Trifolium medium* et *pratense*.

Galles.

Lœvigatum, Kirb. . . . Forme une galle du bourgeon terminal du *Logfia subulata* ou *Filago Gallica*.

Scutellare, Kirb. . . . . Détermine la formation d'une galle autour des pousses encore herbacées de l'*Ulex nanus*.

Frumentarium, L. . . . Provoque une galle sur les feuilles et les pétioles de la petite Oseille.

Semivittatum, Gyl. . . . Amène souvent un plus grand renflement des nœuds de la *Mercurialis annua*.

Minimum, Herbst. . . . Voir à la section : Feuilles.

ATTELABIDÆ

Apoderus, Ol.

Coryli, L. . . . . assez commun. En battant les Noisetiers. Il forme une sorte de valise fermée des deux bouts avec les feuilles de cet arbre, qu'il a préalablement pliées en deux dans le sens de la longueur. Larve. Vit dans un rouleau de feuilles de noisetier, façonné par la mère. — Voy. Div., Ch. Caud., p. 202.

Intermedius, Il. . . . . . . très-rare. En battant des Chênes voisins des eaux. Il est probable qu'il roule, pour pondre, les feuilles de cet arbre.

Attelabus, L.

Curculionoides, L. . . . . . commun. En battant les Chênes. Il fait une valise moins allongée que celle de l'*Apoderus*, avec les feuilles de Chêne pliées en deux dans le sens de la longueur.

Larve. Vit dans un rouleau de feuilles do Chêne.
— Voy Ch. Cand., p. 202.

RHINOMACERIDÆ

Rhynchites, Herbst.

p. . . . . . . pas rare. Au printemps sur les pousses du *Pru-
nellier*. Sos (P. B.)

Larve. Elle se développe dans les noyaux des *Prunelles*.

M. le colonel Goureau, dont la science déplore la
perte récente, a étudié les mœurs de cette larve
et voici ce qu'il en dit : Sur la fin du mois de
juillet on remarque des Prunelles, qui commencent à rougir lorsque les autres, ayant la même
grosseur et se trouvant sur le même arbre, sont
encore entièrement vertes. Si on examine les
premières, on voit un petit point noir sur leur
surface, une petite cicatrice recouverte de quelques parcelles de gomme sécrétée par la blessure.
Si, poussé par la curiosité, on enlève la pulpe
jusqu'au noyau au moyen d'un couteau, on aperçoit un très-petit trou dans celui-ci correspondant à la cicatrice, dans lequel on peut introduire
la pointe d'une fine aiguille, et si l'on ouvre le
noyau par une section passant par ce trou, on
découvre une petite larve blanche, apode, à tête
écailleuse armée de mâchoires, qui ronge
l'amande. C'est cette larve qui accélère la maturité du fruit et le fait tomber à terre lorsqu'elle
a pris tout son accroissement.

Il est facile de récolter ces *Prunelles* rougissantes
et le les mettre dans un bocal sur de la terre
humide ; on en verra bientôt sortir des vers
blancs, si gros, qu'on a peine à croire qu'ils
aient pu être contenus dans le noyau. Ces larves,
examinées avec soin, se laissent reconnaître

pour appartenir à un Curculionite. Elles s'enfoncent dans la terre, se fabriquent une petite boule de terre pressée plutôt qu'agglutinée au centre de laquelle elles restent en repos ; elles y demeurent presque deux ans et n'en sortent, sous la forme d'insecte parfait, que vers la fin de mai ou le commencement de juin de la deuxième année. Cet insecte est le *Rhynchites auratus*, dont la femelle est armée de deux petites épines droites au corselet.

Bacchus, L. . . . . commun au printemps en battant les Pommiers et les Poiriers.

Larve. Vit dans les jeunes pommes ou poires.

Cœruleocephalus, Schal. commun. En battant les Chênes tauzins.

Æqualus, L. . . . . . . commun. Sur les Aubépines en fleurs au printemps.

Larve. Doit vivre dans les fruits.

Cupreus, L. . . . . assez rare. En secouant, en avril, les Pruniers et les arbres fruitiers.

Larve. Vit dans le Prunier. Kollar, Naturg. der. schaedl. Insect., 1847, p. 243.

Œneovirens, Marsh. . . rare. En battant les branches de Chêne.

Conicus, Illig. . . . . . commun. En battant les branches de Poirier. Ses mœurs sont connues depuis longtemps des horticulteurs. Il coupe à moitié les jeunes pousses des Poiriers dont le sommet se flétrit, et c'est dans cette partie, qui finit par tomber, qu'un œuf est pondu et que la larve se développe. (E. P.)

Æthiops, Bach. . . . . . rare. En battant les Aulnes. — Dax, Duverger.

Pauxillus, Germ. . . . . rare. Sur les arbres fruitiers et les *Pruneliers*, dans les jeunes pousses desquels il dépose ses œufs.

Germanicus, Herbst. . . commun. En tamisant les mousses, en hiver En mai, sur le *Cystus alyssoides* et sur les jeunes pousses de Tauzin dans lesquelles vit sa larve, après que la femelle les a coupées pour les faire flétrir.

Betuleti, F. . . . . commun. Il façonne en forme de cigare, après avoir rongé à moitié le pétiole, une feuille de vigne qui reçoit un ou plusieurs œufs. On le trouve aussi sur le Hêtre, le Bouleau, le Saule Marceau et le Poirier : sur ce dernier arbre, où M. Perris l'a observé, il coupe à moitié une pousse terminée par plusieurs feuilles, réunit plus ou moins régulièrement quelques-unes de celles-ci, et pond dans le faisceau qu'elles forment.

Pubescens, Herbst. . . . rare. En battant les branches de Chêne.

Prœustus, Bohm. . . . . très-rare En battant les Chênes. Sos. (P. B.) On l'a pris aussi sur le Chêne tauzin.

Tomentosus, Gyl. . . . . assez commun. Sur la pousse de l'Aulne, en mai et juin. Sos. (P. B.)

Betulæ, L. . . . . très-commun. Il roule en cornet, après une découpure transversale très-bien entendue et après érosion de la nervure médiane pour déterminer la flétrissure, la moitié antérieure de feuilles de Bouleau, d'Aulne et de Charme.

Rhinomacer, Geoff.

Attelaboides, F. . . . . . commun. En battant des branches de Pin, au mois de mai.

Larve. Confie ses œufs aux chatons mâles des Pins abattus au moment opportun. — Voy. Per., Soc. ent., 1856, p. 434.

Parasites : *Bracon variator, Ecphylus hylesini*, Ratz.

MAGDALINÆ.

Magdalinus, Germ.

Cerasi, L. . . . . commun. En battant, en mai, les haies d'Aubépine et des arbres fruitiers.

Larve. Vit dans les rameaux de Poirier, de Pommier, d'Aubépine et même de Rosier.

Memnonius, Fald. . . . . commun. En battant les branches de Pin.

Larve. Habite les pousses de l'année précédente du

Pin maritime. Elle creuse une longue galerie dans le canal médullaire exclusivement. — Voy. Per., Soc. ent., 1856, p. 253.

Parasites : *Eurytoma gallarum, Brachytes ruficornis, Eupelmus urozonus.*

Aterrimus, F.. . . . . . commun. En battant les Aubépines et en fauchant dans les prairies, au printemps.

Larve. Habite les petites branches d'Orme (juillet).

— Elles vivent assez rapprochées, et après avoir miné quelque temps sous l'écorce, elles plongent dans le bois.

Barbicornis, Latr.. . . . commun. Sur les Aubépines et dans les prairies.

Larve. Vit dans les branches mortes de Pommier et d'Aubépine (mai).

Pruni, L.. . . . . commun. En battant les Tauzins, en juillet.

Flavicornis, Gyl.. . . . commun. Sur les Aubépines et dans les prairies.

Larve. Vit dans les rameaux du Chêne.

BALANINIDÆ.

Balaninus, Germ.

Elephas, Gyl.. . . . . . assez rare. En battant des branches de Châtaignier.

Larve. Vit dans le fruit du Châtaignier.

La femelle perfore sans doute, au moyen de son long bec, le jeune hérisson de la Châtaigne et y introduit ensuite un œuf. La jeune larve pénètre ensuite sous la peau très-tendre encore du fruit, et creuse dans sa substance une galerie superficielle irrégulière, de plus en plus large et profonde, et qui demeure encombrée de ses déjections ; puis elle disparaît dans l'intérieur pour y achever son développement, qui est complet d'octobre à décembre. Elle revient alors vers la surface, perce l'épisperme et se laisse tomber à terre pour se transformer. Il est rare qu'elle ait alors à percer l'enveloppe épineuse du hérisson qui renferme le fruit, parce que quand celui-ci

est mûr, cette enveloppe s'ouvre et la châtaigne
tombe Cet obstacle, cependant, ne l'empêcherait
pas de se rendre libre, ainsi que je l'ai expéri-
menté plus d'une fois.

Il y a des larves de Curculionides, surtout parmi
celles qui ne doivent pas quitter leur berceau
pour se métamorphoser, qui, en dehors de leur
domicile, sont presque incapables de se mouvoir.
Ce n'est pas tout-à-fait le cas de celle qui nous
occupe, et l'on conçoit qu'il doit en être ainsi
parce que, d'autre part, si le lieu où elle tombe
ne lui convient pas pour s'enterrer, il faut qu'elle
puisse aller à la recherche d'un endroit plus
propice, et d'autre part, pour fouir le sol avec
sa tête, il faut qu'elle puisse prendre les positions les plus favorables à son travail et déployer même une certaine activité. Aussi, lorsqu'on l'observe après sa sortie du fruit, on voit
qu'elle s'allonge presque en ligne droite, se met
sur le ventre et rampe avec assez de rapidité
en se servant du mamelon anal, de sa tête, des
saillies et des petits poils de ses segments. Par-
venue à la profondeur ou dans la couche de terre
qui lui convient, elle s'y façonne, par la com-
pression qu'exerce son corps, une cellule qu'elle
badigeonne d'un mucilage émis sans doute par
l'anus, comme c'est le propre de ces larves,
passe l'hiver engourdie, puis se transforme en
nymphe (E. P.).

Pellitus, Bohm...... rare. En battant des Chênes sur le parapluie (mai-
juin. Sos (P. B)

Venosus, Germ...... commun. En secouant les branches de Chêne.
Larve. Se développe dans les Glands et s'enfonce
en terre pour se transformer.

Nucum, L........ commun. En secouant des branches de Noisetiers
et de Noyers.
Larve. Attaque les Noix et les Noisettes. — Voy.
Ch. Cand.; p. 218.

7

Turbatus, Gyl. . . . . . . assez rare. En battant les Saules, au printemps.

Villosus, F. . . . . assez rare. En battant les branches de Chêne.

> Larve Pond sur les Chênes, dans la galle en pomme de l'*Andricus terminalis.*

Brassicæ, F. . . . . assez commun. En battant les Saules.

> Larve. Vit dans une galle des feuilles des Osiers, produite par un *Nematus.*

Pedemontanus, Fuchs. . commun. En battant les Chênes.

> Larve. Vit dans une galle des feuilles du Chêne.

ANTHONOMIDÆ.

Anthonomus, Germ.

Ulmi, De G. . . . . . . commun. En battant des Ronces.

> Larve. Vit dans les fleurs en bouton. — Voy. De Geer., t. V, 1778, Mém. V, p. 215.

Pedicularius, L. . . . . . commun. En secouant des Aubépines en fleurs, en avril et mai.

> Larve. Vit dans les fleurs en bouton. — Westwood, Gardener's Magaz., 1838, p. 469.

Pomorum, L . . . . . . commun. En secouant, au printemps, les Pommiers et les Poiriers, sous les lichens de ces mêmes arbres, en hiver.

> Larve Vit dans les fleurs en bouton. — Voy. Div., Ch. Cand., p. 216.

Spilotus, Redt. . . . . . commun.   Id.   Voy. Perris, Soc. Lin. Lyon, p. 401.

Rubi, Herbst. . . . . . commun. En secouant les baies d'Aubépine.

> Larve. Vit dans les boutons à fleurs de la Ronce. Dans les terrains sablonneux, elle coupe les hampes des Fraisiers et fait beaucoup de mal aux Rosacées. — Voy. Soc. ent., 1851, p. 115.

Druparum, L. . . . . . moins commun. En battant les Cerisiers, parfois en fauchant dans les prairies, en juin.

> Larve. Vit dans les fleurs du Cerisier, des Mérisiers et peut-être du Prunellier. — Per , Soc. ent., 1868, p. 335. — Ratzeburg, Die forstinsect., suppl., 1839, p. 33.

Ruber, Perris.. . . . . . } très-rare. En secouant des buissons sur le bord de
Undulatus, Gyl.. . . . . }   la mer.

Bradybatus, Germ.

Subfasciatus, Gerst.. . . a été pris, par M. Bauduer, sur les fleurs de l'E-
rable, en avril.

Acalyptus, Sch.

Carpini , Herbst. . . . . rare. En fauchant dans les endroits marécageux.
Rufipennis. Gyl. . . . . rare.   Id.

Orchestes , Illig.

Quercus, L.. . . . . très-commun. En battant les branches de Chêne.
Larve. Elle est mineuse des feuilles de Chêne. —
Voy. Div., Ch. Cand., p. 220. — Soc. ent.,
1864, B. LXXXII.
Scutellaris, F.. . . . . . assez rare. En battant les Aulnes et les Ormes.
Larve. Elle est mineuse des feuilles de ces arbres.
— Soc. ent., 1865, B. LXXXIX. — Bouché,
Naturg. der. insekt., 1834, p. 198, n° 25.
Rufus, Ol. . . . . rare. En battant les Ormeaux.
Larve. Mineuse des feuilles d'Ormeau. — Lab.,
Soc. ent., 1858, p. 286.
Alni, L . . . . commun. En battant les Aulnes et les Ormeaux.
Larve. Mineuse des feuilles de ces arbres. — Voy.
Div., Ch. Cand., p. 220.
Ilicis, F. . . . . très-commun. En battant les Chênes en été; en
tamisant les mousses en hiver.
Larve. Mineuse des feuilles de Chêne.
Pubescens, Ster. . . . . très-rare. En secouant les Chênes tauzins.
Fagi, L.. . . . . assez commun. En Armagnac, en battant les
Hêtres.
Larve. Mineuse des feuilles de cet arbre.
Pratensis, Germ. . . . . commun. En battant les Chênes et les Mélilots.
Larve. Mineuse des feuilles de la *Campanula
montana* et de la *Centaurea scabiosa*. —
Letzner, Arb. schles. Gesel's, 1856, p. 93.

— Heeger, Sitzber. Wienn. acad. Wiss., 1859, p. 212. — Soc. ent., 1868, B. 138.

Iota, F.. . . . . assez commun. En fauchant sur le *Myrica gale*, en juin.

Larve. Mineuse des feuilles du *Myrica gale*.

Sparsus, Fahr. . . . . . rare. Sur les Chênes.

Larve. Mineuse des feuilles des drageons du Chêne tauzin.

Rhamphoides, Duv.. . . . très-rare. En août, en fauchant dans les endroits peuplés de *Genéts* et d'*Helianthemum gutta-tum*. Sos (P. B)

Populi, F. . . . . commun. Sur les Peupliers et les Saules.

Larve. Mineuse des feuilles de ces arbres. — Swammerdam, Bibl. nat., p. 294. — Heeger, Sitzberg. Wienn. acad. Wiss., 1853, p. 42. — Letzner, Arb. schles. Gesells, 1856, p. 104.

Avellanæ, Donov.. . . . peu commun. Sur les Chênes, en été.

Rusci, Herbst. . . . . . très-rare. En battant des Saules.

Erythropus, Germ. . . . commun. En battant des Chênes dans les lieux humides (juillet-août). En tamisant des mousses en hiver.

Cinereus, Fahr.. . . . . très-rare. Pris en fauchant çà et là.

Salicis. L . . . . très-commun. En battant les Saules.

Rufitarsis, Germ.. . . . très-rare. Pris en fauchant çà et là.

Stigma, Germ. . . . . . commun. Sur les Saules et le *Myrica gale*.

Saliceti, F. . . . . commun. Sur le Saule Marceau, en juin.

CORYSSOMERIDÆ

Coryssomerus, Sch.

Capucinus, Beck.. . . . . commun. En fauchant dans les prairies et sur le bord des fossés.

Larve. Vit dans les tiges des Millefeuilles.

SIBYNIDÆ

Tychius, Germ.

5-Punctatus, L.. . . . . . commun. En fauchant dans les prairies.

Larve Vit dans les gousses de *Vicia angustifolia*.

Venustus, F. . . . . . . très-commun. Sur le Genêt à balais.

Larve Vit dans les goussés du Genêt à balais.

Polylineatus, Germ. . . Un seul individu pris en juin 1873, en fauchant dans un marais. Sos (P. B.)

Squamulatus, Gyl. . . . commun. En fauchant dans les prairies, et sur le Mélilot.

Larve. Vit dans les gousses du *Lotus corniculatus*.

Medicaginis, Bris.. . . . très-rare. En fauchant dans les prairies.

Albovittatus, Bris. . . . rare. En fauchant dans les prairies. Sos (P. B.)

Schneideri, Herbst.. . . très-rare.   Id.

Cinnamomeus, Kiesw.. . très-commun. Sur *Dorychium subfruticosum*, en mai. Sos (P. B.)

Tomentosus, Herbst. . . très-commun. En fauchant sur les Luzernes.

Longicollis, Bris.. . . . . Pris quelques individus, en secouant une vieille toiture de Chaume, en décembre. Sos (P. B)

Junceus, Reichb.. . . . . peu commun. En fauchant dans les prairies.

Larve. Vit dans le fruit du *Melilotus macrorhiza*. — Des larves adultes, vers la mi-octobre, se sont enfoncées en terre et ont donné à M. Perris des insectes parfaits vers le 12 novembre.

Curtus, Bris.. . . . . . . rare. En fauchant dans les prairies, au mois de mai. Sos.

Meliloti, Steph.. . . . . . rare. En fauchant dans les prairies.

Larve. La femelle pond sur les nervures médianes des feuilles du *Melilotus macrorhiza* et y détermine une galle dans laquelle vit la larve. Elle a pour parasite un *Pteromalus*.

Tibialis, Bohm.. . . . . . rare. En fauchant dans les prairies.

Lineatulus, Germ.. . . . très-rare   Id.   Sos (P. B.)

S.-g. **Pachytychius.**

Hœmatocephalus, Gyl. . commun. En fauchant dans les prairies, surtout dans les terrains forts.

> Larve. Vit dans les gousses du *Lotus corniculatus*.

Sparsutus, Ol. . . . . . commun. Sur le Genêt à balais et sur les épis de Seigle.

> Larve. Vit dans les gousses du Genêt à balais.

S.-g. **Styphlotychius,** Jek.

Scabricollis, Ros. . . . . commun. En fauchant sur l'*Helianthemum guttatum*.

> Larve. Vit dans les capsules de cette plante.

S.-g. **Barytychius,** Jek.

Hordei, Brul. . . . . . . très-rare. En fauchant sous bois.

Pygmæus, Wat.. . . . . très-rare. En fauchant dans les prairies, en mai. Sos (P. B.)

S.-g. **Miccotrogus,** Sch.

Cuprifer, Panz. . . . . . assez commun. En fauchant dans les lieux secs.

Picirostris, F.. . . . . . très-commun. En fauchant sur les Luzernes.

S.-g. **Sibynes,** Sch.

Canus, Herbst. . . . . . très-commun. Sur le *Lychnis vespertina*.

> Larve. Vit dans les fruits de cette plante, dont plusieurs habitent la même capsule. Elle a pour parasite le *Microgaster tristis*.

Viscaria, L.. . . . . . . assez commun. Sur le *Silene inflata*.

> Larve. Vit dans les capsules de cette plante.

Silenes, Perris. . . . . . assez rare. Sur la *Silene portensis*, dans les dunes.

> Larve. Vit dans les capsules de cette plante. Per., Soc. ent., 1856, p. 253.

Attalicus, Gyl. . . . . . assez rare. Sur *Silene Lusitanica*, en mai.

> Larve. Vit dans les capsules de cette plante. Elle

a pour parasite le *Pteromalus Leucopezus*.

Potentillæ, Germ.. . . . . rare. Sur la *Potentilla repens*.

Variatus, Bach.. . . . . . rare. Sur la *Spergularia rubra*.

Larve. Vit sans doute dans les capsules de cette plante.

Primitus, Herbst.. . . . peu commun. En fauchant dans les terrains secs, sur l'*Helianthemum guttatum*, en juillet, et sur l'*Hedychrysum stœchas*.

CIONIDÆ

Cionus, Clairv.

Scrophulariæ, L. . . . . commun. En fauchant sur la *Scrophularia aquatica* et le *Verbascum pulverulentum*.

Larve. Vit sur les feuilles de ces plantes.

Verbasci, F. . . . . . . commun. Sur les Verbascum et les Scrophulaires.

Larve. Vit sur les feuilles de ces plantes. — Bouché, Naturg. der insekt., 1834, p. 198.

Pulchellus, Herbst. . . . assez rare. Sur la *Scrophularia canina*, ainsi que sa larve.

Thapsus, F.. . . . . . . peu commun. Sur les Verbascum.

Larve. Vit sur les feuilles du *Verbascum nigrum*. — P. r., Soc. Lin. Lyon , 1849.

Schœnherri, Bris. . . . . commum Sur le *Verbascum Lychnitis* et la *Scrophularia canina*.

Larve. Vit sur les feuilles de ces plantes.

Olens, F. . . . . rare. Sur le *Verbascum Phlomoides*.

Larve. Ne vit pas à l'air libre, mais se trouve à l'état de mineuse dans une bourse formée par les jeunes feuilles.

Blattariæ, F. . . . . . . assez rare. Sur la *Scrophularia canina* et *aquatica*.

Larve. Vit sur les feuilles de ces plantes.

Fraxini, De G. . . . . . rare. Trouvé à Dax par M. Duverger en battant des haies, en avril 1874.

Nanophyes, Sch.

Siculus, Bohm. . . . . . très-commun. Sur l'*Erica scoparia.*

    Larve. Vit dans une galle de cet arbrisseau.
    — Elle a pour parasites le *Cirrospilus cha-brias* et l'*Eupelmus Degeerii.*

Hemisphæricus, Ol. . . . commun. Sur le *Lythrum hyssopifolium*, en juillet et août.

    Larve. Vit dans une galle des tiges de cette plante.
    — Duf , Soc. ent., 1854, p. 647.

Circumscriptus, Aubé. . très-rare. En fauchant dans les marais et dans les détritus d'inon iation. Sos.

Lythri, F.. . . . . très-commun. Sur le *Lythrum salicaria*; en fauchant dans les prairies et en battant les Saules.

    Larve. Se développe dans les ovaires de la *Sali-caire.*

    Parasites : *Eupelmus Degeeri, Bedaguaris, Corduin, Pteromalus vaginulæ?*

Chevrieri, Bohm. . . . . assez rare En fauchant sur les Bruyères.

Flavidus, Aubé.. . . . . rare. Sur le genêt à balais, en juin. Sos (P. B.)

Globulus, Germ. . . . . très-rare. En fau hant dans les prairies.

Globiformis, Kies. . . . très-rare. Sur le houblon. Sos.

Brevis, Bohm. . . . . . peu commun. Sur la Salicaire et en battant les Saules.

Rubricus, Ros. . . . . . rare. En secou nt des touffes de Houblon en juillet-août. Sos. (P. B.)

Pallidulus, Rosch.. . . . très-commun. Dans un jardin sur le *Tamarix Gallica.* Sos (P. B.)

GYMNETRIDÆ

Gymnetron, Sch.

Pascuorum, Gyl. . . . . }
et var. Bicolor, Gyl. . . } très commun. En fauchant dans les prairies, en mai.

Ictericus, Gyl. . . . . . rare.   Id.

Villosulus, Gyl.. . . . . peu-commun. Sur la *Veronica anagallis* (mai-juin).

Larve. Vit dans les fruits de cette plante qui s'hy-
pertrophient.

Parasites : *Elachestus argyssa ; Pteromalus
flavipes* et *entedomoides ; Diospilus oleraceus ; Pachyneuron minutissimus ; Microgaster ?*

Beccabungæ, L. . . . . . assez rare. En fauchant sur les Véroniques.

Larve. Vit dans les capsules de V. *Beccabunga*
et *scutellata.*

Labilis, Herbst. . . . . . très-commun Au printemps sur les Saules et dans
les prairies.

Elongatus, Bris. . . . . peu commun. En fauchant sur les pelouses au
printemps.

Stimulosus, Germ. . . . assez rare. En fauchant dans les prairies humides
peuplées de Plantains, parfois aussi sur le *Che-
lidonium majus.*

Rostellum, Herbst. . . . rare. En battant les pieds d'Aubépine en hiver.

Melanarius, Germ. . . . très-rare. En fauchant sur le bord des chemins.

Asellus, Grav. . . . . . commun. Sur les *Verbascum Phlomoides* et
Pulverulentum, jamais sur le V. *nigrum.*
— En hiver, dans les tiges où il attend la belle
saison. Au printemps, sous les feuilles radi-
cales.

Larve. Vit dans les tiges. Elle a pour parasites :
*Entedon curculionidum, Bracon dichro-
mus.*

Netus, Germ. . . . . . peu commun. En fauchant sur les Linaires.

Larve. Vit dans les capsules de *Linaria spartea*
et *supina* et sur *Anthirrhinum majus*
(juillet).

Spilotus, Germ. . . . . commun. Sur la *Scrophularia aquatica.*

Larve. Vit dans les capsules de cette plante.

Linariæ, Panz. . . . . . assez commun. Sur les Linaires.

Larve. Vit dans une galle au collet de la racine de
la *Linaria vulgaris.*

Teter, F. . . . . assez commun En fauchant sur les *Verbascum*
dans les lieux arides.

Larve. Vit dans les capsules de *Verbascum.*

— Soc. ent., 1868. B. 138. Heeger, Sitzber.
Wien. acad. Wis., 1859.

Anthirhini, Germ. . . . commun. Sur le *Verbascum Phlomoides.*

Larve. Vit dans les capsules des *V. Phlomoides*
et *pulverulentum.* Per., Ab., 1870, p. 36.

Parasites : *Pteromalus papaveris, Eurytoma
abrotani.*

Littoreus, Bris. . . . . . rare. En fauchant dans les bois de Pins et sur le
bord des fossés, surtout au bord de la mer.

Larve. Vit dans les capsules de *Linaria Thymifolia* et *supina.*

Noctis, Herbst. . . . . . commun Sur les Linaires.

Larve. Vit dans la fleur déformée de la *Linaria
genistifolia* et dans les capsules de la *Linaria
vulgaris.*

Herbarum, Bris. . . . . assez rare. Sur diverses plantes et même sur des
Pommiers en fleurs. (P.)

S.-g. **Miarus,** Steph.

Graminis, Gyl. . . . . . assez rare. En secouant les Lierres. en juillet.

Campanulæ, L. . . . . . rare. En fauchant dans les prairies.

Larve. Vit dans l'ovaire hypertrophié de la *Campanula Rhomboidalis* et dans ceux des *Campanula Trachelium* et *patula.* — Soc. ent.,
1858, p. 900.

Parasite : *Pimpla brevicornis.*

Micros, Germ. . . . . . peu commun. Dans les lieux secs, peuplés
d'*Helianthenum guttatum.*

Larve. Vit sur le *Jasione montana.*

Plantarum, Germ. . . . commun. Dans les mousses en hiver, et en fauchant en été.

Larve. Vit dans les ovaires de *Linaria vulgaris.*

Meridionalis, Bris. . . . rare. En avril sur la *Linaria striata.*

Larve. Vit dans les ovaires de cette plante.

CRYPTORHYNCHIDÆ

Orobitis. Germ.

Cyaneus, L.. . . . . rare. En fauchant au printemps dans les bois de Chêne-.

Camptorhinus, Sch.

Statua, F.. . . . . peu commun. Dans les vieux troncs de Chêne Liége. Sos (P. B.)
Simplex, Seidl. . . . . . très-rare. Dans les mousses et les lichens de Chênes. Sos (P. B.)

Acalles, Sch.

Humerosus, Fairm. . . . peu commun Dans les mousses et les feuilles sèches de Chêne en janvier. Sos (P. B.). — Sous des copeaux de Peupliers en mai dans les environs de Mont-de-Marsan.
Pulchellus, Bris. . . . . très-rare.   Id.
Ptinoides, Marsh. . . . . très-rare.   Id.
Turbatus, Bohm. . . . .
et var. Echinatus, Germ. peu commun. En battant des Noisetiers.

Cryptorhynchus, Illig.

Lapathi, L . . . . assez commun. En battant les Saules. C'est un insecte très nuisible aux jeunes Saules et aux jeunes Peupliers souffreteux qu'il fait périr en y déposant les germes de ses larves. M Perris a aussi trouvé des larves dans des souches de Sau'es récemment abattus — Soc. ent., 1867, p. LXXIV — Curtis, Trans. of the Linn. Soc. of Lond., 1791, t. I, p. 86. London, Arboret-Britannia, p. 1479.

RHAMPHIDÆ

Ramphus, Clairv

Flavicornis, Cl. . . . . . . commun. En fauchant dans les prairies, en battant les Aulnes, les Saules au printemps.
Métamorphose. Soc. ent., 1862. B. LXVI.
Parasites : *Sympiesis? Eulophus? Megapeltes cretaceus*.

OEneus, Bohm. . . . . . assez commun. En battant des haies d'Aubépine.

CENTORHYNCHIDÆ

Mononychus, Germ.

Pseudoacori, F.. . . . . très-commun. En juin, juillet, dans les marais desséchés sur l'*Iris Pseudoacorus*.
Larve. Vit et se transforme dans les graines de cette plante.

Cœliodes, Sch.

Quercus, F.. . . . . . . commun. En battant les Chênes.
Ruber, Marsh. . . . . . assez commun. En secouant des touffes de Tauzins (mai-juin).
Rubicundus, Payk. . . . rare. En fauchant dans les prairies.
Fuliginosus, Marsh.. . . assez commun. En fauchant sous bois.
Subrufus, Herbst. . . . moins commun. Id.
4-Maculatus, L.. . . . . commun. En fauchant sur les Orties.
Larve. Vit dans la tige de l'*Urtica dioica*.
Lamii, Herbst. . . . . . commun Sur le *Lamium maculatum*, dans les tiges duquel vit sa larve.
Geranii, Payk. . . . . . peu commun. En fauchant sur les *Geraniums*, au collet desquels vit sa larve.
Exiguus, Ol . . . . . . commun. Sur le *Geranium molle*, en mai.
Larve. Vit au collet de cette plante.

Centorhynchus, Germ.

Floralis, Payk. . . . . . très-commun. En fauchant au printemps, surtout

sur les fleurs d'*Erysimum* et celles de la bourse
à pasteur

Larve. Vit sur *Capsella bursa pastoris* et *Erysimum præcox*.

Pyrrorhynchus, M. . . . assez commun. En fauchant dans les prairies.

Melanarius, Steph. . . . assez rare. Id.

Perrisi, Bris. . . . . . . très-rare. Je ne possède pas cette espèce et j'en
ignore l'habitat.

Pumilio, Gyl. ⎫ peu commun. En fauchant. La variété se prend
et var. Asperulus, Bohm. ⎭ dans les lieux arides, sur les fleurs de *Teesdalia nudicaulis*, dans les silicules des-
quelles vit sa larve.

Parasites : *Eulophus hegemon*, *Entedon
hippia*.

Terminatus, Herbst. . . . assez rare. En fauchant dans les prairies.

Hystria, Perris. . . . . . rare. En secouant les Tauzins, et en tamisant les
feuilles pourries, en hiver.

Troglodytes, F. . . . . . très-commun. En fauchant dans les prairies.
Larve. Vit sur le Plantain.

Frontalis, Bris. . . . . . commun. En fauchant sur les Plantains, sur lesquels vit sa larve.

Versicolor, Bris. . . . . très-rare. En fauchant dans les prairies.

Hepaticus, Gyl. . . . . . très-rare. En tamisant des feuilles, en hiver. Sos
(P B.)

Erysimi, F. . . . . commun. Sur les Crucifères.

Contractus, Marsh. . . . peu commun. Id.
Larve. Vit sur *Arabis thaliana*, *Draba verna*,
Capsella bursa pastoris. — Kirby., Intr. to
ent., 1828, p 188.

Cochleariæ, Gyl. . . . ⎫ rare. Sur les Crucifères.
var. Atratulus, Gyl. . ⎭

Fulvitarsis, Bris. . . . . rare. Sur le Cresson.

Fallax, Bohm. . . . . . rare. En fauchant dans les prairies.

Assimilis, Payk. . . . . commun. En fauchant dans les prairies, sur les
Choux, la Moutarde.
La larve détermine la formation de petits tubercules
sur les racines du *Sinapis arvensis*. En Corse,
elle vit sur le *Brassica Corsica*.

Alboscutellatus, Gyl. . . peu commun. En fauchant sur les herbes des bois.

Suturalis, F. . . . . . . commun. Sur les fleurs de Porreaux et dans les détritus d'inondation.

Bertrandi, Perris. . . . rare. En hiver. Sous les écorces d'échalas de Châtaignier.

Pubicollis, Gyl.. . . . . rare. En fauchant dans les clairières.

Litura, F.. . . . . très-rare. Id.

Echii, F. . . . . commun Sur l'*Echium vulgare*.

Leucorrhamma, Ross. . . très-rare. Pris en fauchant, à Saint-Sever, par M. Perris.

Crucifer, Ol. . . . . . . très-rare. Sur un *Echium*.

T. Album, Gyl. . . . . très-rare. Pris à Sos, par M. Bauduer.

Andreæ, Germ. . . . . . peu commun. Sur l'*Echium vulgare*.

Asperifoliarum, Gyl. . . commun. Sur les Orties.

> Larve. Vit sur les *Symphytum* et le *Myosotis palustris*.

Rugulosus, Herbst.
et var. Chrysanthemi, G. . } assez commun. En fauchant sur les *Anthemis*.

Molitor, Gyl. . . . . . . très-rare. Pris à Sos, par M. Bauduer.

Arcuatus, Herbst.. . . . rare. Sur la *Menthe aquatique* et les *Lycopus*.

Melanostictus, Marsh. . }
et var. Lycopi, Gyl. . . } assez commun. Id. et dans les prairies.

> Larve. Vit sur les *Lycopus* et la *Menthe aquatique*.

Euphorbiæ, Bris. . . . . très-rare. En fauchant sur les *Euphorbes*.

Pollinarius, Forst.. . . . assez commun. Sur les Orties ainsi que sa larve.

Raphani, F.. . . . . . . assez commun. Sur les Crucifères.

> Larve. Vit sur le *Symphytum officinale*.

Constrictus, Marsh. . . . rare. Sur l'*Arabis thaliana* et sur les fleurs de *Capsella bursa pastoris*, parfois sur l'*Alliaria officinale*.

Syrites, Germ. . . . . . très-rare. En fauchant.

Nanus, Gyl.. . . . . . . très-rare. Id.

Rapæ, Gyl.. . . . . . . très-rare. Id.

Napi, Germ. . . . . . . peu commun. Sur le Colza dont il coupe les fleurs.

> Larve. Vit au collet de la racine de cette plante.

Denticulatus, Schr. . . . rare. En fauchant.

Macula alba, Herbst. . . rare. Id.

Punctiger, Gyl. . . . . . assez commun. En fauchant sur les Pissenlits, au printemps.

Larve. Vit dans les Calathides du Pissenlit (*Taraxacum dens leonis*).

Roberti, Bohm. . . . . . très-commun. Sur les Siliques de l'*Alliaria officinalis* et au pied des touffes quand il va pondre (juin). La larve a pour parasite le *Porizon triangularis*.

Sulcicollis, Gyl. . . . . . très-commun Sur les fleurs du Chou. Le mâle se distingue de la femelle par une fossette large et peu profonde sur le dernier segment ventral.

Larve. Produit des galles au collet de la racine des Choux et des Navets. Avec *formica rufa* (Mœklin). — Heimhofen, Verb. zool. lot. ver. Wien., 1855. Sitzber, p. 128. — Guérin-Méneville, An. Soc. ent., 1845, t. III., Bull., p. XXXIII.

Melanocyaneus, Bohm. . très-rare. Pris à Sos, par M. Bauduer.

Griseus, Bris. . . . . . . très-rare.   Id.

Gratiosus. Bris. . . . . . très-rare.   Id.

Subpilosus, Bris. . . . . très-rare. En fauchant.

Picitarsis, Gyl. . . . . . très-commun. En fauchant sur les Navets, dans les racines desquels vit sa larve.

Quadridens, Panz. . . . peu commun. Sur *Erysimum præcox*.

Hirtulus, Schup. . . . . assez commun. En fauchant au printemps sur les Crucifères.

Ferrugatus, Perris. . . . commun. Sur la Bruyère à balai dont la larve mange les graines.

Ericæ, Gyl. . . . . très-commun. En fauchant sur les Bruyères.

Cyanipennis, Germ.. . . rare. En fauchant.

Chalybæus, Germ. . . . commun. Sur le *Thlaspi campestre* et *arvense*, dans les tiges desquels vit sa larve.

Grenieri, Bris. . . . . . très-rare Pris à Sos, par M. Bauduer.

Smaragdinus, Bris. . . . très-rare. Pris par M. Bauduer sur un *Erysimum*, en juillet 1875.

Setosus, Bohm. . . . . . assez commun. Sur les fleurs de *Teesdalia nudicaulis*.

Larve. Vit dans les silicules de cette plante; on

l'y trouve à la fin de mai et au commencement
de juin complètement adulte. A la déhiscence de
la silicule, elle tombe à terre où elle s'enfonce
pour se transformer plus tard. Si la déhiscence
tarde à venir, elle perfore une des valves pour se
frayer un passage. Elle a un parasite dont la
larve se transforme dans la silicule même et
dont la nymphe est nue ; l'insecte parfait est un
Chalcidite à antennes rameuses. (P).

Poophagus, Sch.

Nasturtii, Germ. . . . assez commun. En fauchant sur les cressonnières.
Larve. Vit dans les tiges du Cresson.

Tapinotus, Sch.

Sellatus, F.. . . . . . . très-rare. En fauchant dans les lieux humides.

Phytobius, Sch.

Velatus, Beck. . . . . . peu commun. Se trouve à terre ou sur les plantes
dans les lieux humides.
Larve. Vit sous l'eau, sous les feuilles des *Myrio-*
phyllum ; elle est couverte, comme celle des
Cionus, d'un mucilage qui finit par lui servir
de cocon.

Leucogaster, Marsh.. . . rare.   Id.
Granatus, Gyl. . . . . . très-rare.   Id.
Velaris, Gyl. . . . . . . très-rare.   Id.
Notula, Germ. . . . . . assez commun.   Id.
Larve. Mange les feuilles du *Polygonum hydro-*
piper et se transforme dans une galle membraneuse. — Voy. Perris, Notes pour servir à
l'histoire des Phytonomus et des Phytobius, pré-
sentées à l'Acad. de Lyon, 1851.

Comari, Herbst.. . . . . assez rare. En fauchant dans les lieux humides.
4-Tuberculatus, F. . . . assez rare.   Id.
4-Cornis, Gyl. . . . . . rare.   Id.

Rhinoncus, Sch.

Castor, F. }
et var. Granulipennis, Gyl. } peu commun. Sur le *Polygonum hydropiper*.

Bruchoides, Herbst... . commun.   Id.   et sur le bord des ruisseaux.

Inconspectus, Herbst.. . rare.   Id.

Pericarpius, F. . . . . . commun. Sur les Crucifères.

Guttalis, Grav. . . . . . assez rare. En fauchant dans les lieux humides.

Denticollis, Gyl. . . . . rare.   Id.

Amalus. Sch.

Scortillum, Herbst. . . . rare. En fauchant sur les plantes basses.

BARIDIDÆ

Baridius, Sch.

Nitens. F.. . . . . assez rare. En fauchant sur les plantes aquatiques.

Laticollis, Marsh. . . . . commun. Dans les racines pourries des Choux.
Larve. Vivent plusieurs ensemble dans les tiges
du Chou, principalement près du collet, et y subissent leurs métamorphoses. — Elle vit aussi
dans l'*Erysimum præcox* ; l'insecte parfait
naît en juillet.
M. Montcreaf a pris l'insecte parfait en abondance,
en Angleterre, dans les racines du *Sisymbrium
officinale*.
Parasite : *Alisia fuliginosa*.

Analis, Ol. . . . . assez commun. En fauchant dans les prairies, sur
Inula dysenterica en juin-juillet.
Larve. Vit au collet des racines de cette plante ;
la ponte se fait en juin, l'insecte est déjà éclos
en septembre.

Scolopaceus, Germ. . . . assez commun. En fauchant dans les marais peuplés de *Salicornia herbacea* et de *Sucæda
maritima*.
Larve. Vit sur *Chenopodium maritimum* et
Portulaca maritima.

8

Cuprirostris, F. . . . . . assez rare. En fauchant dans les prairies.

    Larve. Vit dans les Crucifères. — Voy. Duf., An.

    Soc. ent., 1846, t. IV, 2e série, p. 450.

Chloris, F. . . . . commun. Dans les racines pourries du Chou, où

    vit sa larve.

Chlorizans, Germ. . . . commun.   Id.

    Larve. Vit au collet des racines des Choux et des

    Raves, et y subit ses métamorphoses. — Voy.

    Chavannes, Bull de la Soc. Vaudoise, 1849,

    no 19, p. 136.

Picicornis, Marsh.. . . . assez rare. Pris à Sos, par M. Bauduer.

T. Album, L.. . . . . . . rare. Sur les Joncs et les Cypéracées des marais.

Morio, Bohm.. . . . . . peu commun. Sur le *Reseda Luteola*, dans les

    racines duquel il vit.

    Larve. Vit dans les tiges de cette plante.

CALANDRIDÆ

Sphenophorus, Sch.

Abbreviatus, F. . . . . . assez rare. Dans les détritus d'inondation.

Meridionalis, Gyl. . . . assez commun.   Id.

Sitophilus, Sch.

Granarius, L.. . . . . . très-commun. Dans les greniers à blé.

    Larve. Vit dans les grains de Blé.

Oryzæ, L. . . . . commun. Dans les grains de Riz, où vit sa larve.

COSSONIDÆ

Dryopthorus, Sch.

Lymexylon, F. . . . . . assez rare. Vit dans le Pin, le Chêne, le Peuplier

    et l'Aulne.

    Larve.   Id.   Voy. Ins. Pin. mar.,

    p. 235.

Raymondia, Aubé.

Perrisi, Gren.. . . . . . . très-rare. En mars et avril, sous de grosses pierres
enfoncées dans le sol. Sos (P. B.)

Marqueti. Aubé. . . . . Un seul individu pris dans un jardin, sous une très-
grosse pierre, le 17 avril 1870. Sos (P. B.)

Cossonus, Cl.

Linearis, F.. . . . . . . commun. Sous les écorces de Peupliers et dans
les troncs pourris de Chêne.
Larve. Vit dans le tronc des Peupliers du Canada,
avec (F. Rufibarbis, Mœrkel).

Mesites, Sch.

Aquitanus, Fairm. . . . très-commun. A Arcachon, dans les troncs de
Pins morts que la marée recouvre.
Larve. Id. Soc. ent.,
1856, p. 251.

Cunipes, Bohm. . . . . assez rare. Sous les écorces de Saule.
Larve. Vit dans les troncs morts de Saule.

Phlæophagus, Sch.

Æneopiceus, Bohm.. . . assez commun. Dans les vieilles poutres, dans les
celliers humides ; dans les vieilles douves de
Chêne jetées à terre et qui ont servi à nourrir
sa larve.

Rhyncolus, Creutz.

Chloropus, F.. . . . . . assez commun. Dans les vieux troncs de Surriers,
avec (F. Rufa, Mœklin).

Grandicollis, Bris. . . . très-rare. Vit sur le Chêne-Liége. Sos.

Elongatus Gyl. . . . . . rare. Dans les souches de Pin en décomposition,
avec le *Strangulata.*

Porcatus, Mul. . . . . . très-commun. Dans les souches de Pin, avec sa
larve. — Soc. ent., 1856, p. 249.

Culinaris, Reichb. . . . commun. Sous les écorces de Chêne.
Larve. Vit dans l'Aubépine, le Cerisier, les vieux
Ormes.

Submuricatus, Bohm.. . . assez rare. Bois mort de Peuplier (Perez) ; dans
         le bois pourri de Saule et d'Aulne.

Cylindrirostris, Ol.. . . . assez commun. Dans les troncs de Surriers, avec
         (*L. Fuliginosus*, Rouget). Dans les Peupliers
         de la Caroline, les Marronniers.

Reflexus, Bohm. . . . . assez commun. Dans les vieux troncs de Chêne-
         Liége. Sos (P. B.) Dans le creux d'un vieil
         Orme, en Mars.
         Larve. Vit dans le Chêne-Liége.

Punctulatus, Bohm.. . . assez rare. Dans le Pin, l'Orme, le Chêne, le
         Marronnier, le Peuplier ; dans le tronc vermoulu
         d'un Sycomore.

Strangulatus, Perris. . . commun. Dans les vieux bois et les charpentes de
         Pin.
         Larve.   Id.   Soc. ent.,
         1856, p. 249.

Simus, Gyl. . . . . . . très-rare. Pris dans un vieux tronc de Surrier.
         Sos (P. B.)
         Larve. Vit dans les Peupliers.

SCOLYTIDÆ

Hylastes, Er.

Ater, Payk.. . . . . . . assez commun. Perfore l'écorce des troncs de Pins
         abattus, aux endroits qui sont en contact avec
         le sol. — Se trouve presque toujours avec
         H. Ligniperda.
         Larve. Vit dans le Pin. — Voy. Soc. ent., 1856,
         p. 223. — Ratzeburg, die Fortins, 1837,
         p. 179.

Attenuatus, Er.. . . . . rare. Sous l'écorce de vieux Pins abattus, ainsi que
         dans les souches. — En juillet et août, parfois
         volant autour des tas de bûches de Pin.
         Larve. Per., Soc. ent., 1856, p. 229.

Variolosus, Perris. . . . assez rare·   Id.
         Larve. Per., Soc. ent., 1856, p. 229.

Angustatus, Herbst.. . . commun.   Id.

Larve. Per., Soc. ent., 1856, p. 228.

Opacus, Er.. . . . . rare. Volant dans les bois de Pins au déclin du jour (Sanguinet*)*.

Palliatus, Gyl. . . . . . assez commun. Sous les gros troncs de Pins, dans l'écorce desquels il vit.

Larve.   Id.   Soc. ent., 1856, p. 225.

Trifolii, Mul.. . . . . . commun. Sur le *Trifolium pratense*. Dans le bois mort d'Ajonc et de Genêt.

Larve. Vit à la base des gros pieds morts de ces arbrisseaux.

Hylurgus, Latr.

Ligniperda, F. . . . . . commun. Sous l'écorce des vieux Pins, avec le *Hyl. Ater*.

Larve.   Id.   Soc. ent., 1856, p. 204.

Parasites : *Perilitus ? Nitela spinolæ.*

Blastophagus, Eich.

Piniperda, F.. . . . . . commun. Dans les brindilles des jeunes Pins.

Larve.   Id.   Soc. ent,, 1856, p. 208.

Parasites : *Rhopalicus maculifer , Belyta ? Alysia ? Galesus ?*

Minor, Hart.. . . . . . commun. Vit sous l'écorce des Pins de 15 à 30 ans, récemment abattus. Les galeries des femelles sont transversales ; celles des larves, longitudinales.

Hederæ, Scht.. . . . . . très-commun. Dans les tiges sèches de Lierre. Chacun occupe une loge particulière dans l'intérieur du bois et le plus souvent près des couches corticales Cette loge est ouverte à l'extérieur, afin de permettre à l'insecte de prendre son essor.

Larve. Vit dans le Lierre mort. — Schmidt., Ent. Zeit. zu stett., 1843, p. 108.

Parasites : *Spathius claviger* et *rubidus,*
Eurytoma vagabunda.

Phlæopthorhus, W.

Tarsalis, Fœrst. . . . . . . commun. Sous l'écorce du Genêt à balais et de
l'Ajonc; sur le Cytise des Alpes mort. La
galerie de ponte est transversale et celles des
larves sont longitudinales.

Hylesinus, F.

Crenatus, F. . . . . rare. Dans les grosses souches de Frêne, dans lesquelles vit sa larve.
Larve. Ch. Cand., p. 239. — Mœurs, Abeil., f.
div., n° 26-27.

Oleiperda, F. . . . . . . très-commun. Sous l'écorce de l'Olivier, du Frêne,
du Lilas.
Larve. Vit en mai, juin, sous l'écorce des jeunes
Frênes. La galerie des femelles est transversale
et en forme d'accolade, celles des larves sont
longitudinales.

Fraxini, F. . . . . assez rare. Dans le Frêne.
Larve. Ch. Cand., p. 239. — Mœurs, Abeil., f.
div., n° 26-27.

Vittatus, F. . . . . commun. Sous les écorces de l'Ormeau.
Larve.   Id.

Thuyæ, Perris. . . . . . très-commun. Sous l'écorce du *Thuya.*
Larve. Vit dans le *Thuya orientalis* mort, ainsi
que dans le Genevrier.
Parasite : *Tetrastichus deipyrus.*

Bicolor, Brul. . . . . . . assez rare. Dans le *Thuya* et le *Genevrier.*
Parasite : *Pteromalus Eulophoides* et *Semio-*
toides , Spathius rubidus, Epiris formica-
rius, Chiropachus quadrum.

Kraatzi, Eich. . . . . . . très-commun. Sous les écorces de l'Orme mort avec
le *Vittatus;* au vol le soir près des tas de
bois.

Phlœotribus, Latr.

Oleæ, F. . . . . rare. Pris au vol.
Larve. Ch. Cand., p. 238.

Scolytus, Geof.

Ratzeburgi, Jans. . . . . très-rare. Vit sur l'Orme.
Destructor, Ol. . . . . . commun. Vit sur l'écorce du Bouleau.
Larve. Letzner, Arb. schles. Gesells., 1844, p. 85.
— Jaensch, Arb. schles. Gesells., 1839, p. 3.
— Dallinger, Vollst. Gescht., d. Borken Kaf,
1798, p. 72.
Parasite: *Bracon initiator.* — Soc. ent., 1837,
p. LXVII.

Pygmæus, Herbst. . . . . assez rare. Vit sous l'écorce de l'Orme.
Larve. Letzner, Arb. schles. Gesells., 1844,
p. 68. — Soc. ent., 1841, B. XXVI.

Intricatus, Ratz.. . . . . peu commun. Vit sous l'écorce du Chêne ainsi que
sa larve.

Multistriatus, Marsh. . ⎫
et var. Armatus, Com. ⎬ commun. Vit sous l'écorce de l'Orme.
⎭
Larve. Vit dans les branches d'Ormes à écorce
lisse.

Pruni, Ratz. . . . . . . commun. Sous l'écorce des Pommiers et des Pruniers, ainsi que sa larve.

Rugulosus, Ratz. . . . . très-commun. Sous les écorces de Pêchers morts,
de Pommiers, Poiriers, Cerisiers, Pruniers.
Larve. Nœrdlinger, Ent. zeit, zu stett., 1848,
p. 253.
Parasites : *Acrocormus multicolor, Chiropa-
cus quadrum, Eucoila minuta, Diapria
nigra, Teleas punctulatus, Eurytoma
abrotani.*

Carpini, Fr.. . . . . . . rare. En battant une Charmille. Sos (P. B.)

Crypturgus, Er.

Cinereus, Herbst. . . . . assez rare. Sous l'écorce d'un Pin sylvestre mort
dans un jardin. Sos.

Pusillus, Gyl.. . . . . . très-commun. Sous l'écorce des vieux Pins.
Larve.   Id.   Soc. ent.
1856, p. 20.

Cryphalus, Er.

Tiliæ, F. . . . . · très-commun. Sous l'écorce du Tilleul; sous celle
de l'*Hibiscus syriacus*.
Larve. Nœrdlinger, Ent. zeit. zu stett., 1848,
p. 245.

Fagi, F. . . . . très-rare. Sous l'écorce des Hêtres.
Binodulus, Ratz. . . . . rare. En fauchant.
Granulatus, Ratz.. . . . très-rare. En fauchant sur les bords de la mer.
Larve. Soc. ent., 1868, B. CXXXVIII. Heeger,
Beitrage, zur Naturgeschichte der. Insecten,
vol. 53, 1866, p. 533.

Hypoborus, Er.

Ficus, Er.. . . . . très-commun. Sous l'écorce des Figuiers, ainsi que
sa larve.

Bostrychus, F.

Stenographus, Duft.. . . très-commun. Sous l'écorce des vieux Pins abattus.
Larve.   Id.
Les galeries de ponte sont souvent ramifiées
à partir de la cellule nuptiale ou subétoilées.
Soc. ent., 1856, p. 173.

Laricis, F. . . . . commun. Sous l'écorce des Pins morts ou malades.
Larve.   Id.
Soc. ent., 1856, p. 184.
Parasites : *Roptrocerus mirus*, Wolk et *Xylo-*
phagorum, Spathius clavatus, Belyta, an?
nov. sp.

Suturalis, Gyl. . . . . . très-rare. Vit dans le Châtaignier entre le bois et
l'écorce, ainsi que sa larve.

Oblitus, Perris. . . . . . assez rare. Sous l'écorce des gros Pins morts le
printemps précédent et contenant des larves de
Melanophila cyanea et de *Pissodes notatus*.

Larve. Vit sous les feuillets de l'écorce où vit le *B. Stenographus.*

Bidens, F. . . . . commun. Sous l'écorce des branches supérieures des jeunes Pins de 5 à 10 ans. Les galeries de pontes sont étoilées ; les galeries des larves sont perpendiculaires aux rayons. — Per., Soc. ent., 1856, p. 187.

Parasites : *Roptrocerus xylophagorum, eccoptogastri, guttatus; Dendrosoter Perrisii* et *Hartigii.*

Bispinus, Ratz. . . . . . très-commun. Sous les écorces de la Clématite et de la Vigne sauvage.

Larve. Voy. Ins. du Pin mar., p. 267.

Dactyliperda, Panz. . . . rare. Dans les fruits du *Chamærops humilis.*

Pityophthorus, Eich.

Lichtensteini, Ratz. . . . très-rare. En mai 1870, M. Bauduer en a pris un individu dans une caisse où l'on avait enfermé un morceau d'ormeau mort.

Dryocœtes, Eich.

Villosus, F. . . . . commun. Sous l'écorce des Chênes.

Larve. Nœrdlinger, Ent. zeit. zu Stett., 1848, p. 241.

Bicolor, Herbst. . . . . } commun. Sous l'écorce des Chênes ; les galeries de
Capronatus, Perris.. . . } ponte sont transversales.

Coryli, Perris.. . . . . . rare. Sous l'écorce des branches mortes de Noisetier.

Xyleborus, Eich.

Dispar, F.. . . . . commun. Sous l'écorce du Robinier, du Marronnier.

Les galeries des larves se détachent des deux côtés et à angle droit des galeries de ponte ; il existe une galerie pour chaque larve. — Klingelhoffer, Stett. Ent. Zeit., 1843, p. 85.

Monographus, F. . . . . assez rare. Sous l'écorce des Chênes, des Aulnes, en mai.

Les galeries sont perpendiculaires à l'axe et servent à plusieurs larves.

Dryographus, Er . . . . assez commun.   Id.

Saxeseni, Ratz. . . . . . assez commun. Sous l'écorce des Aulnes et Chênes morts; dans le Châtaignier, le Tremble et le Noyer.
— La femelle plonge verticalement ou obliquement dans le bois, jusqu'à une profondeur de 4 à 5 centimètres. Elle pratique, à l'extérieur de la galerie, une petite chambre dans laquelle sont déposés ordinairement plusieurs œufs. Les larves qui en naissent se dispersent, mais j'en ai trouvé deux dans la même galerie. J'ai rencontré aussi jusqu'à trois femelles dans la chambre de ponte qui alors était plus spacieuse que de coutume. Observation faite par M. Perris, fin avril, sur un Tremble de 0,15 de diamètre.

Eurygraphus, Er. . . . . commun. Dans les vieux Pins où il pénètre dans le bois. Les galeries sont perpendiculaires à l'axe et servent à plusieurs larves.
La larve vit dans l'intérieur des tiges et des souches de Pins morts. Pour déposer ses œufs, la femelle pénètre dans le bois par la tranchée des bois sciés en travers ou par l'écorce, au printemps. (P).

Thamnurgus, Eich.

Kaltenbachi, Bach. . . . assez rare. Dans les tiges de l'*Origanum vulgare* et du *Teucrium scorodonia*.
Larve. Bach. Ent. Zeit. zu Stett., 1849, p. 199; 1850, p. 18.

Euphorbiæ. . . . . commun. Dans les tiges de l'*Euphorbia amygdaloides*.

Ramulorum, Perris. . . assez rare. Attaque les brindilles terminales et latérales des rameaux de Pins de tout âge; les galeries de ponte sont souvent en spirale. — Soc. ent., 1856, p. 191.

Platypus, Herbst.

Cylindrus, F. . . . . . . peu commun. Sous l'écorce des Chênes. Les galeries sont perpendiculaires à l'axe de l'arbre et servent à plusieurs larves. — Voy. Ch. Cand., p. 232.

———

BRENTHIDÆ

ANTHRIBIDÆ

Tropideres, Sch.

Albirostris, Herbst. . . . peu commun. Dans les mousses et les lichens de Chêne. Sos (P. B.) — Dans l'aubier des Peupliers d'Italie où vit sa larve.

Dorsalis, Thunb. . . . . . M. Bauduer en a pris un individu en novembre 1868, en secouant un vieux Chêne.

Undulatus, Panz. . . . . . très-rare. En battant les jeunes Chênes près de *Biscarosse.*

Sepicola, Herbst. . . . . très-commun. Dans les mousses et les lichens de Chêne, en secouant des fagots de tauzin.
Larve. Vit dans les branches mortes de Charmes et de Chênes.

. Pudens, Gyl. . . . . . . rare. En secouant les vieilles branches mortes de Chêne. Sos (P. B.)

Niveirostris, F. . . . . . peu commun. Dans les mousses et les lichens de Chêne, en secouant des fagots de tauzin ; sur des bois morts. Août.

Curtirostris, Muls. . . . très-rare. En battant des Chênes.

Cinctus, Payk. . . . . . assez rare. Mai, dans les Vignes sur les échalas de Châtaignier dans lesquels vit sa larve.

Maculosus, Muls. . . . . M. Bauduer en a obtenu une cinquantaine d'individus de branches d'Ormeau mort renfermées dans une caisse. Il l'a pris aussi en battant les branches mortes de diverses espèces d'arbres fruitiers et surtout du Pêcher.

Enedreytes, Sch.

Hilaris, Fahr.. . . . . . . très-commun. Dans les pieux de Robinier (juin).
Aussi dans le Lierre et le Genêt à balais.
M. Bauduer en a pris beaucoup, en juin, en battant des Genêts morts ou dépérissant.

Oxyacanthæ, Bris.. . . . . peu commun. En battant les Aubépines et les Châtaigniers.
Larve. Vit dans les échalas de Châtaignier attaqués par le *Phœria stigma* (excroissance végétale) Dans les tiges mortes d'Aubépine.

Anthribus, Geof.

Albinus, L. . . . . rare. Au vol le soir en été. En hiver dans les mousses et les lichens de Chêne.
Larve. Vit dans les branches mortes d'Aulnes.
— Soc. Lin., Lyon, 1877, p. 364.

Brachytarsus, Sch.

Scabrosus, F. . . . . . . assez rare. En battant les tauzins et aussi les Pommiers en fleurs.
Larve. Leunis, Stett. Entom. zeit., 1842, p. 190.
Ch. Cand. p. 199.

Varians, F. . . . . rare. Pris à Sos par M. Bauduer.

Fallax, Perris. . . . . . assez commun. En août en battant les tauzins. Sos.

Choragus, Kirb.

Sheppardi, Kirb. . . . . commun. En battant les Aubépines et les Châtaigniers.

Piceus, Sch.. . . . . . . rare. Sur les branches mortes du Prunelier. Sos (P. B.)
Larve. Vit dans les branches mortes d'Aubépine, dans les échalas de Chataigniers.
Parasite : *Entedon Leucarthros.*

BRUCHIDÆ

Urodon.

Suturalis, F. . . . . . . rare. En fauchant dans les prairies.

Conformis, Suf. . . . . . très-rare. Sur le *Reseda Luteola.* Sos (P. B.)

Spermophagus, Stev.

Cardui, Bohm. . . . . . très-commun. En fauchant dans les prairies.

Bruchus, L.

Pisi, L. . . . . très-commun. Sur les Pois et en fauchant.
Larve. Vit dans les pois. — Ch. Cand. p. 198.

Rufimanus, Bohm. . . . commun. En fauchant sur les Luzernes et en battant les arbres.

Flavimanus, Bohm. . . . commun. Id.

Granarius, L. . . . . . . commun. Dans les gousses d'*Orobus vernus* et de *Vicia pipiens* en mai, en juin sur les pieds en grains de *Beta vulgaris.*
Larve. Vit dans les graines de ces plantes. — Westwood, Mag. nat. hist., 1834, p. 252.

Brachialis, Fahr. . . . . rare. En fauchant dans les prairies.

Signaticornis, Sch. . . . très-commun. Dans les lentilles sèches, avec sa larve.

Pallidicornis, Sch. . . . peu commun. Id.

Rufipes, Herbst. . . . . . très-commun. En fauchant sur les Luzernes.
Larve. Vit dans les gousses de *Vicia angustifolia* et *sativa.*
Parasite : *Entedon Benthus, Sigalphus striatulus.*

- Griseo-maculatus, Gyl. . assez commun. En fauchant sur les talus du chemin de fer.

Tristis, Bohm. . . . . . . peu commun. En fauchant dans les prairies.

Luteicornis, Illig. . . . . commun. Dans les gousses de *Vicia angustifolia* avec le *Rufipes* dont il n'est peut-être qu'une variété.

Viciæ, Ol.. . . . . commun. Sur le *Lathyrus pratensis* et *sylves-tris* ainsi que sa larve.

                    Parasite : *Pteromalus Leucopezus* , *Bracon præcox.*

Loti, Payk. . . . . peu commun. En fauchant dans les prairies au printemps.

Laticollis, Sch. . . . . . assez commun.   Id.

Murinus, Bohm. . . . . assez rare. En battant des Aubépines au printemps.

Seminarius, L. . . . . . rare. En fauchant dans les prairies.

Velaris, Sch.. . . . . . . assez commun. Sur *Medicago sativa.*

Marginellus, F. . . . . . rare. Pris à Sos en juillet.

                    Larve. Vit dans les gousses de l'Astragale (Goureau).

Braccatus, Stev.. . . . . rare. Vit dans les graines de *Vesces.*

Variegatus, Germ. . . . commun. En fauchant dans les prairies.

Dispar, Sch. . . . . . . commun.   Id.

Varius, Ol. . . . . commun.   Id.

                    Larve. Vit dans les fruits du Trèfle et de la Luzerne. Août.

Tarsalis, Gyll. . . . . . rare. En tamisant les mousses en hiver.

Imbricornis, Panz. . . . commun. En fauchant dans les prairies.

Dispergatus, Gyl. . . . . commun. En battant les Saules au printemps.

Tibialis, Bohm. . . . . . commun. En battant les Aubépines.

Debilis Gyl. . . . . assez rare. En fauchant dans les prairies.

Cinerascens, Gyl. . . . . commun. En battant les Lierres. Sur *Eryngium campestre.*

                    Larve. Vit dans les ombelles de l'*Eryngium campestre.*

Picipes, Germ. . . . . . assez commun. En mai, juin, sur *Lotus corniculatus*, sur *Medicago muricata.* En automne dans les mousses des arbres.

Pusillus, Germ.. . . . . très-rare. En fauchant dans les prairies.

Pygmæus, Bohm. . . . . très-commun. En avril sur *Raphanus Rhaphanistrum*, en mai sur le *Trifolium incarnatum*; en juin sur *Lotus corniculatus.*

Carinatus, Gyl. . . . . . très-rare. Quelques individus pris en fauchant par M. Perris.

Pubescens, Germ.. . . . rare.   Id.

Larve. Vit dans les graines du *Sarothamnus scoparius*.

ʼsti, Fab. . . . . ⸳ . . . assez commun. Sur les fleurs en mai.

Larve. Vit dans les graines du *Sarothamnus scoparius*

Gilvus, Sch. . . . . . . très-commun. En fauchant sur l'*Onobrychys sativa* en mai. Sos (P. B.)

LONGICORNES

SPONDYLIDÆ

Spondylis, F.

Buprestoides, L. . . . . . commun. Aux pieds des Pins et le soir au vol.

Larve. Vit dans les vieilles souches de Pin. Soc. ent., 1856, p. 440.

Prionus, Geof.

Coriarius, L. . . . . . . assez commun. Sur le Chêne ; le long des fossés, au bord des bois.

Larve. Vit dans le Surrier et le Chêne. Ch. Cand., p. 242.

Ergates, Serv.

Faber, L.. . . . . commun. Dans les vieilles souches de Pin.

Larve.   Id.   Soc. ent., 1856, p. 444, et 1844, p. 169.

Ægosoma, Serv.

Scabricorne, F. . . . . . très-rare. Sur les Aulnes.

Larve. Vit dans les souches d'Aulnes, de Chêne, de Pommier. Voy. 6e op. Muls., p. 80. Dobner, Bertin, Ent. zeit., 1862.

CERAMBYCIDÆ

Cerambyx, L.

Velutinus , Brul. . . . . assez rare. Dans les bois de Chêne.

Cerdo, L. . . . . très-commun. Au pied des Chênes, dans lesquels vit sa larve.

Miles, Bon. . . . . . . Ce Longicorne est signalé des Landes, par Perris ; je ne l'ai jamais trouvé.

Scopolii, Laicht. . . . . très-commun. Sur les Ombellifères.

Purpuricenus, Serv.

Kœhleri, L. . . . . assez commun. Sur les Ombelles, en été.

Larve. Vit dans les troncs d'Acacias, les Echalas de Châtaignier et de Robiniers, dans les branches de Chêne.

Parasite : *Aulacus striatus.*

Aromia , Serv.

Moschata, L. . . . . . . commun. Sur les ombelles, en été.

Larve. Vit sur le Saule marceau et le Saule pleureur ; se transforme en nymphe au mois de juin.

CALLIDIDÆ

Callidium, F.

Clavipes, F. . . . . rare. Sur les Châtaigniers et les échalas des Vignes.

Larve. Vit dans les ceps de Vigne.

Femoratum, L. . . . . . assez commun. Sur le Chêne, le Rosier, le Prunier, le Pommier et le Pêcher.

Larve. Vit dans les branches récemment mortes et les échalas coupés depuis peu du Châtaignier.

— M. Perris l'a aussi trouvée dans des branches de Chêne et dans la tige, dans un Rosier et

Sanguineum, L.. . . . .

même dans un Prunier, un Pommier et un Pêcher.

très-commun. Dans les bûchers.

Larve. Vit dans le bois de Chêne, se transforme sous ou dans l'écorce. L'éclosion a lieu en avril et mai.

Parasites : *Lissonota impressa; Opius caudatus?*

Mœurs : Soc. ent., 1848, p. 99 ; 1857, p. 98.

Unifasciatum, F. . . . .

très-commun. En battant des fagots, des sarments de Vigne.

Larve. Vit dans les sarments.

Parasite : *Helcon agnator.*

Alni, L.. . . . .

très-commun. En battant les Aubépines, les échalas de Châtaignier au printemps, les Aulnes, les Ormeaux.

Larve. Vit sur les mêmes arbustes.

Variabile, L. . . . . . .

très-commun. Dans les bûchers, sur le Chêne et les divers arbres qui servent communément au chauffage.

Larve. Vit dans ces différents arbres.

Parasite : *Spathius clavatus; Doryctes gallicus; Bracon denigrator; Helcon agnator.*

Melancholicum, F. . ..

très-commun. Sur le Chêne et le Châtaignier. Attaque les cercles des futailles.

Larve. Vit dans le Chêne et le Châtaignier.

Hylotrupes, Serv.

Bajulus, L. . . . .

très-commun. Dans les maisons, dont il détruit, ainsi que sa larve, les planchers et les charpentes. — La femelle pond des œufs blancs et ellipsoides allongés, qui ne sortent pas bout à bout. — Soc. ent., 1856, p. 454. Heeger, Sitzber, Wien. Acad. Wiss., 1857, p. 323.— Soc. ent., 1868, B. 138.

Oxypleurus, Muls.

Nodieri, Muls. . . . . .

très-rare. Dans le bois de Pin ; parfois dans les planchers pourris de Pin.

Larve. Muls. Op. ent., 6e. cah. 1855, p. 91.

Criocephalus, Muls.

Rusticus, L. . . . . . . très-commun. Dans les vieux troncs de Pins. — On le prend en abondance en été sous les pots de résine employés par le système Hugues. Larve. Vit dans le Pin. — Soc. ent., 1856, p. 450.

Ferus, Kraatz. . . . . . plus rare.   Id.

Hesperophanes, Muls.

Nebulosus, Ol. . . . . . . assez rare. Dans les maisons, dont il dévore les meubles et les poutres. Larve. Vit dans le peuplier mort. — Muls., An. Soc. Lin. Lyon, 1855.

Pallidus, Ol. . . . . . . très-rare.   Id.

CLYTIDÆ

Clytus, F.

Detritus, L.. . . . . . . assez commun. Vit sur les Chênes et les Châtaigniers, ainsi que sa larve. Parasite : *Helcon agnâtor.*

Arcuatus, L. . . . . . . commun.   Id. Larve.   Id. Ent. magaz., t. I, p. 212, t. IV, p. 222. — Soc. ent., 1842, p. 176.

Liciatus, L. . . . . très-rare. Pris par M. Bauduer en secouant un Chêne mort.

Arvicola, Ol. . . . . . . commun. Sur le Surrier, le Charme, le Chêne tauzin. Larve. Vit dans ces divers arbres et aussi dans le Bouleau, le Tilleul, le Mûrier.

Antilope, Illig. . . . . . . très-rare. Dans les branches mortes de tauzin. — Dans un pieu de Chêne qui avait servi de berceau à sa larve ; une autre fois dans un

tronc de tauzin mort ; sa larve pénètre assez
profondément dans le bois.

Cinereus, Gorg.. . . . . . très-rare. Un seul individu pris en 1865, par
M. Bauduer, en secouant les branches mortes
de Chêne. — Trouvé également à Saint-Sever,
par M. Pérez. — Soc. ent., 1874, LXXXIII.

Arietis, L. . . . . commun. Sur les fleurs, en mai-juin.
Larve. Vit dans le Mûrier, le Chêne, le Châtaignier,
le Pommier, le Merisier, le Robinier, le Syco-
more. — Voy. Soc. ent., t. V, 2e série, 1847,
p. 547.

Rhamni, Germ.. . . . . commun. Id.
Larve. Vit dans les échalas de Robinier.

Trifasciatus, F.. . . . . très-rare. Dans les dunes, en fauchant.

Verbasci, L. . . . . . . commun. Sur les Eryngium, les ombelles et les
échalas de Châtaigniers. Juin-Juillet.
Larve. Vit dans les échalas de Châtaigniers et de
Robiniers.

4. Punctatus, Luc. . . . assez rare. En battant les Noyers, les Châtai-
gniers, les Robiniers. Juillet.
Larve. Vit dans ces différents arbres.
Mœurs. Soc. ent., 1846, B. XXXIII.

Massiliensis, L.. . . . . assez commun. Sur les fleurs, en juin-juillet.
Larve. Vit dans les échalas de Châtaigniers, de
Robiniers.

Plebejus, F.. . . . . . . commun. Id.

Deilus, Serv.

Fugax, F.. . . . . rare. En fauchant sur les Genêts. — Il naît en
avril, est peu agile et se laisse tomber pour
faire le mort pendant quelques instants, pour
peu qu'on agite la branche qui le porte.

Gracilia, Serv.

Pygmæa, F.. . . . . . . très-commun. En secouant les vieux paniers d'o-
siers vermoulus et recouverts de leur écorce.
Larve. Vit dans le Châtaignier, le Saule, le Bouleau. — Voy. Schmidt, Entom. zeit., 1843,

p. 105. — Avec *F. Rufa.* — Soc. ent.
Belg. III, p. 191, et IV, p. 20.

Parasites : *Eurytoma maris ; Eubadizon macrocephalus ; Entedon consectus ; Encyrtus
scutellaris.*

Brevipennis, Muls. . . . . très-commun.   Id.

MOLORCHIDÆ

Necydalis, F.

Abbreviatus, Panz. . . . rare. Dans l'intérieur des troncs d'arbres, d'où il
ne sort que le soir.

Umbellatarum, L.. . . . . commun. Sur les fleurs du *Cornus sanguinea*
(Chalosse) ; en battant des haies de roncos et des
branches mortes de Châtaigniers.

     Larve. Vit dans les tiges sèches du Rosier sauvage,
dans les branches mortes du Poirier et du Pommier.

Stenopterus, Ol.

Rufus, L. . . . . très-commun. En fauchant dans les prairies ; sur
les ombelles.

     Larve. Vit dans les échalas de Châtaigniers.

v. Prœustus, F.. . . . . rare.   Id.

Flavicornis, Kust.. . . . très-rare.   Id.

LAMIDÆ

Dorcadion, Dalm.

Meridionale, Muls. . . . très-rare. Pris à Sos.

Morimus, Serv.

Lugubris, F. . . . . . . assez commun. Sur les Saules et les Peupliers.

     Larve. Goureau, Soc. ent., t. II, 2e série, 1844,
p. 427.

Lamia, F.

Textor, L. . . . . rare. Sur les fossés au bord des prairies.
Larve. Voy. Ch. Cand., p. 245.

Monohammus, Serv.

Galloprovincialis, Ol. . . très-commun. En battant les branches de Pin, en
juillet et août.
Larve. Vit dans les tiges mortes de Pin. — Voy.
Soc. ent., 1856, p. 459. Ratzeburg, Die fortins,
t. I, 1837.

Griseus, F. . . . . commun.   Id.   et sous
l'écorce des Pins.
Larve. Vit dans les tiges de Pins déjà âgés.— Voy.
Soc. ent., 1856, p. 463.
Parasite : *Bracon impostor.*

Liopus, Serv.

Nebulosus, L.. . . . . . très-commun. Sur le Chêne, l'Aulne, le Châtaignier, le Rosier, le Robinier, le Pommier, le
Pêcher.
Larve. Voy. Westwood, Intr. to the mod. class.
of. Ins., t. I, 1839, p. 365.
Parasites : *Glyta mensucator*; *Xylonomus
precatorius*; *Campoplex transfuga*; *Ortho-
centrus fulvipes*; *Meteorus tabidus*; *Phygadeuon fumator.*

Acanthoderes, Serv.

Varius, F. . . . . peu commun. En battant les branches de Peuplier.
Larve. Vit dans les Peupliers morts, les Noyers,
les Cerisiers, les Saules, les Tilleuls, dans le
Pommier, le Rosier. M. Perris l'a également
trouvée dans un arbrisseau exotique de la famille des Synanthérées, le *Baccharis halimi-
folia.*

Exocentrus, Muls.

Punctipennis, Muls.. . . . commun. En battant des branches d'Orme et de
Chêne.

Larve. Vit dans les branches de l'Orme. Voy.
7e op., Muls. p. 105.

Parasites : *Spathius rubicus* ; *Eurytoma gallarum; Calyptus angustinus* ; *Trigonoderus duccites; Dendrosoter protuberans* ;
Eubadizon flavipes ; Blacus falcatus ; *Pimpla gallicola; Perilampus lœvifrons; Bracon extricator.*

Adspersus, Muls. . . . . commun. En battant les branches sèches de Châtaignier et de Chêne.

Larve. Vit dans les échalas de Châtaigniers,
l'Aubépine, le Lierre, le Chêne, le Charme et le
Robinier.

Parasites : *Eusandalum inerme; Calosoter
œstivalis ; Blacus errans; Eubadizon flavipes ; Xylonomus punctatissimus.*

Lusitanicus, L. . . . . . peu commun. En battant les branches de Tilleul,
Larve. Vit dans les branches mortes du Tilleul.
Voy. An. Soc. Lin. Lyon, 1855, p. 321.

Pogonocherus, Lat.

Ovatus, Fourc. . . . . . peu commun. En battant les branches de Chêne.

Perroudi, Muls.. . . . . peu commun. En battant les branches et les feuilles
de Pins abattus en mai.

Hispidus, F. . . . . . . peu commun. En battant les branches d'Ormes et
de Charmes.

Larve. Vit dans les branches de ces arbres.

Parasites : *Monodontomerus dentipes; opius
rubriceps; Chelonus scaber ; Bracon initiator.*

Caroli, Muls. . . . . . très-rare. M. Bauduer l'a trouvé, en 1869, englué
dans la résine ; M. Perris l'a obtenu de branches
sèches de Pin, le 24 août 1870.

Dentatus, Fourc. . . . . commun. En battant les Lierres et les Chênes.

Larve. Vit dans les tiges mortes du Lierre, du
Pommier et du Houx. — Voy. Bouché, Ent.
zeit., 1847, p. 185 (sous le nom de *Pilosus*,
Fab.) — Fairm., Soc. ent., 1847, p. XVII.

Decoratus, Fairm. . . . rare. Obtenu d'éducation des branches sèches de
Pin.

Belodera, Thoms.

Genei, Arrag. . . . . . . très-rare. M. Bauduer en a pris deux individus en
mai 1871, en secouant des branches mortes de
Châtaigniers. — M. Bedel l'a pris dans un jardin à Arcachon.

SAPERDIDÆ

Mesosa, Serv.

Nubila, Ol. . . . . peu commun. En battant les branches mortes de
Chêne et de Châtaignier.
Larve. Vit dans les branches de ces arbres, aussi
dans les branches mortes de Robinier et d'Aulne.

Anæsthetis, Muls.

Testacea, F. . . . . très-commun. En battant les branches de Châtaignier.
Larve. Vit dans les échalas de Châtaigniers et de
Chênes.
Parasite : *Ephialtes tuberculatus.*

Agapanthia, Serv.

Cardui, L. . . . . assez commun. En juin sur le *Melilotus Macrorhiza.*
Larve. Vit dans les tiges de cette plante. — Voy.
Per., Mém. Soc. Liège, 1855, p. 244. — Guér.,
Mém. Soc. ent., t. III, Bull. p. LVX.
Parasite : *Sigalphus ambiguus.*

Angusticollis, Gyl. . . . très-rare. Sur *Eupatorium cannabicum* dans
les tiges duquel vit sa larve.

Hippopsis, Serv.

Gracilis, Creutz. . . . . peu commun. Sur les Graminées dans les terrains
argileux.

Saperda, F.

Carcharias, L. . . . . . . peu commun. Sur le Peuplier où vit sa larve.

Punctata, L. . . . . assez rare. Sur l'Orme où vit sa larve. Voy. Per.,
Soc. ent., t. V 2ᵉ série, 1847, p. 549.

Scalaris, L. . . . . assez commun. Vit dans le bois de Noyer. Cet insecte est nocturne et ne peut guère s'obtenir que
par éducation.
Larve. Vit dans le Noyer. — Voy. Ch. Cand.,
p. 247.
Parasites : *Campoplex transfuga* ; *Orthocen-
trus fulvipes* ; *Meteorus tabidus* : *Phyga-
deum fumator.*

Populnea, L. . . . . . . commun. Se transforme dans les branches vivantes
du Peuplier. Se prend au vol autour des Peu-
pliers au printemps et s'obtient surtout par éducation. Voy. Ch. Cand., p. 247. Lucas, Soc.
ent., 1846, Bull. p. 47.

Tetrops, Steph.

Prœusta, L. . . . . commun. Au printemps en battant les Aulnes et
les Saules.
Larve. Vit dans l'Aubépine, le Chêne, le Charme,
le Poirier, le Pommier, le Rosier.

Menesia, Muls.

Perrisi, Muls. . . . . . . Un seul individu, pris par M. Perris en fauchant
sur des Fougères.

Oberea, Muls.

Oculata, L. . . . . peu commun. Sur les Saules en juillet.
Larve. Vit dans les jeunes Saules, qu'elle mine le
long du canal médullaire sans les faire périr.

Linearis, L. . . . . assez commun. Sur les Noisetiers au printemps.

Larve. Vit dans les jeunes pousses du Noisetier.

Erythrocephala, F. . . . rare. En fauchant sur les Euphorbes dans les environs de Dax.

Phytœcia, Muls.

Jourdani, Muls.. . . . . . très-rare. Pris à Sos par M. Bauduer.

Lineola, F. . . . . commun. Sur l'*Achillœa millefolium*, dans les tiges duquel vit sa larve.

Ephippium, F. . . . . . rare.   Id.

Cylindrica, L.. . . . . . rare. En fauchant sous bois.

Virescens, F. . . . . . . commun. Sur l'*Echium vulgare*, ainsi que sa larve.

Molybdœna, Dal. . . . . très-rare. Pris à Sos par M. Bauduer.

Larve. Vit au collet du *Cerinthe major.* — Voy. Ab. 70, 152. — Soc. de Zool. et de Bot. de Vienne, 1868-69.

LEPTURIDÆ

Rhamnusium, Latr.

Salicis, F. . . . . assez rare. Sur l'Orme, le Tilleul, surtout dans les troncs caverneux.

Larve. Voy. Ch. Cand., p. 249.

Rhagium, F.

Mordax, F. . . . . très-rare. Au vol le soir dans un champ de blé en Armagnac.

Larve. — Voy. Heeger, Sitzber, Wien. Acad. Wiss., 1858, p. 104. Soc. ent., 1868, B. 138.

Indagator, L. . . . . . . commun. Sous l'écorce du Pin maritime.

Larve.   Id.   Voy. Soc. ent., 1856, p. 469. Ratzeburg, die, fortins, 1839, 2e édit., I, p. 239.

Mœurs. Voy. Soc. ent., 1840, p. 63.

Parasites : Bracon *Initiator* et *denigrator*.

Bifasciatum, F. . . . . . très-rare. Trouvé en septembre 1858, par Perris, dans une souche de Châtaignier, avec des larves et des nymphes. — Voy. Ch. Cand., p. 248. Letzner, Arb. Sches. Gesells, 1857, p. 119.

Pachyta, Serv.

Collaris, L. . . . . peu commun. Sur les échalas de Châtaigniers, sur lesquels la femelle va pondre.

Cerambyciformis, Schk.. très-commun. Sur les ombelles et en fauchant dans les prairies.

Strangalia, Serv.

Aurulenta, F., ... commun. Sur les ombelles et en battant les Aulnes.

Larve. Vit dans les souches d'Aulnes. — Voy. Per., Ann. Soc. nat., t. XIV, 2e série, 1840, p. 90.

Parasite : *Histeromerus mystacinus*, W.

4-Fasciata, L.. . . . . . assez rare. En fauchant dans les prairies et sur les ombelles

Mœurs. Voy. Ab. 70, p 173.

Maculata, Poda.. . . . . commun.   Id.

Attenuata , L.. . . . . . très-commun.   Id.

Larve. Vit dans les vieux pieux de Châtaigniers.

Revestita, L. . . . . . . rare.   Id.

Nigra, L. . . . . très-commun.   Id.

Bifasciata, Muls. . . . . très-commun.   Id.

Melanura, L. . . . . . . très-commun.   Id.

Leptura, L.

Testacea, L.. . . . . . . assez rare. Sous les écorces de Pins morts.

Larve. Vit dans les souches et les tiges mortes du Pin. — Voy. Soc. ent., 1856, p. 475.

Parasite : *Doryctes imperator.*

Rufipennis , Muls. . . . très-rare. Dans le très-vieux bois de Chêne-Liége.

Hastata, F. . . . . commun. En été sur les ombelles.

Fulva, De G.. . . . . . commun.   Id.   et sur les Noise-tiers.

Livida , F. . . . . commun.   Id.   et sur les fleurs de Cornouilliers.

Bipunctata , F. . . . . . très-rare.   Id.   Sos (P. B.)

Anoplodera, Muls.

6-Guttata, F. . . . . très-rare. En secouant des Aulnes en été.
Sos (P. B.)

Grammoptera, Serv.

Lœvis, F. . . . . commun. En fauchant dans les prairies.

Holosericea, F. . . . . . assez rare. En battant les Saules.

Femorata, F. . . . . . . très-rare. En secouant des branches mortes de Chêne, en juin et juillet.
  Larve. Vit dans les branches mortes de tauzin et de Châtaignier.

Ruficornis, F.. . . . . . très-commun. Au printemps, sur les fleurs, les Lilas, surtout sur les fleurs de Cornouillier. — M. Perris a publié sa larve qui vit dans le tiges de l'*Hybiscus syriacus*. — D'après M. Chamboret (An. Soc. ent., 1878, p. 847), elle se trouve aussi dans les tiges du Lierre, ce qui est vrai. M. Perris l'a aussi rencontrée dans les branches de Chênes et de Châtaigniers, en avril.

Prœusta, F. . . . . très-commun. En battant les haies d'Aubépine et les branches mortes de Chêne.
  Larve. Vit dans les branches d'Aulnes, de Chênes et de Châtaigniers.

PHYTOPHAGES

DONACIDÆ

Donacia, F.

Crassipes, F. . . . . . . rare. Sur les feuilles de Nénuphar.
  Larve. Voy. Cb. Cand., p. 256.

Bidens, Ol. . . . . assez rare. En fauchant sur les plantes aquatiques.

Reticulata, Gyl.. . . . . commun.   Id.

Dentipes, F. . . . . . . peu commun.   Id.

Lemnæ, F. . . . . très-commun.   Id.

Larve. Voy. Cb. Cand., p. 256.

Sagittariæ, F. . . . . . . très-commun. Id. et sur le *Sparganium* surtout.

Larve. Voy. Soc. ent., 2e série, t. VI, 1848, p. 33.

Impressa, Payk. . . . . très-commun. Id.

Linearis, Hopp. . . . . . moins commun. Id.

Larve. Voy. Siebold, Bericht. vers. naturf. Carlsruhe, 1859, p. 211.

Typhœ, Brahm.. . . . . très-rare. Id. surtout sur le littoral.

Simplex, F. . . . . assez commun. Id.

Discolor, F.. . . . . . . assez commun. Id.

Affinis, Kunze. . . . . . commun. Id.

Sericea, L. . . . . commun. Id.

CRIOCERIDÆ

Lema, F.

Puncticollis, Curt. . . . très-rare. Un seul individu trouvé en fauchant dans un marais.

Cyanella, L. . . . . . . très-commun. En fauchant dans les prairies.

Larve. Voy. Cb. Cand., p. 259.

Erichsoni, Suf. . . . . . Pris à Sos par M. Bauduer.

Flavipes, Suf.. . . . . . assez commun. En fauchant sur les champs de Panis en herbe, dont la larve ronge les feuilles.

Melanopa, L. . . . . . . très-commun. Sur les graminées.

Larve. Vit sur le *Calamagrostis arundinacea*.

Crioceris, Geof.

Merdigera, L. . . . . . . très-commun. Sur les fleurs et sur les Asperges.

Larve. Voy. Cb. Cand., p. 258.

12-Punctata, L.. . . . . très-commun. Id.

Larve. Frisch., Beschreib., 1720, Part. XIII, p. 29.

Asparagi, L. . . . . . . très-commun. Sur l'Asperge. — Ses œufs sont presque cylindriques et bruns, ils sont attachés par files sur la tige et collés par un bout. Certains auteurs prétendent qu'il est vivipare comme les *Oreina* ; mais, malgré de nombreuses recherches, je n'ai jamais pu vérifier ce fait qui me paraît fort douteux.

Larve. Voy. Ch. Cand., p. 259. — Letzner, Arb. Schles. Gesells., 1857, p. 119.

CLYTHRIDÆ

CLYTHRA, Laich.

S.-g. Labidostomis, Lacd.

Tridentata, L.. . . . . . . assez rare. En battant des branches de tauzins.
Humeralis, Panz.. . . . . assez commun. En fauchant dans les prairies.
               Larve. Voy. Ch. Cand , p. 280.
Lucida, Germ. . . . . . rare.   Id.
Longimana, L. . . . . . assez commun. En battant les Chênes.
               Larve. Voy. Ch. Cand., p. 280.

S.-g. Titubœa , Lacd.

Sex-maculata, F. . . . . . assez rare. En fauchant dans les prairies.
Sex-punctata, Ol. . . . . rare. En fauchant sur les plantes basses.

S.-g. Lachnœa, Lacd.

Longipes, F. . . . . rare. En secouant les Chênes en juin et juillet.
               Sos (P. B.)

S.-g. Clythra, Lacd.

4-Punctuata , L. . . . . . assez commun.   Id.
               Larve. Pet. nouv. ent., n° 50, p. 201. — Soc. ent., p. 72.
Læviuscula, Ratz.. . . . assez rare.   Id.
               Larve. Avec *F. sanguinea*, Rouget. — Rosenb. über die Entw. und. fortpf. der. Clyt. und. Crypt. 1852, p. 23.

S.-g. **Gynandrophthalma,** Lacd.

Concolor, F. . . . . . . très-rare. En secouant des Aulnes en juin.

Cyanea, F. . . . . assez commun. En battant les Saules en juin et
juillet.

Affinis, Illig. . . . . . . commun.   Id.

Aurita, L. . . . . rare.   Id.

S.-g. **Coptocephala,** Redt.

Scopolina, F. . . . . . . très-commun. En fauchant dans les prairies.
Larve. Voy. Letzner. Bresl. Ent. Zeit., 1855,
Bol. p. 78.

Chalybea, Germ. . . . . très-rare.   Id.

EUMOLPIDÆ

Colaphus, Redt.

Ater, Ol. . . . . peu commun. En fauchant dans les prairies humides.

Bromius, Redt.

Vitis, F. . . . . rare. Sur la Vigne en mai.
Larve. Voy. Ch. Cand., p. 276. — Soc. ent.,
1874 et 1875.

Pachnephorus, Redt.

Arenarius, F. . . . . assez rare. En fauchant dans les lieux arides.

CRYPTOCEPHALIDÆ

Cryptocephalus, Geof.

Rugicollis, Ol. . . . . . rare. En fauchant sur les plantes, dans les terrains
calcaires.

Imperialis, F. . . . . rare. En battant les Chênes.

Bimaculatus, F. . . . . . rare. Pris à Sos par M. Bauduer.

Loregi, Sol. . . . . très-rare. En juin et juillet sur les jeunes pousses de Chênes.

Variabilis, Sch. . . . . . assez rare. En battant les Saules.

4-Punctatus, Ol . . . . . peu commun. En fauchant sur les drageons de tauzins.

Coloratus, F. . . . . . . Un seul individu pris en mai 1870, en secouant un Chêne. Sos (P. B.)

Violaceus, F. . . . . . . commun. En fauchant dans les prairies.

Sericeus, L. . . . . commun.   Id.

Aureolus, Suf. . . . . . commun.   Id.

Hypochæridis, L. . . . . commun.   Id.

Lobatus, F. . . . . Pris deux individus en juin 1870, en secouant un Noisetier. Sos (P. B.)

Pini, L. . . . . commun. En octobre et novembre sur les jeunes Pins clairsemés et exposés au soleil. Ils se laissent tomber dès qu'on les approche et sont le plus souvent accouplés.
Larve. Voy. Ch. Cand., p. 282. Soc. ent., 1857, p. 341.

12-Punctatus, F. . . . . Un seul individu pris en juin 1863, en secouant les pousses de l'année sur un Chêne très-touffu. Sos (P. B.)
Larve. Voy. Ch. Cand., p. 282.

Nitens. . . . . rare. En fauchant çà et là.

Moræi, L. . . . . commun. En fauchant dans les prairies.
Larve. Voy. Ch. Cand., p. 282.

Flavipes, F. . . . . . . rare.   Id.

10-Punctatus, F. . . . . . très-rare. En battant les Saules dans les lieux humides.

Janthinus, Germ. . . . . peu commun.   Id.

Fulcratus, Germ. . . . . rare.   Id.

Flavilabris, Payk. . . . . assez rare. Sur les jeunes pousses de l'Aulne.

Bipunctatus, L. . . . . . commun. En fauchant sur les Bruyères et sur diverses plantes dans les bois et les prairies, en mai.
Larve. Voy. Ch. Cand., p. 282.

Bipustulatus, F. . . . . . moins commun.   Id.

6-Pustulatus, Rossi. . . . très-commun. En fauchant dans les prairies.

Vittatus, F. . . . . très-commun.   Id.   et en battant les arbres qui les bordent ; sur *Helian-themum Alyssoides*, en mai.

Larve. Voy. Ch. Cand., p. 282.

Bilineatus, L. . . . . . . très-commun. En juillet, dans les lieux arides, sur les fleurs.

Pygmæus, F. . . . . . . très-commun. Sur les Menthes, en juillet.

Minutus, F. . . . . très-commun. En fauchant dans les lieux secs.

Larve. Voy. Ch. Cand., p. 282.

Populi, Suf. . . . . . . très-rare. En fauchant sous bois.

Pusillus, F. . . . . assez rare. En fauchant dans les prairies et en battant les Saules.

Gracilis, F. . . . . commun. En juin, juillet, sur les Menthes et les Saules.

Hubneri, F. . . . . plus rare. En battant les haies.

Labiatus, L. . . . . très-commun. En fauchant dans les prairies, sur le *Myrica galle*.

Larve. Gyll. Ins. Suedica, 1813, p. 628.

Geminus, Gyl. . . . . . très-commun. En battant les Aulnes, les Saules, sur le *Myrica galle*.

Pachybrachys, Suf.

Hieroglyphicus, F. . . . très-commun. Sur les feuilles d'Aulnes et de Peupliers, au bord des eaux.

Fimbriolatus, Suf. . . . assez rare. En fauchant dans la Lande sur la *Calluna erica*.

Histrio, Ol. . . . . Signalé comme très-commun sur les Osiers au bord du Gave.

Stylosomus, Suf.

Minutissimus, Germ. . . rare. En fauchant sur le bord de l'Adour, près de son embouchure.

CHRYSOMELIDÆ

Timarcha, Latr.

Tenebricosa, F. . . . . . . commun. .Sur les chemins au bord des fossés.
Larve. Voy. Cb. Cand., p. 268. — Wilson, Magaȥ.. nat. hist., 1833, p. 533.

Maritima, Perris. . . . . très-commun. Sur les Dunes.
Larve. Vit sur le *Galium arenarium.*

Coriaria, F . . . . très-commun. Sur les chemins; en fauchant dans les prairies.

Chrysomela, L.

Banksi, F.. . . . . peu commun. Sur les Menthes.

Varians, F. . . . . rare. En fauchant dans un fossé humide.
Larve. Voy. Heeger, Sitzber, Wien. Acad. Wiss., 1853, p. 930.

Hæmoptera, L. . . . . . très-commun. Sous les bois pourris; en fauchant dans les prairies.
Larve. De Geer, Mém., 1775, t. V, Mém. VI, p. 312.

Femoralis, Ol. . . . . . très-rare. Sur les Menthes et en fauchant.

Molluginis, Suf. . . . . rare.   Id.
Larve. Vit sur l'*Hypericum perforatum.*

Subænea, Suf. . . . . . rare. Dans les détritus d'inondation de l'Adour.

Gypsophilæ, Kust. . . . rare. En fauchant dans les landes un peu humides.. Sos (P. B.) Pris à la Teste dans l'intérieur des forêts (L. Bedel).

Sanguinolenta, L. . . . . très-commun. Sur les Fougères et les Graminées au printemps.
Larve. Vit sur les *Linaria spartea* et *thymifolia.* — Voy. Letzner, Arb. Schles. Gesels., 1859, p. 5.

Depressa, Fairm. . . . . assez rare. Sur les Joncs à la pointe d'Aiguillon. (L. Bedel.)

Menthastri, Suf. . . . . très-commun. Sur les Menthes. Sos (P. B.)

Fastuosa, L. . . . . . . assez commun. Sur les Graminées.

Cerealis, L. . . . . rare. En fauchant çà et là dans les terrains forts.

Polita, L. . . . . assez commun. Sur les Menthes.

Rufoænea, Suf. . . . . . rare. Dans les détritus d'inondation.

Fucata, F.. . . . . peu commun. En fauchant dans les marais.
>Larve. Vit sur l'*Hypericum perforatum.*

Grossa, Ol. . . . . rare. En fauchant dans les prairies.

Lucida, Ol. . . . . très-commun. Sur les Menthes et en fauchant dans
>les prairies.

Lina, Redt.

Ænea, L. . . . . très-commun. Sur les Aulnes.
>Larve. Voy. de Geer, Mém., 1775, t. V, Mém. VI,
>p. 306.

Populi, L.. . . . . très-commun. Sur le Peuplier et dans les prairies.
>Les Larves sécrètent une matière dont l'odeur
>infecte est due, d'après M. Pfaff de Marbourg, à
>de l'*acide salicileux.*
>Parasite : *Pteromalus Sieboldi.*

Tremulæ, F. . . . . . . Pris abondamment dans les débris d'inondation en
>hiver et en été sur une petite espèce de Saule qui
>croît au bord des eaux. Sos.
>Larve. Voy. Chap. Cand., p. 271.

Gonioctena, Redt.

Litura, F. . . . . très-commun. Sur le Genêt à balais.
>Larve. Voy. Chap. Cand., p. 274.

Gastrophysa, Redt.

Polygoni, L. . . . . . . très-commun. En fauchant dans les prairies.
>Larve. Vit sur le *Polygonum aviculare.* — Voy.
>Ch. Cand., p. 272. — Letzner, Arb. Schles.
>Gesells., 1855, p. 106.

Raphani, F.. . . . . . . très-commun. Sur l'Oseille dans les jardins.
>Larve. Dévore les feuilles de l'Oseille. — Voy.
>Letzner, loc. cit.

Plagiodera, Redt.

Armoraciæ, L. . . . . . commun. En fauchant dans les prairies et en bat
tant les Saules.

> Larve. Voy. Cornelius, Stets. Ent. Zeit., 1857,
> p. 162-392. — Heeger, Sitzber, Wien. Acad.
> Wiss., 1853, p. 930. — Letzner, Arb. Schless.
> Gesells., 1852, p. 6.

Phœdon, Latr.

Pyritosa, Ol. . . . . . . très-commun. Dans les prairies.
Cochleariæ, F.. . . . . . . très-commun. En battant les Saules au printemps.

> Larve. Letzner, loc. cit.

Phratora , Redt.

Vulgatissima, L. . . . . commun. Sur les Saules.
Vitellinæ, L. . . . . . . très-commun. Sur les Saules et dans les prairies.

> Larve. Voy. Chap. Cand., p. 272. — Letzner,
> Arb. Schles., Gesells., 1855, p. 106.

Prasocuris, Latr.

Aucta, F.. . . . . commun. En battant les Saules en mai et juin, et
en fauchant.

> Larve. Voy. Ch. Cand., p. 273. — Cornelius,
> Stets. Ent. Zeit., 1857, p. 162-392.

Marginella, L. . . . . . commun.   Id.
Phellandrii, L. . . . . . assez commun. En fauchant dans les marais.

> Larve. Vit dans les tiges creuses du *Sirum lati-*
> *folium* près du collet. — Voy. Letzner, loc.
> cit., p. 1119.
> Mœurs. Voy. Ab. 68, p. 98, 1870, n° 8.

Beccabungæ, Illig. . . . assez rare. Sur la *Veronica beccabungæ.*

> Larve. Se nourrit des feuilles du *Sium latifo-*
> *lium.*
> Voy. Ab. 77 p. 134, 1870, p. 35.

GALERUCIDÆ

Adimonia, Laich.

Artemisiæ, Rosh.. . . . . Un seul individu pris en juillet 1870, sous des
herbes. Sos (P. B.)

Tanaçeti, L.. . . . . très-commun. Sur les graminées et dans les prairies.

Larve. Voy. Cb. Cand., p. 275. — Fuss, Verhandl. siebenbürg. ver. 1856, p. 104.

Rustica, Schal.. . . . . . rare. Courant çà et là sur les sentiers. Sos (P. B.)

Sanguinea, F.. . . . . . assez commun. Dans les détritus d'inondation, à
Dax.

Capreæ, L.. . . . . commun. En fauchant dans les prairies humides.
Larve. Voy. Cb. Cand., p. 275.

Galeruca, Geof.

Viburni, Payk.. . . . . . rare. Sur le *Viburnum lantana*, en mai et juin.
Sos (P. B.)

Larve. Bouché, Naturg. der. Insekt., 1834, p. 204,
n° 35. — Kawall, Corresp. Bl. naturf. ver.
1853-54, p. 60.

Xanthomelœna, Sch.. . très-commun. Sur les Peupliers en été, sous les
écorces en hiver.

Larve. Voy. Heeger, Sitzber, Wien. Acad. Wiss.,
1858, p. 100. — Kollar, Verb. Wien. Zool.
Bot. ver. 1858, p. 29. — Soc. ent., 1868,
B. 138.

Nympheæ, L.. . . . . . commun. Sur les Joncs au bord des ruisseaux. —
Sur le Nénuphar.

Larve. Voy. Chap. Cand., p. 275.

Lineola, F. . . . . assez commun. En battant les jeunes Saules.

Calmariensis, L.. . . . . très-commun. Sur les Aulnes autour des mares.—
Sa larve mange les feuilles de l'Orme. Elle se
transforme en juillet et août, sous terre ou sous
les feuilles de l'écorce.

Tenella, L. . . . . commun. Sur les Joncs au bord des ruisseaux, au
printemps.

Malacosoma, Chevl.

Lusitanica, L. . . . . . . Sur les graminées et dans les prairies.

Agelastica, Redt.

Alni, L. . . . . très-commun. En battant les Saules au printemps.
— La nymphe s'attache aux feuilles et l'insecte en sortant de cet état a la tête et les élytres bronzées, le corselet et les pattes bleus, le dessous d'un bronzé jaunâtre.

Halensis, L. . . . . . . rare. En fauchant sur le bord des rivières.

Phyllobrotica, Redt.

4-Maculata, L. . . . . . Pris à la Teste par M. Souverbie.

Luperus, Geof.

Circumfusus, Marsh. . . très-commun. Sur l'Ajonc et le Genêt à balais.

Flavipes, L. . . . . Dans les prairies humides au printemps. — Geoffroy l'indique avec sa larve sur les Ormes, et Gehin sur les feuilles de Poirier.

Monolepta, Er.

Erythrocephala, Ol. . . . très-commun. Dans les prairies et dans les détritus d'inondation.

ALTICIDÆ

Lithonoma, Rosh.

Cincta, F. . . . . rare. En fauchant dans les prairies.

Crepidodera, Chevl.

Lineata, Rossi. . . . . . très-commun. Sur la Bruyère à balais, sur laquelle vit sa larve.

Ventralis, Illig. . . . . . rare. Sur la *Douce-amère,* en mai et juin.

Salicariæ, Payk. . . . . . commun. Sur le *Myrica gale.*

Impressa F. . . . . assez commun. En fauchant dans les dunes.

Transversa, Marsh. . . . assez commun. Sur les Joncs au bord des eaux.

Ferruginea, Scop. . . . . assez commun. Sur les Artichauts dans les jardins ; en fauchant dans les prairies.

Rufipes, L. . . . . très-rare. Dans les prairies sèches; sur les malvacées.

Helxines, L. . . . . . . peu commun. Sur les Saules au printemps.

Aurata, Marsh. . . . . . très-commun. En battant les Saules, et en fauchant dans les prairies.

Chloris, Foud. . . . . . moins commun.   Id.

Smaragdina, Foud. . . . plus rare.   Id.

Aureola, Foud. . . . . . commun.   Id.

Modeeri, Lin. . . . . . . assez commun. En fauchant dans les lieux humides, surtout au bord des marécages en juillet
et août.

Pubescens, Hoffm. . . . assez commun. Sur le *Solanum Dulcamaræ*,
au printemps.

Intermedia, Foud. . . . rare. En fauchant dans les marais.

Hermœophaga, Foud.

Cicatrix, Illig. . . . . . très-commun. En fauchant sur les *Mercurialis
annua* et *perennis*, dont la larve dévore les
feuilles.

Graptodera, Chevl.

Ericeti, All. . . . . . . commun. En fauchant sur les Bruyères.

Ampelophaga, Guer. . . très-rare. Sur les Vignes.

Coryli, All. . . . . . . rare. Sur les Coudriers.

Lythri, Aubé. . . . . . commun. Sur les *Lythrum* et les *Epilobium ;*
sur *Isnardia palustris, OEnothera biennis.*
Les œufs pondus en mai sont sphériques, d'un
blanc jaunâtre chagriné, quelquefois couverts
d'un peu de matières excrémentitielles noires ;
ils sont collés au revers des feuilles, tantôt
isolés, tantôt 2 ou 3 ensemble et contigus. La
métamorphose a lieu sous terre.

Carduorum, Guer. . . . commun. Sur les Chardons.

Hippophaës, Aubé. . . . rare. Sur l'*Hippophaë rhamnoides.*

Longicollis, All.. . . . . peu commun. Dans les prairies. — En juillet, en battant les branches d'un vieux Pin abattu.

Helianthemi, All.. . . . . très-commun. Dans les prairies.

Oleracea, L.. . . . . très-commun. Sur les crucifères et les drageons de tauzin. Sur le *Polygonum aviculare*.
Larve. Ronge les feuilles de Vignes et fait parfois de grands ravages.
Mœurs. Voy. ab., 1867, p. 137.

Aphthona, Chevl.

Flaviceps, All. . . . . . rare. Sur les Euphorbes.

Lutescens, Gyl. . . . . . très-commun. Dans les prairies et les détritus d'inondations.

` Nigriceps, Redt.. . . . . . En fauchant dans les prairies.

Cœrulea, Hoffm.. . . . . très-commun. Dans les marais, sur l'*Iris pseudoacorus*.

Ovata, Foud. . . . . . . rare. En fauchant dans les prairies sèches.

Atrovirens, Forst. . . . très-rare.   Id.

Euphorbiæ, Schr.. . . . très-commun. Sur l'*Euphorbia sylvatica*, en mars.

Hilaris, Steph. . . . . . très-commun. Sur le Lin en fleurs.

Argopus, Fisch.

Hemisphæricus, Duft.. . rare. En fauchant dans les prairies.
Larve. Vit sur la *Clematis recta*. — Voy. Ab., 1869, p. 89. Soc. ent., 1865, B. LXXXIX.

Sphœroderma, Steph.

Testacea, F.. . . . . . . très-commun. Sur les Artichauts, dans les prairies, en battant les arbres fruitiers.

Phyllotreta, Foud.

Antennata, Hoffm. . . . commun. Sur les crucifères et les Réséda.

Atra, Hoffm. . . . . . . commun. Dans les prairies humides.

Pœciloceras, Comol.. . . très-commun.   Id.   probablement sur les crucifères.

Punctulata, Marsh. . . . peu commun.   Id.

Diademata, Foud.. . . . assez rare.   Id.   et parfois au vol, les soirs d'orage.

Nigripes, Panz. . . . . . . commun. En fauchant sur les Luzernes.

Procera, Redt.. . . . . . . commun. Sur les crucifères et le Réséda.

Ochripes, Curt. . . . . . . très-commun. Dans les prairies et sur *Alliaria officinale.*

Sinuata, Steph. . . . . . . rare. Dans les détritus d'inondation.

Bimaculata, All.. . . . . . assez rare. En fauchant sur le Cresson.

Nemorum, Gyl.. . . . . . . très-commun. Dans les prairies, sur les crucifères, le Genêt à balais.

       Larve. Voy. Altises de Foudras, p. 241.

Vittula, Redt.. . . . . . . assez rare. Dans les lieux humides, sur le Cresson, les crucifères.

Undulata, Kust.. . . . . . peu commun.   Id.

Brassicæ, All.. . . . . . . très-commun. Sur les crucifères dans les jardins.

Variipennis, Boield.. . . . peu commun. Dans les prairies et sur les crucifères.

Podagrica, Chevl.

Fuscipes, F.. . . . . commun. Dans les prairies.

Discedens, Boield.. . . . . commun. De mai à juillet, sur l'*Althœa officinalis.* Sos (P. B.)

Fuscicornis, L. . . . . . . rare. Sur les malvacées.

       Larve. Voy. Heeger, Sitzber, Wien. Acad. Wiss., 1858, p. 100. — Soc ent., 1868, B. 138.

Batophila, Foud.

Ærata, Marsh. . . . . . . rare. Débris d'inondation, février. Sos (P. B.)

Rubi, Payk.. . . . . Un seul individu.   Id.

Plectroscelis, Latr.

Chlorophana, Duft. . . . peu commun. Dans les lieux humides, mai, juin.

Semicœrulea, Hoffm. . . rare.   Id.

Dentipes, Hoffm. . . . . commun. Dans les prairies, en battant les haies en automne. Avec *F. Rufa* (Mœklin).

Tibialis, Illig.. . . . . . . commun. En fauchant dans les prairies.

       Larve. Ronge les cotylédons des Betteraves et en détruit beaucoup.

Conducta, Mots.. . . . . rare. En fauchant dans les lieux un peu secs, juin-juillet. Sos (P. B.)

Chrysicollis, Foud. . . . très-commun. Sur le *Dorychium subfrutico-sum*, en mai.

Ærosa, Letz. . . . . . . peu commun. En fauchant dans les prairies.

Mannerheimi, Gyl. . . . commun. Dans les prairies humides, juin-juillet. Sur le *Calamagrostis arundinacea*, mai.

Aridula, Gyl. . . . . . . assez commun. En fauchant dans les prairies. Mai-juin.

Confusa, Bohm. . . . . . rare. Sur une variété du *Rumex patientia*. Sos (P. B.)

Arenacea, All. . . . . . rare. En fauchant en juin. Sos (P. B.)

Subcœrulea, Kuts. . . . très-rare. Dans les endroits marécageux. Sos. (P. B.)

Sahlbergi, Gyl. . . . . . assez rare. En fauchant dans les prairies.

Aridella, Gyl.. . . . . . . commun. En fauchant dans les lieux humides. Mai-juin.

Meridionalis, Foud. . . . très-rare.　　　　Id.

Balanomorpha, Chevl.

Rustica, L. . . . . très-rare. En fauchant sur des pelouses, dans les débris d'inondation.

Chrysanthemi, Hoffm.. . rare.　　　　Id.

Apteropeda, Redt.

Ciliata, Ol. . . . . commun. En secouant les buissons et battant les Saules.

Ovulum, Illig. . . . . . rare.　　　　Id.

Thyamis, Steph.

Verbasci, Panz.
et var. Thapsi, M. . . } commun. Sur les *Verbascum*.

Linnæi, Duft. . . . . . . assez commun. Sur le *Symphytum tuberosum*. Mai.

Nigra, Hoffm.. . . . . . rare. En fauchant dans les prairies.

Melanocephala, Gyl. . . assez commun.　　　　Id.

Pallens, Foud.. . . . . . commun.　　　　Id.　　et sur *Scrofularia canina* et aussi parfois sur les *Verbascum*.

Holsatica, L. . . . . . . rare. En fauchant aux bords des mares des dunes.

Ballotæ, Marsh. . . . . . très-rare. En mai, sur *Marrubium vulgare* et sur *Ballota*.

Obliterata, Ros. . . . . . très-rare. En fauchant dans les prairies.

Dimidiata, All. . . . . . peu commun. Sur la Bourrache. Sos (P. B.)

Atricilla, Gyl. . . . . . . assez rare. Dans les prairies humides, sur les *Verbascum*.

Brunnea, Duft. . . . . . assez commun. Dans les lieux humides et les détritus d'inondation.

Ventricosa, Foud. . . . . très-rare. En fauchant dans les lieux ombragés, herbeux et humides.

Gibbosa, Foud. . . . . . très-rare.   Id.

Ferruginea, Foud. . . . rare. En fauchant dans les prairies.

Flavicornis, Steph. . . rare.   Id.

Lævis, Duft. . . . . . . peu commun.   Id.

Æruginosa, Foud. . . . très-rare. En fauchant au bord des marais, sur l'*Eupatorium cannabicum*.

Femoralis, Marsh. . . . rare. En fauchant sur les terrains secs et calcaires.

Ænea, Kuts. . . . . . . très-rare. En fauchant dans les prairies. Sos (P. B.)

Medicaginis, All. . . . . assez rare. Sur *Medicago sativa*.

Reichei, All. . . . . . . très rare. En fauchant dans les prairies.

Pusilla, Gyl. . . . . . . très-commun.   Id.

Anchusæ, Payk. . . . . très-rare.   Id.   Sos (P. B.)

Dorsalis, Fab. . . . . . . très-rare. Sur *Salvia pratensis*. Sos (P. B.)

Castanea, Duft. . . . . . rare. En fauchant dans les lieux humides.

Lurida, Scop. . . . . . . assez rare. En fauchant surtout sur les Borraginées et les Consoudes.

Juncicola, Foud. . . . . très-rare. En fauchant sur les Joncs autour des marais.

Lycopi, Foud. . . . . . . très-rare. Sur le *Lycopus Europæus* dans les lieux humides.

Albinea, Foud. . . . . . très-rare. Sur *Heliotropum Europæum*.

Nasturtii, F. . . . . . . peu commun. Sur l'*Echium vulgare*.

Suturalis, Marsh. . . . très-rare. En fauchant dans les prairies.

Thoracica, Steph. . . . très-commun. Dans les prairies et les détritus d'inondation.

Lateralis, Illig. . . . . . rare. Sur les *Verbascum* au printemps.

Tabida, Illig. . . . . . . rare. En fauchant dans les prairies humides.

Rutila, Illig. . . . . . . commun. Sur *Scrophularia aquatica* et dans les détritus d'inondation.

Pellucida, Foud. . . . . commun. En fauchant dans les prairies.

Ochroleuca, Marsh.. . . . rare. En fauchant dans les lieux un peu humides. Sos (P. B.)

Parvula, Payk. . . . . . très-commun. Sur le Lin.

Dibolia, Latr.

Femoralis, Redt. . . . . assez commun. Sur les feuilles de la *Salvia pratensis*. Mai-Août.

Larve. Voy. Heeger, Sitzber., Wien. Acad. Wiss., 1858, p. 100. — Soc. ent. 1868, p. 138.

Rugulosa, Redt.. . . . . très-rare. En fauchant dans les prairies.

Larve. Vit sur les feuilles de la *Salvia sylvestris*. — Voy. Per., Ab. 70, p. 34.

Paludina, Foud.. . . . . très-rare. En fauchant dans les lieux marécageux, en juin.

Larve. Elle est mineuse des feuilles de la *Mentha rotundifolia*

Cynoglossi, Hoffm. . . . très-rare. Sur le *Cynoglossum officinale*.

Fœrsteri, Bach. . . . . . très-rare. En fauchant dans les prairies

Occultans, Hoffm.. . . . assez rare. En fauchant sur les Menthes et sur le bord des étangs.

Psylliodes, Latr.

Chrysocephala, Lin. et v. Cyanoptera, Redt. } très-commun. En fauchant dans les prairies et sur les crucifères.

Cyanoptera, Illig. . . . . commun. Id.

Napi, Hoffm. . . . . . . commun. Id.

Lævata, Foud. . . . . . rare. Id. Sos.

Thlaspis, Foud. . . . . . assez rare. Sur le *Thlaspi campestre*.

Cuprea, Hoffm. . . . . . rare. En fauchant dans les prairies.

Attenuata, Hoffm.. . . . commun. En fauchant en mai sur le Houblon, en juin sur le Chanvre, et parfois sur des pelouses.

Marcida, Illig.. . . . . . rare. En fauchant dans les prairies des terrains forts. D'après Foudras on la prend sur l'*Anthemis maritima*.

Affinis, Payk . . . . commun. En battant les haies d'Aubépine, en fauchant dans les prairies, surtout sur les Solanées.

Rufilabris, Hoffm . . . . . très-rare. En fauchant dans les lieux marécageux.

Dulcamaræ, Hoffm . . . . très-commun. En secouant des buissons et sur la
Douce-amère.
Larve. Vit sur le *Solanum Dulcamara.*
Parasite : *Pteromalus excrescentium.*

Chalcomera, Illig . . . . . assez commun. En fauchant dans les prairies.

Hyoscyami, L . . . . . . rare. Sur le *Hyoscyamus niger.*

Picina, Marsh . . . . commun. En fauchant dans les lieux humides ;
dans les détritus d'inondation.

Luteola, Muller . . . . . . rare. Autour des marais sur les herbes. (E. P.)

Cucullata, Illig . . . . . . assez rare. En fauchant sur les pelouses des lisières
des champs.

HISPIDÆ

Hispa, L.

Atra, L . . . . très-commun. En fauchant dans les prairies.

Testacea, L . . . . très-commun. Sur le *Cistus salvifolius* dans les
dunes.
Larve. Elle est mineuse des feuilles de *Cistus* ;
elles se nourrissent du parenchyme sans attaquer
l'épiderme. — Voy. Perris, Mém. Soc. Liége,
1855, p. 260.

CASSIDIDÆ

Cassida, L.

Murræa, L . . . . assez commun. En fauchant au bord des eaux et
sur les Menthes.
Larve. Voy. Ch. Cand., p. 262. — Lüben, Bericht. naturw. ver. Harz. 1846, p. 13. —
Isis., 1847, p. 868.

Vittata, F . . . . rare.   Id.

Sanguinosa, Suf . . . . . très-commun.   Id.

Larve. Se nourrissent aux dépens des feuilles d'Artichauts. — Voy. Cornelius, Ent. Zeit. zu. stett., 1846, p. 391.

Denticollis, Suf. . . . . . rare.   Id.

Larve. Cornelius, Ent. Zeit. zu. stett., 1847, p. 359; — 1851, p. 91.

Rubiginosa, Illig. . . . . rare.   Id.

Larve. Vit sur les feuilles de *Cirsium arvense.* — Voy. Cornelius, loc. cit., p. 391. — Elle a pour parasite : *Ocyptera cassidæ.*

Thoracica, F. . . . . . . commun.   Id.

Vibex, L. . . . . commun.   Id.

Larve. Vit sur les feuilles de la *Centaurea nigra.*

Deflorata, Illig. . . . . . peu commun. Sur les Artichauts et sur le *Cirsium arvense.*

Bohemanni, Bris. . . . . rare. En fauchant dans les prairies.

Filaginis, Perris. . . . . commun. Sur le *Filago gallica.*

Larve. Se nourrit du *Filago gallica;* elle est très-sujette à être attaquée par de petits chalcidites. — Voy. Soc. ent., 1855.

Parasite : *Tetrastichus orsedice ; Chalcis parvula.*

Oblonga, Illig. . . . . . peu commun.   Id.

Larve. Vit sur la *Salsola kali,* la *Salicornia.*

Nobilis, L. . . . . rare. En fauchant dans les prairies.

Margaritacea, Schal. . . . assez commun. En fauchant dans les terrains secs et calcaires.

Larve. Se nourrit du parenchyme des feuilles de la *Saponaria officinalis.* D'après M. Bauduer, cette casside se prend sur l'*Helychrysum stœchas.* Je l'ai prise avec M. Perris dans d'anciennes carrières à *Helychrysum,* mais sans *Helychrysum.*

Mœurs. Voy. Ab., 70, p. 151.

Pusilla, Waltl. . . . . . très-rare. En fauchant dans les lieux humides.

Larve. Vit sur l'*Inula dysenterica.* A Nice, d'après M. Peragallo, elle vit sur *Inula viscosa.*

Nebulosa, L. . . . . très-commun. En fauchant au bord des eaux.

                      Larve. Voy. Ch. Cand., p. 262.

                      Mœurs. Voy. Soc. ent., 1847, B. LXXI.

Ferruginea , F. . . . . . très-rare. En fauchant sur des *Convolvulus se-*

                      pius.

                      Larve. Voy. Cornelius, Ent. Zeit. zu. stett., 1847,

                      p. 359, et 1849, p. 22.

Obsoleta, Illig. . . . . . assez rare. En fauchant dans les prairies.

                      Larve. Voy. Gardiner, Magaz. of. Nat. Hist.,

                      1837, p. 276.

Equestris, F. . . . . . . très-commun.   Id.

                      Larve. Vit sur les feuilles des Menthes et du *Ly-*

                      copus Europœus. — Voy. Chap. Cand.,

                      p. 262.

Hemisphærica, Herbst. . peu commun.   Id.

                      D'après M. De Norguet, elle vit sur la *Serpula*

                      arvensis. — Soc. ent., 73, CCXXVIII.

EROTYLES

Triplax, Payk.

Russica, L. . . . . commun. Dans le bois pourri de Chêne et de

                      Hêtre.

Elongata, Lacd. . . . . . très-rare.   Id.

Melanocephala, Lacd. . . très-rare.   Id.

Collaris, Schal. . . . . . rare. Dans le bolet du Pin (Souverbie).

Rufipes, Payk. . . . . . rare. En fauchant sur les herbes.

Ischyrus, Lacd.

Lepidus , Fald. . . . . . rare. En fauchant dans les prairies et en battant

                      les Saules.

Tritoma, F.

Bipustulata, Ol. . . . . . commun. Dans les champignons du Peuplier et du

                      Saule. Dans les bois tendres, sous les écorces.

Engis, F.

Humeralis, F.. . . . . . . M. Bauduer en a pris plusieurs individus, en août
1870, sous des écorces très-pourries d'Ormeau.
— Avec *L. Fuliginosus* (Mœrkel).
Larve. Ab., t. V, 1868, p. 5.

SULCICOLLES

Dapsa, Latr.

3-Maculata, Mots.. . . . . très-rare. Sous des écorces recouvertes de fonguo-
sités.

Lycoperdina, Latr.

Succincta, L. . . . . . . assez commun. Dans le *Lycoperdon acaule*.

SECURIPALPES

Anisosticta, Chevl.

19-Punctata, L. . . . . . . commun. En fauchant dans les marais ; dans les
détritus d'inondation ; sur les feuilles de *Typha*.
— Voy. Muls., Hist. Nat. des Securipalpes,
1846, p. 39.

Adonia, Muls.

Mutabilis, Scrib. . . . . très-commun. En fauchant dans les bois et les
prairies.
Larve. Voy. Letzner, Arb. Schlls. Gesellsch ,
1856, p. 117.

Adalia, Muls.

Bipunctata, L. . . . . . . très-commun En battant les Aulnes et en général sur les plantes où se trouvent des pucerons.
Inquinata, Muls.. . . . . rare. Sur les pelouses des dunes.
11-Notata, Sch.. . . . . . assez commun. Sur les carduacées, où vit sa larve.

Harmonia, Muls.

Marginepunctata , Sch. . . rare. En battant les branches de Pin.

Impustulata, L. . . . . . . commun. En fauchant dans les prairies ; en battant les Aubépines.

Doublieri , Muls. . . . . peu commun. Sur les Tamarix au bord de la mer,
en été.

Lyncea, Ol. . . . . assez rare. En fauchant dans les prairies.

Cocinella, L.

14-Pustulata, L. . . . . très-commun. En fauchant dans les prairies ; en.
battant les Saules, etc.

Variabilis, Illig. . . . . . très-commun. Id. avec *L. Fuliginosus* (Rouget).

14-Punctata, L. . . . . . assez rare. Sur les jeunes Pins, au bord de la
mer.

Hieroglyphica, L. . . . . très-rare. En fauchant sur les bruyères, au printemps.
Larve. Vit sur la Bruyère. — Voy. Ch. Cand.,
p. 293.

5-Punctata, L. . . . . . rare. En fauchant et en battant les Pins.
Larve. Voy. Heeger, Sitzber, Wien. Acad. Wiss.,
1852, p. 253.

7-Punctata, L. . . . . . commun. En fauchant et en battant les branches
de divers arbres.
Larve. Voy. Ch. Cand., p. 293.

Labilis, Muls. . . . . . . très-commun. Id.

Sospita, Muls.

Tigrina, L. . . . . rare. En battant les Saules.

Calvia, Muls.

14-Guttata, L. . . . . . commun. En battant les Saules et les Aulnes en.
été.
Larve. Se nourrit des pucerons du Pin et de.
divers autres arbres.

Halysia, Muls.

16-Guttata, L. . . . . . assez commun. En battant les Pins et les Saules.
Larve. Voy. Heeger, loc. cit., p. 117. — Soc.
ent., 1868, B. CXXXVII.

Var. 12-Guttata, Poda. . très-commun. En battant les Noisetiers et en
fauchant dans les prairies, et le long des buis-
sons.

Thea, Muls.

22-Punctata, L. . . . . . très-commun. En fauchant et en battant les Aulnes. M. Perris a trouvé sa larve dévorant les
pucerons du *Melilotus macrorhiza.* Voy.
Heeger, loc. cit., p. 30. Ch. Cand., p. 294.

Propylea, Muls.

14-Punctata, L. . . . . . très-commun. En fauchant et en battant les branches de divers arbres; sur les fleurs. — Voy.
Ch. Cand., p. 294.

Micraspis, Chevl.

12-Punctata, L. . . . . . très-commun.   Id.

Chilocorus, Leach.

Renipustulatus, Scriba. . commun.   Id.
Larve. Vit sur les arbres fruitiers. — Voy. Letzner,
Arb. Schles. Gesellsch., 1853, p. 216.

Bipustulatus, L.. . . . . commun   Id.   Avec *F. Rufa*
(Mœrkel).
Larve. Voy. Ch. Cand., p. 294.

Exochomus, Redt.

Auritus, Scriba. . . . . commun. En fauchant dans les prairies; sur les
graminées.

4-Pustulatus, L. . . . . commun.   Id.   et en
battant les Saules.
Larve. Mange les pucerons du Pin.

11

Hyperaspis, Chevl.

Campestris, Herbst. . . . assez rare. En fauchant dans les lieux arides.
Reppensis, Herbst. . . . assez rare.   Id.
Hoffmanseggi , Muls. . . rare. Pris à Sos par M. Bauduer.

TRICHOSOMIDÆ

Epilachna, Chevl.

Argus, Geof. . . . . . . très-commun. En juin, juillet, sur la *Bryonia dioica* qui nourrit sa larve. — Voy. Soc. ent., 1869, p. 105.

Lasia, Muls.

Globosa, Sh. . . . . . . commun. En fauchant et sur les fleurs en été.
Larve. Voy. Ch. Cand., p. 295. — Philippi, Zweit. Jahresber. ver. naturk. Cassel, 1838, p. 11. — Kollar, Verhandl. Zool. Bot. ver., 1858, p. 24. Elle vit sur la *Saponaria officinalis* et sur le *Medicago sativa.*

Anatis, Muls.

Ocellata, L. . . . . rare. Pris en fauchant. Sos (P. B.)
Larve. Voy. Muls., Secur., 1846, p. 137. — De Geer, Mém., 1775, t. V. Mém. VII, p. 377.

Mysia, Muls.

Oblongoguttata, L. . . . assez rare. En battant des branches de Pins tout récemment abattus, habitées par des pucerons. Avec *L. Fuliginosus* (Mœrkel).
Larve. Voy. Muls., Sécur., p. 132, 1846.

Novius, Muls.

Cruentatus, Redt. . . . . M. Perris a trouvé à Biscarrosse, sous une pièce

de bois, une larve couverte d'une fine pubescence grisâtre et comme farineuse, ressemblant
un peu à une larve de *Hermes*. Transportée chez
lui, elle lui a donné le *Cruentatus*. Il a du
reste pris deux fois ce rare insecte en fauchant.
Larve. Se nourrit de pucerons.

Platynaspis, Redt.

Villosa, Fourc. . . . . . très-commun. En fauchant dans les prairies et en
battant plusieurs espèces d'arbres, surtout les
Saules.

Scymnus, Kug.

4-Lunulatus, Illig. . . . assez commun. En secouant les Lierres.
Nigrinus, Kug. . . . . . peu commun. En battant les Chênes.
Pygmæus, Geof. . . . . très-commun. Sur les Saules et dans les prairies.
Marginalis, Rossi.. . . . assez commun. En secouant divers arbres et ar-
brisseaux et parfois aussi les Pins grands ou
petits habités par des pucerons dont la larve fait
sa nourriture. (E. P.)
Frontalis, F. . . . . . . commun Au printemps, dans les prairies et sur
les Saules.
Fasciatus, Geof. . . . . . assez rare.   Id.
Arcuatus, Rossi. . . . . rare. En battant les Lierres.
Discoideus, Illig. . . . . commun. En battant les buissons et les Chênes.
Avec *L. Fuliginosus* (Rouget).
Analis, F. . . . . très-rare. Sous les mousses.
Hæmorrhoidalis, Herbst. assez commun. En battant les arbres et dans les
prairies.
Capitatus, F. . . . . . . commun. En fauchant dans les prairies.
Minimus, Payk.. . . . . commun. En battant les Aubépines, les Saules, les
arbres fruitiers. Avec *L. Fuliginosus* (Rou-
get).
Larve. Voy. Bouché, Ent. Zeit. zu. Stett., 1837,
p. 164.
Fulvicollis, Muls. . . . . commun. En secouant les toitures de chaumes et
les Lierres.

Rhizobius, Steph.

Litura, F.. . . . . très-commun. En fauchant.

Coccidula, Kug.

Scutellata, Herbst. . . . assez rare. En secouant des amas de Joncs et dans
les détritus d'inondation.
Larve. Voy. Heeger, Isis, 1848, p. 965,
tab. VIII.
Rufa, Herbst. . . . . . . commun. En fauchant dans les marais et dans les
détritus des inondations de l'Adour.

FIN.

M. Trutat donne lecture du travail suivant :

Note sur un nouveau microtome.

Les recherches microscopiques obligent la plupart du
temps à réduire en lames minces les corps à étudier ; pour
les objets d'une dureté moyenne, l'emploi du rasoir suffit
pour obtenir des coupes convenables, et dans les travaux de
laboratoire, cet instrument se manœuvre à main levée. Mais
pour obtenir des préparations nettes, des coupes d'égale
épaisseur dans toute leur étendue, et surtout sans à coup, il
faut une très-grande dextérité manuelle, et encore ce n'est
qu'après une longue pratique que l'on peut arriver à de bons
résultats. Depuis longtemps les micrographes ont cherché à
obtenir ces lames minces par des procédés mécaniques ; de
là les divers microtomes, tour à tour vantés outre mesure,
puis abandonnés à cause de leur complication ou à cause de la
difficulté de les faire fonctionner d'une manière régulière.
Cependant cet instrument est absolument nécessaire pour
celui qui veut obtenir des préparations régulières, d'une
épaisseur déterminée, et dignes d'être conservées.

Sans vouloir condamner les divers modèles de microtomes actuellement en usage, je ferai observer cependant que, la plupart du temps, la mise en place de l'objet à sectionner est une opération longue et délicate, et qu'il est fort rare d'empêcher que l'action réitérée du rasoir ne parvienne à déplacer l'objet de sa position primitive, et de là des coupes en biseau et d'épaisseur inégale.

J'ai cherché à corriger ces défauts, et sans prétendre avoir inventé de toute pièce un instrument nouveau, je crois avoir réussi à combiner un microtome simple, et plus approché de la perfection que les autres.

Dans ce nouvel instrument l'objet à couper est emprisonné

entre deux plaques métalliques planes et parallèles, serrées l'une contre l'autre par une vis de pression : de là l'impossibilité de faire tourner l'objet, accident qui n'arrive que trop souvent dans les microtomes à tubes. Dans ces derniers il faut caler la pièce au moyen de coins en moelle de sureau, et malgré tous les soins possibles, il est rare que la pièce reste fixée longtemps d'une façon convenable ; au bout de 8 ou 10 coupes la pièce se soulève un peu et les sections ne sont plus parallèles : ce défaut capital est complètement évité dans notre instrument, et en serrant convenablement la pièce libre que contient la cavité centrale du microtome, l'objet ne change plus de position.

La face supérieure de l'instrument porte un plateau de vérre sur lequel glisse le rasoir sans crainte de s'émousser ; enfin, une vis micrométrique permet de pousser en avant la pièce à sectionner d'une quantité déterminée.

Jusqu'ici, les diverses parties de notre microtome n'offrent rien de bien particulier, et il serait facile de trouver dans plusieurs modèles certaines de ses dispositions ; mais si nous avons emprunté à droite et à gauche, nous pouvons revendiquer pour nous le choix raisonné de ces parties élémentaires et leur réunion.

Nous avons cependant apporté une modification toute nouvelle dans la vis micrométrique destinée à pousser en avant l'objet à couper, et grâce à un artifice bien simple, la manœuvre de cette vis et l'évaluation de l'épaisseur de la coupe se font avec une grande facilité et très-rapidement.

L'extrémité inférieure de la vis micrométrique porte un *rochet* à grand diamètre, un ressort assez fort vient s'engager dans les dents du rochet et forme encliquetage. En faisant mouvoir la vis, le ressort retombe bruyamment dans chaque dent du rochet, et permet ainsi de compter le nombre de dents parcourues et par conséquent l'avancement de la vis. L'on fait une première coupe pour aviver la pièce, puis faisant mouvoir la vis, l'on compte 4, 5, 6, 7 ou 8 retombées du ressort, le rasoir enlève une première coupe, avec laquelle il est facile de voir si l'épaisseur est convenable, et l'on modifie en plus ou en moins l'avancement de la vis ; en en deux ou trois fois l'on atteint facilement le degré voulu, et en comptant par chaque coupe un nombre égal de dents, toutes les préparations seront semblables.

Bien certainement toutes les coupes ne seront pas parfaites, mais la facilité avec laquelle l'on obtient rapidement un nombre considérable de lames minces, permettra toujours de faire un choix, et certainement les rebuts seront beaucoup moins nombreux qu'avec tout autre microtome.

L'instrument tout entier est creusé dans un bloc massif de

fonte, et il acquiert ainsi une grande stabilité ; enfin, son volume est calculé de façon à permettre de le tenir solidèment avec une seule main, la main gauche, pendant que la droite manœuvre le rasoir.

Nous avons confié la construction de cet instrument à un habile opticien, M. Molteni, 44, rue du Château-d'Eau, et nous ne doutons pas que les micrographes qui en feront l'essai ne lui reconnaissent de sérieuses qualités.

Séance du 25 février 1880.

Présidence de M. le comte BÉGOUEN, vice-président.

Le Président fait deux présentations de membres titulaires.

M. G. de MALAFOSSE signale l'existence des calcaires à *leptolepis* sur les confins des départements de l'Aveyron et de l'Hérault, près de Cornus. Les calcaires à *leptolepis* forment à la base du lias supérieur, dans la zone à *Ammonites serpentinus* (Schistes à posidonies), un horizon remarquable par sa constance et l'uniformité de sa faune sur de très-grandes étendues. On le connaît en Allemagne, en Angleterre ; il existe en Bourgogne et dans la Lozère, où M. de Malafosse le décrivit en 1872. M. Reynès, observateur de grand mérite cependant, ne l'avait pas reconnu dans l'Aveyron. Mais M. Georges Fabre le retrouva à Campagnac dans la région Est de ce département. Le gisement de Cornus, placé sur les flancs du Causse du Larzac, est sans doute le plus méridional qui ait été observé en France. Il serait intéressant de rechercher l'horizon des *leptolepis* sur tout le pourtour du plateau central, afin de constater son absence partielle ou son ubiquité. Les petits poissons ganoïdes appartenant au genre *leptolepis* que l'on rencontre en abondance dans les calcaires dont il vient d'être parlé, ont fait l'objet d'une savante monographie due à notre collègue le docteur Sauvage, du Muséum de Paris.

M. REGNAULT met sous les yeux de la Société des ossements provenant de la grotte supérieure de Massat (Ariège); ils appartiennent aux espèces suivantes : ours des cavernes, hyène des cavernes, grand chat des cavernes, etc. ; les fouilles à peine commencées promettent une abondante récolte et M. Regnault s'engage à tenir la Société au courant de ses recherches dans cette riche station.

M. TRUTAT fait passer sous les yeux de ses collègues des préparations de diatomées qu'il tient d'un habile préparateur anglais de passage à Toulouse, M. Dalton. Il fait surtout remarquer la perfection d'une préparation sur laquelle sont disposées méthodiquement 146 espèces de diatomées : c'est là un véritable tour de force, ce que l'on pourrait appeler un miracle de patience.

Le Secrétaire donne lecture du travail suivant :

Le glaciaire de la vallée du Lys ;

Par M. M. GOURDON , membre titulaire.

A 4 kilomètres de Luchon, s'ouvre au sud-sud-ouest la vallée du Lys. L'époque glaciaire y a laissé de nombreuses traces de son passage. Mais grâce à l'absence des cultures (la vallée n'ayant que des pâturages et des forêts), ces témoins d'une époque déjà lointaine subsistent plus intacts que dans la vallée voisine de l'Arboust, et leur destruction s'opère plus lentement.

Cependant le montagnard aime à détruire ; il était donc sage de ne pas attendre davantage ; aussi, sur les vives instances de mon ami M. E. Trutat, ai-je dû continuer seul, et à mon grand regret, l'étude que nous avions commencée ensemble sur le glaciaire dans les montagnes de Luchon (blocs erratiques de la vallée de l'Arboust). J'ai relevé les principaux blocs, dressé une carte indiquant leur position et dessiné les plus remarquables d'entre eux. Cette carte comprend la région inférieure de la vallée et remonte jusqu'à moitié hauteur des crêtes qui l'entourent. De la jonction des torrents du Lys et de la Pique, au nord, elle atteint au sud le pied de la cascade d'Enfer (1,101 m); à l'Orient elle est limitée par la forêt du Mont-du-Lys ; et à l'Occident elle arrive jusqu'au plateau de prairies de l'Esponne, au-dessous de la crête qui relie le pic Céciré (2,400 m.) à Superbagnères (1,895 m.).

Je n'ai pas indiqué les blocs au-dessus de la cascade d'Enfer, parce que ceux qui pouvaient être encore dans cette région, accrochés et comme suspendus à cette muraille presque verticale, sont le plus souvent des blocs d'éboulements et de dates plus ou moins récentes.

Comme dans l'Arboust, j'ai marqué les blocs les plus intéressants de grands numéros rouges.

Le catalogue porte 100 blocs principaux et 960 blocs moins importants que je n'ai pas indiqués sur la carte. Les montagnes qui circonscrivent la vallée ont en général des pentes rapides ; aussi les blocs ont glissé vers les parties basses, et leur nombre y est bien plus considérable. Dans les forêts il y en a cependant encore, mais ils sont presque entièrement enfouis sous les débris végétaux et les mousses. Seul le plateau herbeux de l'Esponne, entre les ruisseaux d'Escaran et de Scueous, en a gardé une certaine quantité, principalement dans les alentours des granges d'Artimier et de Courbets.

Le thalweg de la vallée est comblé par les débris du glacier, et les détritus qui descendent des crêtes voisines au moment des avalanches du printemps, ont recouvert bon nombre de blocs ; il n'est pas besoin, en effet, de creuser bien profondément pour en mettre à nu de toutes dimensions. Les boues glaciaires également se montrent en maints endroits, et dès l'entrée du val on y a tracé la route de voiture au-dessus du torrent.

Le lit de ce dernier et les berges sont littéralement remplis de blocs de toute grosseur. Ils sont granitiques et viennent des crêtes, frontières entre le Quairat (3,059 m.) et le Maupas (3,110 m.). Ils portent tous ces grands cristaux de feldspath, signe caractéristique des granites de cette région et de celle d'Oo.

Le plus gros de ces blocs, inscrit sous le n° 55, se trouve sur la rive droite du torrent, non loin et un peu au-dessus de la cascade Richard. Un petit fourré d'épines et de houx en cache entièrement la vue de la route : il mesure 175 mètres cubes, et du côté sud des bûcherons ont construit une cabane dont il forme le fond et qu'il protége de sa masse énorme.

J'ai inutilement questionné les vieillards du pays au sujet de ces blocs, pensant qu'ici peut-être, comme dans l'Arboust, certains d'entre eux avaient des noms. Mais pour eux ces pierres n'ont aucune signification, aucune idée superstitieuse ne s'y attache non plus. Moins heureux également qu'à Benqué et dans le val d'Aran (1), j'ai vainement pratiqué des fouilles entre certains blocs qui m'avaient semblé arrangés intentionnellement en cercle.

Les blocs les plus élevés sont dans les pâturages de l'Es-

---

(1) V. Les Tumuli de Benqué dans : *Matériaux*, novembre 1876. — Les Sépultures du val d'Aran (Catalogne) : Bulletin de la Société Ramond, avril 1879.

ponne, au sud et non loin du sentier qui passe à la cabane de Superbagnères, à 1,450 mètres d'altitude environ.

Dans les premiers jours de mars 1879, un bloc est descendu du Mont-du-Lys jusqu'au bord du torrent. La ligne qu'il a suivie dans sa chute est visible sur plusieurs points dans la forêt; il m'a donc été facile de relever exactement son point de départ, dont la hauteur correspond à peu près à celle des blocs encore en place à l'Esponne.

Séance du 10 mars 1880.

Présidence de M. de la VIEUVILLE.

Sont proclamés membres titulaires de la Société :

MM. Paul MOBISSON, présenté par MM. Bidaud et Cartailhac ;

De TERSAC, à Saint-Lizier (Ariége), présenté par MM. Regnault et Foch.

M. de SAINT-SIMON donne lecture du travail suivant, dont il est l'auteur :

Note sur l'Helix chelonites.

D'après MM. Semper, Fischer et Crosse, l'armature linguale de l'*Helix inœqualis* présente la même disposition que celle des Testacellidés. J'ai pu constater l'exactitude des observations de ces savants malacologistes.

D'un autre côté, l'*Helix chelonites*, espèce de la Nouvelle-Calédonie aussi, présente une organisation qui diffère entièrement de celle que je viens de signaler. Ce mollusque est caractérisé par une mâchoire sillonée de lamelles que ter-

minent des denticules au bord libre. L'armature linguale
est recouverte de dents dont le type se retrouve dans nos
Hélices françaises, c'est-à-dire que les dents marginales
présentent des cuspides en ciseaux. Les dents latérales sont
munies de lamelles échancrées. Il en est de même pour les
dents rachiales, et comme dans un grand nombre d'Hélices
de France, la grandeur des dents qui occupent les parties
centrales du limbe est la même. On sait que chez les Vitrines
et les Zonites français, les dents rachiales sont plus petites
que les latérales et il existe une rainure marquée. Dans la
prochaine séance, je me propose de compléter les observations que je viens de soumettre à la Société.

Séance du 24 mars 1880.

Présidence de M. le comte Bégouen, vice-président.

Le Président fait une présentation de membre titulaire.

M. de Saint-Simon complète sa communication précédente
sur les Hélices de la Nouvelle-Calédonie ; il s'exprime en ces
termes :

Note sur les Hélices carnassières et phyto-phages de la Nouvelle-Calédonie.

Dans la note que j'ai eu l'honneur de lire dernièrement à
la Société, je signalais l'existence du type phytophage chez
certaines Hélices qui vivent dans la Nouvelle-Calédonie.
Je crois utile de donner quelques développements à cet
égard, et de faire connaître les observations faites antérieu-

rement sur ces Hélices si curieuses par la structure de leurs organes intérieurs et dont l'étude fournira des faits nombreux et intéressants.

En 1872, MM. Crosse et Fischer signalèrent la découverte, due à M. Semper, d'une armature linguale semblable à celle des Glandives et des Testacelles, chez l'*Helix inæqualis*, mollusque dont la forme rappelle au premier abord célle de nos Zonites à coquille cornée (*Zonites incertus*), mais dont la coquille est assez épaisse, comme treillissée en dehors et ornée de deux bandes noirâtres : l'une entoure l'ombilic et l'autre sépare le dessus du dessous de la coquille.

Grâce à l'obligeance de notre confrère M. Savez, j'ai pu étudier l'animal de cette espèce, et constater l'exactitude des observations des savants rédacteurs du *Journal de Conchyliologie*. Malheureusement, l'animal ayant séjourné dans l'alcool, beaucoup de détails ont dû nécessairement m'échapper.

Ce qui caractérise l'*Helix inæqualis*, indépendamment de la structure du cartilage lingual, c'est la soudure des deux ganglions subœsophagiens ; on peut s'en faire une idée très-exacte, en consultant la figure donnée par les auteurs, dans le même fascicule que celui dans lequel est contenu le texte. (Voir *Journal de Conchyliologie*, 1873, n° 1, Pl. III.)

La formule dentaire est, comme l'ont observé ces savants anatomistes $(12 + 0 + 12) \times 40$. Le cartilage lingual s'élargit à la partie antérieure. Les dents se composent de trois parties beaucoup plus étroites et plus allongées que celles des Hélices et à peu près égales : le support, la dent proprement dite et la cuspide terminale; la courbure est aussi plus faible que chez les Zonites d'Europe. Sous ce rapport, la figure du *Journal de Conchyliologie* est très-exacte; seulement, les trois segments du crochet ne sont qu'imparfaitement indiqués.

Le cartilage lingual de l'*Helix multisulcata* ne diffère de celui de l'*Helix inæqualis*, d'après MM. Crosse et Fischer, que

par le nombre plus considérable des rangées et des éléments
de celles-ci.

Ces différences justifient les conclusions du Mémoire que
je viens de citer. L'on doit adopter le genre *Rhytida* pour les
Hélices carnassières à tours larges de la Nouvelle-Calédonie,
et celui de *Diplomphalus* pour les espèces à tours étroits qui
se rattachent à la section à laquelle appartient l'*Helix Ca-
briti*. La plaque linguale de ce dernier mollusque est
armée de crochets comme celle des *Rhytida*, mais les dents
qui se rapprochent de la rainure rachiale sont de la même
grandeur que les autres, d'après les observations de MM.
Crosse et Fischer.

Il n'a été question jusqu'à présent que d'espèces dont les
pièces de la bouche diffèrent de celles que nous observons
chez les Hélices et Zonites d'Europe ; mais il existe dans la
Nouvelle-Calédonie des Mollusques voisins de ces deux derniers genres, sous le rapport de la mâchoire et de l'armature
linguale. Jusqu'à présent, je ne connais que l'*Helix chelonites* décrite par M. Crosse en 1868, qui se rattache à ce type ;
mais il est probable que des observations ultérieures nous
feront connaître d'autres Hélices phytophages appartenant
à ces régions.

J'ai fait connaître d'une manière très-succincte l'organisation des pièces de la bouche de cette espèce. Je vais compléter ce que j'ai dit dernièrement à ce sujet.

La mâchoire est étroite arquée, de forme allongée, on y
remarque 18 lamelles peu apparentes, assez larges, celles-ci
correspondent à des crénelures plus ou moins saillantes qui
dépassent peu le bord libre. Les deux bouts sont peu rétré-
cis, tronqués.

L'appareil est d'un jaune ambré assez clair, translucide.
On remarque vers le bord libre une large bordure brune.

Le talon membraneux est allongé, plus étroit que celui
des Hélices de nos régions.

La plaque linguale est beaucoup plus petite que celle des

Rhytida (1 mill. de long sur un 1/2 mill. de large). Elle présente la forme d'un écusson peu rétréci en arrière. La plaque de l'*Helix nautiliformis* se rapproche un peu de celle-ci pour la forme ; elle est seulement plus allongée que le *radula* de l'Hélice de la Nouvelle-Calédonie.

La formule dentaire de l'*Helix chelonites* est (12 + 8 + 1 + 8 + 12) × 80. Il existe donc des dents marginales, des dents latérales et des rachiales. Les marginales forment un angle avec les latérales ; elles sont espacées, croissent graduellement et se composent d'un support contourné et de trois cuspides, l'une plus petite et recourbée, les deux autres présentent la disposition en ciseaux que l'on remarque dans un grand nombre d'Hélices européennes.

Les dents latérales sont munies d'un support étroit, en demi-cercle ; on y remarque une dent rudimentaire à la base de la dent principale qui est allongée, munie d'une cuspide assez grosse et d'une lamelle échancrée dont les deux pointes sont inégales.

Les dents rachiales sont aussi grosses que les latérales. La rainure est peu marquée ; elles se composent d'une dent centrale, de deux autres rudimentaires accolées à la base de la dent et d'une lamelle semblable à celle de nos Hélices.

L'existence dans la Nouvelle-Calédonie de deux types d'Hélices carnassières et phytophages est un fait curieux que je crois devoir signaler à l'attention des malacologistes.

L'animal des *Helix chelonites* que j'ai eu à ma disposition étant desséché, je n'ai pas pu étudier les systèmes nerveux et reproducteurs qui doivent présenter des particularités curieuses et coïncider avec l'appareil buccal.

Grâce à mon savant ami M. l'abbé Dupuy, je viens de recevoir l'*Helix bidentata* qui habite la Moldavie. La mâchoire et l'appareil lingual rappellent, sous le rapport de leur structure, celle de l'Hélice calédonienne dont je viens de parler. Seulement, les cuspides des dents marginales ne présentent pas la disposition en ciseaux qui caractérise celle de l'*Helix chelonites*. L'appareil lingual de l'*Helix bidentata* se rapproche en cela de l'*Helix hispida* qui se trouve dans une grande partie de la France.

Séance du 14 avril 1880.

Présidence de M. de la VIEUVILLE.

Le Président proclame membre titulaire de la Société, M. Louis LATGÉ, présenté par MM. Lacroix et Fouque.

Le Président donne lecture de la lettre suivante :

Bayonne, 6 avril 1880.

A Monsieur le Président de la Société d'Histoire naturelle de Toulouse.

Monsieur le Président,

J'ai l'honneur de vous annoncer que les explorateurs anglais feront leur excursion annuelle à Bayonne, Cap-Breton et environs, pendant les trois dernières semaines de juillet. MM. Gwyn, Jeffreys et Norman me l'ont annoncé d'une manière définitive. Je suppose que votre compagnie trouvera dans cette circonstance une occasion excellente de s'associer aux efforts que nous faisons pour développer, en France, le goût des études sous-marines, et qu'elle sera représentée à la réunion qui aura lieu à l'époque que j'ai eu l'honneur de vous indiquer.

Nous aurons, je le pense, quelques résolutions intéressantes à prendre, car j'espère que nous pourrons former un petit congrès, et naturellement votre Société est de celles que j'ai le devoir d'aviser et le désir de voir avec nous.

Je vous serai fort obligé, M. le Président, de vouloir bien me faire savoir ce que vous aurez décidé.

Veuillez, M. le Président, agréer l'assurance de mes sentiments les plus distingués.

Mis de FOLIN.

M. de Rey-Pailhade, membre titulaire, donne lecture du travail suivant, dont il est l'auteur :

Etude atomique de la molécule du Grenat vert des Pyrénées.

La lecture de l'intéressante note de M. le comte Bégouen sur le grenat vert des Pyrénées m'a donné l'idée d'étudier la constitution de sa molécule et de sa cristallisation au moyen de la nouvelle théorie de M. Gaudin. C'est cette étude que j'ai l'honneur de présenter à la Société, en la faisant précéder de quelques considérations générales qu'exige l'intelligence du sujet. Je chercherai aussi à montrer quelques récentes découvertes théoriques développées dans l'ouvrage de M. Wurtz sur la théorie atomique.

De tous temps, les esprits scrutateurs qui se sont occupés d'histoire naturelle, ont porté leurs pensées vers les dernières particules des corps. Ovide croyait à des atomes ronds et à des atomes crochus. Descartes avait des idées très-précises sur l'atome. Enfin, quand la chimie eut fait de notables progrès, Dalton formula nettement la loi des proportions définies en précisant ce qu'il fallait entendre par atome. La formation des corps les plus complexes par la réunion d'atomes de corps simples devint dès lors une évidence pour tous.

Les atomes en se groupant forment des molécules qui, en se groupant à leur tour, donnent les cristaux variés que l'on trouve dans la nature ou que les chimistes produisent dans les laboratoires.

Swedenborg, Haüy, Wollaston, ont essayé d'expliquer la formation des cristaux, mais toutes leurs théories ont le défaut de ne pas reposer sur la composition atomique des corps et n'atteignent pas le but.

Ampère a conçu une théorie remarquable où l'accord rè-

gne souvent entre les résultats auxquels el'e conduit et ceux
de l'expérience ; mais la manière dont se groupent les atomes
et les molécules est fort compliquée. M. Gaudin, qui a suivi
les leçons que cet illustre maître professait au Collége
de France, a été inspiré par ses idées si élevées. C'est en
partant de quelques-uns de ses principes et en y ajoutant
d'autres personnels, qu'il est arrivé à expliquer certaines
propriétés physiques des corps d'une manière simple et
claire.

La théorie de M. Gaudin est exposée dans un livre intitulé : *Architecture du monde des atomes*, publié en 1872.
C'est cet important ouvrage que je vais tâcher d'analyser en
commençant par quelques généralités.

Un atome est une particule matérielle, infiniment petite,
indivisible et indestructible au milieu des forces puissantes
et de diverses natures qui sont constamment en jeu. Dans
les corps, ces atomes sont maintenus, par des forces attrac-
tives et répulsives, à des distances infiniment grandes relativement à leurs dimensions : il s'ensuit que leurs formes ne
peuvent avoir aucune influence sur les propriétés physiques
de ces corps, lesquelles doivent dépendre en grande partie
du nombre et du mode de groupement des atomes.

Pour se faire une juste idée de la constitution intime d'un
corps quelconque, il est nécessaire d'avoir deux données
principales : le poids de l'atome et la distance des atomes
entre eux. Jusqu'à présent personne n'est parvenu à peser
un atome, ni à compter le nombre qu'en renferme le plus
petit grain de poussière, il faut s'en tenir à ce que l'on obtient par une suite de raisonnements philosophiques.

Plusieurs essais ont été faits dans cette voie, je ne citerai
que celui de M. Gaudin. Mais avant d'en parler, je rappellerai
que les innombrables et patients travaux des chimistes ont
déterminé les rapports qui existent entre les poids des atomes des divers corps simples.

Ces nombres étant inscrits dans tous les ouvrages de physique et de chimie, je n'ai rien à en dire.

Quant aux volumes atomiques ils sont loin d'être égaux pour les différents corps simples ; ils varient de 3 à 55 et ils s'élèvent jusqu'à 1,116 pour les gaz mesurés à 0° et à la pression 760 millimètres. L'étude attentive de la progression des poids et des volumes atomiques a conduit un savant chimiste russe, M. Mendeléef, à penser qu'il devait exister à telle place un corps encore inconnu.

Un chimiste français, M. Lecoq de Boisbaudran, en découvrant un métal, a trouvé ce corps pressenti, possédant effectivement toutes les propriétés que la théorie lui avait assignées d'avance ; ce métal nouveau est le gallium, voisin du zinc.

Dans le tableau dressé par M. Mendeléef pour la classification générale des corps, les séries horizontales comprennent les éléments voisins par leurs poids atomiques, et les séries verticales les éléments qui se rapprochent par l'ensemble de leurs propriétés et qu'on pourrait appeler homologues. (Wurtz, *Théorie atomique.*)

En fait de remarques intéressantes à faire pour nous sur ce tableau, qui résume tout ce qu'il y a de plus récent, je me contenterai de dire que c'est l'atome du carbone, dans le diamant, qui a le plus petit volume atomique, 3,5, et que c'est un métal alcalin, le rubidium, qui possède le plus élevé, 56,1. Le diamant étant fort dur devait forcément avoir un des plus faibles volumes atomiques. Quant aux gaz, le volume atomique est le même pour tous et égal à 1,116. Leurs combinaisons sont régies par la loi remarquable d'Avogadro et d'Ampère, savoir que : « Des volumes égaux de gaz renferment le même nombre de molécules, » ou, en d'autre termes, que lorsque des gaz se combinent pour donner un autre gaz, les atomes se resserrent de manière à former une molécule d'un volume qui est le même pour tous et égal à 2,232.

Les molécules des gaz simples sont des combinaisons de deux atomes et elles ont aussi 2,232 pour volume moléculaire.

Au moyen de cette loi, on calcule de suite la densité d'un gaz, quand on connaît sa composition atomique

Les combinaisons entre corps solides pour former un nouveau solide n'ont rien de cette simplicité admirable. On a fait de nombreux travaux dans cette voie, mais ils sont restés sans succès jusqu'à présent.

Quand des atomes différents se combinent, le volume total des atomes combinés, c'est-à-dire de la molécule, est bien plus faible que la somme des volumes atomiques du tableau. Mais, ici, il n'y a rien de précis, de net et d'invariable comme dans les gaz : on ne voit aucune loi, on n'en a trouvé encore aucune.

Je cite de suite quelques exemples parmi les minéraux cristallisés que l'on trouve tout formés dans la nature :

Nom du minéral.	Formule chimique	Poids atomique	Densité	Volume moléculaire	Sommes des volumes des éléments.	Différence.
Alabandine	MnS	86,8	4,04	21,5	22,6	1,1
Argyrose	Ag²S	248,0	7,24	24,1	36,3	12,2
Blende	ZnS	96,9	4,09	23,8	24,8	1,0
Cinabre	HgS	232,0	8,40	27,7	30,4	2,7
Millérite	NiS	90,6	5,65	16,0	22,4	6,4
Cobalt ars.	CoAs²	208,4	6,44	32,4	33,3	0,9
	etc.		etc.		etc.	etc.

Cependant, dans les composés organiques liquides, M. Hermann Kopp a trouvé une loi fort simple. Quand le composé ne renferme que du carbone, de l'hydrogène et de l'oxygène, le volume moléculaire est égal à la somme des volumes des éléments, ce qui permet de calculer la densité quand on connaît la composition atomique.

Par des procédés ingénieux, on est arrivé à trouver approximativement le volume atomique de l'oxygène entrant dans certaines combinaisons; il paraît être 7,8, chiffre que nous admettrons pour dresser le tableau suivant.

Calculons le volume moléculaire du grenat vert des Pyrénées et la somme des volumes des éléments. La composition de ce grenat est :

$$12SiO^2, Cr^2O^3, FeO, 2Al^2O^3, 2Fe^2O^3, 12CaO.$$

En classant par éléments, il y a dans une molécule :

			Poids atomique.	Volume atomique.
12	atomes	silicium	336,00	134,4
2	—	chrôme	104,8	1°,4
5	—	fer	279,5	36,0
4	—	aluminium	109,2	42,8
12	—	calcium	478,8	304,8
52	—	oxygène	829,9	405,6
Total 87			2138,2	939,0

Le volume moléculaire de ce grenat est donc :
$623,38 = \frac{2138,2}{3,43}$; 3,43 est la densité trouvée par M. Damour. L'affinité a donc réduit de 939,0 à 623,38, c'est-à-dire de près d'un tiers, la somme des volumes atomiques des éléments composants. Cette seule considération annonce pour le composé une dureté assez grande ; effectivement, le grenat possède cette qualité.

Ceux qui désirent connaître les rapports intimes qui existent entre les propriétés physiques des corps, les poids et volumes atomiques, trouveront dans l'ouvrage de M. Wurtz un tableau graphique dressé par M. Lothar Meyer, en prenant pour abscisses les poids atomiques et pour ordonnées les volumes atomiques, qui sont consignés dans le tableau que j'ai indiqué ci-dessus. Les propriétés physiques des corps suivent d'une manière régulière les progressions ascendantes ou descendantes de cette courbe sinueuse, qui a cependant une forme régulière. C'est le premier exemple d'une bonne classification générale des corps.

M. Gaudin, dont je vais tenter d'analyser l'ouvrage auquel il a travaillé pendant plus de trente ans, a été le premier à affirmer qu'il fallait adopter pour l'acide silicique la formule SiO^2. Il a osé déclarer que, d'après sa théorie, la formule de l'acide benzoïque admise à cette époque était inexacte ; M. Dumas a fait l'analyse chimique de cette substance et a trouvé les proportions indiquées par M. Gaudin. Enfin, l'Académie des sciences de Paris l'a honoré de deux récompenses pour ses travaux si ingénieux sur l'architecture du monde des atomes.

Pour se faire une idée de la distance des atomes, M. Gaudin remarque qu'au moyen de forts microscopes on observe de petits animaux ne mesurant pas plus de $\frac{1}{1000}$ de millimètre de diamètre. Or, ces êtres inférieurs ont cependant

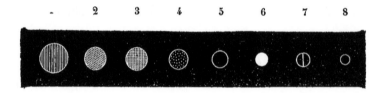

Signes particuliers employés par M. Gaudin pour la représentation des atomes : 1. Potassium ; — 2. Aluminium ; — 3. Soufre ; — 4. Silicium ; — 5. Oxygène ; — 6. Carbone ; — 7. Azote ; — 8. Hydrogène.

des vaisseaux, des nerfs, etc. En portant le diamètre de ces animalcules à $10^m,00$, et en admettant qu'à cette échelle les molécules ont une grosseur de 1 millimètre, on trouve la place pour les muscles, nerfs, etc, indispensables à tout ce qui a de la vie. D'autre part, les molécules organiques sont des plus complexes et renferment en moyenne 10 distances d'atomes ; ce qui fait que l'on peut admettre un millième de millimètre comme distance probable des atomes entre eux, dans les corps solides ou liquides.

M. Gaudin a calculé avec ces données le nombre d'atomes contenus dans une grosse tête d'épingle ; mais le chiffre en est si effrayant, que pour s'en faire une idée il faut calculer le nombre d'années nécessaires pour les compter en supposant qu'à chaque seconde on en enlève *un milliard!* Il ne faudrait pas moins de 253 millions d'années.

Ces diverses considérations font dire avec juste raison à M. Gaudin que pour les atomes nos secondes sont des siècles et que pour les soleils, au contraire, nos siècles sont des secondes, car sous nos yeux dans quelques secondes nous pouvons produire des cristaux renfermant des nombres d'atomes qui confondent notre imagination.

Maintenant la loi d'Avogadro et d'Ampère sur la constitution des gaz donne la construction des molécules les plus simples. D'après cette loi, deux volumes d'hydrogène ou deux molécules de ce gaz, se combinant avec une molécule d'oxygène, donnent deux molécules de vapeur d'eau. Il faut donc que la molécule d'oxygène se partage en deux : donc la molécule d'oxygène est au moins double. En continuant de raisonner de la même façon sur les autres gaz, on trouve que tous les gaz et presque toutes les vapeurs de corps simples ont des molécules biatomiques, c'est-à-dire susceptibles, sous certaines influences, de se partager en deux atomes.

Il est alors facile de comprendre la constitution d'un gaz simple : c'est une réunion de molécules animées de certains mouvements les unes par rapport aux autres, chaque molécule composée de deux atomes tournant comme dans un système planétaire et chaque atome étant lui-même animé d'un mouvement de rotation fort rapide dextrorsum ou sinistrorsum. Le pivotement n'a lieu que dans les gaz et les liquides, il ne peut pas exister dans les cristaux sans les détruire.

Une molécule de vapeur d'eau serait représentée en agrandissant singulièrement les dimensions réelles par la figure ci-après : un atome d'oxygène placé entre 2 atomes d'hydrogène également espacés.

Les molécules de silice, de protoxyde d'azote, d'acide sulfureux, etc., etc., sont constituées de la même manière.

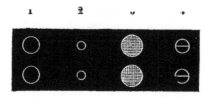

Molécules de gaz simples : 1. Oxygène ; — 2. Hydrogène ; — 3. Soufre ; — 4. Azote.

Une molécule de gaz ammoniac composée de 3 atomes d'hydrogène et 1 atome d'azote, est représentée par la figure suivante : les 3 atomes d'hydrogène occupant les

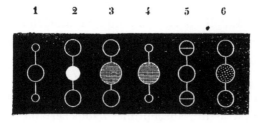

Molécules à 3 atomes : 1. Eau H^2O ; — 2. Acide carbonique CO^2, — 3. Acide sulfureux SO^2 ; — 4. Acide sulfhydrique H^2S ; — 5. Protoxyde d'azote Az^2O ; 6. Silice SiO^2.

trois sommets d'un triangle équilatéral et l'atome d'azote au centre. Telle est encore la molécule de l'acide sulfurique anhydre.

Pour une molécule plus compliquée, comme celle de l'alumine qui a pour formule Al^2O^3, il faut que les atomes

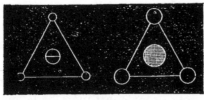

1. Gaz ammoniac AzH^3 ; — 2. Acide sulfurique anhydre SO^3.

se groupent pour former un solide équilibré ; il n'y a qu'un seul arrangement possible, c'est celui d'une double pyramide triangulaire De pareils solides s'associent en formant des files s'enchevêtrant les unes dans les autres. Cette manière d'être permet théoriquement de cliver le cristal suivant six plans différents. Les cristaux de coriudon que l'on obtient par la méthode indiquée par M. Gaudin, possèdent ce clivage sextuple, qui a été découvert par M. Dufrenoy. L'accord des faits de la pratique avec les résultats théoriques est aussi parfait que possible.

Les molécules de formule Fe^3O^4 forment une double pyramide quadrangulaire régulière : les 4 atomes d'oxygène

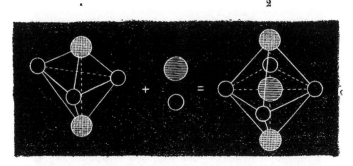

1. Molécule de sesquioxyde Al^2o^3 ; — 2. Molécule de spinelle $RO.Al^2O^3$.

placés aux 4 sommets du carré commun et les 3 atomes de fer, un sur le plan du carré et les 2 autres d'une manière symétrique par rapport à ce plan. Si on prend un spinelle RO, Fe^2O^3, le radical R se place au milieu de la molécule. Mais l'idée de M. Gaudin, idée féconde, est d'avoir trouvé que dans un corps de composition complexe, ces molécules si bien caractérisées perdent leur individualité personnelle pour se former suivant une ligne droite et suivant une symétrie centrale.

Sa loi est que : « tous les groupements atomiques des deux » règnes, minéraux et corps organiques, résultent de l'as-

» semblage de ces éléments linéaires à 3, 5 et 7 atomes pa-
» rallèlement entre eux, de manière à réaliser dans n'im-
» porte quelle région d'une molécule. l'élément à 3 atomes
» A entre 2 B, verticalement, horizontalement et dans une
» ligne faisant un angle de 45° avec l'axe principal, et tout
» cela pour former, en définitive, un groupement d'atomes
» dissemblables équilibré partout en dépit des poids diffé-
» rents des atomes. »

Toute la théorie de M. Gaudin est là-dedans. Un cristal ou
une molécule est un solide équilibré suivant les règles de la
mécanique céleste.

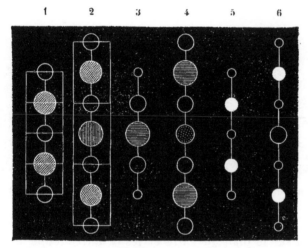

Éléments linéaires des molécules de : 1. S squioxyde Fe^2O^3 ; — 2. Spinelle $RO.Fe^2O^3$; — 3 Hydrate de monoxyde RO,H^2O ; — 4. Silicate
particulier $2RO\ SiO^2$; — 4. Molécule organique C^2H^3 ; — 5. Autre molécule organique C^2H^4O.

Je citerai comme minéraux bien étudiés dans l'ouvrage de
cet auteur, la série des feldspaths. Le labrador a pour molécule un aluminate alcalin disposé en ligne droite, c'est-à-dire
une file de 7 atomes, entouré dans la région moyenne de
3 molécules de silice disposée en file à 3 atomes (un atome
de silicium entre 2 molécules d'oxygène).

L'amphigène et l'orthose ne diffèrent du précédent que par le nombre des molécules de silice qui sont respectivement 4 et 6. Les feldspaths anorthite et oligoclase ne sont que des assemblages indivisibles de 3 molécules de labrador et d'orthose.

Les formules chimiques qui se trouvent ainsi représentées géométriquement frappent vivement l'esprit et y demeurent profondément gravées.

Parmi les molécules plus complexes, je citerai les grenats et aluns, qui ont des molécules ne rappelant nullement la forme cubique de leurs cristaux. La nature, pour construire un cristal, ne fait pas autrement qu'un architecte qui élève des monuments avec des matériaux ayant des formes propres à la stabilité et à l'équilibre, mais non pareilles à la forme de l'œuvre.

Je vais montrer la construction de la molécule du grenat en prenant la variété verte chromifère des Pyrénées.

D'après M. Damour, la composition de ce grenat est :

Silice..	36,20
Alumine.	10,20
Oxyde de chrome. . .	6,50
Oxyde ferrique. . . .	9,60
Oxyde ferreux.	8,16
Chaux.	27,50
Oxyde manganeux.. .	0,50
	——
	98,66

qui peut se traduire chimiquement par la formule suivante :

$12SiO^3$	dont la composition. .	33,50
Cr^2O^3	en centièmes est :	7,15
FeO		3,35
$2Al^2O^3$	— —	9,60
$2Fe^2O^3$	— —	15,00
$12CaO$	—	31,40

Si d'autre part nous observons que tous les grenats sont

isomorphes, il nous est permis de croire que le grenat vert des Pyrénées provient de molécules ayant respectivement pour composition :

$$12SiO^2\overbrace{Cr^2O^3,FeO}, 4Al^2O^3, 12CaO \text{ et } 12SiO^2\overbrace{Cr^2O^3,FeO}, 4Fe^2O^3, 12CaO$$

qui n'ont de différence que dans les sesquioxydes.

Ces molécules, mélangées en nombre égal, engendrent le cristal que nous étudions.

Les 87 atomes se groupent merveilleusement avec une symétrie irréprochable ; au centre, il y a l'analogue d'un spi-

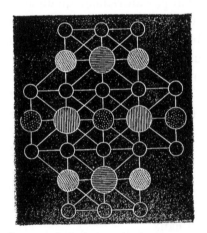

Coupe verticale de la molécule du grenat.

nelle Cr^4O^3, FeO ; et tout autour 4 autres files de 7 atomes composées comme il suit :

$$O - Ca - O - Si - O - Ca - O, \text{ ou } 2CaO, SiO^2.$$

Ces 5 files d'atomes sont à leur tour enveloppées par 4 autres files encore à 7 atomes

$$O - Al - O - Ca - O - Al - O, \text{ ou } CaO Al^2O^3.$$

Enfin, au-delà de chaque sommet du carré viennent se placer 2 molécules de silice, pour compléter définitivement la molécule de ce remarquable minéral.

Sa forme générale est celle d'une croix surmontée de deux petits cubes.

Cette manière de grouper ces 87 atomes, satisfait pleinement aux règles de symétrie énoncées plus haut : chaque file d'atomes, en effet, est parfaitement symétrique ; les coupes horizontales renferment 9 ou 17 atomes disposés symétriquement ; les lignes à 45 degrés sont aussi bien équilibrées, comme il est facile de s'en convaincre.

Il suffit maintenant de prendre 3 molécules à base d'alumine avec 3 molécules à base de sesquioxyde de fer et de

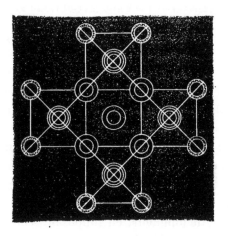

Plan de la molécule du grenat.

les grouper symétriquement autour d'un centre pour obtenir un octaèdre, noyau du cristal, *qui grossira* par l'adjonction de nouvelles molécules dans tous les sens.

L'hypothèse que je fais de l'association de deux molécules différentes est d'autant plus admissible, que les grenats mélanite et grossulaire qui sont tous les deux à base de chaux, mais dont les sesquioxydes sont respectivement le fer et l'alumine, comme dans le cas qui nous occupe, ont un même volume moléculaire, puisque les poids atomiques $\frac{2199,72}{1970,92}$ sont sensiblement proportionnels aux densités $\frac{5,83}{3,55}$.

Si nous inscrivons en ligne verticale les diverses variétés de grenat avec les poids atomiques et les densités en regard, on voit d'un coup d'œil rapide que la proportionnalité n'existe pas pour tous, mais les écarts sont assez faibles. Cependant l'ouwarowite, qui a un poids atomique plus fort que le grossulaire, a une densité plus faible ; il faut donc que les atomes de l'ouwarowite soient plus distants les uns des autres que dans le grossulaire.

VARIÉTÉS DE GRENAT.

	Composition chimique	Poids atomique.	Densité.
Grossulaire	$13SiO^2, 4\ Fe^2O^3, 14\ CaO$	1970 92	3,'4 à 3,62
Gren. vert d. Pyr.	$12SiO^2.Cr^2O^3, FeO.2\ Al^2O^3, 2\ Fe^2O^3, 12\ CaO$	2138.22	3.43
Ouwarowite	$13SiO^2, 4Cr^2O^3, 14CaO$	2171.72	3,42 à 3,51
Spessartine	$13SiO^2, 4\ Al^2O^3, 14MnO$	2179.52	4.15
Almaudine	$13SO^2, 4\ Al^2O^3, 14FeO$	2194,92	3,92 à 4,20
Mélanite	$13SiO^2, 4\ Fe^2O^3, 14CaO$	2 99 72	3.83

Pour épuiser cette petite étude. j'ai d'abord calculé le volume moléculaire de ce grenat. Il est de 623,38 comme nous l'avons déjà vu.

En divisant ce volume par 87, nombre des atomes de cette molécule, on obtient 7,164 pour le volume de chaque atome ; mais cela ne donne pas la distance des atomes entre eux, car il y a de très-grands vides entre chaque molécule. J'ai alors calculé cette longueur, en supposant, comme l'indique M. Gaudin, que les molécules se rapprochaient au maximum à une distance d'atome. Cette hypothèse va de soi, car on ne comprendrait pas pourquoi les atomes de deux molécules différentes se rapprocheraient plus que les atomes d'une même molécule.

En me plaçant alors dans les conditions qui donnent le maximum de cette longueur, j'ai facilement trouvé qu'on pouvait construire le cristal au moyen de cubes théoriques de $X (8 + \sqrt{2})$ pour côté en désignant par X cette distance inconnue. Dans la figure ci-contre, $a\ b$ égale 1 distance d'atome, et $c\ c$ égale $8 + \sqrt{2}$.

Sur chaque arête de ce cube, il y a une molécule dont le quart est à l'intérieur de ce solide; ce qui fait que ce cube est trois fois le volume moléculaire. Il me suffit donc de l'écrire algébriquement :

$$(8 + \sqrt{2})^3 \ X^3 = 3 \ V_1, \qquad \text{d'où} \qquad X = \frac{\sqrt[3]{3 \ V_1}}{8 + \sqrt{2}} = 1,30$$

Tandis que si j'avais calculé cette distance sur le volume atomique de 7,16, j'aurais eu $\sqrt[3]{7,164} = 1,93$, nombre bien plus fort.

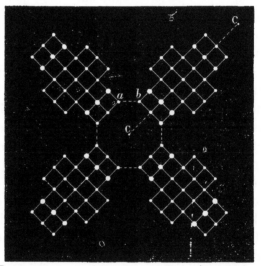

Figure montrant le groupement des molécules du grenat.

Dans le carbone cristallisé, la distance des atomes entre eux est de $\sqrt[3]{3,6} = 1,53$; c'est la plus petite distance des dernières particules dans les corps simples. L'étude du grenat nous montre donc que l'affinité diminue beaucoup la distance des atomes entre eux. Ce résultat n'a rien d'inadmissible; M. Joule et Playfair ont montré que dans le sulfate de soude à 10 molécules d'eau, une molécule de ce sel n'occupe pas plus d'espace que les 10 molécules d'eau (supposée solide) ; il faut dans ce cas que les 7 atomes du N^2aOSO^5 se resserrent, et réduisent par ce fait les volumes atomiques d'une façon sensible.

Il suffit de jeter un coup d'œil attentif sur la manière dont les molécules de grenat s'associent pour former un cristal, pour comprendre qu'il ne peut pas exister de clivage ; les molécules sont enchevêtrées intimement et ne laissent aucun espace vide dans n'importe quelle direction rectiligne. Tout le monde sait, en effet, que le grenat n'a point de clivages et que sa cassure est irrégulière.

L'harmonie la plus parfaite règne aussi bien dans le cristal que dans les atomes d'une molécule.

Si cet accord n'existe pas, on n'a plus de cristal, mais un corps d'aspect cristallin, vitreux, comme le laitier de haut fourneau, ou tout autre produit obtenu par la fusion de molécules hétérogènes.

Pour une molécule de grenat, il faut absolument 87 atomes de certains corps ; avec 1 atome de plus ou 1 atome de moins, on ne peut plus former une molécule équilibrée et pondérée de toutes parts : les lois de la mécanique céleste s'y opposent.

Cette nécessité d'équilibre peut parfois guider dans la composition d'un corps imparfaitement connu ; car cette méthode d'analyser une molécule possède un degré de clarté et d'absolutisme remarquables. Je vais en montrer un exemple tout à l'heure.

Les innombrables molécules organiques obéissent aux mêmes lois et ont des formes analogues aux molécules inorganiques. L'alcool vinique, qui a pour formule en équivalents $C^4H^6O^2$, a pour formule atomique C^2H^6O qui représente un volume de vapeur; sa molécule est simple et d'un grand équilibre.

Les 6 atomes d'hydrogène se placent en hexagone sur un plan, au centre il y a un atome d'oxygène, et au-dessus et au-dessous un atome de carbone. C'est une double pyramide hexagonale.

Il y a cinquante ans, on donnait à l'acide benzoïque,

dont j'ai parlé au commencement de ce travail, la formule en équivalents, $C^{18}H^6O^4$.

.Cet acide, qui cristallise dans le système du prisme hexagonal régulier, se vaporise facilement sans se décomposer, ce qui a permis de déterminer avec précision sa densité de vapeur.

Lorsque M. Gaudin a cherché à construire la molécule, il a trouvé : 1° que pour un volume de vapeur la formule précédente devait être dédoublée, ce qui en démontrait de suite l'inexactitude, puisque cela n'est pas possible ; 2' que pour

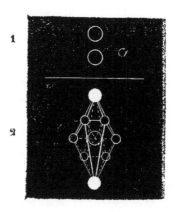

1. Molécule d'oxygène ; — 2. Molécule d'alcool vinique.

avoir une molécule hexagonale, il fallait absolument que la formule atomique fût $C^7H^6O^2$, ou en équivalents $C^{14}H^6O^4$ qui représente 2 volumes de vapeur, c'est-à-dire un équivalent de carbone en moins que dans la formule admise.

Les analyses précises de MM. Liebig et Dumas ont donné raison à M. Gaudin.

Il y a plusieurs manières de construire cette molécule, et cependant on n'a pas encore découvert d'isomère de l'acide benzoïque, du moins que je sache.

Voici une forme de cet acide ·

6 atomes de carbone placés aux six sommets d'un hexagone plan ;

13

6 atomes d'hydrogène placés dans le même plan et aux six sommets d'un hexagone double; au centre un atome de carbone; enfin, au-dessus et au-dessous de ce plan, dans l'axe central, un atome d'oxygène.

Les figures ci-dessous montrent la disposition indiquée :

```
                 H

    H            C            H
          C            C
                 O
          C            C
    H            C            H

                 H
```

Plan d'une molécule d'acide benzoïque.

```
                 O

    H    C    C    C    H

                 O
```

Élévation de la molécule de l'acide benzoïque.

Je me suis un peu étendu sur cet exemple pour montrer comment cette méthode permet de contrôler efficacement les formules chimiques. L'ouvrage de cet auteur renferme beaucoup de faits intéressants sur lesquels je n'ai pu rien dire; mais les sujets d'étude sont si nombreux et si variés, que j'espère pouvoir en donner une idée plus tard dans un autre travail.

Je ne saurais terminer cette étude sans remercier M. Gauthier-Villars, qui a gracieusement mis à la disposition de la Société les gravures insérées dans l'ouvrage de M. Gaudin : *L'Architecture du monde des atomes.*

Séance du 28 avril 1880.

Présidence de M. de la VIEUVILLE.

Le Président fait deux présentatious pour le titre de membres titulaires de la Société.

M. Gaston de MALAFOSSE met sous les yeux de la Société quelques exemplaires d'une espèce de chenilles qui produit en ce moment de grands dégâts dans les vignobles du Narbonnais. Ces larves appartiennent à une espèce commune de lépidoptères, la noctuelle des blés (*agrotis segetum*) ; elles attaquent les jeunes bourgeons de la vigne et détruisent ainsi tout espoir de récolte. Le plus souvent les jardiniers ont seuls à souffrir des attaques de cette espèce, et c'est à une circonstance fortuite que la vigne doit d'être attaquée par ces légions de chenilles. En effet, cette multiplication extraordinaire provient, selon toute probabilité, du fait que les travaux de culture de la vigne ont été fortement retardés et n'ont pas détruit, comme à l'ordinaire, les jeunes larves cachées en terre. D'un autre côté, il résulte de l'examen attentif qu'a fait M. d'Aubuisson, que la plupart des échantillons récoltés par M. de Malafosse sont ichneumonés ; il y a donc tout lieu d'espérer que l'année prochaine ne donnera pas naissance à un nombre aussi considérable de larves.

M. MARQUET fait observer que déjà des faits analogues à celui-ci ont été signalés dans le Roussillon ; c'est ainsi que le *Vesperus Xatharti*, espèce peu malfaisante ordinairement, a produit de véritables désastres.

Le Secrétaire donne lecture du travail suivant de M. Fagot :

Mollusques des Hautes-Pyrénées cités ou recueillis jusqu'à ce jour

(*Suite*)

Par M. P. FAGOT, membre titulaire.

Genus 1. — Arion.

2. *Arion albus.*

D'après J. Mabille (Lim. français., p. 3, extr. *Annal. malac.*, juin 1870), les individus ainsi appelés par M. Debeaux n'appartiennent point à cette espèce.

4. *Arion fuscus.*

Comme l'a fait observer avec raison M. J. Mabille (loc. cit., p. 14), le *Limax fuscus* de Muller est une espèce étrangère à la France. Les individus cités par M. Debeaux, ainsi que ceux recueillis par nous-même aux environs de Bigorre, dans les lieux frais, sous les pierres, et auxquels nous avions donné ce nom, doivent être rapportés à l'*Arion hortensis* de Férussac. En conséquence, au lieu d'*Arion fuscus* on devra lire :

4. *Arion hortensis.*

Arion hortensis. Férussac, Hist. Moll., p. 65, tab. VIII A, fig. 3-4, 1819.

Genus 2. — Limax.

1. *Limax sylvaticus.*

Au témoignage de M. J. Mabille (loc. cit., p. 29), M. De-beaux aurait désigné sous cette appellation le *Limax arborum*

Bouchard-Chantereaux, Moll. Pas-de-Calais, p. 28, 1830, ce qui est exact. En conséquence, au lieu de *Limax sylvaticus*, on devra lire :

Limax gagates. Boubée, Bullet. hist. nat. franç., 3e sect., Moll. et Zooph, 1re édit., p. 13, n° 23, 1833 (1).

Limax sylvaticus. Debeaux, Moll. Barèges, in *Journ. conchyl.*, 3e sér., t. VII, n° 1, p. 21, 1867 (2).

Amalia marginata. Fischer, Faune malac. Cauterets, in *Journ. conchyl.*, 3e sér., t. XVI, n° 1, p. 53, 1876 (3).

Limax altilis. Fischer, loc. cit., 1er supplément, t. XVII, 1877.

Limax arborum. Fischer, loc. cit., 2e supplément, t. XVIII, n° 2, 1878.

Vallées de Barèges et de Cauterets. Pène de l'Heris.

1 bis. *Limax agrestis*.

Limax agrestis. Linnæus, Syst. nat., édit. X, p. 652, 1758.

Espèce très-commune dans les parties basses et moyennes du département.

GENUS 5. — SUCCINEA.

3. *Succinea putris*.

Lorsque nous disions que l'espèce ainsi nommée devait être la *Succinea Pfeifferi*, nos conjectures étaient fondées. Les individus désignés sous le nom de *Succinea amphibia* par Boubée et.*Succinea putris* var. *thermalis* par de Grateloup, appartiennent tous à une variété très-répandue dans le vallon de Salut et les prairies des environs de Bigorre que

---

(1) Non *Limax gagates*. Draparnaud, 1805.

(2) Non *Limax sylvaticus*. Draparnaud, 1805.

(3) Non *Amalia marginata* des auteurs allemands.

M. le docteur Baudon a parfaitement décrite et figurée.
(Monogr. Succin. franç., extr. *Journ. conchyl.*, p. 48, pl. VII,
fig. 7, 1877.)

GENUS 6. — ZONITES.

2. *Zonites olivetorum.*

Les individus ainsi nommés rentrent dans le *Zonites incertus (Helix incerta.* Draparnaud, Hist. Moll. franç., p. 109,
tab. XIII, fig. 8-9, 1805). Le *Zonites olivetorum* est une
forme italienne que de Charpentier a rééditée sous le nom
de *Zonites Leopoldianus* et qui n'a jamais été trouvée dans
les Pyrénées ou leurs dépendances.

3 bis. *Zonites Blauneri.*

Helix Blauneri. Shuttleworth, Catal. Moll. Corse, in *Mit-
teill. Gesselch. Bern.*, p. 13, 1843.
Zonites Blauneri. Bourguignat, Malac. chât. d'If, p. 10, 1860.
Environs de Lourdes. Au pied des murs de la ville.

3 ter. *Zonites alliarius.*

Helix alliaria. Miller, List. schells. in *Annal. philos ,* t. VII,
p. 379, 1822.
Zonites alliarius. Gray, in *Turton. schells. Brit.*, p. 68,
fig. 39, 1840.
Cette espèce vit, comme la précédente, aux environs de
Lourdes.

3 quater. *Zonites nitidus.*

Helix nitida. Muller, Verm. hist., t. II, p. 32, nº 234, 1774.
Zonites nitidus. Moquin-Tandon, Hist. nat. Moll. franç.,
t. II, p. 72, pl. VIII, fig. 11-15, 1855.
Bois du vallon de Salut. R.

Genus 7. — Helix.

Avant le numéro 1 placer :

Helix pygmœa.

Helix pygmœa. Draparnaud, Tabl. Moll., p. 93, n° 43, 1801,
  et Hist., tab. VIII, fig. 8-10, 1805.
Cauterets (M. Fischer), 1876.

3. *Helix obvoluta.*

Cette espèce, pour laquelle nous n'avions point précisé
de localité, a été trouvée vivante aux carrières d'Aurensan,
près Bigorre, par le général de Nansouty.

14. *Helix hispida.*

Localités nouvelles : Salut, Lourdes, etc.

14 bis. *Helix steneligma.*

Helix steneligma. J. Mabille, Testar. nov. diagnos., in *Bullet.
  Soc. Zool. franç.*, t. II, p. 305, 1877.
Lourdes.

17 bis. *Helix striata.*

Helix striata. Draparnaud, Tabl. Moll., p. 91, n° 39, 1801,
  et Hist., tab. VI, fig. 18-19, 1805.
Bédaillon près Mauléon-Magnoac, où cette espèce a été
découverte par M. de Saint-Simon. — Nous n'ignorons
point que ce nom doit être changé, mais nous le conservons
momentanément parce que nos échantillons rentrent dans
l'espèce de Draparnaud.

17 ter. *Helix rugosiuscula.*

Helix rugosiuscula. Michaud compl. Draparnaud, p. 14,
n° 8, tab. XV, fig. 11-14, 1831.
Avec la précédente, moins commune.

18 bis. *Helix Velascoi.*

Helix Velascoi. Hidalgo, in *Journ. conchyl.*, t. XV, p. 440,
tab. XII, fig. 3-5, 1867.
Environs de Barèges. Pic du Midi, etc.
Les échantillons du département ne diffèrent du type que
par une taille moindre.

18 ter. *Helix Nansoutyana.*

Helix Nansoutyana. Bourguignat, in *Sched.*, 1876.

Testa perforata, depresso-globosa, subopaca, tenui, non
pellucida, striata (striæ obliquæ, valde rugosæ, irregulares,
albidæ) ; corneo-luteola ; — spira subdepressa, elevata ;
apice obtuso, nitido, lævigato, — anfractibus 5 1/2 convexiusculis, lente ac regulariter crescentibus, sutura parum
impressa separatis ; ultimo rotundato, ad aperturam non
descendente ; — apertura, obliqua, lunato-ovata, transverse
fere rotundata ; — peristomate acuto, non reflexo ; — margine columellari ad perforationem leviter reflexo ; marginibus remotis, non callo junctis.
Alt. 9-10. — Diam. 12-14 millim.

Barèges, Gédres, etc. (Bourguignat). — Espèce du groupe
de *l'Helix Carascalensis.*

20 bis. *Helix submaritima.*

Helix submaritima. Rossmassler, Icon. [der land und susswass. Moll., Heft IX et X, p. 8, n° 575, 1839.

Dupuy, Hist. Moll. franç., p. 293,
tab. XIII, fig. 9 (3e fasc.), 1849.

Murs de la chapelle de Garaison près Castelnau-Magnoac.
C. C. Lannemezan. R. R. (de Saint-Simon).

Genus 9. — Azeca.

2. *Azeca Mabilliana.*

Cette espèce a été décrite par M. P. Fagot, Monogr. espèc.
franç. gen. Azeca, in *Bullet. soc. scientif. Pyr.-Or.*, t. XXII,
et tirage à part, p. 6, 1876.

Genus 12. — Clausilia.

C. var. *abietina.*

Les individus qui nous avaient été communiqués par
M. l'abbé Dupuy rentrent dans le groupe de la *Clausilia
nigricans*, ainsi que nous l'avons établi ; seulement ceux
qu'il nous a offerts depuis et qui ont été recueillis à la cascade
du Cerizet, constituent une bonne espèce très-bien décrite
par M. Bourguignat, Hist. Clausil. franç. viv. et foss.,
3me part., p. 6. (extrait *Annal. scienc. nat.*), 1877.

2 bis. *Clausilia Saint-Simonis.*

Clausilia Saint-Simonis. Bourguignat, Hist. Clausil. franç.
viv. et foss., 3me part., p. 3 (extr. *Annal. scienc. nat.*),
1877.

Bois de l'Héris. Environs de Lourdes (Bourguignat).

C'est à cette espèce que l'on doit rapporter les individus
des Hautes-Pyrénées que nous avions nommés *Clausilia
aurigerana*, sans donner leurs caractères.

2 ter. *Clausilia pumicata.*

Clausilia pumicata. Paladilhe, Descript. espèc. nouv. Moll.

in *Annal. scienc. nat.*, 6me sér., t. II, p. 17, pl. XXI, fig. 7-8, 1875.

> Var. B. *Saxorum*. Bourguignat. Hist. Clausil. franç., viv. et foss., 3me part. p. 17 (extr. *Annal. scienc. nat.*), 1877.

Bois de l'Heris près de Bigorre ; environs de Barèges et de Saint-Sauveur (Bourguignat).

2 quater. *Clausilia Penchinati.*

Clausilia Penchinati. Bourguignat, Spec. noviss. Moll., p. 30, n° 38, 1876.

> Var. *orophila*. Bourguignat, Hist. Clausil. franç. viv. et foss., p. 45 (extr. *Annal scienc. nat.*), 1877.

Environs de Saint-Sauveur (Bourguignat).

4. *Clausilia dubia.*

Cette espèce non pyrénéenne doit être supprimée de notre catalogue. On doit lire à la place :

2 quinquies. *Clausilia Fagotiana.*

Clausilia Fagotiana. Bourguignat, Hist. Clausil. franç. viv. et foss., p. 1. (extr. *Annal. scienc. nat.*), 1877.

Fréchet d'Aure, où elle a été trouvée par M. de Boutigny. Barèges, où elle a été recueillie par M. l'abbé Rozes.

3. *Clausilia Gallica.*

Clausilia Gallica. Bourguignat, Hist. Clausil. franç. viv. et foss., p. 21 (extr. *Annal. scienc. nat.*), 1877.

Cauterets.

> B. var. *Jeretensis*, Bourguignat, loc. cit.

Vallée de Jéret près Cauterets.

3 bis. *Clausilia Nansoutyana.*

Clausilia Nansoutyana. Bourguignat, Hist. Clausil. franç.
viv. et foss., p. 24 (extr. *Annal. scienc. nat.*), 1877.
Barèges. R. R. R. (Bourguignat).

5. *Clausilia parvula.*

D'après M. Fischer, cette espèce a été trouvée à Cauterets
par M. l'abbé Dupuy.

7. *Clausilia Rolphii.*

Loc. nouvelle. Vallon de Salut. Bois sur la route entre
Asté et Campan, etc.
Var. B. *Tapeina.* Bourguignat, loc. cit., 2me part , p. 33, 1877.
Environs de Barèges. Salut près Bigorre.

8. *Clausilia onixiomicra.*

Clausilia onixiomicra. Bourguignat, Hist. Claus. franç. viv.
et foss., 2me part., p. 31 (extr. *Annal. scienc. nat.*), 1877.
Environs de Barèges.

GENUS 14. — PUPA.

1. *Pupa megacheilos.*

Après avoir eu sous les yeux le type du *Pupa megacheilos*
de Cristofori et Jan., nous avons acquis la conviction que
cette espèce n'existait point dans les Pyrénées. Elle est
remplacée, dans les Hautes-Pyrénées, par le *Pupa Bigorriensis* que nous avions eu le tort de considérer comme une
simple variété et dont nous établissons la synonimie de la
manière suivante :

Pupa Bigorriensis. Charpentier ex Ch. Des Moulins, Descript.
  Moll nouv. in *Act. soc. Linn. Bordeaux*, t. VII, p. 161,
  1835.

Pupa megacheilos, var. δ *pusilla*. Des Moulins, loc. cit.,
  p. 161, pl. II, fig. D.

Pupa megacheilos. Variété plus petite (*P. Bigorriensis*) de
  Cauterets. Dupuy, Hist. Moll. franç., tab. XIX, fig. 9,
  f, g, h, 1850.

Pupa megacheilos η *pusilla*. Moquin-Tandon, Hist. nat. franç.,
  t. II, p. 354, 1855.

1 bis. *Pupa Moquiniana*.

Pupa Moquiniana. Kuster in Chemnitz und Martini, édit. II,
  gen. Pupa, p. 52, pl. LVII, fig. 4-5, 1845.
  Montagne du Bédat près Bigorre R. R.

2. *Pupa Farinesi*.

Les individus ainsi nommés appartiennent tous au *Pupa
Jumillensis* Guirao mss teste L. Pfeiffer, Monogr. helic. viv.,
t. III, p. 540; 1843.

Outre les localités indiquées, le *Pupa Jumilliensis* vit sur
les rochers à 200 ou 300 mètres des dernières maisons de
Lourdes (route de Luz), où il a été découvert par M. de Boutigny.

3. *Pupa ringens*.

B. Var. *Rossmassleri*.

M. Westerlund, Malak. Blatt. (*Pupa Bigorriensis* auct.
et *affines*), p. 66, 1874, a très-bien décrit, sous l'appellation de
Pupa Bigorriensis Moquin, notre variété *Rossmassleri* du *Pupa
ringens*. Ce nom ne saurait être conservé, parce qu'il existe
déjà un *Pupa Bigorriensis* Charpentier. Si l'on maintient au
rang d'espèce le *Pupa Bigorriensis* Moquin, il sera indispensable de lui donner un autre nom.

4 bis. *Pupa Nansoutyi* P. Fagot, spec. nov.

Testa perforata, cylindracea, corneo-rufa, nitida, pellucida, striata (striæ regulares, obliquæ, in ultimo debiles); — spira brevi, vix acuminata; apice obtuso; — anfractibus 9 convexis, regulariter crescentibus, sutura parum impressa separatis; ultimo majore, ad aperturam paululum ascendente ac circa perforationem compressiusculo; — apertura vix obliqua, subrotundata, elongata, septemdentata : plicæ parietales duæ, quarum una angularis compressa, brevis, altera mediana, compressa, in fauce remota; duæ plicæ columellares, inferior remotissima, vix conspicua, superior remota; plicæ palatales tres in medio interruptæ vel subinterruptæ, inferior remota, mediana subremota, tertia marginem fere attingens; — peristomate acuto, reflexo; margine externo expanso; margine columellari reflexo, patente, perforationem obtegente; marginibus subapproximatis, callo tenui junctis.

Altit. 7. — Diam. 2 millim.

Station Plantade sur le Pic du Midi de Bigorre (de Nansouty).

Notre nouvelle espèce ne pourrait être confondue qu'avec le *Pupa pyrenearia* dont elle diffère notamment par sa coquille plus mince, plus cylindrique, à sommet plus trapu, par sa perforation ombilicale arrondie comme celle du *Pupa secale*, par son péristome moins épais, ses plis beaucoup plus délicats et différemment disposés, par son ouverture plus régulièrement arrondie, quoique le péristome ne soit point continu, etc.

4 ter. Note sur le véritable *Pupa clausilioides* de Boubée.

. Cette variété très-remarquable du *Pupa pyrenearia*, qui constitue peut-être même une espèce distincte, est encore

de nos jours donnée comme synonime du *Pupa affinis* Rossmassler. Aussi, pour faire cesser toute confusion, nous
croyons utile de donner les renseignements les plus complets
sur la coquille de Boubée que nous avons retrouvée parfaitement caractérisée au col de la Laou, dans le voisinage
d'Aulus (Ariège).

Voici d'abord sa synonimie :

Pupa clausilioides. Boubée, Bullet. hist, nat., édit. in-8°,
    p. 35, n° 81, 1er avril 1835 (1).

Pupa pyrenearia ε clausilioides. Moquin-Tandon, Hist. nat.
    Moll. franç., t. II, p. 364, 1855.

Pupa pyrenearia var. *Boubeei.* Fagot et de Nansouty, Moll.
    Haut.-Pyr. (extr. *Bull. Soc. Ramond*), p. 20, juillet 1875.

Voici en second lieu la diagnose. de Bouhée que nous
transcrivons en entier, l'opuscule dans lequel elle a été publiée étant devenu assez rare et par suite peu connu :

Pupa clausilioides. Nobis. Mauléon en Barousse (Hautes-
Pyrénées). — N. B. Elle paraît très-rare, je n'en possède que
trois échantillons et n'ai pu en rencontrer de nouveau dans
aucun autre lieu. Cette belle espèce est très-remarquable sous
bien des rapports ; elle est longue de 9 millimètres et son
diamètre est de 2, 3 millim., elle est presque cylindrique, le
dernier tour est sensiblement rétréci et la coquille paraît
presque fusiforme ; les bords de la bouche, qui est saillante
en dessus de la coquille, sont réunis et réfléchis ; la bouche
est ovale, allongée et presque droite, c'est-à-dire que le grand
axe de cet ovale est à peu près parallèle à l'axe de la coquille ; elle est garnie de six à sept plis, dont trois sur le

---

(1) Non *Pupa clausilioides.* L. Pfeiffer, Monogr. Helic. viv., p. 432,
1848.

Nec *Pupa clausilioides.* Dupuy, Hist. Moll. franç., 4e fasc., p. 389,
tab. XIX, fig. 5, 1850.

Nec *Pupa clausilioides.* Westerlund, in Malak. Blatt., t. XXII,
p. 65, 1874, et quorundam aliorum.

bord droit, deux sur la columelle, dont un très-saillant et bifide en avant, l'autre très-enfoncé et peu apparent ; deux autres plis sont sur le bord gauche également enfoncés et peu apparents ; les tours de la spire sont subaplatis et très-finement striés. Les sutures sont peu profondes. Enfin la coquille est translucide et la couleur générale est jaune d'ambre assez prononcé. L'angle de la spire est de 36° et l'angle capitulaire de 34°.

Nous sommes étonnés qu'après la lecture d'éléments de détermination aussi précis, on ait cherché à réunir ce Pupa à l'espèce de Rossmassler. S'ils se rapprochent par quelques points, les différences sont encore plus sensibles. A-t-on jamais vu le *Pupa affinis* avec 3 millimètres de diamètre, le dernier tour très-comprimé, l'ouverture parallèle à l'axe de la coquille et six ou sept plis seulement ? A-t-on constaté sa présence dans les Hautes-Pyrénées ? Les auteurs qui supposaient que Boubée avait eu en vue l'espèce de Rossmassler devaient au moins conserver des doutes sérieux et se garder d'appliquer un nom dont ils n'étaient pas sûrs. Nous pensons qu'après avoir lu la description qui précède, la diagnose aussi exacte que possible du *Pupa clausilioides* et après la comparaison de ce dernier avec les espèces qui s'en rapprochent le plus, la lumière sera faite à l'avenir.

Pupa clausilioides Bouhée.

Testa vix perforata, fusiformi-cylindrica, corneo-rufa, subnitida, pellucida, striatula (striæ debiles, obliquæ, approximatæ, confertissimæ) ; spira elongata, vix attenuata ; apice obtusissimo ; — anfractibus 10, primis parum convexis, cæteris subplanulatis, sutura non impressa separatis ; ultimo majore, compresso, ad aperturam ascendente ac circa perforationem subcristato ; — apertura recta, irregulariter oblonga, septemdentata : plicæ parietales duæ quarum una fere angularis, valida, bifida ac marginem attingens, altera minuta, profunda ; plicæ columellares duæ compressæ, in fauce remotissimæ ; 3 plicæ palatales tenues, inferior remota, brevis, aliquando deficiens, mediana subremota, superior fere marginalis ; — peristomate parum incrassato, continuo, soluto, undique reflexo, albo (1).

Altit. 8. Diam. 3 millim.

Cette forme se rapproche beaucoup du *Pupa Vergniesiana* Charpentier, de l'Ariège ; mais il sera facile de l'en séparer par sa taille plus grande, ses stries plus fines, son ouverture droite et non inclinée, à peine détachée du dernier tour, ses plis palataux plus minces, etc. Elle offre encore plus d'analogie avec le *Pupa pyrenearia* dont on la distinguera pourtant à sa coquille plus fusiforme, à son dernier tour plus comprimé, ses stries moins saillantes, ses tours moins bombés, sans parler de sa longueur, de ses plis différents en force et en taille, quoique disposés à peu près de la même manière, son ouverture plus oblongue-comprimée et plus dans l'axe de la coquille ; enfin à son péristome continu, détaché et réfléchi dans toutes ses parties.

Il est impossible de la confondre avec le *Pupa affinis* par les caractères suivants : elle est plus fusiforme, plus comprimée dans le haut, plus trapue, plus cylindracée et à sommet plus obtus ; ses tours sont moins convexes, ses sutures moins profondes ; son ouverture est *continue*, détachée, réfléchie, *droite*, et non : interrompue, contiguë au péristome et oblique. Les plis columellaires sont moins enfoncés ; on ne remarque jamais le 4ᵐᵒ palatal supérieur profondément enfoncé dans la gorge, etc.

---

(1) Dans notre diagnose nous avons appelé plis pariétaux ceux que Boubée indique sur la columelle, plis palataux ceux du bord droit, et plis columellaires ceux du bord gauche.

7 bis. *Pupa Dupuyi.*

Pupa Dupuyi. Westerlund, in Malak. Blatt., t. XXII, p. 58,
 tab. II, fig. 5-7, 1874.
 Saint-Sauveur.

Cette espèce a été rapprochée par l'auteur (loc. cit.,
p. 122) du *Pupa Baillensii* (Dupuy). Ce rapprochement est
inadmissible. D'après la figure et la diagnose, le *Pupa Dupuyi*
offre les plus grandes analogies avec le *Pupa Braunii* Rossmassler, et tout nous porte à croire que notre correspondant
de Ronneby a décrit et figuré un individu jeune de cette
dernière espèce.

8. *Pupa granum.*

Trouvé sur les rochers calcaires de Gerde près Bigorre,
par M. l'abbé Dupuy.

8 bis. *Pupa doliolum.*

Bulimus doliolum. Bruguières, Encycl. méthod. VERS., t. II,
 p. 351, 1792.
Pupa doliolum. Draparnaud, Tabl. Moll., p. 58, n° 7, 1801,
 et Hist., tab. III, fig. 41-42, 1805.
 B. *albinos.* Moquin-Tandon, Hist., nat. Moll.
 franç., t. II. p. 387, 1855.
 Vallée de Campan (Moquin).

9. *Pupa cylindracea.*

L'espèce à laquelle nous avons attribué ce nom est le *Pupa
umbilicata.* Draparnaud, Tabl. Moll., p. 58, 1801, et Hist.,
 p. 62, tab. III, fig. 39-40, 1805.

9 bis. *Pupa dilucida.*

Pupa dilucida. Ziegler, in Rossmassler., Icon. der land und
susswass. Moll. Heft. V–VI, p. 15, fig. 326, 1837.

Découvert, dans le vallon de Salut et dans le square de
Bigorre, au milieu des feuilles mortes, par M. l'abbé Dupuy.

GENUS 16. — CARYCHIUM.

1. *Carychium minimum.*

Loc. nouv. Feuilles mortes au bord des rigoles d'irrigation
dans les prairies sur le Mont Olivet près Bigorre.

GENUS 17. — PLANORBIS.

3. *Planorbis dubius.*

Planorbis dubius. Hartmann in N. Alpin, t. I, p. 254, n° 49
B, et Erd. und Susswass. Gasterop, Schweiz, p. 111,
tab. XXXII, 1844.

Environs de Lourdes (Bourguignat, Malac. 4 cant., p. 45,
1862).

4. *Planorbis umbilicatus.*

Planorbis umbilicatus. Muller, Verm. Hist., t. II, p. 160,
n° 346, 1774.

Vic-de-Bigorre (M. Boutigny).

GENUS 18. — PHYSA.

1. *Physa acuta.*

Loc. nouv. Au milieu du Potamogeton dans des fossés
voisins de l'Echez à Vic-de-Bigorre, où elle ne paraît pas
rare (M. Boutigny).

2. *Physa fontinalis.*

Bulla fontinalis. Linnæus, Syst. nat., édit. X, t. I, p. 727, n° 341, 1758.

Physa fontinalis. Draparnaud, Tabl. Moll., p. 52, n° 1, 1801, et Hist., tab. III, fig. 8-9, 1805.

Lac de Lourdes, sur les feuilles de Nénuphar (M. Boutigny).

GENUS 19. — LIMNÆA.

1. *Limnœa palustris.*

Loc. nouv. Vic-de-Bigorre (M. Boutigny).

GENUS 22. — POMATIAS.

2 bis. *Pomatias Frossardi.*

Pomatias Frossardi. Bourguignat, in Emil. et Charl. Frossard, Not. sur grott. renferm. rest. hum. époq. paliolith., etc. (extr. *Bullet. Soc. Ramond*), p. 18, janvier 1870, et in P. Fagot, Descript. deux espèc. nouv. Pomat. envir. Bigorre (extr. *Bullet. Soc. Ramond*), p. 2, 1876.
Grotte d'Aurensan près Bigorre.

2 ter. *Pomatias spelœus.*

Pomatias spelœus. P. Fagot. Descript. espèc. nouv. Pom. envir. Bigorre (extr. *Bullet. Soc. Ramond*), p. 1, 1876

2 quater. *Pomatias Lapurdensis,* spec. nov.

Testa angustissime perforata, conico-elongata, solida, subpellucida, corneo-luteola, in ultimo anfractu prope aperturam albida ac duobus zonulis rufis interruptis aliquando obscure cincta, striata (duobus supremis lævigatis exceptis) ; striæ regulares, obliquæ, subdistantes, in ultimo, confertiores ac ad aperturam sicut evanidæ ; — spira conica, regulariter acuminata ; apice abtuso ; — anfractibus 8 convexis lente crescentibus, sutura parum impressa separatis ; ultimo vix majore, rotundato, ad aperturam expanso, leviter ascendente ; — apertura verticali, pyriformi-rotundata ; — peristomate subcontinuo, albo, crassissimo ; margine columellari maxime auriculato ; marginibus callo albido juntis.

Altit. 11-12. — Diam. 4-4 1/4. millim.

Intérieur de la grotte des Espélugues près Lourdes, et grotte à l'Ouest de celle-ci. C. C. C.

Cette nouvelle espèce ne pourrait être confondue qu'avec les *Pomatias crassilabris* et *Partioti*. On la séparera du premier à sa forme plus conique, à son ouverture plus resserrée à cause de l'immense épaississement du péristome, à son péristome plus encrassé, plus auriculé, etc. Il sera facile de la distinguer du second par sa coloration, sa forme moins trapue, ses tours moins convexes, ses stries plus fortes et plus régulières sur les tours médians, moins accusées sur le dernier tour ; son sommet moins robuste, son ouverture plus arrondie et comprimée dans le haut ; son péristome beaucoup plus épais et plus auriculé, etc.

Genus 23. — Acme.

1. *Acme polita.*

Nous avons par erreur désigné sous ce nom l'*Acme Dupuyi*. Paladilhe, Nouv. miscell. malac., fasc. III, p. 81, pl. IV, fig. 10-12, 1869.

Genus 23 bis. — Bythinia.

1. *Bythinia tentaculata.*

Helix tentaculata. Linnæus, Syst. nat, édit. X, t. I, p. 774, 1774.

Bythinia tentaculata. Gray, in Turton. man. Schells. Brit.,
p. 93, fig. 20, 1840.
Vic de Bigorre (M. Boutigny).

GENUS 24. — PALUDINELLA.

1. *Paludinella utriculus*.

Paludinella utriculus. Paladilhe, Nouv. genr. Peringia et
Descript. espèc. nouv. Palud. franç., p. 29, pl. uniq.,
fig. 3-4 (extr. *Annal. scienc. nat.*), 1er août 1874.
Lourdes (M. Boutigny).

2. *Paludinella brevis*.

Cyclostoma breve. Draparnaud, Hist. moll., p. 137, tab. XIII,
fig. 2-3, 1805.
Paludinella brevis. Frauenfeld, Ueb. d. Gatt. Palud., p. 205,
1863.
Lourdes (M. Boutigny).

3. *Paludinella Reyniesi*.

Numéro 1 de notre catalogue.

4. *Paludinella abbreviata*.

Paludina abbreviata. Michaud compl. Draparnaud, p. 98,
tab. XV, fig. 52-52, 1831.
Paludinella abbreviata. Frauenfeld, Ueb. d. Gatt. Palud.,
p. 205, 1863.
Lourdes (M. Boutigny).

5. *Paludinella rufescens*.

Paludina rufescens. Kuster in Chemnitz und Martini, *Conchyl.
cab.*, édit. II, gen. Palud., p. 441, n° 45, tab. I, fig. 31-32,
1852.

Paludinella rufescens. Frauenfeld, Ueb. d. Gatt. Palud., p. 204, 1863.

Bagnères-de-Bigorre (Paladilhe).

6. *Paludinella Servainiana.*

Paludinella Servainiana. Bourguignat in Paladilhe, Etud. monogr. Palud. franç. (extr. *Annal. malac.*), p. 39, 1870. Lourdes (M. Boutigny).

Toutes ces espèces ont été déterminées et vues par le regretté docteur Paladilhe, ainsi qu'il résulte d'une lettre qu'il nous adressait le 1er juin 1876.

Genus 24 bis. — Pyrgula.

1. *Pyrgula pyrenaica.*

Pyrgula pyrenaica. Bourguignat, Monogr. genr. in spicil. malac., p. 76, pl. IX, fig. 6-10, décembre 1861.

Bagnères-de-Bigorre. Fontaine sur la route du Tourmalet (Bourguignat).

Genus 26 bis. — Valvata.

1. *Valvata piscinalis.*

Nerita piscinalis. Muller, Verm. hist , t. II, p. 172, n° 358, 1774.

Valvata piscinalis. Férussac père, Ess. méthod. conchyl., p. 75, n° 2, 1807.

Vic-de-Bigorre (M. Boutigny).

Genus 28. — Margaritana.

1. *Margaritana margaritifera.*

Cette espèce était très-commune il y a trente ans, puisque j'en ai eu 400 ou 500 échantillons à la fois. L'an dernier, au mois d'août, j'en ai trouvé moi-même plusieurs sur les bords de l'Echez à Vic-de-Bigorre (Dupuy in Litt).

Séance du 12 mai 1880.

Présidence de M. de la VIEUVILLE.

Le Président proclame membres titulaires :
MM. Auguste de BELCASTEL, présenté par MM. de Malafosse et de Saint-Simon ; Henri AZAM, présenté par MM. de Rey-Pailhade et de la Vieuville.

M. MESTRE rend compte en ces termes d'un ouvrage de M. Lucante intitulé : *Essai géographique sur les cavernes de la France.*

Nous croyons devoir signaler à nos collègues une brochure de M. Lucante récemment publiée, ayant pour titre : *Essai géographique sur les cavernes de la France (région sud).* Cette notice forme la première partie d'un ouvrage qui sera complété dans quelque temps et qui doit comprendre la série des cavernes explorées en France et à l'étranger.

C'est avec le plus vif intérêt que nous avons parcouru cette étude qui, au milieu des travaux de même nature déjà publiés, nous a paru combler une lacune et présenter une utilité réelle pour les explorateurs.

L'auteur parle *de visu* d'un grand nombre de grottes de la région du sud-ouest ; pour les autres, il s'est entouré des renseignements fournis par ses collègues. Aussi est-il arrivé à produire une œuvre qui possède une des qualités essentielles en matière d'histoire naturelle, l'exactitude.

Pour nous conduire dans les grottes des départements

méridionaux, M. Lucante a divisé chaque département en centres plus ou moins importants (cantons ou communes), et a groupé autour de ces centres les grottes voisines en fesant connaître d'une façon précise leur situation topographique. Le nom de chacune d'elles est en outre suivi de renseignements géologiques, et enfin, le plus souvent, du nom des naturalistes qui les ont visitées ainsi que de leurs observations.

Cette brochure peut donc être considérée comme le *vade mecum* de l'explorateur, et à ce point de vue, nous devons remercier M. Lucante d'avoir facilité la tâche aux naturalistes qui pourront désormais n'avoir recours que d'une façon secondaire aux indications souvent peu précises des habitants du pays. Aussi croyons-nous pouvoir affirmer que le but recherché par M. Lucante sera largement atteint. Ses notes, qu'il nous dit modestes et que nous n'hésitons pas à qualifier d'essentiellement utiles, seront accueillies avec faveur par les naturalistes, et nous sommes heureux, pour notre part, de le féliciter d'avoir publié un travail appelé à devenir un guide fidèle pour les explorateurs des régions souterraines.

Nous émettons le vœu, en terminant, que M. Lucante, ne laissant pas sa publication interrompue, nous fasse connaître d'une façon aussi complète les autres parties de notre pays, et qu'il fournisse en même temps dans la carte géographique dont il parle dans son avant-propos tous les renseignements relatifs aux autres grottes de la France.

M. REGNAULT, membre titulaire, rend compte à la Société de l'excursion faite au Pic du Midi par quelques-uns de ses membres :

Excursion au Pic du Midi.

Visite à l'Observatoire météorologique du général de Nansouty.

I

Le monde savant, le commerce et l'industrie devront à l'action énergique de quelques hommes dévoués la création d'un établissement scientifique de premier ordre.

L'année 1873 a vu se fonder l'Observatoire météorologique du Pic du Midi de Bigorre (altitude, 2,877 mètres).

Le 4 avril 1873, l'ingénieur Vaussenat annonçait au Congrès scientifique de France, tenu à Pau, l'établissement définitif de l'Observatoire dirigé par le général de Nansouty.

Personne n'ignore l'importance, aujourd'hui si généralement reconnue, des observations météorologiques et des avantages immenses qui en résultent pour l'agriculture, la marine, les études hydrologiques et climatologiques de nos régions pyrénéennes.

Par sa position géographique, le Pic du Midi était depuis longtemps signalé par les savants pour les observations astronomiques et comme centre d'explorations botaniques et entomologiques.

Cette belle montagne est célèbre entre toutes celles des Pyrénées par la majesté de sa forme, sa hauteur apparente, par l'accessibilité de sa cime, qui domine et protége la riche vallée de l'Adour.

L'illustre naturaliste Ramond a fait 35 ascensions au sommet et y a stationné plusieurs jours.

Parmi ses mémoires importants il en est un intitulé : *Etat de la végétation au sommet du Pic du Midi de Bagnères*, qui fut renfermé en 1826 dans le tome XIII des Mémoires du Museum d'Histoire naturelle.

Le botaniste Philippe a fait plus de 60 ascensions en été et en hiver, et a laissé plusieurs herbiers remarquables.

L'astronome Plantade affectionnait spécialement le Pic, et mourut en 1741, sur le mamelon où est établi l'Observatoire et l'habitation du général de Nansouty, à l'âge de soixante-dix ans.

Le Pic du Midi est un cône gigantesque de gneiss isolé qui se détache en avant sur un contrefort des Pyrénées centrales. Le sommet se termine par deux petits mamelons réunis entre eux : c'est entre ces deux mamelons que s'élève le nouvel Observatoire.

Le Pic est souvent foudroyé presque toujours à l'angle Sud-Est et à 2 mètres en dessous de l'étroite plate-forme du sommet. Ce point est couvert de *fulgurites* et offre l'aspect de verre fondu d'une couleur verdâtre répandu sur la roche.

Le versant méridional du Pic est baigné par le lac d'Oncet.

A 500 mètres environ au-dessous du sommet, dans le petit col de Sencours (alt. 2,366 mèt.), ou Hourquette-des-cinq-Ours, se dresse l'Hôtellerie et l'Observatoire habités par le général de Nansouty, M. Baylac, observateur, et Brau, aubergiste.

Ce col de Sencours est trop accessible à l'accumulation des neiges et surtout aux vents d'Est-Sud et Sud-Ouest pour y établir une station d'hiver.

On se souvient que le 14 décembre 1874, par une température de 18°, malgré une tempête formidable, le général dut quitter l'Hôtellerie à demi-défoncée par les glaçons et les rochers apportés par le vent.

La commission de l'Observatoire a entrepris, depuis un an, les travaux considérables d'une nouvelle installation au sommet du Pic.

Il est vrai qu'on sera bloqué par les neiges quatre ou cinq mois d'hiver, ce ne sera plus qu'une question d'approvisionnement de vivres et de charbon.

II

Partis de Toulouse par le train de 6 heures du matin, nous arrivions à midi 30 à Bagnères-de-Bigorre (1). M. l'ingénieur Vaussenat nous attendait avec une calèche, nous traversons rapidement Bagnères pour gagner Gripp par une magnifique route.

A partir de Baudéan (5 kil.), remarquable par les charpentes de son clocher et la porte de son église portant la date de 1577, le paysage change entièrement d'aspect, le côté droit de la vallée est couvert des immenses pâturages verts de la vallée de Campan, tandıs que le côté gauche est formé par du calcaire aride qui s'étend jusqu'au-delà de Sainte-Marie.

En quittant Sainte-Marie (12 kil.) on entre dans la vallée de Gripp en longeant la rive gauche de l'Adour. Nous congédions notre véhicule au 20ᵉ kilomètre en face de l'auberge de Gripp (4 heures). Un petit sentier muletier monte en lacets sur la droite, nous le suivons. M. Vaussenat, qui marche en tête, nous annonce que malgré une brume intense, nous aurons un temps magnifique lorsque la zone des brouillards sera dépassée.

Aux Cabanes de Tramesaïgues, qui servent d'asile aux bergers, nous traversons les premières flaques de neige. A mesure que nous nous élevons, il est facile de constater la quantité considérable tombée cette année sur les Pyrénées et en particulier sur le Massif du Pic.

Les avalanches, descendues des hauts sommets, ont entraîné tout ce qui se trouvait sur leur passage : pins, rochers, poteaux du télégraphe de l'Observatoire sont recou-

---

(1) Faisaient partie de l'excursion : MM. Georges Ancély, Charles Foch, G. Mélac, Chalande, Hurel, Arthez, Regnault, membres de la Société.

verts d'un blanc linceul. Le fond du large vallon d'Arises
est à demi comblé et offre l'aspect d'un immense glacier.

Enfin la brume se dissipe comme par enchantement, le
ciel nous apparait d'un bleu pur et l'horizon est empourpré
des derniers rayons du soleil couchant.

Nous faisons halte pour contempler ce magnifique spectacle. Les derniers lacets assez rapides qui conduisent au col
de Sencours sont vite franchis et l'Observatoire, adossé à
l'Hôtellerie, s'offre à nos regards (7 h. 1/4).

Le général nous attend et nous accueille avec sa cour-
toisie et sa cordialité habituelles. Je n'ai pas besoin de vous
dire que notre ascension avait singulièrement aiguisé notre
appétit; mais un excellent souper nous attendait. Le menu
varié, le choix des consommations et le prix du repas, qui
n'est pas plus élevé que chez les restaurateurs de notre ville,
témoignent de la parfaite organisation de l'Hôtellerie du
Pic et surprennent agréablement le touriste, d'ordinaire peu
habitué à de semblables conditions.

On chercherait vainement un site et une installation aussi
pittoresque que l'Hôtellerie. Nous entrons d'abord dans une
véranda vitrée et garnie de tôle pour résister à la violence
du vent et de la pluie. Au fond du couloir de la véranda est
le bureau télégraphique qui relie l'Observatoire à Bagnères-
de-Bigorre. On pénètre ensuite dans une vaste salle ornée
d'une grande cheminée, c'est la cuisine qui sert aussi de
chambre à coucher aux guides. Le long des murs de nombreuses caisses de vivres et des provisions de toute sorte :
viandes, poissons salés, légumes secs, boissons diverses sont
rangés avec soin. A droite une porte conduit à la salle à
manger, plus longue que large, qui sert de dortoir. Des lits
de camp en bois recouverts de matelas et de couvertures,
lui donnent l'aspect d'une salle de police. A l'extrémité
droite de la véranda se trouve une autre chambre garnie de
bons lits en fer et sommiers soigneusement entourés de petits rideaux blancs. Avez-vous visité quelquefois le dortoir

d'un couvent de jeunes filles ? Celui du Pic est tout semblable. Enfin on peut offrir aux excursionnistes une certaine quantité de fauteuils pliants.

Une échelle aidée d'une forte corde à nœuds conduit au premier étage à la chambrette du général. Malheureusement, l'espace manque : figurez-vous la cabine d'un capitaine de navire. Çà et là, suspendus un peu partout, des instruments de précision, baromètres, thermomètres, lunettes, etc....., puis des marteaux d'acier et des pics de montagnes. Le cabinet de travail est très-resserré et encombré de registres, feuilles et tableaux météorologiques.

Les observations barométriques, faites régulièrement à heures fixes quatre ou cinq fois par jour, sont enregistrées avec soin et communiquées aux observatoires de France. A côté de ce cabinet, dans une petite pièce où deux lits sont superposés comme à bord d'un paquebot, couche M. Baylac, l'intrépide observateur et compagnon du général.

Il faut avoir un bien grand amour de la science, une volonté de fer, une énergie et un dévouement profonds, pour accepter une pareille existence.

Pendant un long hivernage, ces hardis pionniers d'une science si utile et si peu connue, la météorologie, sont bloqués par les glaces et les neiges dans une région où le thermomètre descend souvent à 20°, sans communication possible, car le fil télégraphique, de 30 kilomètres de longueur environ, ne peut fonctionner pendant les rafales de la tempête qui y sévit avec une force étonnante.

Le Pic est accessible par deux routes : d'abord celle de Gripp, les Cabanes de Tramesaïgues, le vallon d'Arises et le col de Sencours ; puis, quand la neige résiste bien, par le Tourmalet et les Cabanes de Thou. Du côté de Barèges, pendant l'été, un chemin muletier conduit facilement en quelques heures au Pic ; mais il est dangereux, sinon impossible, pendant l'hiver à cause des avalanches qui ravagent la vallée de Bastan.

De l'Observatoire au sommet du Pic, nous avons mis une heure environ par des lacets, après avoir pris une série de vues photographiques, avec nos appareils de montagne.

La neige couvre une grande partie des pentes de la montagne. Le lac d'Oncet ressemble à un énorme sorbet, quelques glaçons émergent à la surface et flottent au gré du vent, comme des ice-berg. Partis à 6 heures du matin, nous admirions, à 7 heures et demie, le splendide panorama qui se déroule du haut du Pic. M. Vaussenat nous fait remarquer en détail la construction, longue de 30 mètres et bâtie en voûte, qui sera le nouvel Observatoire et l'habitation du général et de ses aides. Deux paratonnerres protègent l'édifice et communiquent au lac d'Oncet. Il est impossible d'apprécier les travaux exécutés par quelques ouvriers intrépides et dévoués au général, il suffit de vous dire que les charpentes et tout le matériel d'une construction ont été portés au sommet à dos d'hommes. La bâtisse est en pierre cimentée, taillée sur place, le mètre cube a coûté 70 francs ; la toiture se compose de larges plaques de schistes épaisses de 10 et 15 centimètres.

A l'heure où nous écrivons ces lignes, la nouvelle habitation du sommet est terminée, quelques aménagements intérieurs restent à faire, tels que chambres, cabinets de travail, installation des instruments de rechange, etc. Une communication souterraine faite par un tunnel creusé dans la roche fait communiquer l'habitation avec une petite plate-forme dressée sur un des points culminants, où seront exposés les instruments météorologiques. L'année prochaine une nouvelle visite au Pic du Midi nous permettra de donner à la Société le détail complet de la nouvelle installation de l'Observatoire.

La descente à l'Hôtellerie s'accomplit en une demi-heure, le bâton ferré nous permettant d'accomplir sur la neige de longues glissades. Quelques-uns d'entre nous, peu familiarisés avec l'équilibre instable obligatoire dans la haute montague, ont pu vérifier plusieurs fois les lois qui régissent la chute des corps.

Après le déjeuner nous serrons une dernière fois la main du général, qui nous dit au revoir, et notre petite caravane, sac au dos, s'engage au pas accéléré dans le sentier muletier qui doit nous conduire à Barèges. Bientôt le Pic et l'Hôtellerie, sur laquelle flotte le pavillon français, disparaissent derrière nous ; nous entrons dans les brouillards qui couvrent la plaine, quelques fines gouttes de pluie nous font presser le pas, à cinq heures nous arrivons à Barèges.

Je dois à l'obligeance de M. Baylac, observateur au Pic du Midi, quelques notes sur la Flore et la Minéralogie du Pic, qui complèteront mon compte-rendu sur cette région intéressante :

BOTANIQUE (1).

Plantes trouvées au Pic du Midi entre les altitudes 2,238 et 2,877.

EMBRANCHEMENT 1.

Exogènes ou Dicotylédonées.

Classe I. THALAMIFLORES.

Famille des *Renonculacées.*

Thalictrum saxatile D. C. — Anemone vernalis L. — Id. Alpina L. — Id. narcissiflora L. — Ranunculus alpestris L.

(1) Les botanistes pourront consulter un Mémoire détaillé de M. Charles Des Moulins, membre de l'Académie des Sciences de Bordeaux (1844) : *La végétation sur le Pic du Midi de Bigorre.*

— Id. amplexicaulis L. — Id. pyrenæus L. — Id. montanus Willd. — Id. Gouani Willd.

Famille des *Papavéracées*.

Papaver pyrenaicum Willd.

Famille des *Crucifères*.

Brassica montana D. C. — Erysimum ochroleucum D. C. Sisymbrium pinnatifidum D. C. — Arabis ciliata Koch. — Id. alpina L. — Cardamine alpina Willd. — Id. resedifolia L. — Draba pyrenaica L. — Id. aizoides L. — Id. tomentosa Wahl. — Iberis spathulata Berg. — Id. Garrexiana All. — Thlaspi alpinum Jacq. — Hutchinsia alpina R. Br. — Capsella Bursa-pastoris Mœnch.

Famille des *Cistinées*.

Helianthemum vulgare Gœrtn. — Id. canum Dun.

Famille des *Violariées*.

Viola palustris L. — Id. biflora L. — Id. cornuta L.

Famille des *Résédacées*.

Reseda glauca L. — Asterocarpus sesamoides Gay.

Famille des *Polygalées*.

Polygala vulgaris L. — Id. austriaca Crantz.

Famille des *Caryophyllées*.

Silene inflata Sm. — Id. ciliata Pourr. — Silene Saxifraga L. — Id. acaulis L. — Id. rupestris L. — Lychnis alpina L. — Gypsophila repens L. — Dianthus monspessulanus L. — Arenaria ciliata L. — Cerastium arvense L.

Famille des *Géraniacées.*

Geranium cinereum Cav.

Classe II. CALICIFLORES.

Famille des *Rhamnées.*

Rhamnus pumila L.

Famille des *Papilionacées.*

Anthyllis Vulneraria L. — Medicago Lupulina L. — Trifolium montanum L. — Id. alpinum L. — Id. Thalii Vill. — Id. repens L. — Lotus corniculatus L. -- Astragalus monspessulanus L. — Oxytropis campestris D. C. — Id. pyrenaica D. C. — Phaca astragalina D. C. — Vicia pyrenaica Pourr. — Coronilla minima L.

Famille des *Rosacées.*

Dryas octopetala L. — Geum montanum L. — Potentilla alchemilloides Lap. — Id. nivalis Lap. — Id. alpestris Hall. — Id. rupestris L. — Rosa alpina L. — Alchemilla alpina L. — Id. pyrenaica Duf. — Id. vulgaris L.

Famille des *Pomacées.*

Cotoneaster vulgaris Lindl.

Famille des *Onagrariées.*

Epilobium alpinum L.

Famille des *Paronychiées.*

Paronychia polygonifolia D. D. — Id. serpyllifolia D. C. — Scleranthus annuus L.

Famille des *Crassulacées.*

Sedum atratum L. — Id. album L. — Id. reflexum L. — Sempervivum montanum L.

Famille des *Saxifragées*.

Saxifraga stellaris L. — Id. umbrosa L. — Id. aizoides L. — Id. bryoides L. — Id. geranioides L. — Id. ajugæfolia L. — Id. grænlandica L. — Id. intricata Lap. — Id. moschata Wulf. — Id. muscoides Wulf. — Id. Aizoon Jacq. — Id. pyramidalis Lap. — Id. longifolia Lap. — Id. oppositifolia L.

Famille des *Ombellifères*.

Angelica pyrenæa Spreng. — Neum athamanticum Jacq. — Buplevrum pyrenaicum Willd. — Id. gramineum Will. — Conopodium denudatum Koch. — Eryngium Bourgati Gouan.

Famille des *Rubiacées*.

Galium vernum Scop. — Id. papillosum Lap. — Id. cæspitosum Ram. — Asperula hirta Ram.

Famille des *Valérianées*.

Valeriana globulariæfolia Ram.

Famille des *Dipsacées*.

Knautia sylvatica Dub. — Scabiosa Columbaria L.

Famille des *Synanthérées*.

Division 1. Corymbifères.

Homogyne alpina Cass. — Erigeron uniflorus L. — Aster alpinus L. — Bellis perennis L. — Aronicum scorpioides D. C. — Senecio Tournefortii Lap. — Artemisia Villarsii Gr. God. — Leucanthemum coronopifolium Gr. God. — Id. alpinum Lamk. — Gnaphalium sylvaticum L. — Id. supinum L. — Antennaria carpatica Bl. et Fling. — Id. dioica Gœrtn.

Division 2. Cynarocéphales.

Carduus defloratus L. — Id. carlinoides Gouan. — Centaurea montana L. — Carlina acaulis L.

Division 3. Chicoracées.

Leontodon pyrenaicus Gouan. — Taraxacum officinale Wigg. — Crepis pygmæa L. — Hieracium Pilosella L. — Id mixtum Frœl. — Id. amplexicaule L.

Famille des *Campanulacées.*

Jasione perennis Lamk. — Phyteuma hemisphæricum L. — Id. spicatum L. — Campanula rotundifolia L.

Famille des *Vacciniées.*

Vaccinium Myrtillus L.

Famille des *Éricinées.*

Arbutus Uva-ursi L. — Calluna vulgaris Salisb. — Erica vagans L. — Rhododendron ferrugineum L.

Classe III. Corolliflores.

Famille des *Lentibulariées.*

Pinguicula vulgaris L. — Id. grandiflora Lamk.

Famille des *Primulacées.*

Primula intricata Gr. God. — Id. integrifolia L. — Id. farinosa L. — Id. viscosa Will. — Gregoria Vitaliana Duby. Androsace villosa L. — Id. carnea L. — Soldanella alpina L.

Famille des *Gentianées.*

Gentiana Burseri Lapey. — Id. acaulis L. — Id. alpina Vill. — Id. pyrenaica L. — Id. verna L. — Id. nivalis L. — Id. glacialis Thomas. — Id. campestris L.

Famille des *Borraginées.*

Pulmonaria angustifolia L. — Myosotis pyrenaica Pourr.

Famille des *Scrophulariacées*.

Antirrhinum sempervirens Lap. — Linaria alpina D. C. — Id. supina Desf. — Veronica aphylla L. — Id. Nummularia Gouan. — Id. bellidioides L. — Id. saxatilis Jacq. — Veronica serpyllifolia L. — Id. Ponæ Gouan. — Erinus alpinus L. — Euphrasia officinalis L. — Id. minima Schleich. — Rhinanthus minor Ehrh. — Pedicularis pyrenaica Gay. — Id. rostrata L.

Famille des *Labiées*.

Thymus Serpyllum L. — Calamintha alpina Lamk. — Melissa officinalis L. — Scutellaria alpina L. — Ajuga alpina Vill. — Id. pyramidalis L. — Teucrium pyrenaicum.

Famille des *Globulariées*.

Globularia nana Lamk.

Famille des *Plumbaginées*.

Armeria alpina Willd.

Famille des *Plantaginées*.

Plantago alpina L.

Classe IV. Monochlamydées.

Famille des *Chénopodées*.

Blitum Bonus-Henricus Rchb.

Famille des *Polygonées*.

Oxyria digyna Campd. — Rumex alpinus L. — Polygonum viviparum L.

Famille des *Daphnoïdées*.

Daphne Laureola L. — Id. Cneorum L.

Famille des *Santalacées*.

Thesium alpinum L.

Famille des *Urticées*.

Urtica dioica L.

Famille des *Salicinées*.

Salix pyrenaica Gouan. — Id. reticulata L. — Id. herbacea L.

Famille des *Cupressinées*.

Juniperus communis L.

—

EMBRANCHEMENT 2.

Endogènes Phanérogames ou Monocotylédonées.

Famille des *Typhacées*.

Sparganium minimum Fries.

Famille des *Orchidées*.

Nigritella angustifolia Rich.

Famille des *Iridées*.

Iris xyphioides Ehrh. — Crocus multifidus Ram.

Famille des *Amaryllidées*.

Narcissus Pseudo-Narcissus L.

Famille des *Liliacées*.

Fritillaria pyrenaica L. — Gagea Liottardi Schult.

Famille des *Joncées*.

Juncus effusus L. — Id. trifidus L. — Luzula spicata D. C — Id. pediformis D. C.

Famille des *Cypéracées*.

Carex pyrenaica L. — Id. curvula All. — Id. nigra L. — Id. sempervirens Vill. — Id. flava L.

Famille des *Graminées*.

Phleum alpinum L. — Alopecurus Gerardi Vill. — Sesleria cœrulea Ard. — Oreochloa disticha Link. — Agrostis alpina Scop. — Poa alpina L, — Briza media L. — Festuca nigrescens Lamk.

EMBRANCHEMENT 3.

Endogènes Cryptogames ou Acotylédonées vasculaires.

Famille des *Fougères*.

Botrychium Lunaria Sw. — Polypodium vulgare L. — Grammitis leptophylla Sw. — Aspidium Lonchitis Sw. — Id. angulare Willd. — Cystopteris fragilis Bernh. — Asplenium Halleri D. C. — Id. viride Huds. — Id. septentrionale Sw. — Id. Ruta-muraria L. — Allosurus crispus Sw.

MINÉRALOGIE.

Fulgurite; Tourmaline noire; Pegmatite; Grenat rose; Mélanite; Andalousite; Graphyte; Bronzite verte et Grenatite; Mica argentin; variétés de Mica schiste; schiste maclé; Idocrass en roche; Idocrass cristallisé; Idocrass radié (rare); Grenatites; Fer magnétique; Fer sulfuré; Amphybole verte; Asbeste (rare); Gneiss; Mélaphyre; Feldspath; Calcaire silurien micacé; Zinc sulfuré.

ENTOMOLOGIE.

Insectes trouvés au Pic du Midi au mois d'août.

Sur les sentiers, le soir, près de Barèges : *Feronia dimi-diata* Ol., *Koyi* Germ., *lepida* F., celle-ci très-abondante.

Dans les lieux humides sous les pierres, surtout au versant nord : *Pterostichus parumpunctata* G., *Dufouri* Dej., *Boisgiraudi* Dufr., *Xatarti* Dej., *Abax striola* F.

Dans le bassin du lac d'Oncet : *Haptoderus abaxoides* Dej., très-commun sous les pierres avec *Carabus catenulatus* Scop., *purpurascens* F. var., *connexus* F., *Christophori* Spenc., *Pyrenœus* Dej., ces deux derniers carabes s'étendent par le col de Sencours sur le versant Nord; *Silpha Souverbii* Fairm., rare ; *Nebria Jockischii* Sturm., *Lafres-nayei* Dej., sous les pierres au bord des neiges, avec *Cymin-dis humeralis* F., *Trechus angusticollis* Kiesw.

Dans le lac d'Oncet : *Agabus Solieri* A., *Hydroporus mela-nocephalus* Marsh., *planus* F., *lituratus* Brul., *griseostriatus* de G.

Dans les crottins : *Aphodius bimaculatus* F., *rufipes* L., *luridus* F., *Geotrupes vernalis* L.

Au-dessus de l'Hôtellerie, au bord des laquettes : *Amara erratica* Duft., *bifrons* Gyll., *crenata* Dej., *Haptoderus pu-silla* Dej., *amblyptera* Chaud., *Leptusa glacialis* Bris., *Bem-bidium pyrenœum* Dej.

Sur les bords du lac *Bleu* (massif du Pic du Midi) : *Cara-bus punctato-auratus* Germ., *Tachypus cyanicornis* Pand.

Encore aux laquettes sur les rochers schistoïdes et au sommet du Pic : *Dichotrachelus Linderi* Fairm., *muscorum* Fairm., très-rare.

Sous les pierres à partir du bassin d'Oncet et au-dessus : *Otiorhynchus monticola.* très-abondant avec *unicolor* et *prœ-longus*; *Timarcha sinuatocollis* Fairm., sur les herbes avec *Chrysomela pyrenaica* Dufr. et *Phœdon grammicus* Duft.

Dans les bouses et les crottins : *Staphylinus nebulosus* F., *stercorarius* Ol., *picipennis* F., *Philonthus frigidus* Kiesw.; *Quedius semiœneus* Steph.; *attenuatus* Gyll.

Sur les fleurs : *Anthobium ophthalmicum* Payk, *Kraatzi* Bris.

(Liste fournie par M. l'abbé De Lherm de Larcenne, membre correspondant de la Société.)

MALACOLOGIE.

Liste provisoire des Mollusques du Pic du Midi.

1. *Vitrina (helicolimax) major* Férussac.
2. *Vitrina pyrenaica* Férussac. — Base du Pic près la route du Tourmalet
3. *Helix rupestris* Draparnaud. De la base au sommet.
4. *Helix lacipida* Linnæus. De la base à moitié environ.
5. *Helix hortensis* Muller.
6. *Helix limbata* Drap. Région inférieure et moyenne.
7. *Helix Carascalensis* Férussac. Sur les neiges à partir du voisinage du lac d'Oncet.
8. *Helix Velascoi* Hidalgo, var. *minor* Robelt. Avec le précédent.
9. *Helix nubigena* de Saulcy. Région des neiges.
10. *Pupa Bigorriensis* Charpentier. Partie inférieure et moyenne.
11. *Pupa pyrenœaria* Mich. Partie inférieure et moyenne.
12. *Pupa Nansoutyi* Fagot. A partir de l'Hôtellerie jusqu'au sommet.
13. *Limnœa Limosa (Helix)* Linnæus, var. *glacialis* Boubée. Lac d'Oncet.
14. *Pomatias crassilabrum* Dupuy. Jusqu'à 2,000 mètres environ.
15. *Pisidium casertanum (Cardium)* Poli. Lac d'Oncet.

(M. Fagot, membre de la Société.)

Présidence de M. de la Vieuville.

M. Cartailhac rend compte des fouilles qu'il vient d'exécuter dans une grotte de Sallèles-Cabardès (Aude). Il signale parmi les pièces intéressantes trouvées dans une salle dont les dépôts paraissent appartenir à l'âge du bronze, une calotte de crâne humain qui ressemble d'une manière étonnante au crâne de Neanderthal.

M. Cartailhac a vu dans les collections de M. Raynaud, à Carcassonne et au musée de cette ville, des objets de l'âge du bronze extrêmement rares dans nos régions : rasoirs, haches, etc., etc ; enfin, un grand disque en serpentine de plus de 14 centimètres de diamètre ; cette pièce remarquable est identique aux ornements de poitrine décrits par M. Marchand, de Dijon, et aux disques de serpentine provenant du Cambodge qui figurent dans le Musée d'Histoire naturelle de Toulouse.

M. Cartailhac annonce à la Société qu'il va organiser à Toulouse un laboratoire d'Anthropologie, sous les auspices de l'Association française pour l'avancement des sciences.

M. Marquet donne lecture du travail suivant

Contribution à la Faune Coléoptérologique de la Méditerranée ;

Par Elzéar ABEILLE de PERRIN, membre titulaire.

Pendant huit mois de recherches entomologiques en Orient, je suis parvenu à réunir d'assez grandes quantités d'insectes. Certains d'entre eux sont inédits ; d'autres donnent lieu à des remarques intéressantes sur leurs mœurs, leur station géographique ou leurs limites spécifiques. Réservant aux spécialistes plus compétents les familles qui sont leur domaine, je compte

16

publier moi-même peu à peu ce que j'ai à dire sur les autres familles.

Je débute aujourd'hui par les RHIPIPHORIDES, VÉSICANTS *et* ŒDEMÉRIDES, *parce que je me trouve entre les mains les groupes précités venant de la belle collection de M. Reiche. Mon travail en sera de beaucoup facilité. Aussi, aux remarques et descriptions concernant mes espèces de Syrie, j'ai cru pouvoir joindre des notes sur les espèces intéressantes, venant de M. Reiche, à quelque partie de la France méditerranéenne qu'elles appartinssent.*

RHIPIPHORIDÆ.

Emenadia Casteln.

Prœusta Gebl. Sommets de l'Anti-Liban! Rare. Les exemplaires de cette provenance sont un peu moins densément ponctués que ceux de nos régions. Le lobe médian postérieur du pronotum est aussi un peu plus convexe. Malgré ces différences, je ne crois pas que l'on puisse séparer scientifiquement les sujets syriens.

Gibbifera Ab. Taille : 4 1/2 mill. — Entièrement rouge, sauf les yeux, l'extrême bord de l'épistome, les genoux, une tache triangulaire autour de l'écusson et la moitié postérieure des élytres qui sont noirs. Pronotum couvert d'une ponctuation médiocre et serrée ; lobe médian postérieur très-fortement relevé et terminé en pointe, le dessous de cette pointe creusé, de manière à présenter cette pointe comme très-aiguë quand on la loupe par côté. Elytres à points aciculés à la base, ces points formant des strigosités longitudinales fortes et serrées à partir du milieu de l'élytre. — Barbarie. (Coll. Reiche.)

Cette espèce se sépare à première vue de la *bimaculata* et des autres par sa couleur et la forme anormale, presque monstrueuse, de son lobe thoracique.

VESICANTES

Meloë Linné.

Baudueri Grenier. Répandu dans tout le bassin méditerranéen. Je ne puis voir aucun signe pour le séparer du *Flavicomus* Woll.

Cerocoma Geoff.

Syriaca Ab. Taille : 3 1/2 à 6 mill.

MALE : D'un vert tirant plus ou moins sur le bleu. Tête marquée d'une tache rouge frontale et d'une autre sous chaque œil. Parties de la bouche et antennes rouges. Palpes à 2e article très-fortement renflé, comme une cuisse postérieure d'œdémère mâle, creusé par dessous, où il est noir. Antennes conformées à peu près comme celles de *Schraderi*. Dernier article plus transversal, le précédent à angles plus pointus, les premiers plus prolongés en dessous en lamelles étroites et foliacées; de longs poils bruns formant deux touffes et partant de l'anté-pénultième article et du précédent par dessous. Pattes rouges, sauf l'extrême base des cuisses intermédiaires et la moitié des postérieures. Tibias antérieurs fortement élargis en spatule au sommet et contournés; tarses antérieurs à 2e article évidé à la base, gonflé et contourné au sommet. Pubescence générale du corps blanche, en brosse, assez longue.

FEMELLE : Pareille au mâle, sauf ce qui suit : Pronotum moins allongé, sans profonde fossette de chaque côté de la ligne médiane, antérieurement. Antennes, palpes, tibias et tarses simples.

Anti-Liban ! (Zebedani) Palestine ! (Bab-el-Ouad, Nazareth). Assez rare, mêlé aux *Scovitzi*, *Schraderi* et *Dalhi*, dont les deux premiers sont abondants et le dernier

très-peu. Se distinguera à première vue du *Schraderi*
par la pubescence blanche des élytres et du reste du
corps. Plus voisin encore du *Muhfeldi* et variétés. Mais
ceux-ci ont leur pubescence bien plus épaisse et plus
longue, notamment sur le pronotum ; ce segment est
beaucoup plus court ; les mâles n'ont pas les touffes de
poils noirs qui ornent le dessous des antennes, etc...

La *Muhfeldi*, la *Syriaca* et la *Schraderi* sont trois
espèces qui me paraissent bien voisines les unes des
autres. L'avenir nous réserverait-il des passages entre
elles ?

Coryna Bilb.

Contaminata Ab. Taille : 5 mill.

Noir ; élytres jaunes-rouges sauf les taches noires
suivantes : une tache triangulaire autour de l'écusson ;
une bande transversale au tiers antérieur, formée de
deux grosses taches liées ensemble, l'interne arrondie
et touchant la suture, l'externe arrondie en haut, en
bas s'unissant à la 2e bande transversale, peu étranglée
à ce point ; une petite tache, pointue au bas, sur le calus
huméral ; 2e bande transversale, commençant à la
moitié de l'élytre, très-large et très-sinueuse touchant
d'un côté la suture, de l'autre le bord externe, comme
la 1re bande ; échancrée en bas vers son milieu ; en haut
émettant un trait longitudinal près de la suture qui la
relie très-étroitement à la tache interne de la 1re bande ;
une 3e bande noire sinueuse et assez étroite, atteignant
aussi la suture et le bord externe vers les trois quarts
de l'élytre, à bord supérieur dessiné un peu comme le
bord inférieur de la précédente, bi-angulé, à bord inférieur à peine sinué, se reliant le long de la suture à une
tache apicale assez large à l'angle sutural et qui va en
s'amincissant à partir de là, pour devenir invisible à la
hauteur de la 3e bande. Antennes noirâtres, fortement

claviformes. Pronotum et tête à gros points pas très-serrés et à forte pubescence noire. Elytres très-convexes, à rugosités médiocres et très-serrées qui lui donnent une teinte mate. Pieds noirs, sauf la base du 1er article des tarses postérieurs.

Syrie ! très-rare.

Par sa ponctuation serrée, cette espèce s'éloigne de presque toutes ses congénères pour ne se rapprocher que de la *lata* et de la *birccurva*. Mais sa forme convexe et son dessin la différencient de la première ; la seconde a des taches de forme caractéristique et tout autrement disposées.

Caudanigra Ab. Long. 3 3/4 mill.

Parallèle, cylindrique. Noir, élytres jaunes, marquées de signes noirs. Une tache étroite, circascutellaire, pointue en bas et touchant presque la tache interne de la 1re série. Une tache humérale sur le calus, très-allongée; un point noir placé sur chaque élytre un peu avant son tiers et très-rapproché de la suture, constituant à lui seul la 1re série ; deux points placés transversalement sur chaque élytre aux deux tiers de celle-ci, l'interne très-près de la suture; l'externe vers le milieu de la largeur de l'élytre, un peu plus bas que l'autre, prolongé vers le bord externe qui est orné à partir de cet endroit jusqu'au bout d'une étroite bordure noire; cette bordure un peu dilatée triangulairement à la hauteur des points de la 2e série et très-élargie au bout de l'élytre dont elle couvre tout le 5e apical sous forme d'une grande bande noire transversale, anguleuse au milieu de son bord supérieur. — Tête et pronotum à gros points peu serrés, élytres à rugosités lâches et peu fortes qui les font paraître brillantes; pubescence noire sur tout le corps.

Syrie ! Le dessin des élytres et la forme générale cylindrique empêchent de confondre cette espèce avec nulle autre.

Decatoma Déj.

19-*Punctata* Ol. Comme M. Baudi, je compte 11 articles
aussi tranchés sur les antennes de cette espèce égyp-
tienne que sur n'importe quel *Mylabris*. Dès lors sur
quoi se base le genre *Decatoma* ?

Mylabris Fab.

Jugatoria Reiche. Cette espèce, dont je possède les trois types
venant le 1er d'Egypte, le 2e d'Eubée, le 3e d'Athènes,
est très-abondante en mai au bord du lac Tibériade. Je
l'ai confondue sur les lieux avec l'*Oleæ* et n'en ai rapporté
que quelques exemplaires ; mais elle couvrait toutes les
graminées. Je l'ai aussi de Sidi Ayssa (Algérie).

Brevicollis Baudi. Très - judicieusement distinguée par
M. Baudi de la 12-*punctata* Ol., qui a le corselet bien
plus long et de forme différente. Originaire d'Algérie.
Je la possède aussi de la France méridionale : Toulon.

Delarouzei Reiche. Jérusalem. Placé par M. de Marseul dans
une division où les élytres ont des taches ne formant
pas de bandes, il a souvent ces taches reliées entre
elles de manière à composer des bandes transversales très-nettes. A côté de lui vient se placer une
espèce algérienne qui en est très-voisine et à laquelle
je conserve le nom que M. Reiche avait imposé dans ses
cartons à l'unique exemplaire qu'il en possédât et qui
n'avait pu être décrit parce qu'il était privé de tête et
en très-mauvais état.

Diffinis (Reiche) Ab. Taille 12 mil. : Noir, avec les élytres
rouges-jaunes et les quatre tibias antérieurs plus ou
moins rougeâtres. Tête et pronotum à points forts et
assez serrés, à longue pubescence blanchâtre, sauf
sur l'occiput où elle est noirâtre. Antennes plus longues
que le corselet, renflées au sommet, à 3e article très-

long, égalant une fois et demie le suivant, 4e et
5e égaux. Pronotum inégal, étranglé et étroit en avant.
Elytres parallèles, trois fois et demie plus longues que
le corselet, ponctuées, rugueuses assez densément,
avec une pubescence blanche couchée ; à trois séries de
taches on de bandes transversalement placées ; la
première composée de trois taches : l'interne commune
au tiers de l'élytre, formant sur la suture une tache triangulaire dont la base est en bas et le sommet s'allonge
le long de la suture de façon à entourer étroitement
l'écusson ; la médiane placée un peu plus haut, en dedans du calus huméral et sous lui, grosse, échancrée
en haut; l'externe très-petite, encore plus haut, très-
près du bord externe, mais isolée ; 2e bande entière,
un peu au-dessous du milieu de l'élytre, atteignant la
suture et les côtés, très-sinueuse, deux fois plus étroite
à la suture qu'au bord externe, ayant vers le milieu son
point le moins large, formant en avant trois sinuosités
rentrantes et une en arrière ; 3e bande parfois entière,
parfois interrompue au milieu, plus étroite que la précédente, la copiant comme forme, plus large proportionnellement vers la suture. Enfin on aperçoit un point
microscopique noir entre cette 3e bande et le bout de
l'élytre, vers le milieu.

Algérie. Distincte de la *Delarouzei* par la pubescence
blanche au lieu d'être noire, sa taille plus forte et le
4e article des antennes égalant le 5e au lieu d'être plus
court. Ressemble aussi aux variétés étroites de la *cir-
cumflexa*, mais toujours plus parallèle, à pubescence
blanche, à articles antennaires plus allongés et plus
robustes et ayant sa tache subscutellaire placée plus bas
et non de forme circonflexe. Enfin sa sculpture est plus
rugueuse.

Œnas Latr.

Ce genre ne diffère d'après Duval des genres *Lydus*
Latr. et *Alosymus* Muls, lesquels sont synonymes, que
par ses antennes très-massives et ses tarses intermédiaires non dilatés chez les mâles. Ce sont là des caractères
qui varient dans chacune des espèces de ces deux genres. Rien même n'est moins stable que la forme de ces
organes qui servent très-bien à séparer les espèces, mais
qui ne peut être employé génériquement. Ayant rassemblé de grandes séries de ces insectes, je suis arrivé à un
résultat qui m'épouvante : j'en fais l'humble aveu. Les
caractères sexuels résidant dans les antennes, les tarses,
les tibias, le dernier segment abdominal, auxquels venaient se joindre la forme et la ponctuation du corselet,
m'ont amené à séparer une quantité relativement ef-
frayante d'espèces. En voici le dénombrement : les *OEnas*
afer et *sericeus* se décomposent au moins en 6 espèces,
le *crassicornis* en deux, le *Lydus Algericus* en quatre, le
pallidicollis en trois. Est-ce donc possible ? N'ai-je pas
vu des espèces là où il n'y a que des variations intra-spé-
cifiques ? Mais si je me suis trompé, s'il ne faut tenir
compte ni de la forme et de la ponctuation thoracique,
ni des antennes qui affectent les dispositions les plus
disparates, ni des tarses qui sont aussi parfois très-ano-
maux, ni enfin du dernier segment du mâle, tous caractères excellents dans n'importe quelle famille, et que
l'on utilise en les regardant de bien plus près encore
chez les *Mylabris*, les *Cerocoma*, les *Meloë*, sur quoi fau-
dra-t-il donc se baser pour séparer les espèces de *Lydus*
et d'*OEnas*? Sur la couleur ? Franchement ce n'est pas
sérieux ! De quelque côté que je me tourne, j'entrevois
un résultat qui m'inquiète. Il est indispensable qu'un
monographe faisant autorité vienne résoudre ces ques-

tions. En attendant, il me paraît bon de faire connaître
les remarques que j'ai pu faire moi-même au moins
comme matériaux pouvant servir plus tard à mettre sur
la voie de la vérité. Je suis forcé, malgré moi, d'impo-
ser des noms à ces formes voisines pour que l'on puisse
les reconnaître.

Voici d'abord un tableau qui permettra de séparer les
OEnas mâles.

Première division. — Elytres noires.

A. Antennes très-renflées au-milieu,
    très-minces aux deux bouts. . . *Fusicornis* Ab.

A' Antennes d'épaisseur subégale.

  B. 4e article antennaire deux fois
    plus large que long, à tronca-
    ture très-oblique. Antennes très-
    massives, surtout le 1er article.
    — 1er article tarsal intermédiaire
    court et très-fortement renflé et
    dilaté. Insectes d'Espagne ou
    d'Algérie. . . . . *Afer* Lin.

    (*Nota*). Je n'ai pu faire rentrer dans
      mon tableau les *Sericeus* et *Hispanus*
      qui se rangent à côté de l'*Afer* et dont
      je ne connais que les femelles.

  B' 4e article antennaire à peine plus
    large que long, à troncature à
    peine oblique. Antennes peu
    massives, à 1er article allongé.
    1er article tarsal intermédiaire
    non ou à peine dilaté. Insectes
    syriens.

    C. 1er article tarsal intermédiaire
      légèrement dilaté, arrondi aux

deux tiers. Pronotum assez fortement ponctué.

D. Dernier segment abdominal légèrement échancré, arrondi au
sommet, cette échancrure précédée d'une petite carène longitudinale, flanquée de chaque côté
d'une dépression. . . . . *Cribricollis* Ab.

D' Dernier segment abdominal incisé triangulairement, régulière-
ment convexe. . . . . *Tarsensis* Ab.

C' 1ᵉʳ article tarsal intermédiaire,
subparallèle. Pronotum à points
très-épars.

D' Corselet plus court. Echancrure
abdominale courte, large, précé-
dée d'une dépression. . . . . . *Brevicollis* Ab.

D' Corselet moins court. Echancrure abdominale longue et
étroite. . . . . *Lœvicollis* Ab.

Deuxième division. — Elytres jaunes.

1ᵉʳ article tarsal intermédiaire court,
très-dilaté dès la base. Echancrure abdominale très-petite et précédée d'une
dépression. 3ᵉ article antennaire pas
plus long que large. . . . . *Crassicornis* Illig.

1ᵉʳ article tarsal intermédiaire long,
très-peu dilaté au sommet. Echancrure
abdominale en triangle assez long. Dernier segment normal. 3ᵉ article anten-
naire plus long que large. . . . . . . *Tenuicornis* Ab.

ŒNAS *fusicornis* Ab. (*Afer* Duv. Gen. col., texte et fig.
Muls. opusc.) Taille : 5 mill.

Mâle : Noir, avec le corselet rouge. Corselet assez large, arrondi, assez densément ponctué. Antennes très-courtes, deux fois plus larges au milieu qu'au bout, rougeâtres. 1er article très-épais. Tarse intermédiaire à 1er article très-dilaté, arrondi intérieurement, creusé par dessous. Dernier segment abdominal avec une petite entaille arrondie.

Femelle inconnue,

Algérie.

Afer Lin. Taille : 4 1/2 mill. à 6.

Mâle : Entièrement noir, ou avec le corselet rouge. Corselet assez long, peu arrondi sur les côtés, peu densément ponctué. Antennes courtes, à articles très-fortement transversaux, subégalement épaisses, rougeâtres, 1er article très-épais. Tarse intermédiaire à 1er article comme chez le précédent. Dernier segment abdominal incisé en demi-cercle, cette incision précédée d'un large sillon longitudinal.

Femelle : Taille un peu plus forte. Antennes à articles plus longs et moins transversaux. 1er article tarsal intermédiaire simple, très-mince et très-long, dernier segment abdominal tronqué carrément au bout, impressionné longitudinalement.

Alger, Bône, Biskra.

Sericeus Ol. Taille : 6 1/4 mill.

Je ne puis décrire longuement cette espèce dont je ne possède que la femelle. Elle me paraît différer de la précédente par sa tache plus avantageuse, le pronotum plus fortement ponctué et plus carré, les antennes à articles aussi transversaux que chez le mâle de l'*Afer*, le dernier segment abdominal plutôt subfovéolé qu'impressionné longitudinalement.

Maroc.

Hispanus Ab. Je ne possède aussi qu'une femelle de cette espèce. Elle a le corselet rouge et diffère de la femelle

de l'*Afer* par les articles antennaires plus longs, le 3ᵉ
égal au 4ᵉ au lieu d'être plus long, le dernier égal aux
deux précédents réunis, et le dernier segment abdominal faiblement échancré. La taille est la même que
chez le *Sericeus*.

Andalousie.

Cribricollis Ab. Taille : 5 à 7 mill.

Mâle : Noir, sauf le corselet rouge. Corselet assez
court, peu arrondi sur les côtés, assez densément
ponctué. Antennes minces assez allongées, noires.
1ᵉʳ article mince à la base et peu épais au bout. 1ᵉʳ article tarsal intermédiaire assez long, à peine dilaté,
arrondi par dessous ; 2ᵉ plus épais que le suivant. Dernier segment abdominal légèrement incisé en demi-
cercle, cette incision précédée d'une petite carène longitudinale flanquée de chaque côté d'une dépression.

Jaffa ! Caïffa ! Anti-liban.

Tarsensis Ab. Taille : 5 3/4 mill.

Mâle : Pareil au précédent, sauf que le corselet est
un peu plus long, que le 2ᵉ article tarsal intermédiaire
est plus mince, et que le dernier segment abdominal
est normal et porte une profonde échancrure triangulaire.

Femelle inconnue.

Tarsous (Caramanie).

Brevicollis Ab. Taille 4 à 5 mill.

Mâle : Noir, sauf le corselet rouge. Ce segment court,
assez arrondi, à ponctuation fine et très-éparse. Antennes comme chez *Cribricollis*. 1ᵉʳ article tarsal intermédiaire un peu plus épais que les suivants, long,
subparallèle. Echancrure du dernier segment très-peu
profonde, large, subtriangulaire et précédée d'une dépression.

Femelle : Antennes un peu plus minces. 1ᵉʳ article
tarsal intermédiaire plus mince aussi. Dernier segment

abdominal entier, convexe, régulièrement arrondi.
Nazareth! Tibériade!

Lævicollis Ab. Taille : 3 à 3 1/2 mill.

Mâle et femelle pareils au précédent, sauf que le corselet est plus étroit, le 1er article intermédiaire tarsal un peu plus mince, et le dernier segment abdominal plus étroitement et plus profondément incisé, sans dépression avant cette échancrure.

Nazareth !

(Observ. 1). Ces caractères ne seraient-ils point dus à un arrêt de développement?

(Observ. 2). Cette espèce et la précédente ont le corselet d'un rouge moins sombre que les autres, surtout pendant leur vie.

Crassicornis Ill. Taille : 5 à 6 1/2 mill.

Mâle : Corps noir, sauf le corselet et les élytres jaunes. Antennes massives et courtes, à 1er article massif et épais, 3e aussi large que long. 1er article tarsal intermédiaire très-dilaté, arrondi en dessous, les autres allant en diminuant d'épaisseur. Echancrure abdominale à peine visible et précédée d'une forte impression ou dépression.

Femelle : Antennes un peu moins épaisses, tarses longs et minces, dernier segment égal et entier.

Constantinople, Eubée, Archipel.

Tenuicornis Ab.

Taille, couleur et signes comme chez le précédent. Mâle : Antennes moins massives, à 1er article plus mince et plus long, le 3e plus long que large. 1er article tarsal intermédiaire peu dilaté et cette dilatation plus terminale. Dernier segment abdominal régulièrement convexe avec une profonde échancrure triangulaire.

Femelle : Antennes plus minces, tarses normaux, dernier segment ayant une petite incision déprimée.

Syrie. Asie Mineure.

G. **Lydus** Latr.

Tableau pour les *Lydus* mâles voisins d'*Algiricus*.

A. 4-5 articles antennaires plus longs
que larges.. . . . . *Algiricus* Lin.

A' 4-5 articles antennaires plus larges
que longs.

  B. Antennes contournées. 1ᵉʳ article
tarsal intermédiaire large , court
et creusé en dessous.

    C. Corselet large , régulièrement
ovale. 3ᵉ article antennaire un
peu plus noir au sommet qu'à la
base. . . . . *Tarsalis* Ab.

    C' Corselet long, parallèle dans sa
moitié postérieure. 3ᵉ article antennaire deux fois plus large au
sommet qu'à la base. . . . . . . *Cerastes* Ab.

  B' Antennes simples, 1ᵉʳ article tarsal
intermédiaire long, à peine dilaté,
non creusé en dessous. . . . . . *Tenuitarsis* Ab.

Lyɒus *Algiricus*, Lin. Taille : 7 à 11 mill. De même chez les
suivants.

Mâle : Noir, avec les élytres jaunes, comme du reste
les suivants. Pronotum allongé, densément ponctué.
Antennes très-longues, ayant leurs 4-6 articles plus
longs que larges, ovoïdes, sauf le 6ᵉ qui commence à
devenir triangulaire ; les suivants allant en décroissant
de longueur, mais toujours à angles arrondis. 1ᵉʳ article
tarsal intermédiaire long , peu dilaté , subparallèle, à
peine déprimé en dessous. Dernier segment abdominal
avec une incision triangulaire.

Femelle : Articles antennaires plus courts, mais les
4ᵉ et 5ᵉ toujours plus longs que larges. Dernier segment
et tarses normaux.

Alger, Bône, Constantine. Italie. Tibériade !

Tarsalis Ab. Mâle : Corselet court, ovoïde, très-densément ponctué. Antennes courtes, contournées, ayant tous leurs articles plus ou moins fortement transversaux, sauf le 1er et le 3e. 1er article tarsal intermédiaire court, large, dilaté dès la base, creusé fortement par dessous, les suivants de dilatation décroissante. Dernier segment abdominal incisé triangulairement, le bord central de cette incision déprimé.

Femelle : Antennes simples, mais aussi courtes. Tarses intermédiaires courts, mais non anomaux. Dernier segment abdominal entier.

Constantine. Liban ! Tibériade ! Caïffa !

Cerastes Ab. Extrèmement voisin du précédent, dont il diffère uniquement par le corselet beaucoup plus long, moins régulièrement ovale et les antennes à articles moins arrondis, plus dilatés de leur base au sommet, notamment le 3e qui est deux fois plus large à son sommet qu'à sa base. Dilatation tarsale et segments abdominaux identiques.

Constantine. Jéricho.

Tenuitarsis Ab. Mâle : Corselet assez allongé, à ponctuation peu serrée et assez inégale. Antennes simples, à articles transverses, sauf le 1er et le 3e, pas très-épaisses. 1er article tarsal intermédiaire, simple, long et mince. Dernier segment abdominal profondément échancré triangulairement.

Femelle : Pareille au mâle, sauf que les articles antennaires sont un peu plus allongés et que le dernier segment abdominal est entier.

Alger. Caucase. Jéricho. Liban. Tibériade !

Tableau pour les *Lydus* mâles voisins de *Pallidicollis*.

A. Antennes très-longues, subégales.
1er article tarsal intermédiaire long.

B. Corselet plus long, à côtés subparallèles près de la base, sans impres-
sion bien marquée. . . . . *Pallidicollis* Gyll.

B' Corselet court, subarrondi, impressionné fortement au milieu. . . . . *Sulcicollis* Ab.

A' Antennes courtes, très-renflées au
milieu. 1er article tarsal intermé-
diaire court. . . . . *Brevicornis* Ab.

Lyous *Pallidicollis* Gyl. Mâle : Corps noir, sauf le corselet
qui est rouge avec une grosse tâche noire basale, n'occupant que la moitié de la base. Forme générale très-
allongée. Corselet à peine plus large que long, à côtés
tombant souvent presque droit sur la base ; à surface
subégale, sans impression bien marquée. Antennes
assez longues, d'épaisseur un peu moindre à l'extrémité.
1er article tarsal intermédiaire un peu dilaté en carré
très-long. Dernier segment abdominal à petite échancrure triangulaire précédée d'un sillon.

Femelle : Pareille au mâle, antennes plus minces,
plus noires. 1er article tarsal intermédiaire plus étroit,
surtout à sa base. Abdomen à dernier segment sub-sinué,
avec une petite impression longitudinale.

Tarsous (Caramanie). Smyrne.

Sulcicollis Ab. Mâle : De taille un peu moindre, de forme
beaucoup plus trapue. Couleur identique, de même
que chez le suivant. La tâche noire du pronotum est
plus large et occupe souvent toute la base. Corselet
très-transversal, sillonné ou au moins fovéolé au milieu.
Antennes très-longues, minces, d'épaisseur subégale.
1er article tarsal intermédiaire plus court que chez le
précédent, deux fois plus long que large ; plus large à
la base qu'au sommet. Dernier segment abdominal avec
une forte échancrure triangulaire.

Femelle : Antennes plus noires et plus minces. Tarses
et dernier segment simples.

(Observ.) J'en possède un exemplaire à élytres jaunes.
Jaffa ! Tibériade !

Brevicornis Ab. Exactement pareil au précédent sauf les signes sexuels. Antennes beaucoup plus courtes, très-renflées au milieu, très-minces au sommet: 1er article tarsal intermédiaire aussi large que long, plus large à la base qu'au sommet et un peu creusé en dessous. Dernier segment abdominal profondément incisé en triangle.

La femelle ne diffère du *Subcicollis* femelle que par les antennes plus courtes, les tarses un peu plus épais et le pronotum en général moins impressionné.

Nazareth ! Tibériade !

Decolor Ab. Taille :

Mâle : Noir, moins le pronotum et les élytres qui sont jaunes. Tête finement et éparsément ponctuée. Antennes atteignant presque la moitié des élytres, à articles subtriangulaires et fortement comprimés, 3e un peu plus long que le suivant, 4-8 plus longs que larges, de longueur décroissante, 9, 10 et 11, au moins aussi larges que longs. Pronotum transversal, sub-orbiculaire, finement et éparsément ponctué. Ecusson noir, ainsi que la partie supérieure du rebord sutural. Elytres allant en s'élargissant jusqu'aux 4/5es, rétrécies de là au sommet qui est arrondi acuminé, finement granuleuses. 1er article des tarses intermédiaires dilaté, arrondi par dessous. Dernier segment abdominal avec une petite échancrure.

Femelle inconnue.

Anatolie.

Ressemble au premier abord à l'*OEnas Crassicornis* ; mais la longueur de ses antennes la place à côté du *Luteus* Walt., dont l'éloigne tout de suite la dépression de ces organes.

L. *humeralis* Gyll. Cette espèce, abondante en Judée et re-

montant assez haut le long de la côte, présente parfois
sa tàche humérale dilatée jusqu'à dépasser le milieu des
bords latéraux des elytres.

Idem, var. *Suturalis* (Reiche). J'ai trouvé cette variété remarquable mêlée avec le type à Nazareth et Tibériade.
Dans la plaine de la Bekà, elle remplaçait complètement
l'*humeralis*. Ses élytres toutes jaunes, sauf la suture qui
est noire jusqu'aux trois quarts, lui donnent un aspect
particulier. J'ai vainement cherché un caractère sérieux
pour en faire une espèce. Les antennes, les tarses du
mâle, tout lui est commun avec le type. Seules les
épines larges des tibias postérieurs m'ont paru un peu
plus courtes ; mais c'est là un signe trop léger, à mon
avis, pour motiver un dénombrement.

L. *Luteus* Walt. Jaffa ! Tibériade ! Nazareth ! peu commun.

L. *Depilis* Ab. Taille : 3 3/4 à 6 1/4 mill.

Mâle : Entièrement d'un vert bleu, tirant parfois un
peu sur le doré. Tête large à points assez forts et peu
serrés. Antennes noires, sauf le 1er article qui a des
reflets bleuâtres, aussi longues que la tête et le corselet,
à articles plus longs que larges, 3e un peu plus long
que le suivant, subtriangulaires à angles très-arrondis,
le dernier près de deux fois plus long que le précédent.
Pronotum à peu près aussi long que large, arrondi sur
les côtés et au sommet, à surface très-inégale, en général portant une fossette de chaque côté de la ligne
médiane, qui est parfois un peu saillante, à ponctuation
très-irrégulière et inégale. Elytres deux fois larges
comme le corselet à leur base, quatre fois longues
comme lui, allant en s'élargissant légèrement de la base
au sommet, à rugosités coriacées fines et denses. Pattes
noires par dessous, à reflets verdâtres par dessus ; tarses
antérieurs et intermédiaires un peu plus épais que les
autres. Dernier segment abdominal largement et triangulairement incisé, cette incision précédée d'une ligne
longitudinale très-enfoncée.

Femelle : Antennes plus minces, un peu en massue, tarses minces et longs ; dernier segment avec une dépression triangulaire.

Syrie (Bâlbeck, Beka !)

Diffère à première vue de l'*Elegantulus* et du *Viridissimus* par son corps glabre, à peine armé de quelques poils sur le pronotum, par la ponctuation fine des élytres, etc...

Gracilis Ab. Taille : 4 mill.

Femelle : Uniformément vert métallique, plus ou moins bleuâtre. Tête transversale, à ponctuation fine et rare. Antennes noires, sauf le 1er article verdâtre par dessus, à articles très-allongés, 3e subégal au 4e, le dernier à peine plus long que le précédent, une fois et demie plus longues que le corselet. Celui-ci très-étroit, subcylindrique, deux fois plus long que large au sommet, à points gros et épars. Ecusson violet. Elytres deux fois plus larges à la base que la base du corselet, quatre fois longues, comme lui allant en s'élargissant jusqu'aux trois quarts, s'arrondissant de là au sommet ; couvertes de rugosités assez fortes et régulières. Pubescence générale forte, serrée et noire. Pattes noires à reflets métalliques. Dernier segment abdominal entier.

Mâle inconnu.

Jérusalem, très-rare.

Ressemble un peu à une *Lagorina ;* mais il a le cou encore plus mince. Distinct par la forme de ce segment de tous ses congénères.

Cupratus Ab. Taille : 6 mill.

Mâle : Entièrement vert, à reflets dorés, parfois entièrement cuivreux ; antennes noires, pieds aussi, mais à reflets cuivreux. Tête aussi longue que large, à ponctuation forte et serrée. Antennes une fois et demie longues comme la tête et le corselet, épaisses, à articles allongés, 3e une fois et quart aussi long que le 4e, der-

nier à peine plus long que le précédent. Corselet transversal, arrondi fortement au sommet, légèrement sur
les côtés, très-inégal de surface, avec la ligne médiane
souvent carénée et flanquée de reliefs, déprimé par
devant transversalement, à gros points ocellés rendus
irréguliers par l'inégalité de la surface générale. Elytres
moins de deux fois aussi larges que le corselet à la
base, moins de quatre fois aussi longues que lui, allant
en s'élargissant jusqu'aux 3/4, largement arrondis de là
au sommet ; à surface égale et granuleuse. Pubescence
noire, hispide, serrée. Quatre tarses antérieurs plus
forts. Dernier segment abdominal triangulairement
échancré.

Femelle : Antennes plus minces et plus longues,
tarses de même, dernier segment entier. .

Amasie.

Distinct de *Depilis* Ab. par son corps velu, de *Gracilis* Ab. par son corselet large ; plus voisin d'*Elegantulus* Muls. et de *Viridissimus* Luc., n'ayant pas le
corselet profondément sillonné et la pubescence blanche
du premier, ni le pronotum égal du second, qui est
du reste moins fortement velu, plus parallèle, etc...

Megatrachelus Motchulsky.

Politus Geb. Le nom du présent genre a été avec raison
mis en synonymie de *Stenodera* Esch. ; mais comme le
Politus est génériquement distinct de *Caucasica*, je propose de lui réserver le nom de *Megatrachelus* qui demeure sans emploi. Le *Politus*, insecte de Sibérie,
présente un dimorphisme remarquable dans les deux
sexes : le mâle a un thorax et surtout une tête relativement énorme ; en outre, les élytres sont densément et
régulièrement pointillées, tandis qu'elles sont lisses chez
la femelle.

Stenodera Esch.

Caucasica Pall. Servie, Caucase.

Idem, var. *Crocata.* J'ai pris à Tibériade deux sujets que je n'ose distraire de la *Caucasica.* Leurs élytres sont jaunes au lieu d'être rouges ; le point interne de la 1ʳᵉ série est placé plus bas que l'externe, au lieu d'être placé plus tôt plus haut ; enfin, le susdit point externe est placé aussi près du point interne que du bord latéral de l'élytre, au lieu d'être plus rapproché de ce dernier.

Zonitides Ab.

Corps allongé, convexe ; tête en ovale très-allongé, formant un museau allongé, fortement renversée en dessous. Epistome médiocre. Labre bilobé. Palpes maxillaires à dernier article dilaté au sommet, sensiblement plus long que le précédent ; labiaux à dernier article allongé et rétréci en avant. Prothorax plus long que large, assez rétréci en avant. Elytres parallèles, arrondies au sommet qui est large, n'étant déhiscentes qu'à cet endroit. Antennes longues, sétacées, à 1ᵉʳ article plus long que le 3ᵉ. Pattes longues, tibias à deux éperons, l'externe cultriforme. Crochets pectinés.

J'ai formé ce genre pour l'espèce suivante qui ne peut en effet demeurer au milieu des *Zonitis,* à cause de la forme de ses palpes, de son corselet, de ses élytres, etc... Il est bien plus voisin, à mon avis, du genre *Stenodera ;* mais la forme allongée du prothorax des *Stenodera* est caractéristique, le menton est simplement sinué, mais non bilobé, les yeux sont bien plus larges, etc... Le *Zonitis* ou *Stenodera abdominalis* Cast. rentre aussi dans cette coupe.

Oculifer Ab. Taille : 6 à 7 mill.

Mâle : Noir, avec le pronotum et les élytres d'un

jaune rougeâtre. Tête avec de gros points fovéolés, serrés, et une petite tache jaune au milieu du front. Antennes deux fois longues comme la tête et le corselet, très-minces et à articles très-allongés. Pronotum un peu plus long que large, aminci par devant, où la troncature est très-peu large ; fortement rebordé en noir à la base ; à surface égale et semée çà et là de points médiocres et rares ; portant sur son milieu deux taches noires, petites et arrondies. Elytres subparallèles plus de quatre fois aussi longues que le corselet, à suture un peu noirâtre ; parfois aussi deux ou trois lignes longitudinales brunes se dessinent comme par transparence ; surface coriacée, portant, comme le pronotum, de très-petites soies blanches, courtes et très-distantes les unes des autres. Pattes fortes, longues. Dernier segment abdominal triangulairement et fortement fendu.

Femelle : Dernier segment ventral entier.

Nazareth ! Jaffa ! Beyrouth (Reiche). Cette espèce portait, dans la collection Reiche, le nom de *Bipunctata* (Dej.)

Paulinæ Muls. (*Mutabilis* Reiche, inédit). J'ai pris en nombre cette espèce depuis Caïffa jusqu'à Tibériade sur de grandes ombelles. Elle varie extrêmement de taille, de forme et de couleur. Tantôt subparallèle, tantôt élargie au bout des élytres, courte ou élancée, passant du jaune complet sur les élytres, à deux, puis à quatre taches noires, qui se développent jusqu'à former des bandes transversales. Ces bandes s'élargissent, parfois dessinent un grand carré noir couvrant les deux tiers des élytres, puis s'unissent à la tâche noire apicale et finissent, dans les exemplaires les plus foncés, par ne laisser qu'une tache basale jaune sur chaque élytre.

Gibbicollis Ab. Taille : 7 mill.

Mâle : Noir, sauf les élytres qui sont marron. Tête fortement et densément ponctuée. Antennes longues et fortes, à articles comprimés, plus de deux fois plus longues que le corselet. Ce segment transversal, convexe, fortement étranglé sur les côtés, bigibbeux transversalement sur son disque, à ponctuation inégale, formée de points médiocres, serrés par places, lâches à d'autres endroits, rebordé à la base. Ecusson long, triangulaire, fortement ponctué, caréné longitudinalement au milieu. Elytres très-allongées, subparallèles, à deux ou trois lignes longitudinales bien marquées, très-densément et assez finement pointillées. Tarses de couleur plus claire. Eperons des tibias postérieurs tous deux épais et longs. Dernier segment ventral profondément incisé.

Femelle inconnue.

Taurus.

Terminata (Reiche, Mss.) Ab. Taille : 5 1/2 mill.

Mâle : Brun-noir, plus clair sur les pattes, élytres jaune-paille avec une très-petite tache brune au bout. Tête médiocre, transversale, étroite en avant, densément ponctuée et densément velue de poils jaunâtres et courts. Antennes d'épaisseur médiocre et à articles allongés. Pronotum fortement transverse, fortement déprimé sur sa moitié antérieure, rayé d'une ligne longitudinale médiane sur sa moitié postérieure, rebordé à la base, couvert d'une ponctuation forte et souvent inégale, densément velu de petits poils jaunes couchés. Ecusson concave, en triangle arrondi au sommet, très-ponctué. Elytres peu allongées, dilatées légèrement aux 4/5es, à ponctuation très-fine et très-serrée, soyeuses de jaune. Pattes marron-clair. Tibias postérieurs terminés par deux éperons cultriformes, l'externe beaucoup plus long et plus large. Dernier segment ventral triangulairement échancré.

Femelle : Dernier segment ventral sinué.

Egypte.

6-*Maculata* Ol. Tibériade ! Nazareth !

5-*Maculata* Suff. Egypte. Cette espèce rentre dans le genre
Zonitis et non dans le genre *Leptopalpus*, comme le
portent certains catalogues. Son faciès est pourtant celui
du *L. Rostratus* Fab.

Bellieri Reiche. Originaire de Sicile, cette espèce bleue a
été retrouvée en Algérie.

Thoracica Cast. Bône. Facilement reconnaissable à sa forme
lourde, à ses élytres bleuâtres, à ponctuation très-fine
au bout.

Analis (Reiche, Mss.) Ab. Taille : 5 mill.

Femelle : Noire, sauf la moitié postérieure de la tête,
le pronotum et la 2e moitié du ventre qui sont rouges. Tête à points forts et serrés, carénée fortement
sur sa ligne médiane ; antennes égalant à peu près deux
fois la tête et le corselet, à articles très-allongés. Pronotum transverse, à ponctuation assez serrée et inégale,
rayé d'une ligne médiane dans sa moitié postérieure,
déprimé transversalement dans son milieu, à côtés
arrondis en avant, un peu comprimés vers leur milieu,
subélargis tout-à-fait à la base. Ecusson en triangle très-
ponctué, concave, subtriangulaire. Elytres courtes, larges, se dilatant aux 3/4, arrondis au sommet, ponctuation dense, très-fine, égale. Tibias postérieurs armés de
deux éperons cultriformes, l'extrême plus long et plus
large que l'autre. Dernier segment entier.

Mâle : Elytres parallèles. Je n'ai pu voir le dernier
segment qui était retiré.

Var. A. Ecusson rouge.

Var. B Tête toute noire.

Var. C. Pattes au moins en partie rouges.

Var. D. Ventre rouge seulement au bout.

Algérie. Oran.

Facile à reconnaître parmi les *Zonitis* à élytres noires
à cause de sa tête fortement carénée.

Ruficollis Ab. Taille : 3 à 5 mill.

Mâle : Noir, avec le pronotum et le dernier segment abdominal rouges. Corps trapu. Tête à surface très-égale, régulièrement convexe, uniformément ponctuée de points forts et serrés, qui la font paraître mate. Antennes longues et fortes, près de trois fois aussi longues que la tête et le thorax réunis. Pronotum pas très-large, rayé d'une ligne médiane enfoncée sur sa longueur, raccourcie aux extrémités ; à ponctuation régulière, assez forte, espacée ; bords latéraux presque droits ; base rebordée. Ecusson très-concave et très-pointillé. Elytres courtes, dilatées jusqu'aux trois quarts, acuminées de la base au sommet ; assez fortement ponctuées-ruguleuses sur toute leur surface qui est égale. Tibias postérieurs armés de deux éperons courts, l'interne mince, l'externe cultriforme. Dernier segment abdominal aigûment incisé.

Femelle : Dernier segment entier.

J'ai pris quatre mâles et une femelle à Tibériade.

Concolor Ab. Taille : 6 mill.

Femelle : Entièrement noire. Tête régulièrement convexe, à ponctuation ocellée, dense. Antennes allongées, deux fois et demie aussi longues que la tête et le corselet. Pronotum transversal, large, arrondi par devant et sur les côtés, resserré à la base, déprimé transversalement à son tiers antérieur, sillonné longitudinalement sur la moitié postérieure de son disque ; rebordé à la base, couvert d'une ponctuation dense et forte. Elytres courtes et massives, un peu élargies postérieurement, couvertes d'une ponctuation extrêmement fine et serrée. Pattes avec les ongles et la base des tarses postérieurs rougeâtres. Tibias postérieurs armés de deux éperons, l'externe très-long, cultriforme et à sommet large, l'interne beaucoup plus court et assez étroit. Ventre terminé normalement.

Mâle inconnu.

Algérie.

Nemognatha Illig.

Chrysomelina Fab. et *Nigripes* Muls. France, Espagne, Algérie, Egypte, Syrie, Caucase. Tous les passages existent entre les deux formes en Orient.

Sitaris Latr.

Muralis Font. et *Nitidicollis* Ab. J'avais basé mon espèce sur des crochets de tarses d'une forme différente, sur la longueur des antennes et la ponctuation thoracique. Mais en examinant des séries considérables de *Sitaris*, je m'aperçois que la proportion des antennes est sujette à de fréquentes variations. Je possède notamment un mâle de *Sitaris apicalis*, dont les antennes sont deux fois plus longues que chez les individus typiques du même sexe. La ponctuation thoracique n'est point non plus très-stable. Reste donc uniquement la forme du crochet. Mais je retrouve chez certaines *Nitidicollis* à antennes courtes, les mêmes crochets que chez l'autre. En l'état, il me paraît difficile de conserver les deux espèces et je propose de les considérer comme simples variétés l'une de l'autre.

ÆDEMERIDÆ

Xanthochroa Schmidt.

Italica Chevr. Corriger les deux points suivants dans la description de M. Chevrolat : 1° la taille n'est point intermédiaire entre la *Gracilis* Schm. et l'*Auberti* Ab. ; elle est au moins égale à celle de la *Gracilis* ; 2° ensuite ce n'est point deux, mais trois côtes que l'on aperçoit sur chaque élytre.

Ædemera Oliv.

Acutipalpis Ab. Taille : 4 1/2 mil.

Mâle : Noir, avec le corselet, les élytres, les pattes antérieures, les 5/6es de la base des cuisses intermédiaires et la moitié basilaire des cuisses postérieures jaunes. Front transversalement impressionné entre les yeux, épistome non creusé longitudinalement. Antennes très-longues, plus pâles à la base. Pronotum tronqué, arrondi au sommet, comprimé latéralement vers ses deux tiers postérieurs, très-soyeux de jaune, caréné dans son milieu avec une large et profonde impression à la base et une plus haut de chaque côté. Ecusson en triangle à pointe très-aiguë, concave. Elytres fortement déhiscentes à partir du quart de leur longueur, un peu enfumées au bout, chargées de trois nervures, les deux premières parallèles, la 1re à égale distance de la suture et de la 2e, celle-ci plus rapprochée de la suture à son extrémité que du bord de l'élytre, la 3e allant jusqu'au bout de l'élytre, où elle est encore distincte du repli. Cuisses postérieures très-renflées ; tibias de la même paire très-courbes et velus en dessous. Dernier segment ventral paraissant entier ?

Femelle inconnue.

Caramanie.

Très-voisine de la *Podagrariæ*, mais ayant chez le mâle le corselet jaune, les tibias postérieurs plus courbes, la nervure médiane des élytres plus rapprochée de la suture, la nervure externe plus voisine du bord latéral, et les palpes à dernier article moins dilaté au bout.

Pruinosa Ab. Taille : 3 mill.

Mâle : D'un noir ardoisé revêtu d'un fin duvet blanchâtre avec les cuisses et les tibias antérieurs au moins pardessous roux. Devant du front impressionné, sillonné longitudinalement ou plan. Antennes égalant la longueur du corps, à onzième article supplémentaire un peu échancré. Tête très-allongée. Pronotum étroit et long, resserré aux deux tiers, arrondi par devant, portant trois fossettes, une basale et deux latérales pas très-profondes. Ecusson noir, foveolé. Elytres déhiscentes à partir du tiers antérieur, portant trois nervures, les deux premières, parallèles, la 1re s'arrêtant au tiers de l'élytre, la 2e s'évanouissant vers les 5/6es postérieurs plus rapprochée à ce point de la suture que du bord externe, la 3e droite et bien détachée de ce bord, prolongée jusqu'au calus apical ; à fines granulosités transversales, calus apical plus lisse et un peu brillant. Cuisses postérieures très-gonflées.

Femelle : Pronotum roux, antennes un peu plus courtes, cuisses simples. Ventre avec les derniers arceaux rougeâtres, au moins sur les côtés.

Environs de Beyrouth (Syrie).

Coarcticollis Ab. Taille : 2 1/2 à 3 mill.

Mâle : Entièrement noir, sauf les élytres qui sont jaunes. Epistome sillonné ou au moins fovéolé. Yeux très-saillants. Front rugueux. Antennes rougeâtres sur les premiers articles, pas très-longues, dernier article non échancré. Pronotum long, très-inégal, fortement étranglé aux deux tiers, portant les trois fossettes ordinaires profondément enfoncées, ruguleux, à bord supérieur subanguleux. Elytres très-déhiscentes depuis le tiers antérieur, à trois nervures, la 1re s'arrêtant au tiers, la 2e avant la moitié, la 3e prolongée jusqu'au calus apical, où elle est très-distincte et même assez éloignée du bord latéral ; ponctuées-granuleuses très-finement. Cuisses postérieures très-renflées et leurs tibias à peine courbes.

Femelle : Antennes plus courtes, ventre jaune, sauf

le milieu des premiers segments. Cuisses simples.
Jaffa ! Caïffa ! Tibériade !

Voisine de *Flavescens*, dont la distinguent tout de
suite le dernier article antennaire, la 2e nervure raccourcie beaucoup plus haut, la couleur du ventre chez
la femelle, etc...

Atriceps Ab. Taille : 2 1/4 mill.

Mâle : Jaune, sauf le ventre, les quatre tibias postérieurs, les genoux postérieurs et la tête jusqu'au dessous des yeux et parfois jusqu'à l'épistome, les côtés
exceptés noirs. Tête ponctuée, non rugueuse, antennes
courtes, dernier article non échancré. Pronotum convexe,
très-arrondi sur les côtés en avant, peu étranglé
avant la base qui est très-dilatée, à fossettes légères ;
ponctué assez serré et finement. Ecusson noir, petit,
concave. Elytres assez larges, déhiscentes à partir
du tiers supérieur, à trois nervures, la 1re très-courte,
s'arrêtant un peu au-dessous de la déhiscence des
élytres ; la 2e au 5/6es postérieurs, également éloignée
au bout de la suture et de la 3e nervure ; celle-ci prolongée jusqu'au calus, éloignée à ce point du bord
externe ; ruguleuses finement et soyeuses. Pattes postérieures à cuisses très-peu renflées, à tibias minces
et recourbés.

Femelle : Antennes plus courtes, cuisses simples,
ventre rouge-jaune sur une bonne portion des premiers
segments.

Tibériade ! Nazareth !

4-*Nervosa* Reiche. Corse, très-rare. Il existe déjà une 4-*nervosa* Latr. Qu'est devenue cette espèce ? Je l'ignore. Elle
a dû disparaître dans les bas fonds d'une synonymie.
Mais les catalogues devraient au moins l'indiquer.

Récapitulation des espèces nouvelles décrites ci-dessus :

Emmenadia gibbifera.
Cirocoma syriaca.
Coryna contaminata.
— candanigra.
Mylabris diffinis.
Œnas fusicornis.
— hispanus.
— cribricollis.
— tarsensis.
— brevicollis.
— lœvicollis.
— tenuicornis.
Lydus tarsalis.
— cerastes.
— tenuitarsis.
— sulcicollis.

Lydus brevicornis.
— decolor.
— depilis.
— gracilis.
— cupratus.
Zonitides oculifer.
Zonitis gibbicollis.
— terminata.
— analis.
— ruficollis.
— concolor.
Ædemera acutipalpis.
— pruinosa.
— coarcticollis.
— atriceps.

Séance du 9 juin 1880.

Présidence de M. de la VIEUVILLE.

Le Président proclame membre titulaire de la Société :
M. LAFOURCADE, instituteur à l'école primaire du Grand-Rond, présenté par MM. Crouzil et Regnault.

M. FLOTTE met sous les yeux de la Société une hache en quartzite trouvée à Vigoulet (Haute-Garonne). Cet instrument, taillé à grands éclats, appartient à la même catégorie que celle déjà signalée, à Venerque par M. Noulet, à Lavalette par M. d'Adhémar, à Fonsorbes par M. Trutat, à Balma par M. Gavarret, etc., etc.

M. Marquet donne lecture du travail suivant:

Note sur une plante de la famille des Hydrocharidées

TROUVÉE DANS LES CANAUX DU MIDI, A L'EMBOUCHURE.

Les eaux du canal sont envahies par une quantité de plantes qui font le désespoir des employés chargés de l'entretien de cette voie d'eau.

En effet, ces plantes, vulgairement appelées *cordons*, poils de chien, blé d'eau, par la conformation de leur tige allongée, solide, rameuse, poussent en telle abondance sur certains points, que les embarcations éprouvent parfois de très-grandes difficultés pour se mouvoir; de fortes sommes sont dépensées tous les ans pour obvier à ces graves inconvénients.

Les agents de l'administration du canal ont inventé divers engins de destruction, pour débarrasser les eaux de ce fléau; on a essayé d'un système de grapins traînés au fond de la cuvette pour déraciner les plantes, mais ce moyen n'ayant produit que des résultats insuffisants, on s'est arrêté à un autre système appelé faucard (1) qui, malgré son imperfection, rend encore de grands services.

Parmi les plantes qui poussent avec vigueur dans le fond du canal, aux environs de Toulouse, nous signalerons comme étant les plus encombrantes : le *Vallisneria spiralis*

---

(1) On appelle ainsi une série de lames de faux rivées bout-à-bout et maintenues horizontalement au fond de l'eau au moyen de petites chaînes auxquelles est suspendu un boulet en fer de moyenne grosseur ; aux extrémités du système sont attachées une chaîne de 1 mètre ou 1 mètre 50 de longueur et au bout de celle-ci une corde manœuvrée par un ou plusieurs hommes. Un mouvement de va-et-vient imprimé au *faucard* permet de faucher les plantes à fleur du sol; celles à tige très-fine sont seules réfractaires à cette opération. On s'en débarrasse au moyen de râteaux en fer.

Lin., les *Patamogeton lucens* Lin., *pectinatus* Lin., et *crispus* Lin., *Ranunculus aquatilis* Lin., *Myriophillum spicatum* Lin., etc. Une nouvelle espèce vient s'ajouter à cette liste; elle nous a été apportée ces jours derniers par un cantonnier qui est au service de l'administration depuis longues années; cet employé ne l'a remarquée que cette année-ci dans le bassin du canal, à l'Embouchure, où elle est en très-grande abondance. M. le Dr Noulet a reconnu dans cette espèce l'*Udora canadensis* de Nuttall. Gen. II, p. 242 (*Eloda canadensis*, L. Cl. Richard). Elle a déjà été signalée à Manchester (Angleterre), à Malines (Belgique), et, en France, près de Fourchambault, dans le département du Cher, d'après l'herbier de feu M. A. Peyre, herbier appartenant aujourd'hui au Musée d'histoire naturelle de Toulouse.

Comment cette plante américaine a-t-elle été introduite dans les eaux de Toulouse? C'est une question à résoudre. Quelques semences se seraient-elles collées à des bateaux ayant flotté dans les eaux du Cher? c'est très-hypothétique; ce qu'il y a de certain, c'est que, selon l'expression du Dr Noulet, le canal du Midi « a donné asile à un nouvel hôte bien dangereux pour la navigation. »

———

Séance du 23 juin 1880.

Présidence de M. Bégouen.

Sur la proposition de la Commission des grandes courses la Société décide qu'il sera fait, dans le courant de juillet, une excursion au Pic de Gar, près de Saint-Béat; elle charge le Secrétaire-général de faire une circulaire à ce sujet, et prie M. Regnault de veiller à l'organisation de cette réunion.

M. le capitaine Lasserre, membre titulaire, donne lecture
de la note suivante, dont il est l'auteur :

Note sur une couleuvre à deux têtes.

Notre collègue M. de Rey Pailhade a offert à la Société un
serpent à deux têtes qui offre un cas de tératologie intéressant. Le sujet, à suite de son séjour dans l'alcool, avait
eu sa vieille peau presque détruite et celle qui devait la
remplacer n'était pas encore bien formée. Les caractères
spécifiques étant pris en partie sur le nombre, la forme et la
situation des grandes écailles ou plaques, il nous a été
impossible de connaître le nom de l'espèce de notre animal ;
mais les caractères de second ordre, et notamment le système
dentaire sous l'objectif du microscope, m'ont permis de le
rattacher au genre couleuvre. Sa longueur, de 16 centimètres,
fait présumer que son âge est de 6 mois environ, car les
œufs de la couleuvre éclosent vers le milieu ou la fin de
l'été et les petits ont déjà 16 centimètres de longueur au
commencement de l'hiver.

Ce monstre est formé de deux corps inégaux et symétriquement placés le long d'un axe commun semblable à la
ligne médiane d'un être normal. Il y a coalescence complète,
c'est-à-dire depuis les régions maxillaires jusqu'aux dernières
vertèbres caudales, les têtes seules restant libres jusqu'au
niveau des commissures des lèvres.

La loi physiologique dite *affinité de soi pour soi*, se trouve
encore confirmée ici : en effet, ces deux sujets étaient soudés
primitivement par les téguments des régions maxillaires,
thoraciques, abdominales et sous-caudales. Le besoin de
ramper pour chercher la nourriture ayant provoqué des
tiraillements continuels, volontaires et involontaires, a
ramené peu à peu, et en partie, sur le sol les plans nerveux
des bases de sustentation : l'absence de sternum chez les

ophidiens, et par suite, l'indépendance des côtes à la partie inférieure ont favorisé cette évolution.

Les deux sujets sont parvenus à placer le dessous des maxillaires inférieurs sur un même plan horizontal.

La tête de droite, qui appartient au plus faible des deux individus composants, a une tendance à s'infléchir à droite, tandis que celle de gauche se maintient dans le prolongement de l'axe commun.

Les deux corps sont inégaux en diamètre, mais ils ont la même longueur ; ils conservent la forme de la duplicité dans tout le développement du monstre. Un sillon révélateur permet de suivre avec une loupe, et même à l'œil nu, la délimitation des deux corps, depuis la région occipitale jusqu'à la dernière vertèbre caudale.

Il n'existe qu'un anus commun, qui se trouve sous l'origine de la queue, à 135 millimètres de l'extrémité de la plus forte tête.

Si l'on n'observe que les seuls caractères extérieurs, on peut admettre que ce monstre était viable, au moins pendant quelque temps, et que chaque individu pouvait vivre de sa vie propre, ce qui l'éloigne des parasitaires et permet de le classer très-naturellement dans l'ordre des autositaires. S'il eût été plus élevé dans l'échelle zoologique, ou s'il se fût trouvé seulement d'un ordre de sa classe pourvu de pattes, comme les Sauriens et les Batraciens, son mode de soudure n'aurait pas empêché ces organes ambulatoires de se développer, en tout ou en partie.

Je viens d'admettre que cet autositaire pouvait être viable plus ou moins longtemps : mais ses deux têtes, constamment en opposition dans leurs mouvements ; la solidarité des deux économies animales, toujours mal équilibrées ; la reptation anormale, toujours hérissée de tiraillements et de contorsions, me forcent à faire mes réserves sur la durée de la viabilité ; et d'ailleurs, les organes essentiels à la vie sont-ils intéressés, dans cet écart des lois ordinaires de l'animalité ?

Si oui, le scalpel seul pourrait nous édifier sur le degré de leur modification ou de leur altération et nous guider pour asseoir un jugement.

D'après le caractère précité, ce monstre trouve sa place marquée dans les autositaires doubles, famille des Monosorniens, genre Allodyme.

Dimensions de la jeune couleuvre à deux têtes :

Longueur totale, dont 30 mill. de queue....	165 $^{mill.}$
Diamètre maximum des deux corps réunis...	6
Diamètre du corps de gauche.............	5
Diamètre du corps de droite.............	1
Longueur de la tête de gauche............	10
Longueur de la tête de droite............	8
Largeur de la tête de gauche.............	6
Largeur de la tête de droite.............	5
Longueur des dents....................	4
	10

Séance du 7 juillet 1880.

Présidence de M. de la VIEUVILLLE.

M. REGNAULT, au nom de la commission des grandes courses, donne. lecture de la circulaire suivante, annonçant une excursion au Pic du Gar :

Monsieur et cher collègue,

La Société a décidé de faire une grande excursion, les 26 et 27 juillet prochain, au Pic du Gar, près Saint-Béat.

Vous n'ignorez pas tout l'intérêt qui s'attache à cette montagne ; c'est d'elle que M. Leymerie écrivait : « L'on

peut considérer le Gar comme un immense échantillon offrant rassemblés tous les terrains des Pyrénées proprement
dites, ce qui fait de cette montagne un des points les plus
intéressants, peut-être, de toute la chaîne. »

L'exploration du Gar est donc tout particulièrement intéressante pour les géologues ; mais les botanistes, les entomologistes et les malacologistes trouveront à faire dans cette
région d'abondantes récoltes ; la diversité des terrains, granites, schistes, grès, calcaires, les différences considérables
d'altitude, 500ᵐ à Saint-Béat, 1786ᵐ au sommet, donnent à
la flore et à la faune une très-grande richesse.

L'excursion a été ainsi réglée :

Première journée. — Lundi 26 juin.

Départ de Toulouse à 5 heures 50 du matin ; arrivée à la
halte de Fronsac à 11 h. : l'on aura le temps de déjeuner au
buffet de Montréjeau. A Fronsac, une voiture prendra les
bagages pour les transporter à Saint-Béat ; des porteurs
seront aussi arrêtés pour suivre l'excursion, mais ils devront
être commandés d'avance et seront aux frais de ceux qui les
emploieront.

Exploration de la base sud du Pic, montée par la gorge
des Puts, visite à l'Hermitage ; col du Pic Bentous et descente par Garrau, Bavard, Eup, le cap del Mount et Saint-
Béat.

Dans cette journée l'on verra : les terrains granitiques
recouverts par les schistes cristallins (cambrien modifié de
M. Leymerie) ; le silurien supérieur avec orthocères ; le
dévonien avec orthis ; le grès rouge pyrénéen (dévonien
pour M. Garrigou, triasique pour M. Leymerie) ; enfin, les
ophites et le marbre de Saint-Béat (calcaire primitif de
Charpentier, carbonifère de M. Garrigou) ; avec ce calcaire
de nombreux minéraux : couzcranite, mica, amphibole,
soufre natif, etc., etc.

Dîner et coucher à l'hôtel Burgala, où tout sera préparé
par les soins de la Commission.

Deuxième journée. — Mardi 27.

Deux départs : l'un à 1 h. du matin pour les excursionistes qui désireraient voir le levé du soleil au sommet du Pic : guides aux frais de la caravane qui devra s'être organisée la veille, dès l'arrivée à Saint-Béat. Cette ascension de nuit n'offre pas de difficultés, elle est de beaucoup moins longue que celle du Montné de Luchon, et le spectacle plus complet, car la plaine de la Garonne arrive presque aux pieds de la montagne. Second départ à 4 h. du matin, exploration des régions supérieures : jura-crétacé. Ascension par Eup et Bezins ; forêt du Gar, Malpas, Couret de Gar, Cabannes (déjeuner, chacun emporte ses provisions qu'il serait bon de préparer en partie à Toulouse). Sommet du Gar 1757ᵐ, et du pic saillant 1786ᵐ.

Panorama sur la plaine de la Garonne, la vallée d'Aran, la vallée de la Pique, la crête frontière et les glaciers de la Maladetta.

Cette seconde journée sera consacrée plus spécialement à l'étude des couches jurassiques et crétacées qui couronnent la montagne et forment ces merveilleux rochers que l'on aperçoit de tout le bassin de Marignac. Avant d'atteindre cette région supérieure, notre collègue M. Maurice Gourdon conduira la Société à un nouveau gisement fossilifère du dévonien, visite aux *puits du Gar*, profondes excavations taillées à pic dans les assises calcaires.

Descente sur Saint-Béat et départ de Marignac, à 7 h. 22, pour Toulouse ; dîner au buffet de Montréjeau ; arrivée à Toulouse à 1 h. 15 ; départ de Marignac pour Luchon à 7 h. 24 ; arrivée à 7 h. 55.

—

MÉMOIRES A CONSULTER

1° *Pic du Gar et région de Saint-Béat.*

Leymerie : Notice sur le Pic du Gar : Revue des Sciences naturelles, t. IV, p. 508.

Leymerie : Esquisse géognostique des Pyrénées de la Haute-Garonne, p. 33.

Garrigou : Monographie de Bagnères-de-Luchon, p. 167, 193, 215, coupe 1.

N. Boubée : Bains et courses de Luchon, p. 274.

E. Frossard : Voyage géologique sur le Chemin de fer du Midi, p. 47, 54.

Bellot : Carte géologique des environs de Luchon d'après MM. François et Leymerie.

2° *Ophite et calcaire de Saint-Béat.*

DE Charpentier : Essai sur la constitution géognostique des Pyrénées, p. 222, 229, 233, 240, 243.

Palassou : Suite des Mémoires pour servir à l'histoire naturelle des Pyrénées, t. II, p. 306.

H. Magnan : Matériaux pour une étude stratigraphique des Pyrénées, p. 33, 35, 39, 41, 43, 65.

Garrigou : Mémoire sur les Ophites : Bulletin de la Société géologique de France, t. XXV, p. 743.

Lévy : Note sur quelques ophites des Pyrénées, Bull. de la Soc. géol. de France, 3ᵉ série, t. VI, p. 156.

Séance du 21 juillet 1880.

Présidence de M. de la Vieuville.

M. Lacroix signale plusieurs espèces d'oiseaux nouvellement observés dans la région, ce sont :

Buse pattue ;

Pic vert espagnol ;

Bruant à couronne lactée.

Cette dernière espèce, toujours fort rare, a été observée à Nissan (Aude), par M. Rey.

M. Fagot communique à la Société la suite de ses études
sur l'Histoire malacologique des Pyrénées françaises ; le
chapitre qu'il donne aujourd'hui a trait au département de
l'Ariège :

Histoire malacologique des Pyrénées françaises

III. Ariége.

1833. N. Boubée. Bulletin d'Histoire naturelle, etc. (2ᵉ édit.).
L'auteur qui a le premier exploré ce département y signale huit espèces intéressantes :

Nᵒ 10. *Ancylus fluviatilis rupicola. Ancylus simplex* var.

Nᵒ 17. *Pupa transitus. Pupa Vergniesiana.*

Nᵒ 18. *Pupa pyrenaica. Pupa ringens.*

Nᵒ 27. *Bulimus detritus.*

Nᵒ 47. *Paludina rubiginosa. Bythinella rubiginosa.*

Nᵒ 48. *Limnœa thermalis.*

Nᵒ 70. *Pupa megacheilos. Pupa Bigorriensis* et *Pupa avenacea.*

Nᵒ 74. *Helix Carascalensis.*

1845. Charpentier apud Kuster in : Chemnitz und Martini, etc.
(genus *pupa*).

Pupa Vergniesiana.

Dans le même ouvrage, Kuster a fait connaître d'autres
espèces recueillies par de Charpentier dans l'Ariége ; seulement il a négligé d'indiquer les localités, se contentant de
la désignation vague « midi de la France, sud Frankreich. »
Aussi ces espèces ne prendront-elles rang qu'à la date où
elles auront été signalées d'une manière authentique.

1850. Dupuy (D.). Histoire des Mollusques, etc.

Pupa Boileausiana. — M. l'abbé Dupuy mentionne dans
l'Ariége et fait représenter le premier en France
cette coquille éditée en 1845 par Kuster.

Pupa pyrenœaria. Pupa Veryniesiana. — Notre auteur a
donné une bonne figure à cette espèce, mais il a
eu le tort de méconnaître ses caractères.

Limnœa thermalis.

Pomatias Nouleti. Axat (Ariége). — Très-belle espèce, découverte par M. le Dʳ Noulet à *Axiat*, près les Cabannes, et non à *Axat*, village du département de
l'Aude, près Quillan.

1852. Charpentier (J. de). Essai d'une classification naturelle des Clausilies ; in : *Journal conchyl.*, etc.

Clausilia rugosa var. *pyrenaica. Clausilia pyrenaica.* —
Très-jolie espèce découverte à Vicdessos, méconnue
par son inventeur.

1855. Moquin-Tandon. Histoire naturelle des Mollusques, etc.

Le professeur de Toulouse enrichit considérablement la
faune malacologique de l'Ariége, soit d'après ses propres
recherches, soit surtout grâce aux communications de ses
correspondants. Nous donnons la liste des espèces citées, en
indiquant leur provenance.

1° D'après Moquin.

Zonites olivetorum. Zonites incertus.
　　　 striatulus. Zonites radiatulus.
　　　 purus. Zonites nitidosus.

Limnœa limosa var. *intermedia. Limnœa intermedia.*

Limnœa peregra var. *cornea.*

Limnœ glabra.

Pisidium amnicum.

2° D'après Boubée.

Helix limbata var. *minor.*
Bulimus detritus.
Bithinia viridis β *rubiginosa. Bithinella rubiginosa.*

3° D'après M. l'abbé Dupuy.

Pomatias Nouleti.

4° D'après Charpentier (Vicdessos et environs).

Helix pyrenaica. Helix Xanthelœa.
Bulimus montanus. Bulimus obscurus.
Bulimus quadridens. Chondrus quadridens.
Clausilia perversa γ *pyrenaica. Clausilia pyrenaica.*
Pupa pyrenœaria γ *Vergniesiana. Pupa Vergniesiana.*
*Pupa*ˢ*secale* β *Boileausiana. Pupa Boileausiana.*
Pupa granum.
Cylindracea. Pupilla umbilicata.
Pomatias Nouleti. — Retrouvé à Vicdessos.

5° D'après M. de Saint-Simon (Labastide-de-Sérou).

Vitrina diaphana. Vitrina Penchinati.
Helix cornea δ *squammatina. Helix cornea.*
Helix aculeata.
Bulimus subcylindricus. Ferussacia subcylindrica.
Bulimus acicula. Cœcilianella.
Pupa ringens.
Pupa muscorum. Pupilla muscorum.
Vertigo edentula. Isthmia edentula.
Bythinia viridis. Bythinella utriculus.

6° D'après M. le Dˢ Noulet (Venerque, alluvions de l'Ariége.)

Bulimus Menkeanus β *Nouletianus. Azeca Nouletiana.*

Acme fusca. Acme Dupuyi.
Acme Simoniana. Moitessieria Simoniana.

1855. Drouet. Enumération des Mollusques, etc.
Pupa megacheilos var. *cereana. Pupa cereana.*
Pupa Pyrenæaria var. *Vergniesiana. Pupa Vergniesiana.*
·*Pomatias Nouleti.*
Hydrobia rubiginosa. Bythinella rubiginosa.

1855. De Grateloup. Essai d'une distribution géogra-
phique, etc.
Helix hortensis var. *gigantea* et var. *albina.* .
Azeca tridens. Azeca tridens var. *Alzenensis.*
Pupa cereana.
Pupa seductilis. Chondrus quadridens.
Pupa Vergniesiana.
Clausilia rugosa var. *pyrenaica. Clausilia pyrenaica.*
Pomatias Nouleti.
Acme fusca. Acme Dupuyi.
Ancylus rupicola. Ancylus simplex var.

1857. A. Schmidt. Die Kritischen gruppen der Europaïschen
clausilien. In-8°, 63 p., 11 pl. lithogr. Leipzig, Coste-
noble.
Sous le nom de *Clausilia rugosa* var. *pyrenaica*, l'auteur
figure la *Clausilia pyrenaica* de Charpentier.

1863. J.-R. Bourguignat. Mollusques de San Julia de Loria.
M. Bourguignat donne d'excellentes diagnoses et figures
des :
Pupa goniostoma.
Vergniesiana.
Jumillensis.
Espèces méconnues jusqu'à lui par les conchyliolo-
gistes français.

1869. J.-B. NOULET. Mollusques d'Ax (Ariége), in : Mémoir.
   Acad. imp. Scienc. Inscript. et Belles-Lettres. Toulouse,
   7ᵉ série, t. I, p. 203-215, et tirage à part, br. in-8⁰,
   15 p. Douladoure.

Arion empiricorum var. *rufus. Arion rufus.*

Arion empiricorum var. *ater. Arion ater.*

Limax maximus. Limax cinereus.

Vitrina major. Vitrina Penchinati.

Vitrina pellucida. Vitrina major.

Zonites cellarius. Zonites staœcchadicus.

      nitens.

      radiatulus.

Helix rotundata.

      obvoluta.

      pyrenaica. Helix Xanthelœa.

      Desmoulinsi. Helix Moulinsiana.

      lapicida.

      nemoralis.

           var. *hortensis. Helix hortensis.*

      aspersa.

      limbata.

      Carthusiana.

      ericetorum.

Bulimus subcylindricus. Ferussacia subcylindrica.

Balœa fragilis. Balia perversa et B. pyrenaica.

Clausilia nigricans. Clausilia obtusa var. *rupestris.*

Limnœa peregra var. *Boubeeiana.*

      truncatula.

Ancylus fluviatilus. Ancylus simplex.

Bythinia abbreviata. Bythinella brevis.

1870. A. DE SAINT-SIMON. Description d'espèces nouv. dú
   midi de la France, etc.

Azeca tridens var. *Alzenensis.*

1870. A. Paladilhe. Etude monographique sur les Paludinidées françaises.

L'auteur fait rentrer dans le genre *paludinella* la *paludina
rubiginosa* de Boubée.

1874. A. Paladilhe. Description d'espèces nouvelles de Paludinidées françaises. — Description et figure de la
paludinella utriculus.

1877. J.-R. Bourguignat. Histoire des Clausilies françaises
vivantes et fossiles.
Clausilia buxorum.
   Bertronica.
   capellarum.
   Fuxumica.
   mamillata.
   pyrenaica.
   aurigerana.
   obtusa var. *rupestris*
   perexilis.

1877. J.-R. Bourguignat. Aperçu sur quelques espèces françaises du genre *Succinea.*
Succinea pyrenaica.

1877. A. Baudon. Supplément à la monographie des Succinées françaises, in : *Journ. conchyl.*, 3ᵉ sér., t. XVII
(vol. 25), octobre 1877, et tirage à part, br. in-8°, 8 p.,
1 pl., 1877.
Succinea Breviuscula.

P. Fagot. — Mollusques de la vallée d'Aulus (Ariége). —
In : *Bullet. Soc. agric. scient. et litt. Pyr.-Or.*, t. XXIV,
p. 265-293, et tirage à part, br. in-8°, 31 p., 1 lithogr.
Perpignan, 1880.

Arion ater.
    rufus.
    hortensis.
Limax agrestis.
    sylvaticus.
    pynoblennius.
    arborum.
    cinereus.
Krynickillus brunneus.
Vitrina Penchinati.
    elongata.
Zonites stœchadicus.
    nitens.
    nitidulus.
    nitidosus.
    radiatulus.
    diaphanus.
    fulvus.
Helix Simoniana.
    rotundata.
    obvoluta.
    lapicida.
    nemoralis.
    hortensis.
    aspersa.
    rupestris.
    pulchella.
    hispida.
    steneligma.
    limbata.
    carthusiana.
    ericetorum.
Bulimus obscurus.
Azeca Nouletiana.
Ferussacia subcylindrica.

Ferussacia exigua.
Clausilia pyrenaica.
    mamillata.
    Aurigerana.
    Bertronica.
    nigricans var.
    Rolphi.
Balia perversa.
Pupa Bigorriensis.
    avenacea.
    secale var.
    Piniana.
    Boileausiana.
    ringens.
    Vergniesiana.
    Aulusensis.
Vertigo pygmœa.
    antivertigo.
    Venetzi.
Carychium minimum.
    tridentatum.
Limnœa peregra.
    truncatula.
Ancylus simplex.
    Jani.
Pomatias obscurus.
    crassilabris.
    Fagoti.
    Nouleti.
Paludinella brevis. Bythinel-
    la brevis.
    Reyniesi. Bythi-
    nella Reyniesi.
Pisidium casertanum.
    limosum.

A. DE SAINT-SIMON. Catalogue des Mollusques de la Bastide-de-Sérou (manuscrit).

Limax variegatus.
Vitrina diaphana.
    pellucida.
    major.
Zonites olivetorum. Zonites
    incertus.
    cellarius. Zonites lu-
    cidus.
    nitens.
    purus. Zonites niti-
    dosus.
    diaphanus.
Helix rupestris.
    rotundata.
    obvoluta.
    squammatina. Helix
    cornea.
    lapicida.
    hispida.
    aspersa.
    nemoralis.
    aculeata.
    limbata.
    carthusiana
    costata.

Helix rugosiuscula.
    ericetorum.
Ferussacia subcylindrica.
Azeca tridens var. Alzenensis.
Clausilia pyrenaica.
    Rolphi.
Balia Deshayesiana.
Pupa Bigorriensis.
    secale.
    ringens.
    muscorum var. bigra-
    nata. Pupilla bigra-
    nata.
Vertigo pygmœa.
    edentula. Isthmia eden.
Limnœa limosa.
    truncatula.
Ancylus simplex.
Acme Dupuyi.
Cyclostoma elegans.
Pomatias obscurus.
Paludinella abbreviata. By-
    thinella abbreviata.
Paludinella utriculus. Bythi-
    nella utriculus.

Séance du 4 août 1880.

Présidence de M. de la VIEUVILLE.

M. TRUTAT rend compte sommairement de la course faite par la Société au Pic du Gar. Le programme a été exactement rempli, et sauf une averse que les excursionnistes ont eu à supporter le premier jour dans la gorge des Puts, le temps a été convenable et pour les géologues et pour les malacologistes. Malheureusement, les grandes cimes sont restées continuellement dans les nuages, et la vue panoramique promise au sommet du Pic n'a été vue que par deux de nos collègues plus courageux, et qui ont passé la nuit sous la tente au sommet du Gar.

M. Trutat se réserve de donner plus tard une note détaillée sur les résultats obtenus, il se contente, pour le moment, de dire qu'au point de vue géologique la Société a récolté un nombre suffisant de fossiles crétacés, pour donner très-exactement l'âge des couches supérieures ; et que les récoltes malacologiques de M. Fagot ont été assez abondantes pour permettre à notre savant collègue une étude très-intéressante de la répartition des Mollusques dans ce massif montagneux.

Séance du 17 novembre 1880.

Présidence de M. de la VIEUVILLE.

M. Antonin SCHWAB, présenté par MM. Bidaud et Trutat, est proclamé membre titulaire de la Société.

M. CARTAILHAC rend compte des travaux du Congrès préhistorique de Lisbonne : la question de l'homme tertiaire pa-

raît avoir été résolue affirmativement par l'examen des gisements portugais. De nombreuses grottes de ces régions ont
donné un outillage très-complet, à physionomie toute spéciale (âge de la pierre polie).

M. E. Cartailhac présente à la Société une arme de la
Nouvelle-Guinée, long bâton en bois armé à une de ses
extrémités par un gros anneau en pierre habilement fixé ;
des anneaux assez semblables ont été quelquefois rencontrés
dans les gisements de l'âge de la pierre de notre Europe.
Ainsi M. Cartailhac peut en montrer un en porphyre qui
provient d'une grotte de Limousis (Aude). Il fait passer sous
les yeux de ses confrères les moulages de deux autres
anneaux venant, l'un d'un dolmen du Finistère, l'autre d'une
grotte sépulcrale néolithique de la Charente. Il exhibe enfin
le dessin de quelques autres pierres percées (l'une d'elles
fait partie de la collection Noulet au Museum de Toulouse),
l'usage de ces anneaux n'est nullement certain et ils
peuvent avoir été utilisées à la manière du casse-tête de
la Nouvelle-Guinée. *(Voir la planche ci-jointe).*

Dans ce spécimen exotique et moderne, la pierre est fixée
au manche par un mastic résineux sur lequel est incrustée
une couronne de petites coquilles (*nassa*). On voit ainsi une
fois de plus combien il serait imprudent de déterminer
l'emploi des coquilles que l'on trouve souvent dans nos
gisements préhistoriques, et qui n'appartiennent sans doute
que rarement à des colliers et à des bracelets.

Séance du 1er décembre 1880.

Présidence de M. Bégouen.

M. Regnault communique à la Société le résultat de ses
fouilles dans les grottes de Massat.

Grotte supérieure de Massat.

La grotte supérieure de Massat est située dans la montagne du Cair qui domine le côté méridional de la vallée de Massat. A 100 mètres environ au-dessus de la vallée orientée Nord-Est-Ouest, s'ouvre une grotte profonde terminée par un vaste couloir qui s'enfonce dans le calcaire de la montagne à plus de 200 mètres. Il se termine par un trou profond de 5 à 6 mètres. C'est dans ce trou et dans le cul de sac qui termine la grotte, profonde de $3^m,50$, que j'ai exécuté mes fouilles. Le sol est couvert d'abord d'une forte couche de déblais, pierres tombées de la voûte, stalagmites cassées empâtées dans de la terre. A 30 ou 40 cent. de profondeur, dans une terre jaunâtre, j'ai mis à découvert une quantité d'os cassés comme on en rencontre dans toutes les grottes de l'âge du grand ours. Dans le cul de sac, j'ai pu recueillir quelques beaux échantillons des espèces suivantes :

Hyœna spœlea. — Plusieurs ossements entiers, fémurs, humérus, cubitus ; 1 maxillaire inférieur presque complet ; 4 vertèbres ; plusieurs dents.

Felis spœlea. — Des dents molaires, des phalanges du pied.

Ursus spœleus. — Maxillaire inférieur, vertèbres, un fémur, humérus et gros ossements, quelques-uns complets, d'autres cassés.

A l'entrée de cette grotte existait un foyer que les habitants de la montagne ont détruit en partie pour enlever les cendres et débris et fumer leurs champs. J'ai commencé des fouilles dont je donnerai plus tard le résultat à la Société.

Grotte inférieure de Massat.

La grotte inférieure de Massat, orientée Est-Ouest, est creusée dans la même montagne du Cair, mais à 25 mètres environ au-dessus de la vallée, près de la grande route nationale de St-Girons, à 2 kilomètres de Massat. La première salle,

large de 12 mètres et profonde de 11 mètres, donne accès à
une vaste grotte coupée par un précipice très-profond
qui s'ouvre brusquement et s'enfonce verticalement à plus
de 7 mètres, ce qui rend le fond de la grotte inaccessible à
certaines époques de l'année.

C'est dans la première salle d'entrée que dans le courant
du mois de juillet 1880, avec mon collègue Cartailhac, nous
avons entrepris de nouvelles fouilles. Cette salle avait été
très-imparfaitement fouillée par M. Fontan, l'abbé Pouech,
le Dr Garrigou, il y a longtemps.

Le sol se composait de débris de rochers et de pierres
tombées de la voûte. A 20, 25 et 30 centimètres de profondeur, nous avons eu la bonne fortune de découvrir des
foyers intacts de 30 à 40 centimètres d'épaisseur. Ils se com-
posaient d'une terre noire mélangée de cendres et de pierres
calcinées et décomposées, d'un grand nombre d'ossements
cassés. — Ce qui surtout a frappé notre attention, c'est un
plancher composé de gros galets plats, de granit en grande
partie, sur lesquels les habitants de la grotte avaient établi
leurs foyers. Il est incontestable que ces galets ont été transportés, sans doute, de la rivière qui coule au bas de la grotte,
par les hommes qui l'habitaient Toute la grotte n'en
est pas entièrement garnie, il n'y a que les endroits où sont
les foyers. Ce qui prouve bien que ce ne sont pas les eaux
qui ont transporté là ces cailloux *très-plats,* c'est que l'on
ne les trouve plus dans le couloir qui s'enfonce dans la montagne.

Tout autour des foyers et dans les débris de cendre, des
os cassés, etc., nous avons recueilli une quantité de :

1o *Flèches barbelées* en bois de renne ou de cerf, longues
de 14 à 5 centimètres : les unes ont 1, 2, 3, 4 *barbelures ;*
les autres, en forme de harpons, n'ont de barbelures que
d'un côté.

2o Aiguilles très-fines.

3o Pointes de flèches ou poinçons en bois de renne ou de
cerf, très-arrondis et pointus.

4° Des coins en forme de ciseaux, en bois de renne.

5° Un magnifique fragment d'os, sur lequel est admirablement gravé un animal entier (probablement un renne), suivi et précédé d'un autre animal de la même espèce. Malheureusement, l'os est cassé et il ne reste de ce splendide dessin qu'un renne complet, etc.

6° De très-rares échantillons de silex taillés. La faune se compose de renne, cerf, bœuf, cheval, oiseaux en quantité, *plus deux maxillaires inférieurs d'ours.*

M. de Saint-Simon donne lecture du travail suivant dont il est l'auteur :

Anatomie de l'Helix Cantabrica

La mâchoire est assez robuste, d'un brun roussâtre et terminée par des bouts obtus, arrondis; elle présente 16 côtes presque verticales, serrées, aboutissant à des crénelures peu saillantes, inégales; les huit médianes constituent uu commencement de rostre.

De même que chez un grand nombre d'Hélices, le ruban lingual de l'*Helix cantabrica* est large et brusquement rétréci aux deux extrémités; les lignes de dents sont médiocrement sinueuses.

La formule dentaire est la suivante :

$$(12 + 10 + 1 + 10 + 12) \times 120.$$

Les rangées des dents marginales forment un angle ouvert avec celles des latérales; les dents se composent d'un support contourné assez large et de quatre cuspides dont les deux plus grandes sont disposées en ciseaux et très-rapprochées l'une de l'autre; les autres cuspides sont rudimentaires et recourbées.

Les dents latérales sont trapues, munies d'un support étroit ; la dent accessoire est très-petite ; elle s'écarte fortement de la dent principale ; les lamelles sont larges, peu profondément échancrées.

Les dents rachiales sont presque aussi grosses que les latérales et munies d'un support étroit comme celles-ci ; les dents accessoires sont rudimentaires de même. Les lamelles sont trapues et la rainure rachiale distincte.

Le système dentaire se rapproche beaucoup de celui de l'*Helix apicina* Lam. Seulement les dents marginales sont plus petites, moins trapues, les deux branches des ciseaux paraissent presque égales. Les dents latérales sont moins allongées que celles de l'Hélice qui vit aux Ponts-Jumeaux, la dent accessoire est plus petite.

Chez l'*Helix apicina*, le système reproducteur est caractérisé par un flagellum subcylindrique, obtus, par deux bourses à dard obovées, quatre vésicules muqueuses assez courtes et obtuses, une poche copulatrice oblongue et pourvue d'un canal médiocre. Il n'existe pas de branche copulatrice. (Voir Moquin-Tandon, *Moll., de France*, 2me vol. p. 234.)

La description suivante va prouver que cet appareil présente de grands rapports avec celui de l'*Helix cantabrica*.

Le vagin de ce dernier mollusque est assez grand et renflé. Il existe deux poches à dard, composées chacune de deux lobes inégaux.

Les vésicules muqueuses sont au nombre de deux qui se divisent chacune en deux branches obtuses, de longueur médiocre ; ce sont les quatre ramifications signalées par M. Moquin chez l'*Helix apicina*.

L'oviducte et la prostate sont longs et étroits. La poche copulatrice est assez grande, ovoïde, le canal est de longueur médiocre. La branche copulatrice manque entièrement.

L'organe de l'albumine est grand, linguiforme, recourbé ; le talon est très-petit, ovoïde, comme celui de l'*apicina* ; il termine une vésicule allongée qui vient se coller à la base de la glande de l'albumine. C'est une disposition à peu près semblable à celle du talon de l'*Helix apicina*.

Le canal déférent est grêle et sinueux ; le flagellum est assez long et filiforme.

L'ensemble de ces organes est d'un brun jaunâtre très-clair.

Le collier médullaire est caractérisé par des ganglions cérébroïdes simples et de forme allongée ; la commissure qui les sépare est assez longue et recourbée en demi cercle.

Séance du 15 décembre 1880.

Présidence de M. de la VIEUVILLE.

M. G. MARTY, présenté par MM. Cartailhac et Fouque, est proclamé membre titulaire de la Société.

Il est procédé aux élections pour le bureau de l'année 1881.
Sont nommés pour l'année 1881 :

Président.	M. BIDAUD.
Vice-présidents.	M. MARQUET.
	M. DELEVEZ.
Secrétaire-général.	M. TRUTAT.
Secrétaires adjoints.	M. DE REY-PAILHADE.
	M. FABRE.
Trésorier.	M. LACROIX.
Archiviste.	M. REGNAULT

Conseil d'administration :

MM. D'AUBUISSON ET RESSEGUET.

Comité de publication :

MM. CARTAILHAC, DE SAINT-SIMON, BÉGOUEN, DE MALAFOSSE.

M. Fagot communique à la Société le travail suivant :

Histoire malacologique des Pyrénées françaises

—

VI. Basses-Pyrénées.

1822. Férussac. Tableau systématique.
Vitrina pyrenaica.

1822. Lamark. Histoire naturelle des animaux sans vertèbres, t. VI.
Helix pyrenaica. Erroné.

1832-1835. Boubée. Bulletin d'histoire naturelle, 2ᵉ édit.,
in-8°.
Helix carascalensis.
Pupa transitus. Pupa pyrenœaria.
Pupa megacheilos. Pupa Bigorriensis.
Helix incerta. Zonites incertus.

1836. Boubée. Echo du monde savant.
Helix constricta.

1843. Mermet. Histoire des Mollusques terrestres et fluviatiles vivant dans les Pyrénées occidentales. In : *Actes
Société scientifique de Pau*, année 1843, in-8°, tir. à part
(sans date), 96 pages.
Mermet le premier a donné une liste assez étendue des
mollusques du département. Malheureusement, ses déterminations sont la plupart inexactes, et il aurait été impossible
d'en redresser aucune, si l'auteur n'avait pris le soin de
donner des diagnoses et de citer les localités.

Limax rufus. Arion rufus.

    subfuscus. Arion.....

    ater. Variété de l'*Arion rufus.*

    hortensis. Arion hortensis.

    Gagates. Milax gagates.

    cinereus.

    marginatus. Variétés du *Milax gagates.*

    agrestis.

    sylvaticus. Limax agrestis.

Testacella haliotidea.

Vitrina pellucida. Vitrina major.

    pyrenaica. Citée d'après Férussac.

Helix aspersa.

    vermiculata. Variété de l'*Helix hortensis.*

    nemoralis. Helix nemoralis et hortensis.

    hortensis. Variétés plus petites des deux espèces pré-
        cédentes.

    limbata.

    cinctella. Helix limbata junior.

    carthusianella. Helix carthusiana.

    Olivieri. Helix carthusiana var. *rufilabris.*

    incarnata. Individus à bourrelet décoloré et roussâtre
        de l'*Helix carthusiana.*

    carthusiana. Helix limbata (!)

    carascalensis.

    pulchella. Helix costata et pulchella.

    lapicida.

    cornea.

    elegans. Helix terrestris.

    fruticum. Variété de l'*Helix ericetorum.*

    strigella. Cité dans les Landes.

    variabilis. Helix lauta.

    rhodostoma. Helix Pisana.

    splendida. Helix hortensis var.

    sericea.

Helix hispida.

    striata.

    intersecta.

    rugosiuscula.

    candidula (Landes).

    apicina.

> Mermet a donné une appellation au hazard à toutes les espèces appartenant au groupe de l'*Helix caperata*, de sorte qu'il est à peu près impossible aujourd'hui de savoir positivement celles qu'il a eu en vue.

    ericetorum.

    cespitum. Helix ericetorum.

    neglecta.

    olivetorum. Zonites incertus.

    pygmœa. Helix rupestris (!)

Helix rotundata.

    nitida. Zonites nitidus.

    nitens. Zonites nitens.

    lucida. Zonites lucidus et *alii.*

    nitidula. Zonites nitidulus.

    crystallina. Zonites cristallinus.

Succinea putris. Succinea Pfeifferi ou autres espèces voisines.

    oblonga. Succinea Saint-Simonis.

Bulimus ventricosus. Helix acuta.

    acutus. Helix barbara.

    decollatus.

    lubricus. Ferussacia subcylindrica.

Stomodonta rugosa. Clausilia nigricans et autres espèces, mais non la *rugosa.*

    parvula. Clausilia parvula.

    plicatula. Espèce du groupe de la *clausilia pyrenaica.*

    ventricosa. Clausilia Rolphii.

    fragilis. Balia perversa et autres espèces, notamment *Balia pyrenaica.*

    Farinesi. Pupa Jumillensis.

    Megacheilos var. *elongatissima.* Variété du *Pupa Bigorriensis.*

var. *pusilla. Pupa Bigorriensis.*

Stomodonta secale. Pupa secale.

 avena. Pupa avenacea.

 granum. Pupa granum.

 umbilicata. Pupilla umbilicata.

 marginata. Pupilla muscorum.

 edentula. Vertigo edentula.

 anti-vertigo. Vertigo anti-vertigo.

 pygmœa. Vertigo pygmœa.

 muscorum. Isthmia muscorum.

 Carychium minimum.

Planorbis contortus

 hispidus. Planorbis albus.

 imbricatus.

 cristatus.

 vortex.

 · *leucostoma. Planorbis rotundatus*

Planorbis compressus. Douteux.

 marginatus.

 carinatus.

 complanatus.

Limnœa auricularia.

 ovata. Limnœa limosa.

 intermedia.

 glutinosa. Amphipeplea glutinosa.

 peregra.

 stagnalis.

 palustris.

 elongata. Limnœa glabra.

 minuta. Limnœa truncatula.

Physa hypnorum.

 acuta.

Ancylus fluviatilis. Ancylus simplex.

 lacustris.

Cyclostoma elegans.

> *patulum. Pomatias crassilabris.*
>
> *maculatum.* Mermet a désigné sous cette appel-
> lation des individus des *P. obscurus* et *crassi-*
> *labris.*

Paludina vivipara. Vivipara communis.

> *achatina.* Individus jeunes et fasciès de la précé-
> dente.
>
> *impura. Bythinia tentaculata.*
>
> *muriatica. Amnicola lanceolata.*
>
> *acuta. Peringia pictonum.*

Valvata piscinalis.

> *planorbis. Valvata cristata.*

Nerita fluviatilis. Theodoxia fluviatilis.

Anodonta cygnœa. Anodonta arenaria.

> *anatina.*

Unio pictorum. Unio Requienii vel *Philippi.*

> *Moquiniana. Unio Moquinianus.*
>
> *littoralis. Unio rhomboideus.*
>
> *subtetragona.* Variété de la précédente.
>
> *elongata.* Variété de la *margaritana margaritifcra.*

Unio crassissima. Cité dans les Landes et les Hautes-Py-
> rénées.

Cyclas cornea. Sphœrium corneum.

> *rivalis. Sphœrium corneum.*
>
> *palustris. Pisidium.* Divers.
>
> *calyculata. Sphœrium lacustre.*

1845. Kusten. In : Chemnitz und Martini. *Conchyl. Kab.,*
2ᵉ édit. *Genus pupa.* Diagnose et figure du *Pupa Mo-*
quiniana, appartenant au groupe du *P. megacheilos,*
dont le type se trouve au mont Bendat, près Pau.

1848-1852. Dupuy. Hist. nat. Moll, etc.
Vitrina pyrenaica. L'auteur révoque en doute l'existence de·

cette espèce, disant qu'il n'a jamais trouvé dans la région que la *V. Beryllina.*

Helix constricta.

arenosa. Helix enhalia.

maritima. Helix lineata.

Clausilia rugosa Espèce du groupe des pyrénaïques.

Pupa Farinesi. Pupa Jumillensis.

Pomatias crassilabrum.

Margaritana margaritifera.

Unio Bigerrensis.

Philippi.

1855. De Grateloup. Essai d'une distrib. géograph., etc.

Vitrina pyrenaica.

Helix arenosa. Helix enhalia.

Pisana var. *Oceanica.*

Pupa megacheilos var. *elongatissima. Pupa Bigorriensis* var. *elongatissima.*

pyrenœaria.

seductilis. Chondrus Niso.

Clausilia oceanica. Dupuy, Bayonne. — M. l'abbé Dupuy nous a affirmé personnellement qu'il n'avait jamais décrit ni nommé cette espèce.

Cyclostoma elegans var. *Oceanica.*

var. *pallida.*

Carychium personatum (alluvion du Boucau à Bayonne).

Alexia.....

Bythinia acuta. Peringia pictonum.

Unio Bigerrensis.

Drapalnaldi (*U. littoralis* var. ?)

Moquinianus.

Philippi.

Subtetragonus (*U. littoralis* var. ?)

1855. Drouet (H.). Énumér. Moll. franç. continent., etc.

Vitrina pyrenaica.
Helix arenosa. Helix enhalia.
 constricta.
 nubigena.
Pupa Moquiniana. Drouet a donné le premier en France la
 diagnose de cette espèce.
Unio Philippi.

1855. Moquin-Tandon. Hist. nat. Moll., etc.
Arion subfuscus.
 fuscus. Arion hortensis.
Limax marginatus. Variété du *Milax gagates.*
 brunneus. Krynickillus brunneus.
Vitrina pyrenaica.
Zonites olivetorum. Zonites incertus.
Helix constricta.
 fruticum. Variété de l'*Helix ericetorum.*
Helix cinctella. Helix limbata junior.
 carascalensis.
 ericetorum var. *arenosa. Helix enhalia.*
 terrestris.
Helix bulimoides. Helix acuta.
Bulimus subcylindricus. Ferussacia subcylindrica.
 acicula. Cœcilianella acicula vel *Lesviellei.*
 decollatus.
Pupa perversa. Balia perversa et *pyrenaica.*
 megacheilos ε *pusilla. Pupa Bigorriensis.*
 Farinesi. Pupa Jumillensis.
 pyrenœaria.
 secale.
 granum.
 cylindracea. Pupilla umbilicata.
Vertigo muscorum. Isthmia muscorum.
 edentula. Isthmia eden?ula.
 pygmœa.
 anti-vertigo.

Planorbis fontanus.

    carinatus.

    vortex.

    Nautileus. Planorbis eristatus et *Pl. imbricatus.*

    albus.

    contortus.

Physa acuta.

    hypnorum.

Limnœa glutinosa. Amphipeplea glutinosa.

    auricularia.

    palustris.

    glabra.

Ancylus lacustris.

Cyclostoma septemspirale. Pomatias crassilabris var., et
    P. obscurus.

        patulum. Pomatias crassilabris.

Paludina contecta. Vivipara communis.

Valvata cristata.

Nerita fluviatilis ζ pyrenaica. Variété de coloration de la
    Theodoxia fluviatilis.

Unio margaritifer δ minor. Variété de taille de la *margari-*
    tana margaritifera.

Unio rhomboideus ζ Bigerrensis. Unio Bigerrensis.

    Moquinianus.

    pictorum ι Philippi. Unio Philippi.

Pisidium amnicum.

1858-1865. J. Mabille. — I. Notice sur les Mollusques ob-
    servés à Saint-Jean-de-Luz, par M. J. Mabille;
    in : *Journal de Conchyliologie*, volume 7 (2ᵉ série, t. III),
    octobre 1858, p. 158-168, tir. à part).

    II. Etude sur la faune malacologique de Saint-Jean-
    de-Luz, de Dinan et de quelques autres points du
    littoral océanien de la France, par J. Mabille. 1ʳᵉ partie,
    Saint-Jean de-Luz. Supplément à la Notice des Mol-

lusques observés à l'état vivant aux environs de Saint-Jean-de-Luz ; in : *Journal de Conchyliologie*, vol. 13 (3e série, t. V, p. 248-265, juillet 1865, tir. à part).

Arion rufus.

albus. Arion rufus var.

subfuscus.

hortensis.

Limax agrestis.

gagates. Milax gagates vel *milax pyrrichus.*

Vitrina pyrenaica.

var. *A. normalis.*

B. major.

Succinea putris. Succinea olivula.

elegans. Succinea sublongiscata.

Pfeifferi.

Zonites nitidus.

olivetorum. Zonites incertus.

lucidus. Douteux.

alliarius.

purus.

Helix rotundata.

constricta.

Quimperiana.

pulchella.

costata.

aspersa.

nemoralis.

hortensis.

limbata.

carthusiana.

hispida.

fasciolata. Helix.....

intersecta. Helix caperata.

ignota. Helix caperata.

ericetorum.

Helix enhalia.

    cespitum Helix Arrigonis vel *H. arenarum.*

    Pisana.

    Variabilis. Helix lauta.

    submaritima. Helix lauta.

    acuta.

Bulimus obscurus.

    subcylindricus. Ferussacia subcylindrica.

    acicula. Cæcilianella acicula (?)

Clausilia Rolphii.

    parvula.

    perversa. Espèce du groupe des pyrénaïques.

    nigricans.

    plicatula, I. p. 169. *Clausilia Pauli,* 2. p. 259.

       Nenia Pauli et Mabilli.

Balæa perversa. Balia perversa et *pyrenaica.*

Pupa umbilicata. Pupilla umbilicata.

    Sempronii. Pupilla Semproni.

    muscorum. Pupilla muscorum.

    Id.   Var. *bigranata. Pupilla bigranata.*

Alexia myosotis. Alexia Hiriarti.

Planorbis complanatus.

    vortex.

    rotundatus.

    albus.

Physa acuta.

    fontinalis.

Limnæa auricularia.

    limosa.

    stagnalis.

    glabra.

Ancylus fluviatilis. Ancylus simplex.

Cyclostoma elegans.

Pomatias obscurus.

Bythinia ferussina. Très-douteux.

    Leachii.

    tentaculata.

    muricata. Amnicola lanceolata.

    acuta. Peringia Pictonum.

Valvata cristata.

    piscinalis.

    umbilicata. Espèce incertaine.

    alpestris. Douteux.

Cyclas cornea. Sphœrium corneum.

    rivalis. Sphœrium rivale.

Pisidium amnicum.

    cazertanum.

    pusillum.

1861. J.-R. Bourguignat. Spiciléges malacologiques.
Limax pycnoblennius.

1865. H. Crosse. Note sur l'*Helix constricta,* vol. 13, p. 369.
    Le directeur du journal nous apprend que l'*Helix cons-tricta* a été découvert aux Eaux-Chaudes par Mme la comtesse Paulucci, en août 1865.

1866. J.-R. Bourguignat. Moll. nouv. lit. ou peu conn.,
    6e décade.
Diagnose et représentation de l'*Arion anthracius.*

1867. J.-R. Bourguignat. Lettres malacologiques. Ma pre-
    mière à M. Gassies ; in-8°, 19 p. ; Ve Bouchard-Huzard,
    janvier 1867.
Milax Souverbyi.
Succinea debilis.

1869. Alfred de Saint-Simon. Description d'espèces nou-
    velles du genre *Pomatias,* etc.

Description du *Pomatias Mabillianus*.

1869. Dr Paladilhe. Nouvelles miscellanées malacologiques, etc.

Description et figure de l'*amnicola lanceolata*.

1870. J.-R. Bourguignat. Moll. nouv. lit. ou peu conn., 10e et
11e décade. Février.

L'auteur décrit et fait représenter un Zonite sous le nom
de *Zonites navarricus*.

1870. Dr Paladilhe. Etude monogr. des Paludin. franç., etc.

Le Docteur Paladilhe signale de nouveau la présence de
la *Bythinia Leachii* et décrit la *paludinella Servainiana*.

1872. Général de Nansouty. In : *Journal de Conchyliologie*,
vol. 20.

Présence à Hendaye de l'*Helix Quimperiana*.

1872. Général de Nansouty. Catalogue des Mollusques terrestres et fluviatiles dans les départements des Basses-
Pyrénées, des Hautes-Pyrénées et des Landes ; in : Bulletin de la Société d'Histoire naturelle de Toulouse, t. VI,
p. 76-82.

Paludina ventricosa. Bythinia tentaculata.

Valvata piscinalis.

Neritina fluviatilis. Theodoxia fluviatilis.

Helix alliaria. Zonites alliarius.

      apicina. Erroné.

      aspersa.

      constricta.

      cinctella. Helix limbata junior.

      cœspitum. Helix Arrigonis vel *arenarum.*

      costata.

      carthusiana.

carthusianella. *Helix carthusiana* var. *rufilabris*.
conspurcata. *Helix hispida.*
cellaria. *Zonites Navarricus.*
ericetorum.
hortensis.
limbata.
maritima. *Helix lineata.*
neglecta. *Helix submaritima.*
nemoralis.
nitida. *Zonites nitidus.*
nitens. *Zonites nitens.*
olivetorum. *Zonites incertus.*

Pisana.
Pulchella.
Quimperiana.
Rotundata.
Terverii. *Cespitum.*
Variabilis. *Helix lauta.*
Succinea putris. *Succinea olivula.*
Bulimus acutus. *Helix barbara.*
       ventrosus. *Helix acuta.*
Zua lubrica. *Ferussacia subcylindrica.*
Pupa muscorum. *Pupilla muscorum.*
Vertigo anti-vertigo.
Clausilia Pauli. *Nenia Pauli.*
       ventricosa. *Clausilia Rolphii.*
       rugosa. *Clausilia nigricans* et autres espèces du
          groupe des pyrénaiques.
Testacella haliotidea.
Limnœa auricularia.
       elongata. *Limnœa glabra.*
       minuta. *Limnœa truncatula.*
       ovata. *Limnœa limosa.*
       peregra.
       glabra.

Physa fontinalis.

Planorbis carinatus.

　　　contortus.

　　　septemgyratus. Planorbis rotundatus.

　　　submarginatus.

Cyclostoma elegans.

Pomatias obscurus.

Unio pictorum. Unio Bayonensis.

Anodonta cygnœa. Anodonta.

Anodonta Normandi. Erroné.

Cyclas fluvialis.

1874. D. DUPUY. Note sur une espèce du genre Maillot (*Pupa* Drap.), qui paraît être nouvelle pour la malacologie, par l'abbé D. Dupuy, auteur de l'Histoire naturelle des Mollusques terrestres et d'eau douce de France (extrait de la *Revue agricole et horticole du Gers*). Auch, 1873, in-8°, 4 p., 1 pl. lith.

Description et figure du *Pupa Baillensii*, voisin du *Pupa ringens.*

1874. Dr PALADILHE. Du nouveau genre *Peringia* suivi de la description d'espèces de Paludinidées franç. (extr. Ann. scienc. nat.).

Diagnose et représentation de la *paludinella elliptica* d'Ascain. *Bythinella elliptica.*

1874. De FOLIN et BÉRILLON. In : Act. Soc. scienc. Bayonne. Découverte de l'*Alexia ciliata.*

1874. De FOLIN et BÉRILLON. Contributions à la faune malacologique de la région de l'extrême S.-O. de la France ; in : Bullet. soc. scienc. et arts de Bayonne, avec 1 pl.

Outre l'indication de localités nouvelles et de détails sur

quelques espèces déjà signalées, les auteurs font connaître :
Alexia myosotis var. *Hiriarti. Alexia Hiriarti.*
Unio Baudoni. Unio Baudonianus.
  Moreletianus. Unio Bayonensis.

1875. Dr PALADILHE. Description de quelques espèces nouvelles de Mollusques et prodrome à une étude monographique sur les Assiminées franç. ; in : Ann. Scienc.
nat., nᵥ 8, 6ᵉ série, octobre 1875, et tir. à part gr. in-8ᵒ
avec 1 pl.

Diagnose et figure de l'*Assiminea Eliæ.*

1876. J.-R. BOURGUIGNAT. Histoire des Clausilies de France
vivantes et fossiles. — I. Nenia, in : Ann. scienc. nat.,
6ᵉ série nᵒ 10, décembre, et tir. à part, gr. in-8ᵒ, 29 p.

Nenia Pauli.
  Mabilli.

1877. De FOLIN et BÉRILLON. Contributions à la faune malacologique de la région extrême S.-O. de la France,
1ᵉʳ fascicule ; in : Bullet. Soc. Borda, de Dax, t.   ,
p.   , et tir. à part, gr. in-8ᵒ, 12 p., 1 pl. (sans date).
Dax, imprimerie J. Jestide, 24, boulevard de la Marine.

I. Diagnose et figure de l'*Azeca monodonta* (du groupe des
  hypnophila).
II. *Pomatias Hidalgoi* var. *Laburdensis. Pomatias Berilloni.*
III. Reconnaissance malacologique aux environs de Saint-
  Jean-Pied-de-Port. Espèces trouvées sur le plateau
  d'Iraty.

Helix limbata.
nemoralis.
Zonites alliarius.
    nitens.
    olivetorum. Zonites incertus.
Pupa Baillensii.

Buliminus obscurus. Bulimus obscurus.

Clausilia nigricans.

   Rolphii.

      ventricosa. Clausilia Rolphii.

Pomatias crassilabrum var. *Iratyensis. Pomatias Hidalgoi* var. *Iratyana.*

Ancylus fluviatilis var. *capuloides. Ancylus Jani.*

      striatus. Variété de l'*ancylus simplex.*

Espèces trouvées dans la vallée de la Nivelle d'Arneguy.

Vitrina semilimax. Vitrina major.

Helix aculeata.

   ericetorum.

   limbata.

   nemoralis.

Zonites alliarius.

      olivetorum. Zonites incertus.

Clausilia nigricans.

Clausilia Pauli. Nenia Pauli.

Pupa Baillensii.

   cylindracea. Pupilla umbilicata.

Vertigo anti-vertigo.

   pygmœa.

Zua lubrica. Ferussacia subcylindrica.

Cyclostoma elegans.

Acme fusca (?) *Acme Dupuyi.*

Acme lineolata (?). *Acme lineata* var. *pyrenaica.*

Limnœa glabra.

      truncatula.

Ancylus fluviatilis.

Paludinella Servainiana.

         Darrieuxii. Pyrgula Darrieuxii.

Au confluent des trois Nivelles.

Helix aspersa.

   intersecta. Helix caperata.

   nemoralis.

Limnœa limosa.

Neritina fluviatilis var.

    IV. *Pupa Baillensii* var. *major.*

    V. *Pupa Baillensii* var. *alba.* Individus albinos.

    VI. *Pomatias crassilabrum* var. *Iratyensis.* Il nous semble que les auteurs, au lieu de discuter sur la valeur de cette variété, auraient dû mieux préciser ses caractères et donner les dimensions de la coquille.

    VII. *Helix ericetorum* var. *Villosa.*

    VIII. *Paludinella Darrieuxii. Pyrgula Darrieuxi.*

1877. De Folin et Bérillon. Contribution à la faune malaco-
    logique de l'extrême S.-O. de la France, 2e fasc.,
    in : Mém. Soc. Sciences arts et Belles-Lettres. Bayonne,
               et tir. à part, gr. in-8o, Bayonne,
    imprim. Ve Lamaignère, rue Chegaray, no 39 ; p. 12-16,
    1 pl. (pl. 2).

    IX. Diagnose et figure de l'*Acme cryptomena. Acme Du-*
puyi.

    X. *Acme lineata.* var. *pyrenaica.*

    XI. *Pupa Baillensii* var. *elongata.*

    XII. *Zua lubrica* var. *subdentata. Ferussacia subcylin-*
drica var.

    XIII. *Valvata cristata* var. *ornata.*

    XIV.   *piscinalis* var. *major.*

1877. Dr A. Baudon. Monographie des Succinées françaises,
    1re partie ; in : *Journal Conchyl.*, vol. 25 (3e sér., t. XVII),
    no 1. Janvier 2e part., no 2, Avril, et tir. à part, broch.
    in-8o, 83 p., 5 pl. (pl. VI à X). Baillère, 1877.

Succinea putris var. *olivula. Succinea olivula.*

Succinea Pfeifferi. Sous-var. de la var. *contortula.*

Succinea elegans. Succinea sublongiscata.

Succinea elegans var. *longiscata. Succinea sublongiscata.*

Succinea debilis. Succinea Dupuyana.
      Id. var. *viridula.*
      Id. var. *tuberculata. Succinea haliotidea.*
Succinea arenaria. Succinea Saint-Simonis.

1877. J.-R. Bourguignat. Aperçu sur les espèces françaises du genre *Succinea*, in-8°, 32 p. Paris, Ve Bouchard-Huzard, 1877.

Succinea Milne-Edwarsi.
Succinea olivula.
Succinea debilis.
Succinea Dupuyana.
      Id. var. *viridula.*
Succinea sublongiscata.
Succinea haliotidea.
Succinea Saint-Simonis.

1877. J.-R. Bourguignat. Histoire des Clausilies françaises vivantes et fossiles; in : Ann. scienc. nat., et tir. à part (3e partie), gr. in-8°, 62 p.

Clausilia abietina.
Clausilia pumicata var. *B. saxorum.*
Clausilia gallica.
Clausilia digonostoma (in Sched'.

1877. De Folin et Bérillon. Etudes sur la faune malacologique de la région extrême S.-O. de la France. Bayonne, impr. Ve Lamaignère, 1877, gr in-8°, 42 p.

Cyclas cornea. Sphærium corneum.
    lacustris.   *lacustre.*
    Terveriana.   *terverianum.*
Pisidium amnicum.
      casertanum.
      Dubrueili.
      Henslowianum.

Pisidium nitidum.

   pusillum.

   roseum.

Anodonta anatina. Pseu-
   dodon nov. spec. (?)
   cellensis.
   piscinalis.

Unio Jacqueminii.
   Margaritifa. Marga-
   ritana margariti-
   fera.
   Moquinianus.
   pictorum
   platyrinchoideus.
   Requienii.
   Rhomboideus.
   Sinuatus.

Les auteurs ayant négligé de donner des diagnoses ou des figures des individus qu'ils avaient sous les yeux, il nous est impossible de débrouiller cette véritable macédoine d'espèces et de variétés.

1877. De Folin et Bérilion. Contributions à la faune malacologique de la région extrême S.-O. de la France, 3ᵉ fasc., gr. in-8°, 31 p. (2 pl.), pl. III et IV.

XV. *Cryptazeca monodonta. Azeca monodonta.*

XVI.   Id.   Id.   Var. *hyalina* (individus albinos).

XVII.   Id.   Id.   Var. *subcylindrica.*

XVIII.   *Pupa cylindrica* var. *hyaliana. Pupa umbilicata hyaliana* (var. de coloration).

XIX. *Acme lineata* var. *pyrenaica.* S.-v. *alba.* Individus albinos de l'*Acme lineata* var. *pyrenaica.*

XX. *Acme cryptomena* (animal).

XXI. *Neritina fluviatilis* var. (quadri) (γονοστομα). *Theodoxia fluviatilis* var. *Bramepanica.*

XXII. Une importante station malacologique (Bramepan).

   1. *Cyclas cornea. Sphærium corneum.*

2. *Cyclas cornea* var. *rivalis. Sphœrium rivale.*

3. *Cyclas lacustris. Sphœrium.*

4. Id.   Id.   Var. *ovalis.*

5. *Pisidium casertanum.*

6. Id.   Id.   var. *pulchellum.*

7. *Pisidium Henslswianum.*

8. Id.   Id.   var. *pallidum.*

9. *Pisidium nitidum.*

10. *Pisidium roseum.*

11. *Testacella haliotidea.*

12. Id.   Id.   var. *Alba* seu *vitrina.*

13. *Limax agrestis.*

14. *Limax arborum* var. *nemorosa* (?)

15. *Limax fulvus.*

16. *Limax gagates. Milax gagates.*

17. *Krynickia, s.* (?) *Milax Sowerbyi.*

18. *Vitrina similimax.*

18. Id.   Id.   var. *major.*

20. *Zonites alliarius.*

21. Id.   Id.   Var. *Navarricus.* Erroné.

22. *Zonites cellarius.* Douteux.

23. *Zonites diaphanus*

24. *Zonites dutaillyanus.*

25. *Zonites sp.* (?)

26. *Zonites olivetorum. Zonites incertus.*

27. *Zonites radiatulus.*

28. *Zonites subglaber.*

29. *Arion empiricorum. Arion rufus.*

30. Id.   Id.   var. *alba.*

31. Id.   Id.   var. *cœrulea.*

31 *bis.*   Id.   var. *marginata.*

32. *Arion rubiginosus.*

33. *Helix aspersa.*

34. *Helix carthusiana.*

35. *Helix constricta.*

36 *Helix hispida.*

37. *Helix ignota. Helix caperata.*

38. *Helix limbata.*

39. Id. Id. var. *Sarratina.*

40. Id. Id. var. *Albina.*

41. *Helix nemoralis.*

42. *Helix pulchella.*

42 bis. *Helix rotundata.*

43. *Helix variabilis. Helix lauta.*

44. *Zua lubrica. Ferussacia subcylindrica.*

45. *Zua lubrica* var. *subdentata.* Var. de la *Ferussacia subcylindrica.*

46. *Cryptazeca monodonta. Azeca monodonta.*

47. Id. Id. var. *subcylindrica.*

48. *Balea perversa. Balia perversa.*

49. *Cæcilianella acicula.*

50. *Clausilia nigricans.*

51. *Clausilia Pauli. Nenia Pauli.*

52. *Clausilia Rolphi.*

53. *Pupa Baillensii.*

54. Id. Id. var. *elongata.*

55. *Pupa cylindracea. Pupa umbilicata.*

56. *Vertigo pygmæa.*

57. *Succinea elegans. Succinea sublongiscata.*

58. *Succinea longiscata. Succinea sublongiscata.*

59. *Succinea Pfeifferi.*

60. *Succinea putris. Succinea.....*

61. Id. Id. var. *olivula. Succinea olivula.*

62. *Limnæa limosa.*

63. Id. Id. var. *fontinalis.*

64. *Limnæa palustris.*

65. *Limnæa truncatula.*

66. *Physa acuta.*

67. *Physa fontinalis* var. *minor.*

68. *Planorbis carinatus.*

69. *Planorbis complanatus.*

70. *Planorbis contortus.*

71. *Planorbis fontanus.*

72. *Planorbis nautileus. Planorbis cristatus.*

73.   Id.   Id.   var *imbricata. Planorbis imbricatus.*

74. *Planorbis rotundatus.*

75. *Ancylus fluviatilis* var. *gibbosa. Ancylus Jani.*

76. *Carychium tridentatum.*

77. *Cyclostoma elegans.*

78. *Pomatias obscurum. Pomatias obscurus.*

79. *Acme cryptomena. Acme Dupuyi.*

80. *Acme lineata* var. *pyrenaica.*

81. *Amnicola lanceolata.*

82. *Bythinia tentaculata.*

83. *Paludinella saxatilis. Bythinella elliptica* (?)

84. *Valvata cristata.*

85.   Id.   Id.   var. *ornata.*

86. *Valvata piscinalis.*

87. *Valvata piscinalis.* var. *depressa.*

88. *Neritina fluviatilis. Theodoxia fluviatilis.*

89.   Id.   Id.   var. *quadrigonostoma ,* var. *Bramepanica*

90.   Id.   Id.   var. *thermalis* var. de coloration de la *Theodoxia fluviatilis.*

Séance du 29 décembre 1880.

Présidence de M. Bidaud.

M. Félix Regnault expose devant la Société le résultat de ses nouvelles fouilles dans la grotte de Massat qui maintenant est entièrement fouillée. L'auteur a recueilli une belle collection de pointes de flèches et de harpons en bois de

renne ou de cerf, ainsi que plusieurs objets de l'industrie
primitive des habitants de la grotte, gisements sur des foyers
à ossements de renne, cerf, bouquetin, chamois, de l'ours, et
des silex taillés. Tandis qu'ils sont abondants dans les autres
stations de l'âge du renne, ici ils sont très-rares. Les débris
de l'ours ne sont pas du *spœleus*, mais une espèce plus petite
et intermédiaire que le Dr Garrigou a rencontrée dans plusieurs gisements de renne, comme il le fait remarquer. Enfin,
ce qui fait de la grotte de Massat une station humaine de la
plus haute importance, c'est l'abondance des objets travaillés
et leur finesse. Ils sont aussi beaux que ceux des grottes du
Périgord et de la Vézère. M. Regnault présente à la Société un
fragment d'ossement sur lequel est dessiné et gravé un cheval
entier. Avec M. Cartailhac, dans une fouille précédente, ils
avaient été assez heureux pour rencontrer le dessin gravé
profondément et avec la plus grande finesse d'un animal qui
se rapproche le plus d'un renne.

Le Dr Garrigou a trouvé, comme M. Regnault, quelques
ossements d'un ours de petite taille dans la grotte de Massat,
ainsi que dans plusieurs grottes de l'âge du renne.

M. Regnault présente à la Société une belle série de haches
taillées à grands éclats provenant de la région de Balma et
recueillies par un propriétaire, M. Gavarret. Ces haches sont
en quartzites et ont été faites avec des galets taillés, quelques-
uns assez finement et conservant presque tous un côté
arrondi par le roulage des eaux. Avec ces haches on trouve
des disques de pierre également taillés grossièrement.
M. Regnault pense que dans cette région était un atelier.

On sait que ces haches primitives sont des instruments de
la plus haute antiquité. M. Gavarret a fait don au Muséum
de Toulouse d'une belle collection.

M. Marquet donne lecture de la note suivante :

Note sur les Ephippigères françaises en général et sur la présence, à Bagnères-de-Bigorre, d'une espèce du nord de l'Espagne (*Eph. Seoanei* Bolivar).

Les Ephippigères, genre d'insectes orthoptères de la tribu des Locustiens, ont été caractérisés ainsi :

Tête en ovale plus ou moins arrondie avec deux tubercules sur le vertex ; yeux globuleux, saillants ; antennes plus longues que le corps, assez écartées à la base, mais moins que les yeux, entourées d'un bourrelet, à 1er et à 2e article gros, multi-articulées, fines, sétacées. Prosternum et poitrine presque toujours mutiques ; pronotum grand, rugueux, formant à peu près le 1/4 ou le 1/3 de la longueur totale du corps, se relevant brusquement vers l'extrémité et infléchi vers l'avant, à l'arrière en forme de selle (d'où leur nom générique). Elytres squammiformes, semblables dans les deux sexes, courtes, très-souvent voûtées, en recouvrement l'une sur l'autre, revêtues d'une forte réticulation rugueuse ayant, dans les deux sexes, l'appareil stridulant, avec un champ anal étendu, distinct du reste par ses nervures fortes et l'amincissement de sa membrane ; ailes très-oblitérées. Pattes généralement longues, grêles, surtout les postérieures, et munies de fines épines ; les jambes antérieures à tympan recouvert ; les tarses à articles subcomprimés, avec pelotes en dessous. Abdomen gros, lisse, convexe en dessus ; les cerques du mâle variant de forme suivant les espèces, la plaque subgénitale ornée de styles. L'oviscapte de la femelle ensiforme droit ou courbe, selon les espèces, sans dentelures sensibles vers l'extrémité et finissant en pointe.

Le mécanisme de la stridulation chez les Ephippigères a été parfaitement décrit par divers auteurs, notamment MM. L. Dufour, J. Muller et Goureau. (Stridulation des in-

sectes, *Annales de la Société entomologique de France*,
année 1837.) On en trouve le résumé suivant dans l'ouvrage
de M. Maurice Girard (*Traité élémentaire d'entomologie*, t. II,
fascicule 1er) :

« Si l'on examine l'espèce commune typique (*Ephippi-
» gera vitium*) il n'y a pas d'ailes et les élytres très-courtes,
» en écailles bombées, sont cachées en entier sous le pro-
» notum et semblent réduites aux seuls appareils sonores.
» L'organe du mâle est formé, sur l'élytre droite, d'un tam-
» bour constitué par une membrane blanche, transparente,
» ovale et plane, bordée d'une nervure dont le bord interne
» sert de chanterelle. Sous l'élytre gauche est l'archet
» formé d'une forte nervure transversale striée comme une
» lime ; le contour de l'élytre, couvert de rugosités, est
» écailleux et sonore. Chez la femelle, le tambour, placé
» sur l'élytre droite, offre une calotte bombée, transparente,
» sèche et élastique. Il est traversé, dans le sens de la lar-
» geur, par une nervure saillante, striée également en lime ;
» d'autres petites nervures s'étendent sur sa surface, en
» haut et en bas. L'élytre gauche, ou la supérieure, est un
» peu moins bombée que l'inférieure ; elle est réticulée par
» un assez grand nombre de petites nervures et d'une con-
» sistance qui diffère peu de l'autre ; son bord interne fait
» l'office de chanterelle. Le bord extérieur des élytres est
» replié en bas, d'une matière moins membraneuse que les
» instruments et couvert de rugosités. La femelle, comparée
» au mâle, présente donc cette différence que l'archet est
» placé sur l'élytre droite et qu'il tient au tambour, tandis
» que chez le mâle il est situé sous l'élytre gauche. Lors du
» frottement des élytres, l'archet passe sur la chanterelle
» et excite des vibrations qui se transmettent aux deux
» tambours. Comme les élytres sont cachées sous le corse-
» let, l'insecte, pour les faire agir, doit commencer par
» soulever le pronotum afin de rendre leur jeu plus libre,
» ce qu'il fait en baissant la tête et en courbant un peu son

» abdomen. Les organes du mâle sont un peu plus déve-
» loppés que ceux de la femelle et produisent des sons un
» peu plus forts. »

L'accouplement des éphippigères a été fort peu observé ;
cependant M. Fischer, de Fribourg, a vu un de ces accou-
plements entre des éphippigères des vignes renfermées dans
une boîte ; la femelle, comme chez les grillons, tenait le
mâle sous elle.

Nous n'avons assisté qu'une seule fois à la ponte des œufs.
C'était dans la Montagne Noire, près des Cammazes. Une
femelle d'*Eph. vitium* avait choisi un petit terrain couvert
de mousse et là elle plongeait verticalement, de distance en
distance, son oviscapte dans la terre que tapissait cette
mousse.

Depuis quelques années, le nombre des espèces de ce
genre s'est accru d'une façon très-sensible ; en Espagne
seulement, M. Ignace Bolivar en a décrit plus de 20 nouvellement découvertes. Dans l'Algérie, on en trouve fréquemment aussi beaucoup d'inédites.

L'auteur précité a subdivisé le genre Ephippiger en cinq
sous-genres principalement caractérisés d'après la forme du
corselet ; mais une étude plus approfondie des espèces permettra, un peu plus tard, de réviser ces groupes, auxquels
M. Bolivar a donné les noms de Steropleurus, Uromenus,
Ephippiger P. D., Platystolus et Lamprogaster.

Le nombre d'Ephippigères de France est fort restreint.
Pendant longtemps on ne connaissait de notre pays que
trois espèces : 1° *Eph. vitium* Serville , répandue dans une
grande partie de la France. Nous l'avons observée à Toulouse, à Longages , dans toute la Montagne Noire, où elle
prend souvent la couleur verte uniforme ; elle existe, dit-on,
à Paris et en Suisse. C'est presque toujours dans les vignes
qu'on la trouve ; mais elle vit aussi sur l'*Eryngium campestre*
et sur d'autres plantes épineuses ; elle commence à pa-
raitre fin juillet et ne disparaît quelquefois qu'en novembre.

2° L'*Eph. monticola* Rambur, qui habite, dit-on, le Dauphiné, à la Grande-Chartreuse.

3° L'*Eph. rugosicollis* Serville, (Durieui Bolivar) ; très-commune aux environs de Toulouse et dans toute la Montagne Noire ; on la trouve encore à Alzonne et devient fort rare à Béziers. Nous l'avons entendue encore dans l'Aveyron et le Lot, lors de notre voyage à Paris, le long du chemin de fer dit Grand-Central. Cette espèce, qui d'ordinaire est d'un vert un peu foncé, présente quelquefois des variétés d'un brun vineux, chez la femelle. Elle vit sur l'ajonc, les ronces, le sureau hièble et autres plantes.

M. Yersin ajouta au catalogue des espèces françaises, deux autres qu'il découvrit en Provence : l'*Eph. provincialis* et l'*Eph. terrestris*.

Pour notre part, nous avons cru reconnaître, dans une Ephippigère excessivement commune au Bas-Languedoc, où elle nuit aux vignobles, une nouvelle espèce à laquelle nous avons donné le nom de *Biterrensis* ; elle figure dans un des derniers bulletins de notre Société.

Par une magnifique matinée de septembre dernier, nous fîmes l'ascension du Bédat, à Bagnères-de-Bigorre ; dès le lever du soleil et malgré la forte rosée qui inondait les plantes, le concert des sauterelles prit une intensité extraordinaire ; le joli *platycleis brevipennis*, très-commun dans les Pyrénées, ainsi que divers *stenobothrus* animaient aussi cette solitude ; de temps à autre l'Ephippigère des vignes ajoutait sa note à ce concert. Cependant une stridulation particulière, produite par une espèce voisine de celle-ci, nous intrigua beaucoup. A force de recherches, nous en découvrîmes deux mâles et une femelle sur la fougère *(Pteris aquilina)*. La parfaite similitude de couleur entre la plante et l'insecte ne permet pas de distinguer facilement celle-ci.

Une observation rapide confirma notre opinion; nous étions en possession d'une Ephippigère nouvelle pour notre faune. Comparée avec les vingt espèces de notre collection nous reconnûmes en elle l'*Eph. Seoanei* décrite depuis peu par M. Bolivar et trouvée dans le nord de l'Espagne (Galice, Asturies, Guipuzcoa). Dans ces pays, elle habite les buissons de *Rubus fruticosus*, l'*Ulex nanus*, etc., etc.

Voici comment est caractérisée cette espèce :

Longueur : 0ᵐ,028, oviscapte de la femelle, 0ᵐ,020.

Vert-pré uniforme, avec la face et les parties inférieures jaune-verdâtre ; quelques exemplaires d'Espagne sont d'un rougeâtre plus ou moins sombre ; tubercule du vertex un peu saillant, comprimé, avec un sillon creusé sur sa partie supérieure qui est comme divisée par le milieu ; antennes ayant le double de la longueur du corps. Pronotum presque rectangulaire, rugueux et élevé en arrière ; carêne médiane bien marquée, les arêtes latérales un peu sinueuses, bien distinctes, ainsi que le sillon transversal, bord postérieur un peu courbe, l'inférieur échancré au centre. Elytres peu saillantes, jaunes, réticulées, à bord translucide, carêne parallèle au bord postérieur. Pattes robustes, de longueur moyenne ; tibias antérieurs de la longueur du pronotum ; cuisses postérieures deux fois aussi longues que le pronotum, épineuses sur leurs arêtes inférieures.

Abdomen légèrement carêné ; lame supra-anale tronquée, un peu sinueuse au milieu, processus triangulaire plus court que les appendices ; ceux-ci larges, un peu échancrés en dehors, recourbés en dedans, avec un tubercule à la base, à demi caché par la lame supra-anale, sommet affilé et un peu crochu ; lame infra-anale grande, bicarênée ; assez échancrée en arc à son sommet ; stylets cylindriques deux fois plus longs que larges. La lame supra-anale de la femelle manifestement soudée au processus ; celui-ci plus grand que les appendices abdominaux, qui sont coniques et fort aigus ; oviscapte de la longueur des tibias postérieurs, légèrement courbée sur toute son étendue d'un bout à l'autre.

En résumé, les Ephippigères françaises connues jusqu'à ce jour sont au nombre de sept : nul doute que des recherches faites avec soin, dans les pays alpestres surtout, ne fassent découvrir bien d'autres espèces.

FIN.

ERRATUM. — Etude atomique sur la molécule du grenat vert des Pyrénées. — Page 191, 3me avant-dernière ligne, au lieu de : *sulfate*, lisez : *carbonate*.

Page 192, 1re ligne, au lieu de : 7 atomes du Na^2OSO^3, lisez : 6 atomes du Na^2OCO^2.

TABLE DES MATIÈRES

FIN DE LA TABLE DES MATIÈRES.

Typographie Durand, Fillous et Lagarde, rue Saint-Rome, 44.

SOCIÉTÉ

'HISTOIRE NATURELLE

DE TOULOUSE.

QUINZIÈME ANNÉE — 1881

TOULOUSE

IMPRIMERIE DURAND, FILLOUS ET LAGARDE

RUE SAINT-ROME, 44

1881

BULLETIN

DE LA

SOCIÉTÉ D'HISTOIRE NATURELLE

DE TOULOUSE

SOCIÉTÉ

D'HISTOIRE NATURELLE

DE TOULOUSE

—

BULLETIN

QUINZIÈME ANNÉE. — 1881.

—

TOULOUSE

TYPOGRAPHIE DURAND , FILLOUS et LAGARDE

RUE SAINT-ROME, 44.

—

1881

ÉTAT

DES MEMBRES DE LA SOCIÉTÉ D'HISTOIRE NATURELLE

DE TOULOUSE.

1ᵉʳ Juin 1881.

Membres nés.

M. le Préfet du département de la Haute-Garonne.

M. le Maire de Toulouse.

M. le Recteur de l'Académie de Toulouse.

Membres honoraires.

MM.

1866 Dʳ CLOS ✳, Directeur du Jardin des Plantes, membre correspondant de l'Institut, 2, allée des Zéphirs, Toulouse.

— E. DULAURIER ✳, Membre de l'Institut, Professeur à l'Ecole des Langues orientales vivantes, 2, rue Nicolo, Paris.

— Dʳ N. JOLY ✳, ancien Professeur à la Faculté des sciences, membre correspondant de l'Institut, 52, rue des Amidonniers, Toulouse.

— Dʳ J.-B. NOULET ✳, Directeur du Musée d'histoire naturelle, 15, grand'rue Nazareth, Toulouse.

— LAVOCAT ✳, ancien Directeur de l'Ecole vétérinaire, allée Lafayette, 66, Toulouse.

1868 DAGUIN ✳, Professeur à la Faculté des sciences, 44, rue Saint-Joseph, Toulouse.

— Dʳ Léon SOUBEYRAN, Professeur à l'École supérieure de pharmacie de Montpellier.

1872 L'abbé D. DUPUY ✳, Professeur au Petit-Séminaire, Auch (Gers).

— Paul de ROUVILLE ✳, Doyen de la Faculté des sciences, Montpellier.

1873 Emile BLANCHARD O ✳, membre de l'Institut, Professeur au Muséum, Paris.

1878 Baron de WATTEVILLE ✳, ancien Directeur des Sciences et des Lettres, au Ministère de l'Instruction publique.

— Dʳ F.-V. HAYDEN, directeur du Comité géologique des Etats-Unis, Washington.

1879 DE LESSEPS (Ferdinand) C. ✳, membre de l'Institut, Paris.

Membres titulaires.

Fondateurs.

MM. D'Aubuisson (Auguste), 1, rue du Calvaire, Toulouse.
Cartailhac (Emile), 5, rue de la Chaîne, Toulouse.
Chalande (J.-François), 3, rue Maletache, Toulouse.
Fouque (Charles), 25, rue Boulbonne, Toulouse.
Dr Félix Garrigou, 38, rue Valade, Toulouse.
Lacroix (Adrien), 20, rue Peyrolières, Toulouse.
Marquet (Charles), 15, rue Saint-Joseph, Toulouse.
De Montlezun (Armand), Menville, par Lévignac-sur-Save (H.-G.).
Trutat (Eugène), Conservateur du Musée d'histoire naturelle,
rue des Prêtres, 3, Toulouse.

MM.

1866 Bordenave (Auguste), Chirurgien-dentiste, allée Saint-Michel, 27,
Toulouse.
— Calmels (Henri), propriétaire à Carbonne (H.-G.).
— Lassère (Raymond) ✻, capitaine d'artillerie en retraite, 9, rue
Matabiau, Toulouse.
— De Malafosse (Louis), château des Varennes, par Villenouvelle
(Haute-Garonne).
— De Planet (Edmond), ✻, Ingénieur civil, 46, rue des Amidon-
niers, Toulouse.
— Regnault (Félix), rue de la Trinité, 19, Toulouse.
— Rozy (Henri), Professeur à la Faculté de Droit, 10, rue Saint-
Antoine-du-T. Toulouse.
— Dr Thomas (Philadelphe), Gaillac (Tarn).
1868 Gantier (Antoine), Château de Picayne, près Cazères (H.-G.), et
12, rue Tolosane, Toulouse.
— Comte de Sambucy-Luzençon (Félix), rue du Vieux-Raisin, 31,
Toulouse.
1869 Izarn, Commis principal des douanes, 45, allées Lafayette, Tou-
louse.
— Fagot (Paul), notaire à Villefranche-de-Lauragais (H.-G.).
— Flotte (Léon), Vigoulet, par Castanet (H.-G.).
1871 Delevez, Directeur de l'École normale, à Toulouse.
— Guy, Directeur de l'Aquarium Toulousain, rue Saint-Antoine
du T, 12, Toulouse.
1871 De Malafosse (Gaston), château de La Roque, par Sallèles d'Aude
(Aude).
— Dr Resseguet (Jules), 3, rue Joutx-Aigues, Toulouse.

MM.

1872 AVIGNON, 19, rue de la Fonderie, Toulouse.
— Dr BÉGUÉ, Inspecteur des enfants assistés, rue Boulbonne, 28, Toulouse.
— BIDAUD (Louis), professeur à l'Ecole vétérinaire, Toulouse.
— BIOCHE (Alphonse), avocat, 57, rue de Rennes, Paris.
— Du BOURG (Gaston), 6, place Saintes-Scarbes, Toulouse.
— Dr B. DELISLE (Fernand), attaché au laboratoire d'anthropologie du Museum, Paris.
— DETROYAT (Arnaud), banquier, Bayonne (Basses-Pyrénées).
— FONTAN (Alfred), conservateur des hypothèques, à Castres (Tarn).
— GÈZE (Louis), 17, place d'Assézat, Toulouse.
— GOURDON (Maurice), villa Maurice, à Luchon (Haute-Garonne).
— HUTTIER, rue Babel-Oued, Alger.
— Général de NANSOUTY (Charles), C ✷, directeur de l'Observatoire du pic du Midi, Bagnères-de-Bigorre (Hautes-Pyrénées).
— POUGÉS (Gabriel), 5, rue St-Aubin, Toulouse.
— REY-LESCURE, Faubourg du Moustier, Montauban (Tarn-et-Gar.).
— De RIVALS-MAZÈRES (Alphonse), 50, rue Boulbonne, Toulouse.
— De SAINT-SIMON (Alfred), 6, rue Tolosane, Toulouse.
— SEIGNETTE (Paul), Principal du Collége, Castres (Tarn).
— TEULADE (Marc), rue des Tourneurs, 45, Toulouse.
1873 ABEILLE DE PERBIN (Elzéar), 56, r. Marengo, Marseille (B.-du-R.)
— BALANSA, botaniste, rue du port St-Sauveur 13, Toulouse (en mission dans le Paraguay).
— COURSO, manufacturier, rue des Récollets, 44, à Toulouse.
— DOUMET-ADANSON, à Cette (Hérault).
— DUC (Jules), pharmacien, à Caylux (Tarn-et-Garonne).
— FABRÉ (Georges), sous-inspecteur des Eaux et Forêts, Alais (Gard).
— FOURNIÉ, ingénieur en chef des ponts-et-chaussées, r. Madame, 46, Paris.
1873 GENREAU, ingénieur des mines, place du Palais, 17, à Pau (Basses-Pyrénées).
— Dr GOBERT, rue de la Préfecture, à Mont-de-Marsan (Landes).
— De la VIEUVILLE (Paul), boulevard de Strasbourg, 36, Toulouse.
— BARRAT, rue des Lois, Toulouse.
1874 BESSAIGNET (Paul), rue des Chapeliers, Toulouse.
— CHALANDE (Jules), 51, rue des Couteliers, Toulouse.
— De GRÉAUX (Laurent), naturaliste, 126, rue Consolat, Marseille (Bouches-du-Rhône).
— MONCLAR, allée St-Etienne 44, Toulouse.

MM.

1874 Pianet (Sébastien), à Toulouse.

— Rousseau (Théodore), Inspecteur des Eaux et Forêts, Square Sainte-Cécile, 22, Carcassonne (Aude).

1875 Ancély (Georges), 63, rue de la Pomme, Toulouse.

— Du Boucher (Henri), président de la Société scientifique de Borda, Dax (Landes).

— Fabre (Charles), aide astronome à l'Observatoire de Toulouse, 13, allée St-Etienne, Toulouse.

— Foch (Charles), à Lédar, près Saint-Girons (Ariége).

— Lajoye (Abel), Reims (Marne).

— Martel (Frédéric), rue Perchepinte, 15, Toulouse.

— Paquet (René), avocat, 34, rue de Vaugirard, Paris.

— Peux (Charles), Président du Tribunal de St-Louis (Sénégal).

— Pugens (Georges), ingénieur des ponts et chaussées, r. Cantegril, 2. Toulouse.

— Tassy, Inspecteur des Eaux et Forêts, Pau (Basses-Pyrénées.

1876 Crouzil (Victor), instituteur primaire, rue du pont de Tounis, Toulouse.

— De Lavalette (Roger), Cessales près Villefranche-de-Lauragais, (Haute-Garonne).

1877 G. Mestre, 4, rue de la Chaîne, Toulouse.

1878 Arthez (Emile), officier d'administration, Auch.

— Chalande (Henri), rue des Couteliers, 51.

— G. Cossaune, rue du Sénéchal, 10, Toulouse.

— Devèze, propriétaire des carrières du Nord, Armissan (Aude).

— Joleaud (Alexandre), officier d'administration, professeur à l'Ecole militaire de Vincennes.

— Lluch de Diaz (Jose), vice-consul d'Espagne, rue Alsace-Lorraine, 39, Toulouse.

— Victor Romestin, rue Périgord, 10 bis, Toulouse.

1879 Barbet (Jules), inspecteur de la Compagnie du Phénix, rue La-fayette, 33, Paris.

— Bayle (Edmond), étudiant en médecine, rue des Filatiers, 56, Toulouse.

— Bégouen (Comte) ✳, place des Pénitents-Blancs, 15, Toulouse.

1879 Deltil (André), notaire à Lavaur (Tarn).

— Fabre (Paul), étudiant en médecine, rue des redoutes, 12, Toulouse.

— Gauran (Charles), étudiant en médecine, rue du Canon, 2, Toulon.

— Héron (Guillaume), rue Dalayrac, 2, Toulouse.

— Lasserre (Bernard), rue St-Aubin, 12, Toulouse.

— Mélac (Guillaume), à Sabonnères, par Rieumes (Hte-Garonne).

MM.

- J. MONMEJA, faubourg de Sapiac, Montauban.
- Dr MONER, plaza Catalana, 18, Barcelonne (Espagne.)
- PEREZ, rue de Metz, 13, Toulouse.
- PIANET (Jules), Toulouse.
- PIANET (Emile), id.
- RACHOU (Auguste), ingénieur civil, 3, rue de l'Echarpe, Toulouse.
- De REY-PAILHADE, rue du Taur, 38, Toulouse.
- SICARD (Germain), château de Rivières, par Caune (Aude.)
- SALINIER (Edouard), rue Ninau, 15, Toulouse.
- 1880 AZAM (Henri), rue de la Colombette, 26, Toulouse.
- De BELCASTEL (Auguste), Jardin Royal, 3, Toulouse.
- CLARY (Raphael), rue St-Laurent, 18, Toulouse.
- HUREL, rue Beaurepaire, 26, Paris.
- LATGÉ (Louis), rue des Couteliers, 12, Toulouse.
- LAFOURCADE, instituteur primaire, Ecole St.-Michel, Toulouse.
- De LAGARRIGUE (Antonin), étudiant en droit, rue St-Remesy, 11, Toulouse.
- MOBISSON (Paul), faubourg St-Etienne, 41, Toulouse.
- SAUVAGE (Julien), canal de Brienne, 24, Toulouse.
- De TERSAC, à St-Lizier (Ariége.)
- G. MARTY, rue Raymond IV, 11; Toulouse.
- A. SCHWABB, porte St-Etienne, 41, Toulouse.
- 1881 BREVIÈRE, receveur des domaines, à St-Saulge (Nièvre).
- Dr CADÈNE, à l'Hôtel-Dieu, Toulouse.
- Ch. DERAT-PONSAN, rue Pharaon, 13, Toulouse.
- DELJOUGLA, rue Mage, Toulouse.
- Dr DÉPÉRÉ, aide-major, à Mostaganem.
- P. PONTINE, rue du Taur, 54, Toulouse.

Membres correspondants.

MM.

1866 Dr BLEICHER, professeur à la Faculté de Médecine de Nancy.

1867 Dr CAISSO, Clermont (Hérault).

— FOURCADE (Charles), naturaliste, Bagnères-de-Luchon (Haute-Garonne).

— Dr BRAS, à Villefranche (Aveyron).

— CAZALIS DE FONDOUCE, 18, rue des Etuves, Montpellier.

1867 CHANTRE (Ernest), Sous-Directeur du Muséum de Lyon (Rhône).

— LALANDE (Philibert), Receveur des hospices, Brives (Corrèze).

— MASSENAT (Elie), Manufacturier, Brives (Corrèze).

— PAPAREL, Percepteur en retraite, Mende (Lozère).

— Marquis de SAPORTA (Gaston), ✹, correspondant de l'Institut, Aix, (Bouches-du-Rhône).

— VALDEMAR SCHMIDT, ✹, attaché au Musée des antiquites du Nord, Copenhague (Danemarck).

1869 MALINOWSKI, Professeur de l'Université, en retraite, Cahors (Lot).

1871 BICHE, Professeur au Collége, Pézénas (Hérault).

— PEYRIDIEU, place Risso, 2, (Nice).

— PIETTE (Edouard), Juge de paix à Eauze (Gers).

— De CHAPEL-D'ESPINASSOUX (Gabriel), avocat, Montpellier (Hérault).

— Marquis de FOLIN (Léopold), Bayonne (B.-P.)

— GASSIES, Conservateur du Musée préhistorique, Bordeaux (Gironde)

— ISSEL (Arthur), Professeur à l'Université, Gênes (Italie).

— LACROIX (Francisque), pharmacien, Mâcon (Saône-et-Loire).

— Dr De MONTESQUIOU (Louis), Lussac, près Casteljaloux (Lot-et-Garonne).

1873 l'Abbé BOISSONADE, professeur au Petit-Séminaire, à Mende (Lozère).

— CAVALIÉ, prof. d'hist. naturelle au collége de St-Gaudens (Haute-Garonne).

— GERMAIN (Rodolphe) ✹, vétérinaire au 29e d'artillerie, à Lyon.

— Comte de LIMUR, Vannes (Morbihan).

— POTTIER (Raymond), rue Matabiau, Toulouse (Haute-Garonne).

— POUBELLE (J.), préfet des Bouches-du-Rhône.

— Dr RETZIUS (Gustave), professeur à l'Institut Karolinien de Stockholm.

— REVERDIT (A.), vérificateur de la culture des tabacs, à Montignac-sur-Vézère (Dordogne).

— Dr SAUVAGE (Emile), aide-naturaliste au Muséum, rue Monge, 2, Paris.

MM.

— Vaussenat, ingénieur civil, à Bagnères-de-Bigorre (H.-P.)
1874 Combes, pharmacien, à Fumel (Lot-et-Garonne).
— Jougla (Joseph), conducteur des Ponts et Chaussées, à Foix (Ar.).
— Lucante, naturaliste, à Lectoure (Gers).
— Larembergue (Henri de), botaniste, Angles-du-Tarn (Tarn).
— Sers (Eugène), ingén. civil, à St-Germain, près Puylaurens (Tarn).
— Baux Care, Russell and Cᵒ, Canton (Chine).
— Caillaux (Alfred), Ingénieur civil des mines, rue Saint-Jacques, 240, Paris.
1875 W. de Maïnof, secrétaire de la Société de géographie, St-Pétersbourg.
1876 Dʳ Cros (Antoine), 11, rue Jacob, Paris.
1877 Ladevèze, au Mas-d'Azil (Ariége).
— Soleillet (Paul), de Nîmes, voyageur français en Afrique
1879 Savès (Théophile), à Nouméa, Nouvelle-Calédonie.
— Tissandier (Gaston), rédacteur en chef de *La Nature*, 19, avenue de l'Opéra, Paris.

BULLETIN

DE LA

SOCIÉTÉ D'HISTOIRE NATURELLE

DE TOULOUSE.

QUATORZIÈME ANNÉE 1881

Séance du 12 janvier 1881.

Présidence de M. Bidaud.

Monsieur Bidaud, président pour l'année 1881, ouvre la séance en ces termes :

Chers confrères,

C'est avec un sentiment de légitime fierté que je reprends possession de ce fauteuil présidentiel que je quittais il y a deux ans en emportant avec le précieux souvenir de l'honneur dont vous m'aviez comblé en m'y faisant asseoir, celui de la bienveillance que vous aviez mise à faciliter la tâche que j'avais eu à remplir ; et, chose peut-être encore plus précieuse, j'emportais aussi la certitude de pouvoir continuer avec tous les relations sympathiques que mon mandat m'avait permis de contracter.

Depuis lors j'étais resté sous cette heureuse impression et, en juste appréciateur des mérites incontestables de tant de nos confrères, il ne me serait jamais venu à la pensée que vos suffrages pourraient se reporter sur mon humble personne à une aussi courte échéance. Vous en avez décidé

autrement, et comme je n'ai pas à rechercher pourquoi vos
faveurs sont retombées sur moi, permettez-moi d'y voir la
preuve que vous aussi vous avez conservé un bon souvenir
de mon passage à la présidence. Veuillez donc recevoir
pour ce nouveau choix l'expression de ma plus vive et plus
profonde gratitude. En me confiant de nouveau la direction
de votre œuvre, vous m'avez donné la plus haute preuve
d'estime qui puisse être accordée et reçue dans nos rangs, et
c'est ce qui me touche de la manière la plus profonde. Aussi
soyez persuadés que tous mes efforts tendront à justifier votre
considération, que l'intérêt de notre compagnie sera l'objet
de toute ma sollicitude et que je tiendrai toujours haut et
ferme le drapeau de votre valeur et de votre dignité.

Je considère maintenant comme le premier de mes
devoirs, devoir qu'il m'est particulièrement doux à remplir,
celui d'adresser au bureau sortant qui a su si bien conserver
la confiance et la sympathie qui vous l'avaient fait choisir,
les remerciements qu'il mérite pour le dévouement et le
zèle que nous lui avons vu déployer pendant tout son
exercice. Au risque de blesser la modestie de ceux-là, je
leur dis en votre nom : Au revoir! et à ceux-ci, dont vous
m'avez fait le collaborateur en leur rappelant qu'ils sont
fortement engagés par leur passé, je leur dirai : Gardez-vous
de vous attiédir, car je compte absolument sur votre concours dévoué. Mais je suis tranquille et je ne m'engage pas
en vous assurant que vous pouvez escompter la bonne
volonté qui les anime pour nos intérêts sociaux, comme
celle de votre serviteur et des collègues nouveaux que vous
lui avez donnés.

Je ne veux pas terminer, Messieurs et chers Confrères,
sans faire un appel énergique aux sociétaires qui négligent
nos réunions. Je suis convaincu qu'une crainte exagérée de
la prééminence des plus assidus en tient éloigné un certain
nombre ; aussi vous prierai-je de m'aider à les ramener
parmi nous en leur rappelant que pour la construction de

l'édifice auquel vous travaillez, rien ne doit être perdu et
que les grains de sable n'y sont pas moins nécessaires que
les blocs de porphyre.

Quant à vous, Messieurs, soyez constants dans votre voie
et faites en sorte, je vous prie, que le bilan de vos travaux
ne soit pas, cette année, au-dessous de celui des années
précédentes ; continuez aussi à appeler au modeste foyer
de notre association, dans ce milieu absolument neutre,
tous les curieux de la nature.

M. de REY-PAILHADE entretien la Société des recherches
récentes sur le grisou : il explique comment le gaz proto-
carboné se forme incessamment dans la vase des marais
actuels, puis les phénomènes géologiques qui enclavent ce
gaz au sein des roches.

Le grisou des mines de houille paraît avoir été produit
dans ces conditions. Il existe aux environs de Grenoble, à
Gua, une source dont l'eau jaillissante est chargée de ce gaz
qui en se dégageant vient brûler à l'air. Plus d'un bateau
chargé de charbon grisouteux, a péri victime d'explosion
produite par ce terrible gaz.

Les ingénieurs des mines, les géologues et les marins ont
donc intérêt à reconnaître et à doser le grisou contenu dans
ces mélanges gazeux.

Il suffit de 11 à 12 % de ce gaz dans l'air pour que le
mélange soit explosible. Les moyens les plus divers ont été
imaginés pour cela : les démimètres fondés sur le passage
du gaz à travers un petit orifice ne sont pas suffisamment
exacts. Un grisoumètre acoustique vient d'être proposé
dernièrement, mais il a le même défaut que le précédent.
Le meilleur appareil est le grisoumètre de M. Coquillon qui
dose à 2 ou 3 millièmes près. Il se compose d'un récipient
fermé dans lequel on brûle complètement le grisou en
faisant rougir un fil de palladium au moyen d'un courant
électrique.

Une pile secondaire comme celle de Planté permet de faire plus de dix expériences ; chaque opération dure à peu près 5 minutes.

Cet instrument est très-portatif et peut rendre de réels services aux voyageurs.

M. le docteur Garrigou donne lecture du mémoire suivant :

Nouvelle analyse complète de la source des Trois Césars, Aulus (Ariège).

La compagnie propriétaire des eaux d'Aulus voulut bien me charger, en 1874, de faire une étude des sources alimentant son établissement thermal, et qui ont fait la réputation de la station. Cette étude fut terminée la même année.

Lorsque l'eau qui servit aux analyses de cette époque fut puisée, les captages des sources n'étaient pas encore achevés. Ce fut donc dans les puisards creusés à 5 mètres environ dans le sol, que je pris moi-même l'eau destinée à mon travail de laboratoire. Les résultats de cette première analyse ont été livrés à la publicité par la Société des Eaux d'Aulus.

Deux ans après que les sources eurent été captées, et alors que depuis deux ans on leur avait fait, par leur propre force ascendante, regagner le niveau auquel elles étaient autrefois exploitées, la même Société propriétaire me chargea encore d'une seconde grande analyse.

Il y a quatre ans, enfin (1877), la Société propriétaire me demanda de faire, en vue de l'Exposition universelle de 1878, une nouvelle grande analyse, que je devais accompagner de faits et d'observations cliniques pouvant servir à compléter les observations faites avec un esprit judicieux et pratique, par le modeste et savant docteur Bordes-Pagès.

Il s'agissait d'être utile à une station de mon département pour lequel, on le sait, j'ai toujours professé un véritable culte. J'acceptai donc la tâche qui m'était encore demandée;

et je voulus profiter de l'Exposition universelle pour montrer combien l'étude chimique des eaux minérales pouvait devenir sérieuse, lorsque l'on conduit cette étude avec tout le soin que mérite un semblable sujet.

« Non, avais-je dit souvent aux jeunes travailleurs qui fréquentent mon laboratoire et à mes auditeurs dans mes conférences, l'on ne sait pas ce que c'est qu'une eau minérale ; on ne connaît pas toutes les parties des éléments qui la composent ; dans les analyses on a perdu, faute de la connaître, la portion qui renferme les éléments dont le rôle est peut-être le plus actif, et par suite de ce manque de soin, de cette absence d'idée, qui aurait dû faire arriver à soupçonner l'existence de ces éléments, on a privé l'hydrologie de connaissances pouvant lui être fort utiles. Il faut que l'analyse d'Aulus, entreprise sur une grande échelle, soit le point de départ pour l'hydrologie française d'une marche nouvelle dans l'analyse des eaux minérales, il faut retirer de l'eau des Trois Césars tous les éléments que nous pourrons y trouver, les isoler, et montrer ainsi aux chimistes et aux médecins que les corps annoncés dans l'eau d'Aulus y existant réellement y jouent sans doute un rôle utile. »

Je n'ai jamais eu, en tenant ce langage, la prétention de dire que nous expliquerions, par la présence seule des corps isolés, l'action des eaux d'Aulus, pas plus que je ne crois possible d'expliquer dans certains cas l'action des autres eaux minérales par la présence de tel ou tel élément isolé. Les eaux minérales forment chacune un tout qu'il est difficile de définir comme espèce ; elles doivent agir d'une manière différente suivant les tempéraments, suivant les constitutions, suivant les impressionabilités individuelles à telle ou telle substance, etc., et cela, non d'une manière fixe, ainsi que le plus grand nombre des médecins semblent le croire, mais d'une manière variable suivant les traitements antérieurs, suivant les changements physiologiques et pathologiques survenus chez le même individu à différentes

2

époques de son existence, et suivant aussi le degré de variabilité des sources ainsi que de leurs éléments constitutifs.

C'est aussi, en partie, le désir de faire une recherche
géogénique utile qui m'a poussé à entreprendre l'analyse
d'Aulus sur une plus grande échelle que je ne l'avais fait
jusqu'ici. J'ai pris 4,000 litres d'eau pour pouvoir faire largement ma recherche, et pour donner encore à un grand
nombre de savants une portion des résidus constamment re-
jetés comme inutiles dans toutes les analyses, résidus dans
lesquels j'ai trouvé que se cachaient, contrairement à
toutes les lois de la chimie hydrologique, les éléments les
plus intéressants d'une eau minérale.

Quatre kilos de ces résidus, que tous les chimistes négligent d'examiner dans leurs analyses ordinaires, sont à la
disposition de tous ceux qui voudront vérifier l'exactitude
des faits que j'avance dans ce mémoire. Et dans le cas où
l'on voudrait vérifier directement sur l'eau ces mêmes résultats, la marche suivie sera décrite ici d'une manière assez
exacte, pour que chacun puisse voir par lui-même que l'état
aussi complexe que je le dis, non-seulement des eaux d'Aulus, mais encore des eaux minérales en général, est bien une
réalité qu'admettent les géologues et les minéralogistes de
tous les pays, mais que quelques chimistes et certains médecins français, trop peu versés dans les connaissances spéciales du sujet que je traite, rejettent un peu à la légère, et
peut-être par parti pris.

La marche suivie dans la nouvelle analyse d'Aulus dé-
montre d'une manière absolument vraie des irrégularités inconnues dans l'action des réactifs ; elle prouve aussi que
certains dosages faits en suivant les procédés les plus classiques sont complètement faux. Tels sont ceux d'abondantes
quantités de chaux et de magnésie, par exemple. En montrant le défaut, j'ai pu donner le moyen de le guérir.

Ce travail, je le sais d'avance, ne convaincra pas tous les
hydrologistes ; mais il servira du moins à attirer l'attention

de quelques-uns, surtout de ceux qui cherchent la vérité en
dehors de toute question de personne. Il servira aussi à augmenter la confiance de ces jeunes gens qui, étant sûrs de ce
qu'ils ont vu par eux-mêmes en travaillant avec moi, sont
destinés par les études spéciales auxquelles ils se livrent, à
faire progresser l'hydrologie française.

Puisse la persistance que je mets à poursuivre mes recherches, malgré tous les obstacles qu'on leur a suscités, leur servir d'exemple, pour qu'ils ne se découragent jamais dans le
cas où ils trouveraient sur leur route des savants puissants
guidés par la triste pensée de leur barrer le passage et d'en-
rayer leurs recherches. L'idée du bien, l'idée de la grandeur
de la science française, à laquelle tout Français doit prêter
son concours dans les limites du possible, devra leur servir
de guide, de même que la satisfaction d'avoir concouru à un
résultat utile et pratique sera pour eux la première et la
meilleure récompense de leurs efforts.

Marche de l'analyse.

Nous avons puisé à la source, dans des bombonnes parfaitement propres et lavées à l'eau minérale, 4,000 litres
d'eau, que nous avons fait porter à notre laboratoire de
Toulouse et que nous avons soumis à l'évaporation complète, dans une grande capsule en platine d'une part, et
d'autre part dans une grande capsule en porcelaine. Cette
évaporation faite au gaz, dans une pièce fermée et à l'abri
des poussières, a fourni un résidu blanc un peu jaunâtre
recueilli, à mesure qu'il se formait, au moyen d'une cuillère
en porcelaine, percée de trous, et accumulé dans des cristal-
lisoirs de verre. L'opération, commencée dans les premiers
jours du mois de mai 1877, n'a fini que vers le commencement du mois d'octobre.

A ce moment le résidu, séparé des eaux mères, parfaitement
séché et pulvérisé, a été soumis à des lavages répétés à l'eau

bouillante,.de manière à séparer complètement les parties solubles des parties insolubles. On n'a arrêté ces lavages que lorsque l'eau qui traversait le filtre n'entraînait plus que du sulfate de chaux. Il a fallu plusieurs semaines pour arriver à ce résultat. On a joint les eaux de lavage aux eaux mères.

Nous avions donc dans ces conditions, d'une part tous les sels solubles, d'autre part tout le résidu insoluble. Chacun de ces produits a été étudié séparément.

1° Partie soluble (poids 995 grammes).

Le liquide a été évaporé à sec et traité, après pulvérisation, par de l'alcool bouillant. Cet alcool a séparé de la masse énorme de résidu salin plusieurs substances, parmi lesquelles il y en avait une qui colorait fortement l'alcool en jaune ambré. Les lavages n'ont été cessés qu'au moment où le liquide paraissait être complètement dépourvu de cette coloration et, par suite, de cette substance.

Le résidu ainsi lavé à l'alcool ayant subi une dessiccation complète, a été calciné dans une cornue de porcelaine, au rouge sombre. Pendant cette calcination il se dégageait une petite quantité d'eau à réaction nettement acide, et dans laquelle, nous reviendrons plus loin sur ce sujet, nous avons constaté la présence de l'acide sulfurique. L'odeur des gaz dégagés était sensiblement empyreumatique.

Enfin la cornue ayant été refroidie lentement, on l'a cassée, et le résidu traité par l'eau distillée a légèrement coloré celle-ci en brun. La partie soluble de ce résidu a pu être séparée par filtration de la partie insoluble (sulfate de chaux) qu'on a joint à la première masse insoluble de l'évaporation totale pour pouvoir les traiter ensemble.

Les sels solubles de cette première calcination ont été obtenus à l'état solide par l'évaporation, et on les a traités par l'acide chlorhydrique. Il s'est produit une effervescence lé-

gère, mais cependant très-accusée. Une nouvelle évaporation à
siccité du liquide ainsi obtenu a permis de chauffer le résidu
au-dessus de 100° pendant une demi-journée environ, afin
de rendre insoluble la silice précipitée par l'acide chlorhydrique. En même temps que la silice, il s'était précipité une
certaine quantité de sulfate de chaux qu'on a séparé par filtration à la pompe, de manière à avoir à le laver le moins
possible. On a réuni ces deux substances à la masse insoluble
primitive.

Le liquide acide filtré a été ensuite traité pendant vingt-
quatre heures par un courant d'acide sulfhydrique. Il ne
s'est produit qu'un précipité très-léger que nous avons cependant recueilli et que la méthode des flammes de Bunsen
nous a permis de caractériser de suite comme étant formé
par des traces d'arsenic et de plomb. Le liquide séparé de
ces deux sulfures, rendu alcalin au moyen de l'ammoniaque,
a été ensuite traité par le sulfhydrate du même alcali. Il ne
s'est produit qu'un très-léger précipité noir dans lequel nous
avons constaté simplement la présence du fer par les procédés les plus ordinaires. (Dissolution du sulfure dans l'acide
chlorhydrique au $\frac{1}{10}$, oxydation du sel de protoxyde par
l'acide nitrique en faisant bouillir, précipitation à l'état
d'oxyde au moyen de l'ammoniaque, dissolution de cet
oxyde dans l'acide chlorhydrique et traitement par le ferro-
cyanure de potassium qui a donné un précipité bleu caractéristique.)

Dans le liquide séparé du sulfure de fer ont commencé
une série d'opérations fort curieuses dans leurs résultats, et
en même temps fort instructives pour la marche de l'analyse
quantitative.

En effet, ce liquide, ainsi séparé du sulfure de fer, a été
traité à chaud par un grand excès de carbonate d'ammoniaque, de l'ammoniaque en excès ayant été ajouté avant ce
réactif. Chose étonnante, il ne s'est précipité que des traces
d'un carbonate, reconnu au spectroscope comme ayant la

chaux pour base. On a évaporé alors le tout à siccité, de manière à rendre à la fois la chaux et la magnésie insolubles. Quand on a repris le résidu sec par de l'eau distillée, celle-ci a tout dissous de nouveau moins une très-faible portion de ce résidu.

En présence de ce résultat, et la connaissance préalable de la composition des eaux d'Aulus nous laissant la conviction que ces eaux renfermaient de la magnésie en quantité considérable, nous avons pris dans un tube à expérience une petite quantité du liquide en examen, et nous avons versé en même temps dans ce tube du phosphate d'ammoniaque. Ce n'est qu'après avoir ajouté un excès très-notable de ce réactif, qu'il a commencé à se produire un précipité allant ensuite en augmentant à mesure qu'on ajoutait le phosphate. Le liquide du tube a été alors jeté dans le vase contenant la masse dans laquelle il avait été puisé, et l'on a ajouté aussi à la totalité de ce liquide une grande quantité de phosphate d'ammoniaque, grâce auquel nous avons obtenu un abondant précipité que nous avons cru contenir toute la magnésie ; ce précipité a été séparé du liquide par filtration et conservé. (Précipité *a*.)

Le liquide que nous avons ainsi supposé ne plus renfermer que la soude et la potasse, contenant, d'après nos calculs, une grande quantité de cette dernière base, nous a paru pouvoir être traité par un réactif, que dans ces conditions nous avons cru aussi sûr que le chlorure de platine, pour séparer la totalité de la potasse. Nous avons, à cet effet, employé un excès d'acide perchlorique, qui nous a permis de recueillir, par évaporation à siccité, une quantité très-notable de perchlorate de potasse insoluble dans l'eau que nous avons ajoutée pour redissoudre les autres sels. Après une filtration pour séparer le perchlorate de potasse, nous étant aperçu, au spectroscope, que le liquide filtré renfermait encore de la potasse après la précipitation et n'ayant plus d'acide perchlorique à notre disposition dans ce moment, nous avons ajouté, en excès très-notable, de l'acide tartrique, et nous avons de nouveau concentré le liquide dans lequel il se produisait déjà à froid un précipité notable sous forme cristalline. L'évaporation à sec nous a fourni une masse que nous avons cherché à redissoudre dans l'eau distillée, mais qui ne s'y est redissoute que très-incomplètement. Le résidu insoluble séparé par filtration du liquide que nous appellerons A et renfermant la soude, ayant été examiné au spectroscope, nous a montré la raie α très-marquée de la potasse, et les raies α et β un peu passagères de la chaux. Ce résidu cristallin a dû alors subir une série d'opérations afin d'isoler complètement la potasse.

On l'a calciné fortement, puis il a été traité par l'eau distillée dont le contact a fait développer une chaleur considérable dans la masse. Celle-ci n'ayant pas été complètement soluble dans l'eau, on a ajouté un peu d'acide chlorhydrique qui a tout dissous, et l'addition de carbonate d'ammoniaque a produit alors, sans concentration, un précipité qu'on a recueilli sur un filtre et qui nous a paru composé de carbonates de chaux et de magnésie. Ce précipité a été par mégarde joint plus tard, avant son examen complet, à d'autres précipités de magnésie que nous allons avoir à examiner bientôt.

La liqueur filtrée contenant la potasse, et nous paraissant encore pouvoir contenir de la magnésie, d'après l'abondance du précipité précédent, nous avons ajouté de l'ammoniaque et un excès de phosphate d'ammoniaque. Il s'est produit aussitôt un abondant précipité blanc, que nous avons recueilli sur un filtre seulement vingt-quatre heures après sa formation. Nous l'avons conservé. (Précipité b.)

Dans la liqueur filtrée, nous avions la potasse à l'état de chlorure et l'excès de phosphate d'ammoniaque. Pour la débarrasser de cette dernière substance, nous avons traité par un excès d'acétate de plomb, qui a précipité de l'acide phosphorique à l'état de phosphate de plomb, et du chlore

à l'état de chlorure, puis, un courant d'acide sulfhydrique
dans le liquide filtré a précipité l'excès de plomb encore à
l'état d'acétate et celui qui se trouvait à l'état de chlorure
(sensiblement soluble) Après la filtration du liquide, qui ne
renfermait plus que la potasse et l'excès de sels ammoniacaux, on a évaporé à sec et chassé les sels ammoniacaux en
chauffant. On a repris le résidu par l'acide chlorhydrique et
l'eau. A ce moment de l'opération, la solution contenant le
chlorure de potassium a été renversée et malheureusement
perdue.

Restait la soude dans le liquide A que nous avons laissé
de côté depuis quelques instants. Ce liquide nous ayant paru
coloré en jaune ambré, nous avons supposé qu'il renfermait
encore des métaux que l'acide sulfhydrique et le sulfhydrate d'ammoniaque n'avaient pas primitivement précipités.
On a fait passer alors de nouveau pendant huit heures un
courant d'acide sulfhydrique qui a fourni un précipité brun
chocolat. Pendant trois jours on a attendu que la substance
soit réunie au fond du vase, puis on a filtré le liquide. Les
sulfures examinés par la méthode des flammes ont fourni,
d'après ce procédé de Bunsen, les réactions on ne peut plus
nettes du mercure et de l'arsenic. (Les gouttelettes de mercure étant parfaitement visibles à la loupe après le traitement
du beschlag par le sulfhydrate d'ammoniaque.) On obtenait
en même temps des réactions se rapportant à celles que
donne le plomb, mais elles n'étaient pas aussi nettes que
les premières, celles de l'arsenic et du mercure.

Le liquide A, ainsi séparé des sulfures que nous venons
d'examiner, a été traité par un excès d'ammoniaque qui n'a
produit aucun précipité, la liqueur s'est seulement un peu
foncée. Nous avons encore ajouté un excès de carbonate
d'ammoniaque et ensuite d'oxalate d'ammoniaque, pour
précipiter la chaux et la magnésie que nous pensions pouvoir
exister encore dans le liquide. Ces réactifs n'ont absolument
rien produit. Ne nous fiant pas cependant à ces résultats, en

présence de ceux que nous avions obtenus avec le liquide renfermant encore la potasse, nous avons évaporé à sec deux gouttes du liquide et le résidu examiné au spectroscope nous a permis de conclure à l'existence dans le liquide d'une quantité très-faible de chaux et probablement de beaucoup de magnésie.

Quelques centimètres cubes de la liqueur A ont alors été mis dans un tube à expérience. Ce n'a été qu'après l'addition d'une quantité très-considérable d'ammoniaque (presque autant que du liquide) que nous avons vu se produire brusquement un précipité très-abondant, blanc, cristallin. La même expérience répétée une seconde fois nous a donné un résultat semblable. Réunissant alors les liquides d'essai à la liqueur mère A, nous avons vidé dans celle-ci (1) de l'ammoniaque, et ce n'est qu'après avoir ajouté plus de deux litres de ce réactif, que le précipité a commencé à se former. Il est devenu très-abondant par l'addition d'un dernier demi-litre d'ammoniaque. On a filtré, recueilli le précipité, et le liquide A a été finalement évaporé à sec et calciné. Ce résidu calciné, repris par l'eau distillée, s'est fortement échauffé, il s'est presque complètement dissous et a rendu l'eau acide. La très-faible portion restée insoluble et qui troublait simplement le liquide sans former de précipité a été négligée. On a ajouté au liquide de l'ammoniaque, encore du phosphate d'ammoniaque, et il s'est produit de nouveau un abondant précipité de phosphate ammoniaco-magnésien qui a été recueilli et calciné, et dont la couleur parfaitement blanche tranchait sensiblement avec celle des précipités a et b de même nature, obtenus dans le cours de la recherche de la potasse, et dont nous allons bientôt reprendre l'examen. Le liquide A, ainsi débarrassé de toute la magnésie et ne renfermant plus que la soude totale avec des sels ammoniacaux, a été évaporé à sec, le résidu calciné

(1) Le volume du liquide était d'environ 2 litres.

et repris par de l'eau a fourni la soude à l'état de chlorure de sodium et nous avons pu représenter ainsi sous cette forme la soude des 4,000 litres d'eau.

Les précipités *a* et *b* de phosphate ammoniaco-magnésien, recueillis dans le courant des opérations relatives à la séparation de la potasse, ont attiré notre attention à cause de la couleur brune qu'ils ont conservée, contrairement à ce qui aurait dû être, surtout en comparant ceux-ci au phosphate ammoniaco-magnésien produit pendant sa séparation de la soude, phosphate d'une blancheur irréprochable. Nous avons supposé, en conséquence, que ces phosphates *a* et *b* renfermaient des métaux que les différentes opérations de l'analyse n'avaient pas précipités, et qui, par conséquent, avaient fait exception aux règles chimiques reconnues comme étant les plus exactes. Ces phosphates ont été alors réunis et dissous dans l'acide chlorhydrique. Il est resté après la dissolution un résidu brun *c*, dont l'insolubilité dans l'acide chlorhydrique nous a frappé et que nous allons examiner bientôt. Le liquide séparé par filtration de ce résidu a été traité par un courant prolongé d'acide sulfhydrique; les sulfures ainsi obtenus ont fourni par l'examen à la méthode des flammes et avec la perle de borax, les réactions très-nettes du mercure, du plomb et du cuivre.

Quant au précipité brun *c* dont nous venons de parler, son étude nous a fourni les résultats suivants : 1° insoluble dans les acides chlorhydrique et nitrique séparés ; 2° soluble dans l'eau régale ; 3° précipité en brun par le sulfhydrate d'ammoniaque, dans lequel il se dissout en partie; 4° précipité en jaune par les sels d'ammoniaque et de potasse. C'est donc par du platine qu'est constitué ce résidu brun.

Demandons-nous immédiatement d'où peut venir ce métal.

L'évaporation a été faite dans une capsule de platine, le résidu attaché à la capsule a été enlevé en grattant avec un couteau de platine; il a dû forcément se produire de la poussière de platine. Donc on peut supposer à la rigueur que le platine vient des suites de ce grattage. Mais, d'autre part, cette poussière de platine sera forcément restée dans la partie insoluble du résidu, et il ne pourra y avoir du platine dans la partie soluble qu'à la seule condition d'une production d'eau régale dans le sein du liquide pendant l'évaporation, ce qui aurait été la cause de la dissolution du métal de la capsule. Or, l'examen de l'eau pendant l'évaporation nous a donné constamment une réaction alcaline (1); il est donc peu probable que cette formation d'eau régale se soit produite et nous ait échappé.

Il nous semblerait donc naturel de tirer de notre série de résultats sur ce résidu c, les conclusions que la logique nous donnerait le droit d'en tirer. Mais, nous étant fait une règle de ne donner que des conclusions inattaquables dans notre recherche sur les eaux d'Aulus, nous dirons simplement, pour éveiller l'attention des chimistes qui seraient appelés à refaire après nous l'analyse des sources : il est possible que les eaux d'Aulus renferment du platine ; la recherche de ce métal devra y être faite avec le plus grand soin.

Qu'il me soit permis de dire, à cette occasion, que ce n'est pas la première fois que le platine a semblé se montrer dans la marche de mes analyses, depuis que j'ai étendu mes recherches hydrologiques à un grand nombre de sources minérales. La prudence m'a plusieurs fois empêché de signaler ce métal, mais je suis disposé aujourd'hui à croire que plusieurs des sources que j'ai analysées ramènent de nos jours encore du platine à la surface du sol.

Les données que nous fournissent la géogénie et la géologie nous permettent de nous arrêter sérieusement sur cette possibilité. Ne voyons-nous pas, en effet, d'une part les lacs chauds de l'Amérique servir encore de réservoir à des eaux

_____

(1) Nous nous sommes, en effet, fiés à cette réaction naturelle du liquide, pour songer à rechercher l'iode sur la masse totale de la partie soluble des sels après l'évaporation.

chaudes dans le sein desquelles se dépose l'or si voisin du platine. Et d'autre part, les alluvions quaternaires, les terrains tertiaires supérieurs ne sont-ils pas les réceptacles des gisements d'or et de platine, métaux arrachés sans doute à des terrains plus anciens, mais déposés sous forme de filons à des époques géologiquement peu reculées ?

Cette première partie de mon travail me conduit à des observations pratiques que je tiens à développer immédiatement. De cette manière les documents précédents ne seront pas aussi éloignés de l'esprit du lecteur que si je renvoyais toutes mes conclusions à la fin de mon mémoire.

Il est certain que la chaux et la magnésie, sur bien des dosages faits dans le cours des analyses chimiques exécutées jusqu'à ce jour, n'ont pas été précipitées en entier, puisqu'on avait suivi des procédés fautifs quoique classiques, ainsi que le démontrent les observations précédentes. Donc, il faut se méfier de tous les résultats connus jusqu'à présent sur les quantités de chaux et de magnésie signalées dans les eaux très-calcaires et très-magnésiennes. Tous ces résultats sont trop faibles et les dosages des alcalis, de la potasse surtout, pour les recherches faites avant l'emploi du spectroscope, sont représentés, en général sans doute, par des nombres trop élevés.

En effet, ces mêmes résultats obtenus sur une grande échelle dans les opérations que je viens de décrire, s'obtiennent en petit quand on n'emploie que de faibles quantités d'eau. Car, en examinant au spectroscope les chloroplatinates de potasse recueillis dans le dosage des alcalis sur des sources assez fortement calcaires, on y trouve très-souvent des traces très-sensibles de chaux. De plus, tous les chimistes se livrant aux recherches savent avec quelle difficulté l'on sépare la magnésie des alcalis. Pour peu qu'on ait fait des analyses, l'on doit avoir remarqué que quel que soit le procédé suivi pour séparer la soude et la potasse, même dans les eaux renfermant seulement des traces insignifiantes de lithine, il reste toujours une substance qui trouble la solution des chlorures alcalins lorsqu'on les redissout dans l'eau après leur fusion dans la capsule de platine. Cette substance est de la magnésie qui a échappé à la précipitation, soit par les phosphates, soit par les carbonates alcalins, magnésie qu'on ne peut séparer des alcalis fixes que par l'addition, dans les solutions analysées, d'un grand excès des réactifs.

On pourrait dire qu'il y a entre ces combinaisons alcalines et terreuses ou alcalino-terreuses, une affinité qui ne peut être vaincue que par une action de masse du précipitant.

Et ceci, nous le verrons, n'est pas spécial à la magnésie et à la chaux ; nous prouverons plus loin qu'il est d'autres combinaisons presque impossibles à vaincre, à moins de faire intervenir d'autres forces qui rompent l'équilibre d'affinité les unes par les autres.

Et pour compléter les observations pratiques relatives à cette première partie de mon travail, rapportons-nous aux précipités a et b indiqués plus haut (phosphates ammoniaco-magnésiens). Nous avons vu que ces phosphates renfermaient des métaux : plomb, mercure et cuivre. Cependant les traitements répétés par l'hydrogène sulfuré et par le sulfhydrate d'ammoniaque, faits dans les conditions de temps et de température où nous étions placés, auraient dû précipiter tous les métaux. Les procédés classiques que nous avons suivis semblaient devoir être une garantie pour l'exactitude des résultats. Il n'en a rien été cependant, et je puis affirmer que dans bien des cas il en est de même, ayant la certitude que tous les hydrologistes consciencieux se livrant aux analyses d'eaux minérales arriveront aux mêmes conclusions que moi, pour peu qu'ils se rappellent ce qui se passe dans les dosages de la magnésie et des alcalis également.

En effet, quelque soin qu'on ait mis à séparer les métaux avant d'arriver au dosage de la magnésie, dans une eau mi-

nérale on obtient généralement (1) un précipité de phosphate double que la calcination ne blanchit pas et qui reste
plus ou moins coloré en roux ou en brun. Ceci dépend non
pas du fer des cendres du filtre, ainsi qu'on le croit en général, mais des métaux renfermés dans l'eau, non précipités
par les réactifs qui auraient dû les séparer des autres substances, et que l'action des phosphates alcalins employés
comme précipitants de la magnésie, atteint et précipite avec
cette base. Si alors, après ou avant la calcination, le phosphate
double formé est traité par l'acide chlorhydrique, celui-ci
dissout les métaux en même temps que le phosphate alcalino-terreux, et l'on peut alors séparer les premiers sans
difficulté, soit par l'hydrogène sulfuré, soit par le sulfhydrate d'ammoniaque. On constate alors que si le fer existe
dans les métaux trouvés, il y a aussi, comme dans le cas
d'Aulus, du plomb, du mercure et du cuivre.

Après cette séparation, le phosphate ammoniaco-magnésien
devient parfaitement blanc et peut être considéré comme
parfaitement pur.

Mais ce n'est pas seulement là qu'on retrouve des métaux
échappés à l'action de tous les réactifs. Il y a des métaux
qui passent même avec les alcalis et qu'on ne peut en séparer qu'à grand'peine, même, je le crois, en suivant très-
exactement les règles les plus classiques pour arriver à ce
résultat. Donnons immédiatement la preuve de ce fait.

On prend une quantité suffisamment considérable d'une
eau minérale et on en sépare les alcalis au moyen de la
baryte. Ce procédé est classique et on le considère comme le
meilleur avec raison, quand l'eau ne renferme que des quantités inappréciables de métaux. Dans ce cas tout, moins une
partie de la magnésie, est précipité par l'hydrate de baryte,
et il ne reste plus dans l'eau avec le chlorure de magnésium

(1) Lorsque l'eau ne renferme que des traces de métaux tout-à-fait
insignifiantes, mon observation n'a pas sa raison d'être.

que des chlorures alcalins qui permettent d'avoir les alcalis
avec exactitude. Mais pour peu que la quantité de métaux
contenus dans l'eau soit notable, il y a des métaux qui échap-
pent complètement à l'action de la baryte et qui s'attachent
pour ainsi dire aux alcalis.

Un fait d'observation pratique va prouver combien mon
assertion est exacte.

En effet, prenons une eau, comme celle de la Bourboule ou
de Saint-Nectaire, par exemple, fortement chargée de métaux,
nous la débarrassons par la marche ordinaire de l'analyse
(acide sulfhydrique, sulfhydrate d'ammoniaque, carbonate
d'ammoniaque), ou bien directement par la baryte, de tout
ce qui peut être précipité. Après cela, nous fondons les
chlorures alcalins dans une capsule de platine pour pouvoir
les peser. Après la fusion, en outre que les chlorures redis-
sous dans l'eau fournissent une solution troublée par de la
magnésie, *les parois de la capsule sont complètement couver-*
tes d'une couche irisée, souvent bleue ou violette, très-foncée (1).
Ni l'acide chlorhydrique , ni l'acide nitrique bouillants
ne peuvent faire disparaître cette couche adventive, l'eau
régale seule l'attaque, mais en dissolvant aussi du platine.
Si, enfin, l'on fond dans la capsule du carbonate de soude
parfaitement pur et qu'on se donne la peine de rechercher
dans ce sel, dissous par l'acide chlorhydrique, les métaux qui
peuvent alors s'y trouver, et qui n'ont pu être enlevés qu'aux
parois de la capsule, devenues parfaitement nettes après ce lavage au carbonate de soude fondu, on y retrouve, soit par
les procédés ordinaires, soit par le spectroscope et par la méthode des flammes de Bunsen, un nombre plus ou moins grand
de ces métaux, et, chose extraordinaire, surtout des métaux
volatils.

Ces métaux avaient donc échappé à tous les réactifs pour
rester avec les alcalis.

(1) Cette couche est d'autant plus intense qu'on a agi sur une eau
renfermant une plus grande quart' de métaux.

J'ajouterai, enfin, que lorsqu'on sépare alors la soude et la potasse au moyen du chlorure de platine, les métaux dont je viens de parler, et qui accompagnent ces alcalis, se précipitent en partie avec le chloroplatinate de potasse. Car, lorsqu'on porte ce sel dans le spectroscope, on y voit nettement les spectres de quelques-uns des métaux précipités, et le procédé des flammes de Bunsen décèle avec une admirable netteté ceux qui sont facilement volatils : mercure, plomb, arsenic, etc... D'ailleurs, deux derniers faits, en dehors du spectroscope et de la méthode des flammes, peuvent autoriser quelquefois à affirmer l'existence de métaux étrangers au chlorure de platine dans le chloroplatinate de potasse formé. Ce sont : 1° la coloration souvent caractéristique de la flamme, quand on y porte le bâton de platine avec le chloroplatinate à examiner ; 2° l'altération de ce bâton qui fond en globules et devient cassant par le fait de la présence du plomb.

Que de fois, au début de mes recherches avec le spectroscope, j'accusais, en présence des faits que je viens de citer, le chlorure de platine d'être impur et de renfermer du plomb, du mercure, de l'arsenic, etc., tandis qu'en réalité, ainsi que je puis l'affirmer aujourd'hui, c'étaient les eaux analysées qui avaient fourni ces métaux. L'absence des métaux précédents plusieurs fois constatée dans le chlorure de platine, préparé par moi-même, ne pouvait que m'amener au résultat que je viens d'indiquer.

Il me sera donc permis, déjà même après ces premiers faits, de douter de la valeur de bien des analyses citées comme modèles dans les annales hydrologiques et qui ne présentent en réalité qu'une seule chose exacte : c'est leur inexactitude.

Je puis donc affirmer aussi que la méthode des analyses qualitatives sur de grandes masses d'eau a amené la découverte de faits inattendus et d'une utilité incontestable pour conduire avec une rigueur plus grande que celle que l'on avait eu jusqu'à ce jour, l'analyse quantitative des eaux minérales.

Examen de la portion des sels solubles dans l'alcool.

Nous avons dit précédemment que la portion des sels d'Aulus soluble dans l'eau avait été évaporée à sec et reprise par l'alcool, afin de dissoudre, en outre des sels solubles dans ce véhicule, toute la matière organique. Le liquide ainsi obtenu et les liquides de lavage joints ensemble ont été introduits dans une cornue, évaporés à sec, de manière à chasser l'alcool, et le résidu ainsi préparé a été repris par l'eau distillée.

Afin de se débarrasser de la matière organique, de manière à pouvoir en faire, si c'était possible, un examen spécial, on a traité le liquide par un excès d'acétate de plomb. Le précipité qui s'est formé avait une couleur rose tendre clair, et le liquide filtré était encore coloré en jaune, malgré l'excès du sel de plomb. Il y avait donc une portion de la matière organique qui n'avait pas été précipitée, puisque le liquide filtré avait une coloration attribuable à cette matière, et de plus il était probable que le sel de plomb insoluble resté sur le filtre renfermait presque toute la matière organique, car la coloration brune du liquide primitif avait beaucoup diminué.

Dans ces conditions nous avons cru devoir sacrifier la matière organique, afin de pouvoir faire la recherche des autres substances précipitées par le sel de plomb.

Nous avons, en conséquence, placé la substance précipitée dans une cornue de verre, et nous avons ajouté de l'acide sulfurique, puis chauffé. Il s'est dégagé des substances gazeuses que nous avons recueillies dans une fiole renfermant simplement de l'eau distillée. Nous avons traité le liquide ainsi obtenu par le nitrate d'argent, qui nous a fourni un précipité se dissolvant tout entier dans l'ammoniaque. Il n'y avait donc pas d'iode, il n'y avait que du chlore passé à l'état d'acide chlorhydrique.

Dans la portion restée insoluble dans la cornue, nous n'avons pas recherché la matière organique, puisque nous avions traité par l'acide sulfurique afin de dégager les acides qui pouvaient s'échapper à l'état gazeux. Dans ce cas, la matière organique étant carbonisée par l'acide sulfurique, nous ne pouvions espérer en avoir la moindre trace.

Il serait cependant fort intéressant de consacrer une recherche spéciale à cette matière organique, qui, nous n'en doutons pas, doit exercer une action des plus marquées dans le traitement thermal, et qui est certainement, dans bien des cas, l'une des substances actives des eaux minérales.

Le liquide séparé par filtration du précipité formé par l'acétate de plomb, a été traité par un courant prolongé d'acide sulfhydrique qui a précipité le plomb en excès. Après un repos prolongé on a filtré. Le liquide parfaitement limpide a été en partie évaporé à sec. On a passé le résidu dans une petite cornue de verre et l'on a ajouté de l'acide sulfurique, puis on a chauffé. Il s'est dégagé des vapeurs rutilantes annonçant la présence de l'acide nitrique. Les vapeurs ainsi dégagées se rendant dans un vase rempli d'eau distillée, on a pu constater dans ce liquide, au moyen du sulfate d'indigo, la présence de l'acide nitrique.

˙ Le reste du liquide ayant permis cette recherche, fut saturé par de la potasse. En évaporant à siccité, chauffant au-dessous du rouge la masse saline, traitant par l'alcool bouillant, on obtint la solution d'une portion du résidu.

On évapora à sec le liquide alcoolique, on reprit dans une petite quantité d'eau le résidu salin et on le traita par de l'eau de chlore très-étendue et quelques gouttes d'une solution d'amidon. Celui-ci se colora nettement en bleu. Il y avait donc de l'iode.

Le résidu que n'avait pas dissous l'alcool fut à son **tour** légèrement calciné. On le reprit ensuite par l'eau régale, après quoi on évapora à sec et l'on traita par de l'acide chlorhydrique étendu. Le liquide ainsi obtenu, traité par l'ammoniaque et par le sulfhydrate d'ammoniaque, fournit un très-léger précipité qui colora très-faiblement en vert émeraude une perle de borax. Il y avait donc une trace à peine sensible de chrome.

Le liquide séparé par filtration de cette trace de chrome fut évaporé à sec et porté au spectroscope. On y voyait nettement, sans autre préparation, les raies caractéristiques de la soude, de la potasse, de la lithine, de la chaux et de la strontiane. En cherchant à séparer ces bases l'une de l'autre par les procédés classiques, l'on trouva encore que la magnésie faisait partie de ces sels primitivement dissous par l'alcool.

Il résulte de cette recherche sur le résidu soluble dans l'alcool, que les faits constatés permettent de supposer qu'il existe dans l'eau d'Aulus des quantités notables de chlorure, d'iodure et de nitrate des bases que nous venons de signaler.

2º **Partie insoluble** (poids 8 kilos 210 grammes).

Cette portion des substances extraites du résidu de 4,000 litres d'eau pesait 8 kilogrammes 210 grammes.

Nous avons fait dessécher complètement dans de grands plats de porcelaine cette masse déjà privée des substances solubles ; après cela, on l'a calcinée assez fortement dans une cornue de grès grossier, qui a été quelques instants tenue au rouge un peu clair. Cette cornue était munie d'un long tube abducteur plongeant dans une solution de potasse, de manière à recueillir tous les gaz qui pourraient se dégager. Pendant la chauffe, il s'est, en effet, manifesté un départ de gaz de la cornue vers le vase à potasse. Une portion était absorbée, mais l'autre s'échappant en bulles à travers la solution, avait une odeur empyreumatique. Après l'opération, nous avons constaté que le liquide potassique renfermait des traces notables d'acide sulfurique et d'acide chlorhydrique.

La cornue ayant été cassée, nous avons retiré le produit calciné. Celui-ci était parfaitement blanc, il n'avait pas bruni, son état pulvérulent s'était maintenu, et il n'était pas adhérent à la cornue.

Il n'était donc plus resté dans la masse chauffée de matière organique. De plus, il n'y avait eu aucune substance saline capable de se fondre sous l'influence de la chaleur.

Cette substance blanche calcinée a été attaquée par de l'eau régale bouillante pendant une journée; on a évaporé à siccité, et repris par l'acide chlorhydrique peu étendu et bouillant. Les lavages ont été faits d'abord par décantation, puis en jetant sur un grand filtre. Ces lavages ont été continués pendant plusieurs semaines, de manière à obtenir une eau complètement neutre. Il s'était ainsi dissous une certaine quantité de sulfate de chaux.

Examen de la portion soluble dans l'eau régale.

Les eaux de lavages obtenues pendant la séparation de la portion insoluble et de la portion soluble dans l'eau régale, ont été soigneusement concentrées, et l'on y a fait passer un courant d'acide sulfhydrique pendant quatre jours.

Il s'est formé dans le liquide un précipité rouge brun qui n'a pas été abondant. On a laissé reposer pendant vingt-quatre heures encore, puis on a recueilli le précipité sur un filtre, et l'on a conservé le liquide filtré.

Le précipité a été immédiatement traité par une solution de sulfhydrate d'ammoniaque qui l'a noirci en en dissolvant une partie. La portion non dissoute, bien lavée à l'acide sulfhydrique étendu, puis desséchée, a été oxydée par l'acide azotique fumant. On a ensuite évaporé à siccité.

Le résidu ainsi obtenu a été traité par une goutte d'acide sulfurique étendu d'alcool, puis encore évaporé à sec. Ce résidu traité par l'eau et par l'alcool s'est dissous en partie, laissant un résidu blanc. Celui-ci, examiné suivant la méthode des flammes de Bunsen, a fourni les réactions du plomb parfaitement nettes. La portion soluble a été évaporée à sec et examinée par le même procédé.

Les dépôts formés sur la capsule refroidie fournissaient les réactions parfaitement nettes du plomb, qui n'avait pas été séparé par le traitement précédent d'une manière absolument complète. De plus nous déterminions, après l'oxydation du dépôt par le brôme humide, une large auréole carminée au moyen de l'acide iodhydrique fumant. Cette auréole disparaissait sous l'influence du sulfhydrate d'ammoniaque pendant qu'il se formait sur plusieurs points de la capsule des taches noires absolument insolubles dans le sulfhydrate d'ammoniaque, et au milieu desquelles on voyait distinctement à la loupe des globules métalliques brillants, mobiles quand on les frottait avec une barbe de plume, et présentant complètement tous les caractères du mercure étudié d'après cette élégante méthode des flammes.

Dans cette expérience, il restait toujours sur le bâton d'amiante destiné à porter dans la flamme, sous la capsule, la substance à examiner, un résidu non volatil. Celui-ci, passé dans une perle de borax, la colorait en bleu lorsque la perle était maintenue dans la flamme d'oxydation. La coloration bleue disparaissait au contraire dans la flamme de réduction; en ajoutant une trace de chlorure d'étain à la perle et en la rapportant encore dans le feu de réduction, il se manifestait promptement, dans la perle refroidie, une coloration rouge, indice formel du cuivre.

Cette première partie de l'examen nous permet donc de dire déjà que l'eau d'Aulus renferme du plomb, du cuivre et du mercure, suivant toute probabilité.

Nous avons repris, après ces essais, la portion des sulfures métalliques qui s'était dissoute dans le sulfhydrate d'ammoniaque.

La solution traitée par l'acide chlorhydrique a fourni un précipité, qui, recueilli sur un filtre, a été lavé avec soin à l'eau distillée, puis traité sur ce filtre même par une solution de carbonate d'ammoniaque. Ce réactif est passé à travers le filtre très-nettement coloré en jaune, et une portion du précipité ainsi lavé est restée insoluble dans le carbonate alcalin. Ces substances, qui pouvaient être de l'antimoine et de l'étain, ont été mises à part pour être examinées à un autre moment.

La solution colorée en jaune a été traitée par de l'acide chlorhydrique. Quand le carbonate d'ammoniaque a été saturé, il s'est formé un précipité jaune qui, recueilli sur un filtre, lavé et desséché, présentait l'aspect du sulfure d'arsenic. Ce précipité, examiné par la méthode des flammes de Bunsen, a fourni tous les caractères de l'arsenic, dépôt de réduction noir, insoluble dans l'acide nitrique au $\frac{1}{20}$, dépôt d'oxydation blanc, jauni par l'acide iodhydrique fumant, jauni également par l'acide sulfhydrique et par le sulfhydrate d'ammoniaque dans lequel il était complètement et instantanément soluble.

Aux métaux précédents nous pouvons donc ajouter l'arsenic.

Passons maintenant à l'examen du liquide séparé par filtration des sulfures produits par le courant d'acide sulfhydrique prolongé pendant quatre jours.

On a ajouté au liquide d'abord de l'ammoniaque pour saturer l'acide chlorhydrique, ce qui a déjà donné lieu à un précipité noir dont on a augmenté le volume en ajoutant du sulfhydrate d'ammoniaque. Ce précipité était assez abondant. On a fait chauffer notablement le liquide, puis on a laissé refroidir et reposer. Quand le précipité a été réuni dans le fond du vase, on a décanté le liquide surnageant en le passant sur un filtre, et après deux lavages du précipité, à chaud, par décantation, on a tout jeté sur le filtre, où on a encore lavé avec de l'eau légèrement chargée de sulfhydrate d'ammoniaque.

Les sulfures noirs restés sur le filtre ont ensuite été traités par l'acide chlorhydrique au $\frac{1}{10}$ qui a presque tout dissout. Le léger précipité noir resté sur le filtre et non soluble dans l'acide chlorhydrique étendu, ayant été rassemblé dans le fond du filtre au moyen de la pissette, a été desséché. On l'a ensuite détaché du filtre, qu'on a brûlé ; les cendres de ce dernier, réunies aux sulfures détachés et mis dans une capsule de porcelaine, ont été attaqués par l'eau régale. Après dissolution complète de 'la substance, on a filtré, et dans le liquide parfaitement clair on. a précipité par l'ammoniaque le peu de fer qui pouvait exister. L'oxyde de fer ainsi produit, a été jeté dans les eaux de lavage (acide chlorydrique au $\frac{1}{10}$) de la masse des sulfures. Il s'y est dissous. Le liquide séparé de l'oxyde de fer évaporé à sec a fourni un résidu léger qui, mis dans une perle de borax, la colorait nettement en bleu cobalt, cette coloration persistant, soit qu'on mît la perle dans la flamme de réduction, soit qu'elle fût placée dans la flamme d'oxydation. Quand on prolongeait le séjour de cette perle dans la flamme de réduction, sa transparence se troublait notablement en gris noirâtre.

Nous avons conclu de là à la présence du cobalt et du nickel.

La portion des sulfures et des oxydes solubles dans l'acide chlorhydrique au $\frac{1}{10}$ a été traitée par l'acide azotique, et on a fait bouillir le liquide jusqu'à ce que sa couleur soit devenue jaune foncé, ce qui indiquait que les oxydes, réduits à un minimum d'oxydation par le sulfhydrate d'ammoniaque, étaient de nouveau passés à un maximum d'oxydation. La quantité d'acide chlorhydrique contenue dans le liquide étant déjà considérable, et l'ammoniaque en excès que l'on devait ajouter pour précipiter le fer, devant former

une suffisante quantité de chlorhydrate d'ammoniaque pour
maintenir en solution le manganèse et le zinc, on n'a
ajouté, par précaution, qu'une petite quantité de chlorhydrate d'ammoniaque. Après cela, le liquide renfermant les
métaux oxydés a été vidé peu à peu dans une solution d'ammoniaque que l'on agitait toujours. Le fer a été ainsi précipité. On l'a jeté sur un filtre où on a longtemps lavé
l'oxyde à l'eau bouillante.

Les liquides de la filtration ont été réunis et on les a fait
bouillir de manière à chasser l'excès d'ammoniaque, puis
on a traité par le sulfhydrate d'ammoniaque, dont la présence a déterminé la formation d'un précipité blanc qui a
insensiblement bruni, prenant ainsi l'aspect un peu gris
sale.

Ce précipité, jeté sur un filtre et desséché, a bruni plus
sensiblement encore. On en a fondu une parcelle avec un
peu de nitrate de cobalt, et la coloration verte prise par la
masse fondue, a permis de dire que ce précipité renfermait du
zinc en abondance. Il est probable également qu'il y avait
un peu de manganèse dont la présence devait avoir déterminé, sans doute, la coloration brune de l'oxyde de zinc. ·

Ajoutons donc aux métaux déjà signalés le manganèse,
le zinc et le fer.

L'oxyde de fer, qui avait été recueilli sur le filtre après la
précipitation par l'ammoniaque, avait une coloration un peu
claire permettant de soupçonner avec lui la présence soit
de l'alumine, soit de phosphates terreux.

On a desséché cet oxyde de fer, qui a été ensuite fondu
avec un mélange de nitrate de potasse et de carbonate de
soude. La masse fondue, reprise par l'eau qui a laissé le fer
insoluble, a été soumise à un courant d'acide sulfhydrique,
puis on a traité par l'ammoniaque à chaud. Le précipité
ainsi formé, recueilli et lavé, s'est laissé presque complètement dissoudre par une petite quantité de lessive de soude
bouillante. La portion restée insoluble, bien lavée et passée

dans une perle de borax, lui donnait une couleur *tirant* un peu sur le vert émeraude persistant partout dans la flamme.

La présence du chrome était donc probable dans cette portion des résidus.

La solution produite par la lessive de soude traitée par l'acide chlorhydrique d'abord, puis par l'ammoniaque, a fourni un précipité gélatineux qui, desséché et fondu avec un peu de nitrate de cobalt, donnait une masse d'un bleu caractéristique indiquant d'une manière sûre la présence de l'alumine.

L'alumine fait donc partie des substances qui minéralisent l'eau de la source des Trois-Césars.

Examen de la portion insoluble dans l'eau régale

La portion du résidu total insoluble dans l'eau d'abord, dans l'eau régale bouillante ensuite, aurait constitué pour tout chimiste, une masse simplement composée de sulfates alcalino-terreux ou terreux, et de silice. C'est ainsi que généralement on considère la portion des résidus en présence de laquelle nous nous trouvons actuellement. Il faut avouer que la chose semble de prime abord assez naturelle.

L'expérience nous a cependant démontré que c'était presque toujours dans cette portion des résidus provenant de nos analyses que se trouvaient presque tous les métaux.

Il serait difficile que pour quelques-uns il en fût autrement. En effet, la plupart des métaux du groupe du chrome et du fer deviennent insolubles après une calcination prolongée. C'est donc là qu'il faut les chercher. D'autre part, les métaux insolubles dans l'acide chlorhydrique doivent également se trouver soit en totalité, soit en partie dans ce même résidu. Enfin, rien ne nous dit qu'il ne se fait pas entre la silice et les métaux, de même qu'entre les sulfates alcalino-terreux et les métaux, des combinaisons doubles que l'action de l'eau régale ne peut détruire.

C'est donc guidé par les motifs scientifiques que je viens d'invoquer, en même temps que par le simple raisonnement géologique, car les filons de gypse et de baryte renferment de métaux nombreux, et souvent très-nombreux, que j'ai été conduit à examiner avec attention ces résidus, que j'avais toujours vu négliger jusqu'à ce jour par les autres chimistes.

Nous avons cherché à nous débarrasser d'abord, dans l'énorme résidu que nous avions à traiter, du sulfate de chaux. A cet effet, nous avons mis la masse insoluble dans une solution concentrée de carbonate d'ammoniaque à une douce chaleur. L'opération a duré environ un mois. Chaque jour on avait le soin d'agiter plusieurs fois le liquide, de manière à bien mettre en contact le carbonate d'ammoniaque avec le sulfate de chaux. Après ce laps de temps, nous nous sommes aperçus qu'une faible partie de la chaux était seule transformée, et cette opération a été arrêtée. On a filtré le liquide, et la masse insoluble, lavée largement et longtemps à l'eau bouillante, a été desséchée.

On a procédé alors d'une autre manière. La masse totale séchée a été pesée, et on a pris 500 grammes de substance que l'on a mélangée intimement à trois fois son poids de carbonate de soude et de nitrate de potasse. On a cherché à fondre le tout dans un creuset de platine. Mais comme l'opération aurait duré longtemps, vu l'exiguité du creuset de platine que nous employons, nous avons conservé à part les premières portions fondues dans ce creuset et nous avons achevé la fusion dans un creuset en fer de Styrie, ayant le soin après chaque chauffe de vider la portion fondue dans une grande capsule de platine. Lorsque l'opération a été terminée, nous avons traité par l'eau bouillante la masse fondue qui s'est ainsi divisée en deux portions, l'une soluble, l'autre insoluble.

1º Portion insoluble.

Elle a été traitée par l'acide chlorhydrique bouillant. On a évaporé à sec, maintenu le résidu à 120 degrés pendant douze heures, puis on l'a repris par l'eau très-fortement acidulée par l'acide chlorhydrique, qui a tout dissous à l'ébullition, moins la silice, et peut-être une portion des métaux réputés insolubles dans l'acide chlorhydrique. On a filtré pour retenir la silice.

Dans le liquide filtré, on a fait passer un courant d'acide sulfhydrique très-prolongé, et l'on a ensuite laissé reposer pendant vingt-quatre heures, après quoi l'on a filtré. On a eu d'un côté les sulfures précipités, de l'autre tous les métaux non précipités par l'acide sulfhydrique. Les sulfures restés sur le filtre ont été mis en digestion dans du sulfure de potassium. Après vingt-quatre heures de séjour, le sulfure de potassium ayant dissous les métaux du groupe de l'arsenic a été reçu dans un flacon, et les eaux de lavage du filtre ont été réunies aux eaux mères. Ce liquide était coloré en brun. Les sulfures restés sur le filtre et non dissous par le sulfure de potassium étaient également brun foncé un peu chamois.

Le liquide a été traité par l'acide chlorhydrique. Il s'est formé un précipité brun chamois qu'on a recueilli sur un filtre. Ce précipité, bien lavé à l'eau distillée, a été mis dans une solution de carbonate d'ammoniaque, dont on l'a séparé par filtration après douze heures de digestion. Le liquide filtré avait une couleur jaune d'or foncé. On a traité par l'acide chlorhydrique ; celui-ci a déterminé l'apparition d'un précipité de sulfure jaune d'arsenic, qu'on a recueilli par filtration et qu'on a conservé. Les sulfures non dissous par le carbonate d'ammoniaque, ont également été mis en réserve.

Nous avons vu que le sulfure de potassium n'avait pas

dissous tous les sulfures avec lesquels on l'avait laissé en contact. Ces sulfures étaient formés par les métaux de la section du cuivre. On les a desséchés, d'abord, puis détachés du filtre pour les faire tomber dans un vase en verre de Bohême ; on leur a joint les cendres du filtre qu'on a brûlé dans un fil de platine, puis on a attaqué le tout à chaud par de l'acide azotique fumant.

Pendant l'incinération du filtre, il s'est produit d'abondantes vapeurs indiquant déjà la présence des métaux volatils.

L'acide azotique fumant a difficilement attaqué ces sulfures. Cependant une portion s'est dissoute en fournissant un liquide vert, pendant qu'il restait une autre portion à l'état de poudre brune, presque noire. A mesure que la solution se concentrait, il se déposait des cristaux blancs laissant supposer la présence du plomb. On a ajouté une goutte d'acide sulfurique et on a évaporé à siccité, puis l'on a repris le résidu avec de l'eau fortement alcoolisée. Ce liquide s'est coloré en vert. On l'a séparé par filtration du résidu insoluble, qu'on a lavé avec de l'eau alcoolisée. Toutes ces eaux de lavages réunies à la liqueur alcoolique mère ont été, avec elle, évaporées à siccité, et le résidu repris par l'eau a été dissous immédiatement. L'addition d'ammoniaque à cette eau a produit un précipité bleu soluble dans un excès de réactif, et le liquide a pris une teinte bleu céleste foncé, caractéristique, annonçant la présence d'une grande quantité de cuivre.

Quant au résidu, insoluble d'abord dans l'acide azotique fumant et concentré, puis dans l'eau alcoolisée, on l'a plusieurs fois lavé avec une solution de potasse chaude. Ce résidu avait une coloration blanc grisâtre. Le traitement par la potasse l'a fait immédiatement noircir, pendant que la substance blanche qui donnait primitivement la couleur grise se dissolvait dans le liquide potassique. On a jeté le tout sur un filtre de petite dimension et l'on a lavé avec de l'eau distillée bouillie et chaude.

Le résidu insoluble resté sur le filtre a été immédiatement essayé par la méthode des flammes de Bunsen. On porta une parcelle de ce résidu avec le petit bâton d'amiante, sous la capsule vernie et refroidie, dans la flamme de réduction. Il se produisit immédiatement sur la capsule un dépôt gris, à peine visible, disséminé. Ce dépôt, oxydé par le brôme humide et mis dans de la vapeur d'acide iodhydrique, prit une coloration jaune avec quelques points carminés, il y avait en même temps une auréole carminée disséminée sur le fond de la capsule. En rapprochant alors la capsule de vapeurs de sulfhydrate d'ammoniaque, on voyait l'auréole carminée disparaître partout où ces vapeurs touchaient la capsule, et il se produisit une masse de points noirs insolubles dans le sulfhydrate d'ammoniaque. Au milieu de chacun de ces points noirs l'on distinguait très-nettement à la loupe un ou deux globules métalliques, brillants, que l'on divisait facilement avec un fil de platine très-fin, et qui avaient complètement l'apparence de globules de mercure.

Pendant que le sulfure que nous venons de décrire était porté avec le bâton d'amiante dans la flamme de réduction, au-dessus de la capsule, il fut facile de voir qu'à peine la substance se trouva chauffée au rouge, elle changea instantanément d'aspect, de noire elle devint blanche ; et même à l'œil nu l'on pouvait facilement reconnaître que c'était un métal blanc d'argent qui s'était manifesté. En regardant à la loupe, l'apparence métallique était indiscutable et l'on voyait distinctement que ce métal était spongieux. Nous recueillîmes immédiatement cette substance que nous traitâmes par l'acide azotique fumant. Elle fut promptement dissoute, et il se produisit pendant l'opération des vapeurs rutilantes.

Le liquide ainsi obtenu fut évaporé à sec et donna lieu à la production d'un résidu cristallin, ressemblant tout-à-fait à du nitrate d'argent. Ce résidu se dissolvait rapidement dans l'eau ; l'acide chlorhydrique y produisait un précipité blanc, caillebolé, qu'un excès d'ammoniaque dissolvait. En ajoutant de l'acide nitrique à la solution ammoniacale, on faisait reparaître le précipité blanc, caillebolé, qui brunissait à la lumière. Le chromate de potasse déterminait également un précipité rouge caractéristique dans la solution de ce nitrate. Enfin, la potasse y formait un précipité brun.

Il n'y avait pas de doute possible : le métal spongieux, débarrassé du mercure par volatilisation et ayant subi cette réduction, était de l'argent.

Nous pouvons donc ajouter aux métaux déjà signalés : le cuivre, le plomb, l'argent et le mercure, ainsi que l'arsenic.

Les sulfures qui nous avaient fourni l'argent et le mercure ayant été repris par l'eau régale, ont été dissous en partie seulement, car le chlorure d'argent formé était presque tout précipité. Il y en avait cependant encore une petite quantité en solution dans le liquide acide. Pour l'en débarrasser complètement, nous avons évaporé lentement à sec, puis repris par l'eau. Une petite quantité de chlorure d'argent est restée insoluble, et dans le liquide filtré nous avons précipité le peu de mercure qui y existait au moyen de l'acide sulfhydrique. On a conservé sur deux petits filtres le sulfure de mercure ainsi produit.

Au premier abord, on trouvera extraordinaire que l'argent ait pu se trouver, d'après la marche de l'analyse, dans le liquide chlorhydrique que nous avons soumis au courant prolongé d'acide sulfhydrique. Récapitulons, en effet, la série d'opérations que nous avons fait subir au résidu insoluble de la grande évaporation.

On a attaqué ce résidu en le faisant fondre avec du carbonate de soude et du nitrate de potasse. Par cette opération, on a transformé en carbonate de chaux le sulfate de la même base constituant le résidu de l'évaporation ; en même temps, tous les métaux, à peu près oxydés par le nitrate de potasse, étaient transformés en carbonates, et il se formait du sulfate de soude. Par la filtration et par les lavages, on s'est débarrassé du sulfate de soude et de tous les sels solubles, tandis que le filtre a arrêté tous les carbonates de chaux, de strontiane, etc., et ceux des autres métaux que l'on sait être insolubles dans l'eau.

Quand on a attaqué ces carbonates par l'acide chlorhydrique, on les a transformés en chlorures. Si dans ces carbonates il y avait, comme dans le cas actuel, du carbonate d'argent, celui-ci a dû se transformer également en chlorure, que l'on dit complètement insoluble dans l'acide chlorhydrique. Donc, d'après la théorie classique, ce serait dans la portion insoluble de cette attaque que nous aurions dû retrouver l'argent, et non dans la portion soluble. Aussi la présence de l'argent dans cette partie du liquide doit être expliquée pour que les doutes ne puissent pas planer sur les résultats que nous ont fourni notre consciencieuse analyse.

D'après M. Isidore Pierre (*Journal de Pharm. et de Chim.*, t. XXII, page 237), l'acide chlorhydrique bouillant et fumant peut dissoudre $\frac{1}{200}$ de son poids de chlorure d'argent; et même lorsqu'il est étendu de deux fois son volume d'eau, il en dissout encore $\frac{1}{600}$. Voilà donc déjà un motif pour que nous puissions retrouver l'argent là où nous l'avons retrouvé dans l'analyse. De plus, nous savons que les chlorures alcalino-terreux (et nous avions ici une grande quantité de chlorure de calcium provenant de la décomposition du carbonate de chaux par l'acide chlorhydrique), peuvent, comme les chlorures alcalins, dissoudre le chlorure d'argent. Voilà donc une seconde raison qui explique pourquoi nous avons rencontré l'argent avec les sulfures de cuivre et de mercure.

Un fait que nous ne saurions expliquer est le suivant : C'est que le chlorure d'argent que nous avons obtenu, et qui était parfaitement et complètement soluble dans l'ammoniaque, s'est seulement coloré en gris foncé, par son exposition pendant neuf mois à la lumière.

Nous avons alors procédé à l'examen des sulfures solubles dans le sulfure de potassium, dont nous avions séparé le sulfure d'arsenic au moyen du carbonate d'ammoniaque.

Ces sulfures ont été séchés à 100 degrés, puis on les a détachés soigneusement du filtre qu'on a carbonisé, et l'on a attaqué les sulfures et les cendres du filtre, au moyen de l'acide chlorhydrique. Celui-ci s'est fortement coloré en jaune verdâtre, laissant une portion des substances inattaquées malgré une ébullition prolongée. Les portions insolubles ont été séparées par décantation et lavées de même, puis on les a jetées sur un petit filtre lavé à l'acide chlorhydrique.

Le liquide traité par l'ammoniaque a sensiblement bleui. Il y avait donc du cuivre. On a ajouté ce liquide aux liquides cuivriques existant déjà.

Les portions insolubles dans l'acide chlorhydrique, laissées sur le petit filtre précédent, ont été attaquées avec le filtre par l'eau régale, dans laquelle elles se sont dissoutes sans laisser de résidu. La liqueur avait une couleur jaune d'or. On l'a évaporée à sec, pour chasser l'excès d'eau régale, puis on a dissous le résidu dans l'eau distillée. On a divisé le liquide en deux portions. Dans l'une, du carbonate de potasse n'a produit aucun précipité, même en concentrant. Dans l'autre, le sulfate de protoxyde de fer, à froid, ne donnait aucune réaction ; à chaud, il se formait un précipité brun, mais malgré cela le liquide conservait sa couleur jaune d'or.

Nous n'avons pu pousser plus loin cette recherche, par suite de l'altération involontairement produite de la liqueur et du précipité. C'est regrettable, car elle semblait contenir de l'or.

Passons maintenant à l'examen du liquide que nous avions primitivement séparé des sulfures métalliques produits par le passage du courant d'acide sulfhydrique, dans la solution acide provenant de l'attaque de la partie du résidu insoluble dans l'eau après la fusion avec le carbonate de soude et le nitrate de potasse. Ce liquide renfermait encore les métaux de la section du fer, les oxydes du groupe de l'alumine et du chrome, ainsi que les terres alcalines et les alcalis.

On a saturé l'acide chlorhydrique par de l'ammoniaque, puis on a ajouté un excès de sulfhydrate d'ammoniaque et l'on a légèrement chauffé. Le précipité noir très-abondant, recueilli sur un filtre, a été lavé à l'eau distillée renfermant quelques gouttes de sulfhydrate d'ammoniaque, puis on a dissous ces sulfures dans de l'acide chlorhydrique au $\frac{1}{10}$. Une portion est restée complètement insoluble sur le filtre. On lui a fait subir le même traitement que nous avons indiqué plus haut, et nous avons pu nous assurer que cette portion insoluble était constituée par du sulfure de cobalt et du sulfure de nickel.

La solution chlorhydrique a été concentrée par l'ébullition, puis on a oxydé par l'acide azotique les métaux qu'elle contenait. Le traitement par l'ammoniaque a précipité le fer, l'alumine, le chrome, les phosphates, qu'on a séparés par filtration, et dans le liquide on a constaté des traces de manganèse et une abondante proportion de zinc retenus par l'excès de chlorhydrate d'ammoniaque et d'ammoniaque.

Le sulfure de zinc obtenu n'était pas complètement blanc, il était au contraire blanc sale et brunissait fortement par la dessiccation. On a repris plusieurs fois ce sulfure par l'acide chlorhydrique, et l'on a cherché à le débarrasser du manganèse qui l'accompagnait en oxydant celui-ci au moyen du brôme, sans pouvoir y arriver. Le sulfure, qui était blanc sale quand nous l'avons précipité, était complètement blanc après neuf mois de séjour dans l'éprouvette où nous l'avions enfermé.

Le précipité obtenu par l'ammoniaque, et qu'on avait séparé du liquide renfermant le zinc et le manganèse, avait été retenu sur un filtre. Ce précipité fut traité à chaud pendant une demi-heure au moins par de la potasse à l'alcool. L'oxyde de fer se fonça considérablement, et le précipité total diminua sensiblement de volume. On jeta sur un filtre et le liquide que l'on obtint passa très-légèrement coloré en jaune. Craignant que la potasse ne fût pas pure et ne contînt un peu d'alumine, nous précipitâmes de nouveau en faisant passer un courant d'acide sulfhydrique. Nous obtînmes un précipité blanc avec une légère apparence verte. On le mit de côté pour le joindre à d'autres précipités du même ordre que nous savions devoir obtenir plus tard dans une autre partie de l'analyse.

Nous conservâmes également à part le précipité d'oxyde de fer traité par la potasse, afin de l'examiner avec les prochains précipités de même nature.

Nous négligeâmes de séparer, pour le moment, l'acide phosphorique qui accompagnait l'oxyde de fer, mais dont nous constatâmes cependant la présence en en réduisant une parcelle à l'état d'hydrogène phosphoré, et en en traitant une autre parcelle, dissoute dans l'acide azotique, au moyen du molybdate d'ammoniaque.

Le liquide qu'on avait séparé par filtration des sulfures obtenus par le sulfhydrate d'ammoniaque, renfermait la chaux. On évapora ce liquide en lui ajoutant de l'acide sulfurique, et par l'évaporation à siccité on eut du sulfate de chaux qui fut débarrassé par sublimation des sels ammoniacaux.

Ayant le projet de conserver toute la chaux à l'état de sulfate, nous joignîmes ce sulfate de chaux à celui que nous avions déjà recueilli.

2° Portion soluble.

On l'a traitée par l'acide chlorhydrique en excès, et lorsque tout l'acide carbonique a été chassé, on a évaporé à siccité, de manière à rendre la silice insoluble en chauffant à 110 degrés pendant une journée. Le résidu, repris par l'eau fortement acidulée par l'acide chlorhydrique , a fourni une silice un peu brune et que nous avons soupçonné devoir être accompagnée des métaux. On a de nouveau lavé cette silice à plusieurs reprises avec de l'acide chlorhydrique étendu, et elle a fini par devenir blanche. Les liquides chlorhydriques ont été joints à la liqueur chlorhydrique mère.

On a fait passer à chaud (40° environ) un courant d'acide sulfhydrique pendant vingt-quatre heures. Les sulfures bruns obtenus ont été séparés du liquide et retenus sur un· filtre ; on les y a largement lavés à l'eau distillée chargée d'acide sulfhydrique. Puis on les a mis en digestion dans le sulfhydrate d'ammoniaque. On a ainsi séparé les sulfures du groupe de l'arsenic des sulfures du groupe du cuivre.

Les premiers, en solution dans le sulfhydrate, ont été traités par l'acide chlorhydrique qui les a précipités. Jetés sur un filtre et lavés à l'eau distillée bouillie et chaude, ils ont été mis en digestion dans une solution de carbonate d'ammoniaque qui a dissous du sulfure d'arsenic. Les autres sulfures ont été mis en réserve. L'arsenic, précipité à l'état de sulfure par l'addition d'acide chlorhydrique à la solution de carbonate d'ammoniaque, a été conservé sur un filtre.

Les seconds sulfures non dissous par le sulfhydrate d'ammoniaque ont été lavés à l'acide sulfhydrique, puis on les a séchés et on les a oxydés, en même temps que le filtre, en attaquant ·par l'acide azotique fumant. L'examen du liquide, fait suivant les procédés déjà décrits, a fourni des résultats indiquant que ces sulfures étaient un mélange de sulfure de cuivre, de sulfure de plomb (très-petite quantité), de sulfure de mercure (sensible).

Le liquide chlorhydrique, séparé des sulfures formés par l'acide sulfhydrique, a été chauffé dans une grande capsule et on a ajouté de l'ammoniaque d'abord, puis du sulfhydrate d'ammoniaque. Il s'est produit un précipité noir qu'on a laissé déposer au fond de la capsule, puis on a décanté, et finalement on a jeté le précipité sur un filtre où il a été lavé avec de l'eau chargée de sulfhydrate d'ammoniaque. Ce précipité, traité par l'acide chlorhydrique au $\frac{1}{10}$, s'est dissous presque en entier, laissant une très-petite quantité de substance noire non attaquée. On s'est assuré que, suivant les procédés déjà décrits, cette substance noire était du sulfure de cobalt.

Le liquide chlorhydrique obtenu a été chauffé, traité par l'acide azotique pour porter tous les métaux dissous à leur maximum d'oxydation, puis on a versé la solution dans une solution d'ammoniaque qui a précipité le fer, le chrome, l'alumine, les phosphates, etc., laissant en solution le manganèse et le zinc, grâce au chlorhydrate d'ammoniaque formé par l'ammoniaque en présence de l'acide chlorhydrique de la liqueur, et à l'excès d'ammoniaque Le précipité a été séparé du liquide par filtration, et dans ce dernier on a constaté la présence du zinc et du manganèse en suivant les procédés qualitatifs déjà décrits.

Le précipité, traité par la potasse pure, a été en partie dissous, et la portion non dissoute, formée par de l'oxyde de fer principalement, a sensiblement bruni. On a filtré, le précipité retenu a été bien lavé à l'eau distillée bouillante, et l'on a fait passer dans le liquide un courant d'acide sulfhydrique qui a déterminé la formation d'un précipité gris-verdâtre, provenant sans doute de la présence d'une certaine quantité d'alumine et d'une quantité notable de chrome. Ce précipité, recueilli sur un filtre, a été accidentellement perdu et nous n'avons pu faire la séparation des deux oxydes (1).

Quant à l'oxyde de fer, séparé du liquide qui nous avait fourni l'alumine et le chrome, on l'a réuni à l'oxyde de fer

_____

(1) Nous avions pu cependant y constater la présence du chrome par la perle de borax.

déjà retrouvé dans la partie insoluble décrite au chapitre précédent.

Si l'on n'a pas perdu la mémoire de ce qui a été dit plus haut au sujet des sulfures accompagnant le sulfure d'arsenic après les divers traitements par l'acide sulfhydrique, l'on se rappellera que ces sulfures, séparés de celui de l'arsenic, avaient été mis à part pour être examinés en temps convenable.

Nous n'avions sur ces filtres qu'une très-faible quantité de substance. Les procédés les plus simples et les plus courts pour nous permettre d'arriver à la connaissance des substances ainsi conservées, étaient le procédé des flammes de Bunsen et l'examen par la perle de borax.

Nous avons porté une parcelle de la substance, sur un bâton d'amiante dans la flamme de réduction, au-dessous d'une capsule vernie refroidie par l'eau. Il s'est formé sur la capsule un dépôt noir, insoluble dans l'acide azotique au $\frac{1}{20}$. Une nouvelle parcelle de substance, portée dans la flamme d'oxydation sous la capsule, a donné un dépôt blanc que l'acide iodhydrique fumant a coloré partie en orangé-rouge, partie en brun-noir. Le même dépôt, porté au-dessus de l'acide sulfhydrique, se colorait en rouge-orangé et la portion noire restait brun-noir.

Il était facile en même temps de voir dans la flamme une coloration d'un vert rappelant, non pas celui que le cuivre donne à la flamme, mais celui qui lui est communiqué par le tellure.

Comme d'un côté la substance volatilisée donnait des dépôts noirs avec les dépôts rouge-orangé de l'antimoine (iodure et sulfure), rapportables au tellure, nous avons pensé qu'il y avait probablement dans ces dépôts des traces de tellure.

La substance placée sur le bâton d'amiante ne s'était pas complètement volatilisée dans l'examen par la méthode des flammes. Nous fîmes passer cette portion non volatilisée dans une perle de borax qui ne fut pas colorée. Nous pré-

parâmes alors une nouvelle perle de borax avec un peu de
sulfate de cuivre, et nous ajoutâmes à ce sel une petite
quantité de la substance du filtre. La perle, fondue et portée
dans la flamme de réduction, sembla se colorer légèrement
en rouge, ce qui indiquait que la substance introduite était
de l'étain.

Ce qui restait de substance sur le filtre fut traité par
l'acide chlorhydrique d'abord, puis par l'eau régale. La
solution, évaporée à sec, ne bleuit pas sous l'influence
d'une goutte d'ammoniaque. Il n'y avait donc pas de
cuivre.

La solution ainsi traitée fut chauffée suffisamment pour
chasser l'excès d'ammoniaque. On reprit de nouveau le
précipité par l'acide chlorhydrique, on évapora presque à
siccité et l'on reprit par quelques gouttes d'eau. Dans le
liquide on ajouta un peu d'acide tartrique, on divisa en
deux portions. Dans la première on ajouta un fragment
d'étain sur lequel se déposa en poudre noire de l'antimoine
que l'on caractérisa par les flammes. Dans la seconde, l'addition d'un peu de potasse détermina par l'ébullition la
formation d'un très-léger précipité noir qui pouvait bien
être de l'étain, cependant nous ne pûmes le caractériser, il
n'y en avait pas assez.

Ainsi les opérations que nous venons de décrire nous
permettent de dire qu'il y avait de l'antimoine et probablement des traces d'étain et de tellure? dans l'eau d'Aulus
soumise à notre analyse.

La strontiane et la baryte avaient déjà été constatées
avec un grand soin dans les analyses antérieures. Nous
avons recherché ces deux substances sur 4 litres d'eau
seulement, en précipitant à la fois chaux, baryte et strontiane, et faisant la recherche de la baryte et de la strontiane
par le procédé suivant :

Les oxalates, transformés en carbonates par la calcination,
ont été traités par l'acide nitrique. Les nitrates, évaporés à

sec, ont été traités par l'alcool qui a dissous celui de chaux laissant les deux autres insolubles. Ces deux nitrates, transformés en chlorures en les chauffant avec de l'acide chlorhydrique, ont été évaporés à sec et traités par l'alcool qui a dissous le chlorure de strontium laissant le chlorure de baryum insoluble. L'examen de ces deux chlorures au spectroscope a permis d'affirmer, sans hésitation, la présence dans l'eau d'Aulus de la strontiane et de la baryte, comme d'ailleurs dans nos analyses précédentes nous les avions constatées.

La marche suivie dans les recherches précédentes nous a permis de constater, ainsi que l'on peut s'en assurer par la lecture attentive de notre analyse qualitative, les acides carbonique, sulfurique, phosphorique, nitrique et silicique, ainsi que le chlore et l'iode.

Nous pouvons donc résumer notre analyse qualitative en disant que l'eau de la source des Trois Césars renferme :

1° *Acides* : Acides carbonique, sulfurique, phosphorique, nitrique, silicique, chlorhydrique, iodhydrique.

2° *Bases alcalines* : Soude, potasse et lithine (1), ainsi que l'ammoniaque.

3° *Bases alcalino-terreuses* : Chaux, strontiane, baryte, magnésie.

4° *Oxydes du* 3me *groupe* : Alumine et chrome.

5° *Métaux du* 4me *groupe* : Fer, manganèse, zinc, cobalt, nickel.

6° *Métaux du* 5me *groupe* : Cuivre, plomb, argent, mercure.

---

(1) Le rubidium, signalé dans une analyse antérieure, est absent ici : l'analyse a été faite sur l'eau dans des conditions d'aménagement différentes que dans mes premiers essais.

7º *Métaux du* 6ᵐᵉ *groupe* (1) : Etain, tellure (2), antimoine, arsenic.

8º Matière organique.

Toutes ces substances extraites par nous des eaux d'Aulus ont été mises dans notre vitrine de l'Exposition universelle, ainsi que dans celle de la Compagnie des eaux d'Aulus. Cette dernière a désiré que les flacons exposés soient déposés dans le musée de l'Ecole centrale des Arts et Manufactures. Nous y avons consenti avec le plus grand plaisir.

Dans cette collection se trouve un flacon renfermant environ 4 kilos du résidu insoluble dans l'acide chlorhydrique et dans l'eau régale, que nous avons fondu avec le nitrate de potasse et le carbonate de soude pour en extraire les métaux. Je serais très-heureux qu'un autre chimiste veuille bien entreprendre l'étude de ce résidu en suivant les procédés que je viens de décrire. Le chimiste consciencieux qui voudrait se livrer à l'analyse de ce résidu, pourrait demander directement à la Compagnie propriétaire, de lui procurer de l'eau de ses sources pour obtenir directement par lui-même un résidu semblable à celui que j'ai exposé et dont j'ai décrit la composition. Il résulterait de cette étude comparative une vérification affirmative de tous les résultats que j'ai avancés.

Si pareil travail était entrepris, je me mettrais avec empressement à la disposition de celui qui voudrait contrôler d'une manière sérieuse et réellement consciencieuse les faits avancés. Je lui montrerais une série de réactions obte-

---

(1) Par prudence, je ne donne pas l'or et le platine comme faisant partie des métaux entrant dans la composition de cette eau, mais on devra dans une autre analyse sérieuse faire leur recherche.

(2) Nous devons dire que la présence du tellure et de l'étain doit être donnée comme très-probable, mais non comme absolument sûre. Dans les analyses antérieures, surtout dans la première, la présence de ces substances était sûre.

nues dans le cours de mon étude, réactions indiquant des faits inattendus, que je ne veux publier en détail qu'après les avoir constatés de nouveau sur des résidus d'eaux minérales semblables à ceux que laissent les eaux d'Aulus.

Pour moi, la science peut et doit être considérée par ceux qui l'aiment réellement, non comme un sujet de discorde entre savants consciencieux, mais comme un sujet d'union d'idées, d'union de forces intellectuelles, d'où peuvent sortir de grandes découvertes utiles à l'humanité. A ce titre, j'appelle à la vérification des faits que j'ai avancés, et que j'avancerai encore en hydrologie, non pas les esprits mesquins qui se sont donné pour tâche d'annihiler les découvertes qui troublent la conscience de leurs travaux antérieurs, mais les esprits larges qui cherchent la vérité.

Analyse quantitative.

L'analyse quantitative a été faite avec tout le soin et toute la rigueur voulue. Les dosages ont été répétés deux et trois fois, de manière à arriver à des résultats aussi exacts que possible.

Nous allons décrire les procédés suivis :

1º **Acide carbonique** : A. Acide carbonique total.

Nous avons traité 5 litres d'eau séparément dans cinq flacons différents, et à la source même, par une solution concentrée de potasse pure non carbonatée. Nous avons ainsi fixé l'acide carbonique libre que pouvait renfermer l'eau minérale. Ces flacons, parfaitement bouchés, ont été transportés au laboratoire. On les a traités par du chlorure de baryum, et après une forte agitation, on a laissé les liquides devenir parfaitement limpides. On a alors décanté avec le plus grand soin et avec le plus de rapidité possible le liquide surnageant le précipité. Celui-ci a été lavé dans le

flacon même à plusieurs reprises avec de l'eau distillée
bouillie, et toujours par décantation. On a enfin jeté le précipité sur un filtre où on l'a encore lavé à l'eau distillée
bouillie et chaude; celle-ci passait neutre. Ce filtre, renfermant le précipité, a été mis dans un flacon avec une petite
quantité d'eau distillée; on l'a vigoureusement agité de manière à le mettre en suspension dans le liquide, puis on a
ajouté de la teinture de tournesol, et l'on a traité par un
excès d'acide étendu et titré. On a ensuite saturé l'excès
d'acide par de la potasse titrée de manière à saturer exactement l'acide en excès. De la quantité d'acide et de potasse
employés, on a pu conclure à la quantité de carbonate de
baryte saturé, et de là à la quantité d'acide carbonique.

Nous avons ainsi vu qu'un litre d'eau renfermait $0^{gr},1055$
d'acide carbonique total.

B. Acide carbonique combiné.

On a précipité directement dans l'eau l'acide carbonique
combiné, au moyen du chlorure de baryum. Le précipité,
recueilli sur un filtre, a été lavé et traité comme le précédent
par l'acide chlorhydrique titré. On a ainsi calculé qu'il y
avait dans l'eau $0^{gr},0034$ d'acide carbonique combiné.

C. Acide carbonique libre.

La différence entre l'acide carbonique total et l'acide carbonique combiné a donné l'acide carbonique libre. Il y en
avait $0^{gr},1021$.

2° Acide sulfurique.

Un litre d'eau a été concentré et puis acidulé par l'acide
chlorhydrique. On l'a traité alors par du chlorure de baryum, à
chaud, et le précipité formé, recueilli sur un filtre, calciné

et lavé suivant les indications de Frézénius avec de l'acide chlorhydrique, a été pesé. Du poids du sulfate de baryte ainsi préparé et pur, on a calculé qu'il y avait 1^{gr},2788 d'acide sulfurique par litre d'eau.

3° Acide nitrique.

On a concentré 2 litres d'eau, on les a séparés par filtration du précipité formé. La partie liquide, mise dans un tube et traitée d'après le procédé de Boussingault par l'acide chlorhydrique pur, en présence de sulfate d'indigo parfaitement pur, a permis de constater par la décoloration du sel d'indigo d'abord, puis par l'apparition constante de la couleur vert chrome de ce sel, qu'il y avait des quantités notables d'acide azotique, trop faibles, cependant, pour être dosées d'une manière exacte.

4° Chlore.

On a traité directement 10 litres d'eau par du nitrate d'argent, après avoir acidulé cette eau avec de l'acide azotique. L'on a mis le liquide, après l'avoir bien agité, à reposer à l'abri de la lumière pour laisser déposer le chlorure formé, puis on a décanté, et le chlorure d'argent, recueilli sur un filtre à l'abri de la lumière, a été lavé, séché et détaché du filtre, pour être fondu et pesé dans un creuset de porcelaine. On a incinéré le filtre séparément et les cendres ont été pesées à part. Avec leur poids on a calculé la quantité d'argent qu'elles renfermaient à l'état métallique, puis on a calculé le poids correspondant de chlorure d'argent. Le chlorure d'argent détaché du filtre a été fondu et pesé. En joignant son poids à celui du chlorure d'argent calculé par l'argent, on a eu un poids total qui a permis de voir que le poids du chlore correspondant à un litre d'eau était 0^{gr},0015.

5° Alcalis.

On a fait concentrer 20 litres d'eau jusqu'à 2 litres, puis on a traité par le baryte de manière à tout précipiter moins les alcalis. On a filtré ; le liquide limpide obtenu, joint avec les eaux de lavage du précipité barytique, a été concentré, filtré, traité par le carbonate d'ammoniaque, jeté sur un filtre qui a retenu le carbonate de baryte. Ce précipité a été lavé à l'eau bouillante à plusieurs reprises. On a concentré le liquide dans une capsule de porcelaine, puis on a achevé la concentration, dans une capsule de platine, avec addition d'acide chlorhydrique, où l'on a fait dessécher le résidu avant de le chauffer fortement pour chasser les sels ammoniacaux. On a fondu au rouge cette masse desséchée. Après cela, on a repris ces chlorures par l'eau distillée. Ils se sont dissous, laissant une petite quantité de substance insoluble. On a filtré, puis fait encore évaporer les liquides de la filtration de manière à obtenir un résidu salin qu'on a encore fondu dans la capsule de platine Cette opération étant terminée et la masse fondue ayant été mise à refroidir à l'abri de l'humidité, on a pesé la capsule avec la masse saline. Le poids de la capsule étant connu, on a pu savoir le poids total des sels fondus. Ceux-ci, constitués par du chlorure de sodium et du chlorure de potassium, ont été dissous dans l'eau distillée, puis mélangés à un excès de chlorure de platine et enfin évaporés à siccité. Les chloroplatinates de soude et de potasse ainsi formés, repris par un mélange d'alcool et d'éther, ne se sont pas complètement dissous. Seul, le chloroplatinate de potasse est resté insoluble. On l'a pesé sur un filtre taré, et de son poids on a pu calculer celui de la potasse correspondante, et par conséquent on a pu en conclure la quantité de chlorure de potassium que représentait cette potasse.

Ayant le poids des chlorures de sodium et de potassium

réunis, nous avons pu calculer la quantité de soude de ces chlorures.

Nous avons ainsi pu savoir qu'il y avait par litre d'eau 0^{gr},0031 de soude, et 0^{gr},0027 de potasse.

Le chloroplatinate de potasse nous a permis de constater qu'il n'y avait pas de cæsium ni rubidium.

6° Ammoniaque.

Nous avons dosé l'ammoniaque en distillant un litre d'eau d'après le procédé Boussingault, et en dosant l'ammoniaque dans le deuxième liquide distillé, au moyen d'une solution titrée d'eau de chaux et d'acide sulfurique.

Il y avait par litre 0^{gr},0001 d'ammoniaque.

7° Chaux, Strontiane et Baryte.

Nous avons pesé ensemble ces trois bases alcalino-terreuses. Un litre d'eau a été traité par le chlorhydrate d'ammoniaque et l'ammoniaque, puis par un bon excès d'oxalate d'ammoniaque. On a laissé reposer pendant douze heures après avoir chauffé. On a ensuite recueilli le précipité sur un filtre où on l'a lavé à l'eau distillée chaude ; le précipité obtenu a été séché, puis fortement calciné dans le fourneau Leclerc avec la soufflerie, pendant vingt minutes. On a pesé une première fois, et on a rapporté le creuset de platine et le précipité au fourneau Leclerc. Après une seconde chauffe, le poids du creuset ne changeant pas, on a calculé le poids de la chaux, en retranchant du poids total le poids du creuset taré d'avance.

Mais comme l'on avait supposé que le poids des métaux contenus dans l'eau, et précipités par l'oxalate d'ammoniaque, pouvait faire varier le poids de la chaux de son poids réel, on a dissous cette chaux dans l'acide chlorhydrique et l'on a traité le liquide par l'acide sulfhydrique à chaud.

Le précipité obtenu a été séparé par filtration, et le liquide nouveau traité par l'ammoniaque de manière à saturer exactement l'acide chlorhydrique, puis on a traité à chaud par l'ammoniaque et le sulfhydrate d'ammoniaque. Il s'est formé un léger précipité brun qu'on a séparé du liquide par filtration, et l'on a de nouveau précipité la chaux par l'oxalate d'ammoniaque. Cet oxalate a été calciné au fourneau Leclerc, comme précédemment, et par la pesée on a pu avoir le poids exact de cette chaux. Il était de 0^{gr},8332, représentant à la fois : chaux, strontiane et baryte.

Il est certain que le précipité formé par le sulfhydrate d'ammoniaque doit contenir une trace de chaux provenant de la précipitation d'une trace de phosphate de chaux, à cause de la présence d'une trace d'acide phosphorique. Donc la pesée de la chaux doit être un peu trop faible. Mais comme dans le premier précipité nous avions en plus, comptés comme chaux, les métaux précipités actuellement par l'acide sulfhydrique et par le sulfhydrate d'ammoniaque, la première pesée était trop forte de beaucoup.

Nous considérons donc le poids de la chaux, tel que nous le donnons, comme se rapprochant infiniment plus de la vérité que lorsque nous le donnions sans avoir procédé à la seconde précipitation.

8° Magnésie.

Le liquide séparé de l'oxalate de chaux dans la première précipitation avait été conservé. On ajouta un peu d'ammoniaque et un bon excès de phosphate d'ammoniaque. Après vingt-quatre heures, il s'était formé un précipité cristallin de phosphate ammoniaco-magnésien que l'on recueillit sur un filtre où il fut lavé à l'eau ammoniacale d'abord, puis à l'ammoniaque bouillante. On le sécha ; il fut incinéré et pesé. Du poids de ce précipité, nous pûmes calculer qu'il y avait 0^{gr},0749 de magnésie par litre d'eau.

9° Fer et Manganèse.

Les dosages du fer et du manganèse ont été faits sur 20 litres d'eau. On a évaporé à sec ces 20 litres d'eau, et on a fondu le résidu avec du nitrate de potasse et du carbonate de soude. Le produit de la fusion, insoluble dans l'eau, fut attaqué par l'acide chlorhydrique. On évapora à sec pour rendre insoluble la silice non dissoute dans la fusion, et l'on reprit par l'eau acidulée par l'acide chlorhydrique. On filtra, puis on fit passer un courant d'acide sulfhydrique dans le liquide. Le précipité ainsi formé fut recueilli sur un filtre, mis en digestion dans le sulfhydrate d'ammoniaque, et le liquide filtré fut traité par l'ammoniaque et le sulfhydrate d'ammoniaque. Après qu'on eut chauffé pendant quelques instants le liquide, on le filtra. Les sulfures reçus sur un filtre furent dissous dans l'acide chlorhydrique et on les oxyda par l'acide nitrique à chaud, puis ayant ajouté du chlorhydrate d'ammoniaque, on versa le liquide dans une solution d'ammoniaque maintenue en agitation. Le précipité qui fut ainsi formé se rassembla peu à peu dans le fond du vase, et on le jeta alors sur un filtre où on le lava à l'eau bouillante. Les eaux de lavage furent réunies aux eaux mères, pendant que le précipité ocreux fut porté à l'étuve.

Dans le liquide ainsi séparé on fit passer un courant d'acide sulfhydrique qui fournit un précipité rose brun, on le recueillit sur un filtre ; lavé à l'eau distillée, il fut mis à l'étuve et desséché.

On brûla séparément chacun de ces deux filtres précédents, et du poids des cendres obtenues on calcula qu'il y avait 0^{gr},0023 de fer et 0^{gr},00002 de manganèse.

Ces poids ne sont pas l'expression exacte de la vérité, mais il nous importait de les calculer d'après des opérations semblables à celles qui avaient servi à ces mêmes dosages dans les précédentes analyses.

10° Plomb et arsenic.

Le précipité obtenu par l'acide sulfhydrique dans le cours de l'opération précédente avait été mis en digestion dans du sulfhydrate d'ammoniaque. Nous séparâmes par filtration le liquide du faible précipité Appelons le liquide, liquide *a*, et le filtre, filtre *b*.

Le liquide *a* fut traité par l'acide chlorhydrique, qui détermina la formation d'un précipité brun jaunâtre. Ce précipité, recueilli sur un filtre, y fut lavé à l'eau distillée chaude, et puis traité par digestion dans une solution de carbonate d'ammoniaque. Après vingt-quatre heures de séjour, on sépara le liquide de ce précipité fort léger, puis on traita la solution de carbonate d'ammoniaque, légèrement colorée en jaune, par l'acide chlorhydrique. Il se forma un très-léger précipité jaune qui fut recueilli sur un filtre taré ; on le lava, le dessécha, puis il fut pesé.

Nous pûmes ainsi juger, d'après le poids de ce sulfure d'arsenic, qu'il y avait à peu près 0^{gr},000022 d'arsenic par litre.

Le filtre *b*, ayant été desséché, fut mis dans un petit verre de Bohême avec de l'acide azotique fumant. Quand il fut, ainsi que les sulfures qu'il contenait, parfaitement oxydé, on évapora à sec en ajoutant une goutte d'acide sulfurique. Puis on reprit par l'alcool qui laissa sans le dissoudre un résidu à peu près blanc. Ce résidu, mis sur un filtre taré, fut pesé et considéré comme sulfate de plomb.

Nous calculâmes d'après lui qu'il devait y avoir à peu près 0^{gr},00015 de plomb par litre d'eau.

Nous ne saurions donner ces derniers nombres, appliqués aux dosages du fer, du manganèse, du plomb et de l'arsenic, comme des nombres parfaitement exacts. Ils expriment à peu près la teneur de l'eau en chacun de ces métaux. Nous croyons néanmoins qu'ils ne peuvent de beaucoup s'écarter de la vérité.

Résumant maintenant l'ensemble des résultats quantitatifs et qualitatifs que nous venons d'indiquer, nous dirons que l'on peut considérer un litre d'eau des Trois Césars comme renfermant les éléments suivants :

Acide carbonique libre	C^{gr}, 1021
Acide carbonique fixe	0, 0034
Acide sulfurique	1, 2788
Acide phosphorique	traces
Acide nitrique	traces
Acide silicique	0, 0148
Chlore	0, 0015
Iode	traces
Soude	0, 0031
Potasse	0, 0027
Lithine	traces
Ammoniaque	0, 0001
Chaux, strontiane, baryte	0, 8332
Magnésie	0, 0749
Alumine	traces nettes
Chrome	traces
Fer	0, 0023
Manganèse	0, 00002
Zinc	abondant
Cobalt et nickel	très-net
Cuivre et argent	abondants
Mercure	très-net
Plomb	0, 00015
Arsenic	0, 000022
Etain et tellure	traces très-faibles
Antimoine	traces?
Matière organique (1)	0, 0148
	2, 334192

(1) Son dosage a été fait par calcination sur le résidu d'un litre d'eau.

Comparons le poids du nombre obtenu par l'addition des nombres divers fournis par l'analyse (2^{gr},334), aux nombres exprimant le poids total du résidu salin contenu dans un litre d'eau de la source des Trois Césars.

Nous avons pesé la totalité des sels laissés par la grande évaporation. Les sels solubles dans l'eau avant le traitement de leur résidu sec par l'alcool pesaient 995 grammes. Les sels insolubles pesaient 8310 grammes. Dans le maniement de ces derniers sels, avant leur pesée, on avait perdu environ 20 grammes de substance. Le poids total de tous les sels réunis dans la grande évaporation était donc de 9325 grammes, c'est-à-dire de 2^{gr},331 par litre.

D'autre part, la pesée d'un litre d'eau nous a indiqué que ce litre d'eau pesait 1002^{gr},339, c'est-à-dire qu'en ne tenant pas compte de la loi des contractions et des dilatations des solutions salines, le poids total des sels contenus dans l'eau, devait être de 2^{gr},339.

Enfin, le résidu salin de ce litre d'eau, pesé et obtenu en faisant évaporer l'eau à 100 degrés, desséchant à 110 degrés et pesant le résidu, peut être considéré comme ayant encore de l'eau d'hydratation. Le poids de ce résidu avec son eau d'hydratation était de 2^{gr},339.

L'on voit combien tous ces nombres 2^{gr},331, 2^{gr},339, 2^{gr},334, se rapprochent les uns des autres et viennent prouver que les résultats doivent se rapprocher beaucoup de la vérité.

CONCLUSIONS

Les eaux d'Aulus sont, ainsi qu'on l'a prouvé ailleurs, d'un grand secours aux malades surtout dans les affections se rattachant à la goutte et à l'herpétisme. Dans les cas de syphilis, elles produisent des résultats qui doivent fixer l'attention des médecins (1).

Avant la monographie chimique que je soumets aujourd'hui au public, l'action des eaux d'Aulus pouvait être un vrai mystère pour les malades et pour les médecins. Je n'ai pas la prétention, par mon travail, de déchirer complètement le voile qui nous cache encore tant de faits curieux et qui nous empêche de saisir à fond le mode d'action de ces eaux. Mais il me semble intéressant de constater que la clinique

(1) Mais il est curieux, en outre, de voir les eaux d'Aulus agir comme antisyphilitique, de voir également l'action de ces eaux sur certains malades, pour ainsi dire gorgés de mercure, sans que pour cela ils aient obtenu un résultat satisfaisant pour leur guérison.

J'ai pu observer deux malades, qui, après avoir subi un traitement mercuriel prolongé sans en avoir obtenu de résultat, se sont trouvés pris, sous l'influence de la boisson de l'eau d'Aulus, d'accidents de salivation excessivement sensibles, et rappelant tout-à-fait les accidents de salivation mercurielle.

Ces deux malades, qui sont venus accidentellement me consulter à leur passage à Ax (pour le premier) et à Luchon (pour le second), étaient tous deux atteints d'une syphilis rebelle à tout traitement mercuriel. Ce traitement avait été prolongé pendant quatre mois chez l'un et pendant près de huit mois chez l'autre. Fatigués de voir leur maladie (plaques muqueuses, roséole syphilitique avec douleurs hémicraniennes violentes) se prolonger, malgré leur assiduité à prendre du mercure (liqueur de Van Swieten, et proto-iodure), ils voulurent suivre un traitement par les eaux sulfurées, ce qui les conduisit à ma consultation. Je les engageai tous deux à aller à Aulus, d'abord, puis, après un traitement de un mois dans cette station, ils devaient venir user des bains sulfurés comme pierre de touche.

Le premier malade, après quinze jours d'un traitement consciencieu-

et la chimie ont ici une tendance à se donner la main, et de montrer que malgré l'obscurité qui règne sur la thérapeutique thermale, il ne faut pas perdre l'espoir de voir un jour cette action médicinale des eaux s'expliquer très-bien par la chimie, surtout depuis que le Burquisme est venu augmenter nos ressources cliniques et thérapeutiques.

Pour ce qui est d'Aulus, deux faits restent frappants. D'abord, ces eaux produisent une action des plus salutaires quand on les emploie contre la syphilis. En second lieu, parmi les substances que l'analyse nous a permis d'y décéler (et nous ne craignons pas d'affirmer qu'il y en a d'autres que les moyens scientifiques actuels ne permettent pas d'isoler encore), nous en trouvons trois : le chrome, le mercure et l'argent qui ont été employées ou sont employées même de nos jours comme antisyphylitiques.

Or, nous ne savons pas de quelle façon ces substances

---

sement suivi par l'eau en boisson, rentra à Ax avec des accidents singuliers, que je voyais pour la première fois se produire dans de semblables conditions. Il s'agissait d'une stomatite franche, avec salivation excessive et goût métallique très-prononcé dans la bouche. Le malade fut mis en traitement par les émollients, le chlorate de potasse et l'iodure de potassium. Les phénomènes qu'il éprouvait furent assez long à céder. Il partit d'Ax en bon état. Malheureusement, je n'ai pu suivre la marche de son affection syphilitique et j'ignore ce qu'elle est devenue.

Le second malade éprouva sous l'influence de l'eau d'Aulus des phénomènes analogues au malade précédent, mais infiniment moins violents. La salivation se déclara pendant l'usage de la boisson de l'eau Darmagnac, et fut assez forte pour impressionner le malade, mais non pour lui faire interrompre le traitement, pendant lequel elle disparut comme elle était venue, sans faire le moindre remède.

L'on sait que le docteur Campardon, vieux médecin de Luchon, avait signalé un cas de salivation avec stomatite produite par l'usage des eaux de Luchon, chez un syphilitique imprégné de mercure. J'ai vu également à Luchon un cas semblable.

Ce n'est pas ici le lieu d'entreprendre la discussion de faits semblables, mais il est intéressant de les signaler à l'attention des médecins.

sont combinées soit les unes aux autres, soit avec celles qu'y décèle encore l'analyse ; nous ignorons donc complètement quelle est la combinaison qui agit sur les malades ; nous ne savons pas s'il faut une faible dose ou une dose élevée de la substance active, dans tel ou tel cas déterminé. Notre analyse nous laisse dans le vague, lorsque nous cherchons à constater si les substances que nous isolons dans une eau sont douées des mêmes propriétés physiques et chimiques que celles qui nous paraissent identiques dans nos laboratoires, et que nous sommes habitués à ne voir que dans un état, pour ainsi dire de mort, tandis que l'eau minérale nous les porte avec une certaine vie.

Il est donc prématuré, pour le moment, de chercher à expliquer l'action de l'eau d'Aulus, tout aussi bien que l'action d'une eau minérale quelconque. Nous connaissons trop peu et trop mal la composition de ces produits fabriqués dans le laboratoire gigantesque de la nature, et avec des moyens d'action tellement différents, par leur puissance, de ceux que nous employons dans nos laboratoires, qu'il serait téméraire de croire à l'identité absolue des lois qui président dans les deux cas aux combinaisons, aux formations et aux propriétés de ces produits, ainsi qu'à l'identité des substances composant ces produits.

Contentons-nous de rapprocher, de comparer, d'ouvrir le chemin à des recherches nouvelles. Là où notre savoir s'arrêtera pour marquer les limites des conclusions actuellement possibles, commencera le champ d'action de nos successeurs. Ils seront appelés à voir plus profondément et à conclure avec plus de chances que nous n'en avons aujourd'hui, pour approcher de plus près la vérité.

Ce nouveau travail analytique, sur lequel j'appelle l'attention et les vérifications des savants calmes et désireux de voir clair dans l'hydrologie, peut être le point de départ d'une phase nouvelle en hydrologie médicale. Je ne le donne pas comme un modèle irréprochable à suivre pour faire une analyse chimique, d'après une méthode arrêtée dans tous ses détails. Il est simplement destiné à mettre au jour par des procédés un peu longs, mais en somme corrects, des faits dont je garantis l'authenticité d'une façon absolue.

Si nous avions à recommencer la même analyse, nous modifierions probablement plusieurs points des méthodes suivies. Les faits imprévus en présence desquels nous nous sommes trouvés, nous ont montré que les eaux riches en sels alcalino-terreux sont infiniment plus difficiles à analyser, d'une manière complète, que les autres, et qu'il faut leur consacrer une méthode spéciale.

Le vrai moyen d'atteindre le but, en chimie hydrologique, n'est pas de procéder toujours de la même manière dans les analyses. Le chimiste doit aussi être géologue et savoir d'avance d'où émane l'eau dont il a à connaître la composition. Etant habitué à déterminer la nature des terrains d'où s'échappe une source, l'âge géologique des failles à travers lesquelles les sources viennent au jour, la nature des filons métallifères qui existent dans les vallées qu'enrichissent les sources minérales, il lui sera facile de combiner d'avance la méthode générale de recherche qu'il devra employer dans tel ou tel cas déterminé, et il pourra, d'avance, présumer les métaux que telle ou telle source devra renfermer.

La vallée d'Aulus est sillonnée de filons de plomb argentifère, de cuivre, de zinc, de roches chromées et magnésiennes, etc.

Il était naturel de chercher dans les sources minérales de la vallée, qui autrefois ont déposé ces métaux et qui les déposent encore, le plomb, l'argent, le chrome, le zinc, etc. Il était tout aussi naturel de les y retrouver, et leur absence seule aurait lieu d'étonner le naturaliste.

Que le médecin hydrologiste devienne donc chimiste et géologue. C'est là une simple affaire de direction d'études

et de bonne volonté pour s'astreindre au travail. Il prouvera
alors que l'hydrologie est une vraie science qu'il faut faire
sortir, par cette voie, du domaine de l'inconnu dans lequel
la maintiennent des questions d'amour-propre froissé, des
questions d'intrigues personnelles, et, ce qui est pire, des
questions d'exploitation pécuniaire qui sont la honte de
quelques pseudo-savants.

Les Bordeu, les Pidoux, les Durand-Fardel, les François,
les Gubler, les Richelot, les Doyon, etc., nous ont ouvert la
voie scientifique de l'hydrologie. Suivons-les-y donc avec
l'ardeur et l'honnêteté qui doivent distinguer les vrais savants.

Séance du 26 janvier 1881.

Présidence de M. Bidaud.

M. Lavocat communique à la Société le résultat de ses recherches sur les :

Homotypies musculaires des membres.

Pour établir le parallèle entre les muscles des membres
thoraciques et ceux des membres pelviens, on est mal guidé
par les traités classiques de Myologie, dans lesquels les muscles, et surtout ceux des membres pelviens, sont classés sans
ordre et sans méthode, même au point de vue physiologique.
Cette confusion, jointe à diverses erreurs de détermination,
est loin de favoriser la recherche des homotypies.

La distribution des muscles à examiner doit être faite
d'après des principes rationnels. C'est ainsi qu'un muscle ne
peut être compris dans telle ou telle région des membres,
qu'autant qu'il est moteur du rayon suivant.

Il faut aussi, dans les attaches musculaires, distinguer les principales des secondaires. — De même, pour les connexions : il en est qui sont essentielles, et d'autres qui ne sont qu'accessoires.

Il importe également de remarquer que, par adaptation fonctionnelle, la construction osseuse et musculaire est symétriquement inverse d'un membre à l'autre, pour les deux premiers rayons, tandis que la concordance est directe, pour les deux dernières régions ; — et que les grands rayons du membre thoracique sont fléchis en sens inverse des rayons similaires du membre pelvien.

Quelques exemples suffiront pour démontrer l'exactitude de ces bases fondamentales.

Les muscles scapulaires externes, *sus* et *sous-épineux*, sont reproduits par les muscles *Fessiers*.

Le muscle *sous-scapulaire* est répété par les *Psoas*, constituant la région iliaque interne supérieure.

Vient ensuite la région iliaque interne inférieure, comprenant les *Adducteurs de la cuisse, les Obturateurs*, etc., muscles qui correspondent à l'*Omo-brachial*, à la bande axillaire des Pectoraux, etc. On voit, ici, que les muscles pelviens sont plus forts et plus divisés que ceux de l'épaule ; aussi, les mouvements de la cuisse sont-ils plus énergiques que ceux du bras.

A cette première section des membres, appartient le *grêle postérieur du bras*, petit muscle distinct, chez les Equidés et les Suidés . son homotype est le *grêle antérieur de la cuisse*, dans les Equidés et les Carnassiers ; et il est représenté, chez l'homme, par le *tendon réfléchi*, attribué à la longue portion du Triceps crural.

C'est surtout dans la comparaison des muscles de la cuisse et du bras, que se manifeste l'inversion précédemment indiquée : les organes antérieurs du bras deviennent postérieurs, à la cuisse, et réciproquement ; mais il n'y a pas de changement pour les plans externe et interne : ce qui prouve que ni l'un, ni l'autre rayon n'est retourné.

Le *Triceps crural* est évidemment homotype du *Triceps brachial :* les attaches et les fonctions sont identiques. Le Triceps crural se termine au Tibia par l'intermédiaire du sésamoïde rotulien et de ses ligaments inférieurs, de même que le Triceps brachial se termine au Radius par l'intermédiaire de l'Olécrâne cubital, bien que la Rotule et l'Olécrâne ne soient pas analogues. Le Triceps brachial étend l'avant-bras en arrière, comme le Triceps crural étend la jambe en avant.

Le *Biceps brachial* et le *Brachial antérieur* sont exactement répétés, en arrière de la cuisse, par le *Demi-tendineux* et le *Demi-membraneux*, qui procèdent de l'Ischium, comme le Biceps brachial naît de l'apophyse coracoïde. L'insertion terminale est analogue pour ces muscles, fixés, les uns en dedans du Radius, et les autres en dedans du Tibia. Quant aux fonctions, elles sont essentiellement semblables, c'est-à-dire, flexion de l'avant-bras en avant et flexion de la jambe en arrière.

La région externe de la cuisse comprend le muscle du *Fascia-lata*, le *Crural-externe* et le *Biceps-fémoral*. Ces trois muscles, distincts et bien développés chez le bœuf, représentent le *Deltoïde*, qui recouvre la région brachiale externe et se prolonge par aponévrose jusque sur le coude. Les rapports et les attaches sont analogues, ainsi que les fonctions d'abducteurs du bras ou de la cuisse et de tenseurs de l'aponévrose externe brachiale ou fémorale.

Aux muscles du bras, on doit rattacher les *Pronateurs* et les *Supinateurs*, moteurs de l'avant-bras. Les *Pronateurs* ne sont pas reproduits dans les membres pelviens; mais les deux *Supinateurs* ont pour homotypes le *Poplité* et le *Jambier postérieur*. De part et d'autre, ces muscles occupent le plan de la flexion, à laquelle ils concourent; ils sont obliques en bas et en dedans; ils ont les mêmes attaches supérieures et inférieures; la seule différence consiste en ce que, la jambe et l'avant-bras étant fléchis en sens opposé, les muscles de la section poplitée font tourner la jambe en dedans, tandis que les Supinateurs renversent en dehors l'avant-bras, ainsi que la main.

Les muscles de la jambe répètent *directement* ceux de l'avant-bras. Dans les deux membres, les uns sont moteurs du métatarse ou du métacarpe, et les autres sont moteurs des phalanges. Pour ces derniers, il y a similitude complète de situation, de rapports et d'attaches ; il y a aussi concordance d'action, puisque les phalanges des membres pelviens sont étendues en avant et fléchies en arrière, comme celles des membres thoraciques.

Quant aux muscles moteurs du métacarpe et du métatarse, la corrélation est aussi exacte ; mais il y a inversion fonctionnelle : les muscles *Radiaux*, extenseurs du métacarpe, sont représentés par le *Jambier antérieur*, fléchisseur du métatarse ; et, dans la section postérieure, les muscles *Cubitaux*, fléchisseurs du métacarpe, sont répétés par les *Jumeaux*, extenseurs du métatarse. Ces muscles, incontestablement homotypes par leur position et leurs attaches, n'ont pas abandonné leurs rapports, les uns avec les Extenseurs, et les autres avec les Fléchisseurs des phalanges. C'est là un remarquable exemple d'organes changeant de fonction, pour conserver leurs connexions.

La comparaison de la main et du pied ne présente pas de difficultés sérieuses. En outre des tendons extenseurs et fléchisseurs communs des phalanges, on voit, de part et d'autre, des petits muscles moteurs du 1er et du 5e doigt, ainsi que des *Lombricaux* et des *Interosseux* : tous se répètent exactement ; mais ils se modifient, selon la construction et la destination des extrémités.

En résumé, pour les muscles de l'épaule et de la région iliaque, pour ceux du bras ou de la cuisse, la répétition est inverse ; mais les parties externes d'un membre ne deviennent pas internes, dans le membre correspondant.

La corrélation est directe, à l'avant-bras et à la jambe, ainsi qu'à la main et au pied.

Ces analogies démontrent que les membres thoraciques et pelviens sont construits sur le même modèle. Elles prouvent aussi qu'aucun rayon n'est retourné ou n'a subi une torsion quelconque ; — que le parallèle méthodique des membres thoraciques et pelviens doit être établi par la comparaison des membres du même côté ; — et que les homotypies sont aussi manifestes chez l'homme que dans les quadrupèdes, pourvu que l'avant-bras et la main soient examinés en pronation naturelle.

A la suite de cette communication, M. Trutat fait remarquer l'utilité considérable des recherches de l'anatomie comparée ; il fait voir que la plupart des auteurs qui ont cherché à établir le parallélisme du membre antérieur avec le membre postérieur n'ont eu en vue que l'homme ; de là des difficultés pour ainsi dire insurmontables; aussi à peu près tous sont tombés dans de singulières erreurs. L'anatomie comparée seule pourrait donner la solution du problème, et c'est ce que vient de démontrer très-complètement M. Lavocat.

Séance du 9 février 1881

Présidence de M. Bidaud.

Le Président proclame membre titulaire de la Société M. Debat-Ponsan, présenté par MM. Trutat et Chalande.

M. Trutat donne lecture du travail suivant :

Nouveau modèle de microscope simple.

Le microscope simple a conservé pendant longtemps la réputation de permettre seul des recherches sérieuses, con-

trairement au microscope composé. Mais les progrès rapides
de l'art de l'opticien ont bientôt donné à ces derniers instruments une perfection telle, que toute critique devenait impossible, et de là une véritable réaction contre le microscope
simple auquel on reprochait ses faibles pouvoirs amplifiants.
Maintenant, il est peu de laboratoires où l'on fasse grand
usage du microscope simple, et la plupart des travailleurs
donnent toutes leurs préférences aux lentilles faibles du microscope composé.

C'est là cependant une pratique mauvaise, car le microscope simple possède une qualité toute spéciale et extrêmement importante pour les dissections : *il ne renverse pas les
images.* Il est vrai qu'au moyen d'un prisme convenablement
placé sur l'oculaire du microscope composé, il est possible
de redresser les images ; mais la disposition même de l'instrument gêne les différentes manœuvres nécessitées par une
dissection.

D'où peut provenir cette sorte d'ostracisme jeté sur le microscope simple ? Simplement de certains défauts de constructions que présentent tous les modèles actuellement dans
le commerce.

Le microscope simple le plus ancien, je ne parle, bien
entendu, que des instruments modernes et suffisamment bien
construits pour permettre des recherches sérieuses, est le microscope de Cuff, décrit par cet auteur en 1756 dans son
Histoire des Corallines. Celui-ci se composait d'une boîte sur
laquelle se vissait une colonne creuse portant à son extrémité supérieure une sorte de table (platine) percée d'une ouverture et portant en dessous un miroir articulé. Une seconde
tige entrant à frottement dans la colonne creuse se terminait
par un bras horizontal, à l'extrémité duquel se plaçaient les
lentilles amplifiantes.

Cet instrument à peine modifié, est connu maintenant
sous le nom de microscope Raspail, et nous ne pouvons
guère comprendre cette substitution, car les modifications

apportées par cet auteur sont de bien peu d'importance.

Il existe actuellement dans le commerce différents modèles de microscopes simples, et le lecteur connaît certainement les instruments construits par MM. Chevalier, Nachet, Prazmowski et Vérick. Il est donc inutile de les décrire.

Tous ces modèles, à côté de qualités sérieuses, pêchent plus ou moins sous certains rapports, et leur maniement est assez gênant pour leur faire préférer dans presque tous les laboratoires le microscope composé.

Bien entendu qu'en ceci nous ne voulons parler que de l'emploi du microscope simple dans les dissections, et nos critiques perdent beaucoup de leur importance dans le cas de simples observations.

Un premier défaut provient de la difficulté de modifier l'éclairage, sans faire mouvoir l'appareil tout entier : ce défaut est particulièrement sensible dans les modèles Vérick et Prazmowski, il est causé par les deux plans inclinés latéraux, qui ne permettent au miroir de prendre la lumière que sur la face antérieure de l'instrument.

Dans le microscope Nachet, ce défaut existe aussi, mais il est moindre par suite de la plus petite étendue des ailes latérales de la platine.

La plupart des modèles Chevalier ne présentent pas cet inconvénient, leurs platines étant libres.

Sous ce rapport le microscope de Cuff était préférable, et la platine réduite à un simple anneau dans le microscope Raspail, laisse arriver la lumière de tous côtés, et permet ainsi d'éclairer l'objet observé sous toutes les incidences possibles.

Un second défaut que nous reprochons à tous ces instruments, et celui-là paraîtra singulier au premier abord, est celui qui empêche l'observateur de trouver facilement à placer l'œil contre la lentille amplifiante. L'impossibilité de trouver un éclairage convenable autrement qu'en prenant la lumière par la face antérieure de l'instrument, oblige for-

cément l'observateur à avoir devant soi la colonne du
microscope et les boutons moletés de la mise au point ;
toutes parties plus ou moins saillantes et qui viennent obsti-
nément buter contre la figure de l'observateur. Le nez surtout est du plus malencontreux effet, il vient toujours cogner
contre quelque partie saillante, bien heureux quand il n'ac-
croche pas la préparation ou ne déplace pas la lentille.

Ce défaut est en réalité celui qui fait mettre de côté le microscope simple, et dans tous les laboratoires que nous avons
fréquentés, il n'est pas un travailleur qui ne soit convenu
avec nous que c'était bien là le grand défaut de cet instrument.

Mais, comme nous l'avons déjà dit, le microscope simple
est indispensable dans les dissections, il ne renverse pas les
images, aussi serait-ce un tort très-grand que de l'abandonner.

Dans le modèle que nous allons décrire, nous nous sommes efforcé de corriger ces différentes imperfections, et si
nous ne nous faisons illusion, nous sommes arrivé à les éli-
miner d'une manière à peu près complète.

Nous avons été singulièrement aidés dans nos essais par
M. Molteni, auquel nous avons confié la construction de cet
instrument.

Notre premier soin a été de rendre possible l'éclairage de
tous côtés ; nous avons donc été obligé tout d'abord de sup-
primer les ailettes de la platine et les plans inclinés. Mais il
fallait cependant donner aux mains un point d'appui pour les
dissections ; pour arriver à ce résultat, nous avons abaissé la
platine le plus possible, et de cette façon la main trouve un
point d'appui sur la table elle-même où se place le microsco-
cope. Le bras étant posé à plat sur la table et la main fortement relevée, permettent aux doigts d'atteindre facilement la
platine et de manœuvrer les aiguilles ou les scalpels nécessaires aux dissections. En ceci nous avons simplement imité
le microscope composé de dissection de M. de Lacaze-Du-
thiers.

Mais en abaissant ainsi la platine, il ne restait plus assez de place pour loger le miroir ; nous avons donc évidé le pied dans sa partie centrale, et c'est ainsi que nous avons été amené à donner la forme d'un anneau à la base de l'appareil. Cet anneau rempli de plomb donne une grande stabilité à l'appareil tout entier.

La platine est, à peu de chose près, semblable à celle du microscope Raspail, c'est une simple bague, portant à sa partie intérieure une feuillure dans laquelle peuvent se placer des plaques de cuivre noirci, percées au centre d'ouvertures de différentes grandeurs , des plaques de verre plan, ou bien encore des verres de montre.

Enfin deux valets peuvent se fixer sur la base de la platine et permettent de maintenir en place la préparation.

Le porte-lentille est muni de deux mouvements : de haut en bas par une crémaillère, et d'avant en arrière par une coulisse avec vis de serrage ; enfin, tout le système tourne librement autour de son axe.

Il est facile de comprendre que ces diverses modifications rendent libres tous les abords du porte-loupe : la colonne et les boutons moletés peuvent se mettre à volonté sur l'un ou l'autre côté, car, dans toutes les positions, le miroir peut prendre convenablement la lumière, et de cette façon ce malheureux nez, si gênant avec les autres modèles, trouvera toujours à se loger.

Séance du 23 février 1881.

Présidence de M. BIDAUD.

Le Président proclame membre titulaire de la Société, M. le Dr CADÈNE, présenté par MM. Regnault et Trutat.

M. H. CHALANDE met sous les yeux de la Société un

Nouveau système de châssis destiné à conserver les plantes classées dans les herbiers.

Ce châssis présente de nombreux avantages sur tous les systèmes vulgairement employés par les botanistes.

Généralement on réunit les plantes desséchées entre deux feuilles de carton un peu fort et on les lie avec une corde, ou bien on emploie de grands cartables en carton qui s'attachent sur les trois côtés restés ouverts.

Le premier de ces systèmes a plusieurs défauts graves :

1° Près des surfaces les échantillons prennent une forme convexe qui peut amener leur bris;

2° Les coins se détériorent facilement et les plantes qui s'y trouvent sont avariées ;

3° L'opération de détacher et rattacher chaque paquet est, malgré toute l'habileté possible, longue et ennuyeuse ; c'est un des principaux obstacles aux recherches que l'on pourrait faire dans les herbiers, et qui fait que les collections des musées trouvent peu de visiteurs.

Les cartables en carton que l'on emploie, quoique présentant un progrès sur l'autre mode, sont encore défectueux :

1° Si l'on veut éviter la convexité des côtés, il faut donner une épaisseur énorme aux cartons qui les forment ;

2° L'ouverture et fermeture, quoique moins longue, est loin d'être rapide ;

B'

0,465

0,055   0,225   0,055

D'   F   D'   F

0,007

0,330

0,330

D   D

3° Le prix, lorsqu'ils réunissent toutes les conditions désirables, en est fort élevé.

Dans le cartable que je vais décrire, je crois avoir obvié à tous ces inconvénients.

Il est en bois et se compose de six petites lattes de bois de sapin de 25 millimètres de large sur 7 d'épaisseur et d'une longueur de 46 cent. 1/2 (1); elles sont reliées entre elles à 7 cent. des deux extrémités, par deux fortes traverses en sapin CC, C'C' de 5 cent. 1/2 de large sur 33 cent. de long, et 2 cent. d'épaisseur; les lattes qui forment les bords extérieurs de ce clayonnage sont dans les points DD, D'D' vissés à la traverse au lieu d'être simplement cloués comme les autres.

Ces deux clayonnages, relativement légers, sont réunis par une planchette de 46 cent. 1/2 de long, 7 cent. de large et 1 1/2 d'épaisseur. La réunion se fait au moyen de 4 charnières ordinaires en fer EE, E'E' de 5 cent. de long, fixées par 6 vis chacune.

La fermeture se fait au moyen de deux anneaux à vis F'F' et de deux crochets à vis GG', de 11 cent., fixés dans l'épaisseur des traverses CC.

Telle est la description rapide de cet instrument qui peut être susceptible de perfectionnements de détails, mais dont l'ensemble répond aux qualités désirées. Il n'est pas aussi lourd qu'on pourrait le supposer de prime abord.

Le clayonnage, en outre qu'il aère les plantes, a comme légèreté un grand avantage sur une planche à laquelle on serait obligé de donner une grande épaisseur pour obtenir la force que nous obtenons ici par le croisement des deux fils du bois; de plus, les traverses offrent pour la fixation des charnières et des crochets un point d'appui solide et qui permet même de continuer la pression des plantes dans

_____

(1) Toutes les mesures indiquées ont pour bases le format de mon herbier, par conséquent, on peut les modifier proportionnellement si le format change.

l'herbier. Il n'y a que le dos du cartable qui en raison de sa faible étendue n'a été formé que d'une seule planchette.

Un des plus grands avantages de ce modèle est obtenu par les crochets qui permettent de l'ouvrir et de le fermer solidement avec une extrême rapidité.

L'appareil est peu coûteux, surtout si l'on a à sa portée une scierie mécanique pour la confection des petites lattes; on peut faire faire les autres pièces par un menuisier et le monter soi-même : de la sorte, il ne revient pas même à 1 franc.

Je crois ce châssis surtout utile pour les grandes collections, très-longues à visiter, notamment celles des musées, qui deviendraient plus accessibles et dont la conservation, qui laisse souvent à désirer, serait assurée.

Séance du 9 mars 1881.

Présidence de M. BIDAUD.

Le Président proclame membre titulaire de la Société M. PONTINE, présenté par MM. Chalande et Lacroix.

Le Secrétaire-général donne lecture du mémoire suivant :

Quelques mollusques des montagnes de Luchon et de la Barousse,

Par MAURICE GOURDON.

Pendant l'été 1880, diverses courses dans les montagnes de Luchon et de la Barousse m'ont permis de récolter un certain nombre de mollusques dont je dois la détermination à mon savant ami, M. P. Fagot.

Je ne prétends pas avoir donné le catalogue complet des

coquilles de la région, mais cette liste, malgré ses lacunes, pourra peut-être aider dans leurs recherches ceux de mes collègues qui s'occupent de malacologie.

Les environs de Luchon et la vallée de la Barousse ont été déjà explorés depuis longtemps par le géologue et naturaliste Nérée Boubée, qui a consigné le résultat de ses recherches dans les deux éditions de son *Bulletin d'histoire naturelle* et dans son ouvrage intitulé : « *Bains et Courses de Luchon.* » — Nous avons été assez heureux pour retrouver la plupart de ces espèces dans les localités mêmes ou dans des lieux voisins de ceux cités par notre prédécesseur. Aussi en avons-nous profité pour rétablir sa synonimie un peu embrouillée.

Ainsi Boubée, dans sa course à la montagne de Cazaril, donne aux espèces les noms adoptés dans l'*Histoire naturelle des Mollusques de France* de Moquin-Tandon, tandis que dans sa course de la Barousse, il conserve les dénominations anciennes employées dans son bulletin, ce qui pourrait donner lieu à quelque confusion.

Nos recherches pour découvrir de nouveau le rare *Pupa clausilioïdes* signalé dans la Barousse, sont restées infructueuses jusqu'à ce jour. Nous espérons qu'un autre plus heureux que nous mettra la main sur cette forme intéressante et presque inconnue.

Puisse ce simple catalogue, que nous publions sans prétention et en attendant mieux, inspirer le goût des recherches scientifiques dans nos montagnes si intéressantes et si peu explorées.

LISTE DES ESPÈCES

Genus I. — **Arion.**

1. **Arion rufus.**

Limax rufus. Linnæus, Syst. nat., édit. X, p. 652, 1758.

Arion rufus. Michaud, Compl. Draparnaud, p. 3, n° 1, 1831. Toute la région.

2. Arion pyrenaicus.

Arion fuscus. V. pyrenaicus. Moquin-Tandon. Histoire nat. moll. Franç, t. II, p. 14, 1855.
Au-dessus de Luchon.

Cette espèce, que Moquin a eu tort de rapporter à l'*Arion fuscus* (*limax fuscus*, de Müller), spécial à la Suède et à l'Allemagne, a été ainsi caractérisé par notre auteur : « animal gris foncé avec une bande noirâtre de chaque côté. » — *L'Arion pyrenaicus* est une forme propre à la chaîne pyrénéenne que notre collègue P. Fagot se réserve le soin de faire connaître avec plus de détails.

Genus II.

1. Milax pyrrichus.

Milax marginatus. De Saint-Simon, Catal. moll. Pyr. Haute-Garonne, p. 9. 1876.
Milax pyrrichus. G. Mabille, Lim. Franç. (extr. Annal. malac., p. 21, 1870.
Environs de Luchon.

Espèce voisine du *Milax marginatus* Bourguignat avec lequel M. de Saint-Simon l'a confondu.

Genus III.

1. Limax agrestis.

Limax agrestis. Linnæus, syst. nat., édit. X, p. 652, 1758.
Espèce commune dans les jardins et les prairies de parties basses.

Genus IV.

1. Succinea pyrenaica.

Succinea pyrenaica. Bourguignat, Aperçu espèc. Franç. genre
succinea, p. 12, 1877.
Bords de la fontaine au-dessous de la grange Estradère, sur
la route de Bigorre, dans la vallée de l'Arboust.
Les échantillons recueillis ne diffèrent du type de l'Andorre
que par une taille un peu plus grande.

Genus V.

1. Zonites lucidus.

Helix lucida. Draparnaud, Tabl. moll., p. 96, 1801.
Zonites lucidus. Bourguignat, Cat. coq. d'Orient, in : Voy.
Mer Morte, p. 88 (note), 1853.
Cette espèce a été signalée à Luchon par M. de Saint-Simon
dans son catalogue.

2. Zonites nitens.

Helix nitens. Gmelin, Syst. nat., p. 3633, 1788.
Zonites nitens. Bourguignat, Cat. coq. d'Orient, in : Voyage
Mer Morte, p. 88 (note), 1853.
Forêts de hêtres et de sapins sur le Mont du Lys jusqu'à
environ 1,700 mètres d'attitude.

3. Zonites nitidosus.

Helix nitidosa. Ferussac. Tabl. syst., p. 45, n° 214, 1821.
Zonites nitidosus. Bourguignat, Malac. Bretagne, p. 50, 1860.
Espèce déjà signalée par Moquin-Tandon et M. de Saint-
Simon sous le nom de *Z. purus*, aux environs de Luchon.

4. Zonites radiatulus.

Helix radiatula. Alder, Catal., p. 12, nº 60, et in : Newscastl.
Trasact., vol. I, p. 38. 1831.
Zonites radiatulus. Gray, in : Turton. mar. (édit. II), p. 173,
nº 52, vol. X, fig. 132, 1840.
Talweg de la vallée du Lys. — Forêt de Sost, en Barousse.

5. Zonites subradiatulus.

Zonites subradiatulus. Bourguignat in Fagot : Moll. quatern.
envir. Villef. et Toulouse, p. 10, 1879.
Haute vallée de Cathervielle (l'Arboust).
Echantillon conforme au type trouvé dans les alluvions.
quaternaires des couches argileuses grises de l'Hers près de
Villefranche-Lauragais.
La découverte de cette espèce confirme les rapports existant entre la fin de la faune quaternaire dans les plaines et la
faune pyrénéenne actuelle.

6. Zonites pseudohydatinus.

Zonites pseudohydatinus. Bourguignat, Zonit. crystall., in :
Amena malac., t. I, p. 189, 1850.
Forêts de hêtres et de sapins du Mont du Lys dans la vallée
du même nom.
C'est la première fois que cette espèce, récoltée dans les
alluvions de la Garonne à Toulouse, a été trouvée *vivante*
dans la région pyrénéenne.

7. Zonites diaphanus.

Helix diaphana. Studer. Kurges. Vergeichn, p. 86, 1829.
Zonites diaphanus. Moquin-Tandon, Hist. nat. moll. Franç.,
t. II, p. 90, 1855.

Plan d'Astos d'Oo, dans la vallée d'Oo. — Forêt de Sost en Barousse.

Genus VI. — **Helix.**

1. Helix rotundata.

Helix rotundata. Müller, Verm. hist., t. II, p. 29, n° 231, 1774.

Entre Garin et le village d'Oo, presque partout sous les pierres dans les endroits secs (vallée d'Oo). — Forêts de hêtres et de sapins du Mont du Lys jusqu'à 1,700 m. environ (vallée du Lys). — Sost, dans la Barousse, etc.

2. Helix lapicida.

Helix lapicida. Linnæus. Syst. nat., édit. X, p. 768, n° 572, 1758.

Cette espèce est commune dans toute la région. Nous citerons comme localités principales : Saint-Aventin, sur la route au-dessus de la chapelle ; — vallée du Lys, sur les granites principalement.

3. Helix nemoralis.

Helix nemoralis. Linnæus. Syst. nat., édit. X, p. 773, n° 604, 1758.

Toute la vallée de l'Arboust et celle d'Oo. — Vallée du Lys, etc

4. Helix hortensis.

Helix hortensis. Muller, Verm. hist., t. II, p. 52, n° 249, 1774.

Avec l'espèce précédente et aussi commune.

5. Helix pulchella.

Helix pulchella. Verm. hist,, t. II, p. 31, n° 233, 1774.

Sous les pierres dans la partie basse de la vallée du Lys.

6. Helix costata.

Helix costata. Muller, Verm. hist., t. II, p. 31, nº 233, 1774.

Plan d'Astos d'Oo, avant le lac d'Oo, dans la vallée de ce nom.

7. Helix rupestris.

Helix rupestris. Draparnaud. Tabl. moll., p. 71, nº 4, 1801.

Forêt de Sost, dans la Barousse.

8. Helix limbata.

Helix limbata. Draparnaud, Hist. moll., p. 100, nº 28 (29 err. typogr.), 1805.

Allées des Soupirs, près Luchon, sur la route de Bigorre.

9. Helix hispida.

Helix hispida. Linnæus, Syst. nat., édit. X, p. 771, nº 545, 1758.

Haute vallée de Cathervielle, dans l'Arboust. — Mauléon en Barousse.

10. Helix steneligma.

Helix steneligma. Bourguignat ap. Mabille, Testar. novar. diagnos. in Bullet. Soc. zoologie franç., 2ᵐᵉ, 3ᵐᵉ et 4ᵐᵉ partie, p. 305, Octob. 1877.

Fontaine ferrugineuse non loin de Luchon (Bourguignat).

11. Helix carascalensis.

Helix carascalensis. Férussac., Tabl. syst., p. 42, nº 158, 1822.

Port de Vénasque, versant français. — Lac d'Oo (Boubée.)

12. Helix Velascoi.

Helix Velascoi. Hidalgo, in Journ. conchyl., t. XV, p. 440,
pl. XII fig. 3, 1867. ·

Espèce du groupe de l'*Helix carascalensis* que l'on recueille
avec cette dernière espèce et même plus communément dans
la Haute-Garonne.

13. Helix ericetorum.

Helix ericetorum. Muller, Verm. hist., t. II, p. 33, n° 236,
1774.

Route de Bigorre, depuis la fontaine au-dessous de la
grange Estradère jusqu'à Garin, dans la vallée de l'Arboust, etc.

Genus VII. — Bulimus.

1. Bulimus obscurus.

Helix obscura. Muller, Verm. hist., t. II, p. 103, n° 302, 1774.
Bulimus obscurus. Draparnaud, Tabl. moll., p. 65, n° 1, 1801.

Haute vallée de Sost et de Férère, dans la Barousse, où
cette espèce avait été indiquée par Boubée.

Genus VIII. — Gonodon.

1. Gonodon quadridens.

Helix quadridens. Muller, Verm. hist., t. II, p. 107, n° 306,
1774.
Gonodon quadridens. Held. in Sois., 1837.

Chapelle de Saint-Aventin. — Plan d'Astos, avant le lac du
même nom (vallées de l'Arboust et d'Oo).

Notre collègue P. Fagot doit exposer prochainement les
raisons pour lesquelles le genre Gonodon doit être préféré

aux genres Chondrus, Cuvier 1817, et Chondrule, Beck 1837, adoptés par la majorité des auteurs.

Genus IX. —Azeca.

1. Azeca trigonostoma.

Bulimus Menkeanus.B. Nouletianus, Moquin-Tandon, Hist. nat. moll. Franc., t. II, 1855.

Pupa Goodalii. Boubée, Bains et courses de Luchon (2e édit.), p. 343, 1857.

Azeca tridens, var. *B. azeca Nouletiana.* Bourguignat, Notice monogr. genre Azeca, in Amen. malac., t. II, p. 92, 93, 1860.

Azeca trigonostoma. Bourguignat, in schedit. de Saint-Simon, Moll. Pyr. Haute-Garonne, p. 14, 1876 (sans catal.)

Azeca trigonostoma. Bourguignat. — P. Fagot, Notic. azeca Franç. (extr. Bullet. soc. scient. Pyr.-Orient., t. XXII, 1876).

Près de la cascade du Cœur au fond de la vallée du Lys (Bourguignat). — Vallée de la Barousse (Boubée).

Genus X. — Zua.

1. Zua subcylindrica.

Helix subcylindrica. Linnæus, Syst. nat., édit. XII, p. 1248, n° 696, 1767.

Ferussaccia (Zua) *subcylindrica.* Bourguignat, in Amen. malac., t. I, p. 209, 1856.

Entre Garin et Oo, sous les pierres près de l'eau. — Forêts et vallée du Lys.

2. Zua exigua.

Achatina exigua. Menke, Synops. meth. moll. (édit. II), p. 29, 1830.

Ferussaccia (Zua) *exigua*. Bourguignat, Moll. nouv. ou peu conn., 4 déc., p. 122, 1864.

Plan d'Astos, d'Oo. — Forêts et vallée du Lys.

GENUS XI. — Clausilia.

1. Clausilia laminata.

Turbo laminatus. Montagu, Test. Brit., p. 359 tab. XI, fig. 4, 1803.

Clausilia laminata. Turton, Brit. schells., p 70, 1831.

Clausilia bidens. Boubée, Bullet. hist. nat., édit. in-16, nᵘ 28, p. 16, 1833, et édit. in-8º, p. 28, p. 15, 1833.

Pupa clausilia bidens. Boubée, Bains et courses de Luchon (2ᵉ édition). p. 343, 1857.

Cette espèce avait été signalée depuis longtemps par Boubée à la cascade des Demoiselles, près de Bagnères-de-Luchon dans les mousses, et dans la vallée de la Barousse. Depuis lors on n'en avait plus entendu parler. Nous avons été assez heureux pour la retrouver assez abondante : 1º Dans les forêts du Mont du Lys, sur les mousses des vieux troncs de hêtres et d'ormeaux en quantité suffisante, et moins commune sur les essences résineuses ; — 2º dans la vallée de Mauléon, en Barousse.

2. Clausilia abietina.

Clausilia abietina. Dupuy, Hist. Moll. Franç., 4ᵉ fasc., p. 358 ; Tabl. XVII, fig. 5, 1850.—Bourguignat, Hist. claus. Franç., p. 6, 1877.

Vallée du Lys, près Luchon (Bourguignat).

3. Clausilia gallica.

Clausilia gallica. Bourguignat, Hist. clausil. Franç, p. 26, 1877.

Forêts du Mont du Lys avec le *Clausilia laminata*. Espèce déjà trouvée par Bourguignat au val du Lys.

4. Clausilia nigricans.

Turbo nigricans. Pulteney, Catal. of Dorscths, 1799.

Clausilia nigricans. A. Schmidt, Die krit. grupp der Europauch. clausil., p. 47, fig. 110, 114 et 204-205, 1857.

Entre Garin et Oo, sous les pierres. — Forêts du Mont du Lys. — Haute vallée de Sost et de Férère.

Espèce citée au val du Lys par M. Bourguignat.

Genus XII. — Pupa.

1. Pupa bigorriensis.

Pupa bigorriensis. Charpentier, in : Des Moulins, Descript. moll., in Act. Soc linn. Bordeaux, t. VII, p. 160 et 164, pl. II, fig. 2, 1835.

Pupa megacheilos. Bouhée , Bains et courses de Luchon (2e édit.), p. 340, 1857.

Montagne de Cazaril. — Saint-Aventin. — Haute vallée de Cathervieille. — Haute vallée de Sost et de Férère, en Barousse.

2. Pupa Jumillensis.

Pupa Jumillensis. Guirao[mss], Pfeiffer, Monogr. helix viv., t. III, p. 540, 1853.

Montagne d'Esquierry.

3. Pupa ringens.

Pupa ringens. Caillaud. — Michaud, Compl. Draparnaud, p. 64, n° 12, pl. XV, fig. 35, 36, 1831.

Pupa pyrenaica. Bouhée. Bullet. hist. nat,. édit. in-16, p. 9, n° 18, 1833, et édit. in-8°, p, 10, n° 18, 1833.

Pupa ringens. Boubée, Bains et courses de Luchon (2ᵉ édit.), p. 347, 1857 et *Pupa pyrenaica, loc. cit.,* p. 343.

Mauléon en Barousse (Boubée). — Entre Garin et Oo presque partout sous les pierres. — Montagne de Cazaril, etc.

4. Pupa pyrenaica.

Pupa pyrenaica. Boubée (Bombey err. Nyp.), in Michaud Compl. Draparnaud, p. 16, n° 15, pl. XV, fig. 37, 38, 1831.

Clausilia pyrenaica. Boubée (Bullet. hist. nat., édit. in-16, p. 11, n° 17, 1833. Non Charpentier.

Pupa transitus. Boubée, Bullet. hist. nat., édit. in-8°, p. 9, n° 17, 1833.

Pupa pyrenœaria. Boubée, Bains et courses de Luchon (2ᵉ édit.), p. 340, 1857.

Pupa transitus. Boubée, *loc. cit.,* p. 343.

Montagne de Cazaril. — Haute vallée de Cathervielle. — Vallée de la Barousse, etc.

5. Pupa clausilioides.

Pupa clausilioides. Boubée, édit. in-8°, p. 35, n 81, 1833, et Bains et courses de Luchon (2ᵉ édit.), p. 348, 1857.

Nous n'avons pas encore retrouvé cette forme intéressante dont Boubée avait recueilli seulement trois exemplaires dans la vallée de la Barousse, près Mauléon.

Genus XIII. — Orcula.

1. Orcula Saint-Simonis.

Pupa (orcula) doliolum. Moquin-Tandon, Hist. nat. Franç., t. II, p. 387, 1855.

Pupa doliolum. De Saint-Simon, Moll. Pyr. Haute-Garonne, p. 16, 1876.

Orcula Saint-Simonis. Bourguignat, in litt.

Tour de Castel-Blancat, environs de Luchon (Partiot).
M. de Saint-Simon, dans la bibliographie ci-dessus, a signalé
les différences existant entre les individus des Pyrénées et
le véritable *Orcula doliolum.* C'est à cause de ces différences
que M. Bourguignat en fait, avec raison, une espèce distincte
dédiée à celui qui a su le premier reconnaître ses caractères.

Genus XIV. — Pupilla.

1. Pupilla umbilicata.

Pupa umbilicata. Draparnaud, Tabl. moll., p. 58, n° 5, 1801.
Pupa umbilicata. Beck, Ind. moll., p. 84, n° 8, 1837.
Pupa cylindracea. De Saint-Simon, Catal. moll. Pyr. Haute-
　　Garonne, p. 16, 1876.
Pupilla umbilicata. Fagot, in litt., 1880.
　　Environs de Luchon.

2. Pupilla triplicata.

Pupa triplicata. Studer, Kurges, verzeichn, p. 89, 1820.
Pupa triplicata. Beck, Ind. moll., p. 84, n° 12, 1837.
Pupa triplicata. Boubée, Bains et courses de Luchon (2ᵉ édit.),
　　p. 340, 1857.
Pupa triplicata. De Saint-Simon, Catal. moll. Haute-Garonne,
　　p. 16, 1876.
Pupilla triplicata. Fagot, in litt., 1880.
　　Montagne de Cazaril.

Genus XV. — Vertigo.

1. Vertigo anti-vertigo.

Pupa anti-vertigo. Draparnaud, Tabl. moll., p. 57, n° 3, 1801.
Vertigo anti-vertigo. Michaud, Compl. Draparnaud, p. 72,
　　1831.

Cette espèce vivait en 1842 près de l'Allée des Soupirs à Luchon, ainsi que le constate M. de Saint-Simon dans son catalogue; mais elle a disparu à la suite de bouleversements effectués sur ce point et il a été encore impossible de la retrouver, malgré qu'elle doive exister dans les parties basses et humides.

Genus XVI. — Carychium.

1. Carychium minimum.

Carychium minimum. Muller, Verm. hist., t. II, p. 125, 1774.

Rochers, au-dessus l'allée des Soupirs, près de Luchon, où cette espèce a été citée par M. de Saint-Simon.

Genus XVII. — Planorbis.

1. Planorbis thermalis, spec. nov.

Dans l'édition in-8° de son Bulletin d'hist. naturelle, p. 22, n° 50, 1833, Nérée Boubée s'exprime ainsi : « On s'était fort peu occupé des coquilles thermales jusqu'à présent; voilà cependant, dans les seules eaux minérales des Pyrénées, cinq espèces toutes de genres différents (*Neritina thermalis*, — *Paludina rubiginosa*, — *Limnea thermalis*, — *Succinea amphibia*, — *Ancylus fluviatilis*), auxquelles j'ajouterai bientôt un *planorbe* de Luchon et une nouvelle *paludine*.

Ce *Planorbe*, signalé par Bouhée dans les eaux thermales de Luchon, n'a jamais été décrit. Il a même disparu de cette localité depuis la construction du nouvel établissement thermal. Mais M. de Saint-Simon en a conservé quelques échantillons trouvés depuis longtemps, qu'il a rapportés dans son catalogue au *planorbis lœvis*, Alder.

M. P. Fagot, qui a étudié les échantillons de la collection

de M. de Saint-Simon, a pu constater que ces planorbes possédaient comme l'*albus* des stries verticales, coupant les stries ordinaires, ce qui n'a jamais lieu chez le *pl. lœvis*.

Notre savant ami et collègue pense que la coquille de Boubée est une forme nouvelle à laquelle il conserve provisoirement le nom de *planorbis thermalis*.

GENUS XVIII. — Limnæa.

1. Limnæa glacialis.

Limnæa ovata, var. *glacialis*. Boubée, Bullet. hist. nat., édit. in-8°, p. 38, n° 87, 1835.

Limnæa glacialis. Dupuy, Catal. extramar. Gallic. test., n° 199, 1849, et Hist. moll., Franç., 5ᵉ fasc., p. 479, tabl. XVIII, fig. I, 1851.

Limnæa limosa, v. *glacialis*. Moquin-Tandon, Hist. nat. moll. Franç., t. II, p. 466, 1855.

Lac d'Oo (Boubée).

2. Limnæa peregra.

Buccinum peregrum. Muller, Verm. hist., t. II, p. 130, 1774.

Limnæa peregra. Lamark, Hist. nat. animaux sans vap., t. II, p. 161, n° 2, 1821.

Fontaine au-dessous de la grange Estradère, dans la vallée de l'Arboust. Outre des échantillons ne différant du type que par une taille moindre, nous avons recueilli dans la même localité, des individus à spire plus allongée et à dernier tour moins renflé qui se rapprochent de la *limnæa frigida* de Charpentier.

3. Limnæa thermalis.

Limnæa thermalis. Boubée, Bullet. d'hist. nat., édit. in-16, p. 28, n° 48, 1833, et édit. in-8°, p. 20, n° 48. — Dupuy, hist. nat. moll. Franç., 5e fasc. p. 479, tab. XXIII, f. 2, 1851.

Cette forme intéressante de la *Limnæa pereyra*, qui constitue peut-être une espèce distincte, a été signalée par Boubée dans le lac d'Oo.

4. Limnæa truncatula.

Buccinum truncatulum. Muller, Verm. hist., t. II, p. 130, n° 325, 1774.

Limnæa truncatula. Beck, Ind. moll., p. 113, 1837.

Fontaines et canaux d'irrigation des prairies entre Garin et Oo. — Fontaine près de Mauléon-Barousse.

Genus XIX. — Ancylus.

1. Ancylus Jani.

Ancylus capuloides Porro, Malac. cosmaca, p. 87, n° 75, tab. I, fig. 7, 1838.

Ancylus Jani. Bourguignat, Catal. genr. ancyl., in Journ. conchyl., t. IV, p. 185, 1853.

Entre Garin et Oo, sous les pierres baignant dans l'eau. Bouhée a confondu cette espèce avec l'*Ancylus fluviatilis* ou *simplex*.

2. Ancylus simplex.

Lepas simplex. Buchoz, Aldrov. Lothar, p. 366, n° 130, 1774.

Ancylus simplex. Bourguignat, Cat. genr. ancyl., in Journ. con-chyl., t. IV, p. 185, 1853.

Ancylus fluviatilis rupicola. Boubée, Bullet., hist. nat., édit. in-16, p. 9, n° 10, 1863, et édit. in-8°, p. 7, n° 10, 1833.

Ancylus rupicola. Boubée, Bains et courses de Luchon, p. 343, 1857.

Cascades de Juzet et de Montauban. — Grande cascade de
la vallée du Lys. — Fontaine de la rive droite du torrent du
Lys à 1,100 mètres. — Vallée de Sost, etc.

La plupart des individus rapportés par Bouhée à l'*ancylus
fluviatilis rupicola* sont des *ancylus simplex*, quelques-uns
pourtant appartiennent à l'*ancylus Jani*, c'est pour cela qu'il
dit que cette ancyle de montagne (rupicola) est en général
plus petite que l'ancyle fluviatile des plaines ; son sommet
est aussi plus *recourbé*, dernier caractère qui distingue l'an ·
cylus Jani.

Genus XX. — Cyclostoma.

1. Cyclostoma elegans.

Nerita elegans. Muller, Verm. hist., t. II, p. 177, n° 363, 1774.
Cyclostoma elegans. Draparnaud, Tabl. moll., p. 38, n° 1, 1801.

Route de Bigorre, depuis la fontaine au-dessous de la grange
Estradère jusqu'à Garin.

Genus XXI. — Pomatias.

1. Pomatias obscurus.

Cyclostoma obscurum. Draparnaud, Hist. moll. Franç., p. 39,
n° 4, tab. I, fig. 13, 1805.
Pomatias obscurus. L. Pfeiffer, in. Zeitschr. für malak.,
p. 110, 1847.
Cyclostoma maculatum. Boubée, Bains et courses de Luchon
(2e édit.) p. 343, 1857.

Forêts de Sost, dans la Barousse, sur les rochers calcaires.
Le peu d'épaisseur du péristome nous fait rapporter nos
échantillons au *pomatias obscurus*, pourtant quelques individus ont une tendance à l'encrassement de ce péristome, ce
qui les rapproche du *pomatias crassilabris*, Dupuy.

Boubée a confondu le *pomatias obscurus* avec le *pomatias maculatus*, Draparnaud, espèce du centre de l'Afrique, et qui n'a jamais habité la vallée de la Barousse où il le signale.

Genus XXII. — Acme.

1. Acme Dupuyi.

Acme Dupuyi. Paladilhe, Nouv. miscell. malac., fasc. 3, p. 8, pl. IV, fig. 10, 12, 1869.

Un bel individu vivant, près d'une vieille scierie, à l'endroit appelé : Four des eaux, dans la haute vallée de Sost à 755 mètres.

Notre collègue P. Fagot a trouvé cette espèce intéressante à la même altitude dans l'Ariége auprès des Bains d'Aulus.

Genus XXIII. — Bythinella.

1. Bythinella Reyniesi.

Hydrobia Reyniesi. Dupuy, Hist. moll. Franç., 6e fasc., p. 567, tab. XXVIII, fig. 6, 1851.
Bythinella Reyniesi. Fagot, in litt., 1880.

Embouchure du ruisseau de Gouron, près le pont de Mousquères, au bout de l'allée des Soupirs (de Saint-Simon).

2. Bythinella rufescens.

Paludina rufescens. Kuster, in Martini und Chemnitz, syst. conchyl. cab. gatt. Paludina, p. 41, n° 44, tab. VIII. fig. 31, 32, 1852.
Bythinella rufescens. Fagot, in litt., 1880.

Fontaine ferrugineuse près Luchon (Souverbie).

3. Bythinella Baudoni.

Paludinella Baudoni. Paladilhe, Descript. espèc. nouv. palud. Franç., (extr. Annal. scient. nat.), p. 32., pl. uniq., fig. 9, 10, 1er août 1874.

Bythinella Baudoni. Fagot, in litt., 1880.

Source de la Pique, près l'Hospice de France, au bas du Port de Vénasque (Haute-Garonne). (Paladilhe ex Baudon.)

Genus XXIV. — Pisidium.

1. Pisidium thermale.

Pisidium thermale. Dupuy, Catal. extramar. Gallic. test., n° 238, 1849.

Espèce citée aux environs de Luchon par M. de Saint-Simon, dans son catalogue, sous le nom de *Pisidium Cazertanum*, var. *thermale.*

M. Cartailhac propose à la Société de dresser l'inventaire des collections privées d'histoire naturelle qui peuvent exister dans la région. En général l'on ignore l'existence des collections particulières, et cependant c'est là surtout que se trouvent les objets qui intéressent l'histoire naturelle de la contrée. A l'appui de cette affirmation, M. Cartailhac cite un certain nombre de collections d'une importance considérable. Après une discussion à laquelle prennent part les membres présents, la Société décide en principe qu'elle dressera *l'inventaire des collections privées d'histoire naturelle de la région*, et elle charge M. Cartailhac de préparer une circulaire à ce sujet.

Séance du 23 mars 1881.

Présidence de M. Bidaud.

Le Président proclame membre titulaire de la Société
M. Deljougla, présenté par M. Trutat et Regnault.

M. Regnault donne lecture du travail suivant :

La grotte de Massat à l'époque du Renne

Les grottes ont fourni comme on sait à l'histoire primitive
de l'homme des documents de la plus haute importance.

M. Lartet distinguait trois sortes de grottes ou cavernes
(Congrès de 1867) : 1° *Les Cavernes de l'époque diluviale*,
contenant des restes de l'Eléphant, du grand Chat, du grand
Ours, etc., espèces éteintes, et qui caractérisent une période
géologique écoulée dite antédiluvienne.

2° *Les Cavernes de l'âge du Renne*, renfermant des produits
de l'industrie humaine et de l'art, avec un progrès très-
sensible ;

3° *Les Cavernes de l'âge de pierre récent*. Elles contiennent
les restes d'animaux domestiques actuels, beaucoup de
poteries et des haches en pierre polie.

Les grottes ont servi d'habitation et de retraite à l'homme,
elles furent aussi l'asile des morts comme la grotte célèbre
d'Aurignac. L'usage d'habiter dans les grottes a persisté
encore partiellement dans les temps historiques, et beaucoup
d'entre elles ont été occupées accidentellement même dans
le moyen-âge, comme celles du Mas-d'Azil et d'Ussat
(Ariège) qui servirent de refuge en temps de guerre.

Aujourd'hui encore la coutume d'habiter les grottes est
commune chez les peuplades sauvages.

Un des fascicules de la *Revue anthropologique* de Londres
(avril 1869) contient des détails très-intéressants, donnés
par MM. Bowker, Bleek et Beddæ, sur les troglodytes an-
trophophages du sud de l'Afrique. La plus grande de leurs

cavernes , située dans les montagnes au-delà de Thaba
Bosigo et qui fut examinée par les explorateurs dont nous
avons donné les noms, contenait une énorme quantité d'os
humains, provenant principalement d'enfants et de jeunes
gens. L'état de ces os ne laissait aucun doute sur le sort des
individus auxquels ils avaient appartenu. Il n'y a pas longtemps, les sauvages qui conservaient dans le fond de la
caverne leurs victimes humaines, n'étaient point réduits
par la faim à ces extrémités, puisqu'ils habitaient un pays
fertile et giboyeux. Ils mangeaient même leurs femmes,
leurs enfants, leurs malades. Des cavernes analogues, d'une
moindre étendue, sont disséminées dans la contrée, et il y
a treize ans elles étaient encore habitées par des cannibales
qui étaient la terreur des tribus voisines. Le docteur Bowker
alla voir aussi les habitants d'anciennes cavernes à anthro-
pophages vers les sources du fleuve Cadélon.

Cette année au mois d'avril, après le Congrès de l'Association pour l'avancement des sciences à Alger , j'ai pu
étudier, à 2 kilomètres environ au sud de Tlemcen, dans la
province d'Oran, une bande de roches calcaires formant des
abris naturels très-vastes qui dominent toute la région.
Trois cents Arabes environ vivent là, comme nos ancêtres
primitifs. Pendant les mois de mauvais temps, ils abritent
leurs bestiaux et vivent pêle mêle sous les rochers. Ces
troglodytes forment des tribus à part, ayant des mœurs
distinctes des autres nomades. D'après les renseignements
que j'ai pu recueillir, ils vivent ainsi depuis bien des années.
En pratiquant des fouilles dans le sol de ces abris, on
découvrirait peut-être des traces d'une habitation qui pourrait remonter à l'époque préhistorique.

Dans les Pyrénées, depuis les repaires du grand Ours jusqu'aux sépultures de l'âge du bronze, les produits de l'industrie de l'homme sont représentés par de nombreuses et
riches stations.

Depuis quelques années les fouilles sont reprises avec

une nouvelle ardeur. L'archéologie préhistorique est peut-
être la science la plus étudiée ; le nombre de ses chercheurs est considérable , ils ont fourni aux collections
particulières , aux musées , d'innombrables matériaux ;
cette science est l'objet de publications spéciales, elle ali-
mente les discussions de nombreuses sociétés savantes.
Mais il n'est pas donné à tous de savoir lire ces pages
antiques qui révèlent l'existence, les mœurs, l'industrie, la
civilisation de l'homme avant l'histoire. Il faut une connaissance profonde de la question et un désintéressement
absolu dans ces longues et minutieuses recherches, souvent
difficiles, toujours onéreuses.

Malheureusement la spéculation a été souvent entraînée
alors que la science seule devait être maîtresse absolue.

Les objets préhistoriques sont recherchés par les collec-
tionneurs avec avidité et deviennent rares. Dans une séance
de la Société d'Anthropologie de Paris (17 avril 1881, 1er fascicule, p. 103), M. de Mortillet dénonce la fabrication d'objets
faux. « Messieurs, dit-il, il est d'autant plus important de
dénoncer ces trafics coupables, que l'industrie du faux tend
à se généraliser. Dernièrement on m'en a envoyé d'Abbeville
pour que je me prononce sur leur authenticité, l'acheteur
ayant l'intention de poursuivre en justice le faussaire qui l'a
trompé. A Lyon on a proposé à M. Chantre de superbes
haches polies que notre collègue a reconnues fausses et qu'il
a refusées. Elles m'ont été adressées à Saint-Germain où
elles n'ont pas eu plus de succès. Ce sont là des spéculations
dont il faut arrêter le cours. » M. Leguay signale également
un grand nombre de pièces fausses à Belfort et en Dauphiné,
il existe dans cette région une véritable spécialité pour
contrefaçon de haches polies.

Tout ceci prouve l'importance que l'on reconnaît aux
objets des âges préhistoriques.

Nous appelons l'attention sur les faits suivants :

Dans la grotte des Espelugues, à Lourdes, le sol a été creusé et nivelé à plus d'un mètre de profondeur ; la terre, remplie d'ossements et de silex taillés, rejetée au dehors, forme un énorme talus de déblais ; j'y ai recueilli dans quelques heures de belles pointes de flèche en bois de Renne, des poinçons et des objets finement travaillés. Que de pièces précieuses perdues pour la science ! Dans la grotte de Bise (Aude), la terre est enlevée et sert d'engrais pour les vignes voisines. Notre musée possède une série d'objets importants de cette grotte qui renferme l'âge du Renne et de la pierre polie.

L'entrée de la grotte supérieure de Massat (Ariège), et beaucoup d'autres cavernes qui renferment une épaisse couche du guano de chauve-souris, ont été l'objet de semblables exploitations qui entraînent la destruction des objets préhistoriques renfermés dans ces stations.

Ne devrait-on pas prendre, pour les grottes et cavernes à ossements, des mesures semblables à celles que le gouvernement a ordonnées pour la conservation des monuments historiques et mégalithiques ? Elles ont en effet une importance tout aussi grande que les dolmens et les tumuli, puisqu'elles renferment des pièces d'une grande valeur scientifique pour l'histoire de la haute antiquité de l'homme.

Le département de l'Ariège est, de toute la chaîne des Pyrénées, le plus riche en gisements célèbres. Les environs seuls de Tarascon, si bien étudiés par notre confrère le Dr Garrigou, renferment, d'après lui, « les trois âges paléontologiques sur un rayon de 3 kilomètres au plus. On aurait sur ce point seul des Pyrénées, développés sur le même lieu et par conséquent d'une manière successive, des fossiles différents indiquant que l'homme a existé pendant : 1° l'âge de l'*Ursus spelœus* (grand Ours) ; 2° l'âge du *Cervus tarandus* (Renne) ; 3° l'âge de la pierre polie ; 4° l'âge du bronze et du fer.

M. D'Archiac disait en parlant de la vallée de Tarascon : « Nous aurions ainsi dans cette seule vallée de l'Ariège les éléments d'une chronologie humaine que nous n'avons

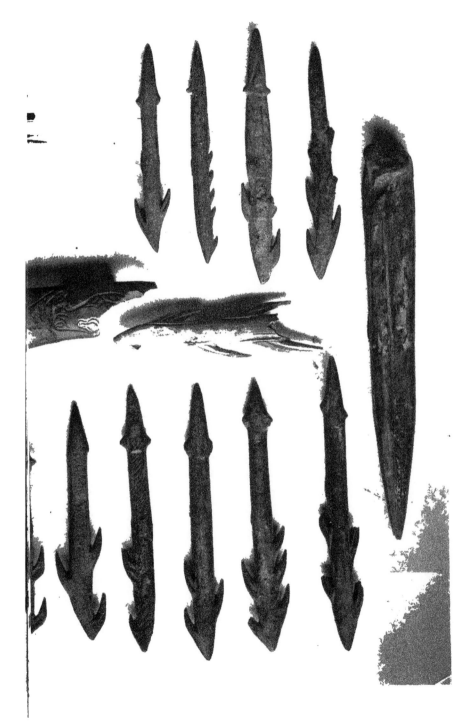

encore trouvée nulle part aussi complète sur un aussi petit espace. » (Age du Renne dans la grotte de la Vache près Tarascon, par le Dr Garrigou. *Bull. Société d'Hist. nat.*, avril 1867, p. 8.)

, Si l'on étudie, comme je le fais depuis plusieurs années, les vallées qui rayonnent autour de Saint-Girons, on est également frappé du nombre et de la variété des gisements dans cette partie du département. Nous y trouvons de nombreuses grottes renfermant des débris précieux des trois grandes époques paléontologiques : A Aubert, à Massat supérieur, l'âge du grand Ours ; à Montesquieu-Avantés, à Massat inférieur, l'âge du Renne ; enfin, la célèbre grotte du Mas-d'Azil renferme les trois âges, même celui du bronze et du fer.

Nous donnons aujourd'hui le résultat de nos recherches dans une grotte de l'époque du grand Ours, ainsi que dans la grotte inférieure de Massat qui peut prendre place parmi les plus célèbres de l'âge du Renne.

Grotte supérieure du Ker.

La montagne du Ker s'élève brusquement sur le côté méridional du bassin qui termine la belle vallée de Massat.

Cette montagne, couronnée par une crête calcaire escarpée, domine les hauteurs voisines De son sommet on embrasse toute la vallée jusqu'à la chaîne transversale et le col de Port. Sur le côté Nord-Est s'ouvre une grotte profonde précédée d'un large vestibule formant deux grands arceaux. Le couloir, large de 2 à 4 mètres , s'enfonce insensiblement , le sol est couvert d'éboulis , de roches tombées de la voûte et de cailloux roulés portés par les eaux. A l'extrémité de la grotte on se trouve en présence d'un trou vertical de 3 mètres 50 à 4 mètres de profondeur dans lequel je suis descendu avec mes ouvriers. Cette cavité peu spacieuse est remplie d'éboulis et de cailloux. Un petit couloir, long de 4 mètres sur 2 de large, termine la grotte. C'est dans cette partie que j'ai fait mes recherches. Sous les déblais de la surface, dans une terre jaune, argileuse, j'ai découvert des ossements de l'*Ursus spelæus*, la plupart cassés, dans le même désordre, et semblables à ceux que l'on rencontre dans les grands repaires de l'époque du grand Ours.

Avec les ossements de l'*Ursus spelæus* se trouvait aussi la faune, bien représentée, des animaux contemporains. J'ai pu recueillir : *Ursus spelæus*, des fragments de fémurs, humérus, cubitus, tibia, une mâchoire inférieure, des vertèbres, des phalanges, plusieurs canines et molaires. — *Hyène* (*Hyena spelæa*), un fémur droit et un fémur gauche complets, deux tibia, une mâchoire inférieure gauche, un fragment de mâchoire supérieure, des vertèbres, plusieurs dents canines et molaires, des phalanges. — *Tigre ou Lion* (*Felis spelæa*).

La présence de nombreux cailloux roulés, gros et petits, le désordre des ossements usés et brisés, prouveraient assez que cette grotte a été envahie par les eaux dans un de ces « grands cataclysmes diluviens que la géologie signale » comme étant survenus à plusieurs époques antérieures à » la tradition historique, » comme le fait observer M. Fontan (*L'Homme fossile en France*, par C. Lyell ; Fontan, p. 248 ; Baillère).

A une époque postérieure à ces révolutions géologiques, après la fonte des grands glaciers et le creusement définitif des vallées, l'homme qui cherchait un abri dans les cavernes, a laissé les traces de son passage à l'entrée et sous le vestibule de celle dont nous parlons. M. Fontan a signalé une couche de cendres et de charbons auxquels étaient joints des fragments de poterie. Il y avait là des foyers qui témoignaient de la présence de l'homme ; malheureusement, comme nous l'avons dit, ces grands foyers, qui devaient renfermer des ossements d'animaux et des débris de l'industrie primitive de l'homme, ont été détruits par les habitants de la montagne; les cendres et les déblais ont servi à fumer leurs champs.

L'absence d'une faune bien déterminée ne permet pas de donner un âge à ces foyers; il est probable que l'entrée de la grotte a été habitée à des époques différentes, si l'on en juge par les premières découvertes de M. Fontan. « Parmi » les cendres et les charbons découverts à la surface, auxquels » étaient joints des fragments de poterie, *un poignard en* » *fer et deux monnaies romaines,* on rencontra *un autre lit* » de cendres et de charbons *à plus de trois pieds* de pro- » fondeur et là on découvrit une tête de flèche et deux » dents humaines. » (Lyell, *L'Homme fossile en France,* p. 249.)

Il existait donc deux foyers superposés. La présence de poteries prouve qu'ils ne sont pas de l'âge du Renne et doivent se rapporter aux âges postérieurs, car ii est bien établi que les chasseurs de Renne ne connaissaient pas la culture des céréales et que leur nourriture se com- posait principalement de poissons ou de gibiers tués à la chasse.

Que l'on s'imagine un foyer établi sur des dalles au centre de l'habitation (caverne ou abri sous roches), au milieu duquel les fragments brisés du Renne ou d'autres animaux étaient abandonnés à la cuisson sur des charbons ardents, usage encore suivi par les posadas espagnoles des Pyrénées, et par les troglodytes à demi sauvages des en- virons de Tlemcen.

Grotte inférieure de Massat.

Après le retrait des grands glaciers, le froid intense n'a pas encore disparu, et l'on voit apparaître et se développer dans les Pyrénées, le *Renne,* aujourd'hui refoulé dans les régions arctiques, et qui a donné son nom à une longue période dont la fin se place bien avant les âges historiques.

La grotte inférieure de Massat, creusée dans la même montagne du Ker, à 25 mètres seulement au-dessus du niveau de la vallée, était merveilleusement située pour offrir un abri aux populations de chasseurs et de pêcheurs qui habitaient primitivement la vallée de Massat arrosée par l'Arac qui sort de l'étang de Lers au pied du Tuc de Mont-béas (1,903 mètres).

Les peuplades primitives choisissaient de préférence des grottes ou des abris sous roches dans le voisinage des cours d'eau, comme à Gourdan (1), à Lortet, à Lourdes, à la Madelaine, à Bruniquel.

La salle d'entrée est large de 12 mètres sur 11 de profondeur, la voûte est élevée et dépourvue de stalactites.

Nous reconnûmes bien vite, avec mon excellent confrère Emile Cartailhac, que la caverne n'avait pas été entièrement fouillée par MM. Fontan, l'abbé Pouech, le docteur Garrigou et Filhol, etc. Nous avons commencé de nouvelles recherches très-minutieuses, qui nous ont donné les meilleurs résultats.

Le sol est composé de débris de roches et de pierres tombées de la voûte. A 20, 25 et 30 centimètres de profondeur, nos ouvriers mirent à jour, dans certaines parties de la caverne, des foyers intacts de 30 à 40 centimètres d'épaisseur. Cette agglomération de cendres, de pierres calcinées et décomposées dans une terre noire, mélangées à des ossements brûlés, les uns entiers, presque tous cassés longitudinalement et striés; des silex taillés, rejets de l'industrie primitive, des débris de cuisine ou des objets perdus, étaient abandonnés au hasard sur le sol primitif de la caverne.

Tous ces gisements dans les stations de la même époque,

---

(1) La grotte de Gourdan (Haute-Garonne), découverte et fouillée par M. Piette (1873).

offrent le même aspect. Ils sont plus ou moins riches en
débris, selon l'habitation plus ou moins prolongée dans la
caverne, et signalés non-seulement dans les Pyrénées, la
Dordogne, mais en Belgique, en Suisse, en Bavière, dans le
centre de la France et de l'Europe ; le nombre en augmente
tous les jours, ce qui prouve l'unité et l'importance considérable de cette période qui semble s'être étendue sur tout
notre continent.

Dans son ensemble, la faune de l'*Age du Renne*, caractérisée
par la grande abondance de cet animal, rappelle celle des
régions boréales ainsi que son climat.

Dans la grotte inférieure de Massat nous avons retrouvé
les traces de la vie journalière des sauvages. Ils allumaient
leurs foyers sur de gros galets de granit plats apposés les
uns à côté des autres, transportés et choisis dans le torrent
de l'Arac, à quelques pas de la grotte. La salle n'est pas
entièrement garnie de ces galets, mais seulement les emplacements des foyers. Ils n'ont pas été portés là par l'action
des eaux, car dans ce cas on les rencontrerait partout, surtout dans le fond de la salle où ils manquent.

Un grand nombre d'objets variés de l'industrie primitive
de l'homme, façonnés en os ou en bois de Renne et de Cerf,
étaient enfouis dans les foyers, le long des parois du rocher,
protégés par une mince croûte de stalagmite dans un humus
gras et compacte.

Nous avons recueilli un grand nombre de bois de Renne
et de Cerf de tout âge qui portent les traces d'un *sciage*
très-bien exécuté. C'est avec ces bois de Renne que les
habitants de 'la caverne fabriquaient, avec un art infini,
un grand nombre d'instruments , d'outils variés parmi
lesquels nous remarquons particulièrement (1) :

1° Une série de belles *pointes de flèches ou harpons*

(1) Voir la planche photo-lithographie représentant les plus beaux
objets au 2/3 de leur grandeur.

barbelés, portant sur les barbelures de droite et de gauche des entailles et des rainures que l'on a supposé avoir été destinées à recevoir un poison. Quelques-uns de ces harpons sont d'une belle dimension et mesurent 13 centimètres de long, d'autres ont seulement 5 ou 6 centimètres et sont remarquables par la finesse de leur exécution.

2° L'homme qui habitait la grotte de Massat portait.des vêtements de peaux cousues, comme l'indiquent *quelques aiguilles,* dont la confection devait présenter de grandes difficultés. Le fragment d'os une fois détaché ou scié de préférence dans un os d'oiseau dont le tissu est fin et résistant, il fallait l'arrondir par le frottement sur une pierre, l'appointer et le percer délicatement d'un chas. On conçoit la délicatesse de ce travail qui devait exiger un soin tout particulier. Des aiguilles trouvées dans des stations analogues sont percées de trous si petits et si réguliers, « que les personnes mêmes qui sont convaincues de l'anti- » quité de ces objets auraient pu penser qu'il était impos- » sible de faire un trou semblable avec une pierre, si » M'. Ed. Lartet n'en avait pu fabriquer un avec les ins- » truments mêmes trouvés dans la grotte des Eysies (vallée de la Vezère). (Zaborowski, *L'Homme préhistorique,* Baillère, p. 85.)

3° *Des pointes effilées* et arrondies de 7 et 8 centimètres de long, malheureusement cassées à la base, et qui sont, sans doute, des pointes de flèches lisses semblables aux pointes en bois de fer qui terminent les longues flèches des sauvages de l'Océanie.

4° *Des poinçons ou perçoirs* destinés à la confection des vêtements de peaux, ainsi que des *lissoirs* en forme de spatules étroites et longues portant des rainures transver- sales profondes qui devaient servir peut-être à la préparation des peaux. Ces lissoirs effilés pourraient bien être aussi des pointes de sagayes ou javelots, armes de jet; ces pointes sont à peu près identiques à celles qui terminent plusieurs armes du même genre provenant des îles Fidgy (1).

5° M. Osmin Galy, percepteur à Oust, a recueilli après nous, dans la caverne de Massat, plusieurs belles pointes de flèches qu'il a bien voulu mettre à notre disposition pour les étudier. Je signalerai spécialement parmi ses découvertes un beau harpon, semblable à ceux trouvés dans la grotte de Gourdan, dans celle de Lortet et de la Vache. La base est arrondie et percée d'un trou dans lequel devait se fixer une corde ou lanière de cuir qui permettait d'attirer l'animal frappé par cette arme ; ce que pratiquent encore les Esquimaux, ainsi que j'ai pu le constater au Musée de Stockholm et de Christiania où j'ai vu des harpons semblables à celui de la grotte de Massat.

Parmi ces divers objets précieux, façonnés par l'homme, se trouvait le faible instrument qui a servi à leur fabrication, *le silex taillé* ; mais tandis qu'il est très-abondant dans les stations de l'âge du Renne, dans la grotte de Massat il est rare. Cependant il offre les mêmes types connus ; de fines lames tranchantes ou couteaux ont été détachées des *nuclei* ; ces lamelles fines ou épaisses retouchées sur les bords sont pointues ou taillées en grattoirs. Il est cependant facile de reconnaître que la taille du silex a subi une grande transformation et n'a plus qu'une importance secondaire; l'homme ne s'attache plus à façonner le silex, mais bien l'os, le bois de Renne ou de Cerf, et cette industrie spéciale atteint une admirable perfection. C'est là une particularité remarquable.

On reste frappé d'étonnement et d'admiration quand on songe qu'avec ces faibles outils, ces lames de silex éclatés, nos ancêtres ont pu confectionner des instruments variés, destinés à leur genre de vie, des pointes de flèches découpées avec tant de délicatesse dans des bois de Renne, sans compter les objets qui par leur fragilité ou leur nature ne sont pas parvenus jusqu'à nous !

(1) Collection ethnographique du Musée d'Histoire naturelle de Toulouse.

Si l'on compare ces pointes de flèches, ces objets sculptés
et gravés des différentes stations de Renne du midi de la
France, on est surpris de la ressemblance qu'ils présentent
entre eux. Le harpon que nous signalions tout à l'heure est
semblable à ceux recueillis dans des stations très-éloignées
les unes des autres.

L'ensemble des découvertes faites jusqu'à ce jour prouve
bien que partout l'homme primitif se trouvant dans des
conditions de milieu semblables, a abordé la lutte pour la
vie avec des moyens identiques. Ses premiers besoins con-
sistaient principalement à se procurer par la pêche ou
la chasse les divers poissons ou animaux qui vivaient
dans la région. Ses longues chasses à la poursuite d'un
Renne, d'un Cerf ou d'un animal blessé devaient l'entraîner souvent bien loin de son habitation. De là une vie
nomade, l'habitude de longues courses, et très-certaine-
ment des rapports fréquents entre les différentes grottes
ou stations. Les tribus se visitaient et échangeaient leurs
armes. A Massat le silex, qui n'existe pas dans la région,
devait être porté de loin ; il est probable que les éclats
n'ont pas été façonnés dans la grotte, nous aurions
retrouvé, comme dans d'autres gisements, des rebuts de
fabrication ; il n'en est pas ainsi, nos rares silex sont tous
bien taillés.

Enfin, des fragments de coquilles marines, trouvés dans
les foyers, prouvent bien que les habitants de la grotte de
Massat recevaient la visite de chasseurs, habitant les bords
de la mer, ou qu'ils fesaient eux-mêmes de longs voyages.

Dans la couche non remaniée que nous étudions à Massat,
nous retrouvons les objets en place comme si les chasseurs
de Renne venaient de quitter la grotte. Sur le sol, autour
des foyers, sont répandues des quantités d'ossements d'animaux tués à la chasse, et qui ont servi à l'alimentation. Ils
sont rarement entiers, fendus longitudinalement pour en
extraire la moelle comme le font encore les Esquimaux.

Cette moelle pouvait servir à la préparation des peaux ou à s'oindre le corps. Les bois de Renne et de Cerfs, soigneusement conservés entiers ou sciés, servaient à la fabrication d'objets variés. Les autres ossements portent presque tous les traces de *stries* et d'entailles, surtout les bois de Renne, faites par le couteau de silex tranchant qui divisait les membres de l'animal.

L'habitude de casser tous les os pour en extraire la moelle, et d'accumuler dans leurs huttes les débris de cuisine qui forment de véritables charniers considérables, ces mœurs des peuplades arctiques semblent avoir été celles des anciens habitants de nos grottes à l'époque du Renne. C'est ce que nous prouve l'examen des ossements accumulés dans la grotte de Massat.

« Autour de leurs huttes et dans toutes les directions, dit le capitaine Parry en parlant des Esquimaux, le sol était jonché d'innombrables ossements de Morse, de Renne et de Veau marin, dont beaucoup gardaient encore des lambeaux de chair en putréfaction qui exhalaient les miasmes les plus infects. »

L'étude des ossements recueillis dans la grotte nous fait connaître la faune de cette époque qui appartient à des espèces éteintes, ou ayant pour la plupart cessé d'habiter ces régions. C'est une série de mammifères correspondant aux espèces suivantes :

Mammifères.

Carnivores :	Ours (très-rare).
	Felis.
	Renard (*canis vulpes*).
Rongeurs :	Campagnol ou espèce voisine.
Ruminants :	Renne (*cervus tarandus*) abondant.
	Cerf (*cervus elaphus*) abondant.
	Bouquetin (*capra ibex*).
	Chamois ou Izard (*antilope rupicapra*).

8

Jumentes :   Cheval (*equus caballus*).

Pachydermes : Sanglier.

Oiseaux.

Des échassiers, des passereaux. (Une liste plus complète sera publiée prochainement.)

Poissons.

Beaucoup de vertébrés et des fragments encore indéterminés.

Parmi ces débris, la découverte d'un fragment de mâchoire inférieure d'Ours : quelques dents molaires et canines de ce carnassier ont surtout frappé notre attention. M. Osmin Galy a. trouvé comme nous dans les foyers une mâchoire inférieure d'Ours.

Cet Ours n'est pas l'*Ursus spelæus* qui caractérise, comme on sait, une période bien antérieure au Renne : l'Ours trouvé à Massat est une espèce plus petite, différente peut-être de l'Ours actuel des Pyrénées.

Le fait le plus surprenant à signaler à l'époque du Renne, c'est la constatation d'un sentiment artistique très-développé chez ces peuplades primitives.

Presque tous les gisements de l'âge du Renne ont révélé quelques gravures sur os et sur pierre (1).

Nous savions que le Dr Garrigou a recueilli dans la grotte inférieure de Massat un galet sur lequel est gravé admirablement un Ours. Cette découverte a été signalée à la Société géologique de France (2e série, t. XXIX, p. 473, 15 avril 1867).

---

(1) Voir le travail de M. E. Cartailhac : L'art chez les chasseurs de Renne de l'Europe préhistorique, avec planches. *Bull. Société d'Hist. naturelle* de Toulouse, 11e année, p. 188.

Voici ce que dit à ce sujet notre savant confrère :

« Est-ce bien là le grand Ours des cavernes (*Ursus spelœus*),
» l'Ours si abondant pendant les premiers temps de l'époque
» quaternaire ancienne? Je n'hésite pas à dire que c'est
» bien cet Ours et non l'*Ursus arctos*. En effet, le caractère
» essentiellement différentiel de l'*Ursus spelœus*, en outre
» de sa taille, est le développement excessif de la région
» frontale, d'où le nom d'Ours à front bombé que lui don-
» nent les paléontologistes. Dans le dessin ci-joint, on voit
» que ce caractère est très-marqué et l'on peut dire qu'à
» notre époque nous ne trouvons plus un seul Ours à
» frontaux aussi proéminents. J'admets donc, avec juste
» raison, je crois, que c'est là un dessin d'*Ursus spelœus*.
» Les hommes de l'âge du Renne ont vu, par conséquent,
» l'*Ursus spelœus* vivant. A ce titre, le dessin de Massat est
» très-instructif. En effet, il nous montre que , dans la
» région, l'Ours des cavernes, qui avait été *si abondant* dans
» les premiers temps de l'époque quaternaire ancienne, a
» eu encore quelques rares descendants, au moment où le
» Renne, fort rare auparavant, s'est à son tour accru d'une
» prodigieuse façon. »

La découverte d'ossements d'Ours contemporains des
chasseurs de Renne dans les foyers de la grotte, permet
d'émettre l'hypothèse que le dessinateur du galet trouvé
par le Dr Garrigou, a copié l'espèce qui vivait à cette époque,
espèce assez voisine de l'Ours actuel, mais différente de
l'Ours à front bombé.

Il est certain que l'homme était contemporain de l'*Ursus
spelœus*. Plusieurs savants admettent même son existence
à *l'époque tertiaire*, ce qui ferait remonter son origine à
quelques milliers de siècles avant l'époque du grand Ours.
On se souvient de l'étonnement du monde savant lorsque
l'abbé Bourgeois présenta au Congrès d'anthropologie des
silex *taillés* trouvés par lui dans le terrain *tertiaire* de
Thenay.

Tous les efforts de certains paléontologues et les recherches modernes, tendent à démontrer l'existence de l'homme à cette époque géologique si reculée ; mais ce n'est pas encore un fait acquis à la science. Selon toute probabilité, le grand Ours s'éteignait à jamais au moment où le *Renne* fesait son apparition dans nos contrées. Cependant, il est possible que l'homme du Renne ait vu quelques sujets, les derniers peut-être, d'une espèce qui fut si abondante, et qui a caractérisé, comme nous l'avons dit, une longue période.

Si l'on examine une série de crânes d'Ours (*ursus spelœus*) recueillis dans les grottes et même dans une même grotte, on est frappé bien vite de la différence extrême de l'ossature ; sans doute, le développement excessif de la région frontale est un signe particulier à cette espèce, mais on trouve aussi un grand nombre de sujets où les bosses frontales sont presque nulles, le crâne est allongé et ne présente pas cette brusque saillie frontale qui est remarquable chez les vieux sujets. D'ailleurs, la même observation peut être faite parmi les crânes d'Ours de l'espèce actuelle; si l'on examine avec soin les crânes des Ours tués dans les Pyrénées ou morts dans les ménageries à un âge avancé, on peut également observer la variabilité des formes frontales.

Comme leurs contemporains des Eysies, de la Madelaine, de Solutré, de Bruniquel et autres gisements célèbres, les habitants de la grotte de Massat possédaient au plus haut degré le sentiment artistique, comme le prouvent les dessins gravés que nous signalons aujourd'hui.

Une de ces gravures (voir la planche), représente un animal entier, un Renne sans doute, qui était précédé et suivi de deux autres animaux semblables. On distingue très-bien, en effet, les deux jambes de derrière du premier, ainsi que la tête du troisième. Si la pièce, malheureusement cassée, était entière, on verrait les trois animaux se poursuivant. Les lignes sont tracées profondément avec une vigueur, une netteté et une sûreté de main remarquables. Ce dessin laisse supposer un artiste exercé. Sur le cou, la croupe et les jambes de derrière, les poils de l'animal ont été marqués par de fines stries.

La seconde gravure sur os que nous avons trouvée, représente l'esquisse plutôt qu'un dessin fini d'un cheval. La tête seule est bien accentuée, le reste du corps est simplement ébauché et les contours légèrement indiqués. C'est le travail d'un débutant ou une esquisse préparatoire.

Tous ceux qui ont examiné ces sculptures et ces dessins sur os ou sur pierre, sont étonnés de la fidélité du dessin, de l'expression donnée par l'artiste au sujet qu'il voulait représenter, comme le fait si bien remarquer M. de Nadaillac (1). Nous sommes, dit-il, en présence d'une véritable révélation sur ces antiques pionniers de la civilisation, évidemment très-supérieurs aux races encore barbares de nos jours qui ne sauraient le plus souvent rien exécuter de semblable. »

On remarquera que le sentiment artistique est spécial à l'époque du Renne et disparaît ensuite à l'époque de la pierre polie.

Si l'on considère les différentes peuplades sauvages qui existent encore dans des contrées éloignées les unes des autres, en Océanie, en Afrique, en Amérique, dans la Terre de Feu, etc., on restera également surpris de reconnaître que ces sauvages font aussi des dessins soit sur leurs armes, soit en se tatouant le corps. Ce sont des ornementations toutes élémentaires, quelques lignes géométriques formant un ensemble désordonné, rarement des reproductions d'animaux. Le sauvage ne cherche pas à copier et reproduire ce qu'il voit dans la nature, aucun sentiment artistique ne se révèle chez lui ; aussi est-il bien surprenant de constater chez les populations primitives de l'âge du Renne, si semblables par leurs

(1) *Les premiers Hommes,* p. 124, t. Iᵉʳ, Masson.

mœurs et leur industrie à nos sauvages modernes, une différence si grande.

Le sentiment artistique ne serait-il pas l'apanage spécial
de la race blanche ? Il est certain que les peuplades nègres
que la civilisation n'a point atteint, les Indiens même en
sont absolument privés.

Les trouvailles faites dans tous les pays du monde ne
permettent plus de doutes sur les premiers temps de l'humanité qui est passée toute entière par *l'âge de la pierre*, où
l'homme était un véritable sauvage ; et si certaines races
mieux douées ont pu s'élever à des états de civilisation plus
avancés, d'autres plus inférieures sont restées stationnaires
plus longtemps et cela jusque dans notre époque actuelle.

La faune quaternaire avec laquelle a vécu incontestablement l'homme en Europe, surtout dans l'Europe centrale,
a été bien plus riche en types, espèces et individus,
que notre faune actuelle. Il faut joindre aux animaux domestiques ou sauvages que nous possédons, cette faune
contenant un grand nombre d'espèces dont les unes
sont éteintes, les autres émigrées dans des régions
très-éloignées. On conçoit que l'imagination reste effrayée
en songeant à cette longue période, dont la durée se perd à
l'infini, pendant laquelle vivaient dans notre pays plusieurs
espèces d'Eléphants, de Rhinocéros, d'Hippopotames, de
Lions et d'Hyènes que nous sommes habitués à ne voir que
dans des climats plus chauds.

Le Renne a vécu à l'époque quaternaire sur toute la surface de l'Europe centrale jusqu'au pied des Alpes et des
Pyrénées, et avec lui une race humaine nomade, vivant de
chasse et de pêche, douée d'un talent artistique remarquable. Malgré les ressemblances très-grandes dans la fabrication de la plupart des instruments en silex, en os et en
bois de Cerf ou de Renne, il est à remarquer que la race du
Midi était plus avancée que celle du Nord, et la haute perfection des gravures marquées d'un sentiment artistique

très-prononcé, lui imprime une particularité spéciale sur les produits artistiques d'époques plus récentes.

Le Cheval était très-abondant à l'époque du Renne et formait, dans certaines contrées, la principale nourriture de l'homme : c'est ainsi dans toutes les stations du Périgord, la Madeleine, les Eysies dans la Dordogne.

Dans la grotte inférieure de Massat le Cheval est excessivement rare, à peine est-il représenté par quelques dents et quelques rares ossements. Cette différence notable avec les autres stations de la même époque ne nous surprend guère, la grotte de Massat peut être considérée comme l'avant-poste le plus avancé dans la chaîne des Pyrénées ariégeoises. Le Cheval devant habiter surtout les plaines où il devait trouver plus facilement sa nourriture. Les chasseurs de Massat ont dû rencontrer cet animal dans des chasses qui durent les entraîner fort loin de leur centre d'habitation. La faune de Massat présente un caractère essentiellement pyrénéen : le Bouquetin, le Chamois, la Chèvre se trouvent ici, tandis que le Bœuf, le Cheval, ordinairement si nombreux dans les autres stations de la même époque, à Solutré, par exemple, sont à peine représentés.

Ici se place une question importante :

MM. Lartet, Dupont, de Mortillet et d'autres savants qui se sont occupés de l'époque du Renne, sont tous de l'avis que les hommes de cette époque étaient des chasseurs nomades et qu'il n'existait à cette époque *aucun animal domestique.*

Pour ce qui regarde le Cheval, nous citerons l'opinion de M. Toussaint, professeur à l'Ecole vétérinaire de Toulouse, qui, dans un remarquable travail, a étudié spécialement le cheval de Solutré. (Assoc. fr., 1873, Lyon, p. 588. — Académie des sciences, 1873, 1er f., p. 55.)

M. Toussaint croit que le Cheval était dès cette époque domestiqué, et il a appuyé la thèse qu'il a développée à Lyon (Comp. rend., p. 596) par de solides raisons, combattues par

MM. Sanson et Piètrement qui pensent que le cheval était resté sauvage. Sans le chien, disent-ils, toute domestication est impossible à l'homme. (*Mat.*, 1874, p. 373). M. Rütimeyer conclut au contraire, quoique avec doute, à la domesticité du Cheval, du Bœuf et du *Renne*.

Ce savant, pour étayer son opinion sur la domesticité du Renne, demande pourquoi le Renne ne se serait pas retiré dans les Alpes à l'égal du Bouquetin, ou tout au moins dans les forêts, comme le Cerf, s'il ne vivait à l'état de domesticité? Sans entrer dans cette longue discussion, je citerai l'opinion de C. Vogt : « Quand au Renne seul, dit-il, je suis d'accord avec M. de Mortillet que l'absence absolue du Chien exclut complètement la domesticité de cette espèce. Quiconque a vu une seule fois un troupeau de Rennes aura compris que leur garde serait impossible sans le Chien · dressé *ad hoc*. C'est une bête tellement indocile, stupide et de mauvaise volonté, et le retour à l'état sauvage lui est si facile et s'accomplit si promptement, que l'homme ne saurait suffire à la tâche sans le secours du Chien. Jusqu'à plus ample informé, je me refuse donc absolument à croire à la domesticité du Renne dans tous les cas où l'on ne me montre à côté de lui les restes du Chien qui doit l'avoir gardé. » (C. Vogt., Documents sur les époques du Renne et de la pierre polie dans les environs de Genève. *Bull. Institut génevois*, t. XV, p. 352.)

J'appelle l'attention des savants compétents sur le dessin gravé que nous avons trouvé avec M. Cartailhac dans la grotte de Massat et qui représente, comme nous l'avons dit, un Renne. Cet animal, dessiné en entier, est précédé et suivi de deux Rennes semblables ; l'os cassé n'a laissé intact que la tête du second Renne qui porte très-bien marqué par *de fortes entailles faites sur la gorge de l'animal* comme *un collier ou des liens* qui entoureraient le cou. Sans rien conclure sur une question si obscure, je crois cependant que parmi les nombreux dessins de Renne découverts jusqu'à ce jour, on n'en a pas trouvé encore représentant un de ces animaux portant autour du cou des traces peut-être de domesticité ?

Comme on le voit, les fouilles que nous avons entreprises dans la montagne du Ker, et que nous nous proposons de continuer, nous ont donné deux gisements importants. La première grotte de l'époque du grand Ours était un repaire de carnassiers renfermant presque toutes les espèces contemporaines de l'*Ursus spelœus*.

La seconde grotte inférieure fut habitée par une population de chasseurs de Rennes qui transportaient là, pour leur alimentation, les animaux tués à la chasse. Ils façonnaient avec beaucoup d'art leurs flèches, leurs javelots, confectionnaient leurs vêtements de peaux Une période de calme, des conditions climatériques meilleures, des animaux féroces rares ou à peu près disparus favorisèrent singulièrement le développement d'un sentiment artistique *inné* chez ces sauvages.

Cette grotte de Massat est désormais une des plus importantes pour l'histoire primitive de l'homme, elle a fourni des instruments abondants parfaitement conservés, ainsi que des gravures sur os et sur pierre d'une grande beauté qui révèlent l'art quaternaire le plus ancien qui soit connu.

———

Nous ne saurions terminer cette notice sans remercier M. Galy Gasparrou, maire de Massat. Grâce à son bienveillant appui, les fouilles des grottes de Massat pourront être continuées sans encombre ; et nous avons tout lieu d'espérer qu'il nous sera possible de mettre utilement à profit, pour les Etudes préhistoriques, l'autorisation qui nous a été donnée.

Séance du 6 avril 1881.

Présidence de M. BIDAUD.

M. de Rey-Pailhade donne lecture du travail suivant :

Note sur une analyse de l'épidote de Quenast.

Dans le dernier Bulletin de l'Académie des sciences royales de Belgique, M. Renard donne le résultat des analyses d'épidote du Quenast, faites au moyen des échantillons les plus purs. Les cristaux de cette localité ont une couleur grise, jaune paille ou vert pâle ; ils se brisent facilement en minces lamelles qui permettent de s'assurer par transparence, et au moyen du microscope, que les esquilles soumises à l'analyse ne renferment pas de matières étrangères, principalement de petits noyaux de quartz, susceptibles de fausser les résultats.

Une expérience spéciale a prouvé effectivement qu'il n'y avait que des quantités insignifiantes de corps étrangers.

La densité moyenne des échantillons du Quenast est de 3,42H.

La composition est :

Silicium.	17,85
Aluminium..	13,19
Fer (peroxyde)..	7,75
Fer (protoxyde).	0,43
Calcium.	16,87
Hydrogène.	0,25
Oxygène.	42,91

qui s'exprime par la formule chimique

$$Si^6 (Fe\ Al)^6 Ca^4 H^2 O^{25}$$

c'est-à-dire un mélange isomorphe à base de fer et d'alumine.

Ces analyses ont ainsi confirmé l'exactitude de cette formule proposée déjà depuis longtemps par Tschermak et Kenngoff. D'une manière générale, l'épidote qu'on avait d'abord considérée comme un silicate anhydre renferme donc de l'eau de constitution.

L'Annuaire du Bureau des longitudes donne pour la composition de l'épidote à base d'alumine $Si^9 Al^8 Ca^6 O^{36}$ avec une densité de 3,32.

M. Rammchberg avait trouvé cette formule pour l'épidote de Salzbach; mais M. Ludwig et M. Rammchberg lui-même, qui reprirent plus tard l'analyse des échantillons de Salzbach, trouvèrent qu'il fallait considérer ce minéral comme un silicate hydraté répondant à la première formule indiquée.

M. Gaudin a étudié la molécule de l'épidote en acceptant la composition du sel anhydre, et a montré que le groupement rationnel des molécules engendrait les diverses formes naturelles.

Les deux formules, qui n'ont été proposées que d'après des analyses nombreuses et sérieuses, présentent des différences trop considérables, il me semble, pour se prononcer pour l'une en condamnant l'autre impitoyablement.

Je vais essayer de montrer comment, avec la théorie de M. Gaudin, on peut voir que ces deux formules ne diffèrent pas l'une de l'autre, ou mieux que la première se déduit de la seconde.

D'après cet auteur, la molécule d'épidote anhydre se compose d'un axe central : 7 atomes (A)

$$O - Ca - O - Si - O - Ca - O$$

entouré de 4 axes à 7 atomes aussi (B)

$$O - Al - O - Ca - O - Al - O$$

le tout enveloppé dans 8 molécules de silice (S)

$$O - Si - O.$$

Le plan ci-joint indique la disposition :

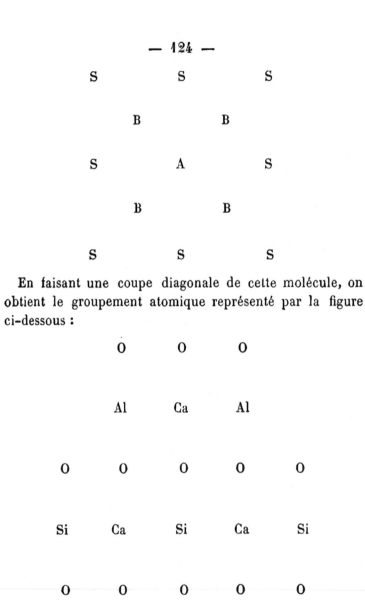

En faisant une coupe diagonale de cette molécule, on obtient le groupement atomique représenté par la figure ci-dessous :

Au centre général de la molécule, il y a une molécule de silice qui peut être remplacée par toute autre molécule iso-morphe sans détruire l'harmonie de l'architecture. Or, la molécule la plus isomorphe de la silice $Si\,O^2$ est celle de l'eau OH^2 qui cristallisent toutes les deux dans le système du rhomboèdre.

L'analogie des molécules d'eau et de silice a été montrée d'une façon magistrale par M. Gaudin, aussi je n'ai pas à insister pour le prouver.

Par la substitution pure et simple de l'eau à la silice, l'axe central devient

$$O - Ca - H - O - H - Ca - O - \text{ ou } 2CaO, H^2O.$$

La chimie offre tant d'exemples de ce genre, que cette hypothèse est, je crois, des plus admissibles.

On rencontrerait donc des épidotes anhydres, des épidotes hydratées et des mélanges variables de l'une et de l'autre, puisque l'anhydre et l'hydratée sont isomorphes. S'il en est ainsi, on conçoit combien les résultats fournis par l'analyse sont variables, surtout quand on songe combien la quantité d'eau qu'il faut doser est faible par rapport au poids total de la matière.

Le silicate anhydre ayant pour formule $Si^9Al^8Ca^6O^{36}$, l'hydraté sera représenté par $Si^8Al^8Ca^6H^2O^{35}$.

Il suffit maintenant de comparer les compositions en cen-tièmes pour se rendre un compte exact de l'analogie de cette formule avec celle de Tschermak et Kenngoff.

	I	II	III
Silicium.	19,6	18,5	18,1
Aluminium.	17,0	17,9	17,6
Calcium.	18,5	17,6	19,2
Hydrogène..	0,0	0,22	0,16
Oxygène..	45,0	45,80	45,00

Le tableau ci-dessus le montre clairement :

I est l'épidote anhydre $Si^9Al^8Ca^6O^{36}$.

II formule de Tschermak $Si^6Al^6Ca^4H^2O^{26}$.

III formule proposée $Si^8Al^8Ca^6H^2O^{35}$.

Pour le silicium la concordance est aussi parfaite que possible entre les deux dernières formules, il n'y a que pour le calcium où la différence soit réellement un peu sensible, mais non de nature cependant à faire abandonner cette hypothèse.

L'épidote du Quesnat est de variété dite *zoïzite* dont la densité a été trouvée de 3,32 par M. Damour. La wernerite-mecönite a une composition qui paraît être la même que celle de l'épidote, mais elle cristallise dans le système du prisme droit à base carrée, tandis que l'épidote se trouve sous la forme du prisme oblique à base rhombe.

Séance du 4 mai 1881.

Présidence de M. Bidaud.

Le Président proclame membres titulaires de la Société M. le docteur Deperré, aide-major à Castelnaudary, présenté par M. Trutat et Bidaud,

Et M. Brevière, receveur de l'enregistrement à Port Sainte-Marie (Lot-et-Garonne), présenté par M. Bidaud et Lacroix.

M. Jules Chalande donne lecture du travail suivant :

De la sensibilité chez les insectes aveugles cavernicoles.

L'étude des mœurs des insectes aveugles cavernicoles a toujours intéressé les entomologistes, surtout au point de vue de leur sensibilité.

Tous ceux qui ont fait des chasses dans les grottes, ont pu constater ce fait assez curieux que ces insectes, quoique aveugles, se conduisent absolument comme s'ils y voyaient. A les voir marcher, fuir, abandonner leur proie, chercher quelques fissures ou quelques cavités pour se blottir à l'approche des chasseurs, rien ne pourrait faire soupçonner qu'ils sont privés des organes de la vue.

Tout en constatant leur cécité, on est porté à croire, en les voyant se sauver ou se cacher quand on approche d'eux avec une lumière, que c'est la chaleur des rayons lumineux qui les impressionne et les fait fuir.

M. Piochard de la Brulerie, dans un rapport à la Société entomologique de France, combat cet argument et émet la supposition, purement hypothétique, qu'à défaut d'organes de vision, ils doivent avoir une sensibilité particulière, dont le siège serait dans des poils ou soies que ces insectes ont très-développés sur tout le corps, les pattes et les antennes.

Il serait à remarquer, en effet, que la longueur de ces poils est en relation avec la perte de la vue. Ainsi chez les *Anophthalmus*, où l'œil est complètement atrophié, on distingue sur certains points de leur corps, et particulièrement sur les élytres, des poils qui ont pris un développement considérable.

Ces poils ou soies posséderaient la faculté d'entrer en vibration au moindre mouvement de l'air ambiant et, communiquant au système nerveux, permettraient à l'animal d'apprécier, d'après l'intensité relative de ces vibrations, la position et la distance d'un être étranger.

Les études ou observations à ce sujet étaient très-difficiles à cause de la difficulté de chasser dans une grotte, sans se servir de lumière.

Dans les excursions que j'ai faites dans l'Ariège, j'ai visité à plusieurs reprises la grotte de Peyrannard. Cette caverne qui est située dans la commune du Mas-d'Azil, au milieu du plateau de la *Roche du Mas*, où se trouvent les grandes grottes du Mas-d'Azil, sur la rive gauche de l'Ariège, est plutôt une vaste excavation qu'une grotte; les effondrements successifs de la voûte en ont rendu l'entrée presque aussi large que l'intérieur, et les pierres qui se sont détachées ont comblé peu à peu les parties basses.

Ainsi disposée, cette grotte présente un certain intérêt, par cette particularité qu'elle est entièrement éclairée pendant presque toute la journée, et qu'il n'est alors aucun de ses points le plus reculés où elle soit complètement obscure. Vers midi même, le soleil jette ses rayons en plein au milieu de la grotte. Cela permet d'y chasser sans se servir de lumière et, par conséquent, d'étudier ces insectes d'une manière nouvelle, sans craindre que la chaleur des rayons lumineux entre en ligne dans les causes qui peuvent les impressionner et déterminer leur fuite subite. J'ai donc entrepris de chasser ainsi, et j'ai pu constater que ce n'était pas exclusivement la chaleur de la lumière qui les impressionnait, puisque je ne m'en servais pas et qu'ils fuyaient quand même. Ceci peut être une des causes, mais une cause secondaire.

J'ai pu remarquer à l'appui de cela un fait assez curieux, c'est la présence d'un *Anophthalmus inæqualis*, sous une petite pierre qui était exposée au soleil et qui avait déjà acquis une température assez élevée comparativement à celle de la grotte.

Je me rattacherai donc plutôt à l'hypothèse de M. Piochard de la Brulerie. En effet, pour peu que je m'approchâsse de quelques *Anophthalmus*, *Adelops* ou *Anthocharis*, ils abandonnaient leur proie pour s'enfuir, et toujours dans le sens opposé au côté d'où je venais. Si je proférais une exclamation, si je soufflais, ou si je faisais vibrer mes pinces de chasse comme un diapason au-dessus d'eux, à une courte distance, ils étaient comme étourdis, tournaient et retournaient sans savoir de quel côté se diriger, et finissaient par fuir ou aller se cacher dans quelques fissures. Il en était de même lorsque je frappais sur le sol avec un marteau. Il est encore à remarquer que lorsque plusieurs de ces insectes fuient et sont près de se rencontrer, ils dévient de leur route chacun dans un sens opposé ; je n'en ai jamais vu se heurter.

Tout cela prouverait, je crois, suffisamment que c'est bien les vibrations de l'air ambiant qui les impressionnent et leur permet, à défaut de vision, de constater la présence d'un autre être ou d'un danger quelconque. Les *Anophthalmus*, qui ont des poils considérablement développés sur tout le corps et sur les pattes et les antennes, sont plus vite impressionnés et semblent mieux doués comme sensibilité que les *Anthocharis* et surtout que les *Adelops,* chez qui ces poils sont plus nombreux, mais bien moins développés.

On pourrait faire l'objection que c'est peut-être l'organe de l'ouïe qui aurait pris chez eux un grand développement. Cela peut être, mais l'expérience m'a suffisamment prouvé qu'un simple souffle ou un mouvement déterminant un déplacement d'air, les impressionne encore plus que le bruit. Lorsque mon compagnon de chasse arrivait précipitamment vers un bloc de stalagmite où je chassais paisiblement, je voyais aussitôt tous les insectes fuir et venir de mon côté.

Toutes ces observations sont le résultat de nombreuses explorations ; cette question. m'intéressait et j'ai tenu à l'étudier. J'ai visité six fois l'excavation de Peyrannard, et chaque fois j'y ai passé une journée entière.

L'exploration de cette grotte nous montre aussi que ces insectes, quoique aveugles, n'habitent pas exclusivement les grottes complètement obscures, mais qu'ils vivent également en plein jour. C'est plutôt la température qui leur fait rechercher ce genre d'habitat.

Enfin, pour terminer, je me permettrai de rétracter une erreur. *L'Anthocharis* qui se trouve à Peyrannard, n'est pas *l'Anthocharis Querilhaci,* comme l'ont signalé les divers

9

auteurs qui ont parlé de cette grotte, notamment MM. Bedel et Simon, et M. Lucante, mais bien *l'Anthocharis dispar*, espèce décrite par M. Abeille et trouvée déjà dans les grottes de Fontsaint, de l'Herm et de Crampagna ; je n'ai trouvé *l'Anthocharis Querilhaci* que dans celles de Lombrive, de Sarras, dé Sabart et de Niaux.

Séance du 18 mai 1881.

Présidence de M. BIDAUD.

Sur la proposition de M. CARTAILHAC, la Société décide qu'elle s'inscrira sur la liste des souscripteurs pour l'érection d'une statue à Broca ; le Conseil d'Administration est chargé de fixer la somme de cette souscription.

Le Secrétaire donne lecture du travail suivant, envoyé par M. le capitaine de Folin, membre correspondant de la Société :

Exploration
de l'aviso à vapeur « Le Travailleur » dans le golfe de Gascogne, en juillet 1880.

L'étude des Rhizopodes réticulaires Arénacés, provenant de la campagne d'exploration du *Travailleur* en juillet 1880, nous a montré quelques particularités que l'on avait peut-être négligé de signaler ou qui n'avaient pas été aperçues. Elles sont cependant importantes, car elles servent non-seulement à caractériser l'animal, mais elles sont également utiles en établissant un lien entre les Arénacés proprement dits, et divers groupes dont il n'avait été que peu question jusqu'à présent.

Ainsi nous remarquons que tous les organismes que nous séparons des Arénacés pour les placer dans des divisions basées sur la nature de leur enveloppe, aussi bien que ceux-ci, laissent voir leur protoplasma combiné d'une façon intime avec un nombre relativement considérable de corpuscules qui lui sont étrangers, et qui cependant deviennent, par l'immixtion, une partie de lui-même. Nous nous expliquons la présence de grains de sable de toute sorte, de fragments de spicules, de tests entiers ou en débris, de filaments végétaux mêlés à toutes les parties du Sarcode, en les considérant comme devant lui servir d'ossements sans lesquels il serait trop faible, et n'aurait ni assez de consistance ni assez de stabilité pour remplir une fonction aussi difficile que celle de bâtir sa demeure en réunissant comme éléments des murailles qu'il édifie, des corpuscules d'une nature semblable à ceux qu'il incorpore.

Nous avons également observé que le procédé que ces animaux emploient pour réunir et souder les matériaux dont ils composent leurs demeures ou enveloppes, est le même pour toutes les divisions que nous avons formées. Il était intéressant pour nous de bien établir ces faits, et nous avons constaté leur exactitude par de nombreuses expériences et observations, car ils doivent servir de point d'attache entre les groupes ; de plus, nous avions quelques formes présentant des caractères si nouveaux et si singuliers, qu'il était indispensable que nous puissions par quelque lien commun les bien reconnaître, et avoir des motifs pour fixer leur position dans la division qui leur est propre.

C'est ainsi que nous avons ajouté aux *Arénacées*, les *Pateux*, les *Vaseux*, les *Spiculacés* et les *Globigerinacés*, pour en faire un seul sous-ordre que nous désignerons sous le nom de *Firmata*, les *Renforcés*, puisque tous les animaux qui en font partie le sont par des corpuscules que le protoplasma incorpore.

Dans la liste qui suit, on trouvera tous les genres et

toutes les espèces qui ont été recueillis pendant l'exploration :

RHIZOPODES RÉTICULAIRES

GENRE ASTRORHIZA

I.— Sous-Genre **Eilemammina**, n. g.

Espèces. — Eilemammina 1. amorphis, n. s.

2. subdiscoïdea, n. s.

3. subovata, n. s.

II. — S.-G. **Cheiramina**, n. g.

Espèces. — Cheiropsis 1. monodactylus, n. s.

2. diplodactylus, n. s.

3. triadactylus, n. s.

4. tetradactylus, n. s.

5. pentedactylus, n. s.

6. hexadactylus, n. s.

7. heptadactylus, n. s.

8. octodactylus, n. s.

9. ennadactylus, n. s.

10. decadactylus, n. s.

III. — G. **Kikrammina**, n. g.

Espèce. — Kikrammina appendiculata, n. s.

IV. — G. **Clavula**, n. g.

Espèces. — Clavula 1. major, n. s.

2. minima n. s.

3. subpolita, n. s.

V. — G. **Marsipella**, Norman.

Espèces. — Marsipella 1. albescens, n. s.
2. appendiculata, n. s.
3. caudata, n. s.
4. debilis, n. s.
5. elongata, Norman.
6. fulva, n. s.
.7. granulosa, Brady.
8. inflata, n. s.
9. lævis, n. s.
10. longicollum, n. s
11. purpurea, n. s.
12. rugosa, n. s.
13. tenuis, n. s.
14. tubifera, n. s.
15. villosa, n. s.

VI. — G. **Jaculella,** Brady.

Espèces. — Jaculella 1. acuta, Brady.
2. albida. n. s.
3. dulcis, n. s.
4. elongata, n. s.
5. rugosa, n. s.
6. spiculifera, n. s.
7. stricta, n. s.
8. sublævis, n. s.
9. tenuis, n. s.
10. tortuosa, n. s.
11. undulosa, n. s.

VII. — G. **Rhabdammina**, Sars.

Espèces. — Rhabdammina 1. abyssorum, Sars.
2. arborescens, n. s.

Espèces. —; Rhabdammina 3. bifida, n. s.

4. calcaris, n. s.

5. curvata, n. s.

6. depressa, n. s.

7. flexilis, n. s.

8. frutex, n. s.

9. granit, n. s.

10. grisea, n. s.

11. hirsuta, n. s.

12. intermèdia, n. s.

13. lactea, n. s.

14. lævigata, n. s.

15. linearis, n. s.

16. longeramosa, n. s.

17. major, n. s.

18. mista, n. s.

19. muscosa, n. s.

20. nitida, n. s.

21. nucleosa, n. s.

22. ornata, n. s.

23. paupera, n. s.

24. pustulosa, n. s.

25. replicata, n. s.

26. rigida, n. s.

27. rubiginosa, n. s.

28. rubra, n. s.

29. rudis, n. s.

30. rugosa, n. s.

31. sceptrum, n. s.

32. simplex, n. s.

33. splendida, n. s.

34. spongiosa, n. s.

35. stypes, n. s.

36. stricta, n. s.

37. sublimosa, n. s.

Espèces. — Rhabdammina. 38. subtilis, n. s.
          39. tenuis, n. s.
          40. tenuissima, n. s.
          41. torqueta, n. s.
          42. torta, n. s.
          43. translucida, n. s.
          44. vetula, n. s.

VIII. — G. **Sagenella**, Brady.

Espèce. — Sagenella Vasconiæ, n. s.

IX. — G. **Hyperammina**, Brady.

Espèces. — Hyperammina   1. albescens, n. s.
          2. elongata, Brady.
          3. exilis, n. s.
          4. jucunda, n. s.
          5. lævissima, n. s.
          6. minuta, n. s.
          7. mosaïca, n. s.
          8. mucronata, n. s.
          9. nitida, n. s.
          10. obscura, n. s.
          11. ornata, n. s.
          12. ramosa, Brady.
          13. recta, n. s.
          14. rubescens, n. s.
          15. sclopetopsis, n. s.
          16. setosa, n. s.
          17. simplex, n. s.
          18. vagans, Brady.

X. — G. **Psammoperidia**, n. g.

Espèces. — Psammoperidia 1. echinata, n. s.
          2. sublævis, n. s.

XI. — G. **Psammosphæra,** Schultz.

Espèces. — Psammosphæra 1. fusca, Schultz.
2. biglobosa, n. s.

XII. — G. **Saccammina,** Sars.

Espèces. — Saccammina 1. sphærica, Sars.
2. lævis, n. s.

XIII. — G. **Diplomasta,** n. g.

Espèce. — Diplomasta nitida, n. s.

XIV. — G. **Lekithiammina,** n. g.

Espèces. — Lekithiammina 1. aculeata, n. s.
2. duplex, n. s.
3. ornata, n. s.
4. similis, n. s.
5. simplex, n. s.

XV. — G. **Psammolychna,** n. g.

Espèces. — Psammolychna 1. bilocula, n. s.
2. echinata, n. s.
3. spæciosa, n. s.
4. trilocula, n. s.
5. unilocula, n. s.

XVI. — G. **Premnammina,** n. g.

Espèces. — Psammechinus polylocula, n. s.
2. unilocula, n. s.

XVII. — G. **Reophax**, de Montfort.

Espèces. — Reophax 1. adunca, Brady.
2. argentæa, n. s.
3. echinata, n. s.
4. nodulosa, n. s.
5. oblonga, Brady.
6. ornata, n. s.
7. regularis, n. s.
8. rugosa, n. s.
9. rustica, n. s.
10. spinosa, n. s.
11. strangulata, n. s.

XVIII. — G. **Hormosina**, Brady.

Espèces. — Hormosina 1. globulifera, Brady.
2. Normani, Brady.

XIX. — G. **Trochammina.**

Espèces. — Trochammina 1. lituiformis ?
2. pauciloculata ?
3. trulissata, Brady.

XX. — G. **Haplophragmium.**

Espèces. — Haplophragmium foliaceum ?

XXI. — G. **Placospilina**, d'Orbigny.

Espèce. — Placospilina ?

XXII. — G. **Webbina**, d'Orbigny.

Espèce. — Webbina ?

XXIII. — G. **Bigenerina**, d'Orbigny.

Espèce. — Bigenerina ?

R. r. PATEUX.

XXIV. — G. **Titanopsis,** n. g.

Espèces. — Titanopsis 1. depressus, n. s.
2. elongatus, n. s.
3. irregularis, n. s.
4. labyrinthicus, n. s.
5. lacteus, n. s.
6. ornatus, n. s.
7. rubescens, n. s.
8. subglobosus, n. s.
9. vinctus, n. s.

XXV. — G. **Psammozotika,** n. g.

Espèce. — Psammozotika libra, n. s.

XXV bis. — G. **Askopsis,** n. g.

Espèce. — Askopsis longicollis, n. s.

XXVI. — G. **Bathysiphon,** Sars.

Espèces. — Batysiphon 1. capbritonis, n. s.
2. capillaris, n. s.
3. filiformis, Sars.
4. lucidus, n. s.
5. major, n. s.
6. tenuis, n. g.

XVII. — G. **Toxinopsis,** n. g.

Espèce — Toxinopsis vermiculus, n. s.

R. r. VASEUX.

XXVIII. — G. **Pelosina**, Brady.

Espèces. — Pelosina 1. variabilis, Brady.
      2. brevis, n. s.
      3. labiata, n. s.
      4. lucanica, n. s.
      5. plana, n. s.
      6. rotundata, n. s.
      7. striata, n. s.
      8. vermicula, n. s
      9. zooplea, n. s.

XXIX. — G. **Ilyopegma**, n. g.

Espèce. — Ilyopegma familia, n. s.

XXX. — G. **Ptyka**, n. g.

Espèce. — Ptyka inconstans, n. s.

XXXI. — G. **Limocæcum**, n. g.

Espèce. — Limocæcum striatum, n. s.

XXXII. — G. **Ilyoperidia**, n. g.

Espèce. — Ilyoperidia subovata, n. s.

XXXIII. — G. **Ilyozotika**, n. g.

Espèce. — Ilyozotika fallax, n. s.

XXXIV. — G. **Mallopela,** n. g.

Espèces. — Mallopela 1. amorphis, n. s.
2. brachiata, n. s.
3. lævis, n. s.
4. spissa, n. s.
5. tentaculata, n. s.

XXXV. — G. **Stephanopela,** n. g.

Espèces. — Stephanopela 1. corona, n. s.
2. tubularia, n. s.

XXXVI. — G. **Rhizopela,** n. g.

Espèce. — Rhizopela irregularis, n. s.

R. r. SPICULACÉS.

XXXVII. — G. **Rhabdamminella,** n. g.

Espèces. — Rhabdamminella 1. cornucervi, n. s.
2. elongata, n. s.
3. ramosa, n. s.
4. uncinata, n. s.
5. vestita, n. s.

XXXVIII. — G. **Hyperamminella,** n. g.

Espèce. — Hyperamminella venusta, n. s.

XXXIX. — G. **Ophidionella,** n. g.

Espèce. — Ophidionella variabilis, n. s.

XL. — G. Dyoxeia, n. g.

Espèces. — Dyoxeia 1. Richardi, n. s.
2. vulgaris, n. s.

XLI. — G. Trioxeia, n. g.

Espèce. — Trioxeia Edwardsi, n. s.

XLII. — G. Ropalozotika, n. g.

Espèce. — Ropalozotika insolita, n. s.

XLIII. — G. Technitella, Norman.

Espèces. — Technitella 1. cristata, n. s.
2. legumen, Norman.
3. melo, Norman.

R. r. GLOBIGERINACÉS.

XLIV. — G. Julia, n. g.

Espèces. — Julia 1. margaritea, n. s.
2. polyloculina, n. s.
3. progressa, n. s.
4. reticularis, n. s.
5. subcylindrica, n. s.
6. subvacua, n. s.

Présidence de M. BIDAUD.

M. MARTY montre à la Société le plan de la grotte de Lherm, qu'il a relevé très-exactement à la boussole. Il fait la topographie de cette caverne en indiquant les points où ont été trouvés les principaux ossements. Les couches de terre meuble qui renferment les os sont séparées les unes des autres par des strates de calcaire stalagmitique qu'il a fallu briser pour pénétrer profondément. Les deux premières couches seulement avaient été fouillées avant les travaux de M. Marty. Les ossements du fond paraissent beaucoup plus anciens que ceux qui ont été trouvés à la surface. M. Marty a trouvé du rhinocéros, du grand chat des cavernes, de l'ours et du cerf. — Les recherches continuent encore et promettent de nouvelles découvertes.

A la suite d'une discussion à laquelle prennent part plusieurs membres qui ont aussi fouillé cette caverne, il est reconnu que la grotte de Lherm ne présente pas actuellement le même réseau de galeries qu'elle devait avoir à l'époque de l'ensevelissement des os. Plusieurs couloirs sont en effet manifestement barrés par un mur de calcaire, formé par la réunion de la stalagmite à la stalactite qui empêche de pénétrer dans ses parties inconnues, qui très-probablement avaient des issues à l'extérieur. Ces ouvertures devaient se trouver à 80 ou 100 mètres au moins au-dessus de l'entrée actuelle. On s'expliquerait ainsi très-bien la présence d'ossements dans les parties les plus élevées de la grotte. Il serait fort intéressant pour l'histoire de cette fameuse caverne de découvrir ses ouvertures supposées.

M. LACROIX annonce à la Société la capture d'un oiseau fort rare dans nos contrées, l'*Aigle de Bonnelli*. Cette espèce a pour patrie le nord de l'Afrique, le sud de l'Espagne et de l'Italie. Il est fort rare de la trouver de passage en France.

La Société décide de faire une excursion géologique et botanique à Quillan dans la vallée de l'Aude. Elle visitera le célèbre défilé de la Pierre-Lisse et la magnifique forêt de sapins des Fanges.

Un avis ultérieur fixera l'époque précise et l'itinéraire de cette course qui aura lieu au commencement du mois de juillet.

Les étrangers, présentés par des membres de la Société, pourront prendre part à cette excursion.

M. Jules CHALANDE, faisant part de plusieurs explorations et fouilles qu'il a faites dans diverses grottes de l'Ariège, présente une série de silex travaillés, très-caractérisés, trouvés dans les foyers de la grotte du Mas-d'Azil, ainsi que plusieurs os et bois de cerfs travaillés. Parmi ces derniers, un surtout est remarquable, c'est un bois de cerf buriné sur le côté; le dessin représente plusieurs filets ondulés s'entrelaçant; au milieu, le bois est perforé d'un trou circulaire de 2 centimètres de diamètre.

· Rendant compte ensuite de l'exploration d'une caverne nouvellement découverte dans le canton de Saint-Girons (grotte de Chartou), il y signale quelques vestiges de *felis* et de cerfs.

Au point de vue entomologique, cette grotte renferme diverses espèces d'arachnides et de coléoptères , entre autres : *Anophthalmus cerberus* et *Omalota subcavicola*.

M. Emile CARTAILHAC communique quelques épreuves de son Catalogue populaire raisonné et illustré des collections préhistoriques du Musée d'histoire naturelle de Toulouse.

Ce volume est divisé en deux parties. Dans la première, l'auteur résume tout ce que nous savons sur nos lointains ancêtres, depuis les Anthropomorphes tertiaires jusqu'aux Gaulois. Le climat, l'extension des glaciers, la faune, la flore, les mœurs, l'industrie sont successivement passés en revue.

Dans la seconde partie se trouve l'inventaire des collections de la ville de Toulouse avec des renseignements très-complets.

De nombreuses gravures, près de trois cents, illustrent le texte.

M. Félix REGNAULT rend compte à la Société d'un voyage en Algérie à l'occasion du Congrès de l'Association française, et expose les résultats d'une excursion aux dolmens de Guyotville. Ceux-ci, situés dans la propriété de M. Kuster, professeur au lycée d'Alger, sont particulièrement intéressants. Grâce à l'intelligente prévoyance de M. Kuster, ces monuments si précieux pour les études préhistoriques sont conservés avec soin, tandis que dans toute la région où ils abondent on les démolit pour utiliser les dalles dans la construction des maisons. C'est ainsi que des centaines de dolmens ont été détruits. M. Regnault montre à la Société plusieurs photographies qu'il a prises de ces dolmens. Il les décrit avec soin et les compare à ceux de l'Aveyron que l'auteur a visités et fouillés. Les dolmens de l'Algérie renferment des ossements humains de plusieurs individus, sans doute une famille entière, ainsi que des bracelets en bronze et des poteries d'un travail très-primitif. Le silex, les pointes de flèches, si belles et si abondantes dans nos dolmens, manquent dans ceux de Guyotville. L'auteur se propose de revenir plus tard sur cette question.

M. de REY-PAILHADE fait l'analyse de deux Mémoires lus aux réunions de la Sorbonne : la géologie de l'Ariège, par M. de Lacvivier, et la série d'expériences entreprises par M. Barthélemy, professeur à la Faculté des sciences de Toulouse, pour expliquer les mouvements des liquides et des organes flexibles des plantes. Suivant que la succion des racines serait supérieure ou inférieure à l'évaporation foliacée, la tension hydrostatique varierait dans des limites capables de produire les phénomènes observés.

Réunion du 17 juin 1881.

CONFÉRENCE DE M. LE CAPITAINE GALLIENI SUR SA MISSION AU NIGER.

La Société d'Histoire naturelle, grâce aux renseignements très-circonstanciés que lui transmettait un de ses membres, M. Victor Romestain, avait suivi avec le plus vif intérêt les péripéties de la mission importante que le capitaine Galliéni avait si heureusement menée à bonne fin, et qui avait donné à la France la possession du Haut-Niger. Aussi, dès l'arrivée en France du courageux explorateur, la Société avait instamment prié le capitaine Gallieni de venir raconter lui-même son voyage : Toulouse, en effet, devait avoir une des premières visites du capitaine, car sa famille habite Saint-Béat, et son vieux père attendait avec impatience le vaillant marin.

La Société vit sa demande accueillie, et le 17 juin elle réunissait dans l'amphithéâtre de la Faculté des lettres, un auditoire d'élite.

M. BIDAUD, président de la Société, a ouvert la séance par l'allocution suivante :

« Mesdames, Messieurs,

« Vous êtes groupés autour d'un compatriote dont le nom est désormais inscrit dans les fastes de l'histoire nationale, M. Gallieni, chez lequel la bravoure du soldat, la science du capitaine sont égalées par l'intrépidité de l'explorateur et l'habileté du diplomate.

» Nous le remercions d'avoir bien voulu consentir à parler à la Société d'histoire naturelle de son voyage déjà célèbre. Ce récit était une bonne fortune, et notre Société s'est fait un devoir, Messieurs, de vous la faire partager. La presse a déjà raconté l'importance, les grands résultats de cette entreprise si heureusement accomplie malgré les dangers que tout voyageur rencontre sur le sol africain, les trahisons qui, après avoir anéanti notre mission Flatters, viennent encore d'anéantir la mission italienne.

» Votre empressement est peut-être dû à ce que vous avez pris connaissance des journaux de la ville voisine, qui a eu la première l'avantage de saluer M. Gallieni, à son retour en France ; et après avoir vu ce qu'on pourrait appeler la photographie de la parole, vous avez désiré entendre la parole vivante, voir et acclamer le capitaine lui-même.

» Recevez, Monsieur, nos félicitations pour vous et vos compagnons ; vous êtes notre compatriote, vous ne l'avez pas oublié, et nous en sommes très-fiers ; mais vous avez si bien servi le pays, vous avez porté si loin le drapeau qu'il vous avait confié, que vous êtes l'honneur non plus de notre département, mais de la France entière, et c'est d'elle, c'est de la civilisation que vous avez bien mérité. »

M. Gallieni prend la parole et répond en ces termes :

MESDAMES ET MESSIEURS,

Ma première pensée, en prenant la parole devant cet auditoire choisi, est de remercier la Société d'Histoire naturelle de Toulouse des sentiments de sympathie qu'elle vient de me témoigner par la bouche de son président. Appréciant avec une indulgence extrême les efforts faits pour mener à bien la mission qui m'avait été confiée, vous avez tenu à encourager par cette cordiale réception, les voyageurs qui cherchent à pénétrer au centre du continent africain et à y étendre l'influence française. Vous n'avez pas voulu oublier non plus que j'étais votre compatriote et c'est à ce titre que vous me faites l'insigne honneur de me nommer membre honoraire de votre Société, en inscrivant mon nom à côté de ceux des illustrations scientifiques que je vois figurer à la première page du bulletin qui rend compte de vos travaux. Je vous remercie à nouveau, Messieurs, de cette marque inappréciable de votre estime. Croyez bien qu'elle forme une précieuse compensation aux fatigues et aux privations auxquelles j'ai été en butte pendant toute la durée de mon expédition.

Laissez-moi maintenant, Mesdames et Messieurs, vous demander votre indulgence, non-seulement à cause de mon inexpérience complète dans l'art de la parole, mais aussi à cause de mon état d'extrême fatigue. J'étais encore au Sénégal il y a une quinzaine de jours à peine, et ce n'est que dans quelques mois que je puis espérer de voir ma santé complètement rétablie. Je regrette également de ne pas voir auprès de moi dans cette circonstance MM. Piétri, Vallière et Tautain, les courageux officiers qui m'ont si intrépidement secondé pendant tout le cours de l'expédition. Il est juste que ceux qui ont été à la peine ensemble, soient aussi ensemble à l'honneur.

Le Sénégal a été considéré depuis longtemps comme l'une des voies naturelles du Soudan, immense région dans laquelle les dernières découvertes ont montré un pays bien arrosé, un sol fertile, aux vallées fécondes, habité par une population considérable et traversé par des fleuves gigantesques. S'étendre le long du Sénégal et atteindre peu à peu le Niger et de là le cœur même. du plateau central, tel a toujours été l'objectif de l'éminent général Faidherbe, pendant qu'il gouvernait nos possessions de la côte occidentale d'Afrique. C'est dans ce but qu'il avait chargé, en 1862, le lieutenant de vaisseau Mage de se rendre sur les bords du Niger auprès du sultan Ahmadou, qui dominait alors à Sépou-Sikou sur l'immense empire musulman fondé par son père, le prophète El Hadj, sur les ruines des anciens Etats Bambaras et Malinkés. Le voyage de notre compatriote avait montré combien les populations de ces pays, encore vouées à l'idolàtrie, supportaient impatiemment le joug de leurs conquérants, surtout depuis qu'El Hadj avait fait place en mourant à son fils Ahmadou, qui n'avait ni son talent militaire, ni son prestige religieux. Mais les investigations de Mage avaient dû s'arrêter à Kita et il avait été forcé de laisser de côté le but principal de sa mission, c'est-à-dire l'exploration des vallées du Bakhoy et du Baoulé, affluents du Sénégal, qui ouvraient des routes naturelles vers le Niger. On en était donc réduit à fouiller les notes laissées par Mungo Park pour en extraire quelques vagues renseignements sur cette voie qui nous donnait accès vers le Soudan et sur laquelle la mort mystérieuse de l'intrépide voyageur n'avait guère permis de faire la lumière. On ignorait jusqu'aux populations qui se trouvaient aux abords de Bafoulabé (confluent du Bafing et du Bakhoy, à 130 kilomètres environ de Médine); *à fortiori* n'avait-on aucunes notions sur celles qui habitaient plus à l'Est et au Sud, vers Mourgoula et vers Bammako. Ce dernier point surtout était représenté comme un marché de haute importance, dont les chefs contrebalançaient la puissance du roi de Ségou. On s'était donc habitué à le considérer comme l'objectif vers lequel devaient tendre tous nos efforts et où nous devions chercher à nous implanter pour prendre définitivement pied sur le Niger, opération que la méfiance des Toucouleurs (1) rendait difficile à exécuter.

C'est dans ces conditions qu'une mission préparatoire, dont la direction me fut confiée, partit pour Bafoulabé. Elle devait dresser l'itinéraire d'une route à tracer entre Médine et ce dernier point, étudier l'emplacement d'un poste à construire au confluent du Bafing et du Bakhoy et entrer en relations, si faire se pouvait, avec les populations Malinkés, situées au-delà de ce confluent, vers le Niger. La mission, entreprise en plein hivernage, et en une année où les inondations avaient été exceptionnelles, réussit pleinement. Je pus, avec l'aide du lieutenant Vallière, qui m'avait été adjoint, accomplir assez heureusement mon voyage, malgré les fièvres si terribles en cette saison de l'année ; nous rapportâmes un itinéraire complet de la route suivie le long du fleuve et nous obtînmes des habitants l'autorisation d'établir un poste, sans bourse délier, à la pointe du Bafing. Je réussis même à m'aboucher avec les Etats Malinkés environnants et je revins à Saint-Louis, ramenant avec moi des représentants des chefs du Bambouk, du Bakhoy, du Fouladougou, du pays de Kita et même un propre neveu des chefs maures commerçants de Bammako.

Ces résultats étaient considérables et permirent au gou-

---

(1) Les Toucouleurs dérivent du croisement des Pouls (Poul-bé « les rouges ») avec les nègres Ouoloffs ou Serères de la Sénégambie. Musulmans fanatiques, ils ont, depuis le commencement du xviii⁰ siècle, fondé plusieurs empires, tels que ceux du Fouta-Djalon, du Bondou, du Ségou, etc.

Les Malinkés (Mandingues) et les Bambaras sont les habitants primitifs de la région comprise entre le Sénégal et le Haut-Niger ; ils ont été subjugués par les Toucouleurs.

verneur de notre colonie de penser à l'organisation d'une nouvelle mission, qui serait envoyée jusqu'aux bords du Niger et qui gagnerait ce fleuve, non par la voie relativement facile du Kaarta, route du Nord, mais par les régions inexplorées et assurément plus malaisées à parcourir du Bakhoy et du Fouladougou, où nous devions rencontrer des populations sympathiques à nos projets et qui verraient en nous des protecteurs naturels contre leurs ennemis musulmans. Bammako, que Mage n'avait pu atteindre en 1863, était naturellement désigné comme le point où nous devions arborer notre pavillon sur le Niger.

Le gouverneur Brière de l'Isle, qui avait pris à cœur de continuer l'œuvre projetée par son prédécesseur, le général Faidherbe, et qui y employait toute son énergie et toute son intelligence, me mit à la tête de cette importante expédition. Il m'adjoignit les lieutenants Piétri et Vallière, de l'artillerie de marine, et le docteur Tautain, de la marine. Ces trois officiers avaient déjà rempli avec distinction au Sénégal des missions particulières, qui les avaient désignés à la confiance du gouverneur. En outre, le docteur Bayol devait faire partie de la mission jusqu'à Bammako, où je devais l'installer comme résident et représentant du protectorat français sur le Niger.

L'expédition, qui avait un caractère purement pacifique, fut amplement pourvue de cadeaux, que transportait un convoi de 250 ânes et de 12 mulets. Une trentaine de soldats indigènes, tirailleurs ou spahis sénégalais, devait servir d'escorte aux ambassadeurs que la France envoyait auprès des chefs nègres de la région à explorer. Ces principicules tiennent énormément aux honneurs, et il était indispensable que nos envoyés fussent entourés, au moment des réceptions, d'une certaine pompe qui montrât à leurs hôtes que leurs visiteurs étaient des personnages importants et considérés dans leur pays. Au surplus, comme je n'ignorais nullement les dangers auxquels peuvent être exposés les voyageurs

qui entreprennent de pénétrer dans le « continent mysté-
rieux, » j'avais caché dans le fond de mes cantines 3 ou
400 paquets de cartouches. Les événements ont prouvé
combien cette précaution était bonne à prendre, et nul
doute que sans elle, la mission du Haut-Niger subissait le
sort de la malheureuse expédition du colonel Flatters.

La mission, partie de Saint-Louis le 30 janvier 1880, était
à Bakel, chef-lieu de nos possessions dans le Haut Fleuve, le
26 février. Là, elle complétait son organisation, engageait les
âniers nécessaires pour la conduite des bêtes de somme et
prenait définitivement la route de terre, le 7 mars. Elle
se reposait quelques jours à Médine et traversait le Bafing
le 2 avril, à Bafoulabé, au confluent du Bafing et du Bakhoy.

La vallée du Bakhoy forme la route directe vers le Niger.
Aussi la mission devait-elle étudier spécialement la contrée
baignée par cette rivière et ses affluents et entrer en relations
avec les populations de la région.

De Bafoulabé, je suivais donc la rive gauche du Bakhoy,
par une vallée large de 3 à 5 kilomètres et bordée de chaque
côté de massifs rocheux aux flancs dépouillés et abrupts.
Tandis que les lieutenants Vallière et Piétri marchaient en
avant, l'un dressant l'itinéraire de la route, l'autre frayant le
chemin aux animaux du convoi, je réunissais au village de
Kale les principaux notables du pays et leur faisais signer
le traité, les plaçant sous le protectorat de la France. Ces
Malinkés, bien que dépeints sous d'assez vilaines couleurs
par plusieurs voyageurs, nous recevaient cependant avec
empressement, tellement était grande leur haine contre leurs
dominateurs musulmans, contre lesquels ils imploraient
notre appui. Outre le poste de Bafoulabé, ils en demandaient
un autre à Fangalla, où les habitants voulaient reconstruire
leurs villages ruinés par El Hadj, à la suite d'une défense
restée célèbre dans le pays.

Quelques jours après, l'expédition, franchissant le Bafing
au gué de Toukoto, large de plus de 500 mètres, entrait

dans le Fouladougou. Je n'insisterai pas sur les difficultés
que nous eûmes à surmonter pour diriger notre lourd convoi
dans cette région inconnue et coupée de nombreux cours
d'eau, généralement à sec, il est vrai, pendant cette saison
de l'année, mais dont le passage arrêtait souvent, pendant plusieurs heures, la marche de la colonne. Tantôt
les tirailleurs et lapots (1), armés de la pioche, étaient forcés
de pratiquer des rampes dans les berges à pic de ces torrents
asséchés ; tantôt, la hache à la main, ils abattaient les arbres
nécessaires à la construction rapide d'un pont de fortune.

La guerre que les Toucouleurs avaient faite longtemps
contre les Malinkés, possesseurs du sol, avait ruiné la contrée
qui était à peu près déserte au moment de notre passage.
Les sentiers de chasseurs n'existaient même pas ; c'est avec
la plus grande peine que je parvenais à me procurer les
guides nécessaires pour diriger ma marche à travers cette
région extraordinairement giboyeuse et où les nuits étaient
sans cesse troublées par les rugissements du lion et les sourds
grognements des hippopotames. Dans la nuit du 14 au
15 avril, un lion s'introduisit dans le camp et donna lieu,
pendant quelque temps, à une confusion désordonnée.

Le Fouladougou, peuplé de Malinkés croisés de Pouls,
suivait avec empressement l'exemple des indigènes du
Bakhoy. sentant combien notre appui pouvait leur être
avantageux contre leurs conquérants Toucouleurs, au souvenir exécré. Le chef du pays, Boulounkoun-Dafa, vieillard
plus qu'octogénaire, et qui nous indiquait comme lieu de
campement le groupe de fromagers où Mungo Park s'était
reposé 75 ans auparavant, demandait qu'on lui construisit
au plus vite un blokhaus à Goniokori. Cette capitale du
Fouladougou est située sur la rive gauche du Bakhoy, au point
où cette rivière s'enfonce dans une gorge rocheuse à hautes

(1) Noirs engagés comme matelots au service de la station locale du
Sénégal.

murailles verticales et force la route à se diriger vers l'intérieur du plateau, pour atteindre le pays de Kita. Mungo Park s'était déjà heurté à cet obstacle dans son exploration et avait dû marcher vers l'Est, vers Bangassi.

La mission parvenait le 20 avril à Kita. Le chef de Makadiambougou, l'homme le plus riche et le plus influent de la contrée, signait peu de jours après le traité par lequel il nous autorisait à fonder chez lui, quand bon nous semblerait, un établissement militaire et commercial qui devait avoir une grande importance. Tokouta, le chef en question, hésita longtemps avant de s'engager ainsi avec nous. Il voulait être sûr que nous tiendrions notre promesse de nous installer le plus tôt possible dans ses Etats, car il craignait la colère du sultan Ahmadou qui, bien que son autorité soit de plus en plus méconnue dans ces régions, a admis en principe que tous les territoires autrefois conquis par son père et cependant abandonnés par lui, sont toujours sa propriété exclusive.

Les résultats politiques obtenus à Kita étaient d'une valeur exceptionnelle, car ce point présente une position géographique de premier ordre, au nœud de cinq routes débouchant dans toutes les directions vers Bafoulabé et nos établissements du haut Sénégal, vers Nioro et les marchés maures du Sahara, vers le Niger et Bammako, enfin vers Mourgoula et la vallée du Bakhoy conduisant dans le Bouré et dans les pays aurifères. La nécessité d'étudier avec le plus grand soin la région de Kita, où nous devions fonder notre premier établissement important entre Médine et le Niger, força la mission à s'arrêter une semaine entière sur ce point. C'est de là, d'ailleurs, que j'envoyai les rapports et plans relatifs à la première partie de la mission qui, on vient de le voir, s'était accomplie très-heureusement jusqu'à ce moment.

Pendant cette semaine, la mission avait été rejointe par le lieutenant Piétri qui, de Fangalla, avait été détaché vers le Nord pour reconnaître la vallée du Baoulé (fleuve rouge), affluent du Bakhoy et ayant son confluent avec cette rivière à 120 kilomètres environ en amont de Bafoulabé. M. le lieutenant Piétri, muni d'instruments astronomiques, avait déterminé la position de ce confluent ainsi que celle du point où le Badingho, petite rivière venant du S.-E., se jette dans le Baoulé. Malgré les obstacles que lui avait présentés le terrain, cet officier avait accompli son exploration avec un plein succès, et les renseignements qu'il rapportait permettaient de rectifier les erreurs que l'on trouvait sur la carte dè Mage pour cette partie de la contrée, erreurs, d'ailleurs, faciles à expliquer, puisque ce voyageur n'avait pu visiter le pays.

J'hésitai longtemps à Kita sur le choix de la route à prendre pour gagner le Niger. Comme Mage et Quintin, qui m'avaient précédé 17 ans auparavant, je ne pouvais me diriger sur Nioro vers le Nord, car je laissais ainsi de côté, pour plusieurs années encore peut-être, les vallées du Bakhoy et du Baoulé ainsi que le cours supérieur du Niger. En outre, Mountaga, frère d'Ahmadou, qui commandait à Nioro, m'aurait sans doute retenu comme il voulait retenir le docteur Lenz, à son retour de Tombouctou. De plus, les provinces Bambaras, situées entre Nioro et Ségou, étaient en pleine révolte contre le sultan et interrompaient entre ces deux villes toutes communications.

Comme nous l'avons déjà mentionné, le but de la mission était avant tout d'atteindre Bammako et d'y installer un résident français, représentant de notre protectorat sur le Niger. Mais, pour réussir dans cette tentative, il fallait éviter avec soin de passer à travers des pays soumis à Ahmadou, ennemi déclaré des chefs de Bammako, contre lesquels il était souvent, mais vainement, parti en guerre. Cette considération interdisait également la route du Sud qui passait par Mourgoula, place forte Toucouleur, où commandait l'un des principaux lieutenants d'Ahmadou.

Entre ces deux routes se trouvait la voie suivie à peu près

par Mungo Park en 1805, et qui, par Bangassi et le Bélé-dougou, menait en ligne droite sur Bammako. Elle était, il est vrai, moins fréquentée que les autres et traversait une région que les Bambaras du Bélédougou, en perpétuelle révolte contre Ahmadou, rendaient peu sûre pour les étrangers ; mais j'espérais pouvoir traverser tranquillement cette contrée, grâce à mon caractère d'envoyé, et grâce surtout à l'influence d'Abdarame, le neveu du chef commerçant de Bammako, que j'avais avec moi.

La mission principale, avec moi, MM. Bayol et Tautain, prenait donc, le 27 avril, la direction de Bangassi. Elle était précédée par M. Piétri, qui, suivi de quelques tirailleurs, éclairait la route et faisait améliorer les passages difficiles. En même temps, pour ne pas laisser inexplorée la voie de Mourgoula, M. le lieutenant Vallière, accompagné seulement d'un interprète et de quelques hommes, pour ne pas exciter les défiances du chef de la place musulmane, devait essayer de gagner le Niger par la vallée du Bakhoy, en dressant l'itinéraire de la route, et en prenant sur toutes les populations les renseignements les plus détaillés, surtout pour ce qui concernait l'exploitation de l'or à laquelle elles se livrent presque toutes dans cette région.

Du 27 avril au 4 mai, la mission traversait le Fouladougou oriental, pays désert où, sur une longueur de plus de 120 kilomètres, elle ne rencontrait que les trois villages de Maréna, Guénikoro et Koundou. Les bandes fanatiques du prophète El Hadj y ont accumulé les ruines et la dévastation ; nous parcourions une contrée boisée, couverte d'arbres à beurre (*Bassia Parkü*) et abondant en fauves de toute espèce, dont les troupes s'enfuyaient à notre vue. L'absence totale de sentiers rendait d'ailleurs fort malaisée la marche des bêtes de somme et les cavaliers qui marchaient en tête étaient forcés de marquer la route au moyen de branches coupées et jetées à terre.

. Avant de pénétrer dans le Bélédougou et de franchir le

Baoulé, qui, de ses méandres capricieux, arrose la plus
grande partie de cette province, je m'assurai du concours de
guides qui me furent envoyés à l'instigation d'Abdarame,
par les chefs des premiers villages Bambaras, venant en
même temps m'affirmer que j'étais le bienvenu dans leur
pays et que je pourrais librement traverser leur territoire.

Tout alla bien dans le commencement. Les chefs nous
faisaient très-bonne mine, et j'avais déjà l'espérance de
pouvoir gagner heureusement les rives du grand fleuve
soudanien. Il était temps d'ailleurs, car déjà les ânes,
abattus par ces longues marches, et imparfaitement protégés
de leurs charges par les sacs rembourrés de paille qui leur
servaient de bâts, succombaient chaque jour en grand
nombre. Et puis, l'hivernage approchait avec son cortège
de fièvres et de maladies si pernicieuses pour les Européens,
dans cette région. Ce n'était pas sans inquiétude que je me
rappelais le triste sort de l'expédition de Mungo Park. Ce
voyageur anglais, malgré son énergie et son expérience
d'un premier voyage, n'avait pu gagner qu'à grand'peine
les rives du Djoliba. Semant ses hommes sur sa route, il
n'avait plus avec lui que cinq d'entre eux lorsqu'il parvint
à Bammako. Les trente-quatre autres avaient succombé.

Nous nous efforcions donc de gagner notre objectif avant
les grandes pluies. Insensibles aux fatigues et aux privations,
n'ayant en vue que Bammako, où nous voulions faire flotter
les couleurs françaises, nous marchions souvent pendant
toute la journée, sous un soleil de feu, songeant avant tout
à faciliter à nos ânes fatigués le franchissement des obstacles que l'on rencontrait à chaque pas dans ces contrées
neuves et accidentées. Malheureusement, les dispositions
des habitants du Bélédougou changèrent peu à peu; soit
que les principaux chefs du pays eussent conçu de l'irrita-
tion de voir passer chez eux des ambassadeurs qu'ils savaient
envoyés auprès d'Ahmadou; soit plutôt que les Bambaras,
enhardis par les derniers succès qu'ils venaient d'obtenir

dans le Nord contre les Toucouleurs, ne pussent se résoudre à laisser ainsi passer au milieu d'eux un convoi qu'ils se figuraient renfermer des richesses énormes, toujours est-il que les mauvaises intentions des Béléris devinrent bientôt évidentes. Les chefs étaient plus froids et ne me permettaient pas d'entrer dans l'intérieur des tatas (enceinte en terre des villages) ; les femmes et les enfants ne venaient plus au camp, où on leur donnait généralement de petits cadeaux en verroteries, étoffes, etc., en même temps que les médecins de la mission soignaient les malades et leur fournissaient des médicaments gratuits ; les guides, quelles que fussent les récompenses promises, refusaient de diriger la petite colonne dans cette région tout à fait inconnue à nos explorateurs ; des hommes armés circulaient continuellement dans les campagnes avoisinantes et remplissaient les villages qui se trouvaient sur le passage de la mission ; on y tenait de longs et tumultueux *palabres* (assemblées où les nègres prennent leurs résolutions) où on parlait ouvertement de piller le convoi et de tuer ces blancs venus pour examiner le pays et possédant de belles marchandises qu'ils apportaient au roi de Ségou ; enfin, symptôme encore plus grave, on ne recevait plus de nouvelles de M. Piétri, qui, on se le rappelle, avait été détaché en avant pour éclairer le terrain et annoncer sur la route et à Bammako l'arrivée de la mission. Nous ignorions donc l'accueil qui nous serait fait dans cette dernière ville, et on comprend mes cruelles perplexités dans ces circonstances critiques, perdu au milieu d'un pays hostile et ne sachant pas s'il me serait possible de continuer ma marche en avant. Je ne négligeai rien, d'ailleurs, pour essayer de faire comprendre aux chefs Bambaras l'absurdité de leur conduite envers le messager de paix que le gouverneur du Sénégal envoyait aux populations du Niger. Je prenais, en même temps, les dispositions nécessaires pour résister à une attaque, si elle venait à se produire.

La mission, organisée dans un but exclusivement pacifique, ne possédait qu'une escorte militaire très-faible, une trentaine d'hommes armés au plus ; les autres, âniers ou porteurs, ne pouvaient être d'aucune utilité dans le cas d'une agression. La situation était donc grave, et bien que je comptasse sur l'énergie de mes compagnons et sur la fidélité éprouvée de mes interprètes et de mes trente soldats nègres tous armés de chassepots et amplement fournis de cartouches, je ne pouvais toutefois m'empêcher de songer au sort qui m'était réservé si les Bambaras, mécontents de nous voir ainsi nous diriger vers le Niger, mettaient à exécution leurs desseins hostiles. Cependant, il fallait avancer, car les nouvelles reçues du Sud me faisaient un devoir impérieux d'arriver le plus rapidement possible au Djoliba, si je ne voulais pas m'y voir précéder par une mission anglaise qui, partie de la Gambie, se hâtait également pour arriver la première auprès d'Ahmadou. C'est pour ce motif qu'ayant d'abord pensé à m'arrêter au village de Guinina, à une centaine de kilomètres du Niger, dans une position bien choisie que j'aurais entourée d'une fortification passagère, et où j'aurais pu défier les efforts de mes ennemis, je voulus continuer ma marche en avant, au risque de me heurter aux populations Bambaras du Bélédougou. C'était, d'ailleurs, la seule voie qui me restât ouverte pour parvenir au Niger.

Le 10 mai, la mission campait au village de Dio, à 80 kilomètres environ du grand fleuve. Le 11, au moment où elle se mettait en marche, vers midi, elle fut subitement assaillie par une nuée de Bambaras, qui, s'élançant de tous les coins de la forêt d'arbres à beurre où s'était engagé le convoi, se ruèrent, en poussant des hurlements sauvages, sur la colonne, alors divisée en deux groupes : moi et M. Bayol, en tête du convoi, avec une moitié de tirailleurs, M. Tautain en queue avec l'autre moitié. Séparée en deux parties, la petite troupe lutte pour se réunir et pour rompre le cercle qui l'emprisonne. Le combat ne dura pas moins

d'une heure, pendant laquelle les spahis et tirailleurs sénégalais firent des prodiges de valeur pour sauver leurs officiers. Au lieu de se débander et de se disperser dans les bois
en cherchant à fuir le territoire Bambara, ils se serrent
autour de nous, obéissant avec le plus grand sang froid à
mes ordres, et infligeant à leurs adversaires des pertes
considérables. Ces trente braves, décimés et presque tous
blessés, n'en réussissent pas moins, par les décharges répé-
tées de leurs armes à tir rapide, à refouler leurs barbares
ennemis, qui, en peu de temps, voient 150 des leurs couchés
sur le terrain. Plus heureux que le colonel Flatters, je parvins
ainsi à rejoindre le docteur Tautain, cerné un moment par plus
de 400 Bambaras, et qui avait perdu, l'un après l'autre, presque tous les tirailleurs de l'arrière-garde ralliés autour de lui.
A 2 heures de l'après-midi, par un soleil de plomb, on
reprend la marche vers le Niger. La mission avait 14 tués
et autant de blessés ; le convoi était perdu ; les bêtes de
somme, sauf quelques mulets, étaient dispersées de tous
côtés. Je les fais décharger, et toujours entouré par les Bambaras qui, bien qu'ayant élargi le cercle autour de nous, n'en
continuaient pas moins à nous inquiéter de leur mousque-
terie, j'y fais placer tous les blessés, veillant à ce qu'aucun
de ces courageux et fidèles soldats ne soit oublié sur le
champ de bataille. En Europe, la conduite de tous ces braves
en face de forces aussi écrasantes les aurait couverts de
gloire.

La mission se trouvait alors dans une situation terrible,
mais nous ne songeâmes pas un seul instant à revenir en
arrière. Peut-être que ce mouvement de recul eut désarmé
les Bambaras, mécontents de voir les Français aborder le
Niger ou régnait leur ennemi séculaire, le sultan Ahmadou.
Il fallait gagner le grand fleuve du Soudan. Les blessés au
centre, montés sur les quelques chevaux et mulets qui restaient encore, les hommes encore valides, et armés d'une
trentaine de chassepots, répartis autour des blessés, on prit
la direction de l'Est.

Les sentiers n'existaient pas ; les guides manquaient ; le terrain était coupé de ruisseaux vaseux, de déchirements argileux ou rocheux, favorables aux embuscades ; en outre, on coupait par le milieu la chaîne de hauteurs formant la ligne de partage des eaux entre les bassins du Sénégal et du Niger ; les Bambaras suivaient la colonne à 200 ou 300 mètres sur les flancs, cachés derrière les arbres et les hautes herbes, tiraillant sans cesse sur la petite troupe, qu'ils espéraient voir se débander et qu'ils pourraient alors exterminer jusqu'au dernier homme. On chemine ainsi jusque vers minuit, s'attendant à tout moment à voir les Bambaras profiter du caractère boisé du pays, pour dresser une formidable et dernière embuscade. J'ordonne alors la halte : les blessés, perdant leur sang, ne peuvent plus supporter la marche, tandis que les autres hommes de la troupe, harrassés de fatigue et ayant les pieds déchirés par les cailloux pointus du sol rocailleux, se traînent péniblement. Quelques-uns déjà avaient disparu au passage d'un ruisseau profond et vaseux qu'il avait fallu franchir en pleine obscurité. D'ailleurs, le ciel, dont les étoiles nous avaient jusqu'alors guidés, s'est voilé et il faut attendre que les nuages disparaissent pour reprendre la marche. On s'arrête donc dans une clairière ouverte au milieu de la forêt, afin d'éviter une surprise. On peut s'imaginer quelles durent être, pendant cette horrible nuit, mes angoisses de chef de mission, ne sachant pas où je me trouvais et inquiet même sur la réception qui me serait faite à Bammako et sur le sort de MM. Piétri et Vallière, détachés en avant pour y annoncer mon arrivée.

Le 12 mai, à trois heures du matin, et malgré la mauvaise volonté de mes indigènes, qui, en vrais fatalistes, préféraient attendre la mort sur place plutôt que de s'exposer à de nouvelles fatigues, je me remets en marche. Guidé par l'étoile du berger, marchant seul à pied en tête de ma troupe, j'arrive vers cinq heures au sommet du plateau d'où l'on

découvre une immense plaine au centre de laquelle des
nuages amoncelés dénotent la présence d'un grand cours
d'eau Le plateau se terminait du côté de l'Est par un mur
presque vertical, élevé d'une centaine de mètres et au pied
duquel s'ouvrait un vallon conduisant évidemment vers le
Niger. Un petit village, entouré d'une muraille en terre,
s'apercevait non loin de là. On descend, au prix des plus
grands dangers, les pentes abruptes qui mènent au vallon.
Là, je me décide à m'avancer seul, malgré les avis de mes
compagnons, vers le village. Les hommes de la queue de la
colonne annonçaient l'apparition des Bambaras sur les der-
rières, et il fallait, à tout prix, sortir de cette horrible situation, car l'absence de munitions ne permettait plus de soutenir une deuxième lutte semblable à celle de la veille. Les
habitants du village, qui s'étaient réunis en armes à la porte
de leur muraille, dès qu'on les avait avertis de l'approche de
la petite troupe, ne bougent pas en voyant s'avancer seul vers
eux un homme blanc, qu'accompagne un seul interprète.
Je les entretiens, leur raconte les évènements du jour précédent, leur dis la trahison des Bambaras, envers un homme
ami de Bammako, et envoyé vers cette ville en pacificateur
et sous la conduite du propre neveu des chefs de ce grand
marché. Les notables du village écoutent mes paroles ; ils
m'apprennent que je suis sur le territoire de Bammako et
qu'ils vont me conduire dans cette ville En attendant, ils
envoient quelques-uns des leurs prévenir les Bambaras que
les blancs sont sous leur sauvegarde, et que, tant qu'ils ne
se seront pas entretenus à leur sujet avec leurs chefs de
Bammako, ils ne souffriront pas qu'il leur soit fait du mal.

A huit heures, on se remet en route sous la conduite d'une
dizaine de jeunes gens du village ; et, par des chemins horriblement difficiles, on sort enfin des montagnes.

Vers une heure de l'après-midi, on arrive devant Bammako.
MM. Piétri et Vallière, informés de l'arrivée de la mission et
de son désastre quelques instants seulement avant son appa-

rition, montent aussitôt à cheval et viennent au-devant de nous. Ce n'est pas sans une grande satisfaction qu'ils se trouvaient tous réunis, car on pouvait bien dire que nous venions d'échapper, d'une manière merveilleuse, à une mort affreuse pendant la terrible nuit qui venait de s'écouler. D'autre part, j'avais bien cru que je ne reverrais plus jamais mes deux officiers, ainsi lancés en éclaireurs à plusieurs journées de distances, perdus un moment dans l'isolement le plus complet au milieu de populations fourbes et cupides.

Cependant, il fallait agir. Les chefs de Bammako, craignant de se compromettre aux yeux des Bambaras, m'informaient, en effet, qu'ils ne pouvaient me recevoir dans leur village, et, après une nouvelle nuit passée dans l'inquiétude sous les murs du Tata, je décidai de me mettre en route le lendemain, en cachant la véritable heure du départ, afin que les agresseurs prévenus ne pussent attendre la mission sur la route. Les renseignements que M. le lieutenant Vallière avait rapportés de son exploration dans le Bakhoy, permettaient d'examiner, dès ce moment, la possibilité de fuir Bammako et le dangereux voisinage du Bélédougou. La route que cet officier avait suivie conduisait par Mourgoula et Niagassola sur le village de Nafadié, situé à 45 kilomètres au Sud de Bammako, non loin des rives du Niger. Nafadié, habité par des Malinkés, servait de point de passage aux caravanes qui, venant de Kita par Mourgoula, voulaient ensuite gagner Ségou par la rive droite. Bien que cette voie ne fût pas encore très-sûre, il valait évidemment mieux la prendre que de s'arrêter au moyen, agité quelque temps avant, à savoir de s'emparer de vive force des pirogues trouvées à Bammako et de s'embarquer pour Ségou.

La mission parvint donc à Nafadié, le 14 au matin. Elle avait longé la rive gauche du Niger, et, malgré ses vives appréhensions, n'avait pas été inquiétée par les Bambaras. Le chef de Nafadié nous fit bon accueil ; M. Vallière, lors de son passage, quelques jours auparavant, avait laissé d'excellents souvenirs dans ce village, et on put y prendre un jour de repos, bien nécessaire après les rudes émotions des journées précédentes.

Il fallait d'ailleurs délibérer sur le parti à prendre. On ne possédait plus de munitions, ni cadeaux à offrir, ni vivres, ni médicaments. On ignorait donc quel serait, dans ces conditions, l'accueil que ferait le sultan Ahmadou à ces hommes blancs, aux vêtements en lambeaux, que suivait une escorte composée d'hommes blessés, malades, déguenillés, désarmés de fait, puisqu'ils ne possédaient plus de cartouches. Retourner en arrière, nous ne voulions pas y songer. Quel déplorable effet eût produit cette sorte de fuite sur des populations que l'on venait de traverser naguère en protecteurs ! Il fallait, au contraire, malgré la ruine et la perte de toutes les ressources, redoubler d'énergie pour monter aux populations noires que les gens du Bélédougou si redoutés dans cette région du haut Niger, ne nous avaient nullement abattus. Nous excitions déjà une grande admiration par la manière vraiment merveilleuse dont nous avions pu atteindre Bammako, sans nous laisser entamer par ces pillards, si supérieurs en nombre et auxquels nous avions infligé des pertes énormes. Il s'agissait donc d'entretenir ce sentiment et de continuer tranquillement le voyage sur Ségou, sans se laisser influencer par les menaces d'attaque signalées dans le nouvel itinéraire à prendre pour gagner Ségou.

Aux yeux des indigènes, le parti le plus énergique est toujours le meilleur, et il ne faut pas douter qu'en regagnant rapidement le haut Sénégal, après le pillage de Dio, la mission n'eût porté un coup funeste à l'influence française encore naissante dans ces régions. Certainement, on courait à de nouveaux dangers ; on se livrait à la discrétion du sultan de Ségou, mais en reculant on compromettait les résultats déjà obtenus et on livrait la place à d'autres. Je me décidai donc, encouragé dans cette détermination par

l'attitude énergique de mes compagnons, à franchir le Niger
et à suivre jusqu'à Ségou la rive droite de ce fleuve, ce qui
permettait aussi d'étudier, tant au point de vue politique
que topographique, une contrée restée inexplorée jusqu'à
ce jour et réputée pour ses riches cultures.

En même temps, il était urgent de faire parvenir à Saint-
Louis des renseignements exacts et détaillés sur les derniers
événements. Le docteur Bayol, dont la mission spéciale
pouvait être considérée comme terminée, puisqu'il avait été
impossible de le placer comme résident à Bammako, s'étant
offert pour accomplir ce voyage, je le chargeai de mettre le
gouverneur du Sénégal au courant de la situation et de
l'informer du dénûment absolu où je me trouvais.

Je reviendrai ici sur l'exploration que M. le lieutenant
Vallière venait d'accomplir dans la vallée du Bakhoy par la
route de Mourgoula et de Niagassola. On se souvient que
cet officier, accompagné seulement d'un interprète et de
deux ou trois hommes, avait laissé Kita le 27 avril, le même
jour que la mission principale prenait la route du Bélédougou. Dès sa sortie de Kita, M. Vallière entrait dans le Birgo,
petit Etat Malinké, qui s'étend sur la rive droite du Bakhoy,
depuis Kita jusqu'à la rivière de Kagnéko, et va rejoindre
à l'Est la frontière assez vague du Bélédougou. Cette contrée,
arrosée par de nombreux petits cours d'eau, présente, il
est vrai, quelques hauts plateaux assez arides; mais en
réalité, les fonds des vallées y sont très-fertiles. On y voit
de belles forêts, des arbres fruitiers en abondance et de
riches cultures aux abords des villages. Les habitants ont
une taille élevée et d'assez beaux traits ; ils sont issus d'un
mélange de Pouls et de Malinkés, où le type des premiers
est resté prédominant.

Le Birgo est un des rares Etats de cette partie du Soudan
occidental ayant une politique unique et dont la soumission
au gouvernement de Ségou soit entière. Il a pour capitale

Mourgoula, sentinelle avancée des Toucouleurs, qui maintient le pays sous la domination d'Ahmadou. Cette malheureuse contrée, ne comprenant plus guère qu'une quinzaine de villages, avec une population totale d'environ 4,000 habitants, a été entièrement dévastée lors de la conquête musulmane. Autrefois, on comptait bien une cinquantaine de villages peuplés et prospères, dont les murailles écroulées montrent encore l'ancienne importance. L'Almamy Abdallah, le commandant actuel de Mourgoula, continue sur ces 4,000 habitants les exactions de ses prédécesseurs, et son gouvernement détesté empêche tout repeuplement. Loin de favoriser le mouvement d'immigration qui se produisit au bout de quelques années de tranquillité qui suivirent la conquête, il n'a cessé d'inquiéter les anciens Birgos, et le désert s'est fait dans la contrée abandonnée.

La vallée du Bakhoy, représentant la partie la plus fertile du pays, a surtout souffert de cette politique aveugle; elle reste inhabitée jusqu'au Manding. Cette dépopulation de la rive droite du principal cours d'eau de la région est d'autant plus regrettable, qu'il faut voir dans cette rive la voie naturelle donnant accès dans le bassin du Niger. La route, destinée à desservir les contrées aurifères et commerciales situées vers les sources des principaux affluents du Sénégal et du Niger, ne peut pas trouver un itinéraire plus direct et plus accessible.

. La place de Mourgoula présente trois enceintes concentriques. La troisième seule, qui forme le réduit, est en bon état. La principale faiblesse de la place est dans l'absence du nombre de guerriers nécessaires à sa défense; celle-ci ne pourrait guère, en effet, compter que sur 200 défenseurs, alors qu'il en faudrait au moins 1,000 pour occuper seulement la première enceinte.

M. Vallière fut d'abord reçu avec beaucoup de méfiance par l'Almamy de Mourgoula, auprès duquel il avait été précédé par les bruits les plus malveillants : il était un espion devançant une colonne française et allait lever le plan du Tata. Son passage masquait celui de la mission principale à travers le Bélédougou, avec lequel les Français avaient fait alliance contre le roi de Ségou, etc., etc. L'attitude du vieil Abdallah changea d'ailleurs lorsqu'il eut écouté la lecture de la lettre que lui adressait le gouverneur du Sénégal et lorsqu'il eut reçu les cadeaux que celui-ci lui envoyait. Toutefois, M. Vallière ayant appris que l'Almamy avait reçu l'ordre d'Ahmadou de faire remonter la mission du haut Niger vers le Kaarta, quand elle se présenterait à Mourgoula, et craignant d'être arrêté lui-même, et d'être empêché ainsi de continuer sa route par la vallée de Bakhoy, s'empressa de décamper le 1er mai au point du jour.

Franchissant la petite rivière de Kagnéko, le lieutenant Vallière entrait dans le Manding. Ce vaste pays couvre les deux versants de la ligne de partage des eaux du Sénégal et du Niger et s'étend sur la rive droite de ce fleuve à une distance difficile encore à déterminer. Le Manding, plus peuplé que le Birgo, est, comme lui, bien arrosé, giboyeux, riche en belles forêts et en arbres fruitiers. Le sol y est fertile, d'abondantes mines de fer et d'importants gisements aurifères couvrent les collines, et sans la paresse et l'ignorance des habitants, on y verrait régner une certaine prospérité. Mais il est difficile de prévoir l'époque où les sauvages sordides de ce pays se mettront sérieusement au travail; il faudra que l'impulsion leur vienne d'une race supérieure; réduits à eux seuls, ils semblent destinés à rester plongés dans une éternelle barbarie et une éternelle misère. La nation Manding est formée de plusieurs tribus Malinkés, qui sont aujourd'hui sans autre lien qu'un patriotisme vague, qui ne va pas jusqu'à l'unité des intérêts. Le pays est couvert, comme le Birgo, de ruines entassées par les armées Toucouleurs. Chaque groupe de village ou même chaque village règle sa conduite selon ses intérêts particuliers. Il existe parfois de profondes divisions entre localités très-rapprochées, et c'est là un des obstacles les plus sérieux à la marche des voyageurs et des commerçants. Le Manding est aujourd'hui à peu près indépendant du sultan de Ségou, et ses habitants voient avec satisfaction les progrès de notre influence vers le Niger.

M. Vallière visita successivement les villages de Niagassola, Balándougou, Koumakana, Naréna, Tabou, Sibi, Nafadié, etc Il fut bien reçu partout et acquit la conviction que les Français seraient bien accueillis dans le pays, si un motif quelconque les y conduisait. Koumakana est construit au centre de gisements aurifères importants, et les habitants sont à peu près tous des mineurs. Malgré la présence de l'or, le pays n'est pas riche, les ouvriers travaillent peu ; ils semblent redouter de voir les mines s'épuiser tout d'un coup, et, d'ailleurs. ils se soucient peu d'extraire en abondance un métal qui les signale à la rapacité de leurs ennemis. Naréna est le point culminant de la ligne de partage des eaux des deux bassins du Sénégal et du Niger; il est situé sur un plateau qui s'incline ensuite vers la vallée du Niger, où l'on parvient en descendant des terrasses successives et se terminant par de brusques ressauts. La pente générale est assez faible ; entre Naréna et Tabou, le premier village de la plaine, il n'y a pas plus de 100 mètres de différence de niveau pour une distance de 35 kilomètres.

C'est à Nafadié, village ami de Bammako, que notre compatriote prit la direction du Nord pour rejoindre cette ville. Il y parvint le 11 mai et y rejoignit le lieutenant Piétri, qui, ainsi qu'on l'a déjà vu, avait précédé la mission sur ce point.

Il faut remarquer ici combien a été utile cette exploration de la vallée de Bakhoy. Non-seulement, les renseignements rapportés par mon compagnon de route permettaient de m'éclairer sur l'importance politique des contrées parcou-

rues, mais encore ils offraient à M. Bayol une voie sûre et
déjà frayée pour atteindre Kita et de là Bafoulabé. C'est
ainsi que M. Vallière put remettre au docteur une liste
indiquant les villages qu'il trouverait sur son itinéraire,
avec des renseignements sur les distances séparant ces
villages, sur les noms et les dispositions de leurs chefs, etc.

Le 15 au matin, on se disposait donc à reprendre la
marche. M. le docteur Bayol, que suivaient à une journée
de marche les âniers ou muletiers de la mission, au nombre
de soixante environ, qui n'auraient fait que gêner celle-ci
dans sa marche en avant, prenait la route de Kita par l'itinéraire Vallière. Le reste de l'expédition se dirigeait vers
le Niger. Les blessés, installés tant bien que mal sur les
mulets restants ou sur des brancards, furent emportés, car
je ne les considérais pas comme en sécurité suffisante à
Nafadié, à quelques kilomètres à peine du Bélédougou.
A onze heures du matin, on était au village de Dialiba, qui
commande le gué du même nom, permettant aux caravanes
de passer d'une rive à l'autre. A midi, la mission se trouvait
enfin sur les bords du Niger, et ce n'est pas sans émotion
que nous considérâmes ce grand fleuve, qui, en ce point,
présentait une largeur d'environ 750 mètres, avec des
berges peu élevées ; des rochers émergeaient à 500 mètres
de la rive gauche. La profondeur, d'une moyenne de 1 mètre 80 jusqu'à ceux-ci, était de 2 mètres à 2 mètres 50 entre
eux et la rive droite. Le courant était fort et de nombreuses
îles coupaient le cours de ce magnifique fleuve, d'un aspect
réellement imposant et qu'on regrettait de voir aussi désert.
La mission, hommes et animaux, passa dans des pirogues,
dont la plus grande offrait une longueur de 15 mètres sur
1 mètre de large ; ces engins, tout à fait défectueux, faisant
eau de toutes parts et bien inférieurs assurément aux descriptions qui en ont été faites jusqu'ici, étaient formés de
troncs d'arbres creusés et cousus ensemble avec des cordes
d'écorce. A cinq heures, hommes et animaux étaient de

l'autre côté du Djoliba (nom indigène du Niger), et j'étais accueilli sur la rive droite par un groupe de Toucouleurs, chargés par le roi de Ségou d'administrer le village Bambara de Tourella.

A Tourella allait commencer la deuxième partie de la mission. Vous remarquerez, Messieurs, avec quel soin je me suis efforcé de suivre la ligne de conduite pacifique que m'avait tracée le gouverneur du Sénégal, M. le colonel Brière de l'Isle.

. La barbarie stupide et les instincts pillards des Bambaras du Bélédougou m'ont forcé à recourir aux armes pour préserver mon existence et celle de mes compagnons et échapper à une mort horrible. J'ai dû quitter mes fonctions d'ambassadeur pour prendre celles de chef militaire de ma petite colonne, un moment perdue au milieu d'ennemis nombreux et acharnés, à plus de 150 lieues de tout établissement français, et qu'il m'a été permis de ramener sur une terre plus hospitalière. Vous avez vu comment j'ai pu, secondé par l'énergie de mes compagnons et le courage de mes braves soldats noirs, sortir de cette terrible situation. Toujours est-il que la mission avait obtenu jusqu'à ce moment des résultats importants : les populations du Bakhoy, du Fouladougou, du pays de Kita, encore inconnues et ignorées, il y a un an à peine, s'étaient unies à nous par des traités les plaçant sans conditions sous notre protectorat exclusif; l'important débouché de Kita pouvait recevoir dès lors l'établissement militaire et commercial destiné à nous donner tout le plateau qui nous sépare des riches plaines du haut Niger ; enfin, les vallées du Bakhoy et du Baoulé, restées inexplorées jusqu'à ce jour, malgré le voyage de Mungo Park (1805), avaient été reconnues topographiquement et politiquement.

Avant de continuer le récit de mon voyage, il sera bon de donner sur l'empire d'Ahmadou un résumé des renseignements que j'ai pu rapporter.

L'empire Toucouleur actuel n'est plus formé que des débris des vastes conquêtes du prophète El Hadj (1), et on y chercherait vainement aujourd'hui, cette unité politique et territoriale que ce nègre de génie avait su un moment réaliser par son prestige religieux et son habileté à entraîner, à sa suite, les nombreuses populations électrisées par sa parole prophétique et attirées autour de lui par l'appât d'un butin considérable. On peut dire qu'il fut un temps, assez court, il est vrai, où l'empire d'El Hadj dépassait de beaucoup les limites qu'on lui assignait généralement, c'est-à-dire, le désert au Nord, la Falémé à l'Ouest, le Niger au Sud et à l'Est. Un système de places fortes, construites dans des emplacements bien choisis et occupés par une forte garnison Toucouleur, maintenait sous le joug cette immense étendue de pays, dont les habitants heureusement divisés, tremblaient toujours au souvenir du passage du prophète, signalé par une destruction à peu près complète des lieux qu'il traversait. A sa mort, la terreur qu'il avait partout inspirée ainsi que le nombre relativement considérable des soldats qu'il avait laissés, bien organisés et bien fortifiés, au centre des contrées conquises, avaient suffi quelque temps pour maintenir dans son intégrité l'empire musulman qu'il avait fondé. Mais peu à peu, la révolte s'était mise parmi ses anciens sujets Bambaras ou Malinkés. Elle avait pris naissance tout d'abord aux points les plus éloignés des centres fortifiés, puis s'était étendue insensiblement, de manière à isoler de plus en plus, au fur et à mesure qu'elle faisait des progrès, les places créées par le prophète conquérant et qui se virent ainsi séparées les unes des autres, par des espaces dangereux dont l'étendue augmentait de jour en jour. En même temps, les défenseurs

---

(1) Mage, dans son intéressante relation d'un *Voyage au Soudan*, a écrit l'histoire complète d'El Hadj Oumar, fondateur de l'empire musulman de Ségou, et père d'Ahmadou, le sultan actuel.

eux-mêmes de ces forteresses, chargés primitivement de battre sans cesse la contrée et communiquant avec leurs coréligionnaires des places voisines, se renfermèrent à leur tour dans l'enceinte de leurs tatas, s'y créèrent de nouvelles familles et rompirent peu à peu les liens qui les unissaient entre eux et qui en avaient fait autrefois ces farouches Talibés, toujours prêts contre les Keffirs et combattant avec ensemble pour une seule et sainte cause.

Aujourd'hui, l'armée d'El Hadj n'existe plus et ses membres dispersés dans toutes les parties de l'empire, où ils constituent de petits noyaux indépendants les uns des autres, et ayant rompu toutes relations, se soucient fort peu d'assurer la garde des territoires qui leur avaient été confiés. Ils reculent chaque jour devant le flot des révoltés qui les envahit sans cesse, et, loin de songer à faire de nouvelles conquêtes, ils ne songent le plus souvent qu'à se sauver eux-mêmes, se bornant à défendre les murailles de leur tata et les terrains environnants. C'est ainsi que le chef de Koundian, ce Diango, qui a reçu Mage avec tant de hauteur, en 1863, vient d'abandonner avec toute sa famille, la place dont El Hadj lui avait confié la garde. Il s'est retiré à Ségou, et nul doute que son exemple ne sera suivi prochainement, surtout si un mouvement hardi de notre part, comme l'occupation de Kita, vient prouver aux indociles sujets du sultan, que notre intention est de nous établir dans le pays et de ne plus souffrir désormais cet état de guerre qui empêche tout développement civilisateur et gêne tout commerce.

En somme, l'empire d'Ahmadou n'est plus aujourd'hui que le squelette des anciennes et vastes conquêtes d'El Hadj; il ne comprend plus que quelques territoires isolés les uns des autres et réunis autour des places fortes que nos armes ou la révolte des tributaires d'autrefois ont encore laissées debout. L'examen successif de ces divers tronçons, au nombre de quatre principaux, permettra d'ap-

précier la situation actuelle de cet immense édifice qui
chancelle de tous côtés et dont la main débile des fils du
Prophète ne pourra empêcher la ruine prochaine.

En première ligne viennent les possessions Toucouleurs
de la rive droite du Niger. Elles s'étendent sans disconti-
nuité entre ce fleuve et son affluent le Mahel Balével et
même un peu au-delà de ce cours d'eau depuis Sansandig,
important marché indépendant jusqu'à hauteur de Kangaba,
centre de population Malinké, qui, depuis longtemps, refuse
tout tribut à Ségou. Ces territoires, formés par la riche
vallée du Niger, comprennent le Guéniékalari et le pays de
Ségou proprement dit.

Le Guéniékalari est peuplé d'une triple ligne de villages
Bambaras que la place de Tadiana maintient dans un état
d'obéissance assez précaire. C'est par cette région que se
dirigent les nombreuses colonnes Toucouleurs, qui, chaque
année, vont effectuer des razzias dans le Sud vers le Bana
et le Ouassoulou. Ce dernier pays, renommé pour sa richesse
en or, en grains, en chevaux et surtout en captifs,
semble être devenu, depuis quelque temps, un objectif que
voudrait bien atteindre Ahmadou. Il le rapprocherait de ses
dépendances de Dinguiray et lui permettrait de prendre
pied au milieu de ces régions, où presque toutes les caravanes de Sarracolets (1) viennent s'approvisionner des prison-
niers qu'ils vont vendre ensuite dans les différentes parties du
Soudan occidental. Mais là, il se heurtera sans doute au
guerrier Sambourou, toujours en guerre avec les peuplades
des environs et dont la mission semble être d'approvisionner
les marchés locaux de chair humaine. Le marché de Kéniéra
renferme toujours deux à trois mille captifs dans ses murs,
et le prix moyen d'une de ces misérables créatures est d'un
fusil à pierre, d'une valeur assurément inférieure à quinze

_____

(1) Les Sarracolets forment une race qui fournit presque tous les
marchands indigènes de cette région.

francs de notre monnaie. Il est à souhaiter que notre établissement dans ces contrées, au débouché de la vallée du
Bakhoy, fasse cesser au plus vite ce honteux trafic, que
remplacera avantageusement une intelligente mise en œuvre
des richesses métallurgiques, notamment de l'or et du fer,
qu'elles renferment en abondance.

Le pays de Ségou comprend la capitale de l'empire, Ségou-
Sikoro, et la contrée avoisinante, peuplée de villages
Bambaras, Toucouleurs et Sarracolets et parcourue par de
nombreuses bandes de Pouls nomades, maîtres d'importants
troupeaux de bœufs. La population y est très-dense, et
certains villages, comme Boghé, Dongassou, Koghé et Ségou-
Sikoro lui-même, sont le siège de grands marchés hebdo-
madaires où les principaux objets de transaction sont les
chevaux (200,000 à 300,000 cauris) (1), le sel (20,000 à
40,000 cauris, la barre, d'environ 15 kilogrammes), les fusils
à pierre à un ou deux coups (25,000 à 50,000 cauris, les
captifs (50,000 à 150,000 cauris).

Les Toucouleurs et les Sarracolets, établis à demeure fixe
dans le pays de Ségou, forment la population privilégiée : ce
sont les conquérants, les Talibés, exempts de tout impôt et
dont la seule fonction est d'aller en expédition. Ahmadou
est forcé de compter avec eux, et on les a souvent vus se
refuser à obéir aux ordres de leur roi. Il y a environ
3,000 Talibés dans le pays de Ségou. Chacun d'eux possède
un cheval et un fusil, qu'ils tiennent généralement d'Ahmadou. Ces guerriers musulmans, dont la réputation est
très-grande dans le Soudan occidental, forment le noyau
de l'armée du roi de Ségou. Les Sarracolets, les Bambaras
et les Malinkés tiennent rarement en rase campagne contre
eux. Les Talibés proviennent des Toucouleurs de la rive

(1) Les cauris sont de petits coquillages qui servent de monnaie dans
toute la région du haut Niger. (Cinq francs d'argent valent environ
3,000 cauris).

gauche du Sénégal ayant suivi El Hadj dans ses conquêtes. Ils professent le plus grand fanatisme pour leur religion, au moins en apparence ; car, en réalité, ils sont très-dissolus dans leurs actes et dans leurs mœurs. Beaucoup seraient désireux de regagner leur pays ; mais Ahmadou les en empêche et punit même de la peine de mort ceux qui tentent de franchir le Niger sans sa permission. Aussi le sultan ne semble-t-il pas très-aimé de ses Talibés, qui se plaignent constamment de son avarice, de sa cruauté et de son manque de franchise.

Après les Talibés viennent les Sofas. Ce sont les Bambaras soumis au régime des Toucouleurs et concourant aux expéditions de l'armée. Ils forment généralement les troupes de pied ; on peut estimer leur nombre à 5 ou 6,000 environ. Ils sont en tout dépendants des Talibés, bien qu'on cite plusieurs exemples de Rofas ayant gagné la confiance de leur maître et ayant obtenu des commandements importants ; tel est aujourd'hui l'Almamy de Mourgoula.

En somme, l'autorité d'Ahmadou s'étend sur la rive droite du Niger sur un ensemble de 150 à 200 villages comprenant au maximum 100,000 habitants ; dans ce chiffre, la capitale Ségou-Sikoro, avec ses faubourgs ou *goupillis*, entre pour 8 à 10,000 habitants environ. L'influence Toucouleur diminue d'ailleurs au fur et à mesure que l'on s'éloigne de Ségou, et on peut dire, en résumé, que le fils d'El Hadj ne commande bien, à proprement parler, que sa capitale et les territoires immédiatement voisins. On peut, au surplus, trouver un indice de la faiblesse de ce chef, dans ce fait, qu'il n'a pu encore soumettre le marché voisin de Sansandig, peuplé de Sarracolets, et qui lui coupe toute communication avec le moyen Niger. Ajoutons, enfin, que l'armée de Ségou, inférieure assurément à une dizaine de mille hommes, ne présente aucune organisation sérieuse, et que le manque d'unité et d'action que l'on y rencontre, ainsi que son infériorité d'armement, la rendent tout à fait incapable de se mesurer avec une de nos colonnes ordinaires du Sénégal, fut-elle même composée à peu près exclusivement de nos soldats indigènes.

Le deuxième groupe de l'empire Toucouleur est formé des dépendances de l'Ouest, groupées autour des places fortes de Nioro, de Kouniakary et de Diala, celle-ci bien moins importante que les deux autres. Bassirou et Mountaga, frères d'Ahmadou, qui commandent Kouniakary et Nioro, ont une tendance à s'isoler de leur maître de Ségou, avec lequel ils ne conservent presque plus de relations de sujétion. C'est ainsi que ces deux chefs répondent rarement à l'appel d'Ahmadou, auprès duquel ils semblent hésiter à se rendre, craignant quelque trahison de la part de leur astucieux parent. Le roi de Ségou n'aime pas les moyens francs. Sa politique consiste à tergiverser sans cesse, à patienter, à bouder même, jusqu'à ce qu'il se présente une occasion favorable pour se débarrasser de celui qui le gêne. C'est ainsi qu'il a déjà fait périr deux de ses frères ; c'est ainsi qu'il voudrait encore agir avec Bassirou et Mountaga et surtout avec Aguibou, un autre élève de ses frères, chef de Dinguiray, dans le Fouta-Djalon. Les tendances séparatistes des deux premiers de ces fils d'El Hadj, tendances qu'il est de notre intérêt d'encourager, sont d'ailleurs favorisées par l'état de révolte continuelle dans lequel se trouve la région du Bélédougou, contre laquelle ils se gardent bien d'agir de concert avec l'armée d'Ahmadou ; car ils voient dans cet obstacle jeté ainsi entre eux et le roi une condition de sécurité pour eux-mêmes. Pendant ce temps la révolte s'étend de plus en plus et le moment n'est pas loin, si le sultan de Ségou ne fait pas enfin acte de vigueur, où ces territoires seront définitivement perdus pour les Toucouleurs. Nioro est habité par un nombre considérable de Talibés, qui semblent, contrairement à ce qui se passe pour Ségou, préférer le séjour de cette ville aux bords du Sénégal. C'est d'ailleurs le foyer de toutes ces intrigues, qui ont pour

but de détacher de notre protectorat les populations Sarra
colets des environs de Bakel et de Médine. Il y a deux ans
à peine, l'influence musulmane tenait encore soulevées
contre nous les contrées du Logo et du Natiaga, situées aux
portes de notre poste de Médine. Mais le colonel Brière de
l'Isle, alors gouverneur du Sénégal, vint, par la prise de
Sabouciré, arrêter les progrès des Toucouleurs et nous
ouvrir en même temps la route du Niger, que ce village
fortifié fermait à nos caravanes et à nos explorations.

Rappelons encore que ce deuxième groupe de l'empire se
trouve séparé des possessions d'Ahmadou de la rive droite
du Niger par la révolte de toute la région s'étendant entre
ce fleuve et les environs mêmes de Nioro.

Le troisième groupe comprend la place de Mourgoula
avec quelques dépendances environnantes : le Birgo, le
Bagniakadougou et le Gadougou. Le Manding, depuis Niagassola inclusivement, jusqu'au Niger, vers Kangaba, ne
paie pas tribut, bien qu'il laisse généralement passer les
caravanes venant de Nioro, par Kita, et se rendant, soit
dans le Bouré, soit sur la rive droite du grand fleuve
soudanien.

Le quatrième groupe comprend la place de Dinguiray,
avec ses dépendances du Diallonkadougou. Bien que moins
important que les autres par son étendue et sa population,
ce centre de domination Toucouleur paraît appelé à jouer
dans l'avenir un rôle qui en fera peut-être, comme il le fût
jadis sous El Hadj, le point le plus considérable de tout
l'empire. Sa position centrale entre le Fouta-Djalon et les
régions aurifères avoisinant les sources du Niger, sa proximité des établissements européens des rivières se jetant dans
l'Atlantique au sud de la Gambie, ainsi que la popularité de
son chef parmi les Talibés, de plus en plus mécontents
d'Ahmadou, pourraient faire de Dinguiray la future capitale
de l'empire. Aguibou est parmi les fils du prophète, celui
qui semble le plus aimé des Toucouleurs ; son caractère

généreux et ouvert, son ardeur dans les combats et ses qualités de commandement le désignent tout naturellement pour prendre la succession d'Ahmadou, si celui-ci, pour une cause ou pour une autre, venait à disparaître. On prétend, d'autre part, que ce chef est parmi les descendants d'El Hadj, celui qui semble le plus accessible à la civilisation européenne et qui serait le mieux disposé à recevoir dans ses Etats les commerçants ou traitants de nos maisons de la côte occidentale d'Afrique.

Non loin de Dinguiray se trouve le Bouré, dont la réputation de richesse est depuis longtemps connue des Européens. C'est une très-petite contrée située sur la rive gauche du Tinkisso, affluent de gauche du Niger. Le Bouré est assez accidenté et présente des collines où la roche est un grès rougeâtre mêlé de quartz, et des vallées fertiles coupées de mares et de ruisseaux.

Les mines d'or sont creusées sur les versants des hauteurs, et, comme à Koumakana, les puits, après avoir traversé un ou plusieurs mètres d'un grès assez tendre, rencontrent une couche d'argile mêlée de quartz, dans laquelle se trouve le précieux métal. La proximité des mares ou des canaux qui les relient donne toute facilité pour les lavages. Les quantités d'or extraites de ces mines atteignent-elles un chiffre élevé ? C'est ce qu'une sérieuse exploration de la contrée peut seule établir. Toutefois, on peut arriver à une évaluation approximative en raisonnant comme il suit : Le Bouré contient environ 6,000 habitants, sur lesquels 1,000 au plus sont employés aux mines ; la durée du travail est celle de la saison sèche, c'est-à-dire de décembre à juin, soit six mois. D'autre part, les renseignements recueillis à cet égard établissent qu'un travailleur heureux peut se faire 3 ou 4 gros (1) d'or par semaine ; mais la moyenne ne dépasse guère un grain par jour, soit un gros tous les quatre jours.

(1) Le gros représente 3 grammes 8.

Un travailleur se fait donc dans sa campagne 45 à 50 gros d'or et 1,000 travailleurs en recueillent 45 à 50,000. Ces quantités représentent dans le pays une valeur en argent de 225 à 230,000 francs, et à Saint-Louis environ 500,000 francs. Ces chiffres doivent se rapprocher sensiblement de la vérité, et, bien qu'ils soient éloignés des suppositions qu'on a pu faire sur l'extrême richesse du Bouré, nous les croyons plutôt supérieurs qu'inférieurs aux chiffres réels. Quoi qu'il en soit, l'or de cette contrée jouit d'une grande faveur parmi les noirs du Soudan, qui prétendent qu'il est plus pur et plus beau que dans le Bambouk et le Ouassoulou, contrées également renommées dans cette région pour la richesse de leurs gisements aurifères. L'exploitation des mines du Bouré, vu les moyens rudimentaires employés par les indigènes, est des plus faciles, et il est certain que si des mains plus habiles et surtout plus actives s'en emparaient, les profits de cette industrie seraient considérablement augmentés. Actuellement l'or du Bouré s'écoule surtout vers les rivières du Sud, par le Fouta-Djalon ; les marchands Sarracolets et les percepteurs d'Ahmadou en importent une certaine quantité vers Ségou, et enfin une faible part vient à nos escales de Médine et de Bakel.

Le Bouré, exposé par ses richesses à être l'objet des convoitises et des pillages de ses puissants voisins, s'est placé, malgré sa répugnance, sous la protection, presque nominale d'ailleurs, du plus puissant d'entre eux, c'est-à-dire d'Ahmadou ; mais il cherche depuis longtemps à se soustraire à ce protectorat vexatoire. J'ai pu acquérir la conviction que les chefs de cette petite République cherchaient à se mettre en rapport avec le gouverneur du Sénégal. Ce fait dénote bien la décadence de l'influence Toucouleur dans ces régions, ainsi que le retentissement que les derniers évènements du haut Sénégal ont donné dans ces mêmes contrées au nom français et à notre colonie.

En résumé, l'empire d'El Hadj est actuellement dans un

état d'abaissement complet. Les divers tronçons tendent à s'isoler ; ses tributaires diminuent de jour en jour ; les places elles-mêmes, construites par le Prophète, se vident de leurs défenseurs et laissent se resserrer, de plus en plus étroit autour d'elles, le cercle des révoltés qui leur coupe toute communication avec la capitale de l'empire. D'un autre côté, il est facile de constater chez les divers frères du roi de Ségou et spécialement chez les chefs de Kouniakary, de Nioro et de Dinguiray, des tendances séparatistes qui suppriment toute unité de commandement et d'action, et empêchent que nous n'ayons plus à craindre une coalition semblable à celle qui a amené El Hadj sous les murs de Médine, en 1857.

Ces considérations sur l'empire d'Ahmadou étaient nécessaires avant de continuer le récit de l'expédition, que nous avons laissée au moment où elle venait de franchir le Niger et d'aborder au village de Tourella, sur la rive droite de ce grand fleuve.

Le chef du village, le percepteur et le cadi, tous employés Toucouleurs, nous firent un accueil sympathique.

Ils ignoraient encore l'événement qui nous était arrivé et, après en avoir attentivement écouté le récit, ils répondirent qu'il n'y avait plus désormais d'inquiétude à avoir sur la suite du voyage et que, puisque nous étions envoyés auprès d'Ahmadou par le gouverneur du Sénégal, nous trouverions partout sur notre route un accueil semblable à celui que nous rencontrions à Tourella. Et de fait, ce village pourvut largement à la nourriture de toute la mission.

Je profitai des excellentes dispositions de mes hôtes, pour me débarrasser de ceux d'entre mes blessés qui ne pouvaient plus supporter la marche. Je les confiai au chef du village, en lui remettant deux fusils à pierre pour l'indemniser de ses frais d'entretien et de nourriture ; ils devaient rejoindre, dès qu'ils pourraient se mettre en route. L'un d'eux, le laptot Saër, avait six balles dans le corps.

Tourella était le point d'origine de deux chemins principaux pour gagner Ségou. L'un suivait immédiatement la rive du fleuve où Ahmadou possédait une ligne de villages Bambaras, assez mal soumis et ayant même conservé des relations avec les habitants du Bélédougou. Ce chemin, qui passait en face de Bammako, à travers un territoire dépendant de cette ville, ne pouvait convenir. Il longeait les bords du Niger de trop près et pouvait être dangereux si les Béléris qui, paraît-il, se massaient pour franchir le fleuve et couper la route de Ségou, mettaient leur projet à exécution. On se décida donc pour la deuxième voie, qui se dirigeait vers la place de Tadiana et s'éloignait des points dangereux.

Le lendemain, 16 mai, la mission quittait Tourella, sous la conduite d'un guide Toucouleur, chargé de faire donner par les Bambaras, habitants des villages que l'on devait rencontrer, les vivres nécessaires à la petite troupe. Nous étions de plus en plus fatigués ; les indigènes, encore mal remis des événements des jours précédents, avaient tous les pieds malades et horriblement blessés ; ils se traînaient encore, mais ils n'auraient pu ainsi aller bien loin. Les chevaux et mulets, dont plusieurs avaient dû porter et portaient encore deux cavaliers, blessés ou écloppés, étaient presque tous hors d'usage. La situation n'était certes pas brillante, mais on allait toujours, car c'était auprès d'Ahmadou que la mission avait reçu l'ordre de se rendre et les circonstances exigeaient que rien ne fût négligé dans ce but.

Le nouveau pays que nous abordions différait beaucoup de celui que nous avions déjà parcouru sur la rive gauche. Les massifs et hauteurs rocheuses avaient déjà disparu et on se trouvait dans une plaine, formée d'alluvions anciennes, d'une grande fertilité et abondamment arrosée par le Niger et ses importants affluents de droite, tels que le Mahel-Balèvel et ses tributaires. Cette plaine, qui doit s'étendre sans interruption jusqu'à Tombouctou, est sans doute limitée vers l'est, dans l'immense arc de cercle décrit par le grand fleuve du Soudan, par un plateau hérissé de massifs isolés et semblable à celui dont on avait pu constater l'existence entre Bafoulabé et Bammako. Quoi qu'il en soit, le terrain semble être d'une fertilité peu commune et produit en abondance le maïs, le riz, le coton, le tabac, l'arachide, l'indigo, le sésame, le ricin et les différentes espèces de mil.

On ne s'étonne donc pas du renom de richesse que possède, parmi les indigènes de cette région, la vallée du Niger. Quel magnifique domaine agricole et commercial pour une nation européenne qui parviendrait à s'établir sur ce beau cours d'eau et à mettre en œuvre, non-seulement cette terre féconde et propre à recevoir des cultures aussi diverses, mais encore les immenses richesses métallurgiques des contrées voisines du Bouré, du Sankaran et du Ouassoulou !

Je passais les heures chaudes de la journée au petit village de Cissina, que l'on quittait vers quatre heures pour être à Tadiana à la tombée de la nuit. Tadiana est une place forte Toucouleur, importante par la hauteur et l'épaisseur de ses murailles, ainsi que par l'étendue de son enceinte. Le chef qui la commande, Daba, est chargé de surveiller cette partie des possessions d'Ahmadou de la rive droite ; mais, comme à Koundian et à Mourgoula, il manque de soldats et c'est tout au plus si, en cas de siège, 200 ou 300 défenseurs Toucouleurs pourraient se ranger derrière ses murs. Je pouvais toutefois m'y convaincre qu'Ahmadou est à peu près maître de toute la région que baigne le haut Niger entre Sansaudig et Kangaba. Il semblerait même que ce souverain veut se désintéresser de plus en plus de ses possessions du Kaarta et du Bélédougou, en révolte continuelle contre lui et qui lui ferment presque constamment la route du Nioro, pour tourner tous ses efforts vers le pays du sud, le Bana et le Ouassoulou, où ses colonnes peuvent faire chaque année ample moisson de captifs et de bestiaux. C'est ainsi qu'au moment où nous nous trouvions à Tadiana, une forte troupe de Toucouleurs opérait dans le Bana après avoir, du reste, complétement épuisé les ressources des villages Bambaras, qui s'étendaient jusqu'à Ségou.

Le chef de Tadiana fit bon accueil à la mission. La fatigue des animaux força de passer dans ce village une grande partie de la journée du 17. Là, on apprit que les Bambaras du Bélédougou avaient été vus le long de la rive gauche, se préparant à franchir le Niger. Ces bruits étaient toutefois peu inquiétants en ce moment, car on pouvait se considérer à peu près comme hors de tout danger, au moins pour ce qui concernait les gens de la rive gauche. On laissait Tadiana le 17 au soir, et on couchait auprès du petit village de Konio, où les habitants effrayés et nous prenant pour une bande de pillards courant la campagne, nous fermèrent leurs portes et faillirent nous saluer de plusieurs coups de fusil. Le 18, nous passions la journée à Kobilé, village à peu près désert, et où nous trouvions à grand peine un peu de couscous pour nous et nos hommes. Le 19, ce fut encore pis, car le village de Niagué, où on s'arrêta, était absolument vide de vivres et d'habitants. Ceux-ci, craignant les cavaliers Toucouleurs, s'étaient réfugiés dans les champs, emportant avec eux toutes leurs ressources en grains. Il fallut se contenter de quelques poignées d'arachides grillées. Ce fait montre bien les défauts de la domination Toucouleur, qui ne s'exerce que par des exactions et des violences continuelles. Ces adeptes de l'islamisme, qui ont montré quelques qualités pour conquérir et pour détruire, ont adopté un système d'administration tout à fait absurde, consistant à enlever, au fur et à mesure qu'ils apparaissent, les biens de leurs sujets, étouffant ainsi chez eux toute idée de travail et tout sentiment de la propriété.

Les 20, 21 et 22, on bivouaquait successivement aux villages de Dioumansana, Fougani et Coni. En ce dernier lieu, la mission rencontrait, pour la première fois depuis longtemps, des Pouls, venus de Ségou pour faire paître leurs

troupeaux dans les environs. Leurs visages, aux traits réguliers et presque européens, contrastaient agréablement avec
les figures grossières des Bambaras, que l'on avait eues devant les yeux jusqu'à ce moment.

L'hivernage était déjà établi et la pluie était tombée avec
violence les jours précédents.

Le 23, nous étions à Sanankoro. Là, Ahmadou donna
signe de vie, car, dans l'après-midi, deux Sofas, venus de
Ségou, m'informèrent qu'ils « étaient envoyés par le roi et
qu'ils avaient ordre de me faire attendre partout où ils me
trouveraient, en quelque village que ce fût, et que, d'ailleurs,
ils devaient veiller à ce que je ne manquàsse de rien. » L'un
d'eux devait retourner à Ségou et aller rendre compte au
roi de sa mission. Je lui proposai de le faire accompagner
par l'un de mes interprètes et de lui remettre une lettre
pour Ahmadou; il refusa catégoriquement. Tous deux déci-
dèrent cependant que le village de Sanankoro étant trop
pauvre pour nourrir la petite troupe, celle-ci pousserait
jusqu'au village suivant, Niansona, qui présentait beaucoup
plus de ressources que le précédent.

Cette entrée en matière du sultan Toucouleur ne pouvait
rien signifier de bon. D'ailleurs, ce retard était fâcheux
pour nous, dans l'état de fatigue où nous nous trouvions,
nous, nos hommes et nos animaux. En outre, les pluies de-
venaient de plus en plus fréquentes, et ce qu'il fallait, c'était
un repos définitif, de manière à pouvoir affronter l'hivernage
dans les meilleures conditions possibles. Tout cela fut expliqué aux deux Sofas. On les prévint même que si, dans
quelques jours, on n'avait pas de réponse du roi, on conti-
nuerait la route sans leur avis.

Le lendemain, 24 mai, on arrivait donc à Niansona, village
habité mi-partie par des Bambaras, mi-partie par des Toucouleurs; on dut y rester jusqu'au 29 inclus. Ainsi qu'il
était facile de le prévoir, ce repos fut très-préjudiciable aux
animaux, soumis à la réaction de tant de fatigues; un che-

val et un mulet succombèrent. Nous-mêmes, nous commen-
çâmes à ressentir les effets des privations et des premières
pluies ; nous fûmes saisis tous les quatre par une violente
diarrhée, et le docteur Tautain faillit mourir d'une fièvre
bilieuse. Enfin, le 29, au moment même où j'informais le
Sofa resté avec moi que je partirais le lendemain, arriva un
cavalier de Ségou, chargé de me prévenir que je pouvais
me remettre en route.

On reprenait donc le voyage le 30 au matin, et, après trois
étapes excessivement laborieures par Tiénabougou et Soïa,
on parvenait, le 1er juin, au village de Nango. Depuis Soïa,
la mission était dans. le pays de Ségou proprement dit,
habité par des Bambaras, des Sarracolets, des Pouls et des
Toucouleurs. Ce pays est administré par des chefs résidant
à Ségou auprès d'Ahmadou, mais ayant des représentants
dans chacun des villages de la contrée. C'est ainsi qu'en arrivant à Nango, on trouvait le chef de ce village venant de
Ségou pour nous recevoir. Nous pensions naturellement que
nous pourrions, le lendemain, reprendre notre marche vers
la capitale Toucouleur, mais Ahmadou en avait décidé autrement. Car, lorsque je me rendis auprès de son représentant, celui-ci me prévint qu'il était chargé par le sultan de
« bien recevoir la mission, de l'installer à Nango, puis de
retourner à Ségou pour prévenir le roi. » Il ajoutait
qu'Ahmadou était très-peiné de ce qui était arrivé dans le
Bélédougou et qu'il considérait cette insulte comme faite à
lui-même.

J'essayai encore de faire comprendre à Marico, — tel était
le nom de ce chef, — que l'on ne pouvait ainsi faire durer
éternellement le voyage, que les animaux, que les hommes
étaient harassés de fatigue et qu'il était absolument impossible d'attendre ainsi dans chaque village et d'y perdre un
temps précieux. Marico promit qu'il rendrait compte de
tout cela à Ahmadou et qu'il ferait diligence pour rapporter
la réponse.

Le 3, au matin, il était de retour à Nango et nous informait qu'Ahmadou avait déclaré que chez lui nous étions chez nous, que c'était lui qu'on avait offensé dans le Bélédougou et que, quant à notre impatience, nous devions comprendre que lorsqu'on entrait dans un pays étranger, il fallait se soumettre aux volontés du chef de ce pays; il devait d'ailleurs envoyer deux de ses Talibès pour s'entretenir avec nous.

Nous faisions alors notre apprentissage de cette manière d'agir du roi de Ségou, déjà décrite en détail par Mage, et qui consiste à tergiverser sans cesse, à conserver un mutisme obstiné et à laisser dans un doute constant et embarrassant ceux qui ont à parler d'affaires avec lui. Il était d'ailleurs facile de constater qu'Ahmadou était fortement indisposé contre la mission et on pouvait bien penser que toutes ces hésitations, tous ces arrêts successifs n'étaient que le contre-coup des entretiens qui devaient avoir lieu à Ségou à son sujet et où devaient sans doute se débattre les opinions les plus diverses.

Le 5 arrivaient, en effet, les deux envoyés du sultan. C'étaient Samba N'Diaye, ancien maçon de Saint-Louis, qui avait suivi El Hadj vers le Niger et avait été l'hôte de Mage pendant son séjour à Ségou (1863-1866), et Boubakar Saada, l'un des principaux Talibès d'Ahmadou. Ces deux personnages se présentèrent avec cette majesté naturelle chez les Toucouleurs, mais qui paraît quelque peu ridicule aux Européens. Ils me tinrent le discours suivant :

« Le roi de Ségou t'envoie 4 bœufs, 4 moutons, 100 moules (1) de riz et 100,000 cauris. Ahmadou sait depuis longtemps que tu es sur la rive droite, mais s'il ne t'a pas arrêté plus tôt, c'est que tu te trouvais dans un pays trop pauvre pour suffire à ton entretien. Il a l'habitude de faire arrêter ceux qui viennent le visiter, à une certaine distance de sa

(1) Le moule est une mesure indigène valant environ 2 litres.

capitale, afin de leur permettre de l'envoyer saluer. Il ne
peut recevoir d'emblée tout le monde et chacun doit se con-
former aux désirs du chef du pays dans lequel il entre. »
Boubakar Saada ajouta que l'Almamy de Mourgoula avait
reçu l'ordre d'arrêter la mission et de m'envoyer une lettre
pour que je changeàsse de route à Kita et que je prisse la
voie de Nioro. Le roi de Ségou était donc mécontent, car il
pensait que j'avais reçu cette lettre, mais que je n'avais pas
voulu en tenir compte. Quant au Bélédougou, Ahmadou faisait dire que « jusqu'ici il n'avait pas voulu s'en occuper,
car il considérait les Bambaras comme de trop petites gens,
mais qu'après ce qui venait d'arriver, il ne manquerait pas
de le détruire. En vengeant les blancs, il ne ferait que se
venger lui-même, puisque ceux-ci avaient été attaqués parce
qu'ils se rendaient chez lui. »

Ces paroles indiquaient bien les mauvaises dispositions
existant à Ségou au sujet de la mission. On était mécontent
de son arrivée, mais on ne savait comment s'y prendre pour
le faire savoir.

Il ne me fut pas difficile de faire comprendre aux deux
envoyés du roi, que ce dernier se trompait quant à la lettre
de l'Almamy de Mourgoula. Je n'avais reçu aucun papier de
ce genre, et si j'avais pris la route du Bélédougou, c'était
pour éviter la voie du Caarta que je savais interceptée par
les Bambaras révoltés. J'insistai ensuite sur le mécontente-
ment que j'éprouvais à me voir ainsi arrêté en chemin ;
c'était une marque de défiance qui ne satisfairait nullement
le gouverneur du Sénégal, et qui ne pouvait se comprendre
de la part d'un chef puissant comme Ahmadou. Bref, je me
plaignis vivement de ce manque d'égards vis-à-vis de l'ambassade demandée si souvent par le sultan au chef de notre
colonie. Je déterminai en même temps les deux envoyés à
amener avec eux mes deux interprètes auxquels je recom-
mandai de transmettre exactement mes plaintes à Ahmadou.
Je voulais tirer de ce dernier quelques explications sur cette
attitude pleine de réserve.

La maladie commençait d'ailleurs à s'abattre sur nous, et la réaction s'opérait, se montrant par des accès de fièvre fréquents et d'autant plus dangereux que notre provision de quinine, le seul médicament que nous possédions, était tout à fait limitée (une trentaine de grammes). Le 7 juin, nous étions alités tous les quatre.

Le 12, les deux interprètes revenaient de Ségou, rapportant la réponse d'Ahmadou. C'étaient toujours les mêmes paroles vagues, dans lesquelles le sultan revenait avec insistance sur ses prétendus griefs à l'égard de la mission.

Les interprètes annonçaient, en outre, qu'on était à Ségou dans de très-mauvaises dispositions à l'égard de celle-ci, et que les habitants, et particulièrement les Talibès du Fouta, étaient fortement prévenus contre elle et avaient même parlé de faire disparaître les quatre blancs venus dans leur pays. On disait qu'Ahmadou avait reçu une lettre des gens du Fouta, dans laquelle ceux-ci informaient les Toucouleurs que j'étais chargé de prendre les dessins de toutes les places fortes de l'empire et de dresser le plan des routes, afin de faciliter plus tard la voie à une colonne expéditionnaire. Bref, les interprètes avaient trouvé l'opinion publique fortement indisposée, et eux-mêmes avaient été, pendant leur séjour à Ségou, en butte à une surveillance étroite et hostile. Il serait puéril, du reste, de rapporter tous les bruits absurdes qui couraient sur mon compte : ma vue seule suffirait pour faire mourir le roi ; je possédais dans ma main une machine infernale capable de le tuer en le touchant ; personne ne pouvait me résister dans les palabres, etc., etc.

Il était inutile d'insister pour le moment devant ce parti-pris d'un nègre ignorant et superstitieux, et le mieux était d'attendre que toutes ces méfiances se fussent apaisées et permissent de commencer les négociations relatives au traité d'amitié et de commerce qu'il s'agissait de conclure avec le sultan Ahmadou. En attendant, la mission s'installa dans une case en terre, longue et large de 4 mètres. On construisit devant cette case un hangar en paille pour y passer les journées ; on fit des écuries pour les chevaux et mulets. Il était temps d'ailleurs que nous prissions un peu de repos, après quatre mois de fatigues incessantes, coupées par les émotions des mois précédents. Les pluies tombaient avec abondance et la fièvre nous visitait de plus en plus fréquemment. Les animaux étaient en piteux état, et il était rare qu'il se passât une semaine sans que l'un d'eux succombât.

En même temps, l'interprète Alpha-Séga repartait pour Ségou avec une lettre à l'adresse du roi. Je vais vous lire ici cette lettre, qui donnera une idée du genre de relations qui existaient entre Ahmadou et moi. Il faut remarquer que cette lettre s'adressait à un souverain nègre et musulman, faisant profession du plus profond fanatisme pour sa religion et aimant, comme tous les orientaux, le langage imagé et pompeux des écrivains arabes :

« *Le capitaine Gallieni, directeur des affaires politiques, chef de l'ambassade du haut Niger, à Ahmadou, sultan du Ségou, commandeur des croyants.*

» Mes interprètes et tes envoyés, Boubakar-Saada et Samba N'Diaye, m'ont communiqué tes dernières paroles. Elles m'ont fait de la peine, car elles m'ont prouvé que tu n'as pas confiance dans l'homme que le Gouverneur t'envoie et qui tient auprès du chef de la colonie la haute position de directeur des affaires politiques, c'est-à-dire de celui qui dirige, sous ses ordres, toutes les affaires concernant les chefs noirs.

» Tous les voyageurs français qui t'ont visité s'accordent pour louer ton intelligence, ta sagesse, la grandeur de tes idées et ton désir de voir le commerce fleurir dans tes Etats. Tous ont engagé le Gouverneur à t'envoyer l'ambas-

sade que tu lui réclamais depuis si longtemps et qui a pour
but de régler pour l'avenir, d'une manière solide et durable,
les relations qui doivent exister entre les deux chefs les plus
puissants du Soudan. Comment se fait-il donc que tu sem-
bles m'accueillir ainsi avec méfiance, et que tu me forces à
m'arrêter auprès de ta capitale, dans l'un des plus petits
villages de ton empire, privé de ressources et où l'eau est à
peine potable? Que dirais-tu si tu envoyais l'un de tes fidèles
au Gouverneur, et si celui-ci, au lieu de lui expédier rapidement un bateau à vapeur pour l'amener et le recevoir en
grande pompe à Saint-Louis, lui ordonnait de s'arrêter
dans l'un des misérables villages des environs, où il serait
accueilli par quelqu'un qui lui fût bien inférieur en rang et
en qualité? Serais-tu content? Je ne sais encore ce que dira
le Gouverneur en apprenant cette nouvelle, mais je puis
t'affirmer d'avance qu'il ne sera pas satisfait. Pour moi et
pour ceux qui m'accompagnent, peu importe que nous
soyons à Ségou-Sikoro ou à Nango. Voilà longtemps que
nous sommes en voyage, et les fatigues nous sont connues;
depuis cinq mois, nous avons rompu avec nos habitudes de
blanc, et nous ne voulons qu'une chose : accomplir le mieux
possible la mission que nous a confiée notre chef de Saint-
Louis. Mais comment cela peut-il être, puisqu'à peine arrivés, tu nous accueilles avec méfiance? Tu écoutes les faux
bruits qui te sont rapportés par des intrigants ou des gens
mal renseignés. Que savent-ils? Où ont-ils appris les mensonges qu'ils colportent partout? Ont-ils, comme moi, la
pensée du Gouverneur? Ont-ils vécu longtemps auprès de
lui, et lui, le chef de la colonie, leur a-t-il dit quelles étaient
ses intentions? Interroge-les en détail, et tu verras qu'ils auront bien vite épuisé tout ce qu'ils savent.

» Crois-moi, et tu le sais bien d'ailleurs, deux hommes
comme Ahmadou, sultan de Ségou, et le Gouverneur du
Sénégal, ne sont pas des hommes ordinaires; ils n'agissent
pas comme de petites gens. Penses-tu que le Gouverneur

prête l'oreille aux faux bruits qui lui sont rapportés sur ton compte? Il n'en est rien, parce qu'il sait que ce sont toujours des mensonges rapportés par des gens qui ne t'aiment pas. On a fait courir sur moi des bruits absurdes, que je ne me donnerai même pas la peine de relever. Qui sont mes compagnons? L'un est M. Piétri, officier d'artillerie, chargé de m'aider pour la conduite du lourd convoi qui t'apportait les présents que la France t'envoyait. L'autre est M. Vallière, qui, à Saint-Louis, m'était adjoint pour la direction des affaires politiques. Enfin, le quatrième est un médecin comme M. Quintin. Celui qui m'a quitté à Nafadié était également un médecin. Dans ce pays, où les Européens meurent vite, il faut beaucoup de médecins.

» Les hommes qui m'accompagnent, tirailleurs, spahis ou laptots, étaient destinés à me servir d'escorte d'honneur. Ils devaient m'entourer dans leur grand costume de parade, afin que tu sois bien convaincu que le Gouverneur t'envoyait un homme important, un second lui-même. Peux-tu croire que j'étais venu dans le pays pour soutenir les Bambaras révoltés? Insensé celui qui a pu dire cela! N'a-t-il donc jamais vu une colonne française avec son général, son infanterie, sa cavalerie et ses canons? Va-t-on faire la guerre avec des ânes? Et ces cadeaux que j'apportais, pour qui étaient-ils, si ce n'est pour toi? Envoie un émissaire dans le Bélédougou, et il verra de ses propres yeux les glaces, les sabres, les caftans et les abbayas que Bou-el-Mogdad, l'interprète du Gouverneur, avait apportés de la Mecque pour toi, les livres arabes destinés à Seïdou-Diéylia, ton savant premier ministre, les vases d'argent et les pagnes en soie noire, que M. Brière de l'Isle envoyait à ton auguste mère (1), les fusils, armes, objets rares, destinés à tes guerriers et à tes conseillers.

(1) Ahmadou, comme tous les nègres soudaniens, a la plus profonde vénération pour sa mère. Chaque matin, il va la visiter dans ses cases

» Tu le vois donc, c'est une mission pacifique qui vient à toi et qui a été pillée dans le Bélédougou, parce qu'on savait qu'elle allait à Ségou et que je ne l'ai pas caché partout où je suis passé. Tout ce que je dis là, c'est pour bien te montrer qu'il ne doit exister aucun nuage entre nous. Si je tenais tant à aller à Ségou-Sikoro, ce n'est pas pour examiner ta capitale, qui, dit-on, est fort belle, mais pour t'entretenir, pour causer avec toi, pour te dire franchement quelle est la pensée du Gouverneur, ce qu'il veut, ce qu'il désire, comment il entend s'unir à toi pour le bonheur des peuples du Soudan.

» Tu me parles du traité de Mage, et tu me dis que tu veux le prendre pour base de ce qui doit exister entre ton Empire et la colonie du Sénégal. Soit, mais je te ferai observer que le temps a marché depuis Mage ; beaucoup d'événements ont eu lieu depuis cette époque. Lorsqu'il est venu à Ségou-Sikoro, envoyé vers ton père par le gouverneur Faidherbe, la guerre avait eu lieu entre les Français et les Toucouleurs, et ces deux nations voulaient se réconcilier ; aujourd'hui, il n'en est plus de même ; nos deux nations ont vécu en paix depuis vingt ans, mais leurs relations ont toujours été mal réglées. Peux-tu dire que le commerce est florissant entre le Sénégal et le Niger ? Les routes sont-elles sûres partout, et les caravanes de Diulas (1) peuvent-elles circuler librement avec leurs marchandises? Non, n'est-ce pas l

» Je puis, d'ailleurs, te dire en deux mots ce que le Gouverneur pense. Sache d'abord que ce n'est pas lui seul qui m'envoie vers toi, mais bien le grand chef des Français, de cette nation dont tu as entendu vanter la richesse, la puis-

---

partciulières ; il ne fait rien sans prendre son avis. Il était donc de bonne politique de lui montrer que sa mère n'avait pas été oubliée dans les cadeaux qu'on lui avait envoyés de Saint-Louis.

(1) Marchands indigènes.

sance, la générosité. la bienveillance et la bonté pour les étrangers.

» La France ne veut pas d'augmentation de territoire ni de conquêtes. Nous ne demandons que l'extension de notre commerce ; nous voulons que nos caravanes puissent aller librement et aisément de Saint-Louis au Niger. Or, le peuvent-elles aujourd'hui ? Les routes sont couvertes de pillards ; les chemins sont mauvais ; des marigots, des rochers gênent la marche des animaux. On t'a dit que nous voulions la guerre. Ceux qui t'ont dit cela t'ont menti. Nous ne faisons la guerre que lorsqu'on nous y oblige et lorsqu'on attaque nos commerçants ou nos traitants.

» C'est sur toutes ces questions que je voudrais pouvoir t'entretenir. La France désire autant que toi-même ta puissance, parce qu'elle sait que du jour où tu domineras tout le pays, ses voyageurs pourront aller partout avec leurs marchandises. Notre programme est simple. Nous voulons aller au Niger, non par la guerre et nos armes, mais par notre commerce et par des routes sûres et commodes. Assure-nous la paix et la tranquillité sur nos lignes de communication, et la France n'aura plus rien à te refuser. Voilà en quelques mots la base du traité qui doit nous unir. J'ai les pleins pouvoir du Gouverneur pour le discuter avec toi et pour répondre à toutes les demandes que tu me feras. Réfléchis bien ; la mission que je commande est d'une importance exceptionnelle ; d'autres voyageurs blancs pourront aller te visiter, mais le Gouverneur ne t'enverra pas tous les jours une mission politique comme celle qui attend actuellement ta réponse à Nango.

« Nango, 13 juin 1880. »

Ainsi que vous pouvez le constater , Mesdames et Messieurs, je m'efforçais dans cette lettre de dissiper les méfiances d'Ahmadou. Le combat de Dio et la situation politique trouvée vers Bammako et les marchés malinkés du haut Ni-

ger, ayant empêché la réalisation complète des projets primitifs, à savoir l'installation d'un résidant français sur les
bords du grand fleuve du Soudan, il fallait essayer de détruire chez Ahmadou ses craintes ridicules, l'indisposer
contre nos ennemis, puis l'amener peu à peu à traiter sur la
base de la navigation libre, accordée sur le Niger à nos na-
tionaux. Dans les circonstances où on se trouvait, c'était
peut-être beaucoup de présomption, mais l'hivernage clouait
la mission dans les Etats du sultan de Ségou, pour plusieurs
mois, et mieux valait mettre à profit ce repos forcé.

Le 25 juin, l'interprète Alpha-Séga revenait de Ségou; il
avait lu au roi, en présence de ses principaux Talibès, la
lettre qui lui avait été remise et qui avait déjà produit un
excellent effet, puisque ce chef semblait consentir à discuter
le traité et promettait d'envoyer à Nango son chargé de pouvoirs, Seïdou-Diéylia, son premier ministre. Ahmadou avait
trouvé la lettre « bonne, » mais, tout en s'engageant à entrer en relations diplomatiques avec moi, il n'avait pas
caché ses méfiances, dans lesquelles le maintenaient les
émissaires venus du Fouta et des pays Toucouleurs, situés
sur les rives du Sénégal. La réponse d'Ahmadou montrait
au surplus combien étaient grandes encore à Ségou les illu-
sions sur la situation politique de cette partie du Soudan
occidental. Pour ces nègres musulmans, aussi ignorants
qu'orgueilleux, le temps n'avait pas marché depuis la mort
d'El Hadj, et l'empire du Prophète subsistait encore dans
toute son intégrité territoriale, malgré les coups successifs
que nous lui avions portés depuis plusieurs années.

Toujours est-il que la réponse d'Ahmadou pouvait être
considérée presque comme une première victoire, puisque
ce souverain s'était décidé à envoyer à Nango, dans un avenir assez lointain, son premier ministre. Je m'empressai
donc de lui faire remettre, malgré la modicité de mes ressources, un cadeau de 1,000 fr. en pièces de 5 fr. et huit fusils doubles ; j'envoyai également 200 fr. à Seïdou-Diéylia ;

13

150 fr. à la mère du roi et quelques autres menues sommes
à ses principaux conseillers. On connaît l'énorme influence
des cadeaux sur les peuplades nègres de ces régions. Les
Toucouleurs de Ségou, malgré leurs fanfaronnades habituelles, ne font pas exception à la règle, et il fut aisé de s'en
apercevoir de suite. Toutefois, pour donner une idée de la
méfiance avec laquelle nous fûmes accueillis, on peut citer
ce fait que tous les fusils, toutes les pièces de 5 fr. furent
visités l'un après l'autre avant d'être remis au sultan, pour
lequel on craignait toujours cette influence néfaste que l'on
m'attribuait.

Quoiqu'il en soit, il fut facile de constater, dès les premiers jours de juillet, un changement d'attitude de la part
d'Ahmadou et de ses Talibès. Quelques-uns de ces derniers
se montraient bien encore prévenus à notre égard. Ainsi,
dans le courant du même mois, ils proposèrent au sultan de
nous faire venir à Ségou, de nous entendre, puis de nous
renvoyer immédiatement sans nous laisser séjourner dans
le pays. Mais le souverain Toucouleur ferma l'oreille à ces
discours hostiles. Il est vrai que par contre il sembla oublier
la mission à Nango et que je dus attendre patiemment, malgré de nombreux avis à Ahmadou, que celui-ci voulût bien
tenir sa promesse de m'envoyer son fondé de pouvoirs.

Je trouvai d'ailleurs les mêmes difficultés que Mage pour
obtenir la maigre nourriture de mes hommes. Ceux-ci recevaient chaque jour deux repas de lack-lallo, affreux mets
Bambara, préparé avec du mil sans sel. Les quatre Européens
devaient se contenter de riz, de couscous, de volailles et
quelquefois de viande de chèvre. Mal nourris, mal vêtus,
mal logés, nous étions en proie aux fièvres continuelles qui
régnaient dans cette saison d'hivernage et que l'absence de
médicaments rendait toujours dangereuses. Manquant de livres, nous utilisions le peu de papier qui restait pour prendre sur le pays tous les renseignements nécessaires, pour
compléter les levés topographiques, que nous avions déjà

pu dresser entre le Sénégal et le Niger et qui nous permettaient de nous relier aux itinéraires de Mage et de René Cail-
lié qui avaient parcouru d'autres parties de ces régions ni-
gériennes. En même temps, nous nous efforcions d'étudier
la race Bambara, qui peuple les bords du Haut-Niger. Je
crois utile de donner ici quelques détails sur les mariages
et la circoncision chez ces peuples sauvages.

Chez les Bambaras, la femme ne joue qu'un rôle tout à
fait infime. C'est une bête de somme, une véritable captive.
Elle est la chose du mari. Elle cultive, s'occupe des plus
gros travaux, de la cuisine ; le temps qu'elle ne passe pas
aux champs, elle l'emploie au dur travail du pilage du mil
ou à la confection du fil de coton. En un mot, elle est constamment occupée, y compris une bonne partie de la nuit.
On voit cependant dans certaines familles des femmes
prendre de l'ascendant sur leurs maris, mais en principe
l'homme peut faire de sa femme ce que bon lui semble.
Ainsi, on voit souvent des Bambaras mettre leurs femmes
en gage pour se procurer certains objets qui leur font envie.
Les Bambaras peuvent avoir autant de femmes qu'il leur
plaît, pourvu qu'ils donnent, en se mariant, le chiffre de la
dot fixé par la famille de la femme.

Quand un Bambara veut épouser une jeune fille, il envoie
l'un de ses amis auprès du père avec un cadeau de 10 colas
(fruit du *Sterculia acuminata* Palisot). Si le père accepte, il
ajoute à ce cadeau 500 cauris (petit coquillage servant de
monnaie dans le pays ; 1 franc vaut environ 1000 cauris),
puis plus tard un certain nombre de poulets variant de
10 à 60. Il prend ensuite sa femme ; le père lui réclame aussitôt la dot, fixée généralement à 30,000 cauris. Puis une petite fête, accompagnée d'un festin et d'un tam-tam (danse
accompagnée de musique) intimes, finit cette simple cérémonie.

Le mari peut divorcer quand il lui plaît. S'il est mécontent de sa femme, il peut la renvoyer en réclamant sa dot.

Dans un seul cas le divorce peut avoir lieu sans que la femme rende la dot : c'est lorsqu'il est prouvé que le mari n'a pu faire acte de mari dans les 15 premiers jours du mariage. J'ai été témoin d'un fait de ce genre, et pendant mon séjour à Nango, un vieux forgeron, marié à une fillette d'une douzaine d'années, voyait avec peine approcher le terme des 15 jours sans avoir pris à sa femme *sa fleur d'innocence*. Il ne cessait de m'importuner pour que je lui procurasse un excitant quelconque, lui permettant de parvenir au but de ses désirs. La poudre de cantharide est hautement appréciée chez les Bambaras.

Les Bambaras circoncisent non-seulement les jeunes garçons, mais encore les jeunes filles. Cette opération joue un rôle très-important dans la région du haut Niger. Elle marque le passage de l'enfance à l'adolescence.

Les jeunes gens sont généralement âgés de 12 à 15 ans. La cérémonie a lieu peu après l'hivernage, alors qu'il y a encore beaucoup de mil, nécessaire pour les agapes faites à cette occasion. L'opération est faite par les forgerons pour les garçons, par les femmes de forgerons pour les filles. Chez les Bambaras, les forgerons forment une caste à part, dont les membres ne peuvent s'allier qu'entre eux. C'est une caste méprisée.

L'instrument employé est un simple couteau en fer grossièrement aiguisé. Pour les garçons, le prépuce est tiré en avant, puis lié fortement ; ils sont assis, la verge reposant sur un billot de bois. Ils ne doivent donner aucun signe de faiblesse pendant l'opération. Aux petites filles, on coupe les petites lèvres. On comprend facilement les résultats de cette opération absurde.

Les familles ayant des circoncis célèbrent cette fête par des tam-tams intimes, accompagnés de repas plus copieux que d'habitude ; les riches tuent des chèvres, des poulets et confectionnent du dolo (boisson fermentée faite avec du mil).

Après l'opération, les circoncis ne doivent pas paraître dans leurs demeures jusqu'à ce qu'ils soient entièrement guéris. Ils se vêtissent d'une longue robe qui leur descend jusqu'aux pieds et qui se termine par un capuchon leur couvrant la tête; quelquefois aussi, ils portent une sorte de bonnet carré se terminant par des bords ornés et dentelés. Les garçons sont séparés des filles. Ils passent la journée sur l'un des arbres voisins, venant le matin et l'après-midi chercher leur nourriture plus copieuse qu'à l'ordinaire. Au soir, ils se rapprochent du village et passent la nuit dans des caves préparées *ad hoc*; ils rentrent en chantant et en faisant aller en mesure un instrument qu'ils n'abandonnent jamais et qui se compose d'un morceau de bois recourbé dans la plus grande branche duquel sont passés des fragments circulaires de calebasse, qui, en se choquant, produisent un bruit de castagnettes. Les filles portent de petites calebasses remplies de menus cailloux, semblables à nos jouets d'enfant. Au matin, de bonne heure, tous rallient leurs arbres.

Les cicatrices sont longues à se guérir, car les Bambaras ne possèdent rien pour retenir les peaux après la section; on compte de 30 à 40 jours.

Vers la fin d'octobre, nous parvînmes à trouver un marchand Sarracolet qui voulut bien, au prix d'une forte récompense, apporter à Saint-Louis un courrier qui y arriva en janvier 1881 et dissipa un peu les inquiétudes qui régnaient depuis plusieurs mois sur la mission, sur le compte de laquelle on n'avait plus eu de nouvelles depuis son passage sur la rive droite du Niger.

Pendant ce temps, Ahmadou se livrait, à Ségou, à d'interminables palabres pour organiser une armée et décider les Talibès à marcher contre le Bélédougou. Mais ceux-ci, mécontents de l'avarice de leur chef, se faisaient tirer l'oreille, suivant leur habitude, et on ne pouvait guère prévoir encore le moment où cette armée se mettrait en mouvement. A la même époque, je reçus sur les évènements qui avaient suivi le combat de Dio, des détails assez curieux pour être rapportés ici. C'est ainsi qu'au pillage qui avait suivi la lutte acharnée du 11 mai, plusieurs Bambaras avaient été tués et blessés par l'explosion d'une caisse en fer blanc, remplie d'étoupilles et de fusées, qu'un des leurs aurait voulu ouvrir avec une pioche. D'autre part quelques-uns de ces pillards avaient été empoisonnés par les médicaments contenus dans les cantines de pharmacie et auxquelles ils auraient voulu goûter; aussi, les chefs les avaient-ils fait jeter, en défendant d'y toucher. De même, on rapportait que plusieurs Bambaras, ayant bu immodérément du tafia qu'avait emporté l'expédition, étaient tombés ivres-morts et qu'ils avaient fait répandre à terre tous les barils qui restaient encore pleins. C'était un fait significatif pour qui connaît l'ivrognerie des Bambaras, habitués à absorber des quantités énormes d'eau-de-vie de mil, liqueur à la vérité bien moins alcoolique que notre rhum. Enfin, il était arrivé, après le combat, ce qu'il était facile de prévoir : le partage du butin avait occasionné parmi les pillards des querelles violentes et ceux-ci en étaient venus aux mains. Le village de Dio, soutenu par ses parents de Ouoloni, avait voulu, paraît-il, la plus grosse part des objets volés, sous le prétexte qu'il avait accueilli l'armée coalisée contre les blancs et facilité l'attaque; mais les autres villages avaient résisté par les armes à ces prétentions et tué un grand nombre d'hommes à leurs adversaires. Comme on le voit, l'acte d'hostilité commis par les Bambaras du Bélédougou, n'avait pas été sans conséquences désagréables pour leurs auteurs.

Le 31 octobre, Ahmadou se décida enfin à tenir sa promesse et son premier ministre, Seïdou-Diéylia, arriva en grande pompe à Nango. Cet important personnage était accompagné d'une nombreuse suite et de plusieurs chefs de marque. Son arrivée donna lieu à une grande fête et à de brillantes fantasias, dans lesquelles nous pûmes nous faire une idée de l'organisation des forces armées du sultan de Ségou. L'escorte du premier ministre comprenait en effet des Talibès, montés généralement sur de bons chevaux du pays et exécutant avec assez d'ensemble des charges à fond sur un ennemi figuré ; des Sofas, organisés en compagnies sous les ordres de chefs de captifs ayant toute la confiance du roi, et armés de mauvais fusils à pierre qui rataient bien huit fois sur dix ; des Peuls, armés de longues lances et formant la cavalerie légère de l'armée. Je ne parlerai pas des nombreuses femmes ou *griotes*, chanteuses, danseuses ou musiciennes, qui exécutèrent devant moi des danses bizarres et où la moralité n'aurait certainement pas trouvé son compte.

Les négociations pour le traité durèrent du 31 octobre au 4 novembre, et je réussis, non sans peine cependant, à obtenir de Seïdou un acte plaçant le Niger sous le protectorat français depuis ses sources jusqu'à Tombouctou, dans la partie baignant les possessions du sultan toucouleur. Vous comprendrez d'ailleurs, Mesdames et Messieurs, avec quelle prudence je dus aborder, dans la discussion, les questions de protection ou de navigation sur le grand fleuve du Soudan. Il y avait sans cesse à craindre d'éveiller les méfiances de ces Toucouleurs soupçonneux, comprenant difficilement que l'on veuille faire le commerce sans penser en même temps à conquérir de nouveaux pays.

Cependant le traité était entièrement rédigé le 3 novembre et signé par tous, sauf par le roi. Mais Seïdou Diéylia promettait qu'aucun changement ne serait apporté au texte qui avait été arrêté dans les négociations de Nango. On a annoncé souvent dans ces derniers temps que le traité n'avait été conclu par Ahmadou qu'au moment où il avait appris l'arrivée à Kita de la colonne chargée d'élever le poste, dont la construction avait été stip..lée par moi à mon passage à Makadiambougou. On voit qu'il n'en est rien et que le sultan de Ségou s'était déjà engagé par un acte entièrement dressé et écrit, avant l'occupation effective de Kita, qui ne date que du mois de février 1881. Il est à présumer, au contraire, que ce souverain nègre, avec les prétentions qu'on lui connaît sur tous les pays autrefois conquis par son père, se serait refusé à toute espèce d'ouverture, s'il avait été informé dès ce moment de notre marche en avant vers le Niger ; et il est peu conforme à la vérité d'avancer que c'est l'occupation de Kita par la colonne, qui a déterminé Ahmadou à traiter avec les ambassadeurs qui lui avaient été envoyés.

Seïdou, en quittant Nango, m'avait affirmé que je pourrais me préparer au départ sous peu de jours, mais je comptais, hélas ! sans la lenteur bien connue cependant du sultan toucouleur. Mage et Quintin n'avaient-ils pas déjà attendu plus de deux ans à Ségou, avant qu'Ahmadou se fût décidé à leur laisser reprendre le chemin du Sénégal ? Toujours ce chef trouvait un motif pour retarder le départ. C'est ainsi qu'il voulut tout d'abord nous ouvrir la route de Nioro. Il nous avait vus avec répugnance effectuer notre voyage d'aller par la vallée du Bakhoy, où les populations du Manding avaient fait à M. Vallière un accueil des plus sympathiques, et il désirait nous tenir éloignés de ces régions où il se sentait détesté de tous.

Mais pour ouvrir cette route, que fermaient les Bambaras révoltés, il fallait réunir une armée nombreuse et la décider à franchir le Niger pour aller opérer sur la rive gauche, de concert avec les troupes que les frères d'Ahmadou devaient envoyer de Nioro et de Kouniakary. Or, ceux-ci ne se souciaient nullement de venir en aide à leur parent, dont ils connaissaient les mauvaises dispositions à leur égard. Ils préféraient se voir séparés de lui par un obstacle malaisé à franchir, n'ignorant pas que le sultan tournerait ses armes vers eux, dès qu'il serait venu à bout de ses ennemis Bambaras.

En même temps, les Talibès de Ségou, toujours mécon-

tents que leur chef ne voulût pas leur partager les richesses
qu'El Hadj avait renfermées dans ses magasins et dont il
leur avait promis la distribution après la conquête du Kaarta
et du Ségou, montraient la plus mauvaise volonté pour entrer en campagne. Ils opposaient à Ahmadou la force
d'inertie, dont lui-même s'était fait si souvent une arme
contre eux. C'est ainsique, s'étant enfin décidés à prendre les
armes sur les prières de la mère du roi, ils allèrent attaquer
le village Bambara de Banamba ; mais, là , après s'être
emparés de l'une des portes du Tata, ils laissèrent les Sofas
s'engager seuls dans les rues du village et s'en retournèrent
tranquillement à Ségou. Cette défection fut cause d'un échec,
qui coûta de nombreuses victimes aux compagnies de Sofas
et réveilla l'audace des révoltés.

Plus tard, en décembre, la marche offensive des Bambaras sur Nyamina (1) vint encore arrêter notre départ, qui
semblait imminent. Ahmadou dut sortir de Ségou, suivi seulement de quelques fidèles, et ce ne fut que quelques jours
après qu'il fut rejoint en face de Nyamina par toute son
armée, qui n'avait osé pousser jusqu'au bout sa désobéis-
sance à son roi.

Celui-ci resta plus d'un mois dans son camp, envoyant
des razzias continuelles dans les environs, faisant fortifier
Nyamina et refusant absolument de nous laisser partir avant
d'être revenu à Ségou, où il pourrait seulement, disait-il,
prendre les dispositions nécessaires pour « nous renvoyer
d'une manière digne du gouverneur et de lui-même. »

Les quelques lignes suivantes, extraites de mon journal,
montrent bien quelles étaient pendant ce temps nos souf-
frances et nos inquiétudes. Nous étions d'ailleurs fatigués
par sept mois de séjour dans cette région insalubre, et par

---

(1) Grand village soumis à Ahmadou, situé sur la rive gauche du
Niger, à deux ou trois journées de marche à l'ouest de Ségou.

les privations de toute sorte que nous avions dû endurer
pendant le rude hivernage qui venait de s'écouler.

« 30 *décembre* 1880. — Vallière et moi avons la fièvre. Nos
estomacs fatigués ne peuvent plus supporter la nourriture
monotone de Nango. Nous ne nous nourrissons presque exclusivement que de lait. »

« 1er *janvier* 1881. — Quel triste 1er janvier ! Vallière est
couché avec la fièvre. Nous, nous ne pouvons plus manger.
Les journées sont longues, tristes et silencieuses. Toutes nos
pensées, toutes nos paroles ont la France pour objet : nous
souffrons beaucoup et nous sommes toujours dans l'indéci-
sion sur notre départ. Partirons-nous dans quinze jours, partirons-nous dans plusieurs mois ? Nous n'en savons rien.
Cette lutte contre l'inconnu est réellement bien découra-
geante et nous comprenons maintenant tout ce qu'ont dû
souffrir Mage et Quintin pendant leur long séjour ici. »

« 3 *janvier*. — Ces messieurs sont malades. Pour moi, j'ai
vomi toute la nuit avec d'atroces douleurs d'estomac.

» Et toujours pas de nouvelles d'Ahmadou. »

« 15 *janvier*. — Notre situation est toujours la même. Le
roi est dans son camp et reste sourd à toutes les demandes
que je lui envoie. Il dit que « c'est pour notre bien qu'il agit
en ce moment, et que, « s'il plaît à Dieu, nous partirons
bientôt. » — Pendant ce temps, les matinées fraîches s'en
vont, les grandes chaleurs arrivent ; nous nous affaiblissons
de jour en jour, ignorant si nous pourrons venir à bout des
250 ou 300 lieues qui nous séparent des postes du haut Sénégal. »

« 28 *janvier*. — Hier et aujourd'hui, j'ai reçu deux lettres, dans lesquelles mon interprète Alpha-Sega m'annonce
qu'Ahmadou l'a informé qu'il rentrerait dans quelques jours
à Ségou, et qu'alors nous partirons aussitôt ; qu'il regrettait
beaucoup ces retards, mais que les circonstances en avaient
été la seule cause. »

« 31 *janvier*. — Le docteur Tautain vient d'être atteint

subitement d'une fièvre bilieuse hématurique. Les symptômes existants ne laissent aucun doute à cet égard. Comme médicaments, nous ne possédons que du sulfate de quinine, dont il nous est arrivé heureusement, il y a quelques jours, deux flacons. Mais nous n'avons ni purgatifs, ni vomitifs, si indispensables cependant dans cette dangereuse maladie, qui fait tant de victimes parmi les Européens détachés dans nos postes du haut fleuve. »

« 1er *février*. — Tautain a passé une très-mauvaise journée, et nous ne pouvons encore prévoir s'il s'en tirera. Cette maladie arrive à un bien mauvais moment, car il est probable que la convalescence sera longue et viendra encore retarder notre départ. En même temps, voilà que tous nos chevaux tombent malades, et nous ne savons réellement comment nous pourrons nous remettre en route si Ahmadou ne nous en donne pas de frais pour notre retour. Cette vie africaine est décidément hérissée de difficultés. Ce sont toujours de nouveaux obstacles à surmonter, et les voyageurs qui veulent s'aventurer dans l'intérieur de ce continent ont besoin de s'armer d'une bonne provision d'énergie et de philosophie. »

« 2 *février*. — La nuit a été encore très-mauvaise. La maladie a augmenté, et Tautain lui-même ne peut nous dire ce qu'il va arriver. Il vomit constamment et ne peut conserver la quinine que nous lui faisons avaler. Nous comptons beaucoup sur sa forte constitution et sa rare énergie. »

« 3 *février*. — Notre malade va un peu mieux aujourd'hui. Espérons que ce mieux continuera. Ahmadou est rentré à Ségou. Notre départ ne peut être éloigné maintenant, etc., etc. »

Ces lignes, extraites au hasard de mon carnet de notes, montrent bien quelles étaient nos préoccupations constantes pendant notre séjour sur les bords du Niger. Elles font voir quelle lutte incessante il faut livrer, sur cette terre africaine,

à la maladie, au climat, aux hommes, pour venir à bout
des difficultés sans cesse accumulées sur la voie de ceux qui
tentent d'ouvrir aux lumières du progrès et de la civilisation, ces régions si longtemps fermées à nos efforts.

Le 15 février, le sultan, pressé par mes demandes réitérées,
allait enfin congédier la mission, quand surgit un nouvel
incident. Des émissaires venus du Fouta et envoyés à Ahmadou par Abdoul-Boubakar, notre plus mortel ennemi sur
les bords du Sénégal, venaient prévenir le roi de Ségou, que
la mission française s'étaient rendue auprès de lui, non dans
le but de négocier un traité de paix et d'amitié, mais pour
faire la reconnaissance de son pays, ouvrir la voie à plusieurs
colonnes expéditionnaires et soulever contre lui les populations des régions Bambaras et Malinkès, qu'elle avait traversées.

L'occupation de Kita, la prise du village de Goubanko et
les travaux que l'on exécutait en ce moment dans le haut
fleuve, étaient donnés par ces émissaires comme preuves de
la vérité des renseignements qu'ils apportaient.

Ces calomnies trouvaient malheureusement trop d'écho
auprès d'Ahmadou, dont le caractère indécis et soupçonneux
comprenait mal tout l'intérêt qu'il pouvait y avoir pour lui
à une alliance intime contractée avec le chef de nos possessions de la côte occidentale d'Afrique. Tout faillit être remis
en question, et plusieurs conseillers du roi n'hésitaient pas
à lui insinuer qu'il fallait en finir avec les blancs, qui ne
cherchaient qu'à le tromper et qu'à s'emparer peu à peu de
tout l'empire Toucouleur Ils le poussaient à faire un mauvais parti aux envoyés français, disant que ceux-ci n'auraient
rien de plus pressé, dès leur rentrée au Sénégal. que de
renseigner leurs chefs sur tout ce qu'ils avaient vu à Ségou.
Notre situation fut un moment très-critique, et ce n'est pas
sans une certaine appréhension que nous attendîmes, pendant plusieurs jours, la décision que prendrait définitivement
Ahmadou. Nous ne pouvions oublier que nous nous trou-

vions seuls et désarmés entre les mains d'un chef nègre ignorant et cruel, fanatisé par la religion musulmane, et excité contre les Européens par les bruits mensongers provenant des ennemis de notre domination en Sénégambie.

Au surplus, notre énergie ne se laissa nullement entamer par les menaces de mort entendues et rapportées par les hommes de notre escorte, et j'écrivis à Ahmadou une longue lettre, dans laquelle je lui expliquais qu'il n'y avait dans ce qui se passait actuellement dans le haut pays, rien qui pût étonner le roi.

« Comment, écrivais-je à Ahmadou, les nouvelles que tu reçois peuvent-elles modifier tes idées à notre égard? Ne te l'ai-je pas dit souvent? Tu nous gardes trop longtemps à Ségou, tu ne songes pas que, pendant ce temps, on est inquiet en France sur notre sort. Je le sais, tes intentions sont bonnes. Comme autrefois pour Mage et Quintin, tu crois nous faire honneur en nous conservant longtemps auprès de toi, mais ne sais-tu pas que nos mœurs ne sont pas les mêmes, que ce pays n'est pas le nôtre, que nous y sommes constamment malades, et que le premier devoir d'un roi est de déférer aux désirs des ambassadeurs qui ont réglé leurs affaires avec lui, et qui ont hâte de retourner auprès de leur chef, pour lui rendre compte de leur mission. Et, d'ailleurs, pouvais-tu penser que la France laisserait impunie une insulte comme celle qui a été faite à Dio à ses pacifiques envoyés? Remets-moi le traité, laisse-nous rentrer à Saint-Louis, et tu verras bien que nous n'avons absolument en vue que l'extension de notre commerce et le développement de nos relations d'amitié avec toi. N'écoute pas les calomniateurs et les fauteurs de troubles, qui savent bien qu'ils seront réduits à l'impuissance du jour où le gouverneur du Sénégal et le sultan de Ségou seront étroitement unis l'un à l'autre. »

Cette lettre donna lieu, à Ségou, à de longues et orageuses discussions, dans lesquelles le parti de la sagesse et de la raison finit par l'emporter sur l'hostilité éveillée chez quelques-uns des principaux notables de cette ville, par les agissements des agents d'Abdoul-Boubakar, cet incorrigible perturbateur de notre colonie, que de sévères leçons n'ont pu encore guérir de ses habitudes de guerre et de rapines, exercées sur nos alliés des bords du Sénégal.

Le 10 mars, Ahmadou me renvoyait le traité signé par lui et tel qu'il avait été discuté et arrêté à Nango, par son premier ministre Seïdou-Diéylia. Quelques jours après, il m'expédiait cinq chevaux du pays, bêtes solides et énergiques qui se conduisirent admirablement au retour, trois bœufs porteurs pour le transport des bagages, ainsi que les provisions en riz, mil, sel, cauris, etc., nécessaires pour moi et mes hommes pendant le voyage. Il exigeait, en outre, que j'emportasse, malgré mes refus réitérés, un cadeau de 100 gros d'or (1) et de vingt pièces d'étoffes, tissées et travaillées à Ségou.

Enfin, le 21 mars, la mission quittait Nango. Je ne dirai pas que nous emportions un joyeux souvenir du long séjour que nous avions fait dans ce triste village de l'empire d'Ahmadou, mais du moins pouvions-nous partir avec la conviction d'avoir fait notre devoir jusqu'au bout et de n'avoir rien négligé pour étendre, dans ces régions lointaines, l'influence du nom français.

Le retour s'effectuait le long du Niger, par la route déjà suivie à l'aller. Il eut lieu, d'ailleurs, dans de meilleures conditions, car les hommes d'escorte que le sultan nous avait donnés étaient chargés de nous procurer, de gré ou de force, jusqu'au passage du Niger, les vivres nécessaires à notre nourriture. Le 29 mars, à midi, nous franchissions de nouveau ce grand fleuve et effectuions notre retour par le Manding et par la route qu'avait déjà explorée M. Vallière,

---

(1) Au retour de M. Gallieni à Saint-Louis, les 100 gros d'or, remis au gouvernement, furent distribués aux interprètes de la mission.

un an auparavant Je profitai de mon passage à travers cette
région pour conclure avec les chefs du pays un traité les
plaçant sous notre protectorat et, en outre, pour faire
reconnaître par le lieutenant Vallière la rive gauche du
Bakhoy, entre Niagassola et Kita.

Le 5 avril, nous pouvions enfin saluer les couleurs fran_
çaises flottant au sommet des murailles du fort de Kita, où
nous étions gracieusement accueillis par le lieutenant-
colonel d'artillerie de marine Borgnis-Desbordes, commandant de la colonne chargée d'assurer l'occupation effective
de ce point, déjà préparée par le traité que j'avais conclu à
mon passage en avril 1880.

Quelques jours après, marchant toujours à étapes forcées,
nous arrivions à Médine et de là à Bakel, notre principal
établissement du haut Sénégal. Là, nous nous rencontrions
avec la mission topographique que le gouvernement avait
envoyée pour étudier en détail le tracé de la future voie à
construire entre Médine et Kita. Nous nous y embar-
quions dans des chalands légers, afin de pouvoir descendre
plus rapidement le Sénégal, dont les eaux étaient alors très-
basses, et après une traversée des plus laborieuses, à travers
la région du Fouta, depuis plusieurs mois en guerre avec
notre colonie, nous parvenions enfin à Saint-Louis, le
12 mai 1881.

Je terminerai ici, Mesdames et Messieurs, le récit de notre
voyage. Pendant la durée de l'expédition, nous avons
toujours été guidés par l'intérêt supérieur de la patrie et
nous n'avons songé qu'à porter au loin les nobles couleurs
du drapeau français, en les déployant comme un emblème
de la paix, du travail et de la civilisation. La réception
flatteuse qui nous a déjà été faite au Sénégal et à Bordeaux,
celle qui vous réunit aujourd'hui autour de moi ainsi que
l'accueil qui nous attend à Paris, nous récompensent, bien
au-delà de nos espérances, des fatigues et des privations
réservées aux voyageurs africains.

Après la conférence, la Société d'histoire naturelle offrit dans les salons d'Albrighi un punch au capitaine qui répondit, en ces termes, aux divers toats de MM. Bidaud, Ozenne et autres :

« Permettez-moi de remercier la Société d'histoire naturelle de Toulouse du toast que son président a bien voulu me porter, honorant ainsi la mission que j'avais l'honneur de commander vers les bords du Niger.

» Cette cordiale manifestation, jointe à toutes celles dont nous avons déjà été l'objet soit dans notre colonie du Sénégal soit à Bordeaux, montre combien vous vous intéressez au mouvement géographique qui, depuis quelques années, a pris l'Afrique pour objectif. Nul doute qu'avec des encouragements semblables, des explorateurs plus instruits et mieux préparés que nous ne l'étions nous-mêmes, ne parviennent avant peu à faire la lumière complète sur des régions que notre rôle politique nous défendait d'aborder. Pour nous, nous nous sommes bornés à exécuter aussi ponctuellement que possible les ordres qui nous avaient été donnés. Fidèle aux leçons d'abnégation et de patriotisme reçues de nos chefs, nous n'avons pensé qu'à l'intérêt supérieur de la patrie et nous avons été ainsi assez heureux pour ouvrir la voie aux pionniers que la France vient d'envoyer vers le haut Niger. Il y a un an à peine, à notre passage dans les pays malinkés, les habitants accouraient vers nous, contemplant avec leur curiosité importune les blancs dont ils avaient entendu parler, mais qu'ils n'avaient pas encore vus. Dans le pays du Fangalla, le vieux chef, plus qu'octogénaire, nous montrait le groupe de Fromagen où un européen, Mungo Park, était venu se reposer, il y avait 75 ans. Aujourd'hui, tout est changé, des convois circulent chaque jour dans ces régions naguère désertes et inconnues ; les indigènes nous secondent autant que le permet leur apathie ordinaire ; on sent que nous sommes chez nous. Voyez d'ailleurs, Messieurs, combien est faible maintenant la distance qui nous sépare du grand fleuve du Soudan. C'est le 30 mars dernier que nous franchissions le Niger. Eh bien ! le 5 avril, nous pouvions déjà saluer les couleurs françaises flottant au-dessus du fort de Kita, élevé à la suite de l'audacieuse et rude campagne menée encore dans le haut fleuve par nos camarades de la marine. Ainsi, Messieurs, encore 200 kilomètres et nous voilà sur les bords du Djoleba, par la riche vallée du Backhoy et la province amie du Mandoing.

» Permettez-moi, Messieurs, de porter un toast à votre Société qui, par cette réception, nous donne à penser que nos efforts pendant notre voyage n'ont pas été inutiles aux progrès de la science et de la civilisation. »

Séance du 23 juin 1881.

Présidence de M. Bidaud.

M. Trutat rend compte, dans les termes suivants, d'une excursion faite, en avril dernier, à la forêt de Cèdres de Teniet-el-Haâd (Algérie) :

Depuis près de quinze jours nous explorions les environs d'Alger, et nous arrivions rapidement au terme de notre séjour dans la capitale africaine, cherchant, combinant notre départ de façon à utiliser, le mieux possible, les quelques jours qui nous restaient avant de nous embarquer à Oran, car nous devions rentrer en France par l'Espagne.

Les évènements militaires de Tunisie et l'affaire de Géryville rendaient le Sud peu sûr, aussi le conseil des cinq (1) décida-t-il que nous limiterions nos étapes à Tlemcem et Oran.

---

(1) Les cinq compagnons de route étaient MM. Azam, Hurel, Solier, Comère et Trutat.

Le 20 avril nous abandonnions Alger, non sans témoigner à nos hôtes toute notre satisfaction, et leur dire tout le plaisir que nous avaient donné leur merveilleux pays et leur charmante hospitalité.

A 11 heures du matin nous prenions place dans le train d'Oran, par une chaleur vraiment africaine, cherchant à mieux supporter cette température en apprenant de notre aimable cicerone (M. Roubière, si connu à Alger), quelques mots arabes à ajouter à notre vocabulaire.

Notre intention était de revoir Blidah, son bois sacré, et le ravin des singes ; mais notre projet fut modifié dès la seconde station ; alors seulement, en effet, nous retrouvons M. Cochet, que nous avions inutilement cherché dans la gare d'Alger, et que nous regrettions vivement d'avoir ainsi manqué. Le hasard avait placé notre excellent ami dans un wagon occupé par une caravane en route pour Teniet, et, ne nous ayant pas vus, il avait accepté l'invitation de se joindre à l'excursion.

Nous étions prêts à descendre à la station de Blidah, quand M. Cochet vint nous dire : Changement de front, nouveau programme, nous allons à Teniet ! Allons à Teniet, fut la réponse à cette proposition ; et nous voilà continuant notre voyage jusqu'à Affreville, non sans avoir fait provision d'oranges à Blidah.

Notre wagon ouvert, avec plate-forme à l'avant, nous permit de voir admirablement tout le pays, ce qui ne nous empêcha pas de causer avec un officier de Milianah ; il nous engagea à prendre quelques précautions dans nos courses, car les garnisons étaient toutes réduites à quelques hommes seulement, et le pays agité par les émissaires religieux de plusieurs marabouts ; nous avions déjà eu l'occasion de voir, en Kabylie, combien l'élément Arabe était travaillé, et combien peu l'on avait pensé, jusqu'à présent, à étouffer ces premiers symptômes de l'insurrection.

A 6 heures, nous arrivions à la gare d'Affreville, point

qui dessert Milianah, et d'où part la diligence de Teniet-el-Haâd. Nous descendons à l'hôtel de l'Univers, chez Benoist, et nous sommes tout surpris de l'entendre interpeller sa femme en pur patois méridional ; nous sommes bien vite en pays de connaissance, car le père Benoist est Aveyronnais, et mes camarades patoisent à qui mieux mieux avec notre hôtelier : mais la conversation est interrompue pour visiter Affreville.

Ce centre de population, de fondation récente, a été bâti sur l'emplacement occupé par une colonie romaine, *Colonia Augusta* ou *Zuccabar* ; aussi rencontrons-nous de tous côtés des restes de substructions, des fûts de colonnes, des chapiteaux et quelques inscriptions. Ce fait est souvent répété dans l'Algérie, et nous n'avons fait, le plus souvent, que réédifier nos villages sur des emplacements occupés autrefois par les Romains, et toujours choisis admirablement par ces habiles colonisateurs.

Affreville est destinée à prendre une importance considérable ; aujourd'hui elle dessert simplement Milianah et Teniet, et son marché est le point où viennent aboutir les céréales recueillies dans la plaine fertile du Chélif. Mais c'est d'ici que doit partir un chemin de fer destiné à relier les hauts plateaux d'Alfa par Médeah et Boghari.

Le lendemain jeudi, en attendant l'heure du départ, nous allons visiter le marché arabe qui se tient à quelques pas du village, et qui réunit, tous les huit jours, un nombre considérable d'Arabes. Rien n'est plus intéressant pour le touriste que ces marchés, et bien nous prit de profiter de cette occasion, car nous trouvâmes mille sujets de curieuses observations. Ici ce sont les bouchers, et leurs étals, faits de trois piquets fichés en terre, supportant des moutons décapités par le marabout, suivant le rite musulman ; un de ces bouchers arabes est en train de dépouiller un mouton et nous admirons la force des poumons de cet individu : après avoir fait une incision à la peau de l'animal, il applique la bouche à cette ouverture, et il insuffle le mouton : grâce à la force surprenante de son souffle, il détache la peau comme le ferait un soufflet d'abattoir.

Plus loin nous rencontrons les apothicaires, ils vendent toutes sortes de drogues que même notre camarade, docteur en pharmacie, a mille peines à reconnaître ; mais nous lui voyons appliquer sans vergogne moxas et cautères que supportent sans mot dire le patient : l'un même se fâche, ne veut pas payer, l'opération a été trop vite terminée, et il n'a pas souffert assez pour son argent !

Enfin, nous ne pouvons nous empêcher de témoigner encore notre surprise du silence qui règne au milieu de tous ces Arabes, ils sont bien un millier : quel contraste avec nos bruyantes foires du Midi ! il est vrai qu'ici l'élément mâle est seul présent, pas une femme arabe ne paraît au marché ; seules les européennes d'Affreville et de Milianah viennent faire leurs provisions de ménage, et achètent poules et légumes de toute sorte.

A 11 heures nous quittons le père Benoist, sous la conduite du jeune Mohamed, qui est chargé de nous mener jusqu'à Teniet avec deux petits chevaux qui ne payent pas de mine, mais qui vont faire sans hésitation leurs 62 kilomètres.

En sortant d'Affreville, nous entrons dans la plaine du *Chélif* et nous traversons la rivière sur un pont à peine terminé. L'eau fait complètement défaut, il n'y a pas eu de pluie depuis dix mois ; mais le lit large et profond du Chélif nous indique l'importance de ses crues : les berges largement entamées nous montrent des coupes naturelles du dépôt diluvien qui comble la vallée. Toutes ces alluvions appartiennent à l'époque quaternaire, et elles mériteraient fort de nous arrêter quelques instants, mais ce n'est pas chose possible et nous devons nous contenter de chercher à distinguer dans les berges de la rivière les étages que M. Pomel a reconnus dans ces dépôts. L'étage inférieur est d'origine marine, et il est nettement caractérisé par l'*ostrea hippopus* ; l'étage moyen est encore marin dans la base, mais il est pétri de coquilles lacustres dans la plus grande partie de son épaisseur, et il contient surtout dans le haut une faune fort intéressante : *elephas meridionalis*, rhinocéros, antilopes, hippopotames, bœufs, etc., etc. Enfin, l'étage supérieur forme la plus grande partie du lit du Chélif, et il contient à la fois l'*elephas antiquus* et l'*elephas primigenius*, espèces très-caractéristiques du quaternaire méridional. Jusqu'à ce jour il n'a pas été signalé de pierres taillées dans ce dépôt ; mais sans nul doute il en sera trouvé un jour, et déjà l'on a recueilli à la surface du sol des silex, des quartz taillés à grands éclats et d'un travail identique à ceux que possède la vallée de la Garonne.

Un fait dont nous pouvons cependant apprécier l'importance, c'est l'énorme changement climatérique qui s'est produit dans toute cette région depuis l'époque où se sont déposées ces alluvions puissantes, indices certains d'un état de choses tout autre que celui que nous voyons aujourd'hui ; la faune que nous venons de citer indique également un régime humide, de vastes pâturages, de puissantes forêts.

Evidemment, à l'époque romaine il existait encore quelque chose d'analogue, et il est impossible d'admettre que l'*Afrique* d'alors ne fût pas dans des conditions de fertilité bien supérieures à celles d'aujourd'hui : c'était alors le grenier de l'Italie et le point où s'approvisionnaient les fournisseurs de fauves pour les jeux du cirque. Evidemment les Romains n'auraient pas établi tant de colonies importantes, si la sécheresse avait régné avec l'intensité qu'elle a aujourd'hui, et en rappelant que la contrée nourrissait alors crocodiles et hippopotames, nous avons bien la certitude que le régime des eaux avait une importance toute autre.

Dans la plaine du Chélif, dans toute cette bande montagneuse qui borde la mer et qui est connue sous le nom de

Sahel, les conditions actuelles sont dues bien évidemment à l'action combinée des éléments et de l'homme, c'est-à-dire de l'*Arabe*, dévastateur par excellence. Mais si nous considérons l'état de choses actuel dans les parties plus méridionales de l'Algérie, dans ces contrées désertes et au milieu desquelles nous trouvons cependant des traces nombreuses de villes importantes édifiées par les Romains, il nous faut bien admettre un changement énorme dans les conditions atmosphériques, et ces effets dénotent une force tellement puissante, qu'il faut en chercher la cause dans une action plus générale : peut-être faut-il admettre que le soulèvement récent des grandes montagnes américaines a changé du tout au tout la direction et la nature des courants atmosphériques, ces grands distributeurs de l'humidité et de la sécheresse ; les vents qui traversent l'Afrique du Nord et se précipitent sur le grand continent asiatique, étaient positivement chargés d'une humidité considérable, c'est eux qui fertilisaient le Sahara lorsque les Romains y fondaient leurs puissantes colonies ; à un moment que nous ne connaissons pas encore, probablement, lors du soulèvement des montagnes dont nous avons parlé plus haut, ces mêmes vents abandonnèrent à ces montagnes les vapeurs dont ils étaient saturés, et vinrent brûler, dessécher cette longue bande de désert qui coupe obliquement l'Afrique du Nord et de l'Asie.

Dans ces contrées il est difficile d'indiquer la part qui revient aux dévastations des Arabes ; mais il ne faut pas oublier que l'invasion Arabe est relativement récente, et que c'est bien à eux qu'il faut laisser la responsabilité de la dévastation du Sahel ; l'Arabe, esssentiellement pasteur et nomade, cultive juste l'espace de terrain suffisant à sa maigre pitance, mais par contre il brûle sans hésitation des forêts entières pour préparer de bons pacages à ses troupeaux. Ce que l'Arabe faisait il y a des siècles, il le fait encore, et le fera probablement toujours, car il est aussi

immuable que le Coran ; aujourd'hui les cultures sont presque exclusivement faites par les colons, et l'on obtient peu
de l'Arabe ; tout au contraire le Kabyle, cet ancien habitant
du pays, travaille volontiers et deviendra un fort utile collaborateur le jour où l'on aura réussi à détruire le fanatisme
musulman ; chose presque impossible chez l'Arabe, mais
qui serait certainement faisable chez le Kabyle.

Toutes ces dissertations nous font oublier le temps et ne
nous laissent pas voir que le pays change peu à peu.
Nous sommes, en effet, rapidement entrés dans une région
accidentée où de rares champs cultivés alternent avec des
terrains vagues couverts de *tamarins* et de *palmiers nains*,
ce fléau de l'Algérie. Peu à peu les *pins d'Alep* garnissent
les sommets, le *chêne vert* apparaît çà et là ; enfin nous
voici au caravansérail de l'*Oued-Massin*, grande bâtisse entourée de murs crénelés et flanquée de deux petites tours
fortifiées.

Au-delà nous traversons le ruisseau de l'*Oued-el-Louza*,
et nous apercevons quelques femmes arabes occupées à
enlever des efflorescences salines qui couvrent, en certains
points, les schistes noirs dans lesquels est creusé le lit de la
rivière. L'exploitation du sel se fait au moyen de petites
râclettes en fer, aussi le passage répété de cet instrument
a-t-il poli le lit du ruisseau : il brille au soleil comme une
glace.

Nous coupons à plusieurs reprises des filons de chaux
sulfatée et d'anhydrite d'un blanc éclatant. Nous suivons
toujours la gorge de l'*Oued-Massin*, et de tous côtés les
montagnes sont couvertes de *tuyas* au feuillage triste et monotone.

Au *Camp des Chênes*, nos chevaux s'arrêtent pour manger
l'avoine, car ici l'orge n'est pas seul employé comme dans
toute l'Algérie à l'alimentation du cheval ; le temps se
couvre et la température s'abaisse rapidement, la pluie
commence à menacer. Pendant cet arrêt, nous visitons les

alentours, et nous admirons les lauriers-roses qui ombragent les rives du ruisseau ; mais c'est là un fâcheux indice pour la salubrité du pays, et qui indique à coup sûr la fièvre, cette terrible fièvre tout aussi redoutable que l'Arabe pour les colons nouvellement débarqués. Nous arrachons quelques bulbes de *scilla maritima*, et nous sommes surpris des dimensions énormes de certains d'entre eux.

Dans toute cette contrée la scille prend un développement considérable et ses oignons sont fort employés dans le pays à cause de leurs propriétés diurétiques et expectorantes. Les Arabes nomment cette plante *Bsol-el-dib* (oignon de cheval).

Au bout d'une heure d'arrêt nous remontons en voiture pour gagner rapidement les lacets qui conduisent à un col que domine une montagne en pain de sucre : l'*El-Hadgar-Touïla*. Nous rencontrons presqu'au faîte de la montée un campement d'Arabes, et nous pouvons voir tout à l'aise, de la route, cette installation primitive ; en même temps nous faisons connaissance avec une nuée de gamins qui nous poursuivent de leurs cris aigus en nous demandant l'aumône. Nous leur jetons quelques sous, et à chaque fois une véritable bataille s'engage entre filles et garçons ; mais la loi du plus fort était tellement mise en pratique, que c'est à grand peine que nous pûmes faire garder un sou à une petite fillette, aux yeux intelligents, agile comme un singe, toujours en avant de la troupe, mais toujours culbutée par les garçons plus forts qu'elle. A peine étions-nous au col, qu'un orage épouvantable nous surprend, et c'est sous une averse comme on n'en voit qu'en Afrique, que nous atteignons le *Camp des Scorpions*, où un énorme chêne vert nous donne un abri momentané.

A sept heures nous entrons enfin dans *Teniet-el-Haâd*, et nous sommes rapidement installés autour d'un bon feu que la maîtresse d'hôtel nous fait allumer ; il fait froid, le thermomètre est descendu à + 8° ; nos vêtements d'été et la pluie aidant nous avaient complètement transis.

Teniet-el-Haâd, ou col du Dimanche, est un poste militaire établi dès 1843 pour surveiller le pays et barrer la route qui descend des hauts plateaux et du Sahara. L'altitude considérable de ce point, 1,145^m au-dessus du niveau de la mer, rend les chaleurs bien moindres que partout ailleurs, et aujourd'hui il fait tout à fait froid, quand on grille à Alger.

Les bâtiments militaires sont considérables, tandis qu'au contraire le village a peu d'importance ; cependant, dans ces dernières années, il a rapidement augmenté.

Le lendemain matin le temps était encore couvert, mais tout le monde nous prédit le beau temps, et à huit heures nous partions. pour la forêt de Cèdres distante de 13 kilomètres, mais reliée à Teniet par une excellente route carrossable construite par l'administration des forêts.

La journée d'hier avait été forte pour notre attelage, aussi fallut-il avoir recours à des chevaux de louage ; mal nous en prit, car la route aurait été plus agréable et presque aussi fatigante à pied qu'avec les chevaux de l'affreux juif qui nous les procura : au départ tout va bien, et nous partons au grand trot, mais à peine avions-nous commencé à monter, que nous faisons connaissance avec les petits défauts de chacune des rosses du juif; l'un s'arrête, l'autre recule, se cabre, et la plus grande partie de la route se fait à pied en tenant chaque cheval par la bride ; sans cette précaution, nous aurions roulé cent fois pour une dans le précipice qui longe la route tout le temps.

Pendant une heure environ nous traversons de vertes prairies, auxquelles succèdent des broussailles luxuriantes, parmi lesquelles perce çà et là le rocher : c'est une sorte de grès calcaire jaunâtre sans fossiles et que M. Pomel regarde comme miocène. Bientôt la route est percée au milieu de magnifiques chênes verts (*quercus ilex*), et enfin apparaissent les premiers cèdres : nous suivons le flanc nord de la montagne et à chaque pas se présentent de magnifiques points de vue sur tout le pays; nous reconnaissons le massif

montagneux que nous avons traversé hier et dans le fond la
plaine du Chélif. Peu à peu la forêt devient plus fournie,
les cèdres augmentent de nombre et de grandeur ; ils sont
toujours plus ou moins mêlés à d'autres essences, surtout
le chêne vert et le chêne ballote (quercus ballota), qui atteignent l'un et l'autre des dimensions colossales. Enfin, la
montée cesse, nous tournons brusquement sur un petit
plateau taillé dans la montagne, et nous arrivons à la cabane
du garde, au rond-point.

La pluie arrive en même temps que nous et nous force
à chercher aussitôt un refuge dans la cabane très-con-
fortable du garde ; un feu pétillant de bois de cèdres par-
fume du reste tout le logement de son odeur aromatique et
nous permet d'attendre à l'aise le déjeuner et le beau temps.

Nous pouvons cependant examiner, dans un kiosque cham-
pêtre, une table faite avec une coupe transversale de cèdre
et qui mesure 6 mètres de circonférence ; d'après le garde, il
existe dans la forêt des arbres de 10 et 12 mètres de circonférence et de plus de 30 mètres de haut.

Vers midi le ciel se dégage enfin et nous pouvons à notre
aise parcourir le plateau du rond-point et photographier
quelques cèdres ; enfin nous allons visiter la Sultane, magnifique cèdre qui mesure 4 mètres de circonférence, et qui est
surtout remarquable par la perfection de sa branchure.

Pendant ce temps la seconde partie de la caravane était
arrivée, et nous nous réunissons tous pour faire l'ascension
de la montagne qui domine le rond-point.

Un sentier facile serpente sous bois et permet d'atteindre
facilement le faîte de la montagne ; de tous côtés les premières fleurs du printemps émaillent la pelouse, les orchidées abondent surtout et nous pouvons en compter jusqu'à
17 espèces différentes ; le garde nous apprend alors que les
botanistes venus dans le pays ont toujours fait des récoltes
fabuleuses ; mais la saison est encore peu avancée, et c'est
dans un mois seulement que la flore étalera toutes ses

richesses. Au col, 1,500 m. la vue est déjà superbe, mais le
sommet du *Quersiga* masque un coin de l'horizon et deux
de mes compagnons entreprennent avec moi l'ascension de
ce sommet extrême de tout le massif de Teniet. Le chemin
n'était pas facile, car à droite une muraille verticale de
rochers plongeait à quelques cent mètres au-dessous de
nous, tandis que la pente de gauche, la seule praticable,
était hérissée de blocs éboulés ; aussi me trouvais-je seul
avec M. Cochet au sommet du Quersiga, 1,800 mètres.

En arrivant nous faisons partir un aigle, dont les épaulettes
blanches nous indiquent l'espèce *(aquila imperialis)* ; il était
caché au pied d'un cèdre venu précisément à quelques
mètres au-dessous de la cime de la montagne. De ce point
le coup d'œil est splendide, et précisément alors le soleil
veut bien dissiper complètement les nuages et découvrir
tout l'horizon. A nos pieds les pentes de la montagne, couvertes de cèdres et de chênes, descendent au Nord dans
une profonde vallée ; en face de nous, à l'Ouest, se dresse le
massif isolé de l'*Ouaransenis*, aux flancs décharnés, et que les
Arabes regardaient comme le point le plus élevé de toute
la terre, d'où son nom : Œil du monde. Au Sud une longue
ligne jaune nous montre l'entrée du petit Sahara, et nous
apercevons même la chaîne de l'Atlas qui borne l'horizon de
ce côté. Enfin, à l'Est se déroule la chaîne de Teniet, qui
s'allonge sur une longueur de 16 kilomètres, avec une largeur moyenne de 3 kilomètres. Mais cette chaîne est loin
d'être unique, comme il nous le semble tout d'abord, elle
est au contraire creusée de mille ravins, et tout cet ensemble,
avec ces arbres gigantesques, ces rochers abrupts, forme une
région du plus pittoresque effet. Une chose qui étonne
tout d'abord, c'est la couleur glauque que revêtent certains
cèdres ; cette teinte étrange nous avait paru résulter simplement d'un effet de lumière ; mais il paraît qu'elle appartient à une variété de cèdre toute spéciale à cette forêt.

Il n'y a que peu d'années que la montagne de Teniet est

sous la surveillance des forestiers, et déjà les résultats obtenus sont importants. Les dévastations que commettaient
à leur aise les Arabes sont maintenant arrêtées, et la forêt
reprend rapidement son importance depuis qu'elle échappe
à l'incendie ; mais il faut dire aussi que la répression n'est
pas facile et que les gardes sont obligés à une rigueur
extrême : il ne faut pas oublier que nous sommes dans
un pays où la force seule peut faire obéir, et que la
moindre faiblesse est tout de suite mise à profit par les
Arabes.

Nous avons vu par nous-même combien était grande la
frayeur des Arabes surpris en maraude : nous étions à peine
arrivés au sommet de la montagne (pic de Quersiga), que
de tous les côtés s'élevèrent des clameurs épouvantables, et
comme seuls les Arabes savent en faire entendre , eux
d'ordinaire silencieux. Evidemment c'était à nous que
s'adressaient ces cris furibonds, mais nous n'en pouvions
deviner le motif véritable, car ils dénotaient autre chose
que de la surprise, il y avait quelque intention que nous ne
comprenions pas : nous étions hors de portée et nous
les laissâmes s'époumoner tout à leur aise. En descendant
le garde forestier nous dit que les Arabes nous avaient pris
pour des gardes en tournée et que leurs cris n'avaient d'autre but que de prévenir les bergers en maraude dans la
forêt.

De notre observation nous pûmes encore voir les essais
de reboisement tentés en plusieurs points de la montagne,
et avec un succès complet ; l'on ne peut se faire une idée
de la rapidité de croissance des jeunes cèdres.

Le temps marchait rapidement et force nous fut de
redescendre et de reprendre nos voitures pour arriver à
Teniet avant la nuit, nos chevaux étant trop impossibles
pour tenter la descente après la chute du jour. Je ne sais
si l'altitude avait modifié le caractère de nos maudites bêtes,
mais le fait est que la descente put se faire sans trop de

difficulté, mais non sans que Mohamed n'envoyât aux Juifs les plus atroces malédictions.

Cette excursion est certainement une des plus intéressantes que l'on puisse faire, si l'on veut se rendre compte de la puissance de la végétation de l'Algérie et de l'importance capitale du reboisement des montagnes. Il suffit, en effet, de voir la rapidité avec laquelle se repeuple une forêt gardée, et il suffit de parcourir la région immédiatement avoisinante, pour voir que là est le nœud principal de l'avenir agricole de régions aujourd'hui désolées par la sécheresse, autrefois fertiles, et qui retrouveront, en grande partie du moins, l'humidité nécessaire le jour où les montagnes qui les commandent auront retrouvé leurs forêts.

Enfin, la forêt de cèdres de Teniet intéresse au plus haut degré les botanistes, non-seulement à cause de la richesse de sa flore, mais surtout par ce fait de localisation des cèdres. En effet, les montagnes voisines ont absolument la même composition minéralogique, et cependant elles ne portent que des chênes verts ; la cause absolue de cette singulière localisation n'est pas très-nette à distinguer ; mais cependant il est probable que l'altitude y est pour beaucoup, car les cèdres sont d'autant plus nombreux que la montagne s'élève.

Au point de vue pittoresque rien n'est beau comme ces arbres immenses, au feuillage d'un vert étonnant, et qui prend quelquefois des teintes glauques d'un effet singulier ; et cependant il paraîtrait que la contrée des cèdres algériens, comparée à celle de l'Asie Mineure, est au-dessous de cette dernière sous le rapport du caractère prépondérant de l'essence. En Asie Mineure, le cèdre du Liban n'a pour associé que le pin de Cilicie, espèce appartenant à la même famille, et qui se confond dans l'ensemble avec l'espèce principale ; au contraire, à Teniet-el-Haâd, le cèdre d'Algérie est mêlé à deux espèces de chêne, rivales pour les dimensions, mais d'aspect tout différent, et qui, tout en donnant plus de variétés à la forêt de Teniet, lui enlève en même temps le caractère d'une véritable forêt de cèdres ; mais d'après un voyageur éminent, C. Tchiateheff, « les forêts des deux pays se disputent la palme quant aux éléments artistiques du pittoresque, tout en conservant chacune une physionomie qui leur est propre. »

Pour nous qui ne connaissons les forêts du Liban que par la photographie, nous trouvons bien supérieure la forêt de Teniet-el-Haâd, précisément à cause de cette variété, qui rompt la monotonie un peu sévère des essences résineuses.

***

Séance du 20 juillet 1881.

Présidence de M. BIDAUD.

Le président proclame membre titulaire :

M. le docteur RÉGI, présenté par MM. Bidaud et de Saint-Simon.

MM. Marty et Fouque déposent sur le bureau des os et bois de renne gravés, recueillis dans la grotte de Laugerie haute (Dordogne) ; ils montrent également des pointes de flèches barbelées et des harpons en bois de renne, trouvés dans la même station.

***

Séance du 16 novembre 1881.

Présidence de M. BIDAUD.

La séance est entièrement consacrée au dépouillement de la correspondance, qui ne comprend pas moins de 65 ouvrages, reçus pendant les vacances.

Le secrétaire signale en particulier les mémoires impor-

tants contenus dans les volumes de Sociétés étrangères
telles que :

Académie des sciences de Saint-Pétersbourg ;

Société Vaudoise des sciences naturelles ;

Société des naturalistes de Moscou ;

Société zoologique de Londres ;

Société des naturalistes de Modène ;

Société géologique de Belgique ;

Société belge de microscopie ;

Académie américaine de Boston ;

Académie des sciences de Belgique.

M. F. Regnault lit le compte-rendu suivant sur l'excursion
faite par la Société dans le département de l'Aude le 24 juillet dernier :

On va chercher souvent très-loin des sites pittoresques
que nous avons aux portes de Toulouse depuis que la voie
ferrée rapproche les distances. C'est pour étudier une des
régions des plus intéressantes de toute la chaîne, et peut-
être la moins connue, que, le 10 juillet dernier, plusieurs
membres de la Société d'histoire naturelle s'étaient donné
rendez-vous à la gare et prenaient le train de 3 heures 40
du matin pour arriver à Quillan (Aude), à 9 heures.

De Carcassonne à Quillan, le pays est assez accidenté.
Nous admirons à Alet les belles ruines qui s'élèvent au
milieu de ce bourg. Les Romains avaient construit des
thermes importants à Alet. En 813, on éleva une abbaye qui
fut érigée en évêché au xive siècle. Alet fut saccagé comme
tant d'autres villes pendant les guerres de religion. L'établissement thermal est situé sur la rive droite de l'Aude ;
nous distinguons le jardin couvert de beaux arbres, une
longue terrasse borde la rivière et sert de promenade aux
malades. Les sources, au nombre de trois, sont abondantes
et jouissent d'une grande réputation dans le pays. On les

compare aux eaux d'Ussat, de Saint-Amand, de Bigorre.

Le terrain devient très-accidenté ; nous voici à Quillan,
entouré de hautes montagnes couvertes de belles forêts.
Les abords de la gare sont encombrés de *roules* ; Quillan
est un entrepôt important de bois de construction. Un ingénieur de nos amis, qui cherche la cote depuis le départ,
peut enfin noter sur son carnet l'altitude de 283 mètres.
Nous n'avons pas de temps à perdre. Grâce à l'obligeance de
M. Cochet, inspecteur des télégraphes à Carcassonne, qui a
bien voulu se joindre à nous et régler les détails d'une
excursion qu'il connaît à fond, un excellent déjeuner nous
attend à l'hôtel Verdier et deux calèches sont prêtes à nous
transporter rapidement jusqu'à la forêt des Fanges. A
10 heures et demie, je sonne le départ ; une belle route
monte insensiblement et nous permet d'admirer le paysage
de la montagne. C'est une chose surprenante, pour celui
qui voit pour la première fois les montagnes, que ce brusque
changement de végétation qui s'opère dans une montée de
quelques heures. Au début de l'excursion, dans les hautes
vallées, on a encore les plantes et les arbres de la plaine
jusqu'à 5 ou 600 mètres d'altitude, puis apparaissent les
espèces plus résistantes au froid. Nous dépassons les pentes
inférieures de la montagne, région défrichée et cultivée par
l'homme où il élève son habitation et soigne ses cultures.
Nous voici (1 heure) dans la région supérieure de la forêt
solitaire et profonde. Nous abandonnons nos véhicules dès
l'entrée en forêt pour mieux jouir de la beauté de cette
promenade. Des sapins énormes dressent par milliers leurs
troncs aussi droits que des mâts de navires ; des lianes les
enlacent comme dans les forêts primitives du Nouveau-
Monde, et les lichens suspendent leur longue chevelure
d'un vert pâle aux branchages des arbres. Les ronces, les
églantiers, les rosiers forment d'impénétrables fourrés habités par la joyeuse famille des oiseaux chanteurs, le rossi-
gnol, la fauvette, les mésanges, les loriots, qui troublent

seuls par d'harmonieux concerts l'imposant silence de la forêt.

Le sol que nous foulons est recouvert d'un riche humus de débris végétaux décomposés où pousse, avec vigueur, une flore spéciale de ces cadavres vermoulus trois ou quatre fois centenaires. Une odeur aromatique se dégage des sapins et embaume l'air rafraîchi sous ces ombrages perpétuels. L'immense sapinière des Fanges couronne un des massifs les plus considérables de la chaîne de Saint-Antoine de Corbières. La forêt située sur un vaste plateau accidenté, d'une altitude de 1,000 mètres, a onze cent hectares environ. Une belle route conduit au centre du massif. L'heureuse rencontre de l'inspecteur à la maisonnette du Prat del Rey est une bonne fortune pour nous. Sous sa direction, nous visitons certaines parties de la forêt où les sapins atteignent une dimension énorme et une longueur de 30 à 35 mètres. Nous quittons avec peine le Prat del Rey, à 4 heures, pour suivre une route nouvelle et plus difficile qui conduit à la vallée de Candiés et de l'Agly par de longs lacets. Nous contournons ainsi le massif sur lequel s'étend la forêt des Fanges derrière le Tuc del Brouguayrou. La vue est magnifique sur la vallée de Candiés ; en face de nous se dressent les escarpements calcaires du pic d'Estable que nous gravirons demain. Pour exprimer le charme exquis de tout ce beau pays, je ne saurais mieux faire que de citer l'impression de d'Archiac, le savant géologue qui donne une belle description de cette région :

« Comprise entre deux murailles rocheuses presque verticales, écrit-il, cette vallée a quelque analogie avec celle de Graisivaudan, vue de Grenoble ; mais si cette dernière se fait remarquer par l'abondance des eaux, la richesse et la fraîcheur de la végétation et la plus grande élévation des montagnes qui la bordent, surtout à l'Est, la vallée de Candiés l'emporte par l'élégante symétrie et l'originalité de ses lignes de perspective, par les contours hardis et harmo-

15

nieux à la fois de ses profils, et surtout par ces tons chauds et vigoureux que revêtent ses divers plans, lorsqu'on peut les admirer par un beau jour d'été au lever ou au coucher du soleil. Il y a un charme infini dans l'aspect que prend alors toute la nature voilée d'une riche teinte mélangée de pourpre et d'or, diversement nuancée, suivant l'éloignement des objets; sa transparence parfaite n'ôte rien à la pureté ni à l'extrême finesse des contours montagneux, toujours détachés sur le fond du ciel, avec cette netteté particulière inconnue dans les régions du Nord. »

Au hameau de Lapradelle, l'on aperçoit au nord-ouest les ruines du château-fort de Puylaurens, qui se dressent encore menaçantes sur un picon calcaire aigu qui paraît inaccessible. L'antique citadelle, bâtie à 693 mètres d'altitude, est construite au point d'intersection des deux vallées et offre des traces remarquables de son ancienne importance. Il serait difficile de déterminer la date de la fondation de ce château, qui a joué un grand rôle au moyen-âge. Au xiiie siècle, il devint forteresse. En 1278, cette place d'armes fut aménagée pour défendre le passage du pays de Languedoc contre les entreprises des Aragonais, alors maîtres du comté de Roussillon.

Les derniers rayons du soleil couchant empourprent encore l'horizon qnand nous faisons notre entrée à Candiés. Un confortable dîner nous attendait à l'hôtel *Saint-Jean-Baptiste*, tenu par Darmagnac. Puis chacun se case comme il peut pour passer la nuit, qui ne doit pas être longue à en juger par le programme du lendemain. Nous interrogeons un habitant du pays qui affirme que nous pouvons visiter les ruines de Puylaurens et faire l'ascension du pic d'Estable. L'expérience m'a appris qu'il n'y a rien de si trompeur qu'un montagnard, pour apprécier les distances et le temps de marche. La gracieuse coiffure des femmes, spéciale au pays, nous indique bien que nous sommes dans les Pyrénées-Orientales.

Nous nous installons de notre mieux dans une vaste chambre transformée en véritable dortoir, et nous essayons de dormir. Grâce à la poudre Vicat, quelques-uns peuvent goûter un sommeil de quelques heures.

A 3 heures, le cor retentit, c'est le signal du lever. Après avoir pris une forte tasse de café, nous montons dans les calèches qui doivent nous conduire à 10 kilomètres au hameau de Salvézine, où un garde forestier nous attend.

A Lapradelle, nous prenons la route de Montfort qui suit la Boulzane, gros affluent prenant sa source au Roc d'Escale, tourne vers l'est à Lapradelle, baigne Candiés et longe jusqu'à son confluent avec l'Agly, la route de Candiés à Saint-Paul. A Salvezine, nous congédions les véhicules que nous retrouverons à l'entrée des gorges de Saint-Georges. Un âne est chargé de transporter nos bagages et des vivres. Il est 6 heures, nous gravissons un sentier menant à Cannil. On est frappé de la différence des terrains. En face de nous se dresse une épaisse couche de calcaire qui vient butter contre le granit que nous cassons avec nos marteaux et qui s'étend jusqu'au col des Bouits. Il y a là une faille énorme à étudier. A 7 heures, nous faisons halte à Canuil, la chaleur est très-forte.

Trois quarts d'heure après, nous passons le col des Bacuts ; à notre gauche s'étend la belle forêt de sapin appartenant à M. de Larochefoucaud, et nous pouvons nous désaltérer à une source abondante, la seule de toute cette montagne. De vertes prairies où paissent de nombreux bestiaux s'étendent au loin devant nous. Il faut attaquer par le Plat d'Estable le sommet du pic qui a 1,512 mètres d'altitude ; heureusement, la belle sapinière d'Emmalo nous offre son ombre protectrice ; nous montons toujours à travers la forêt qui enfin s'éclaircit, nous hâtons le pas, de vastes pelouses bordent la sapinière et nous permettent de contempler un immense panorama se déroulant à nos regards.

Le plateau sur lequel nous sommes se termine au nord

sur presque toute sa longueur par des escarpements de rochers calcaires qui ressemblent à d'anciennes murailles en ruine et plongent à une profondeur de quelques centaines de mètres à pic sur la vallée. A travers les échancrures du rocher, le regard se perd dans le vide et on sent les frissons du vertige.

Devant nous, la belle vallée arrosée par la Boulzane, poursuivant son cours vers Saint-Paul-de-Fenouillet, qui nous apparaît au milieu d'une magnifique vallée. Notre vue s'étend à l'infini vers l'est, la pureté de l'air nous permet de distinguer les côtes de l'embouchure de l'Agly près de Rivesaltes, puis une ligne d'un bleu foncé, tranchant avec les tons chauds du paysage, nous indique la mer qui se fond à l'horizon. En face de nous, le long massif de la forêt des Fanges, sillonné par la route que nous avons suivie en partie, le col de Campérié, qui est la ligne de partage des eaux de la vallée de l'Aude et de l'Agly. Notre vue plonge dans la sombre forteresse de Puylaurens, dont nous pouvons voir l'aménagement intérieur. Enfin au Nord se profilent les nombreux chaînons des corbières dominés par le pic de Bugarrach (1231), sauvage et isolé dans cette région si accidentée ; c'est le point de jonction des Corbières et des Pyrénées. Plus loin, au-delà du chaînon d'Alaric, se déroule, dans un immense panorama, la plaine du Languedoc avec ses cultures, ses villes et ses villages. Au Sud, le massif imposant du fier Canigou (2785) domine, étincelant de neige, en souverain, toute la région montagneuse de l'Aude et des Pyrénées-Orientales.

Rien ne peut donner l'idée de cet immense panorama, unique peut-être dans toute la chaîne, car il réunit dans un merveilleux ensemble la grande montagne, les vastes ramifications des Corbières, la plaine et la mer.

Mais il est temps de s'arracher à l'attrait de ce spectacle grandiose ; nos estomacs réclament impérieusement le déjeûner, et sur la montagne d'Estable, il n'y a pas une goutte

d'eau. Nous gagnons vite la maisonnette du garde forestier
qui renferme une citerne ; l'eau est limpide, fraîche et d'autant plus appréciée que nous commencions à sentir les tortures de la soif. Nous nous installons soigneusement sur la
mousse, à l'ombre des grands sapins. Je n'ai pas besoin de
dire avec quelle ardeur nous nous livrons à la dissection
des nombreux poulets qui composent le déjeûner ! Le vin
de Cannil est trouvé supérieur. Quand la faim excite, tous
les plats ne sont-ils pas exquis ? Une fois nos forces réparées
et nos cigares éteints, nous congédions l'âne et son maître
qui n'ont plus à transporter que des bouteilles vides. Nous
nous remettons en marche à midi par un sentier sous bois
qui doit nous conduire, paraît-il, au Cap-del-Bouc en abrégeant le chemin de plusieurs heures par un raccourci ; hélas !
l'on sait ce que c'est que ces abréviations en montagne. Le
plus court chemin d'un point à un autre est la ligne droite.
Partant de ce principe, il n'y a pas à hésiter, et si nous voulons atteindre les gorges de Saint-Georges avant 7 ou
8 heures du soir, il faudra bien suivre l'axiome géométrique. Mais la forêt cesse et nous voilà engagés, sous un
soleil de feu, dans un étroit passage qui fut le lit d'un ruisseau. De gros cailloux arrondis, le roc poli et usé par les
eaux nous forçaient à la plus grande attention pour garder
dignement l'équilibre. Ce torrent desséché cesse enfin et
nous voici à la tire du Sabarat. Personne n'ignore les
moyens rapides que les bûcherons emploient pour le transport naturel des gros sapins ; une fois l'arbre abattu, les
branches coupées et le tronc légèrement équarri, on le laisse
glisser sur la pente la plus raide jusqu'au bas de la montagne.
Il se creuse alors de profonds sillons sur les flancs de la
montagne qui servent de chemin aux *roules.* C'est par cette
coulée vertigineuse que nous descendons. Le bâton ferré
est assez utile en pareil cas, surtout pour les novices ; mais
il n'y a pas le moindre danger, si ce n'est l'agrément de se
trouver, à la suite d'un faux pas, poursuivre la descente

trop rapidement, il n'y a de véritable danger que pour le
pantalon. La tire du Sabarat sera célèbre pour quelqu'un
d'entre nous. A nos pieds coule l'Aude et nous suivons des
yeux la route blanche de poussière qui suit la rivière et disparaît dans cette faille gigantesque des gorges. La solitude
est complète au Cap-del-Bouc, nous hâtons le pas, nous
voici sur la route, la température dans le fond de la vallée
est tropicale.

Nos véhicules nous attendent sans doute à l'ombre des
gorges où le soleil ne pénètre jamais entièrement. La route
suit la rive droite de la rivière. En quelques minutes, nous
sommes à l'entrée de ce défilé sauvage et grandiose taillé
dans la chaîne calcaire d'Aiguesbonnes : rien ne saurait
rendre l'impression étrange que l'on éprouve en s'engageant
au milieu de cet étroit passage dont les parois du rocher
taillé à pic se perdent dans les nues, la route, souvent
taillée dans le calcaire gris fer, serpente à travers les rochers
qui surplombent sur nos têtes. La fraîcheur est excessive et
nos manteaux ne sont pas de trop. Voici nos calèches.

Nous suivons pendant 30 minutes ce merveilleux passage
qui change d'aspect à chaque pas. En quittant les gorges,
nous entrons dans une courte vallée entourée de montagnes
escarpées ; ce chaînon coupe du nord au sud la route de
l'Aude. Nous arrivons (6ᵉ kil.) au petit village d'Axat ;
sa situation est des plus pittoresques, et nous faisons halte
à l'hôtel du *Cheval blanc*, autant pour admirer le paysage
que pour nous rafraîchir.

Nous avons encore 12 kil. à franchir pour arriver à
Quillan. Au point où l'Alliés se jette dans l'Aude, nous laissons l'embranchement de route qui va rejoindre Candiès.
A notre gauche se dressent les rocs de làs Brouyères ; bientôt après se présente à nos regards cette bande énorme de
calcaire gris que nous allons traverser. Le défilé de Pierre-
Lis est une seconde gorge étroite et profonde que suit
l'Aude et dans laquelle passe également la grande route

qui longe la rivière sur sa rive gauche. Ce défilé coupe dans
toute son épaisseur la chaîne de Saint-Antoine à l'extrémité
ouest de la forêt des Fanges. On entre dans la Pierre-Lis
par un tunnel creusé dans le roc, de hautes murailles verticales, formées par le calcaire, se dressent au-dessus de nos
têtes, la route est souvent entaillée dans le rocher qui
forme en plusieurs endroits une demi-voûte baignée par les
flots mugissants de l'Aude, ce spectacle est saisissant. Les
gorges de Saint-Georges et de Pierre-Lis sont bien plus remarquables que les gorges de Palestro en Kabylie, et com-
parables aux magnifiques et célèbres défilés du Chabel-Akra,
de Bougie à Sétif, que nous avons parcourus il y a quelques
mois. L'on voit encore, longeant la muraille calcaire, l'ancien chemin percé par un modeste prêtre, Félix Armand,
qui, après dix ans d'un travail gigantesque, de 1806 à 1814,
put enfin mettre en communication directe le village et la
vallée de Saint-Martin avec Quillan. L'abbé Armand, né à
Quillan, est mort à Saint-Martin après avoir heureusement
accompli son entreprise hardie.

2 kilomètres après la Pierre-Lis, nous sommes au pont du
Fauga, route forestière de la forêt. Quelques beaux oliviers
bordent la route, nous traversons Belvianes, et à 5 heures
nous débarquons à l'hôtel Verdier à Quillan, un peu fatigués
de cette rude journée qui, cependant, nous laissera un souvenir délicieux ineffaçable.

A 6 heures 20, le chemin de fer nous ramenait à Toulouse.
La région que nous avons visitée a été l'objet de nombreuses
études géologiques, surtout de la part de d'Archiac, Leymerie, Magnan, et plus récemment encore de M. Cairol. On
y observe de fréquents bouleversements de couches, et les
coupes ont donné lieu à de vives discussions qui sont loin
d'être élucidées. Nous avons continuellement voyagé dans
les trois étages de la Craie, qui sont de bas en haut le Néo-
comien, Aptien, Albien. Les deux premiers étages sont représentés par des marnes jaunâtres à *Orbitolines* et par de

puissantes assises de calcaire gris compacte à *Caprotines*.
Ces calcaires, sur la position exacte desquels les géologues
sont loin d'être d'accord, forment les massifs de la forêt du
Fauga et du Bac Estable. C'est au milieu de leurs bancs re-
dressés que sont creusés les gorges de Saint-Georges et les
défilés de Pierre-Lis. L'Albien est représenté par du grès et
des calschistes bruns que l'on peut observer près de Quillan.
Dans toutes ces couches, les fossiles sont très-rares et nous
n'avons pu en recueillir que quelques débris. Au-dessus de
Salvézine avant le Bac Estable, nous avons observé de
beaux filons de pegmatite blanche graphique. En somme,
c'est une région encore très-intéressante à visiter pour les
géologues.

Séance du 30 novembre 1881.

Présidence de M. MARQUET, vice-président.

M. le capitaine GALLIENI offre à la Société une brochure
et des cartes sur sa mission sur le Niger.

Il est procédé aux élections du bureau pour l'année 1882.
Sont nommés :

Président,	M. TRUTAT.
Vice-présidents,	M. d'AUBUISSON.
	M. Ch. FABRE.
Secrétaire général,	DE REY-PAILHADE.
Secrétaires-adjoints,	M. E. CHALANDE.
	M. AZAM.
Trésorier,	M. LACROIX.
Archiviste,	M. P. FABRE.

Conseil d'administration :

MM. CHALANDE et PONSAN.

Comité de publication :

MM. BIDAUD, DE MALAFOSSE, CARTAILHAC, DE SAINT-SIMON.

Présidence de M. BIDAUD.

M. le général de NANSOUTY adresse à la Société le tableau suivant :

| OBSERVATOIRE du PIC DU MIDI. | MOYENNES D'UN AN 1880-1881. | STATION PLANTADE 2,366 |

MOIS.	BAROM. réduit à ZÉRO.	THERMOMÈTRES		PLUVIO- MÈTRE.
		MINIMA.	MAXIMA.	
Juin 1880....	572.6	— 0.3	7.0	244.3
Juillet —	576.2	7.4	16.0	35.1
Août —	574.3	4.8	12.6	143.0
Septembre —	576.2	4.3	11.5	141.3
Octobre —	571.6	1.2	7.7	115.1
Novembre —	570.8	— 4.5	2.6	64.2
Décembre —	573.8	— 2.6	+ 3.8	96.3
Janvier 1881....	563.8	— 9.1	— 2.9	284.6
Février —	567.2	— 6.0	1.1	80.3
Mars —	570.2	— 3.5	4.4	119.4
Avril —	568.0	— 4.8	3.2	230.9
Mai —	573.3	— 3.2	6.3	145.5
TOTAUX.	5858.5	— 16.3	73.2	1700.0
MOYENNE.	571.5	— 1.4	6.1	»

M. Marquet, membre titulaire , donne lecture du travail suivant :

Coup d'œil sur les insectes Névroptères Odonates (Libellulidées), qui fréquentent le Canal du Midi et ses abords, notamment à Toulouse.

Les Libellulidées, vulgairement *Demoiselles* , très-beaux insectes à corps linéaire muni de quatre ailes membraneuses , sont des chasseurs par excellence ; on les voit, pendant toute la belle saison et même jusqu'aux premiers jours de novembre, planer sur les eaux dormantes ou courantes à la recherche des insectes diptères et lépidoptères dont ils font ample consommation ; leurs belles couleurs (bleu, noir, jaune, ou vert) et la gracieuseté de leurs allures attirent l'attention du naturaliste observateur ; seul le placide pêcheur à la ligne les voit passer et repasser sous ses yeux sans leur porter le moindre intérêt.

L'acte de la copulation chez ces insectes est assez longuement décrit dans le *Traité élémentaire d'entomologie* de M. Maurice Girard (1). Il en est de même des premiers états de leur existence ; les larves vivent dans les terres humides au bord du canal ou dans les marais ; les nymphes, arrivées à maturité, quittent l'eau et se fixent ordinairement sur les joncs ou autres plantes aquatiques au moyen des crochets de leurs tarses ; la peau se fend sur le dos, l'insecte parfait sort et, grâce à l'ardeur du soleil, il peut, quelques heures après, prendre son vol. Quelques espèces chassent le long des haies, d'autres sur les chemins, les allées des bois et les clairières.

La ponte a lieu presque toujours dans l'eau ; les femelles volent et laissent tomber leurs œufs dans le liquide ; quel-

(1) Paris, J.-B. Baillère et fils.

ques-unes (*Libellula*) y trempent plusieurs fois de suite leur abdomen par mouvements saccadés ; d'autres (*Anax*), (*OEschne*) se placent, dans le même but, sur les plantes aquatiques et enfoncent le tiers du corps dans l'eau. Les espèces du genre *Agrion* et, dit-on, les *Calopteryx*, pondent différemment ; le mâle tenant la femelle par les petites tenailles de l'extrémité du corps, la fait reposer sur une plante aquatique (jonc ou scirpe) ; la femelle courbe son abdomen contre la plante et, ouvrant ses lames vulvaires, entaille, avec ses soies, le parenchyme, loge un œuf à chaque lésion dont elle referme la plaie autour de cet œuf ; cette manœuvre s'effectue en descendant jusqu'au pied de la plante, sous l'eau. De cette tige le couple s'envole, toujours étroitement enlacé, sur une autre tige et recommence la même opération. Quoique certains œufs soient pondus dans la tige du jonc exposée à l'air libre, ils se développent de même que les autres ; dès leur éclosion les larves gagnent immédiatement le fond de l'eau.

La chasse aux Libellulidées est très-attrayante quand il s'agit des petites espèces et des moyennes (*Agrion, Lestes, Calopteryx*), mais très-difficile lorsqu'on veut capturer les grandes (*Anax, OEschna, Cordulegaster*). Quelques Libellules et Gomphines, qui se posent d'habitude sur le chemin de halage et dans les sentiers, se prennent assez facilement ; un grand filet à manche long est un instrument indispensable pour cette chasse.

Dès les premiers jours du printemps, on commence à trouver la *Sympecma fusca*, petite espèce d'un brun sale taché de noir, qui, assure-t-on, hiverne, blottie dans les feuilles sèches, ainsi que la *Platypoda pennipes*, de couleur jaune d'or ou bleu cendré, selon les saisons ; ces deux espèces sont très-communes, la dernière se montre encore en juillet. Puis apparaît le petit *Agrion elegans*, vert foncé, avec un des derniers anneaux de l'abdomen bleu d'outremer ; cette espèce vole encore fin septembre. Sur les haies qui bordent le canal, on rencontre aussi l'*OEschna vernalis*, espèce d'assez forte taille, d'un brun foncé, tacheté de bleu, et l'*OEschna mixta*, variété rousse ; le type, noir tacheté et annelé de bleu, se voit encore en novembre contre les talus abrités du nord ; on assure que cet insecte a deux époques d'éclosion, car on ne le perd pas de vue pendant toute la belle saison. L'*OEschna mixta* ne diffère de l'*affinis* que par des caractères de peu d'importance.

Un peu plus tard, en mai, paraît la *Libellula depressa*, dont le mâle est d'une couleur bleu cendré avec une grande tache brun-noir à la base des ailes supérieures et une plus petite, triangulaire, à la base des inférieures ; la femelle a le corps jaune d'ocre ; cette espèce est rare ; puis, *Libellula quadrimaculata*, à abdomen velu, olivâtre ; les quatre ailes safranées à la base, avec une tache cubitale et une tache triangulaire réticulée de jaune à la base des inférieures. La femelle est de la même couleur que le mâle. Elle est très-abondante. sur tout le canal du Midi, surtout au Pont des Demoiselles, à Toulouse. A la même époque et aux mêmes lieux, vole la magnifique *Anax formosa*, grande espèce dont le corps est d'un beau bleu céleste annelé de noir ; corselet jaune verdâtre rayé de noir. Cet insecte plane sur les eaux du canal et autour des haies qui l'avoisinent pendant toute la belle saison, jusqu'à la fin de septembre.

Les Libellula *cancellata*, *fulva* ou *conspurcata* et *cœrules-cens*, espèces dont les mâles sont d'un beau bleu cendré pulvérulent et les femelles jaunâtre, varié de noir ou de brun, commencent à paraître vers le milieu de mai et ne disparaissent qu'à la fin d'août ; la première a les ailes immaculées, la deuxième a une ligne noire oblongue à la base des ailes supérieures et une tache triangulaire de même couleur aux inférieures ; enfin la troisième se distingue des deux autres en ce que l'extrémité des ailes est estompée de brun noirâtre.

A cette même époque commence à voler la *Calopteryx*

splendens dont les deux tiers des ailes, chez le mâle, sont d'un noir bleuâtre avec la base hyaline, le corps d'un beau bleu d'acier ; la femelle est vert métallique avec les ailes diaphanes, très-légèrement verdâtres. On reconnaît cet insecte à son vol saccadé ; elle ne s'écarte guère des plantes du bord de l'eau ; l'espèce disparaît vers la mi-septembre.

Les *Agrions puella* et *Lindeni*, jolies petites espèces dont les mâles ont le corps d'un beau bleu d'outre-mer rayé de vert très-foncé, et les femelles vert sombre, apparaissent d'abord en petit nombre ; puis deviennent excessivement nombreuses en juin, juillet, août et une partie de septembre. Rien de plus gai que de voir ces petites miniatures planant aux bords du canal, le traversant ; les mâles poursuivant les femelles, se reposant sur les plantes, isolés ou accouplés ; après avoir saisi quelque petit insecte ailé, l'observateur peut passer plusieurs heures des plus agréables en étudiant les mœurs capricieuses de ces mignonnes bestioles !

L'*Agrion minium* ou *sanguineum*, dont le mâle est d'un beau rouge, n'habite pas les mêmes lieux que ses congénères ; il se tient de préférence le long des fossés alimentés par les eaux du canal et est plus rare ; il vole encore à la fin d'août.

Vers les premiers jours de juin, on voit planer les *Libellula striolata* et *sanguinea*, espèces assez rares à Toulouse, dont la forme et la couleur du corps sont à peu près les mêmes ; seule la teinte des ailes et des pattes les différencie. Ces deux espèces fréquentent les haies situées sur les digues du canal. Les bords de cette voie d'eau sont fréquentés par la *Cordulia Curtisi*, espèce de moyenne taille, d'un vert métallique, avec les ailes, chez la femelle, reflétées de cuivreux ; cette dernière hante de préférence les saules, tandis que le mâle s'écarte rarement des eaux. Sur le halage se repose, à tout moment, le *Gomphus pulchellus*, assez joli insecte, varié de jaune et de noir. On voit sur les haies, quoique très-rarement, le *Gomphus simillimus* dont la livrée est très-semblable à celle du *pulchellus* ; ce dernier vole encore au mois d'août.

En juillet apparaissent les *Gomphus forcipatus* et *vulgatissimus*, d'un beau jaune tacheté de noir comme toutes les espèces de ce genre ; le premier est très-commun aux bords des taillis ; l'autre est plus rare ; puis les *OEschna cyanea* ou *maculatissima*, grande et magnifique espèce variée de vert, de bleu et de noir, et *affinis*, plus petite et dont les belles couleurs bleu et noir rappellent celles de l'*Anax formosus* ; la *Cyanea* chasse le long des haies et au bord des chemins ; elle vole encore en novembre ; la seconde disparaît en août ; on la trouve de préférence sur les eaux des fossés. Dans les prairies et le long des ruisseaux à eaux courantes, on voit un grand névroptère de haut vol, le *Cordulegaster annulatus*, noir, annelé de jaune ; la femelle dépose ses œufs dans les herbes des petits cours d'eau ; le mâle se repose souvent sur les haies, il est beaucoup plus facile à trouver que la femelle ; dans les mêmes parages vole la *Calopteryx hæmorrhoidalis*, dont le mâle est d'une belle teinte métallique de rouge violacé avec les ailes d'un noir brun refleté de bleuâtre, hyalines à la base ; elle voltige sur les plantes aquatiques et ne disparaît qu'en septembre. Avec ces espèces vivent côte à côte les *Agrion mercurialis* (bleu et noir), et *tenellus* d'un rouge carmin.

Le long du canal et sur ses berges, on observe la magnifique *Libellula erythrea* ou *ferruginea*, dont tout le corps est uniformément teinté d'un beau rouge, même les yeux ; elle est excessivement abondante et vole encore en septembre, mais à cette époque on ne voit plus que des femelles qui fréquentent alors les haies des francs-bords.

Enfin vers la fin de juillet et dès les premiers jours d'août apparaissent les *Libellula vulgata* et *meridionalis*, espèces très-voisines, mâle d'un rouge sanguin, ne différant entr'elles que par le nombre de lignes du prothorax ; elles aiment à se reposer sur les haies voisines du canal. Dans les fossés humides habitent les *Lestes viridis* et *virens*, d'un beau vert métallique, èt *barbara*, à couleurs plus ternes tirant sur l'ocre, avec des taches vert foncé, et les ailes d'un roussâtre clair. Sur les herbes des prairies inondées, se trouve l'*Agrion najas*, remarquable par sa petite taille et ses yeux rouges ; son corps est vert foncé et bleu.

Les espèces dont les noms suivent habitent, dit-on, le département de l'Hérault, mais n'ont jamais été trouvées par nous :

Macromia splendens, de Sélys.. . . . . grande et belle espèce d'un vert métallique, annelé de jaune, fréquentant les eaux courantes et les clairières, à Montpellier.

Gomphus Graslini, Rambur. . . . .. de couleur jaune et noire comme tous ses congénères.

Gomphus uncatus, Charpentier.. . . . idem. idem.

Anax Parthenope, de Sélys.. . . . . . dont l'*Anax Mediterranea*, du même auteur, n'est peut-être qu'une variété, habite les étangs du département de l'Hérault voisins du canal.

Œschna rufescens, Vanderlinden.. . . très-voisine de l'*Œschna grandis*, se trouve dans les mêmes conditions que l'*Anax* qui précède.

Œschna Irene, Boyer de Fonscolombe. est une grande espèce trèsbelle dont l'extrémité des ailes est rembrunie ; ses mœurs sont semi nocturnes ; dans le jour elle se pose sous les corniches et autres avancements des maisons, le corps pendant verticalement. Montagnes de l'Aude.

Lestes nympha, de Sélys.. . . . . . . de couleur métallique comme tous les *Lestes*, sauf la *barbara ;* vit dans les petits bois humides.

Platycnemis latipes. Rambur . . . . très-voisine de *pennipes* et ayant les mêmes mœurs.

Récapitulation des espèces observées jusqu'à ce jour à
Toulouse et à Béziers.

LIBELLULIDÆ

G. **Libellula**, Lin.

S.-G. **Sympetrum**, Newman.

Striolatum, Charp.. . . partout sur les bords du canal. Assez rare.
Vulgatum , Linné. . . .   idem.   Très-commune.
Meridionale, de Sélys. .   idem.   idem.
Sanguinæum , Müller. .   idem.   Rare.

S.-G. **Platetrum**, Newm.

Depressum, Lin. . . . . Pont des Demoiselles et aussi à Balma, près Toulouse. Pas commune.

S.-G. **Libellula**, Lin.

Quadrimaculata , Lin. . tout le long du canal et dans les fossés voisins.
Excessivement commune.
Fulva, Müller. . . . . . fossés au bord du canal et aussi à Bourrassol (Tou-
louse). Très-commune.

S.-G. **Orthetrum**, Newm.

Cœrulescens, Fabr. . . . sources près du canal et aussi à Bourrassol (Toulouse). Pas rare.
Cancellatum , Lin. . . . Pont des Demoiselles et tout le long du canal. Très-
commune.

CORDULIIDÆ

G. **Cordulia**, Leach.

Curtisii , Dale. . . . . . Pont des Demoiselles et aussi le long des haies
d'ormeaux et de saules de Pech-David (Toulouse).
Pas rare.

GOMPHIDÆ

G. **Onychogomphus**, de Sélys.

Forcipatus, Lin. . . . . bosquets près du canal et aussi sur la lisière du bois bordant le Touch, chemin de Blagnac. Commun.

G. **Gomphus**, Leach.

Pulchellus, de Sélys. . . tout le long du canal; pont des Demoiselles; port Saint-Sauveur, etc. Excessivement commun.

Simillimus, de Sélys. . se mêle aux *Pulchella*, mais bien plus rare.

Vulgatissimus, Lin. . . . petits bois des environs du canal, Toulouse; Béziers. Rare.

G. **Cordulegaster**, Leach.

Annulatus, Latr. . . . . sources et eaux courantes. Prairies de Bourrassol (Toulouse). Ruisseau de Gargailban (Béziers). Assez commun.

ÆSCHNIDÆ

G. **Anax**, Leach.

Formosus, V. Lind. . . Pont des Demoiselles et tout le long du canal. Prairies de Vias (Hérault). Très-commun.

G. **Brachytron**, Evans.

Pratense, Mull. . . . . . environs de l'écluse de Prades, près d'Agde, Vias, en avril, dans les taillis avoisinant cette écluse. Assez rare.

G. **Œschna**, Fabr.

Mixta, Latr. . . . . . . Pont des Demoiselles, sur les haies. Prairies d'Agde. Rare.

Affinis, V. Lind. . . . . Pont des Demoiselles et prairies du Calvaire (Toulouse). Ruisseau de Gargailban (Béziers). Commune.

Cyanea, Müll. . . . . petits bois des environs du canal. Pont des Demoiselles, et aussi à Bourrassol (Toulouse). Pas
très-rare.

CALOPTERYGIDÆ

G. Calopteryx, Leach.

Splendens, Harr. . . . . tout le long du canal et aussi à Bourrassol. Très-
commune.
Hæmorrhoidalis, V. Lind. sources au bord du canal et aussi à Bourrassol et au
ruisseau de Gargailhan (Béziers).

G. Lestes, Leach.

Viridis, V. Lind. . . . . bois humides; fossés du Calvaire (Toulouse);
ruisseau de Gargailhan (Béziers). Très-commune;
se pose sur les arbres.
Virens, Charp. . . . . . avec cette dernière, mais bien plus rare.
Barbara, Fab. . . . . . . mœurs des deux précédentes; même habitat. Très-
commune en août et septembre.

G. Sympecma, Charp.

Fusca, Charp. . . . . . . abords du pont des Demoiselles et aussi dans les
fossés des environs. Très-commune en avril.

G. Platycnemis, Charp.

Pennipes, Pall. . . . . . fossés et haies le long du canal. Très-commune.
Acutipennis, de Sélys . . avec cette espèce et aussi commune.

G. Agrion, Fabr.

S.-G. Erythromma, Charp.

Najas, Hans. . . . . . . prairies humides des bords du canal, à Vias; sur
les plantes aquatiques.

S.-G. Pyrrhosoma, Charp.

Minium, Harr. . . . . . fossés humides, à Toulouse et à Vias, sur les bords
du canal.

Tenellum, Vill. . . . . . . avec ce dernier ; très-commun à Bourrassol, en
août.

S.-G. Isshnura. Charp.

Elegans, V. Lind. . . . excessivement commun sur tout le parcours du
canal pendant toute la belle saison.

S.-G. Agrion, Fabr.

Puella, Linné.. . . . . . . avec ce dernier et aussi commun.

Mercuriale, Charp. . . . sources et fossés, sur les herbes aquatiques. Très-
commun à Bourrassol.

Lindeni, de Sélys. . . . aussi commun que *Puella* et même habitat.

Scitulum, Rambur.. . . espèce fort rare, se trouvant le long des fossés, à
Toulouse.

Séance du 23 décembre 1881.

Présidence de M. MARQUET, vice-président.

Le Président proclame membre titulaire :

M. Henri ROUX-GUY, présenté par MM. L. Azam et
Trutat.

La Société procède à la nomination de la commission des
courses. Sont élus :

MM. AZAM, DE MALAFOSSE, docteur RÉGI, REGNAULT et RO-
MESTIN.

M. REGNAULT présente au nom de M. Flotte des haches
polies recueillies à Vigoulet : elles sont remarquables par
leur taille exiguë et par la netteté de leurs arêtes.

Il rappelle à la Société que déjà cette contrée renferme
quelques stations où l'homme primitif *taillait* à grands éclats
les quartz et les quarzites (type Saint-Acheul), accumulés

sur certains points, pour en confectionner des haches taillées, commodes à tenir à la main. L'intelligent instituteur
de Clermont a recueilli une belle collection de haches taillées et polies dans les environs de cette commune.

On croit généralement que les petites haches polies étaient
des amulettes.

M. Lacroix signale la capture faite le 24 novembre 1881,
dans les environs de Montréjeau (Haute-Garonne), de trois
pies bleues (*Pica cyanea*, Temm.).

Ce bel oiseau habite l'Espagne ; on le dit très-abondant
dans les jardins de l'Estramadure.

On n'avait pas encore signalé sa présence en France ;
c'est donc une nouvelle acquisition, dit M. Lacroix, qu'il
nous est agréable d'enregistrer dans la faune française. Des
observations soutenues pourront peut-être nous faire
trouver de nouveau cette espèce dans notre région pyrénéenne. Voici exactement la description des sujets capturés :
Taille, 35 à 36 centimètres. Dessus de la tête et joues d'un
noir à reflet d'acier poli ; dos, scapulaires et dessous du
corps, gris légèrement teinté lie de vin ; gorge, devant et
côté du cou blanc ; ailes et queue d'un bleu d'azur ; remi-
ges primères bordées de blanc en dehors ; rectrices terminées de blanc ; bec et pieds noirs.

M. le Président est heureux d'annoncer aux amateurs de
papillons l'existence de l'*Arctia Cometes* de Madagascar dans
une collection de Toulouse. Ce lépidoptère, d'un beau jaune,
ne mesure pas moins de 17 centimètres de longueur ; il est
des plus rares.

TABLE DES MATIÈRES

FIN DE LA TABLE DES MATIÈRES.

Typographie Durand, Fillous et Lagarde, rue Saint-Rome, 44.

Lightning Source UK Ltd.
Milton Keynes UK
UKHW012022201118
332601UK00013B/2049/P